模态空间系列丛书

模态试验实用技术

实践者指南

[美] 彼得·阿维塔比莱（Peter Avitabile）著
谭祥军　钱小猛　译

机械工业出版社

本书分为两个部分：第一部分从非数学角度简要综述了解决结构振动问题的方法，并介绍了一些试验模态分析所需的基本理论、信号处理、激励技术、模态参数识别等内容；第二部分主要从现实经验出发，讲述了测试设置、锤击测试、激振器测试和参数估计的注意事项，以及试验过程中的一些经验与技巧，并介绍了一些模态实例。本书语言生动，通俗易懂，内容侧重于模态测试实用技术及实践经验，可以帮助模态测试相关人员轻松、快速、准确地掌握基本概念、方法和技巧，提升工程实践能力。

本书可以作为机械制造、汽车、航空航天、石油化工、海洋工程、船舶等领域的工程技术人员和科研工作者从事模态测试工作的参考书，也可以作为理工类院校师生学习模态测试理论和方法的参考教材。

Copyright © 2018 John Wiley & Sons Ltd

All Rights Reserved. This translation published under license. Authorized translation from the English language edition, entitled Modal Testing: A Practitioner's Guide, ISBN: 978-1-119-22289-7, by Peter Avitabile, Published by John Wiley & Sons. No part of this book may be reproduced in any form without the written permission of the original copyrights holder. Copies of this book sold without a Wiley sticker on the cover are unauthorized and illegal.

本书中文简体字版由 Wiley 授权机械工业出版社独家出版，未经出版者书面允许，本书的任何部分不得以任何方式复制或抄袭。

版权所有，翻印必究。

北京市版权局著作权合同登记　图字：01-2018-4440 号。

图书在版编目（CIP）数据

模态试验实用技术：实践者指南/（美）彼得·阿维塔比莱（Peter Avitabile）著；谭祥军，钱小猛译. —北京：机械工业出版社，2019.8（2024.4 重印）

（模态空间系列丛书）

书名原文：Modal Testing：A Practitioner's Guide

ISBN 978-7-111-63234-4

Ⅰ.①模…　Ⅱ.①彼…②谭…③钱…　Ⅲ.①模态分析　Ⅳ.①O3

中国版本图书馆 CIP 数据核字（2019）第 144297 号

机械工业出版社（北京市百万庄大街 22 号　邮政编码 100037）

策划编辑：徐　强　责任编辑：徐　强

责任校对：刘雅娜　封面设计：鞠　杨

责任印制：李　昂

北京瑞禾彩色印刷有限公司印刷

2024 年 4 月第 1 版第 5 次印刷

184mm×260mm · 27.75 印张 · 666 千字

标准书号：ISBN 978-7-111-63234-4

定价：139.00 元

电话服务	网络服务
客服电话：010-88361066	机　工　官　网：www.cmpbook.com
010-88379833	机　工　官　博：weibo.com/cmp1952
010-68326294	金　　书　　网：www.golden-book.com
封底无防伪标均为盗版	机工教育服务网：www.cmpedu.com

译者序

首先，能翻译出版 Peter Avitabile（彼得·阿维塔比莱）教授这本书，我感到非常高兴，也很欣慰。毕竟之前翻译的他的 *Modal Space in Our Own Little World*（《我们小小世界中的模态空间》）没能出版，多多少少有些遗憾。好在这本书拿到了版权，总算弥补了之前的遗憾。

Peter Avitabile 教授的这本 *Modal Testing：A Practitioner's Guide* 于 2017 年 11 月由威立集团出版上市，在知悉这一情况之后，我立即通读了全书。这本书不同于其他的模态书籍，市面上的模态书籍往往包含太多的理论公式，而这本书更偏向于模态实践，解决模态测试与分析过程中的现实问题。这本书也整合了 Peter Avitabile 教授的 *Modal Space in Our Own Little World* 中的诸多主题。*Modal Space in Our Own Little World* 是 Peter Avitabile 教授从 1998 年开始，每两个月撰写一篇长度不超过 2 页的试验模态测试与分析方面的小文章集合，截至 2014 年 12 月，他已持续撰写了 17 年。这些小文章不涉及太多的理论公式，通俗易懂，使读者更易于明白这些知识点。同样的道理，在本书中，Peter Avitabile 教授仍采用通俗易懂的语言撰写，很少涉及过多的理论公式，第 2 章是个例外，因为第 2 章介绍的是单自由度系统和多自由度系统的模态分析理论。

在通读全书之后，我将情况反馈给了机械工业出版社的徐编辑，不久之后，出版社就从威立集团拿到了这本书的版权。英文原著共 524 页，为了尽快完成这本书的翻译工作，以期尽早出版，我邀请了同事钱小猛一起翻译。钱小猛硕士期间就从事模态分析软件开发工作，对模态分析有很深的理解与认识。他一听是 Peter Avitabile 的著作，简单翻看了目录后欣然应允。在翻译分工方面，我负责翻译全书的前 5 章和附录部分，钱小猛负责翻译 6 ~ 11 章，最后由我负责校订和统筹全文。2018 年 9 月中旬，我们就完成了初稿，但为了翻译得更准确，我们又花费了近 4 个月的时间对初稿进行校订，终于在 2019 年 1 月底校订完成并提交给徐编辑。

本书的译稿在未经仔细校订之前就发布在“模态空间”微信公众号中，所以最初的翻译可能存在一些不准确，或者不通顺的地方，但是交给出版社的稿件，是经过我们多次校订，甚至某些地方是经过反复讨论的。有几处当拿不准译义时，我们请教了西门子工业软件（北京）有限公司的技术专家 Luc Pluym 先生，并得到了他的指导，在此表示感谢！

现今，模态分析越来越受到各个行业的重视，这是因为模态分析是分析结构的固有属性，可以帮助用户评价现有结构的动态特性、控制结构的辐射噪声、降低产品的噪声水平并找到振动噪声产生的根源，以及进行结构动力学修改、产品优化设计、验证有限元模型、提高数字模型的精度等。通过模态分析，用户可以深入了解产品的动力学特性，使得系统动力学设计对产品开发决策带来积极的影响。用户也可以使用模态分析的结果来检测产品的变化或损坏，以便及时采取优化对策。因此，获得准确的模态参数对产品设计或解决运行中的实际问题至关重要，但获得准确的模态参数的前提是掌握模态测试与分析的基本技巧与方法。而这本书在不涉及太多理论的前提下，可以迅速地帮助读者提高模态测试与分析的实践经验，指导读者解决测试分析过程中可能遇到的各种问题。

因此，如果你有模态试验任务，或者研究课题涉及模态试验，那么这本书你值得拥有，它能快速地指导你进行模态试验。当然一本书很难囊括模态分析的方方面面，如果你还想了解信号采集与处理方面更详细的内容，可以参考模态空间系列丛书的第一本图书《从这里学 NVH》。如果你还关心 NVH 其他方面的内容，如声学知识、旋转机械 NVH、TPA 分析等方面，那么推荐你关注“模态空间”微信公众号，该微信公众号的二维码为：

由于译者水平有限，翻译过程中难免出现误译、错译等情况，敬请广大读者批评指正，并提出宝贵意见。谭祥军的电子邮箱：linmue@qq.com，钱小猛的电子邮箱：zjuchien@qq.com。

谭祥军
2019 年春于北京

前　言

这是一本关于试验模态分析的书。当然，关于这个主题，市面上有许多其他教材，但这本书不同于那些教材。那些教材包含了模态研究人员或这方面的博士生期待的大量理论知识，但从实用角度来讲，模态试验人员不需要这些深厚的理论基础，他们更希望得到执行日常模态测试和从测量数据中开发一个模型所需要的一些关键信息。

本书是为各类新手、管理人员、工程师和工程技术人员而写的，适合于：

- 需要具备一些基础知识进行模态测试的新手们。
- 未涉及实验动力学测试的工程师。
- 需要做一些测试但又没有人指导的研究生。
- 具有模态试验任务的小公司里的工程师。
- 经验丰富的模态测试工程师晋升为管理者或者退休，需要承担他们之前工作的其他工程师。
- 需要理解模态基础知识，以便为重要的模态项目寻求资金支持的管理人员。
- 需要撰写测试方案、开展测试以及从获得的数据中提取有用的信息的工程师。
- 需要采集有用的数据开发模型的工程技术人员。
- 为了提供用于评估系统、理解动态特性和解决复杂的结构动力学问题的模型，需要理解每一步都要做什么的所有人。

虽然本书并不是为了给那些精通模态分析的人留下深刻印象，但是如果他们从来没有在实验室环境中工作过，并且只开发了解决这些问题的理论方法，那么这些人会在本书中找到关于模态测试非常实用的信息。本书同样适合于做研究的博士生，他们的研究课题需要开发实验结构动力学模型，他们并不直接专注于实验模态分析，而他们的导师又不熟悉模态分析，但他们的确需要有意义的测量，使他们不至于陷入复杂的实验模态分析中去。

本书也可以作为本科生的课堂教材，给他们介绍进行实验模态测试必备的基本概念。同样可以作为研究生结构动力学课程中与实验相关的教材，或者作为振动课程的补充。本书材料丰富，便于高年级本科生或低年级研究生进行实验模态分析学习时参考。

本书原本专注于实验模态分析的实践方面，但为了说明实验模态测试的某些方法论，以及这些方法的理论基础来源，本书也有少量的理论描述部分。但多数情况下，只给出了相应理论（或者是一些推导的最终公式），因为本书不是要描述理论的详细细节，而是要应用这些理论去解决现实问题。在振动领域，市面上有大量的好教材，但很少有教材包含本书中的内容。市面上也有许多实验模态分析的教材，但它们包含了太多的理论，都假设现实的测试很简单或很直观。

早在20世纪90年代末，实验力学学会下属的 *Experimental Techniques*（《实验技术》）杂志连载了“模态空间——回归基础”的系列文章，这个系列持续连载了17年。这个系列解决了实验模态分析测试人员经常会遇到的各类简单的问题。这些文章长度从没有超过两页，介绍了实验模态分析的各类主题。这些文章是一篇一篇发布的，之所以这样做，是因为这些材料来源于每年的行业模态研讨会、模态教学和在这个领域工作20多年中收到的许多有关模态问题的邮件。本书将之前所有的那些材料放置在一起形成了一个更加完整的知识体系。

因此，本书分为两大部分，第一部分更多地介绍传统的计算模态与实验模态分析相关的理论知识，第二部分主要介绍了与实验模态分析相关的实践问题，之后的附录介绍了一些实用信息。第1章是对整个实验模态测试的简单概述，这对于从事模态分析的新人来说是非常有帮助的。第2章从物理空间、模态空间、拉氏域和频域描述了与单自由度系统和多自由度系统相关的理论方程。第3章总结了所有与数字信号处理技术相关的问题，采集数据时需要使用这些数字信号处理技术，同时也描述了与频域数据和干扰相关的采样问题。第4章介绍了当今模态测试常用的激励技术——锤击激励和激振器激励。第5章包含了模态参数估计必备的一些基本信息。第6章与测试设置有关，贯穿整个模态测试过程。第7章列举了许多与锤击测试相关的实例，锤击测试是传统实验模态测试应用最为广泛的激励技术。第8章进一步讨论了激振器激励技术，以及与执行这类测试相关的问题，也包括多输入多输出测试。第9章提供了采用不同的模态参数提取方法时需要考虑的数据缩减思路。第10章和11章给出了与模态测试相关的各种不同问题，这些问题很难放在之前的章节中，因为它们跨越了多个主题，对于特定的一章来说，放置在哪里都是不合适的。书中同时也有几个附录，给出了一些非常简单的分析模型，这可以帮助展示一些数学处理过程。这些附录提供的信息对模态测试工程师来说是极其有帮助的。最后几个附录给出了一些数据用于模态参数估计，同时也给出了结果。这些数据在本书的网页上提供了通用数据格式，读者可以自行下载，使用自己的软件进行处理，处理后的结果可与书中的结果进行对比。

最后，我在模态分析领域工作这些年里，有太多的人需要感谢。我于20世纪70年代中期参加工作，早期遇到了 John O'Callahan 和 G. Dudley Shepard，他们当时就读于洛厄尔大学（前洛厄尔理工大学）。John 是分析人员，而 Dudley 是实验人员，他们在马萨诸塞州立大学洛厄尔校区模态分析和控制实验室是一对搭档。我曾以顾问、导师和同事等多种不同的身份与 John 共事。他的分析能力很强，我从他那里学到了很多东西。从20世纪80年代后期到20世纪末，我同 Chuck Van Karsen 共同教授了许多实验模态分析研讨班，这些研讨班经常被称为 Chuck 和 Peter 秀。许多人评论说，这些教材彼此相互补充，讲座应该总是以相同的方式进行，因为他们都是安排好的。但现实情况是，在每次讲座之前，我们都精心挑选，从不教授相同的内容，每次都是相互补充。我希望 Chuck 从我这里学到的东西与我从他那学到的东西一样多，这些年教授模态讲座积累成了本书。Rose Hulman 的 Phillip Cornwell 是我这些年作为这个领域的学者遇到的优秀教师之一。在创作本书的过程中，Phillip 提出了许多宝贵的建议。

在马萨诸塞州立大学洛厄尔校区前模态分析和控制实验室及现今的结构动力学和声学系统实验室工作的这些年里，我非常幸运地遇到了许多优秀的学生。他们当中的许多人对我的研究课题都做出了非常重大的贡献。虽然不能一一列出他们的名字，但我确实知道他们对本书有贡献。必须提及他们当中的几位，因为他们付出了远比别人更多的支持与努力。Pawan Pingle 为校对本书付出了太多的时间，同时也对一些方面提供了不同的观点。为了说明一个或两个观点，Louis Thibault 和 Tim Marinone 提供了一些特别的支持。Sergio Obando 进行了多个模态测试，为本书提供了模态数据支持。Julie Harvie 为本书提供了有用的反馈，同时为了说明书中的许多问题，也进行了许多次测试。Patrick Logan、Tina Dardeno 和 Dagny Joffre 也是本书的贡献者，他们在不同的方面做出了贡献，特别是将这些材料组织在一起方面。所有这些人都使我这几十年的工作变得更有价值。在此只能简单描述，但我对他们所有人的感激之情是不能用这几句话就能简单描述的。他们是我模态家族的成员，他们都愿意满足我向他们提出的疯狂要求。

有一次，我们需要对一个大型复杂的结构进行锤击测试，测试时采用了不同的方法。学生站在车载升降台上，使用一个 3ft（1ft = 0.3048m）长的大力锤对待测结构进行激励。单次锤击获得的测量受噪声干扰明显，频带低，且纪录时间长。于是，我决定尝试一些不同的方法。我对着对讲机喊道："请听仔细了"，然后我继续说，"请你采用随机方式对结构进行锤击，锤击持续时间为采集时间 30s 的前 20s，当你锤击结构同一点时，保持测量的随机性。"在学生迟疑了 5 ~ 10s 之后，回复了我："什么？您能重复一下吗？"当然，我重复了一遍，但说得非常慢以确保他能听清楚我说的每个字。在我附近负责数据采集的学生也停止了采集，他也相当诧异，与站在升降台上负责锤击的学生一样诧异。负责数据采集的学生说："我的天呀，你不是一直告诉我们锤击时要防止连击，而且你从来没有要求我们采用多次锤击进行测试！你言语不一致呀，我简直难以相信。"当然，一旦评估了每个方面，多次锤击测试真的与我们经常进行的激振器猝发随机测试没什么不同，只不过是用一个力锤激励而已。本书中有许多这样的实例，测试过程中采用了不同寻常的方法，数据采集表明这些测试中长期遵行的原则并不真的正确。本书使你理解一些基础，同时也使你思考之前遵行的原则是否正确。本书使你明白一些基本的潜在概念，同时也提供一些方法，以便模态测试能合理地进行，获得尽可能好的测量结果，从而提取到有效的模态参数。

事实上，我仍然每天都在学习一些新的东西。当采集测量数据时，检查工作是一项基本的技能，检查测量数据的每一项，试图理解测量和模态参数提取中的各项影响，理解模态分析的基本理论。这的确不容易。希望本书能为你提供模态测试和模态参数提取的一些基本信息。每次测试都是不同的，所有的答案不可能都包含在这一本书中，但这些概念和思路确实能帮助你更好地进行实验模态测试。

最后一件事

对于所有的模态测试人员
过去，现在和将来……
质疑假设！

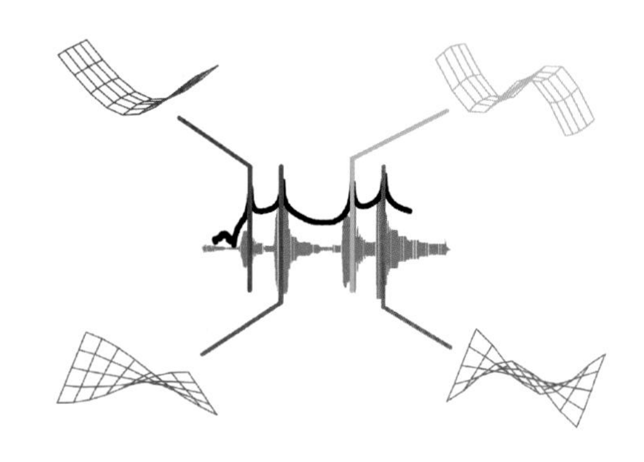

本书相关内容对应的网页：www. wiley. com/go/avitabile/modal-testing

目 录

第二部分　试验模态测试实践中的注意事项

第一部分

使用频响函数方法的实验模态分析概述

第1章

实验模态分析介绍：非数学角度的简单概述

所有的结构和系统都会处于工作状态，这使得它们会因工作载荷的激励而产生相应的响应。这些载荷通常不是静态的。对于施加到任何结构上的静态或动态载荷而言，动态载荷才是结构动力学或振动工程师需要考虑的。这些动态载荷引起的响应，对于特定运行的结构而言，可能是不可接受的。如果真是这种情况，那么工程师必须确定怎样才能最小化或消除结构上这些不想要的响应。有时，如果引起这些不想要的响应的原因是未知的，最小化或消除它们可能非常困难。

结构动力学是研究系统在受到载荷激励下的响应。这些载荷引起不同频率下的响应，这依赖于结构的动力学特性。这些动力学特性是频率、阻尼和模态振型。结构的每阶模态对系统总响应有不同的贡献量，有时很难理解结构的响应是怎样来自于系统所有模态的总响应。因此，对于怎样解决特定的问题，考察整体可能并不能提供有用的洞察，这时就需要用到模态分析了。

模态分析研究系统的动力学特性，这些特性独立于作用到系统上的外界激励和系统响应。系统的每阶模态都有确定的频率、特定的阻尼和结构在其固有频率激励下的特有变形。这个变形称为某阶模态的振型。模态分析只能确定这些特征，而不是结构实际的物理变形。只有当作用到结构上的载荷是已知的时候，结构的实际响应和物理变形才能确定。这一点有时会让许多人感到迷惑，让我们用个简单的实例来说明它吧。

让我们考虑一根悬臂梁。现在可以用这根梁的一些特征来描述它，这些特征可能是长度、宽度、质量、密度、杨氏模量、横截面积和惯性矩。但是凭借这些特征，不能确定梁的变形，也不能确定这根梁在特定的应用场合下是否会失效。而如果载荷是已知的，那么这个变形就可以唯一确定：确定的载荷能确定结构的变形、应力或应变。一旦载荷确定了，那么就可以确定位移、应力和应变。但是即使这样，梁在特定应用场合下的有效性也不能确定，直到确定设计规范为止。这个设计规范将确定相关的设计准则（如许可变形、许可应力和许可应变），然后进行工程抉择，以确定悬臂梁是否适用于特定的用途。

模态分析也会遭遇相同的情况，频率、阻尼和模态振型只是结构的动力学特征。但这些是好还是坏仍不能确定，直到确定特定的应用、确定载荷和确定设计规范为止。因此，对于确定一个结构是否满足设计要求，仅做模态分析是不够的，必须要确定载荷和设计规范才行。但需要着重指出的是，在解决许多振动问题时，有时对实际载荷只有浅显的认识，并且经常没有相关的规范可用，这就是工程上的现实情况。

然而，当进行结构动力学分析时，理解结构的模态特性是非常有用的。依赖于进行怎样的结构动力学分析，这些内在的模态特性可以用于确定结构响应，这有助于加强了解哪些模态、多少阶模态以及这些模态在多大程度上对系统响应有贡献。有理由能充分说明模态分析在理解结构动力学上起着重要的作用。

图 1-1 所示的计算机机箱，它对各种不同的输入有响应，这些输入包括磁盘驱动输入、风扇输入和“激励”这个系统的任何外部输入。响应是各激励引起的响应的叠加，结构的动力学分析是研究计算机机箱对所有的这些输入是如何响应的。图 1-1 所示的时域输入力信号可能是旋转输入和随机输入的组合，时域响应是由所有的这些输入引起的。但是，从时域上不好解释输入和输出响应。一旦将它们转换到频域，输入和输出的能量贡献就显而易见了。显然，在输出的频谱中有一些频率成分似乎有很大的响应。如果进行一次实验模态测试，那么这些高幅值响应频率可能与系统模态相关。因此，模态信息可以帮助设计人员理解结构对各种频率激励是怎样响应的，可能是窄带或宽带响应。

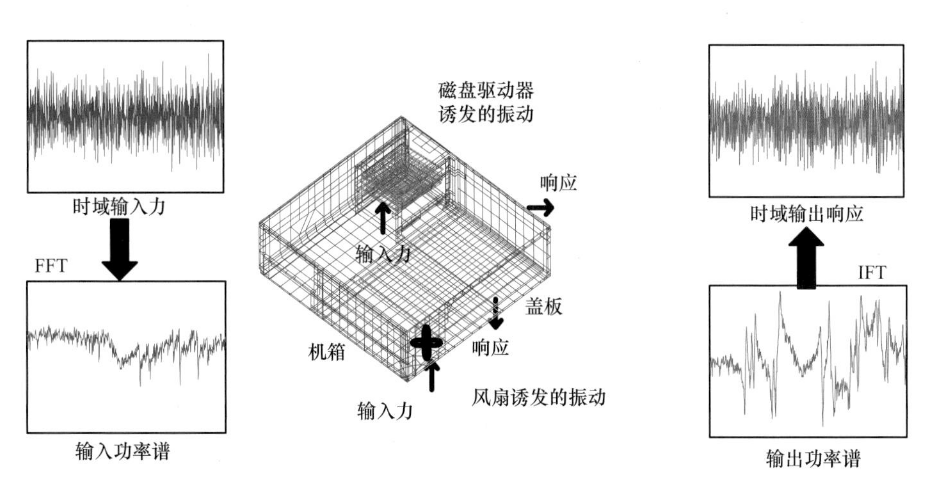

图 1-1　结构动力学与模态分析

既然输入-输出情形已经展示和描述了，那么讨论一个遭受一些输入激励的简单结构是有帮助的。图 1-2 所示为一块简单的平板结构遭受了一个随机输入激励，因而输出响应也是随机的。从时域信号上看不出结构是怎样或为什么是这样的响应。然而，如果将输入转换到频域，那么输入激励就会变得更清晰。在频域，系统的模态（固有频率、阻尼和模态振型）犹如带通滤波器。每一阶模态都精确“知道”在一个频率处怎样去放大或衰减输入激励。每一阶模态对输入都有分离效应，但来自每个滤波器（每阶模态）的响应叠加在一起确定了系统的总响应。这个组合的响应能给出提示：哪里响应大，以及对应于系统哪些模态。但是在这个输出响应频谱图中，所有的模态没有被同等地激励起来，因为输入力频谱在所有的频率处能量不相等。因此，响应强烈受输入力频谱变动的影响。但总的说来，系统的模态可认为是一个非常重要的指示：那里响应可能较大（如果在那个频率处有显著的输入）。因此，一个信号流程图提供了非常清楚的洞悉：为什么系统的模态是需要清楚理解的关键信息。

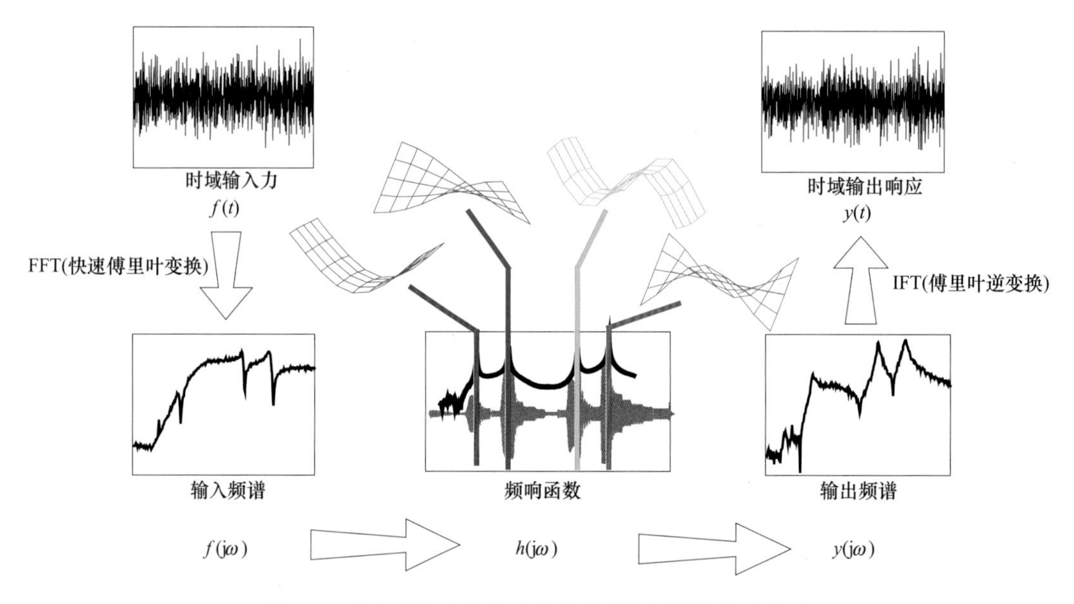

图 1-2　输入所产生的输出的模态滤波特性信号流程图

现在让我们回到本书要介绍的主题，也就是模态分析。这似乎是难题中非常重要的部分：频率和模态振型似乎是理解任何结构动力学问题的关键。

经常，人们会问一些有关模态分析的简单问题和怎样进行一次模态测试。大多数情况下，不可能简单地描述这个过程，需要讨论一些基本的潜在理论以便充分解释涉及的一些概念。然而，有时理论有点多，虽然一些概念可以在没有严格的数学解释下进行描述。这一章试图去解释有关结构振动的一些概念和介绍用于解决结构动力学问题的模态分析的一些方面，并有意从一个非数学角度去简单解释结构是怎么振动的。这一章用于介绍的一些基本材料，将会在后续章节中进一步扩展。

尽管如此，还是让我们开始第一个问题，这也是实验模态分析经常被问到的问题。

1.1　你能为我解释模态分析吗？

简单地说，模态分析是一种处理过程，是根据结构的固有特性或者“动力学属性”，也就是频率、阻尼和模态振型，去描述结构的过程。以上是一句总结性的语言，现在让我来解释什么是模态分析。不涉及太多技术方面的知识，模态分析可以用一块平板的振动模式来简单地介绍。这个解释对于那些振动和模态分析的新手们来说，通常是有用的。

考虑一个自由支撑的平板，如图 1-3 所示。在平板的一个角点施加一个常力，我们通常认为力是静态的，静态力会引起平板的一些静态变形。但是在这施加的是一个按正弦变化的力。让我们考虑一个固定幅值的振动常力：改变此力的振动频率，但是力的峰值保持不变。同时在平板另一个角点安装一个加速度计，测量由此激励力所引起的平板响应。

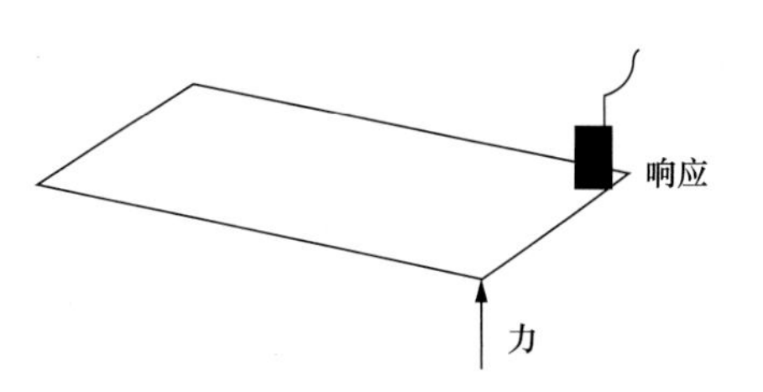

图 1-3　平板激励-响应模型

现在如果我们测量平板的响应，将会注意到平板的响应幅值随着激励力的振动频率的变化而变化（见图 1-4）。随着频率从低频扫频至高频，响应幅值在不同的时刻有增也有减。这似乎很怪异：我们在此系统上施加了一个常力，而响应幅值的变化却依赖于激励力的振动频率。但这却恰好发生了，施加的外力的振动频率越来越接近系统的固有频率（或者共振频率）时，响应幅值会越来越大，当激励力的振动频率等于共振频率时达到最大值。想想看，这真令人大为惊讶，因为我们施加的外力峰值始终不变，而仅仅是改变了其振动频率！

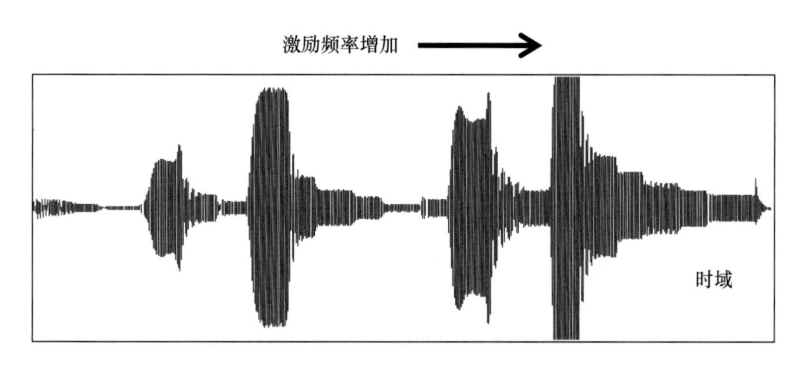

图 1-4　正弦扫频激励下的平板响应

图 1-4 所示的加速度时域响应提供了非常有用的信息。但是如果将时域数据通过快速傅里叶变换（FFT）变换到频域，那么我们可以计算出所谓的频响函数（见图 1-5）。在图 1-5 中有一些非常有趣的方面值得关注。我们可以看到频响函数有 4 个峰值，这些峰值出现在系统的共振频率处，它们出现在这样的频率处，此处观测到的时域响应信号的幅值达到极大值，这些频率等于输入激励力的振动频率。

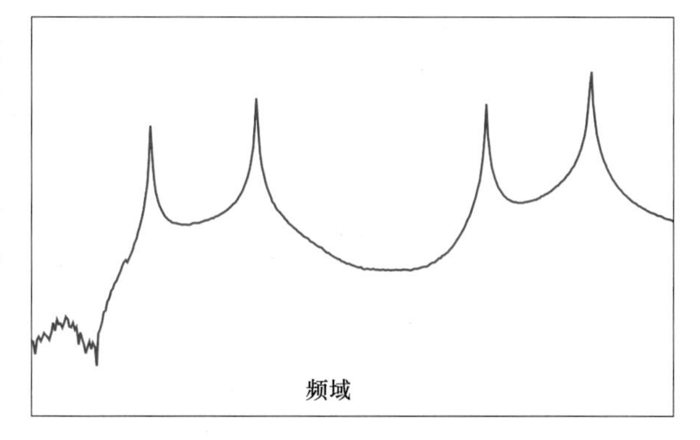

图 1-5　平板的频响函数

现在如果我们将时域响应与频响函数叠加在一起，将注意到时域响应幅值达到极大值时的振动频率等于频响函数达到极值的频率（见图 1-6）。所以你能明白，我们可以使用时域信号出现极大幅值时确定系统的固有频率，也可以使用频响函数确定这些固有频率。显然频响函数更易于确定系统的固有频率。需要着重注意的是虽然正弦扫频非常容易确定这些固有频率，但随机的时域信号却不易于解释这一点。而易于确定这些固有频率的是在测量中广泛用于描述系统动力学响应的频响函数。

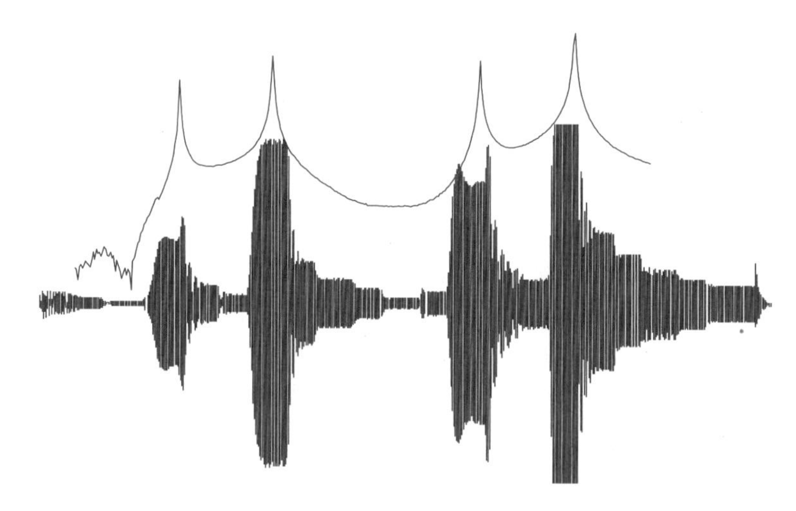

图 1-6　平板结构的时域响应与频响函数叠加在一起

现在很多人会惊奇结构怎么会有这些固有特征，而更让人惊奇的是在这些固有频率处，结构变形模式也有多种不同的形状，且这些形状取决于激励力的频率。当设计一个结构或者解决一个动力学响应问题时，确定和理解这些变形模式（或者我们称之为振型）是至关重要的。但是只测量一个位置不能确定结构实际的变形模式。

现在让我们来看平板结构在每一个固有频率处的变形模式是怎样发生的。在平板上均匀布置 45 个加速度计，用于测量平板在不同激励频率下的响应。如果激励力频率驻留在结构 4 个固有频率的每一处，会看到结构在每个固有频率处存在的变形模式如图 1-7 所示。平板结构具有特定的变形模式取决于我们测量响应时驻留的共振频率。图 1-7 表明当激励频率与系统的某一阶固有频率相等时，结构就产生相对应的变形模式。当在第 1 个固有频率处驻留时，平板产生了第 1 个弯曲变形（1 阶模态，蓝色表示）。在第 2 个固有频率处驻留时，平板产生了第 1 个扭转变形（2 阶模态，红色表示）。在结构的第 3 和第 4 个固有频率处驻留时，平板产生了第 2 个弯曲变形和第 2 个扭转变形（分别为 3 阶模态，绿色表示和 4 阶模态，洋红色表示）。这些变形模式称作结构的模态振型。虽然从纯数学角度来讲，这实际上并不完全正确。然而，在这仅做简单的讨论，从现实角度来讲，这些变形模式非常接近模态振型。

所有的结构都存在固有频率和模态振型：结构的质量和刚度决定了固有频率和模态振型。作为一名设计工程师，你需要确定这些频率，并且知道当有外力激励结构时，它们将怎样影响结构的响应。当结构受到激励时，明白结构的模态振型和结构将怎样振动有助于设计工程师设计出更优的结构。这些固有频率和模态振型，对于测试工程师试图去排除结构的运行问题也是非常关键的。

模态分析有太多需要讲解的地方，这仅仅是一个非常简单的解释。但为了将模态分析讲得更为简单易懂，这有两个类比的例子，见表 1-1，我通常用它们去帮助人们理解他们真正想知道的模态分析。

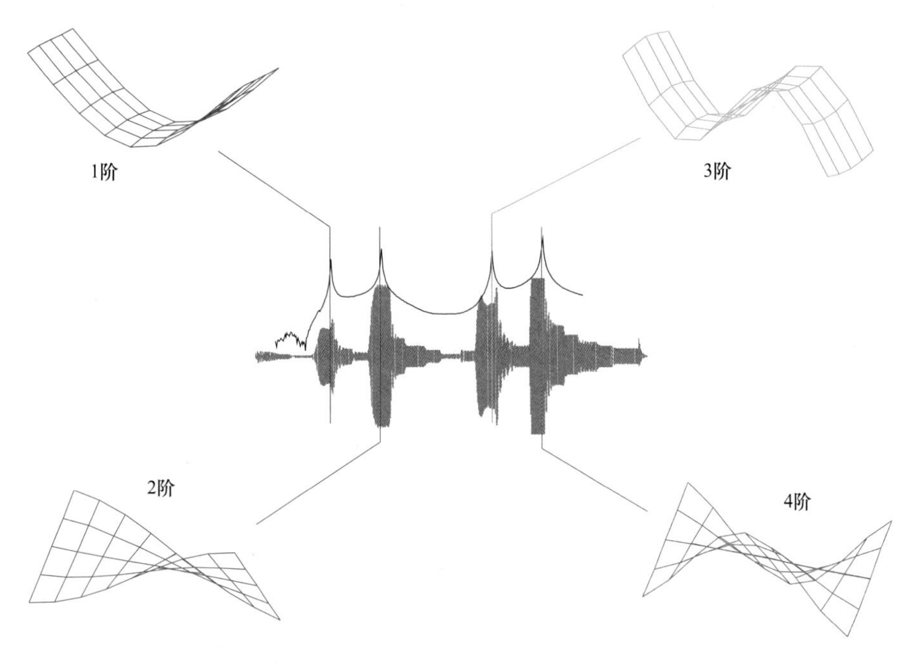

图 1-7　平板的正弦驻留响应

表 1-1　帮助解释模态分析的例子

实例 1	我们所有人都知道，需要许多许多的食材用于烹饪食谱中各种不同的佳肴。但是食谱中的每一套佳肴可能只用到非常少量的部分食材，每一种食材只是按某种比例添加到每套佳肴中。而结构的频率和模态振型也存在相类似的行为。如果有一个确定的载荷作用在结构上，那么可能只有一些特定的模态“参与”结构响应。一些模态可能参与比例大于其他一些模态，这依赖于作用在结构上的特定载荷。如果结构上施加完全不同的载荷，可能是不同的模态参与了结构响应。对于两种载荷，可能会激起一些相同的模态，但这两种载荷激起的模态不可能全部相同。另外，这些参与的模态将会有很大的差异，特别当激励是高频激励或低频激励时。因此，描述结构的响应需要许多阶模态，对于每种不同的载荷情况，将有一些确定的模态用于描述这种载荷下的结构响应。这类似于菜谱中有许多食材，但是每一套佳肴只需要一些不同的食材是一个道理。
实例 2	我们知道管弦乐队表演时，可能有超过 100 个管弦乐器用于演奏各种不同的乐谱，每个乐谱要求不同的乐器在不同的时刻以不同强度的方式参与演奏。一些乐谱不需要所有乐器参与演奏，因此，每个乐器将不同程度地参与演奏每个特定的乐谱。而每个乐器都有一个可听到的有效频率带宽。再次，这些乐器非常像组成结构动力学特性的所有模态，每阶模态都有特定的频率，并且将以不同程度和不同强度参与响应，这依赖于施加的特定载荷。额外需要注意的是，当我们聆听一个调音调得非常好的管弦乐演奏时，音乐听起来会非常好听。但是如果在整个演奏过程中，管弦乐队中的一个管弦乐器演奏不协调，那么这时听起来感觉极差。如果观察整个管弦乐队，很难确定到底发生了什么和很难找到这个不协调的成员。但是如果单独考虑每一个乐器成员，那么将很容易确定问题在哪，并且很容易改正。而结构响应原来也有相似的现象。如果响应是可接受的，那么不需要考虑每一个贡献者。但如果结构响应很大，不可接受，那么很难确定怎么去解决这个问题，除非我们能确定每一阶模态以及它的贡献。因此，模态分析对设计起着巨大的作用。根据它的频率和模态振型可以确定结构每一阶模态是怎样起作用的，以及它们对系统总响应的贡献。

因此，本质上讲，模态分析是研究结构的固有特性。明白固有频率和模态振型，对噪

声和振动方面的结构系统设计有帮助。我们使用模态分析帮助设计许多类型的结构，包括机动车、飞行器、太空飞船、计算机、网球拍、高尔夫球杆……这些例子举不胜举。在后续章节中将会给出更详细的介绍。

在以上的讨论中，我们已经介绍了这样的测量叫作频响函数（FRF），但是它到底是什么呢或者通常我们称什么是 FRF？

1.2 什么样的测量称为 FRF？

在 1.1 小节中，我们已经介绍了频响函数，但到底频响函数是什么呢？频响函数仅仅是结构的输出响应与输入激励力之比。我们同时测量激励力和由该激励力所引起的结构响应（这个响应可以是位移、速度或加速度）。将测量的时域数据通过快速傅里叶变换，从时域变换到频域。任何一个信号处理分析仪和许多计算机软件都有快速傅里叶变换的功能。经过变换，函数最终将呈现为复数形式，包括实部与虚部，或者是幅值与相位。让我们考察这个函数的一些特征，并且试图确定怎样从这些测量函数中提取模态数据。

首先，让我们考察一根只有 3 个测量位置的悬臂梁和它的三阶模态振型（见图 1-8）。这根梁有 3 个可能的力作用位置，也有 3 个可能的响应测量位置。对于这个例子，我们可以得到与自由度（DOF）一样多的模态，但是通常测量自由度远大于能得到的模态阶数。在这个例子中，总共有 9 个可能的复数值频响函数。不同位置的频响函数通常用不同的下标加以描述，下标表明了输入和输出位置，形如 $h_{输出,输入}$（或者用矩阵的典型表示形式 $h_{行,列}$）。

图 1-8b ~ e 给出了频响函数矩阵的幅值与相位和实部与虚部。注意到由实部与虚部组成的复数可以轻易地转换成幅值与相位。因为频响函数是复数，那么我们就可以考察描述频响函数的任一个组成部分和所有部分。关于这个主题更详细的内容将留给后续章节。现在让我们考察每个测量数据。

首先让我们在梁的端部位置 3 处用力锤激励，同时在该位置测量响应，如图 1-9a 所示。此次测量的 FRF 标识为 h_{33}，这个特殊的 FRF 称为驱动点 FRF。驱动点 FRF 具有一些重要的特征：

- 幅值曲线图中所有共振点（峰）和反共振点（峰）交替出现。
- 每经过一个共振点（峰）相位滞后 180°，每经过一个反共振点（峰）相位超前 180°。
- 频响函数的虚部所有峰值方向相同。

接着力锤移动到 2 点进行激励，仍测量 3 点的响应，然后移动力锤到 1 点，测量 3 点的响应，得到另外两个频响函数（见图 1-9b）。注意到所有的测量都是相对于测点 3 进行的，因此，这个测点通常称为“参考点”。当然，可以测量一些或全部剩余的输入-输出位置的组合。因此，我们对于“可能的”采集有一些想法。然而，在这个例子中，我们仅测量了频响函数矩阵的一行，并且是矩阵的最后一行。需要着重注意的是频响函数矩阵是对称的，这是因为描述系统的质量矩阵、阻尼矩阵和刚度矩阵是对称的。所以，我们可以看出 $h_{ij}=h_{ji}$，这个特性称作“互易性”。这意味着我们不需要测量频响函数矩阵的所有元素，可以通过互易性特性确定许多元素。

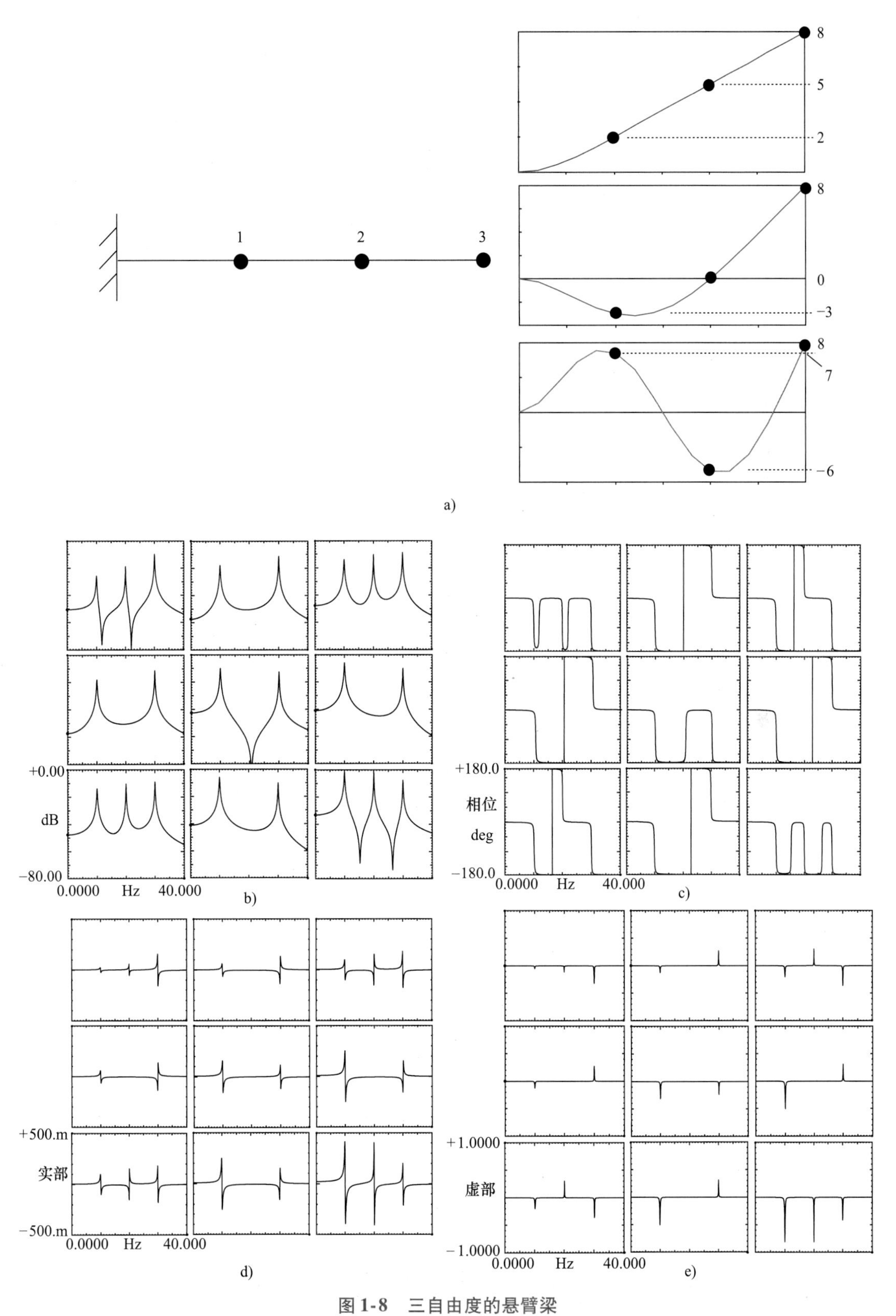

图1-8　三自由度的悬臂梁

a）用于输入-输出频响函数矩阵的模型　b）频响函数的幅值　c）频响函数的相位

d）频响函数的实部　e）频响函数的虚部

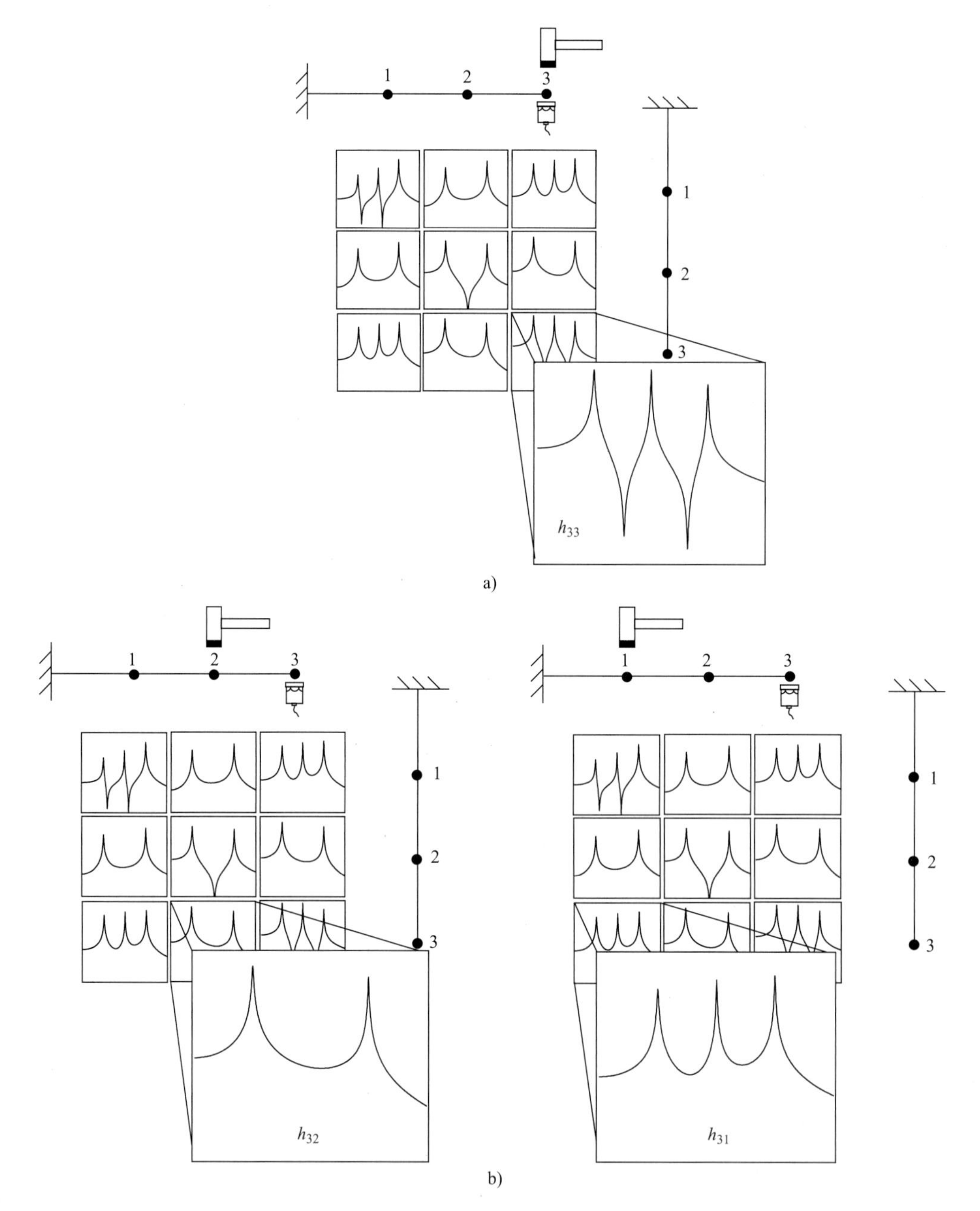

图 1-9　三自由度悬臂梁

a）参考点 3 的驱动点 FRF（幅值）　b）参考点 3 的跨点 FRF（幅值）

似乎总会出现这样一个问题：是否有必要测量所有可能的输入-输出组合，为什么从频响函数矩阵的一行或一列就可以得到模态振型。

为什么只需要频响函数矩阵的一行或一列?

理解怎样由频响函数矩阵的元素获得模态振型对我们来说非常重要。在这不涉及数学层面的知识，让我们来讨论这一点，数学公式在后续章节的理论部分会涉及。

首先让我们考虑频响函数矩阵的第三行，并且专注于第 1 阶模态（蓝色）。检查每个频响函数虚部的峰值幅值，很容易就能得到结构的第 1 阶模态振型，如图 1-10a 所示。因此，由测量数据提取模态振型似乎相当直观。一种快速但又粗糙的方法就是在许多不同的测点处仅仅测量频响函数虚部的峰值幅值。显然，第 1 阶模态（蓝色）的弯曲变形模式由这三个测点的这些幅值就可得到。

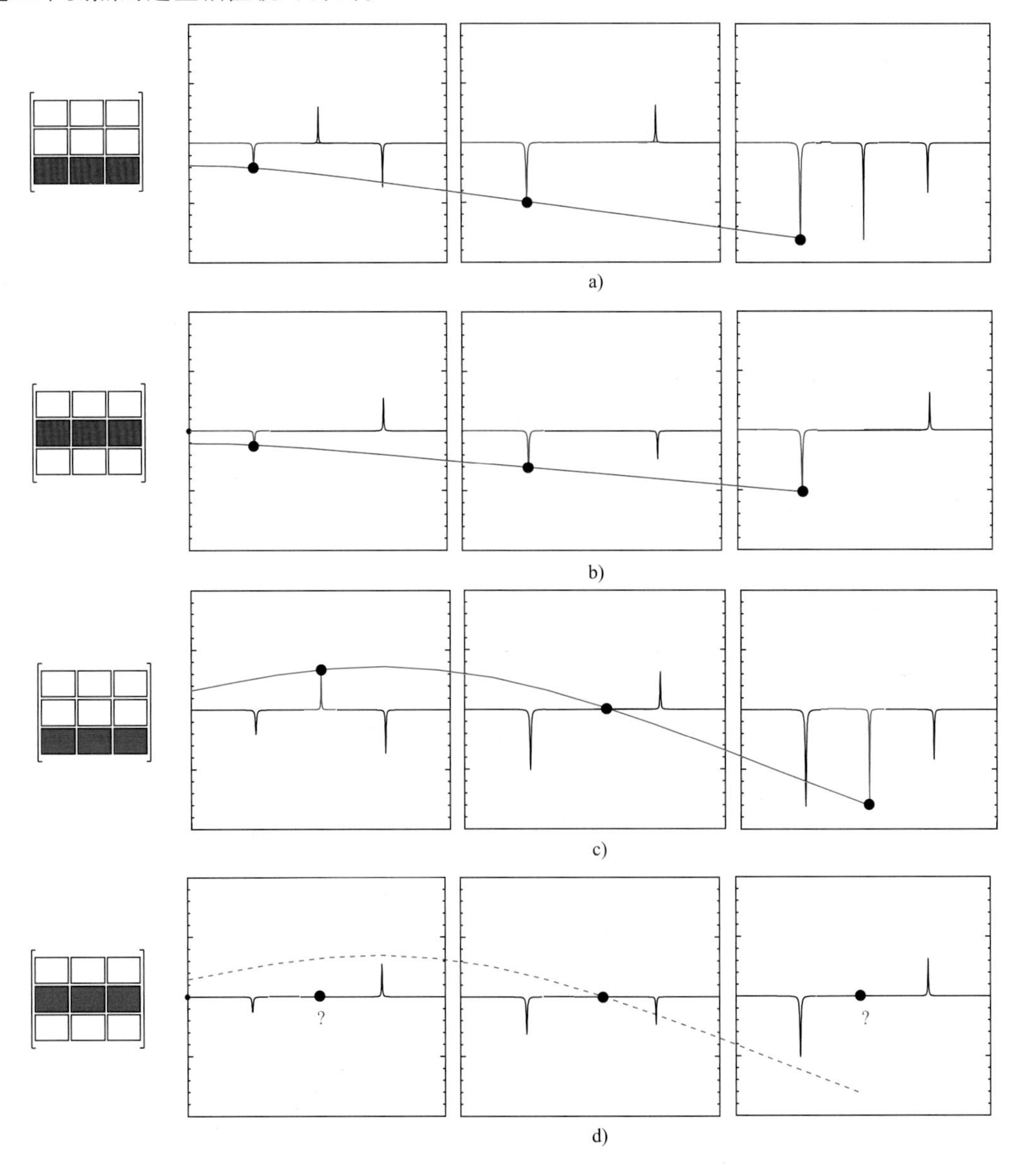

图 1-10　三自由度梁

a）由频响函数矩阵第三行得到第 1 阶模态　b）由频响函数矩阵第二行得到第 1 阶模态

c）由频响函数矩阵第三行得到第 2 阶模态　d）由频响函数矩阵第二行得到第 2 阶模态

图 1-10a 中的频响函数测量时，加速度计固定在测点 3 处，力锤锤击三个测点。但是如果将加速度计布置在测点 2 处，那么我们可以采集到频响函数矩阵的第二行，因为力锤锤击了每个测点。现在观察频响函数矩阵的第二行，并且也专注于第 1 阶模态（见图 1-10b）。第 1 阶模态振型（蓝色）很容易就可以由频响函数的虚部峰值幅值得到，从这一行也可得到

第 1 阶模态振型。再次，由这三个测点的频响函数虚部峰值可清晰地看出第 1 阶模态（蓝色）的变形模式。但是，需要着重指出的是第二行的虚部峰值幅值小于频响函数矩阵第三行的虚部峰值幅值。

我们同样可以从频响函数矩阵的第一行看出这一阶模态振型。这是理论所表达的内容的一种简单形象的描述。我们可以使用频响函数的任一行去描述系统的模态振型。所以，很显然这些测量函数包含的信息与系统模态振型相关。

现在让我们再次观察频响函数矩阵的第三行，并且专注于第 2 阶模态（红色表示，见图 1-10c）。如果还是观察频响函数虚部的峰值幅值，可以很容易看出第 2 阶模态振型。显然，第 2 阶模态（红色）的变形模式也可从这三个测点的虚部幅值看出。

而观察频响函数矩阵的第二行（与第 1 阶模态一样），专注于第 2 阶模态，此时我有一小点惊奇，因为这一行没有第 2 阶模态可用的虚部幅值，如图 1-10d 所示。我没有预料到这一点，但是如果我们观察第 2 阶模态振型，迅速就会发现测点 2 是第 2 阶模态的节点。此时参考点位于这阶模态的节点上，因而频响函数的虚部峰值幅值为 0。从这个参考点位置不能观测到第 2 阶模态（这实际上是能预料到的）。

这就揭示了模态分析和模态实验过程中一个非常重要的方面：参考点不能位于模态节点上，否则这阶模态在频响函数测量中将不可见，并且得不到这阶模态。稍后，从理论角度来分析，这一点将会变得很清晰。

在这我们仅用了 3 个测点去描述这根悬臂梁的模态。如果我们增加更多的输入-输出测量位置，就能得到更光滑的模态振型。图 1-11 显示了 15 个频响函数，其中前面讨论的 3 个测点的频响函数高亮突出显示。图 1-11 中的 15 个频响函数用瀑布图样式绘出。利用这种绘图方式，通过观察频响函数的虚部峰值能更容易地看出各阶模态振型。这些涉及的理论解释将在其他章节中给出。第 1 阶模态用蓝色表示，第 2 阶模态用红色表示，第 3 阶模态用绿色表示，这种颜色示意方式将贯穿全书。

目前为止，我们所讨论的测量函数是由锤击测试得到的。如果测量的频响函数来自于激振器测试，那会是什么样子呢？

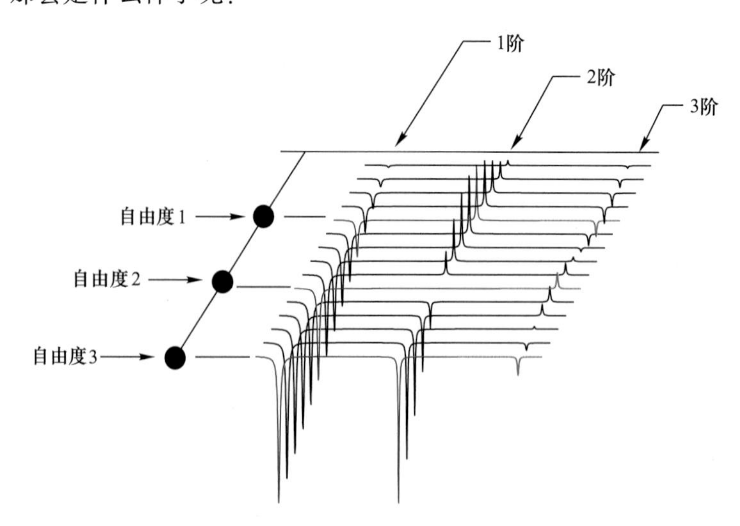

图 1-11　瀑布图显示三自由度悬臂梁的频响函数

1.3　锤击测试和激振器测试有什么不同？

从理论角度讲，频响函数是由激振器测试得到还是由锤击测试得到，并没有什么本质区别。图 1-12a 和图 1-12b 给出了由锤击测试和激振器测试得到的三自由度梁的频响函数。移动力锤测试通常得到频响函数矩阵完整的一行，而激振器测试通常得到频响函数矩阵的一列。因为描述系统的频响函数矩阵是对称的方阵，故互易性是成立的。需要着重注意的是，固定加速度计作为参考点将与频响函数矩阵的一行相关，而固定激励力作为参考点将与频响函数矩阵的一列相关。对于图 1-12 所示的例子，频响函数矩阵的第三行与第三列是相同的。

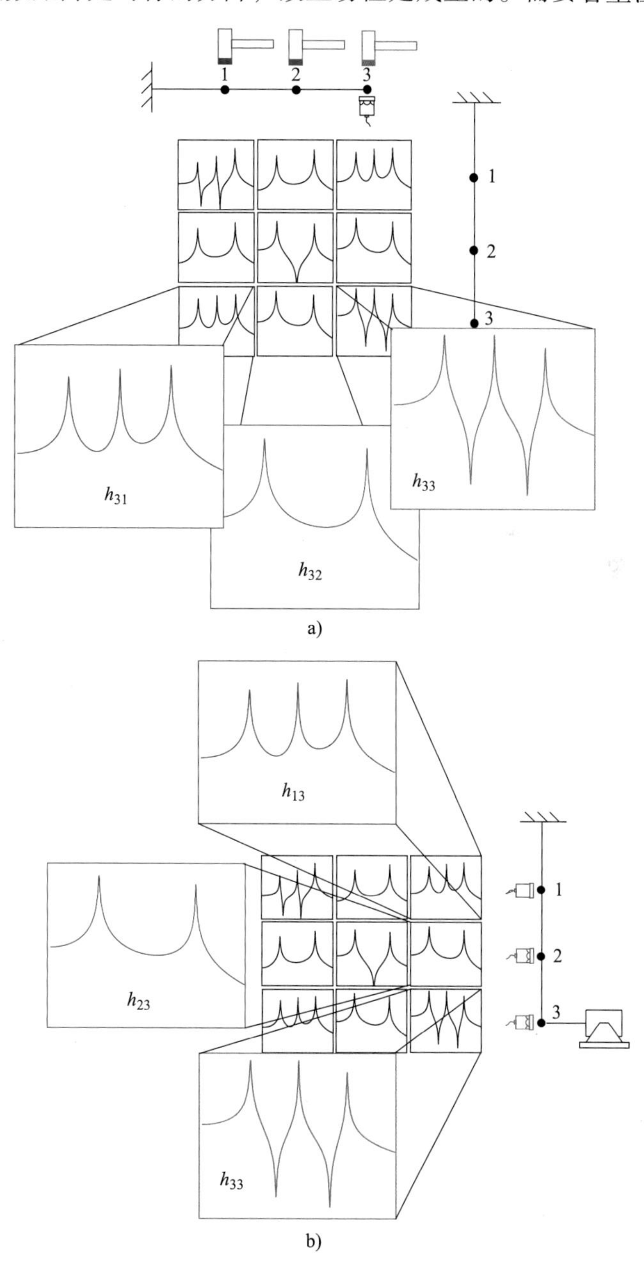

图 1-12　三自由度梁频响函数矩阵测试情景

a）锤击测试　b）激振器测试

理论上讲，激振器测试和锤击测试没有差异。假如我们能够对结构施加一个纯力，力与结构二者之间没有任何相互作用，并且用一个无质量的传感器测量响应，这样传感器对结构没有任何影响，那么上述描述是正确的。但是如果不是这种情况，结果又将怎样呢？

现在让我们从现实角度出发，考虑实际进行的测试。重点就是在模态测试过程中，激振器和响应传感器通常对结构都有影响。需要记住的主要一项是处于测试下的结构已不再是你最初想获得模态参数的那个结构了。因为在结构上已附加了与数据采集相关的东西：结构悬挂系统、安装的传感器的质量、激振器推力杆/顶杆的潜在刚度影响等。因此，虽然理论告诉我们，锤击测试与激振器测试不存在任何差异，但现实中因数据采集方面的原因，二者经常存在差异，后续章节将会用实例来说明这一点。

激振器测试过程中，最明显的差异是由移动加速度计引起的。加速度计的质量相对于结构的总质量可能非常小，但是它的质量相对于结构不同部件的有效质量可能又非常大。多通道测试系统，这个问题更加突出，为了获得所有的频响函数，许多加速度计在结构上移动。这会是个问题，特别是对于轻质结构。纠正此问题的方法之一是在结构上安装所有的加速度计，即使一次测量只用到少数几个加速度计。另一个方法是在非测量位置上安装与加速度计质量相等的质量哑元，这将能消除移动质量的影响。

另一个差异在于激振器推力杆带来的影响。结构的模态可能会受到激振器附件的质量和刚度的影响，虽然我们试图将这部分影响降低到最小程度，但是它们仍然存在。激振器推力杆的作用是分离激振器对结构的影响。然而，对于多数结构，激振器附件的影响仍然显著。因为锤击测试不会遭遇这些问题，所以可能会得到不同的结果。因此，虽然理论告诉我们激振器测试与锤击测试二者不存在差异，但一些非常基本的现实因素却会引起一些差异。后续章节将会对这一点有更详细和更深入的介绍。

计算 FRF 我们实际需要测量什么?

实验模态分析中最重要的测量是频响函数测量。简单地讲，频响函数是输出响应与输入激励力之比。通常使用专门的仪器，如 FFT 分析仪或者具有 FFT 功能的软件和数据采集系统，来获得频响函数。

现在让我们简要地讨论为获得 FRF 所进行的数据采集的一些基本步骤。首先，从传感器输出的信号为模拟信号，必须对这些模拟信号进行滤波处理，以确保没有高频成分混叠到分析频率范围内。通常实现的方法是在分析仪前端使用一组模拟滤波器，称为抗混叠滤波器，它们的功能是移除信号中可能存在的高频信号。相对于更低廉的模数转化器（ADC）而言，高质量、相位匹配的抗混叠滤波器会使 FFT 分析仪价格更高。

下一步是将模拟信号转化成数字信号。这一步由模数转换器实现，模数转换器称为 ADC。通常，数字化过程使用 12 位、16 位或者 24 位的 AD 转换器，可用的 AD 位数越高，信号数字化的分辨率越高。一些主要关心的方面是采样误差和量化误差可能潜在地被引入到数字化近似过程中。采样速率控制着信号的时间分辨率和信号的频率描述，量化与采集到的信号的幅值精度相关。在测量数据的过程中，采样和量化会引起一些误差，但是这些误差远没有信号处理过程中最糟糕的误差——泄漏，所造成的误差严重。

泄漏出现在将时域信号通过 FFT 变换成频域的过程中。傅里叶变换要求捕捉到的信号为全部时间段（时间从 $-\infty \sim +\infty$）的完整信号，或者是周期重复的测量信号。当这个条件满足时，FFT 将在频域得到数据的真实描述。然而，当条件不满足时，泄漏将在频域引起数据严重失真。为了将泄漏引起的失真减少到最小程度，可使用称为“窗”的加权函数，使得时域信号似乎更好地满足 FFT 变换的周期性要求。虽然窗函数能大大地减少泄漏造成的影响，但是并不能彻底消除泄漏。对于通常的信号处理，有多种窗函数可供使用，但是只有少数几个常用的窗函数用于实验模态分析。这些窗函数将在信号处理章节中进行深入讨论。

一旦采集到时域数据，经过 FFT 计算后将得到输入激励和输出响应的线性频谱。通常，对由线性频谱得到的功率谱进行平均。需要计算的平均功率谱主要是输入功率谱和输出功率谱，以及输出与输入信号的互功率谱。对这些函数进行平均，用来计算用于模态数据提取的两个重要的函数：频响函数和相干函数。相干函数作为数据质量评判的工具，确定有多少输出信号与测量的输入信号相关。频响函数包含的信息与系统的频率和阻尼有关，一组频响函数包含的信息与系统在这些测量位置的模态振型相关。这是实验模态分析中最重要的测量。前面所讲的这些步骤的概述，如图 1-13 所示，这张图展示了从一个输

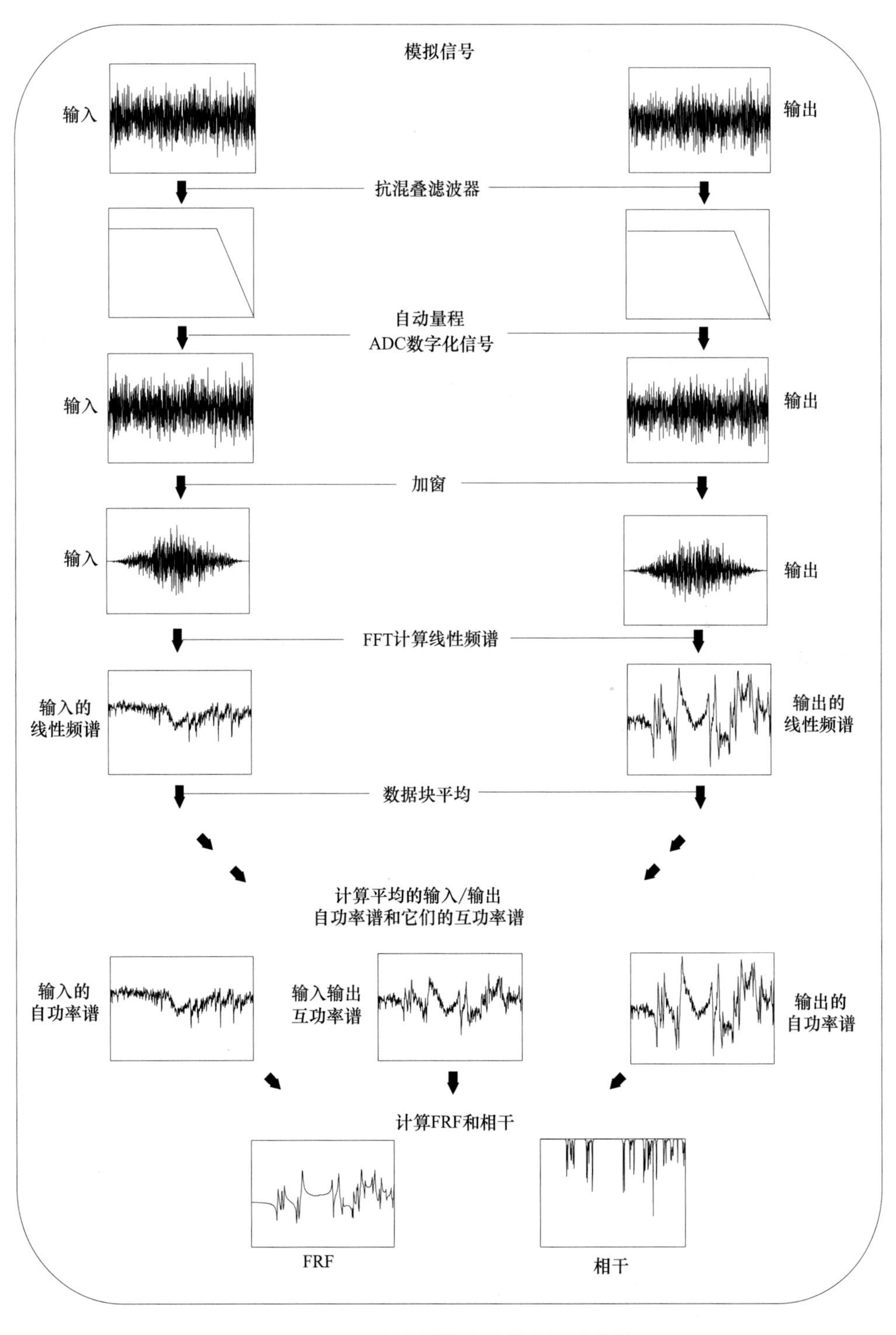

图 1-13　剖析典型的实验模态测试步骤

入作用在系统上，到引起系统相应的输出的测量过程中的一些步骤，包括信号采集、滤波以防止混叠、信号的数字化、加窗（如果需要的话）、FFT 计算线性频谱，然后是功率谱平均，最后是计算频响函数和相干。

当然，数据采集过程包括许多重要的方面，如平均技术用于减少噪声等，这些都将在信号处理章节中进行讨论。任何一本好的数字信号处理参考书都能提供这些方面的知识。接下来需要讨论输入激励。基本上，实验模态分析有两类常用的激励方式：锤击法激励和激振器激励。

现在让我们考虑当进行锤击测试时需要考虑的测试注意事项。

1.4 锤击测试最需要考虑什么？

进行锤击测试时，有很多重要方面需要考虑。但在这儿仅提及其中最关键的两项，与锤击测试相关的所有方面的详细解释将会在锤击测试章节中进行介绍，锤击测试应用将贯穿全书。

首先，选择的锤头对测量数据有重大影响。输入激励的频率范围主要受选择的锤头的硬度控制。锤头越硬，输入激励所激起的频率范围越宽；锤头越软，输入激励所激起的频率范围越窄。这是个一般性的结论，但也有例外的情况，将在后续章节中进行讨论。本质上讲，选择的锤头要确保在考虑的频率范围内能激起所有感兴趣的模态。如果选择的锤头太软，那么将不能充分激起所有感兴趣的模态，无法得到高质量的测量结果（见图 1-14a）。图 1-14 中输入的功率谱没能激起显示的频率范围内所有的模态，图 1-14 中输入功率谱的衰减可以证明这一点。在频率范围的后半段，相干和频响函数的质量都明显变差了。然而，如果我们只关心显示的频谱的前半段，那么这次测量可能不会有问题。通常，我们力图得到一个相当好并且相对平坦的输入激励频谱，如图 1-14b 所示。从改善的相干函数可以证明这次测量的频响函数质量更高。当进行锤击试验时，必须保证选择一个合适的锤头，这样才能激起所有感兴趣的模态，得到高质量的频响函数。对于一次特定的测量而言，通常需要反复几次才能确定选择的锤头合适与否，从而获得可接受的测量结果。

锤击测试第二个重要的方面与响应信号窗函数的使用有关。通常，对于小阻尼结构，锤击激起的结构响应在采样周期的末端不会完全衰减到零。这种情况下，变换后的数据将遭遇严重的数字信号处理的影响，这种影响称为泄漏。

为了将泄漏减少到最低程度，需要对测量数据施加称为窗的加权函数。使用的窗函数强制数据更好地满足 FFT 处理的周期性要求，因而能最小化泄漏带来的失真影响。对于锤击激励，响应信号最常用的窗函数是指数窗。窗函数的使用将使得泄漏减少到最小程度，如图 1-15 所示。指数窗是减少泄漏的方法之一，还有其他一些方法，将在锤击激励章节中进行讨论。

窗函数减少泄漏的同时，会导致数据自身的一些失真，因此，只要可能应尽量避免使用窗函数。对于锤击测试，有两种方法总是需要仔细考虑：选择更窄的测量带宽（BW）以及提高谱线数。这两个信号处理参数都会增加时域测量采样时间。这将倾向于减少指数窗的使用，并且应当总是考虑它们，以减少泄漏所带来的影响。在锤击测试和应用章节中将对锤击测试进行更为广泛的介绍。

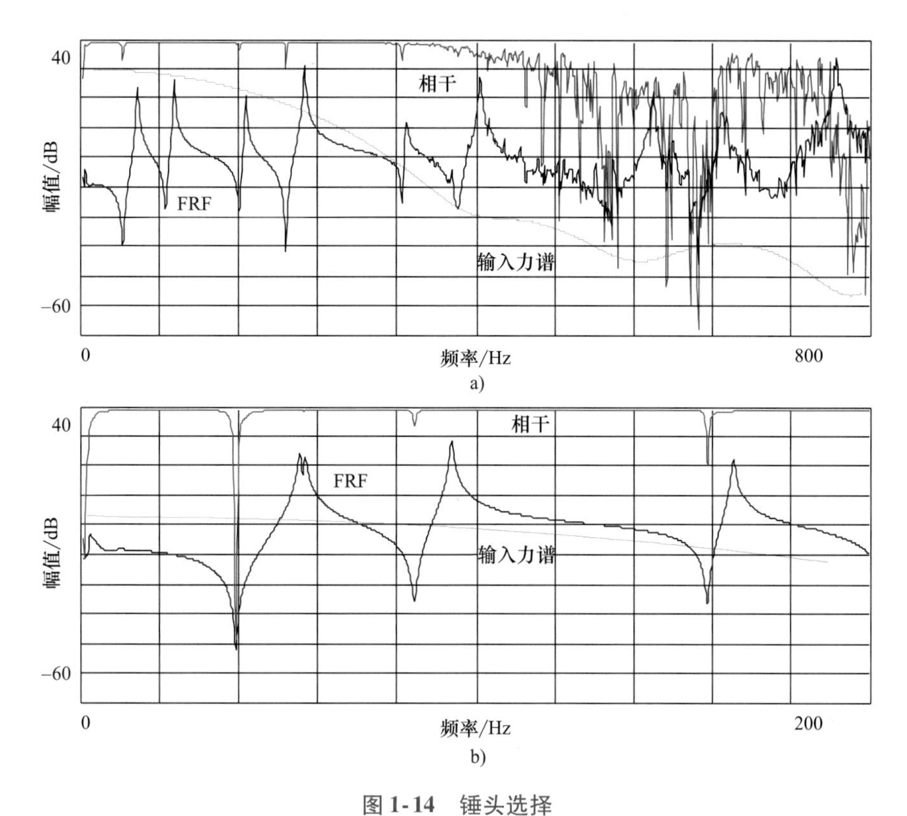

图 1-14　锤头选择

a）选择的锤头不能充分激起所有模态　b）选择的锤头充分激起了所有模态

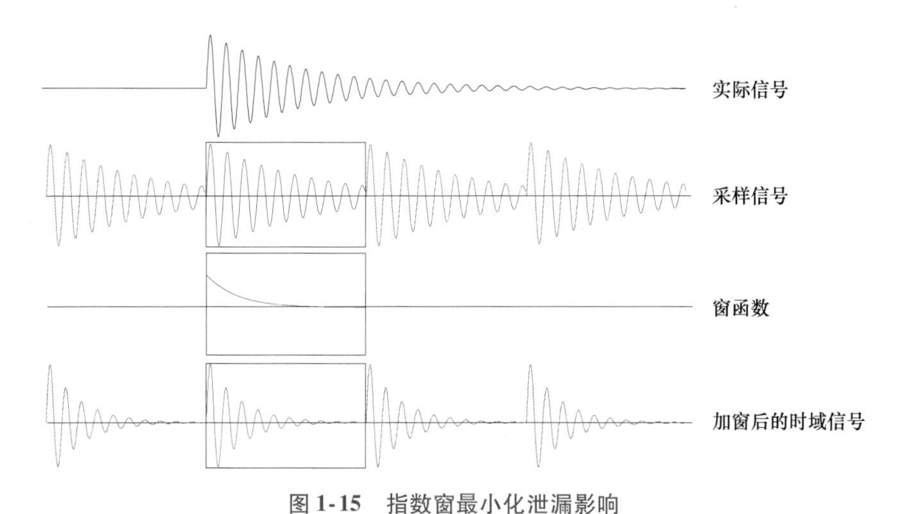

图 1-15　指数窗最小化泄漏影响

现在让我们考虑进行激振器测试时，需要考虑的测试注意事项。

1.5　激振器测试最需要考虑什么?

同锤击测试一样，激振器测试同样有许多重要的考虑事项。但是在这些考虑事项中，最重要的是使用的激励信号能减小窗函数的使用或者完全不需要使用窗函数。激振器测试还有许多其他重要的考虑事项，关于这些的详细说明会在激振器测试章节中进行介绍。

随机激励是当今最常见的激励技术之一，这是因为它易于实现，但由于激励信号的自身特性，泄漏仍是考虑的关键因素，因此常常施加汉宁窗以减少泄漏。即使加窗函数，泄漏影响仍然很严重，使得测量的频响函数仍然失真。图 1-16 所示为一个典型的加汉宁窗的随机激励信号。从图 1-16 中可以看出，汉宁窗使得采样信号似乎更好地满足 FFT 变换的周期性要求，因而能减少由泄漏带来的潜在失真。虽然加窗能改善因泄漏引起的 FRF 失真，但是窗函数并不能完全消除这些影响，这些 FRF 总是会存在一些因泄漏引起的失真。

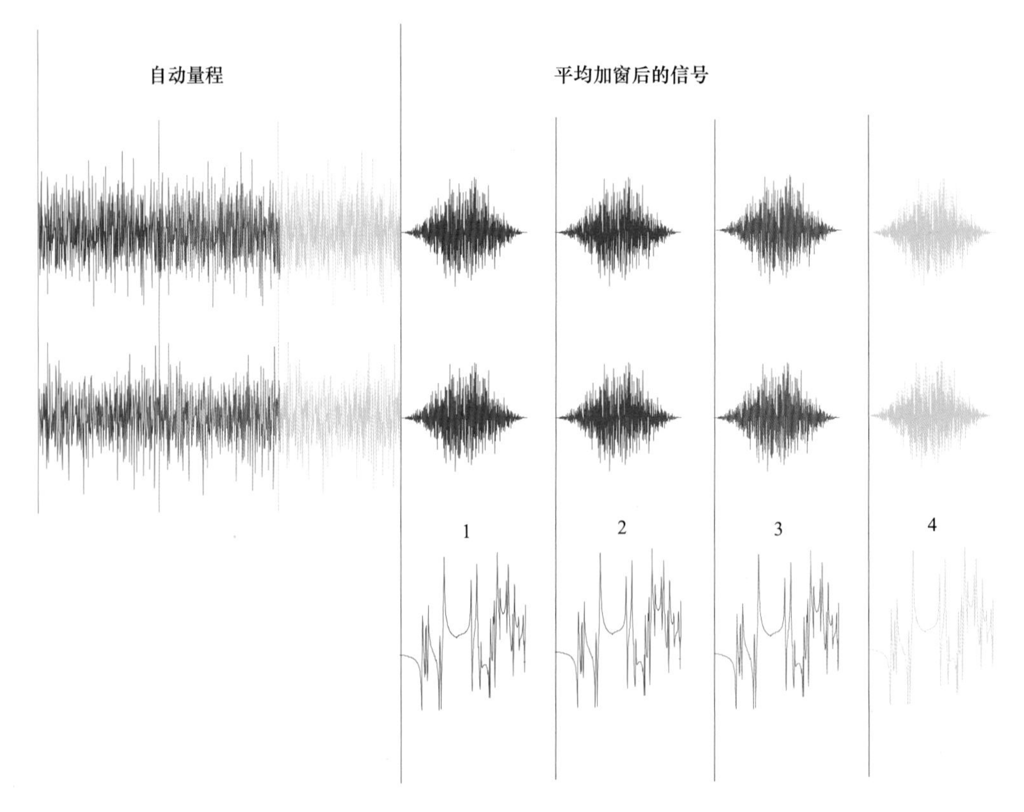

图 1-16　激振器测试：随机激励加汉宁窗

两个非常普遍的激励信号是猝发随机和正弦快速扫频。两个激励信号都有一个特别的特征：不需要为信号施加窗函数，因为几乎在所有的测试情况中，这两个信号天生不存在泄漏。这两个激励信号使用起来相对简单，在当今大多数信号分析仪中，都非常常见。这两个信号如图 1-17 和图 1-18 所示。

猝发随机激励由于整个瞬态激励信号和响应信号在一个采样周期内能完全捕捉到，因而满足 FFT 变换的周期性要求。对于正弦快速扫频激励，激励信号在采样时间长度内重复出现，也满足 FFT 变换的周期性要求。尽管还存在其他一些激励信号，但是这两个激励信号是目前模态测试中最常用的。关于激振器测试和激励信号更详细的说明将在激振器测试与应用章节中进行介绍。到现在为止，我们对怎样进行测量已有了更深的认识。

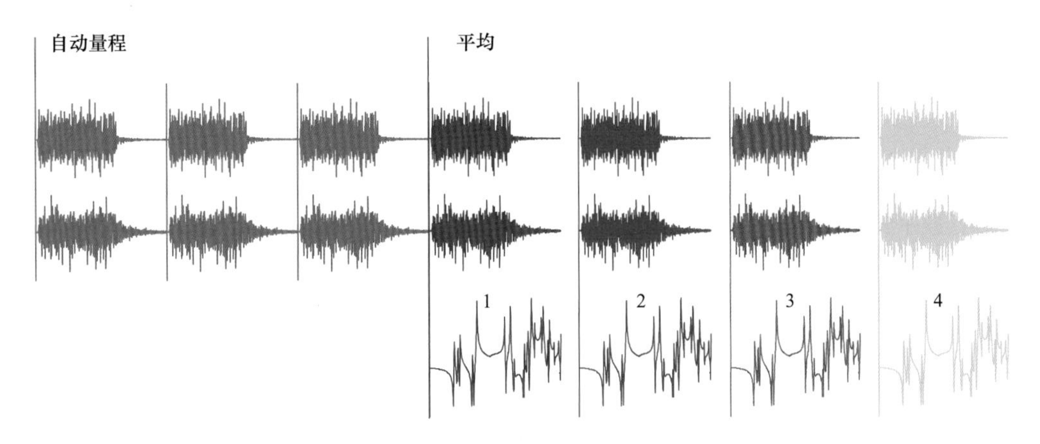

图 1-17　不加窗的猝发随机激励

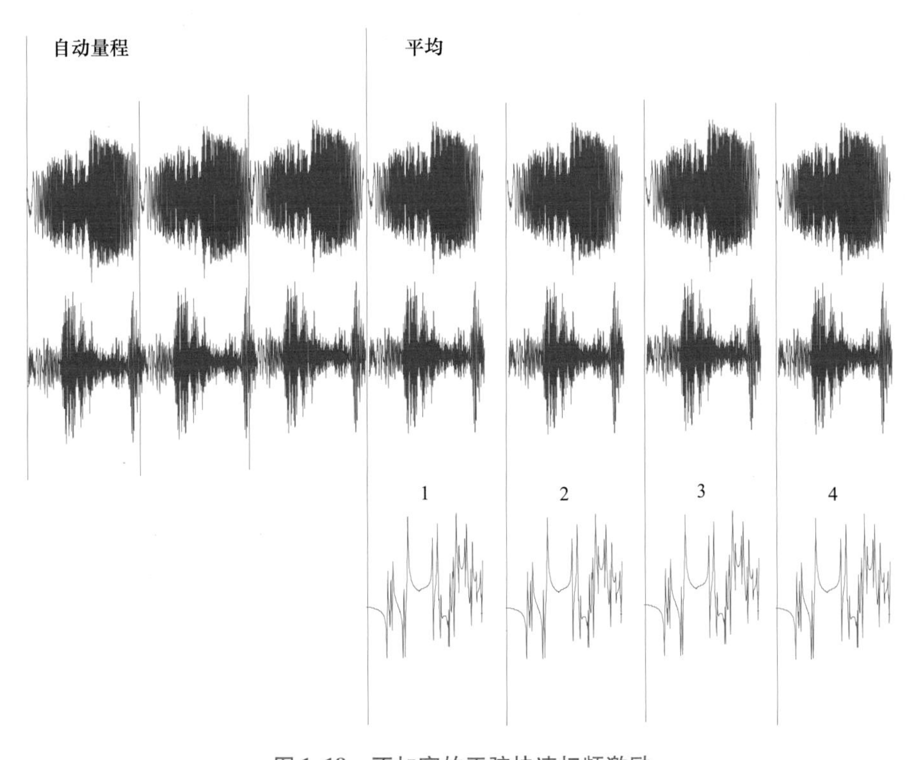

图 1-18　不加窗的正弦快速扫频激励

1.6　请告诉我窗函数的更多方面，它们似乎相当重要！

在许多测量情况中，窗函数是一个必要的“邪恶”工具。虽然优先考虑不使用任何窗函数，但泄漏是绝对不能接受的。正如前面讨论的一样，有多种激励方法能提供无泄漏的测量，因而不需要使用任何窗函数。然而，很多时候，特别是现场实验和采集工作数据时，窗函数又是必需的。

那么，最常用的窗函数有哪些呢？本质上，当今最常用的窗函数是矩形窗、汉宁窗、平顶窗、力窗和指数窗。此处不对这些窗函数做详细介绍，仅简单地说明在实验模态测试过程中，每种窗函数在何时应用。关于窗函数的更多讨论将在信号处理与测量章节中进行介绍。

矩形窗（也叫均衡窗或不加窗）是单位增益的加权函数，作用于一个数据块或数据记录中所有数字化的数据点。当采集的整个信号全部位于一个数据块内或数据记录内，或者保证信号满足 FFT 处理的周期性要求时，通常加矩形窗。矩形窗可用于锤击测试，但要求输入信号和响应信号在一个采样记录内能完全被观测到。矩形窗也可用于激振器测试，如激励信号为猝发随机、正弦快速扫频、伪随机或数字步进正弦，所有这些激励信号通常都满足 FFT 变换的周期性要求。

汉宁窗是个余弦状（钟状）的加权函数，强制采样时段的起始端和末端严重计权至零。这对那些不满足 FFT 变换周期性要求的信号非常有用。随机激励和通常的现场实验信号都属于这一类，因而要求加窗，如加汉宁窗。

平顶窗对于不满足 FFT 处理周期性要求的正弦信号最为适用。这个窗函数经常用于校准目的或定速激励时。

力窗和指数窗通常用于锤击激励。力窗是单位增益的窗函数，仅作用于脉冲激励发生的那部分时段。指数窗通常用于在采样周期内信号没有完全衰减到零的响应信号。应用的指数窗迫使响应信号更好地满足 FFT 变换的周期性要求。

每个窗函数对数据的频域描述都有影响。一般而言，窗函数将降低函数峰值幅值的精度，并且使得最终得到的阻尼似乎比实际真实存在的阻尼要大。尽管这些误差完全是不想要的，但相比泄漏造成的严重失真而言，它们还是更能让人接受。关于信号处理和测量定义的章节将有更深入的材料来解释这些方面。

1.7 从平板的 FRF 怎样得到模态振型？

到现在为止，我们已经讨论了获得频响函数的各个方面，让我们再返回到本章开始讨论的平板结构中来，并对其进行一些测量。在平板上布置 6 个测点，因而在平板上有 6 个可能的激励位置和 6 个可能的响应测量位置。这意味着总共能得到 36 个可能的输入-输出频响函数。频响函数描述了在外力作用下，平板将怎样响应。如果我们将力作用在 1 点，在 6 点测量响应，那么 1 点和 6 点之间的传递关系描述了系统的响应行为（见图 1-19）。

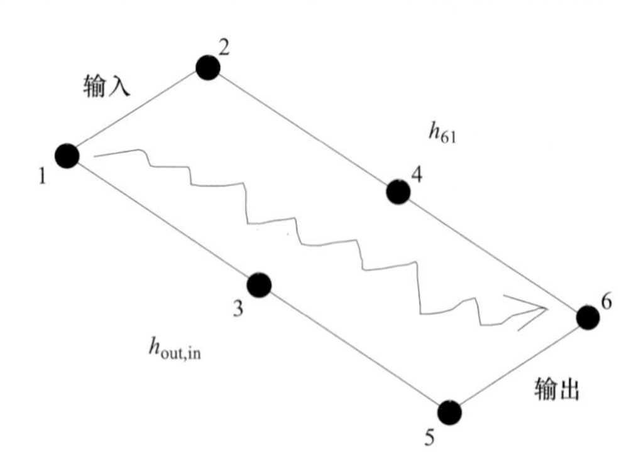

图 1-19　输入输出测量位置

如果我们测量平板上 6 个频响函数，那么我们可以进行与 1.2 节相同的峰值拾取处理。如果我们估计第 1 阶模态，观察频响函数的虚部，评估第 1 阶模态（蓝色）的峰值，如图 1-20所示，那么我们可以看到测点 1 和 2 幅值都为 -1，测点 5 和 6 的幅

值也是 -1，但是测点 3 和 4 的幅值为 +1。从这六个测点可以看出这是平板的第 1 阶弯曲模态。当然，图 1-20 中显示了 45 个点用于显示第 1 阶模态振型，显示所有的测点可能有些冗余，使得图形更凌乱，但是显然，平板的第 1 阶弯曲模态振型（蓝色）趋势更明显。

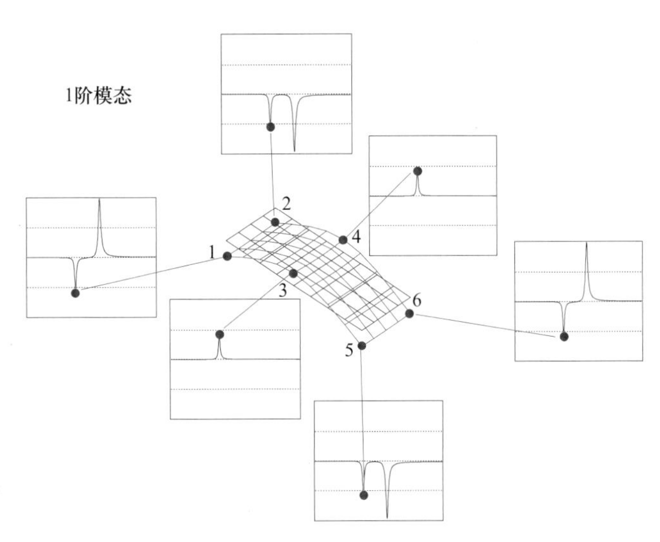

图 1-20　平板的第 1 阶模态振型：FRF 的峰值拾取

如果我们移动到红色表示的第 2 阶模态（见图 1-21）上，我们同样观察频响函数的虚部峰值幅值。可以看出测点 1 幅值为 +2，而测点 2 的幅值为 -2，在平板的另一端，测点 5 的幅值为 -2，测点 6 的幅值为 +2。这就表明这是一阶扭转模态，这一点可由图 1-21 所示的 45 个测点表示的振型得到确认。然而，要着重注意到测点 3 和 4 幅值为 0，这意味着这些测点是节点，通过振型也可以看出它们是模态节点。

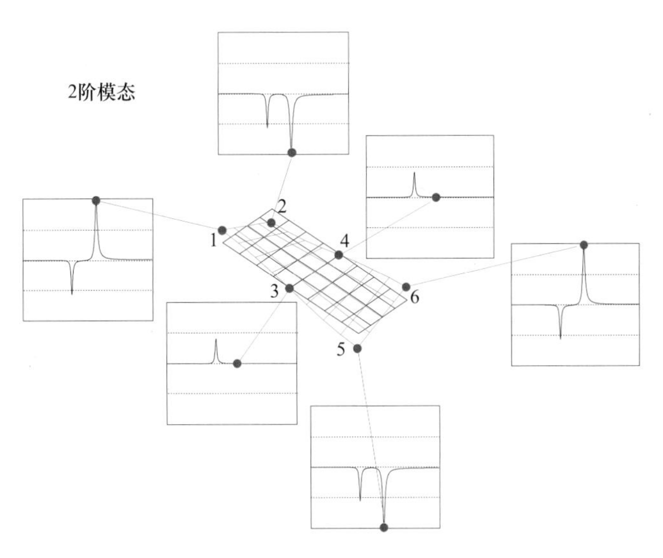

图 1-21　平板的第 2 阶模态振型：FRF 的峰值拾取

尽管对非常简单的结构，峰值拾取技术已经足够，但我们通常使用数学算法从测量数据中去估计模态参数。模态参数估计过程，通常称为曲线拟合，用计算机软件简化了参数提取过程。从频响函数中提取到的基本模态参数为频率、阻尼和模态振型，统称为动力学特征。测得的频响函数通常被分解成多个单自由度系统，如图 1-22 所示。图 1-22 的上半部分所示为一个典型的频响函数的幅值，下半部分所示为由上面的频响函数得到的单个单自由度（SDOF）系统的频响函数幅值。实际上，模态参数估计过程试图对测量得到的频响函数进行分解，分解成基本的组成部分，这些也就是频率、阻尼和模态振型。结构测试工程师的主要工作是获得频响函数，将这些频响函数转换或分解成它们包含的基本信息。

这些曲线拟合采用多种不同的方法提取参数。一些技术利用时域数据，而另一些技术利用频域数据。最常用的方法是使用多自由度方法，但是有时，在许多工程分析中，非常

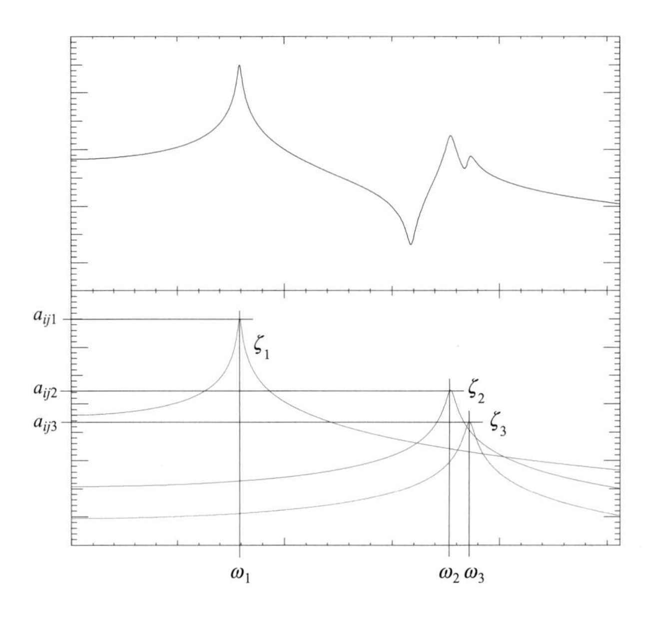

图 1-22　频响函数分解

简单的单自由度方法也能得到相当不错的结果，如图 1-23 所示。再次，从整个频响函数可以得到单个模态的频响函数。所有的估计算法都试图将测量数据分解成组成测量数据的主要分量，也就是频率、阻尼和模态振型。

拟合过程中，分析者必须为参数提取指定频率带宽、数据中包含的模态阶数和残余补偿项，这个示意过程如图 1-24 所示。虽然测量时获得频响函数非常关键，而且有时是一个相当耗费时间的过程，但模态参数提取过程也相当乏味，特别是没有获得高质量的测量时。通常的做法是对一定频率带宽的频响函数进行拟合，这样相当于将一些模态分组了。一些情况下，确定分析带宽内有多少阶模态是非常困难的，特别是对模态密集的情况。有一些工具可以帮助确定模态的数量。

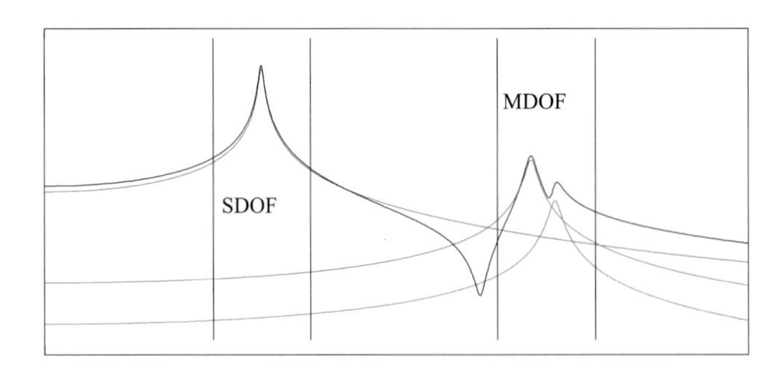

图 1-23　不同的频带使用不同的曲线拟合方法

关于从测量数据中估计模态参数、可用于解密数据的工具以及模态参数验证等，都需要做更详细的介绍，这些更详细的解释将在模态参数估计章节中给出。

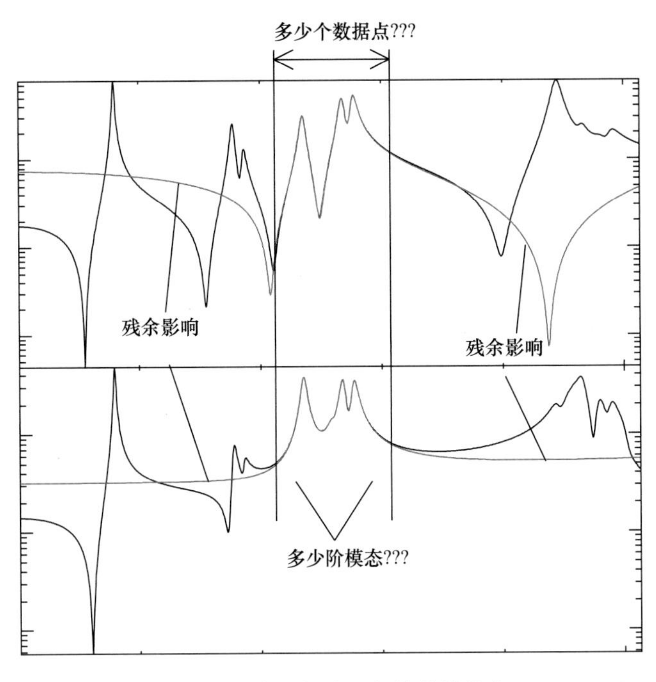

图 1-24　典型频响函数的曲线拟合

1.8　模态数据和工作数据

所有结构对施加到结构上的外力都有响应，但经常这个力是未知的或者不容易测量到。即使不能测量到这个力，但我们仍然能测量结构的响应。因此，下一个经常提到的问题便是工作数据。

1.8.1　什么是工作数据?

我们首先需要认识到系统对施加在系统上的力有响应（不管这个力能否测量到）。出于解释目的，我们暂且假设力是已知的。虽然施加的外力实际上是时域形式，但从频域上描述力和响应具有非常重要的数学优势。对于一个受到任意输入激励的结构而言，响应可通过频响函数乘以激励力函数计算得到，这个过程很简单，如图 1-25 所示。图 1-25 中给出的激励是能激起结构所有频率的随机激励。最需要注意的是频响函数对引起响应的输入激励起到了滤波器的作用。给出的激励信号能激起所有模态，因此，响应通常是这个输入力激起的所有模态的线性叠加。

显示的激励是随机激励，因而响应本质上也是随机的，如图 1-25 中的时域信号所示。然而，观察时域信号很难确定哪些响应占主导地位。倘若响应量级是可接受的，那么真的没有必要进一步评估响应。但是，如果响应是不可接受的，那么考虑引起这个讨厌的响应的频率或一些频率成分就非常有好处了。因此，通过输入和响应信号的 FFT 变换，对于哪些模态引起了这个讨厌的响应就非常明显了。观察响应的功率谱，可以看到有两个占主导地位的频率峰值。为了理解到底发生了什么，可以关注结构实际的变形模式。

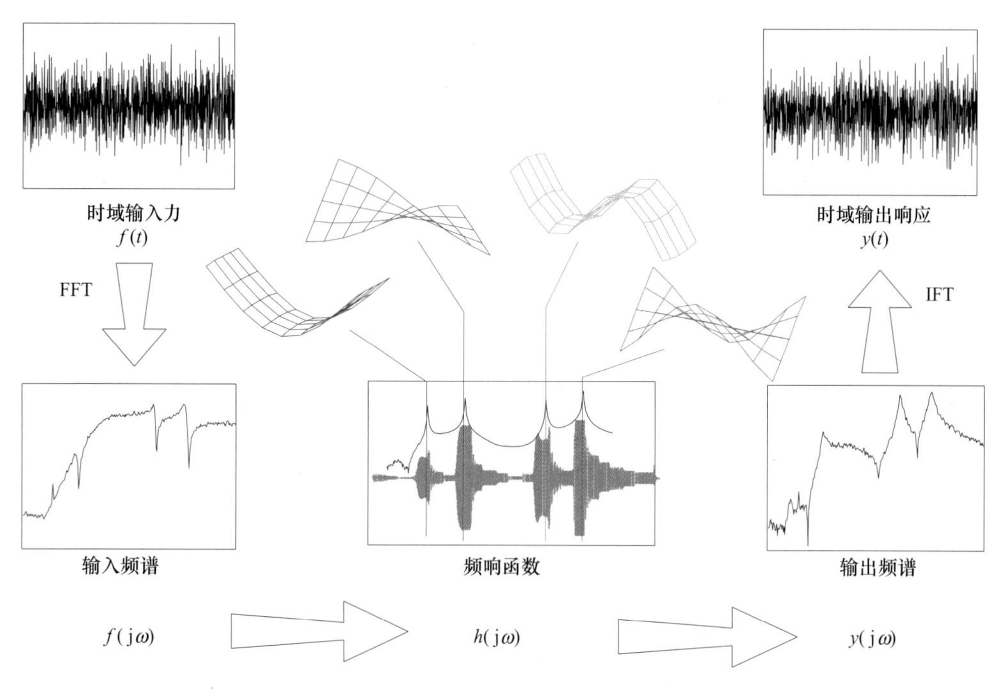

图 1-25　输入-输出结构响应问题的概况示意图

如果激励信号不包含所有的频率成分，仅能激起某一个特定频率（这种情况常见于定转速工况）时，将出现什么情况？这种情况下，对于理解强迫响应下的变形模式很有益处。

为了说明这一点，继续使用前面讨论过的平板例子。假设这个平板系统存在一些工作条件，考虑一个固定频率的运行不平衡方式作为激励。使用以前测量的同一组加速度计测量系统响应看来是合理的。如果我们采集数据，可以看到如图 1-26 所示的系统变形模式。观察这个变形，不清楚结构为什么会这样响应，或者怎样做来改变结构的响应。为什么平板变形如此复杂？这似乎不像我们以前测量得到的任何模态振型。

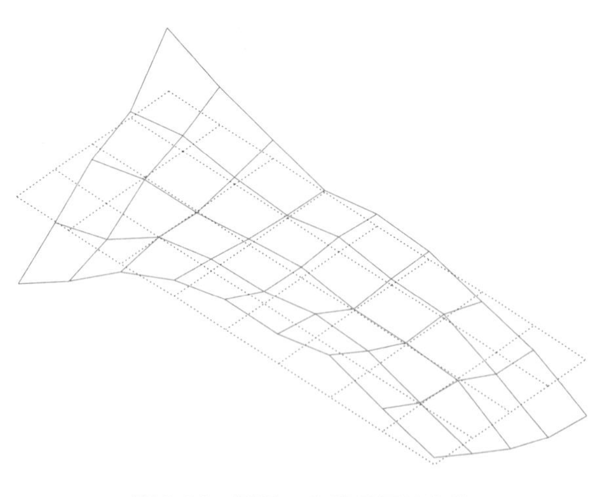

图 1-26　测量工作状况下的位移

为了明白这一点，让我们仍然以那块平板为例，在其一角点施加一个正弦激励。对于这个例子，我们只打算考虑平板的响应，假设这个正弦激励只激起了平板的前两阶模态，当然平板有很多阶模态，我们只是这样简单假设而已。决定响应的关键因素是输入输出位置之间的频响函数。同样，我们需要记住的是当我们采集工作数据时，不测量作用在系统上的输入力，不测量系统的频响函数，仅仅测量系统的响应。

首先，我们用一个频率刚好等于平板第 1 阶固有频率的正弦信号激励该系统，系统的一条频响函数曲线如图 1-27 所示。即使我们仅仅是在一个频率处激励该系统，我们知道，频响函数是个滤波器，它决定了结构将如何响应。我们可以看出频响函数由 1 阶模态和 2 阶模态两者的贡献共同组成，也可以看出响应的主要贡献，不管是在时域还是频域，都是第 1 阶模态为主。假如我们只在那个频率处测量结构多个测点的响应，那么得到的系统的工作变形模式看起来非常像 1 阶模态振型，但是里面含有少许 2 阶模态的贡献。记住，对于工作数据，我们从不测量输入力或者频响函数，仅仅测量输出响应，测量得出的变形是输入激励引起的结构实际响应，且不管是何种输入激励。

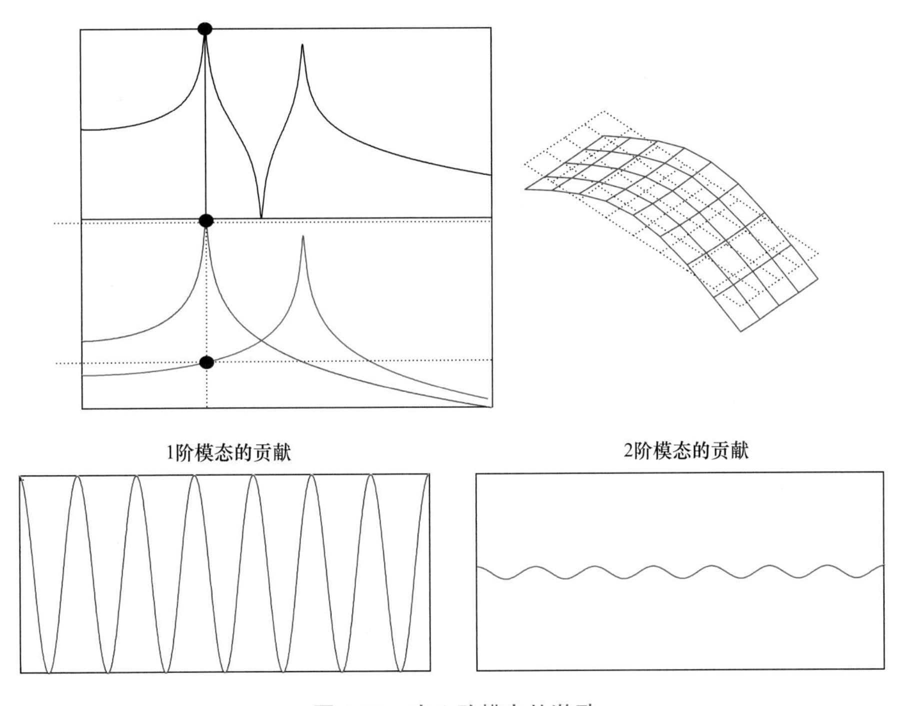

图 1-27　在 1 阶模态处激励

当我们测量频响函数和估计模态参数时，实际上是确定单独 1 阶模态（图 1-27 中蓝线表示）对总的频响函数的贡献、确定单独 2 阶模态（图 1-27 中红线表示）对总的频响函数的贡献以及系统所有其他阶模态对总的 FRF 的贡献。而对于工作数据，我们只是在某一特定频率处考虑结构的响应，它是对系统总响应有贡献的所有模态的线性组合。因此我们现在明白了，如果激励主要是激起 1 阶模态，那么工作变形模式将看起来与第 1 阶模态振型非常相像。

现在让我们刚好在系统第 2 阶固有频率处激励，图 1-28 给出了与刚才前面讨论的 1 阶模态相同的信息，但是在此我们主要是激励系统的第 2 阶模态。同样，我们必须认识到系统响应看起来像 2 阶模态，但是在此也有少许 1 阶模态的贡献。

当激励远离某一个共振频率时，会发生怎样的情况？让我们在 1 阶与 2 阶之间的某个频率处激励，这时我们可以看出模态数据与工作数据二者之间真正的差异。图 1-29 给出了结构的变形形状。

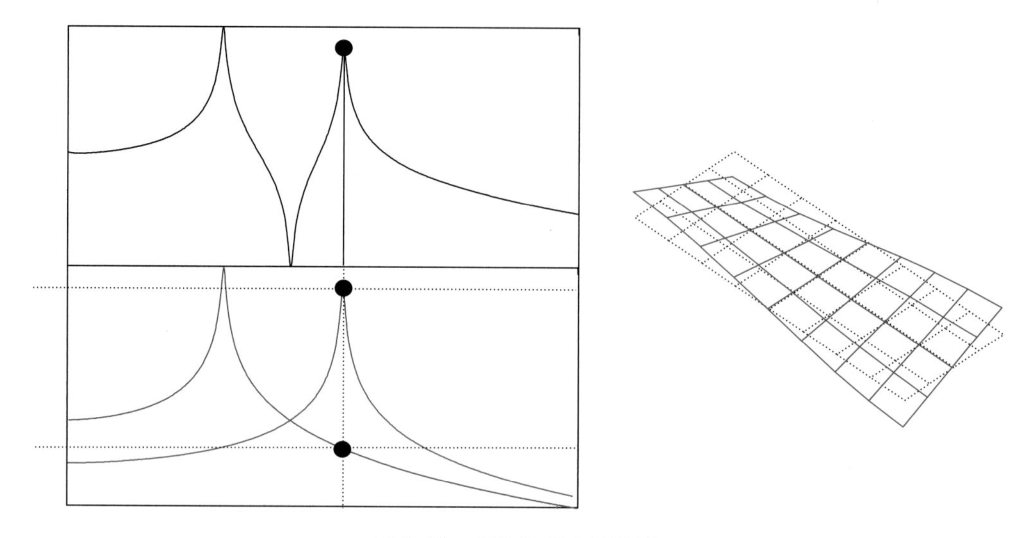

图 1-28　在 2 阶模态处激励

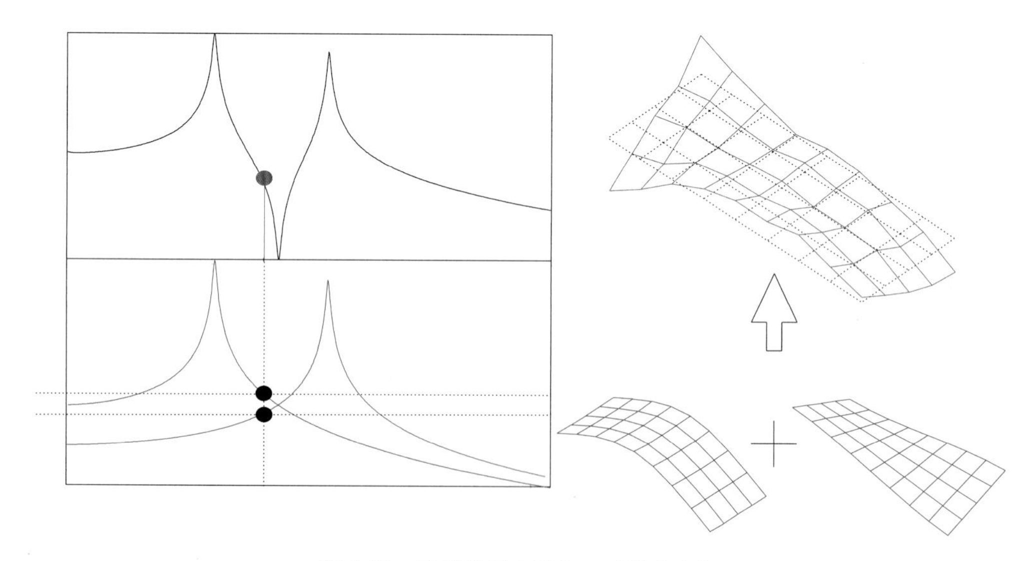

图 1-29　激励位于 1 阶和 2 阶模态之间

乍一看，图 1-29 中右上角显示的变形似乎不像我们以前认识的任何变形，但是如果我们长时间观察，就会发现变形中有少量 1 阶弯曲变形和少量 1 阶扭转变形。因此，工作数据主要是 1 阶和 2 阶模态振型的某种组合（一点也不假，实际上还有其他阶模态，但主要是 1 阶和 2 阶模态参与系统响应）。

现在，通过理解每阶模态对频响函数的贡献量，我们已经讨论了所有这一切。当我们实际采集工作数据时，我们不测量频响函数，而是测量输出频谱。由这些输出频谱，我们不明白为何工作数据看起来像模态振型。图 1-30 展示了在平板结构某一位置测量得到的输出频谱。施加在结构上的激励频率带宽更宽，且能激起多阶模态。然而，通过理解每一阶模态对工作数据的贡献，更易于明白每一阶模态对系统总响应的贡献。

因此，工作变形与模态振型有很大的差别：我们现在明白了模态振型按某种线性方式叠加形成了工作变形。但是通常我们感兴趣的是系统总变形或者总响应。为什么我还要这么费劲地采集模态数据呢？模态数据采集和参数提取过程似乎有更多的工作要做。

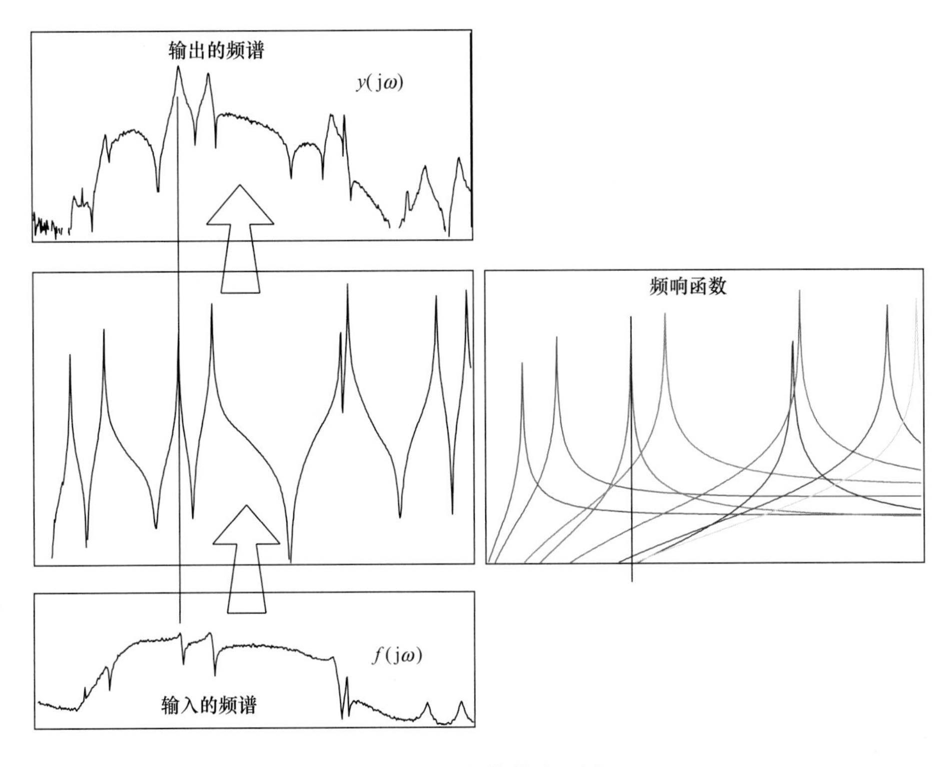

图 1-30　宽带激励平板

1.8.2　什么是好的模态数据？

几乎在任何一个结构设计中，模态数据都是非常有用的信息。在设计过程中理解和可视化模态振型是非常有意义的，它可以帮忙设计人员确定结构的薄弱区域。开发模态模型对于仿真和设计研究工作非常有用，这些方面的研究之一就是结构动力学修改（SDM）。结构动力学修改是一种数学处理方法，它利用模态数据（频率、阻尼和模态振型）确定由于物理结构的修改所引起的系统动态特性的改变效果。实际上，这些计算可以在无需对实际结构做物理修改的前提下进行，直到达到合适的设计更改为止，图 1-31 所示为结构动力学修改的示意图。有关结构的动力修改有太多可讨论的地方，但这已超出了本书的范畴。

除了结构动力学修改研究之外，还可以进行其他一些仿真，比如强迫响应仿真预测因外力引起的系统响应。模态测试另一个非常重要的应用是相关性分析，与分析模型，如有限元模型，进行相关性分析。模态模型的使用有几个更重要的方面，这些方面如图 1-32 所示。

最后一个经常问到的问题是进行哪种测试最好：模态测试还是工作测试。

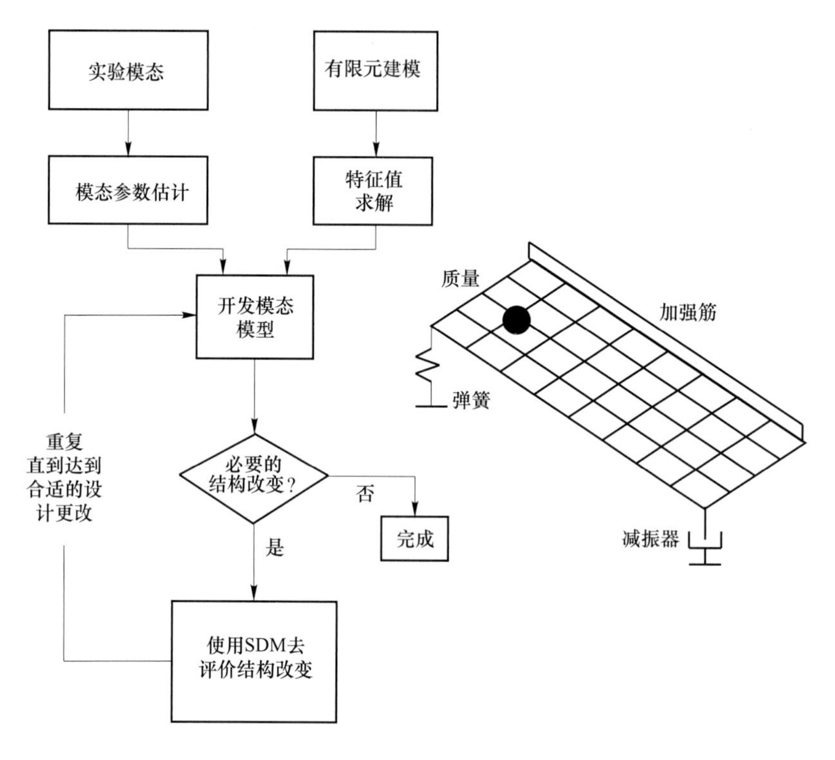

图 1-31　结构动力学修改过程示意图

1.8.3　采集模态数据还是工作数据?

另一个经常被问到的问题是，到底是进行模态测试更好，还是进行工作测试更好。在日程安排紧凑和预算紧张的情况下，是否必须同时采集模态数据和工作数据真的富有争议。这总是让人难以回答，但如果可能，最好同时采集二者。如果只有其中一类数据可用，那么很多时候，一些工程决策可能是在没有全面认识系统特性的前提下做出的。总而言之，先让我们指出二者之间的不同之处。

为了获得频响函数和相应的模态参数，模态数据要求力是可测的。只有模态数据才能给出系统真实的固有特性。另外，只有模态数据可用于研究结构动力学修改和强迫响应（工作数据不能用于这些研究），图 1-33 所示为这一观点的示意图。此外，与有限元模型的相关性分析，也最好使用模态数据。但是必须清楚表明的是单独使用模态数据不能确定结构是否能胜任某些特定的工作或应用，因为模态数据独立于作用在系统上的外力。

另一方面，工作数据是工作条件下结构行为的真实描述，如图 1-34 所示，这是非常有用的信息。然而，许多时候工作变形让人迷惑不解，未必能为怎样解决或改正工作状态中出现的问题提供明确的指导（并且动力学修改和响应工具不能用于工作数据）。

同时结合工作数据和模态数据去解决动力学问题是最理想的情况。

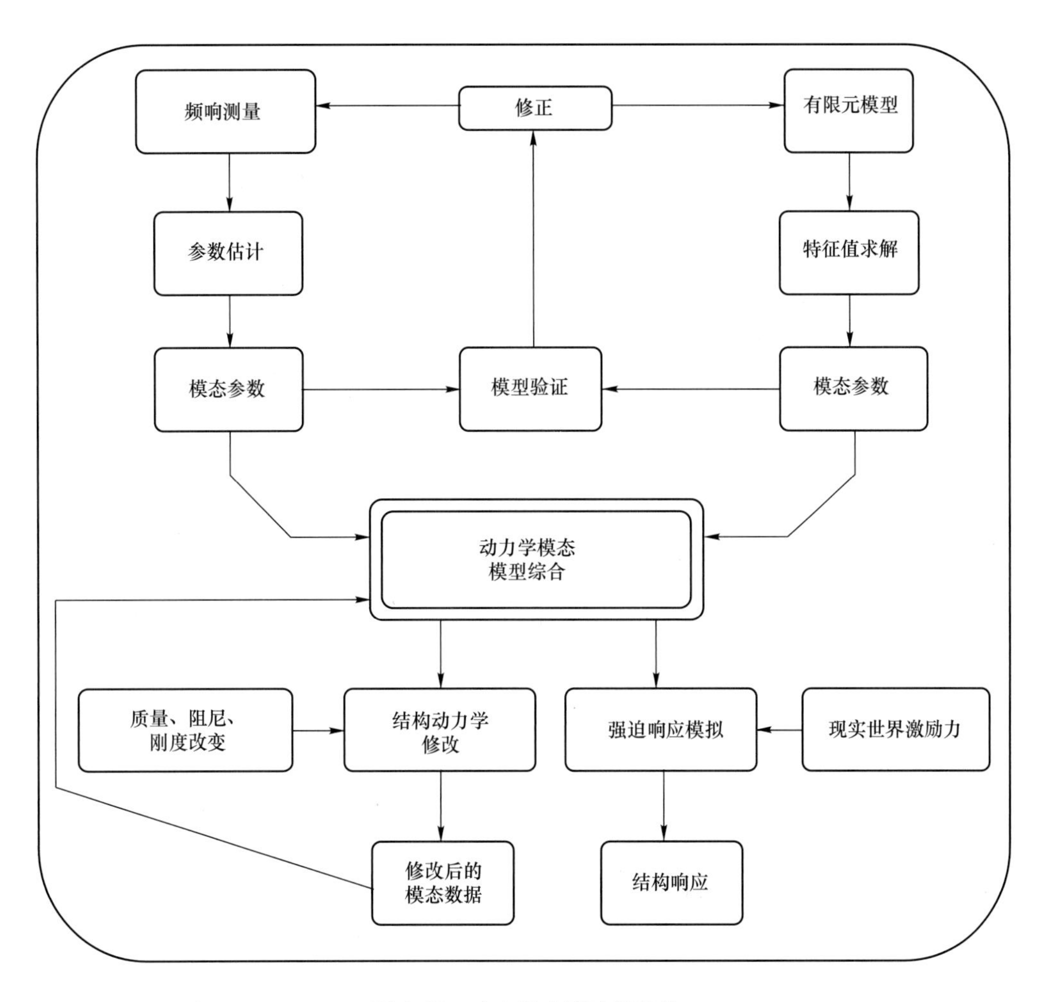

图 1-32　动力学建模过程总结

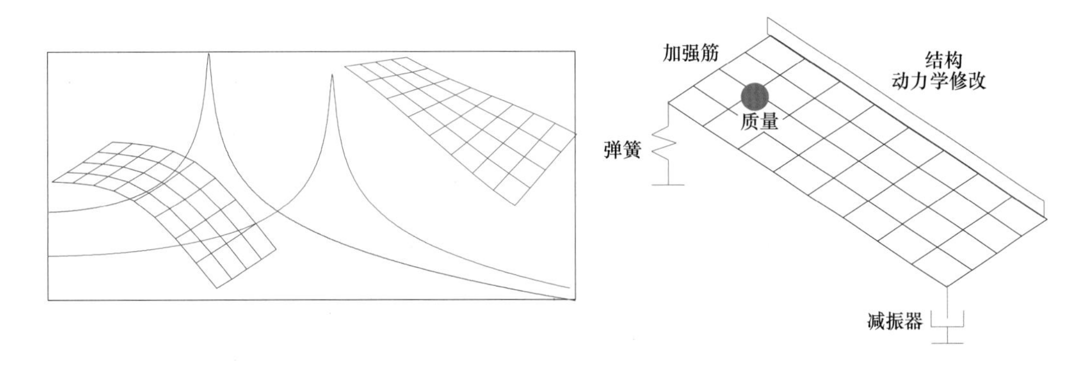

图 1-33　模态模型的特性

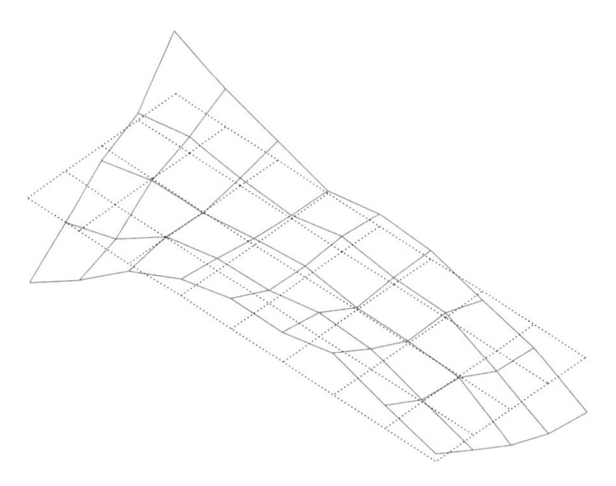

图 1-34　工作数据的特性

1.9　总结

采用一些简单的方式描述了结构振动和一些解决结构动力学问题的实用工具的使用，这些都是在没有使用任何详细的数学公式的前提下完成的。然而，为了更好地理解描述的数据的细节，这方面的理论知识是必备的。下一章将提供实验模态分析中的一些基本的理论。然后接着是信号处理、测量定义、激励技术和参数估计章节。本书着重强调了实验模态分析的一些非常实用的方面，对于怎样进行模态测试获得高质量的频响函数，以及进行模态参数提取，给出了许多提示和技巧。

第2章

实验模态分析的一般理论

2.1 引言

当今存在着一些用于开发动力学应用模型的技术，有限元模型和实验模态模型就是这样的两种技术。

多年来，有限元建模（FEM）已广泛用于表征动力学系统的特性。FEM 处理在原型的开发早期应用已非常成功，且可用于特定设计参数的优化。因此，在原型样件制造之前，FEM 可用于评估主要的设计特性，并调谐到一定程度。开发的动力学 FEM 通常用于评估与设计规范和输入力相关的结构响应。相比较实际的结构，分析模型更易于修改以实现合适的或想要的响应。一旦开发出一个设计模型，便可制造出原型件用于测试，以验证之前想要获得的特征。依赖于动力学应用的重要性，需要使用测试数据对 FEM 进行验证，以便做相应的调整。

由于模态测试系统价格越来越便宜，与之相关的软件越来越易于使用，因此，近几十年来，实验模态分析（EMA）技术非常受欢迎。实验模态测试能给出结构的频率、阻尼和模态振型信息。自 20 世纪 80 年代以来，实验模态测试发展迅速。在过去这些年中，开发了许多重要的模态分析技术，这极大地促进了数据的全面采集和数据缩减处理。开发的主要技术包括多输入多输出数据采集、数据缩减和用于传统实验模态分析和工作模态分析的模态参数估计技术。这些技术可采集到更适合的测试数据用于参数提取，从而开发出更精确的模态模型。另外，还有一些计算工具可帮助测试工程师更好地解释频响数据。

本章的主要目的是概述模态分析的基本理论，特别是实验模态分析。不会给出与模态分析相关的所有方程，而是给出和解释与模态测试相关的重要方程，使读者明白模态测试的意义。当一些派生的方程对于解释重要概念非常关键时，也会给出这些方程。对于更深层次的理论背景，读者可以参考任何一本好的振动教材，获得更详细的模态分析理论知识介绍，也可以参考一些与这个主题相关的理论教材。模态分析所有类型的问题都可以从“国际模态分析会议（IMAC）论文集”中获得，这个会议自 20 世纪 80 年代早期以来，每年举办一次。

在本章中，主要介绍实验模态分析的单自由度和多自由度的相关方程，更详细的理论可以在参考材料中找到。

2.2 基本模态分析理论——SDOF

这一节主要介绍实验模态分析的单自由度系统相关方程，更详细的理论可以在参考材料中找到。

2.2.1 单自由度系统方程

单自由度系统模型假设质量是集中质量，弹簧刚度以线性关系正比例于位移，阻尼线性正比例于速度。按上述假设写出运动方程，这是最基本的模型，将作为理论纲要的起始点，这些方程只考虑一些线性假设。

首先用经典方法来描述这些方程，然后用拉普拉斯方法来描述。图 2-1 所示为一个单自由度模型，m 是集中质量，c 是黏性阻尼，k 是线性刚度，$x(t)$ 是因外力 $f(t)$ 作用引起的位移。

对于这些假设，通过力平衡可以推导出二阶常系数偏微分运动方程，如

$$m\frac{\mathrm{d}^2x}{\mathrm{d}t^2}+c\frac{\mathrm{d}x}{\mathrm{d}t}+kx=f(t)\text{或者 } m\ddot{x}+c\dot{x}+kx=f(t) \tag{2.1}$$

假设齐次解的形式为指数形式，则方程（2.1）可写成

$$(ms^2+cs+k)x\mathrm{e}^{st}=0$$

因为指数项不能为 0，如果 $x=0$，那么将存在平凡解，所以只能是圆括号中的这一项为 0。这个方程通常称为特征方程，可写成

$$ms^2+cs+k=0 \tag{2.2}$$

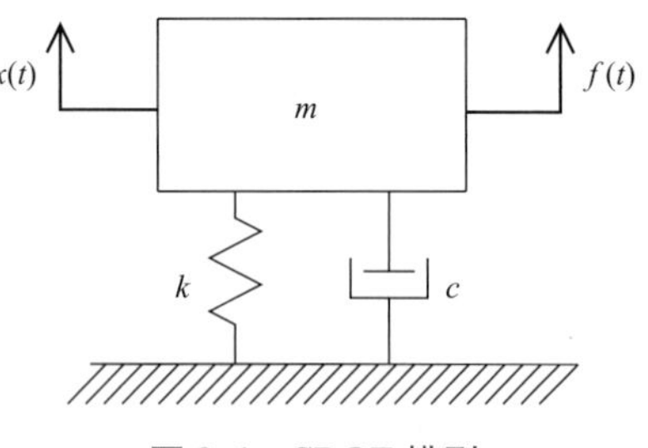

图 2-1　SDOF 模型

这个特征方程的根或极点为

$$P_{1,2}=-\frac{c}{2m}\pm\sqrt{\left(\frac{c}{2m}\right)^2-\frac{k}{m}} \tag{2.3}$$

评估这个方程有三种不同的情况：一种解针对系统阻尼小于临界阻尼，另一种解针对阻尼等于临界阻尼，第三种解针对阻尼大于临界阻尼。虽然所有的解都重要，但通常只考虑阻尼小于临界阻尼的情况，这是因为对结构动力学工程师和实验模态测试工程师来说，这个解非常重要。

对于阻尼小于临界阻尼的情况，这个根可简写成

$$P_{1,2}=-\zeta\omega_n\pm\sqrt{(\zeta\omega_n)^2-\omega_n^2}=-\sigma\pm\mathrm{j}\omega_d \tag{2.4}$$

其中，$\sigma=\zeta\omega_n$，为阻尼因子；$\omega_n=\sqrt{\dfrac{k}{m}}$，为无阻尼固有频率；$\zeta=\dfrac{c}{c_c}$，为阻尼比；$c_c=2m\omega_n$，为临界阻尼；$\omega_d=\omega_n\sqrt{1-\zeta^2}$，为有阻尼固有频率。

大多数结构动力学和振动工程师都会使用这些定义，但需要注意一些方面。首先，对于小阻尼（小于10%）的结构，有阻尼固有频率近似等于无阻尼固有频率。其次，系统的固有频率随着刚度的增大（减小）而增大（减小）。第三，系统的固有频率随着质量的减小（增大）而增大（减小）。注意，无阻尼固有频率与系统的阻尼是无关的，只有有阻尼固有频率才随着阻尼的变化而变化。着重注意的是方程的根是复数，可以用实部与虚部来描述这个极点。这些极点以共轭复数对的形式出现，根的实部与极点阻尼相关，虚部与极点的频率相关。对于欠阻尼系统而言，根的实部是负数，这个负数是多余的，但是在文献资料中经常这样写，有时会引起一些迷惑。

经常用S平面图（见图2-2）来解释，这个图表征的是根的位置，是根据实部（阻尼）和虚部（频率）来绘制的。对于固定的质量和刚度，阻尼增加，那么极点将移动到 $j\omega$ 轴的左侧，有阻尼固有频率将减小。随着阻尼的增加，极点将在S平面映射出一个圆形轨迹。随着阻尼接近临界阻尼，根和它的共轭接近 σ 轴。从原点到极点的向量长度（圆的半径）表示固有频率。

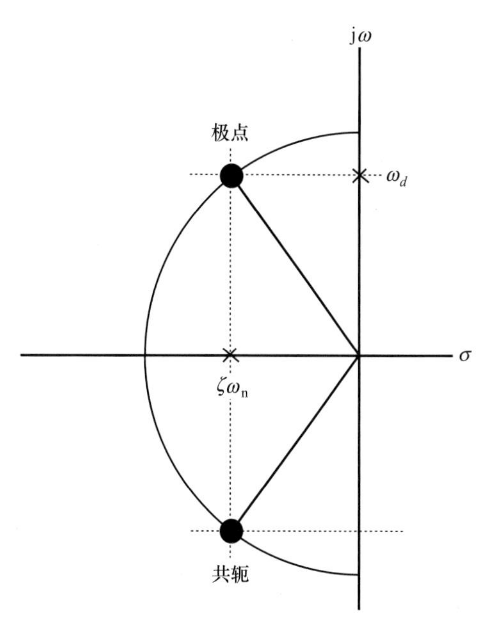

图 2-2　S 平面图

当阻尼从无阻尼系统变化到欠阻尼系统，临界阻尼系统和最终变化到过阻尼系统时，我们来讨论极点在S平面的移动情况，同时也给出了脉冲激励下的响应。图2-3展示了这个过程，接下来描述这个过程中的每一步。对于无阻尼的情况，极点位于 $j\omega$ 轴上，作为一对共轭复数对 $\pm j\omega_n$ 出现。如果给出这个无阻尼情况的时域响应和频响，那么时域响应会是正弦波，响应中没有阻尼，频响在频谱中将会是一条谱线。然而，现实是我们从来不会有这种无阻尼的情况，说明这个无阻尼的情况只是为了展示完整性。现在，如果阻尼 ζ 是0.1，极点 $-\sigma\pm j\omega_d$ 将会移动到 $j\omega$ 轴的左侧，有阻尼固有频率将会略微小于无阻尼固有频率，这种情况如图2-3中蓝色所示。注意到时域响应显示出了小阻尼正弦指数衰减特性，频响似乎稍微宽一些，这表明阻尼增加了。随着阻尼 ζ 从0.1增加到0.3以及0.7，极点进一步向后移动，远离了 $j\omega$ 轴。在这些时域响应和频响图中似乎阻尼更大。随着阻尼从无阻尼增加到临界阻尼，极点移动了一个圆弧，最终在阻尼轴会合，此处的阻尼等于临界阻尼，根变成了两个实数重根。随着阻尼进一步增加，变成了过阻尼情况，两个极点分离，但仍然为实数。随着阻尼增加远离临界阻尼，一个极点将移动到阻尼轴的无穷远处，另一个实数根移动接近于零。

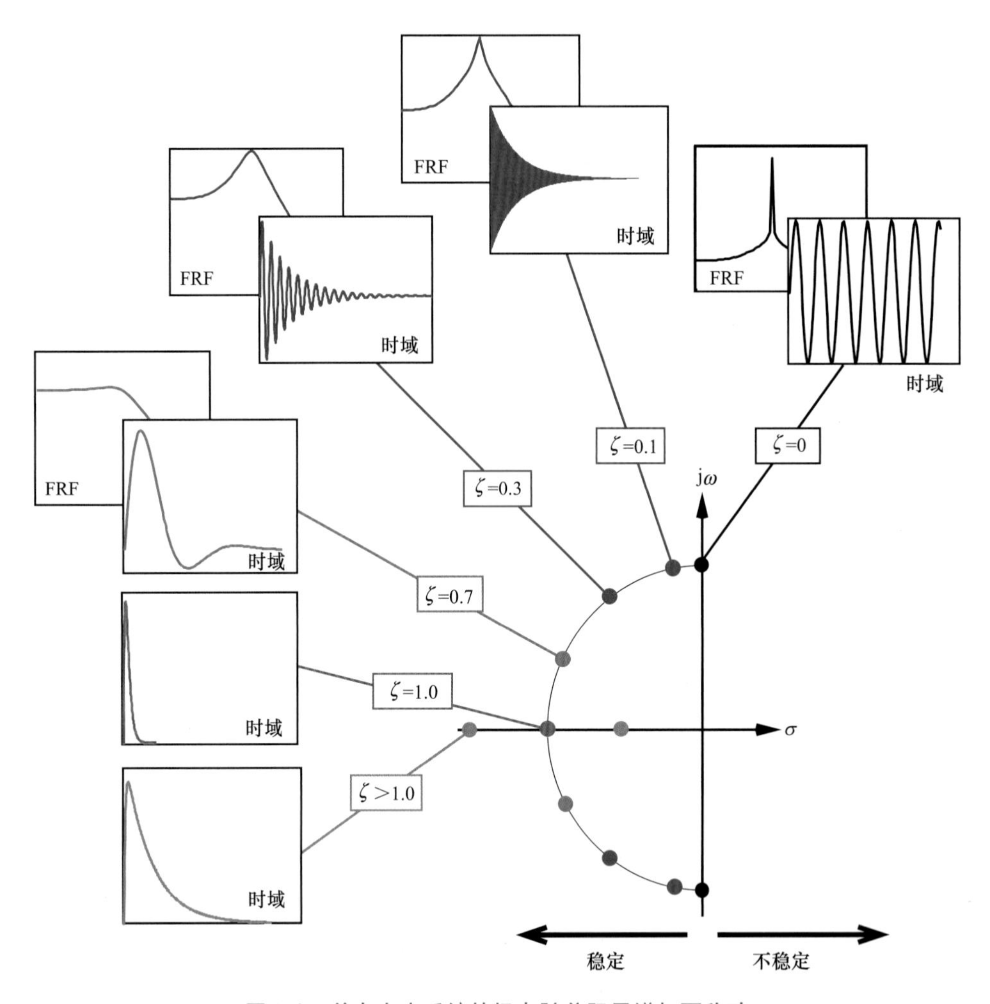

图 2-3　单自由度系统的极点随着阻尼增加而移动

2.2.2　简谐激励下的单自由度系统响应

一个重要的情况是考虑简谐激励下的强迫响应。不给出如何得到这个方程的所有数学公式，单自由度系统因简谐激励的响应可根据位移和相位写成

$$x = F_0 / \sqrt{(k - m\omega^2)^2 + (c\omega)^2} \quad \varphi = \tan^{-1}\left(\frac{c\omega}{k - m\omega^2}\right) \tag{2.5}$$

β 记作激励频率与单自由系统的固有频率之比，这在很多振动教材中很常见，那么，上述单自由度系统的响应定义可写成归一化的形式，如

$$\frac{x}{\delta_{st}} = \frac{1}{\sqrt{(1-\beta^2)^2 + (2\zeta\beta)^2}} \quad \varphi = \tan^{-1}\left(\frac{2\zeta\beta}{1-\beta^2}\right) \tag{2.6}$$

在这种形式中，函数可用无量纲的形式来绘制，此时无量纲幅值为动位移与静位移之比，激励频率可表示成与单自由度系统固有频率的百分比。图 2-4 所示为单自由度系统的动力放大因子和相频曲线。从这些方程可以看出，系统是个小阻尼系统，峰值幅值出现在有阻尼固有频率处（近似无阻尼固有频率），力与共振响应之间有 90°的相位差。

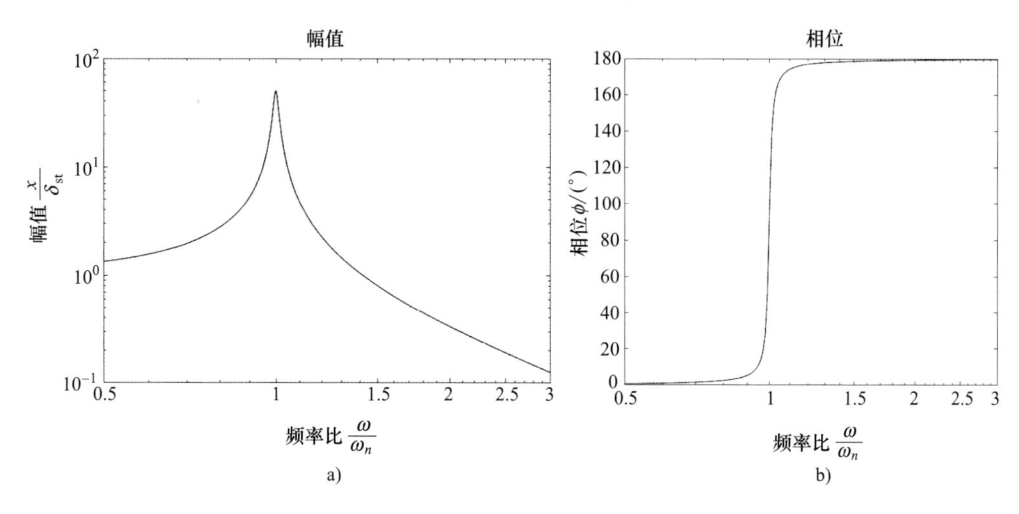

图 2-4　SDOF 系统的动力放大因子和相位

a）动力放大因子　b）相位

2.2.3　单自由度系统的阻尼估计

经常需要测量系统的阻尼，可以通过一些不同的方法计算得到。两个最常用的方法是半功率带宽法和对数衰减法。

在半功率带宽法（见图 2-5）中，阻尼与固有频率除以“半功率”点对应的频率差相关。这个值称作为“Q”，或称为品质因子。

$$Q = \frac{1}{2\zeta} = \frac{\omega_n}{\omega_2 - \omega_1} \tag{2.7}$$

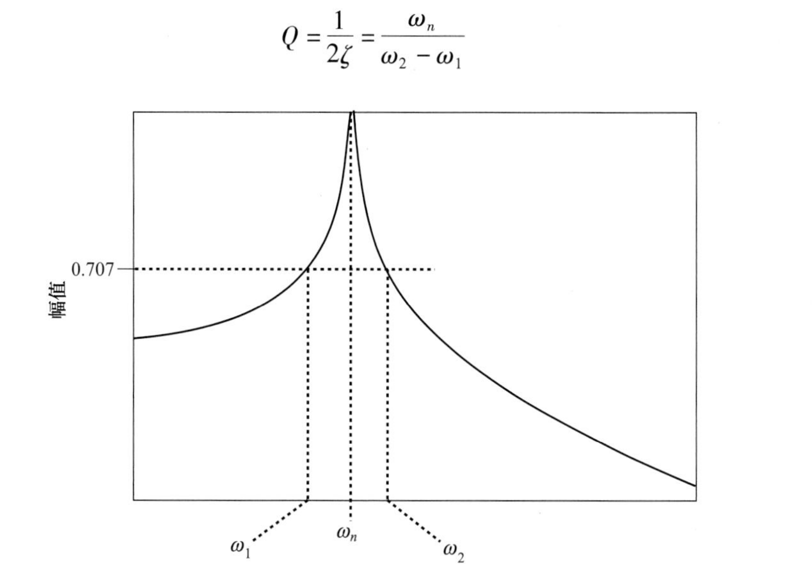

图 2-5　半功率带宽法幅值图示意

例如，一个系统的阻尼比为 1%，那么品质因子 Q 等于 50。虽然这个方法对于阻尼估计似乎是可行的，但现实情况是一次典型测量中因为没有足够的频率分辨率，从而导致精度不够。

在对数衰减法（见图 2-6）中，使用系统的时域响应的幅值在一个或几个周期内的衰减来确定阻尼。

$$\delta = \ln \frac{x_1}{x_2} \approx 2\pi\zeta \tag{2.8}$$

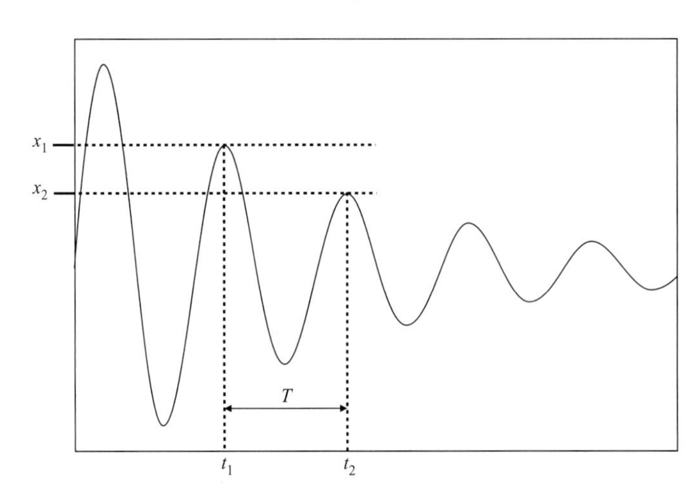

图 2-6　对数衰减法响应示意

虽然对数衰减法对于估计阻尼是一个非常不错的方法，但问题是时域响应中只有一阶模态的情况比较少见，因此从现实角度来说，这个方法也不可行。

这两个方法更多是从历史角度来描述，因为它们频繁出现在相关文献中。估计一组模态阻尼最合适的方法是使用模态参数估计工具和模态数据去获得模态振型。这些工具是以最小二乘方式处理数据以找到感兴趣的参数的最佳拟合，在这个例子中，这个参数是阻尼。这个估计阻尼方法将在本书后续章节中进行介绍。

必须注意到阻尼是在共振频率处最小化响应的唯一机制。同样要着重指出的是在共振频率处，系统的惯性力（质量与加速度的乘积）与弹性力（刚度与位移的乘积）平衡。

2.2.4　阻尼变化下的响应评估

到目前，估计的阻尼一直是个固定不变的参数，但在此将考虑变化的阻尼系统。常见的幅频和相频图将用于评估不同阻尼下的单自由度系统。随着单自由度系统阻尼的变化，可以绘制出一组幅频和相频图并进行比较，如图 2-7 所示。

从图 2-7 中可以看出，阻尼增加，系统的响应反而减少。事实上，在共振频率处，系统的惯性力与弹性力平衡。这意味着唯一能平衡外力的只有阻尼力。注意到随着阻尼的增加，响应的幅值改变更平缓，且在一个更宽的频率范围内。随着阻尼的增加，相位滞后也更平缓，也是在一个更宽的频率范围内。在测量的频响函数中总是可以见到这两个效应。

力向量矢量图也可用于解释共振，这个方法对于解释与共振相关的一些方面是非常有用的。图 2-8 展示了这个力平衡概念，在考虑图 2-8 所示的所有情况之前，让我们讨论简单的静力情况，即 $\boldsymbol{F} = k\boldsymbol{x}$。在这个情况下，我们有一个力向量通过向量 $k\boldsymbol{x}$ 平衡，换句话

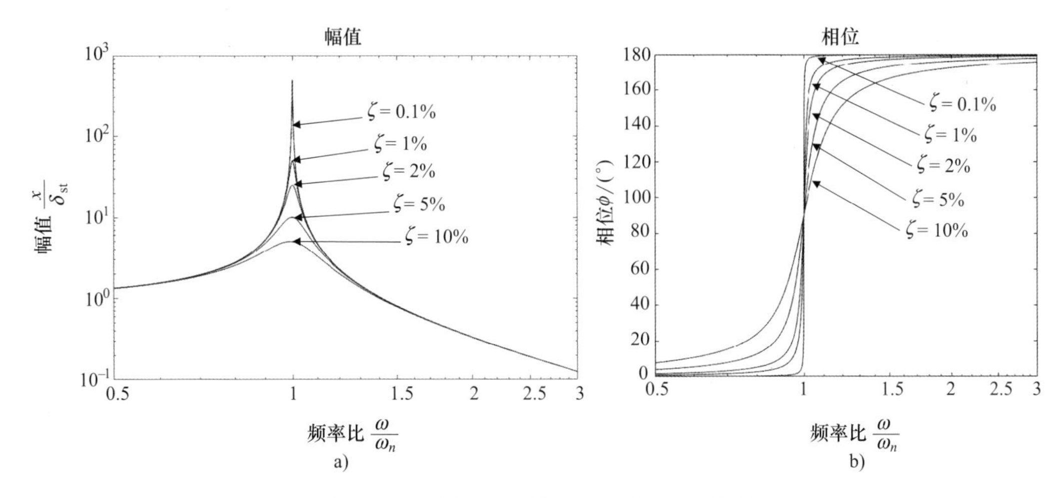

图 2-7　不同阻尼下的 SDOF 的 FRF 效果

说，它们彼此相等。现在随着引入阻尼和质量，开始有力平衡之外的项需要考虑，共有 4 个向量需要通过运动方程来平衡。记得速度滞后位移 90°，加速度滞后速度 90°（这意味着加速度滞后位移 180°）。因此，这里有三种非静态的情况需要讨论：

1）激励频率远低于共振频率（但不是 0Hz，0Hz 实际上是静态情况）。

2）激励频率等于共振频率。

3）激励频率远高于共振频率。

这有一个外力，还有三个额外的力，分别是弹性力、阻尼力和惯性力。这个外力领先于与位移相关的弹性力，或者我们可以说，系统的响应滞后于外力。阻尼力滞后弹性力 90°，这是因为速度与位移有 90°的相位差。惯性力与弹性力反相 180°，与阻尼力相差 90°，因为加速度与位移反相 180°。现在位移、速度和加速度分别正比例于弹性力（$k\boldsymbol{x}$）、阻尼力（$c\omega\boldsymbol{x}$）和惯性力（$m\omega^2\boldsymbol{x}$）。所有的这些力都将以向量的形式在这个力图中给出。注意到在这个例子中，为了提供这些图以展示每一种情况的影响，要指定的阻尼大于现实中可能存在的阻尼。

现在让我们来考虑这三种情况：一种是正弦激励频率远低于固有频率（见图 2-8a），另一种是正弦激励频率等于固有频率（见图 2-8b），最后一种是正弦激励频率远高于固有频率（见图 2-8c）。如果正弦激励远低于固有频率，那么系统将似乎是静态的。图 2-8a 左侧表示外力主要是由弹性力平衡（因为这是静载荷的情况），但阻尼力和惯性力还是有少量贡献。随着激励频率的增加，惯性力和阻尼力也将增加。当激励频率等于固有频率时（见图 2-8b），弹性力和惯性力相等，外力只能通过阻尼力平衡。注意到 4 个力向量彼此成 90°，惯性力与弹性力相等，但方向相反，与外力方向相反的只有阻尼力，且这个阻尼控制系统在共振峰处的响应。当激励频率继续增大时（见图 2-8c），外力主要由惯性力平衡，但弹性力和阻尼力也有少量的贡献。

这个向量公式有助于揭示单自由度系统在不同激励频率相对于固有频率下，占主导地位的力。图 2-8a ~ c 中同时给出了力向量图与频响函数的幅值与相位、实部与虚部，同时也指示了激励频率与固有频率的关系。

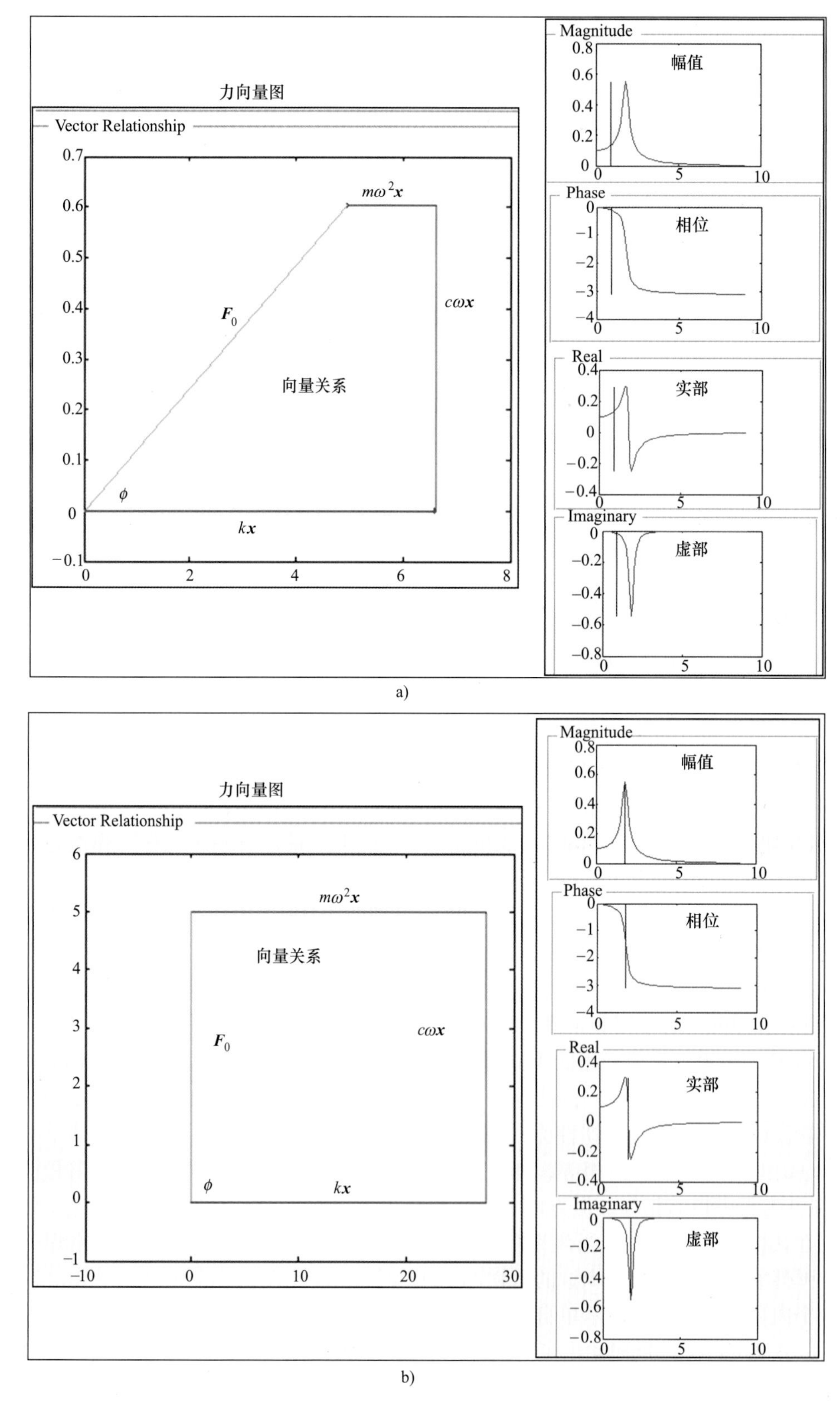

图 2-8　SDOF 的 FRF 力平衡

a）正弦激励频率远低于固有频率　b）正弦激励频率等于固有频率

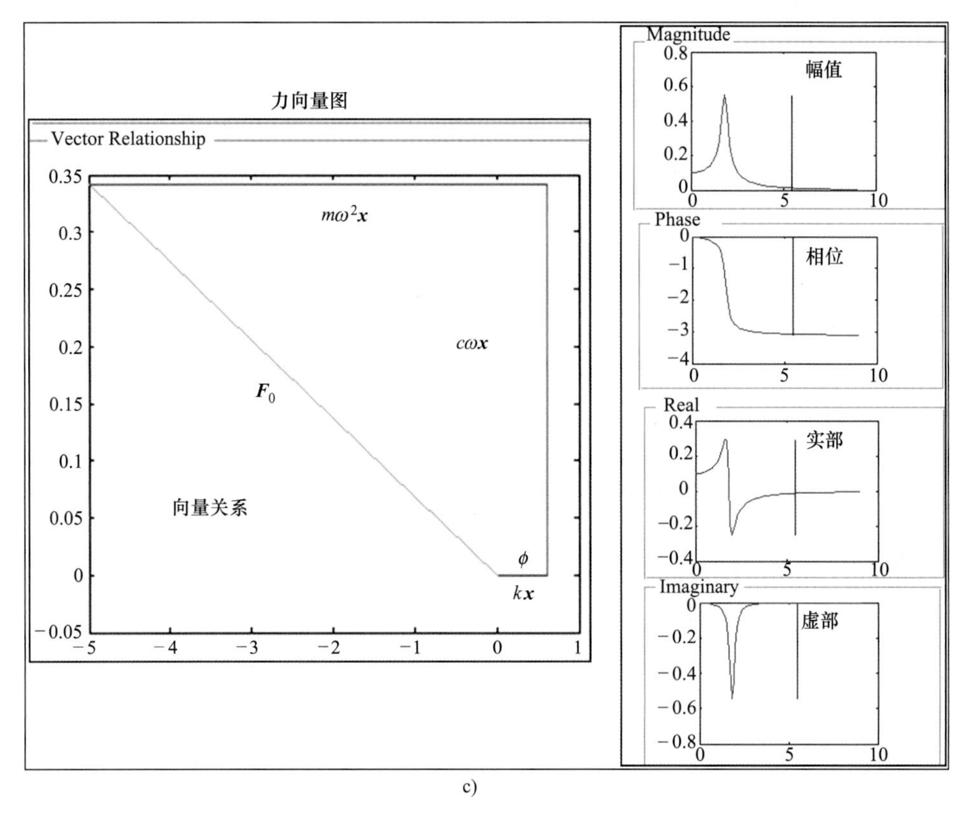

c)

图 2-8　SDOF 的 FRF 力平衡（续）

c）正弦激励频率远高于固有频率

2.2.5　单自由度系统的拉普拉斯域方法

现在让我们用拉普拉斯域方法写出单自由度系统的运动方程。从运动方程开始

$$m\ddot{x} + c\dot{x} + kx = f(t) \tag{2.9}$$

对加速度、速度、位移和力进行拉氏变换

$$L(\ddot{x}) = s^2 x(s) - s x_0 - \dot{x}_0$$

$$L(\dot{x}) = s x(s) - x_0$$

$$L(x) = x(s)$$

$$L(f(t)) = f(s)$$

下标 0 表示初始状态。对运动方程进行拉普拉斯变换，将以上各式代入，重新排列之后的运动方程变成

$$\underbrace{(ms^2 + cs + k)}_{\text{特征方程}} x(s) = \underbrace{f(s)}_{\text{外力}} + \underbrace{(ms + c)x_0}_{\text{初位移}} + \underbrace{m\dot{x}_0}_{\text{初速度}} \tag{2.10}$$

假设初始状态（速度和位移）是 0，这个方程可以写成

$$(ms^2 + cs + k)x(s) = f(s) \tag{2.11}$$

如果我们令 $b(s) = ms^2 + cs + k$，那么可以得到更常见的系统方程

$$b(s)x(s) = f(s) \tag{2.12}$$

求解这个位移变量

$$x(s) = b^{-1}(s)f(s) \tag{2.13}$$

这可以写成

$$x(s) = h(s)f(s) \tag{2.14}$$

其中，$h(s)$是系统传递函数，得

$$h(s) = \frac{1}{(ms^2 + cs + k)} \tag{2.15}$$

如果我们从这个系统方程求解齐次解，也就是$f(s) = 0$，那么$b(s)x(s) = 0$，因为$x(s) = 0$是平凡解，只有$b(s) = 0$才是唯一可能的解。再次，对欠阻尼系统求解这个方程，得

$$P_{1,2} = -\zeta\omega_n \pm \sqrt{(\zeta\omega_n)^2 - \omega_n^2} = -\sigma \pm \mathrm{j}\omega_d \tag{2.16}$$

对于欠阻尼情况，特征方程的根是复数。

2.2.6 系统传递函数

系统传递函数是复值函数（见图 2-9）。因为系统传递函数有两个变量，所以这个函数将生成一个曲面图，坐标为 σ 轴和 jω 轴，正如上面的 S 平面。通常这个图可以查看不同的形式：传递函数的幅值与相位或实部与虚部，如图 2-9 所示。如果在根或极点处估计系统传递函数，那么函数在这个位置是没有定义的。

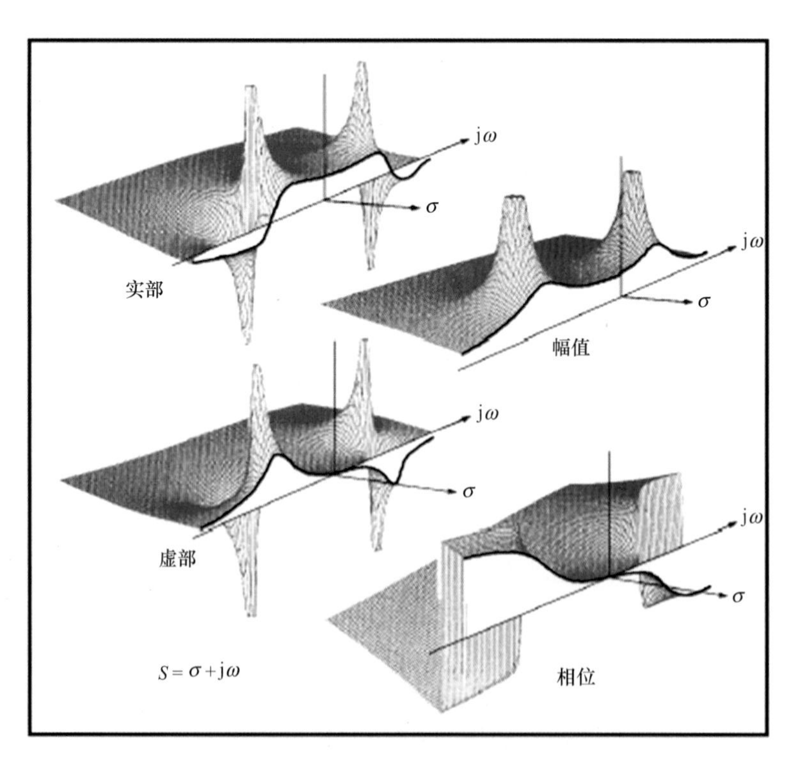

图 2-9　单自由度系统的传递函数

[图片来源：Image courtesy Vibrant Technology, Inc.]

2.2.7　传递函数的不同形式

系统传递函数可以用不同的形式表达。一种形式之前已经描述过，就是用多项式形式表达。另一个形式是多项式的因式分解形式，称作极点-零点形式，极点在因式分解形式的分母中可见，零点在分子中可见。实验模态分析最常见的形式是部分分式形式，从这种表达形式中可以清楚地看出极点和它的共轭。如果一个脉冲作用到系统上，并且进行拉普拉斯逆变换，那么可得到脉冲响应函数（通常称作复指数形式）。需要着重指出的是每种形式都包含相同的信息，只是形式不同而已。单自由度系统的这些形式本质上没有差异。

多项式形式	$h(s)=\dfrac{1}{(ms^2+cs+k)}$
极点-零点形式	$h(s)=\dfrac{1/m}{(s-p_1)(s-p_1^*)}$
部分分式形式	$h(s)=\dfrac{a_1}{(s-p_1)}+\dfrac{a_1^*}{(s-p_1^*)}$
复指数形式	$h(t)=\dfrac{1}{m\omega_d}\mathrm{e}^{-\zeta\omega t}\sin\omega_d t$

2.2.8　单自由度系统的留数

如 2.2.5 小节中描述的那样，系统传递函数在系统的根的位置是没有定义的。为了估计这个部分分式形式函数在根位置的值，将用到一个数学工具叫作留数定理。相应的值称为单自由度系统的留数，是使用留数定理在根位置估计系统传递函数获得的，形式如下：

$$a_1=h(s)(s-p_1)\big|_{s\to p_1}=\frac{1}{2\mathrm{j}m\omega_d} \tag{2.17}$$

相同的方式，复数共轭极点的留数为

$$a_1^*=-\frac{1}{2\mathrm{j}m\omega_d} \tag{2.18}$$

在一些文献中，留数用字母 r 表示。表示为

$$r_1=2\mathrm{j}a_1 \text{和} r_1^*=2\mathrm{j}a_1^*$$

需要着重注意的是依据两个参数极点和留数，可得到系统的传递函数（和下一节中的频响函数）。由所有的这两个参数值，我们可以在相应频率上重构频响函数，也可在相应 σ 和 $\mathrm{j}\omega$ 值组成的曲面上重构传递函数。

2.2.9　单自由度系统的频响函数

频响函数是传递函数沿 $s=\mathrm{j}\omega$ 轴上的取值，形如

$$h(\mathrm{j}\omega)=h(s)\big|_{s\to\mathrm{j}\omega}=\frac{a_1}{(\mathrm{j}\omega-p_1)}+\frac{a_1^*}{(\mathrm{j}\omega-p_1^*)} \tag{2.19}$$

频响函数恰恰是系统传递函数曲面的一个切片。还记得系统传递函数是一个复值函数，因此，频响函数也是一个复值函数。频响函数一些常见的形式是波德图（幅值和相位）、实部虚部图（实部和虚部）和奈奎斯特图（实部和虚部）。图 2-10a 给出了这三种形式的示意图以说明它们之间的关系。

波德图是频响函数最普遍的形式，这一幅图中同时显示了幅值和相位。注意到幅值在共振频率处达到峰值，相位在共振频率处相位角为 90°，通过共振频率相位滞后 180°。

实部虚部图是频响函数另一种非常普遍的形式。幅值和相位转换成了实部和虚部，这个图经常称为实部虚部图。注意到在共振频率处，频响函数的实部值为 0，虚部是峰值。

奈奎斯特图是用频响函数的实部对虚部绘成的图，注意到当以这种形式绘制频响函数时，这个图的形状看起来像个圆。

仔细观察图 2-10b 所示系统的共振频率，有一些事项需要注意。图 2-10b 显示了奈奎斯特图和实部虚部图。观察频响函数的虚部的半功率点，半功率点出现在虚部幅值的一半处。虚部的这个半功率点幅值出现在频响函数实部的峰值处，实部峰值幅值与虚部半功率相等。在奈奎斯特图中，查看相同的这些点，注意到虚部峰值出现在（0，0）的对立点，此处实部无值，半功率点出现在离虚部峰值 90°的地方。

2.2.10　单自由度系统的传递函数、频响函数、S 平面

投影系统传递函数的切片（$s=\mathrm{j}\omega$）通常称为频响函数。如果我们将系统传递函数的极点位置向下投影，则可查看 S 平面，这个过程如图 2-11 所示。图 2-11 显示了系统传递函数、频响函数和 S 平面的内在关系。图 2-11 中给出了频响函数的正部分和负部分，但通常只展示频率的正部分。然而，共轭部分是存在的。

2.2.11　单自由度系统频响函数的控制区域

频响函数是由不同的区域组成的，如图 2-12 所示。在频率远低于共振频率处，系统响应主要由系统刚度控制。在频率远高于共振频率处，系统响应主要受系统质量惯性控制。在接近共振频率处，系统响应很大程度上受系统阻尼控制，在共振频率处，惯性力与系统弹性力平衡，因此，作用在系统上的外力只能通过阻尼力平衡。通常，频响函数不同区域描述如下：

- 受刚度控制的频响函数区域，这是低于共振频率的区域。
- 受阻尼控制的频响函数区域，这是共振频率区域。
- 受质量控制的频响函数区域，这是高于共振频率的区域。

到目前为止，我们已经讨论了位移与激励力之比的频响函数，并称这个频响函数为动柔度。测量的频响函数也可以用速度与激励力之比来表示，称为移动性。测量的频响函数也可以用加速度与激励力之比来表示，称为惯性。另外，位移、速度和加速度的这些关系式的倒数，分别称为动刚度、阻抗和动质量。频响函数的幅值部分如图 2-13 所示。图 2-13中有一些非常重要的事项需要注意。

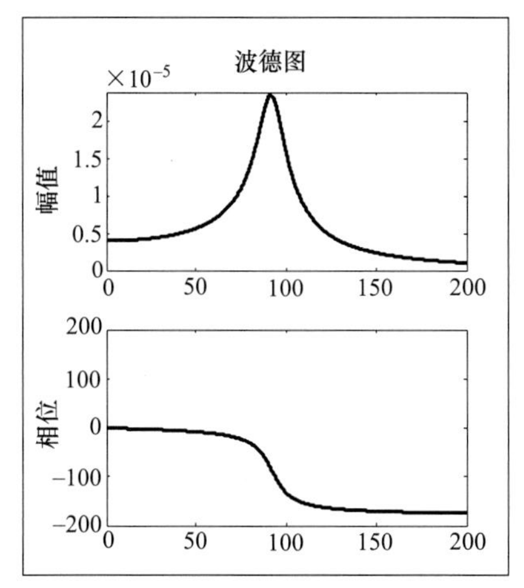

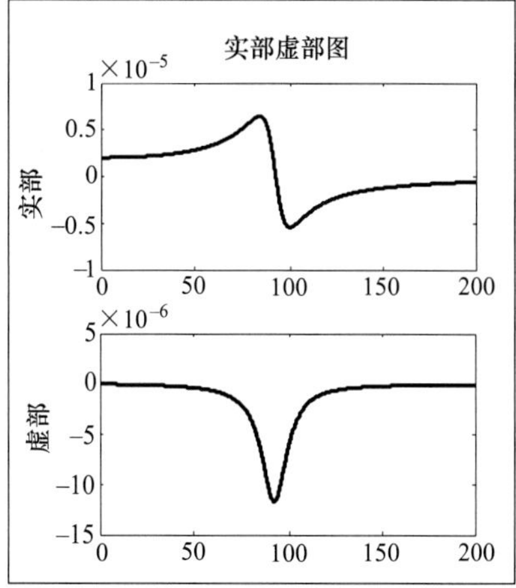

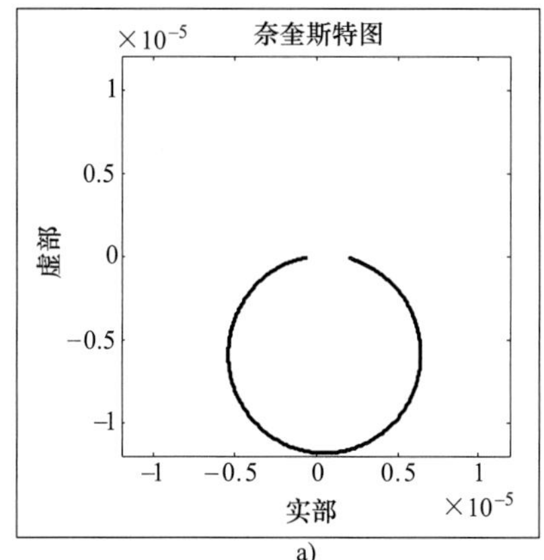

a)

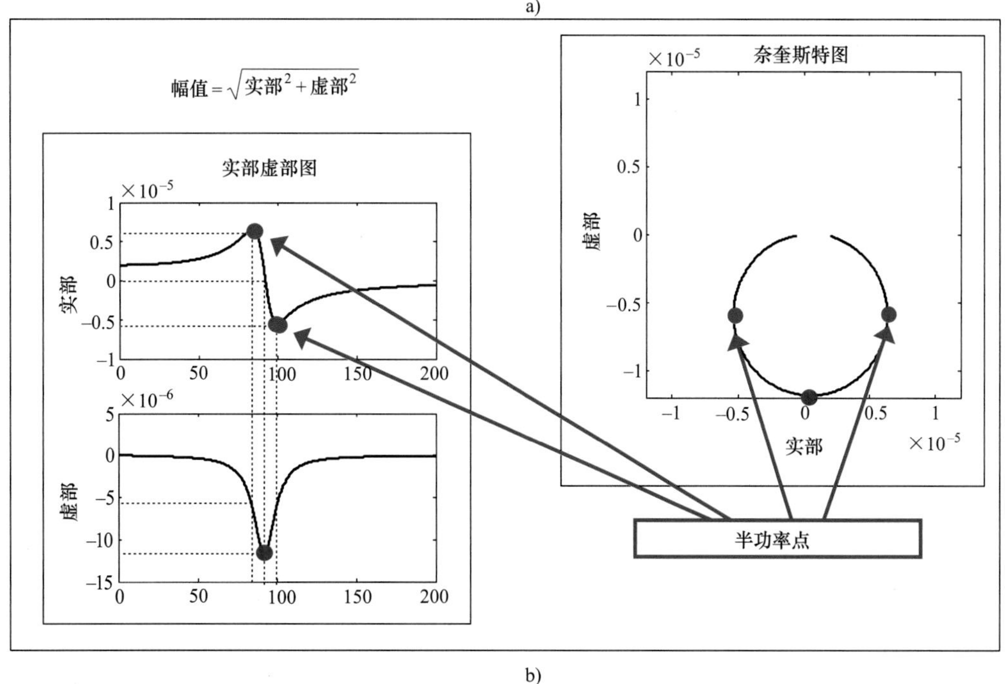

b)

图 2-10　加速度频响函数图

a）波德图、实部虚部图和奈奎斯特图　b）实部虚部图和奈奎斯特图的半功率点

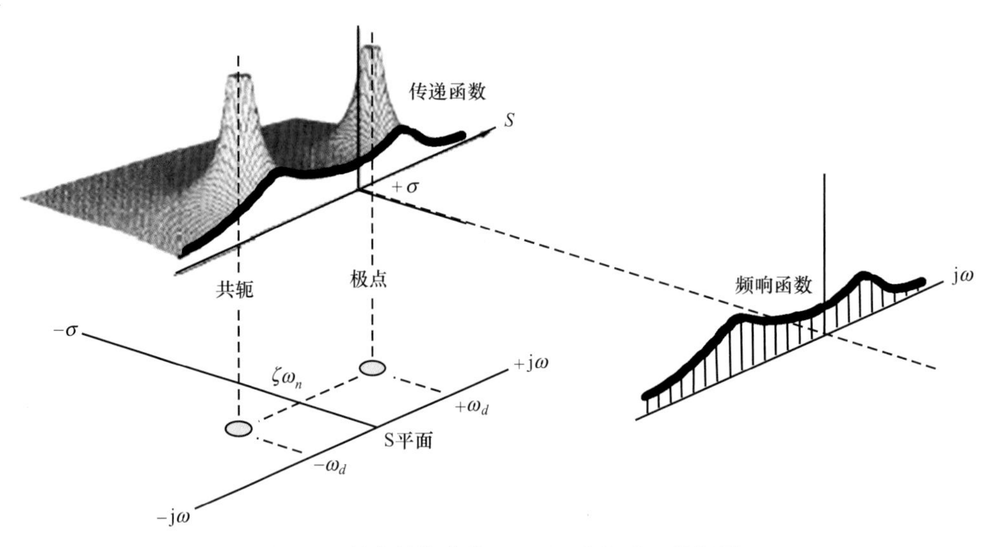

图 2-11　拉普拉斯变换、S 平面和频响函数投影

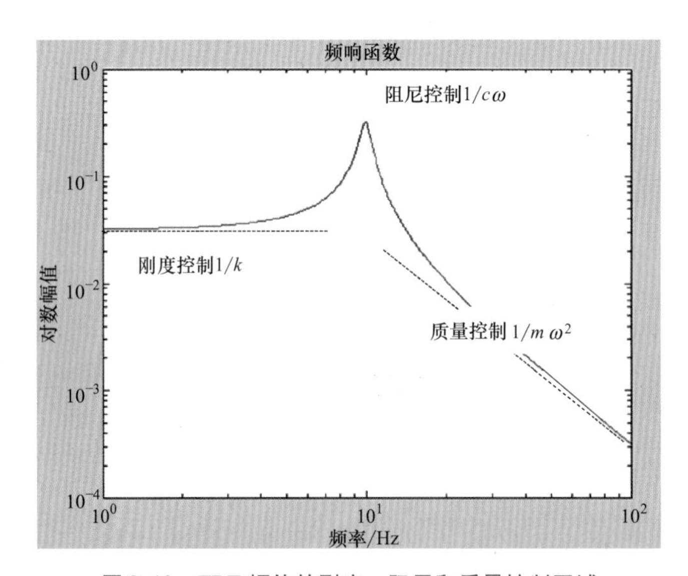

图 2-12　FRF 幅值的刚度、阻尼和质量控制区域

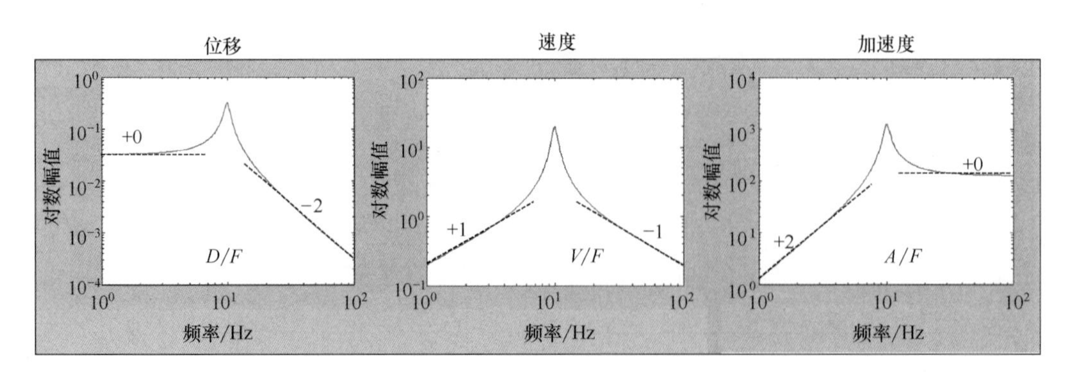

图 2-13　FRF 的不同形式以及刚度和质量控制区域的斜率

图 2-13 中的左图是位移除以力（D/F）。为了获得中间的图，也就是速度除以力（V/F），需由 D/F 乘以 $\mathrm{j}\omega$ 得到。为了获得右图，也就是加速度除以力（A/F），须由 V/F 乘以 $\mathrm{j}\omega$ 得到。由此也清楚地表明了加速度和位移之间的相互关系是 $(A/F)=-\omega^2(D/F)$，实际上，加速度和位移反相 180°，二者通过 ω^2 变换。

其他要着重注意的是刚度和质量控制区域的斜率之间的关系。在频响函数 D/F 中，刚度控制区域的斜率是 0，质量控制区域的斜率是 −2。频响函数 V/F（当与 D/F 比较时）在刚度和质量控制区域的斜率分别是 +1 和 −1。频响函数 A/F 在这些区域的斜率分别为 +2 和 0。有时，当考察测量的频响函数数据还没有给出标签时或系统之间转换数据有一些混淆时，这些信息是非常有用的。

为了使频响函数所有类型（D/F、V/F、A/F）和所有形式有个完整的描述，图 2-14 ~ 图 2-16 分别给出了 D/F、V/F 和 A/F 的实部、虚部、幅值、相位和奈奎斯特图。为了尽可能精确地显示所有的信息，也需要绘制负频率以保证完整性，大多数商业 FFT 分析仪中，共轭信息通常是不展示的，但需要指出的是这是为了从数学层面上保证完整性。图 2-17中显示了这些信息，本书的网页提供了 GUI 的结果。

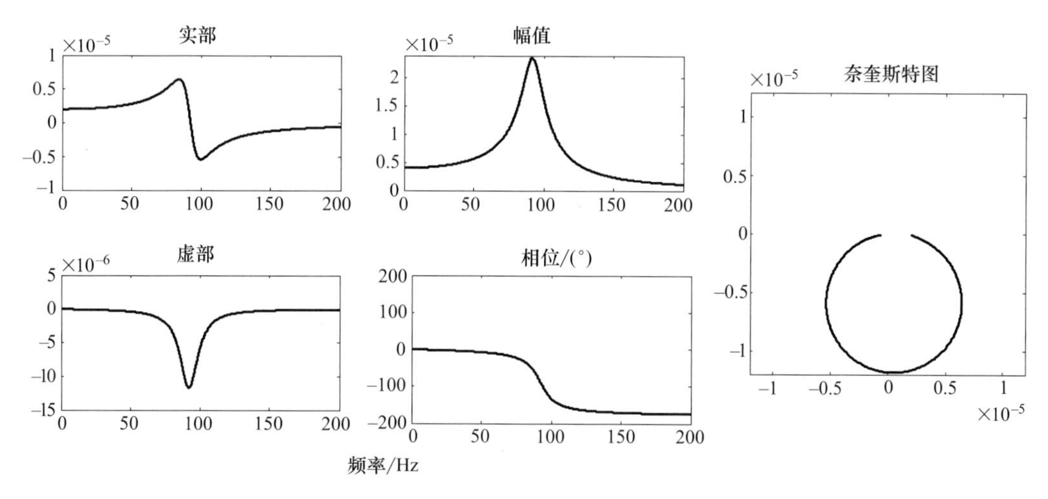

图 2-14　***D/F* FRF** 的实部、虚部、幅值、相位和奈奎斯特图

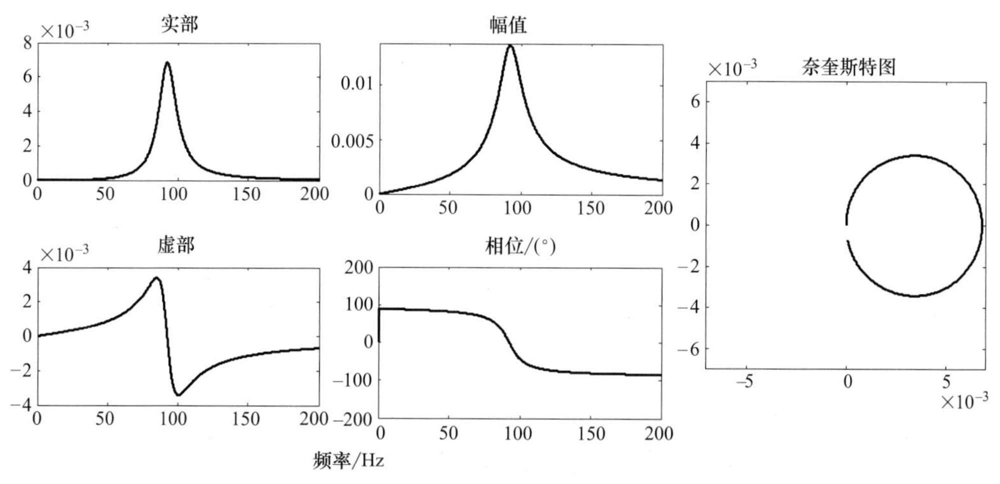

图 2-15　***V/F* FRF** 的实部、虚部、幅值、相位和奈奎斯特图

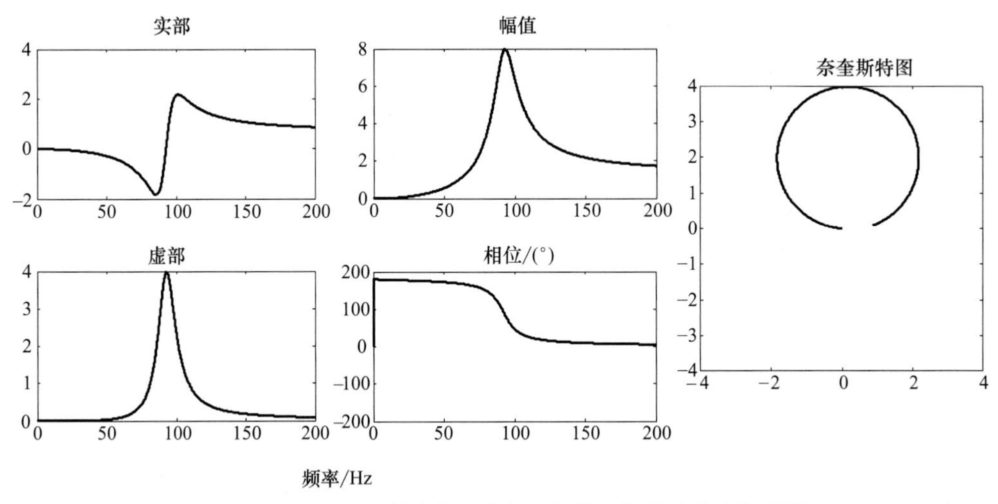

图 2-16 *A/F* FRF 的实部、虚部、幅值、相位和奈奎斯特图

为了将所有的这些信息联系在一起，单自由度系统还有一个方面需要讨论。图 2-18 中显示了系统传递函数 $h(s)$ 和它所有的复数组成部分。图 2-18 的中部突出显示了幅值和系统传递函数方程。频响函数是系统传递函数沿虚轴 $\mathrm{j}\omega$ 的估计，这个方程显示在图 2-18 的底部。图 2-18 的右下角显示了频响函数的幅值，频率间隔沿 x 轴显示。此时，可清楚地知道频响函数是系统传递函数的一部分，从测量的频响函数可轻易地看出这一点。稍后，这个采样的离散数据点将用于提取常数，即极点和留数，这些常数用于定义这个函数。这些参数的提取将在模态参数估计过程中重点关注。这个处理过程本书后续章节中会进行讨论。

2.2.12 频响函数的不同形式

上文用多项式形式、极点-零点形式和部分分式形式来描述系统传递函数。为了保证完整性，在此也用这些形式来描述频响函数。再次要着重注意的是，在此以不同形式表示的每个方程都包含相同的信息。单自由度系统的这些表达形式在本质上没有任何差异。

多项式形式	$h(\mathrm{j}\omega)=\dfrac{1}{m(\mathrm{j}\omega)^2+c(\mathrm{j}\omega)+k}$
极点-零点形式	$h(\mathrm{j}\omega)=\dfrac{1/m}{(\mathrm{j}\omega-p_1)(\mathrm{j}\omega-p_1^*)}$
部分分式形式	$h(\mathrm{j}\omega)=\dfrac{a_1}{(\mathrm{j}\omega-p_1)}+\dfrac{a_1^*}{(\mathrm{j}\omega-p_1^*)}$

2.2.13 复数频响函数

有时，频响函数也称作复数频响函数。频响函数总是复数值，这个额外的术语有时令人迷惑。为了保证完整性，有时复数频响函数可写成

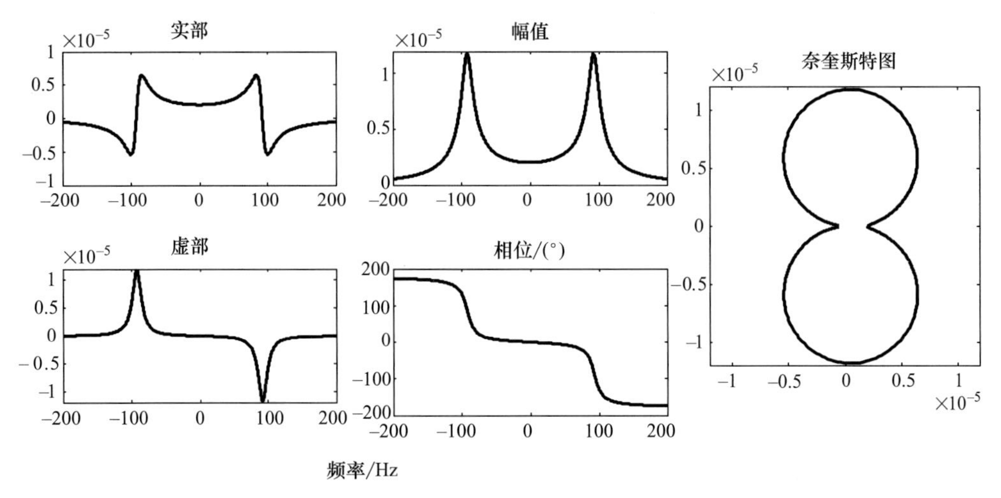

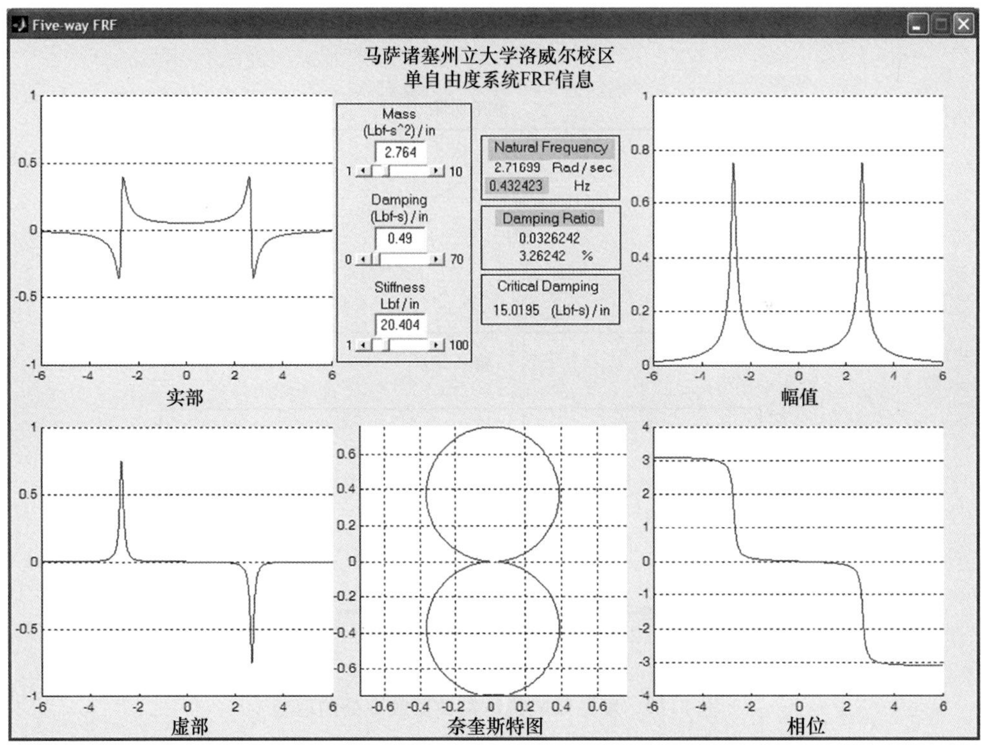

图 2-17　带极点和共轭极点的完整 *D/F* FRF

$$h(\mathrm{j}\omega)=\frac{1-\left(\dfrac{\omega}{\omega_n}\right)^2}{\left[1-\left(\dfrac{\omega}{\omega_n}\right)^2\right]^2+\left[2\zeta\left(\dfrac{\omega}{\omega_n}\right)\right]^2}-\mathrm{j}\frac{2\zeta\left(\dfrac{\omega}{\omega_n}\right)}{\left[1-\left(\dfrac{\omega}{\omega_n}\right)^2\right]^2+\left[2\zeta\left(\dfrac{\omega}{\omega_n}\right)\right]^2} \tag{2.20}$$

在这种表达形式中，频响函数可分解成实部和虚部。这揭示了这个方程的一些重要特性。图 2-19 所示为复数频响函数在共振频率处的值。这样一来，可以非常清楚地看出频响函数的实部在共振频率处的值为 0，虚部在共振频率处达到峰值。

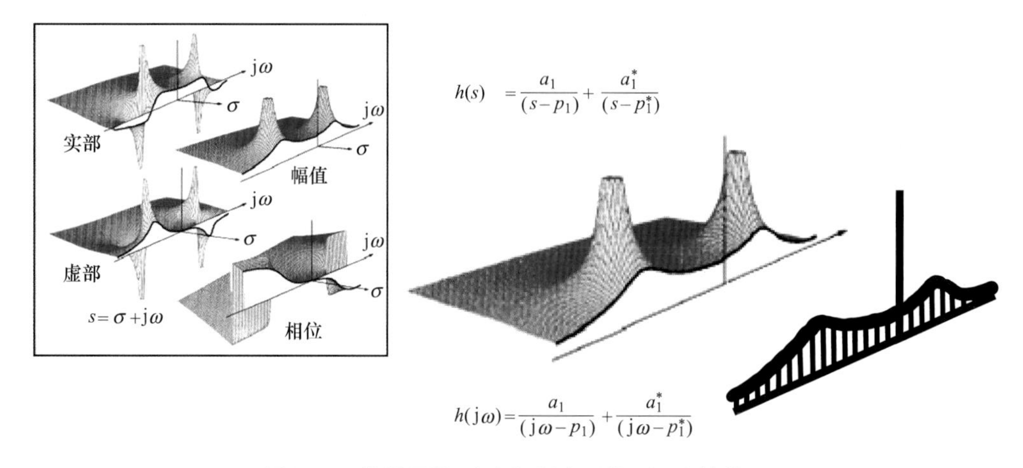

图 2-18 传递函数 $h(s)$ 和频响函数 $h(j\omega)$ 的关系

[图片来源：Image courtesy Vibrant Technology，Inc.]

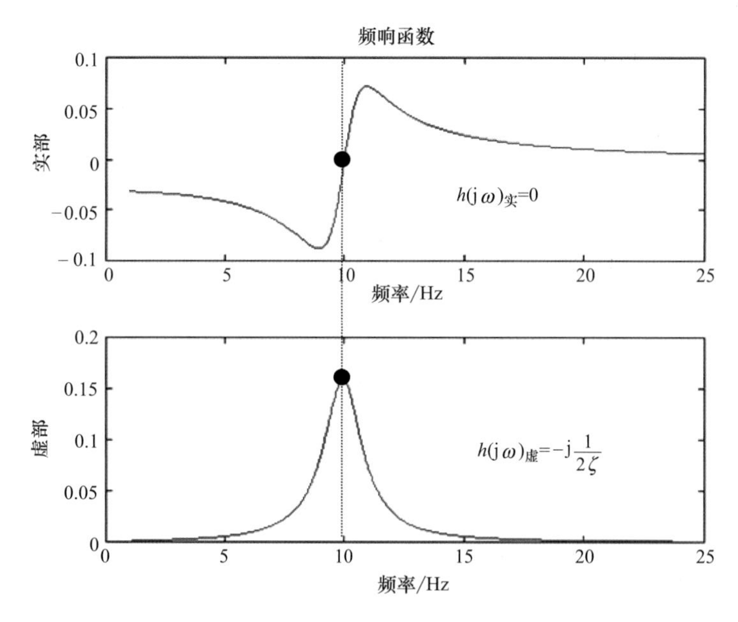

图 2-19 复数频响函数在共振频率处的取值

2.3 基本模态分析理论——MDOF

本节仅概述多自由度系统（MDOF）的实验模态分析理论相关方程，更详细的理论背景可在参考材料中找到。

2.3.1 多自由度系统方程

接下来考虑多自由度系统，与单自由度系统假设一样，多自由度系统的运动方程也有以下假设：

- 建模的质量是集中质量。
- 弹性力按线性方式正比例于位移。
- 阻尼力按线性方式正比例于速度。

另外，重点注意的是系统是线性的，时不变的。系统可以用一组二阶常系数偏微分方程来描述。

首先，让我们考虑简单的两自由度系统。再次，对系统中的每个质量进行力平衡分析，因此，这将产生两个方程，有两个未知数。这些方程更详细的推导可参考任何一本振动教材。图 2-20 左侧展示了一个两自由度系统的示意，右侧展示了其受力分析。

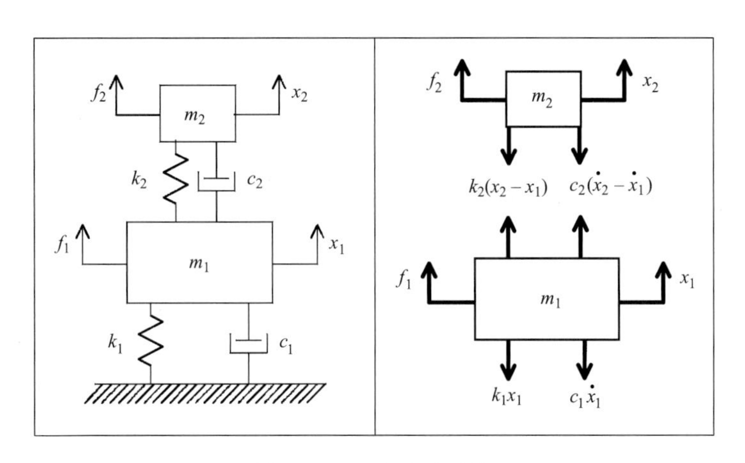

图 2-20　两自由度系统

根据牛顿第二定律，运动方程可写为

$$
\begin{aligned}
m_1\ddot{x}_1 &= f_1(t) - c_1\dot{x}_1 + c_2(\dot{x}_2-\dot{x}_1) - k_1x_1 + k_2(x_2-x_1) \\
m_2\ddot{x}_2 &= f_2(t) - c_2(\dot{x}_2-\dot{x}_1) - k_2(x_2-x_1)
\end{aligned} \tag{2.21}
$$

重新排列方程，组合一些项得

$$
\begin{aligned}
m_1\ddot{x}_1 + (c_1+c_2)\dot{x}_1 - c_2\dot{x}_2 + (k_1+k_2)x_1 - k_2x_2 &= f_1(t) \\
m_2\ddot{x}_2 - c_2\dot{x}_1 + c_2\dot{x}_2 - k_2x_1 + k_2x_2 &= f_2(t)
\end{aligned} \tag{2.22}
$$

注意到第一个方程中包含了质量 2 的位移和速度项，也包含质量 1 的位移、速度和加速度项。同样，第二个方程也包含质量 1 和质量 2 的相关项。换句话说，这两个方程相互关联或耦合。

为了简单起见，这些方程可以写成矩阵形式：质量矩阵乘以加速度向量加上阻尼矩阵乘以速度向量加上刚度矩阵乘以位移向量等于外力向量，即

$$
\begin{pmatrix} m_1 & \\ & m_2 \end{pmatrix}\begin{pmatrix} \ddot{x}_1 \\ \ddot{x}_2 \end{pmatrix} + \begin{pmatrix} c_1+c_2 & -c_2 \\ -c_2 & c_2 \end{pmatrix}\begin{pmatrix} \dot{x}_1 \\ \dot{x}_2 \end{pmatrix} + \begin{pmatrix} k_1+k_2 & -k_2 \\ -k_2 & k_2 \end{pmatrix}\begin{pmatrix} x_1 \\ x_2 \end{pmatrix} = \begin{pmatrix} f_1(t) \\ f_2(t) \end{pmatrix} \tag{2.23}
$$

注意到阻尼和刚度矩阵有非对角元素，这些元素表征了质量 1 和质量 2 之间的耦合。矩阵的规模直接与多自由度系统的自由度数相关，因此，这些矩阵都是方阵，并且它们都是对称的。

虽然这个方程对于两自由度系统是非常有用的，但是现在我们在这要讲述更一般的多自由度系统。为了明白一些矩阵运算，在本书的一个附录中简要地回顾了矩阵和向量的一些运算。图 2-21 所示为一个更一般的多自由度模型，着重注意的是，虽然这个模型很小，但在此讲述的方法同样适用于任何大型的有限元模型，如图 2-21b 所示。

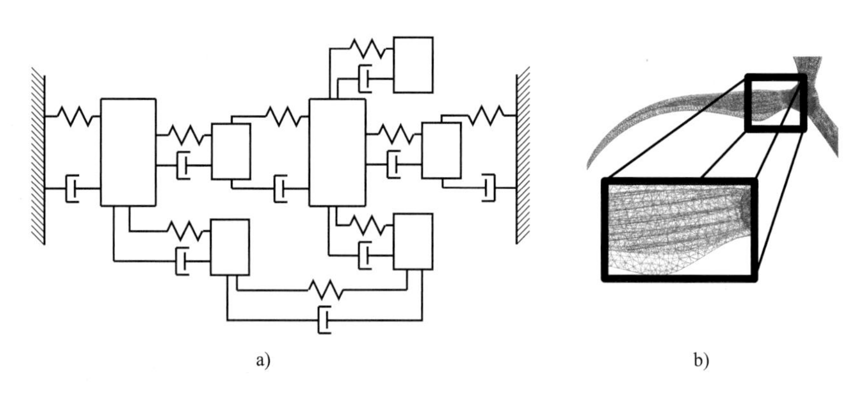

图 2-21　一般的“n”自由度系统

a）一个简单的集中质量模型　b）一个更详细的有限元模型

现在，我们将两自由度系统扩展到更一般的“n”自由度系统，用矩阵形式写出这个多自由度系统的运动方程：

$$\boldsymbol{M}\ddot{\boldsymbol{x}}+\boldsymbol{C}\dot{\boldsymbol{x}}+\boldsymbol{K}\boldsymbol{x}=\boldsymbol{F}(t) \tag{2.24}$$

式中，$\boldsymbol{M}$ 是维度为（n，n）的质量矩阵，$\boldsymbol{C}$ 是维度为（n，n）的阻尼矩阵，$\boldsymbol{K}$ 是维度为（n，n）的刚度矩阵，$\boldsymbol{F}$ 是维度为（n，1）的力向量，$\boldsymbol{x}$ 是维度为（n，1）的位移向量，速度和加速度也是维度为（n，1）的向量。这些方程与之前的一样，也是耦合的。

如果这些矩阵使用解耦的形式处理起来会更方便，特征值求解有助于得到这个更简单的解。特征值求解只使用质量和刚度矩阵，并且假设阻尼矩阵为零或正比例于质量或（和）刚度矩阵。

$$(\boldsymbol{K}-\lambda\boldsymbol{M})\boldsymbol{x}=\boldsymbol{0} \tag{2.25}$$

此时，特征值求解的概念解释非常有助于理解怎么得到频率和对应的模态振型。首先要讲的是通过特征值求解告诉我们频率和模态振型。特征值求解的数学处理有多种不同的方法，可以分为直接法和间接法。对于小型矩阵，采用直接法分解这些方程组得到所有的特征值和特征向量。常用的直接求解方法有雅可比（Jacobi）、吉文斯（Givens）和豪斯霍尔德（Householder）等。但当矩阵的规模更大时，如大型有限元模型，常使用一些间接方法，但这些间接方法只能得到一些低阶模态。这些间接方法如子空间迭代法（Subspace Iteration）、同步向量迭代法（Simultaneous Vector Iteration）和兰索斯方法（Lanczos）等。一本好的数值方法教材都有这些特征值求解方法的详细介绍。

但是在此，让我们给出概念上的解释，这能使你更易于明白特征值求解处理的过程。首先要注意到特征值可以从矩阵的行列式中求得，如图 2-22 所示。这个行列式恰好是一个高阶多项式，它的根就是这些要求解的特征值。这些根数值上可通过任何根求解算法获得，如正切方法（Secant Method）或者是牛顿-辛普森方法（Newton-Rapson Method）等众所周知的方法。

这个求解过程告诉了我们方程组的频率，接下来就是确定模态振型。如果使用第一个特征值 $\lambda=\omega_1^2$，代入到特征方程，那么能求解得到向量 $\boldsymbol{x}_1$，因为 $\boldsymbol{M}$、$\boldsymbol{K}$ 和 ω_1^2 是已知的。求解这个向量可直接使用一些分解方法，如克劳特-杜利特尔（Crout-Doolittle）、乔里斯基（Cholesky）以及 LDL 分解方法，也有其他一些方法。

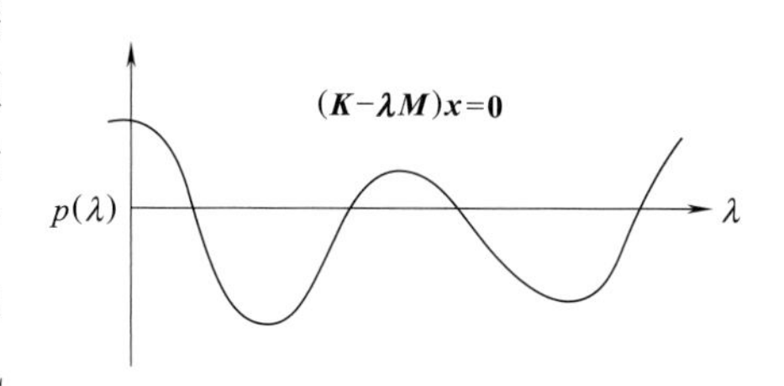

图 2-22　行列式的根的图形表示

向量 $\boldsymbol{x}_1$ 实际上就是那个特定频率对应的模态振型，而正是使用这个频率去求解方程组，才得到这个向量。图 2-23 所示为简单自由梁的第 1 阶自由-自由弹性模态的示意性求解过程，注意使用蓝色框住的特征值去确定系统的第 1 阶模态。接下来通过使用图 2-23 中的方程进行求解，你将会发现弹性力等于惯性力。我们可以说这根梁在频率 ω_1^2 处处于动态平衡状态。如果你从能量角度去观察这个系统，你将会看到系统存在节点，系统将围绕这些节点振荡，在这些节点处系统的振型有相等的正负部分，使得系统处于平衡状态。

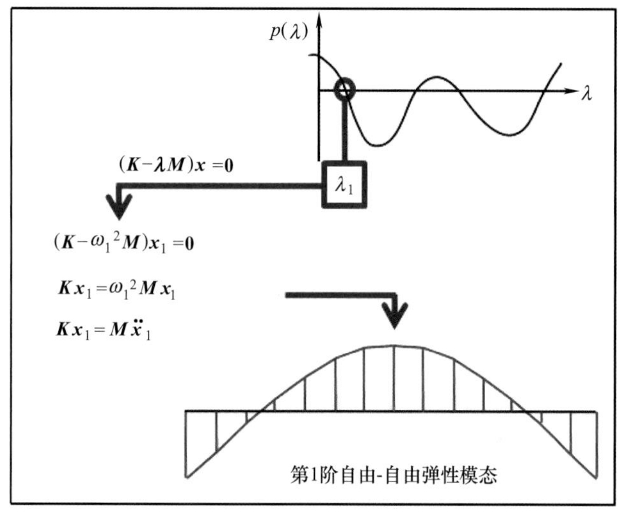

图 2-23　第 1 阶模态的特征值求解示意

当然，我们可以为第 2 阶频率做相同的事情。使用第 2 个特征值，$\lambda=\omega_2^2$，将它代入特征方程，那么你能求解得到向量 $\boldsymbol{x}_2$，因为 $\boldsymbol{M}$、$\boldsymbol{K}$ 和 ω_2^2 是已知的。向量 $\boldsymbol{x}_2$ 实际上就是第 2 阶频率对应的模态振型。图 2-24 所示为这根梁的第 2 阶自由-自由弹性模态示意性求解过程，注意使用红色框住的特征值去确定系统的第 2 阶模态。如果再次使用图 2-24 中的方程求解，你将会发现弹性力等于惯性力。我们可以说这根梁在频率 ω_2^2 处处于动态平衡状态。与第 1 阶模态相同，系统将围绕这些节点振荡，在这些节点处系统的振型有相等的正负部分，使得系统处于平衡状态。

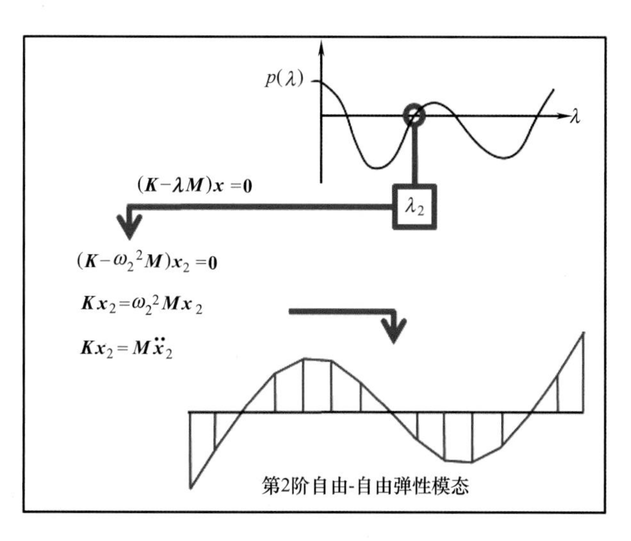

图 2-24　第 2 阶模态的特征值求解示意

我们可以继续求解所有感兴趣

的模态。当然，按这种方式解释求解过程可能不是实际采用的方法。实际上采用了分解矩阵，从而得到最终答案，这是一个不同的求解算法。但这种解释方法将会使你更易于明白整个求解过程，即从系统方程中怎样求解频率和模态振型。

重点要知道特征值求解是去获得所谓的特征对：与特征方程相关的频率和向量。这个向量就是模态振型。而且模态振型之间是线性无关的，关于质量和刚度矩阵正交。这是特征值求解带来的额外收获。这是一个非常重要的事实，当用实测数据检验有限元模型时常常用到。我们执行正交性检查，通常称为伪正交性检查，去对比由特征值求解得到的向量与实验测量得到的向量。

现在这些特征向量或模态振型具有一些独特的属性：它们关于质量和刚度矩阵正交，彼此之间是线性无关的。为了展示这一点，特征值求解可以按一般的形式来写，如

$$\boldsymbol{KU} = \boldsymbol{MU\Omega}^2 \tag{2.26}$$

现在写出第 i 阶向量，特征值问题变为

$$\boldsymbol{Ku}_i = \lambda_i \boldsymbol{Mu}_i \tag{2.27}$$

对上式左乘第 j 阶向量，得

$$\boldsymbol{u}_j^{\mathrm{T}}\boldsymbol{Ku}_i = \lambda_i \boldsymbol{u}_j^{\mathrm{T}}\boldsymbol{Mu}_i \tag{2.28}$$

对第 j 阶向量执行相同的步骤，将得到另一个方程：

$$\boldsymbol{u}_i^{\mathrm{T}}\boldsymbol{Ku}_j = \lambda_j \boldsymbol{u}_i^{\mathrm{T}}\boldsymbol{Mu}_j \tag{2.29}$$

这两个方程相减，得

$$(\lambda_i - \lambda_j)\boldsymbol{u}_i^{\mathrm{T}}\boldsymbol{Mu}_j = \boldsymbol{0}$$

因为这两个特征值是第 i 和第 j 阶的，所以它们是不同的，要使 $i \neq j$ 时等式成立，必须有

$$\boldsymbol{u}_i^{\mathrm{T}}\boldsymbol{Mu}_j = \boldsymbol{0} \quad i \neq j \tag{2.30}$$

这就是特征向量正交性的证据。然而，当 $i = j$ 时，这个值不为0，会产生两个量：第 i 阶模态的模态质量和模态刚度。它们为

$$\left.\begin{aligned} \boldsymbol{u}_i^{\mathrm{T}}\boldsymbol{Mu}_i &= \overline{\boldsymbol{m}}_{ii} \\ \boldsymbol{u}_i^{\mathrm{T}}\boldsymbol{Ku}_i &= \overline{\boldsymbol{k}}_{ii} \end{aligned}\right\} i = j \tag{2.31}$$

因此，正交性条件可以表述为

$$\boldsymbol{u}_i^{\mathrm{T}}\boldsymbol{Mu}_j = \begin{cases} \overline{\boldsymbol{m}}_{ii} & \text{当 } i = j \\ \boldsymbol{0} & \text{当 } i \neq j \end{cases} \quad \boldsymbol{u}_i^{\mathrm{T}}\boldsymbol{Ku}_j = \begin{cases} \overline{\boldsymbol{k}}_{ii} & \text{当 } i = j \\ \boldsymbol{0} & \text{当 } i \neq j \end{cases} \tag{2.32}$$

因此，特征值求解提供了一组特征对：频率（特征值）和模态振型（特征向量）。为了方便构造矩阵，将特征值以对角线形式排列，特征向量按列向量形式排列。

$$(\Omega^2) = \begin{pmatrix} \omega_1^2 & \\ & \omega_2^2 \end{pmatrix} \text{和 } \boldsymbol{U} = (\boldsymbol{u}_1 \quad \boldsymbol{u}_2 \quad \cdots) \tag{2.33}$$

需要一个新的坐标系统，用这个坐标系统描述系统的方程可写成更简单的形式，并且是解耦的。模态转换方程可以帮助实现这一点。模态矩阵 $\boldsymbol{U}$ 将用于解耦物理方程组。模态转换将物理空间转换到模态空间，形如

$$\boldsymbol{x}=\boldsymbol{U}\boldsymbol{p}=(\boldsymbol{u}_1\quad \boldsymbol{u}_2\quad \cdots)\begin{pmatrix}\boldsymbol{p}_1\\ \boldsymbol{p}_2\\ \vdots\end{pmatrix} \tag{2.34}$$

这里，$\boldsymbol{p}$ 是新的模态空间变量。模态矩阵可以写成（n，n）维，但通常只有（n，m）的规模。虽然能得到 n 个可能的模态向量，但是通常只提取 m 个模态，因为对于大多数结构动力学问题只求解一些必要的模态，求解的模态数量远小于测点数 n。如果我们将模态转换表达式代入运动方程，并左乘模态向量的转置，那么运动方程将就变成归一化的形式：

$$\boldsymbol{U}^{\mathrm{T}}\boldsymbol{M}\boldsymbol{U}\ddot{\boldsymbol{p}}+\boldsymbol{U}^{\mathrm{T}}\boldsymbol{C}\boldsymbol{U}\dot{\boldsymbol{p}}+\boldsymbol{U}^{\mathrm{T}}\boldsymbol{K}\boldsymbol{U}\boldsymbol{p}=\boldsymbol{U}^{\mathrm{T}}\boldsymbol{F} \tag{2.35}$$

现在让我们展开这个方程，考虑与质量和加速度相关的第一项，结果如下：

$$\boldsymbol{U}^{\mathrm{T}}\boldsymbol{M}\boldsymbol{U}=\begin{pmatrix}\boldsymbol{u}_1^{\mathrm{T}}\boldsymbol{M}\boldsymbol{u}_1 & \boldsymbol{u}_1^{\mathrm{T}}\boldsymbol{M}\boldsymbol{u}_2 & \boldsymbol{u}_1^{\mathrm{T}}\boldsymbol{M}\boldsymbol{u}_3 & \cdots\\ \boldsymbol{u}_2^{\mathrm{T}}\boldsymbol{M}\boldsymbol{u}_1 & \boldsymbol{u}_2^{\mathrm{T}}\boldsymbol{M}\boldsymbol{u}_2 & \boldsymbol{u}_2^{\mathrm{T}}\boldsymbol{M}\boldsymbol{u}_3 & \cdots\\ \boldsymbol{u}_3^{\mathrm{T}}\boldsymbol{M}\boldsymbol{u}_1 & \boldsymbol{u}_3^{\mathrm{T}}\boldsymbol{M}\boldsymbol{u}_2 & \boldsymbol{u}_3^{\mathrm{T}}\boldsymbol{M}\boldsymbol{u}_3 & \cdots\\ \vdots & \vdots & \vdots & \ddots\end{pmatrix} \tag{2.36}$$

在此回顾一下正交性条件：

$$\boldsymbol{u}_i^{\mathrm{T}}\boldsymbol{M}\boldsymbol{u}_j=\boldsymbol{0}\quad i\neq j \tag{2.37}$$

那么展开的矩阵可以写为

$$\boldsymbol{U}^{\mathrm{T}}\boldsymbol{M}\boldsymbol{U}=\begin{pmatrix}\boldsymbol{u}_1^{\mathrm{T}}\boldsymbol{M}\boldsymbol{u}_1 & 0 & 0 & \cdots\\ 0 & \boldsymbol{u}_2^{\mathrm{T}}\boldsymbol{M}\boldsymbol{u}_2 & 0 & \cdots\\ 0 & 0 & \boldsymbol{u}_3^{\mathrm{T}}\boldsymbol{M}\boldsymbol{u}_3 & \cdots\\ \vdots & \vdots & \vdots & \ddots\end{pmatrix} \tag{2.38}$$

对转换方程所有的三项都这样操作，将得到三个矩阵：模态质量矩阵、模态阻尼矩阵（假设是比例阻尼）和模态刚度矩阵：

$$\text{模态质量}\qquad \boldsymbol{U}^{\mathrm{T}}\boldsymbol{M}\boldsymbol{U}=\begin{pmatrix}\bar{m}_{11} & 0 & 0 & \cdots\\ 0 & \bar{m}_{22} & 0 & \cdots\\ 0 & 0 & \bar{m}_{33} & \cdots\\ \vdots & \vdots & \vdots & \ddots\end{pmatrix} \tag{2.39}$$

$$\text{模态阻尼}\qquad \boldsymbol{U}^{\mathrm{T}}\boldsymbol{C}\boldsymbol{U}=\begin{pmatrix}\bar{c}_{11} & 0 & 0 & \cdots\\ 0 & \bar{c}_{22} & 0 & \cdots\\ 0 & 0 & \bar{c}_{33} & \cdots\\ \vdots & \vdots & \vdots & \ddots\end{pmatrix} \tag{2.40}$$

$$\text{模态刚度}\qquad \boldsymbol{U}^{\mathrm{T}}\boldsymbol{K}\boldsymbol{U}=\begin{pmatrix}\bar{k}_{11} & 0 & 0 & \cdots\\ 0 & \bar{k}_{22} & 0 & \cdots\\ 0 & 0 & \bar{k}_{33} & \cdots\\ \vdots & \vdots & \vdots & \ddots\end{pmatrix} \tag{2.41}$$

由于正交性，这个转换将物理空间高度耦合的方程组解耦到模态空间，变成一组解耦的单自由度系统。

$$\begin{pmatrix} \bar{m}_1 & \\ & \bar{m}_2 \end{pmatrix}\begin{pmatrix} \ddot{p}_1 \\ \ddot{p}_2 \\ \vdots \end{pmatrix}+\begin{pmatrix} \bar{c}_1 & \\ & \bar{c}_2 \end{pmatrix}\begin{pmatrix} \dot{p}_1 \\ \dot{p}_2 \\ \vdots \end{pmatrix}+\begin{pmatrix} \bar{k}_1 & \\ & \bar{k}_2 \end{pmatrix}\begin{pmatrix} p_1 \\ p_2 \\ \vdots \end{pmatrix}=\begin{pmatrix} \boldsymbol{u}_1^{\mathrm{T}}\boldsymbol{F} \\ \boldsymbol{u}_2^{\mathrm{T}}\boldsymbol{F} \\ \vdots \end{pmatrix} \tag{2.42}$$

这个方程有对角矩阵：模态质量（m，m），模态阻尼（m，m）（假设模型中是比例阻尼）和模态刚度（m，m）。着重注意的是这些矩阵的规模是（m，m），不再是（n，n）。这个转换同样也作用在外力上，将它投影到每个单自由度系统上作为每个单自由度的模态力。

现在这些对角化的方程组可以写为

$$(\overline{\boldsymbol{M}})\dot{\boldsymbol{p}}+(\overline{\boldsymbol{C}})\dot{\boldsymbol{p}}+(\overline{\boldsymbol{K}})\boldsymbol{p}=\boldsymbol{U}^{\mathrm{T}}\boldsymbol{F} \tag{2.43}$$

这些对角方程极大地降低了问题的复杂性，特别是表征问题所必要的模态自由度数远小于物理测点数时（$m \ll n$）。本质上，耦合的复杂自由度系统已简化为一个更简单的系统，这个系统通过一组单自由度系统来描述，这些单自由度系统通过模态转换方程与多自由度系统相关。图 2-25 示意性地展示了这个物理耦合的方程组分解成一组等效的单自由度系统的过程，系统中的每一阶模态彼此之间都是线性独立的，且关于质量和刚度矩阵正交。这非常高明，因为这意味着任何一个复杂的系统，包括上百万个自由度的有限元模型都可以简化为一组等效的单自由度系统，这样非常方便求解。

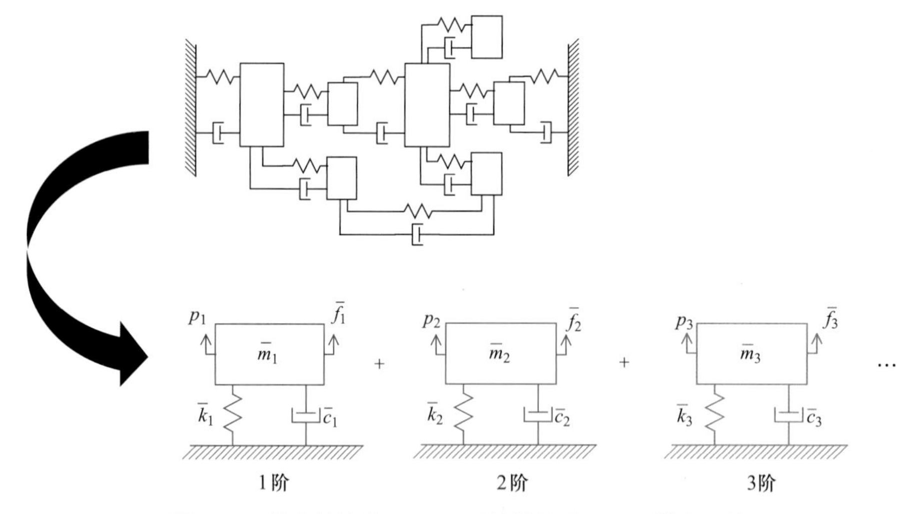

图 2-25　模态转换将 MDOF 系统转换成 SDOF 模态系统

如果考察这个对角矩阵中任一个方程，对于第“i”阶模态而言，相应的方程是一个单自由度方程：

$$\bar{m}_i\ddot{p}_i+\bar{c}_i\dot{p}_i+\bar{k}_i p_i=\bar{f}_i \tag{2.44}$$

当然，重点注意到这个方程真的是一个简单的单自由度系统，是求解任何作用到系统上的外力的最简单的方程之一。所以，每一个单自由度系统的响应都可用等效力去确定每阶模态的响应。每阶模态对系统总响应都有贡献。由于每阶模态的贡献，每个响应都单独是一个瞬态的时域响应。每阶模态的响应都需要使用相同的方程投影到物理的自由度上，而这个方程首先是用于解耦所有方程组的。比如，第 1 阶模态的响应，由式（2.45）

给定：

$$\begin{pmatrix} x_1 \\ x_2 \\ x_3 \\ \vdots \\ x_n \end{pmatrix}_1 = \begin{pmatrix} u_1 \\ u_2 \\ u_3 \\ \vdots \\ u_n \end{pmatrix}_1 \boldsymbol{p}_1 \tag{2.45}$$

第 1 阶模态自由度的响应贡献通过第 1 阶模态振型扩展回到物理空间所有的物理自由度上，以确定第 1 阶模态对系统总响应的贡献，如图 2-26 所示。

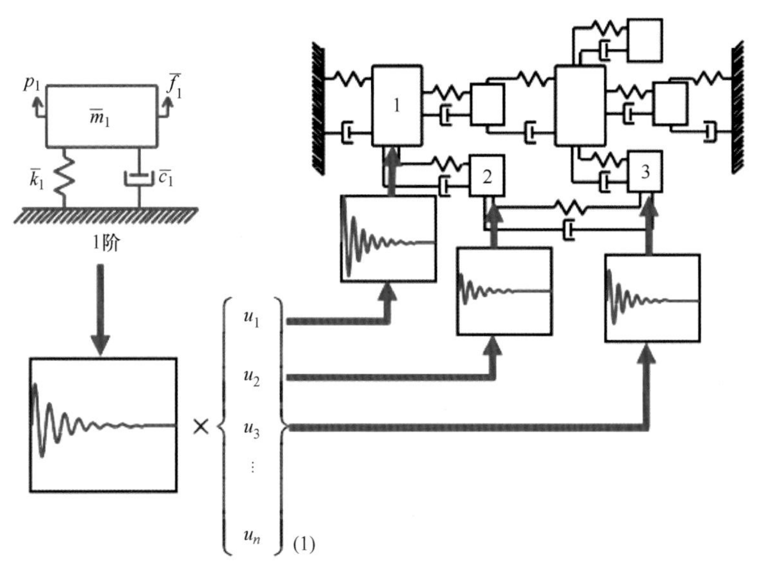

图 2-26　第 1 阶模态响应贡献投影到所有物理自由度上

再如，考虑第 2 阶模态的响应，由式（2.46）给定

$$\begin{Bmatrix} x_1 \\ x_2 \\ x_3 \\ \vdots \\ x_n \end{Bmatrix}_2 = \begin{Bmatrix} u_1 \\ u_2 \\ u_3 \\ \vdots \\ u_n \end{Bmatrix}_2 \boldsymbol{p}_2 \tag{2.46}$$

再次，第 2 阶模态自由度的响应贡献通过第 2 阶模态振型扩展回到物理空间所有的物理自由度上，以确定第 2 阶模态对系统总响应的贡献，如图 2-27 所示。

系统的总响应可以表示成每一阶模态对系统总响应的贡献之和：

$$\begin{pmatrix} x_1 \\ x_2 \\ x_3 \\ \vdots \\ x_n \end{pmatrix} = \begin{pmatrix} u_1 \\ u_2 \\ u_3 \\ \vdots \\ u_n \end{pmatrix}_1 \boldsymbol{p}_1 + \begin{pmatrix} u_1 \\ u_2 \\ u_3 \\ \vdots \\ u_n \end{pmatrix}_2 \boldsymbol{p}_2 + \begin{Bmatrix} u_1 \\ u_2 \\ u_3 \\ \vdots \\ u_n \end{Bmatrix}_3 \boldsymbol{p}_3 + \cdots \tag{2.47}$$

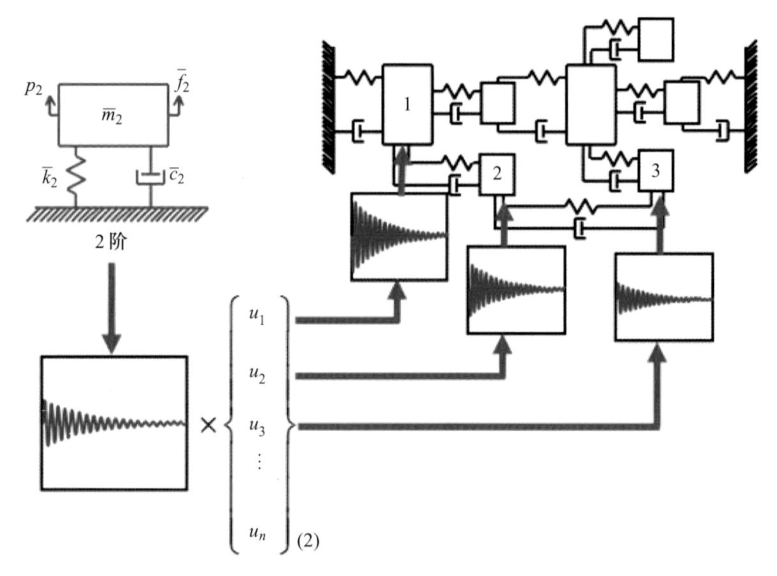

图 2-27　第 2 阶模态响应贡献投影到所有物理自由度上

在模态空间，每阶模态描述了特定模态对物理响应的贡献。因为模态彼此之间是线性无关的，且关于系统质量和刚度矩阵正交，对物理系统的贡献可以由彼此之间解耦的模态的线性组合得到。把物理方程投影到模态空间去计算每个单自由度系统的响应的整个处理过程和每阶模态的模态响应投影回到物理空间的计算过程如图 2-28 所示。

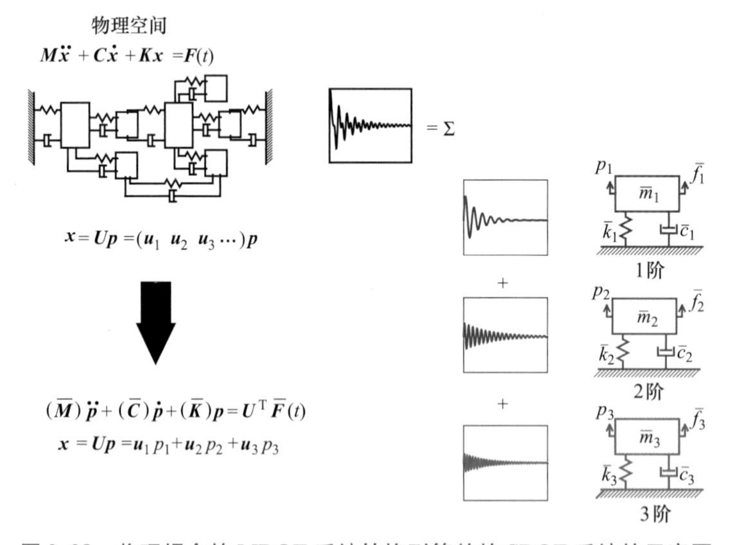

图 2-28　物理耦合的 MDOF 系统转换到等效的 SDOF 系统的示意图

2.3.2　多自由度系统的拉氏域

与单自由度系统进行拉氏变换相同，多自由度系统也可以进行拉氏变换。使用拉氏变换，原始物理空间的运动方程可转换到拉氏域：

$$\underbrace{(Ms^2+Cs+K)}_{\text{特征方程}}X(s)=\underbrace{F(s)}_{\text{外力}}+\underbrace{(Ms+C)x_0}_{\text{初位移}}+\underbrace{Mx_0}_{\text{初速度}} \tag{2.48}$$

其中，s 是拉普拉斯变量。这样变换的主要好处是在一个方程中包含特征方程、外力和初始状态。如果假设初始状态是 0，因为通常是这样的，这个方程可以写为

$$(\boldsymbol{M}s^2+\boldsymbol{C}s+\boldsymbol{K})\boldsymbol{X}(s)=\boldsymbol{F}(s) \tag{2.49}$$

齐次方程可以写为

$$(\boldsymbol{M}s^2+\boldsymbol{C}s+\boldsymbol{K})\boldsymbol{x}(s)=\boldsymbol{0}\Rightarrow\boldsymbol{B}(s)\boldsymbol{x}(s)=0 \tag{2.50}$$

其中，$\boldsymbol{B}(s)$ 称为系统矩阵，注意到因为质量、阻尼和刚度矩阵都是对称的方阵，因此，系统矩阵 $\boldsymbol{B}(s)$ 也是对称的方阵。

齐次方程将产生 $2n$ 个解，其中 n 是方程数。如果阻尼是欠阻尼，那么这个方程包含的解称为系统极点，且是以复数共轭对的形式出现：

$$\det(\boldsymbol{M}s^2+\boldsymbol{C}s+\boldsymbol{K})=\boldsymbol{0}\Rightarrow p_k=-\sigma_k\pm \mathrm{j}\omega_{dk} \tag{2.51}$$

这个复数函数的极点一部分（实部）是阻尼比 ζ 与系统无阻尼固有频率 ω_n 的乘积，另一部分（虚部）是有阻尼固有频率 ω_d。注意到极点是以复数共轭对的形式出现。

回到系统的运动方程，重新整理方程，以得到响应与激励之比：

$$\boldsymbol{B}(s)\boldsymbol{x}(s)=\boldsymbol{F}(s)\Rightarrow\boldsymbol{B}(s)^{-1}=\frac{\boldsymbol{x}(s)}{\boldsymbol{F}(s)} \tag{2.52}$$

系统矩阵 $\boldsymbol{B}(s)$ 的逆矩阵是系统传递矩阵：

$$\boldsymbol{B}(s)^{-1}=\boldsymbol{H}(s)=\frac{\mathrm{Adj}[\boldsymbol{B}(s)]}{\det[\boldsymbol{B}(s)]}=\frac{\boldsymbol{A}(s)}{\det[\boldsymbol{B}(s)]} \tag{2.53}$$

这个矩阵是系统矩阵的伴随矩阵除以系统矩阵的行列式。展开这个矩阵：

$$\begin{pmatrix} h_{11}(s) & h_{12}(s) & h_{13}(s) & \cdots \\ h_{21}(s) & h_{22}(s) & h_{23}(s) & \cdots \\ h_{31}(s) & h_{32}(s) & h_{33}(s) & \cdots \\ \vdots & \vdots & \vdots & \ddots \end{pmatrix}=\frac{\begin{pmatrix} a_{11}(s) & a_{12}(s) & a_{13}(s) & \cdots \\ a_{21}(s) & a_{22}(s) & a_{23}(s) & \cdots \\ a_{31}(s) & a_{32}(s) & a_{33}(s) & \cdots \\ \vdots & \vdots & \vdots & \ddots \end{pmatrix}}{\det[\boldsymbol{B}(s)]} \tag{2.54}$$

系统传递函数对应的是一个复数值的曲面。方程的分子 $\boldsymbol{A}(s)$ 称为留数矩阵，方程的分母是 det $[\boldsymbol{B}(s)]$，它是一个标量，称为特征方程。分母产生系统极点，有趣的是极点是常数，不依赖于留数矩阵中元素的取值，这就是为什么极点被认为是系统的一种“全局属性”。

现在为了估计系统传递矩阵中一些感兴趣的项，让我们写出：

$$\boldsymbol{B}(s)\boldsymbol{B}(s)^{-1}=\boldsymbol{I} \tag{2.55}$$

代入系统传递函数方程，并重新排列：

$$\boldsymbol{B}(s)\boldsymbol{A}(s)=\det[\boldsymbol{B}(s)]\boldsymbol{I} \tag{2.56}$$

这个方程有两个非常重要的部分，这两部分是实验模态分析最基本的两项：

$\boldsymbol{A}(s)$　　留数　　→　模态振型

$\det[\boldsymbol{B}(s)]$　特征方程　→　极点

特征方程的行列式产生一个高阶多项式，从中可求解出系统的根或极点。留数矩阵需要进一步处理以揭示矩阵一些重要的方面，然后产生系统模态振型，矩阵的对称性对于模态振型的提取和互易性原理的定义来说是非常重要的。当在系统一个极点处估计系统传递

函数时，这个解可以写为

$$\boldsymbol{B}(p_k)\boldsymbol{A}(p_k)=\boldsymbol{0} \tag{2.57}$$

它可以分解成列的形式，如

$$\boldsymbol{B}(p_k)(\boldsymbol{a}_1(p_k)\quad \boldsymbol{a}_2(p_k)\quad \cdots)=(\boldsymbol{0}\quad \boldsymbol{0}\quad \cdots) \tag{2.58}$$

留数矩阵每一列可写成一个单独的方程，如

$$\begin{aligned}\boldsymbol{B}(p_k)\boldsymbol{a}_1(p_k)&=\boldsymbol{0}\\ \boldsymbol{B}(p_k)\boldsymbol{a}_2(p_k)&=\boldsymbol{0}\\ \boldsymbol{B}(p_k)\boldsymbol{a}_3(p_k)&=\boldsymbol{0}\\ &\vdots\end{aligned} \tag{2.59}$$

注意到方程（2.59）的每一列是方程（2.57）的解。由于对称性，矩阵的每一行也是这个方程的解。所以，当在系统的一个极点处估计系统传递函数时，每一行或每一列都是这个方程的解。这意味着，为了估计模态向量，任何一行或一列都可用于估计系统向量，这一点后续将作说明。

我们之前已经讲过单自由度系统，系统传递函数可以写成部分分式形式：

$$\boldsymbol{H}(s)=\sum_{k=1}^{m}\left[\frac{\boldsymbol{A}_k}{(s-p_k)}+\frac{\boldsymbol{A}_k^*}{(s-p_k^*)}\right] \tag{2.60}$$

或者用极点-零点形式（或者以多项式形式展开因子）：

$$\boldsymbol{H}(s)=\prod_{k=1}^{m}\left[\frac{(s-z_k)(s-z_k^*)}{(s-p_k)(s-p_k^*)}\right] \tag{2.61}$$

另外，进行拉普拉斯逆变换，得到时域的脉冲响应函数，如

$$\boldsymbol{h}(t)=\sum_{k=1}^{m}\frac{1}{m_k\omega_{dk}}\mathrm{e}^{-\sigma_k t}\sin\omega_{dk}t \tag{2.62}$$

现在考察传递矩阵特定项，这个系统传递函数可以写成部分分式的形式，如

$$h_{ij}(s)=\sum_{k=1}^{m}\left[\frac{a_{ijk}(s)}{(s-p_k)}+\frac{a_{ijk}(s)^*}{(s-p_k^*)}\right] \tag{2.63}$$

或者用多项式形式：

$$h_{ij}(s)=\frac{a_{ij}(s)}{\det[\boldsymbol{B}(s)]}=\frac{s^{2n-1}+b_1s^{2n-2}+b_2s^{2n-3}+\cdots}{s^{2n}+a_1s^{2n-1}+a_2s^{2n-2}+\cdots} \tag{2.64}$$

或者脉冲响应函数为

$$h_{ij}(t)=\sum_{k=1}^{m}\frac{1}{m_k\omega_{dk}}\mathrm{e}^{-\sigma_k t}\sin\omega_{dk}t \tag{2.56}$$

2.3.3 频响函数

频响函数是传递函数沿 $s=\mathrm{j}\omega$ 轴上的估计。令 $s=\mathrm{j}\omega$（是传递函数曲面的一个切片），那么频响函数为

$$\boldsymbol{H}(s)_{s=\mathrm{j}\omega}=\boldsymbol{H}(\mathrm{j}\omega)=\sum_{k=1}^{m}\left[\frac{\boldsymbol{A}_k}{(\mathrm{j}\omega-p_k)}+\frac{\boldsymbol{A}_k^*}{(\mathrm{j}\omega-p_k^*)}\right] \tag{2.66}$$

单独 ij 项的频响函数，形如

$$h_{ij}(s)_{s\to \mathrm{j}\omega} = h(\mathrm{j}\omega) = \sum_{k=1}^{m}\left[\frac{a_{ijk}}{(\mathrm{j}\omega - p_k)} + \frac{a_{ijk}^*}{(\mathrm{j}\omega - p_k^*)}\right] \tag{2.67}$$

注意到频响函数是系统所有模态所对应的每个单自由度系统的总和，展示的频响函数与之前单自由度系统的频响函数相同，但在此是每阶模态对总频响函数的贡献。图 2-29 展示了一个典型的加速度频响函数，用于说明在一个宽频范围内，所有模态之和，注意为了简洁起见只给出了频响函数的幅值形式。图 2-29 展示了该方程，其中图 2-29a 所示为总和形式的频响函数，图 2-29b 所示为每阶模态单独的贡献。

$$\boldsymbol{H}(s)_{s=\mathrm{j}\omega} = \boldsymbol{H}(\mathrm{j}\omega) = \sum_{k=1}^{m}\left[\frac{\boldsymbol{A}_k}{(\mathrm{j}\omega - p_k)} + \frac{\boldsymbol{A}_k^*}{(\mathrm{j}\omega - p_k^*)}\right]$$

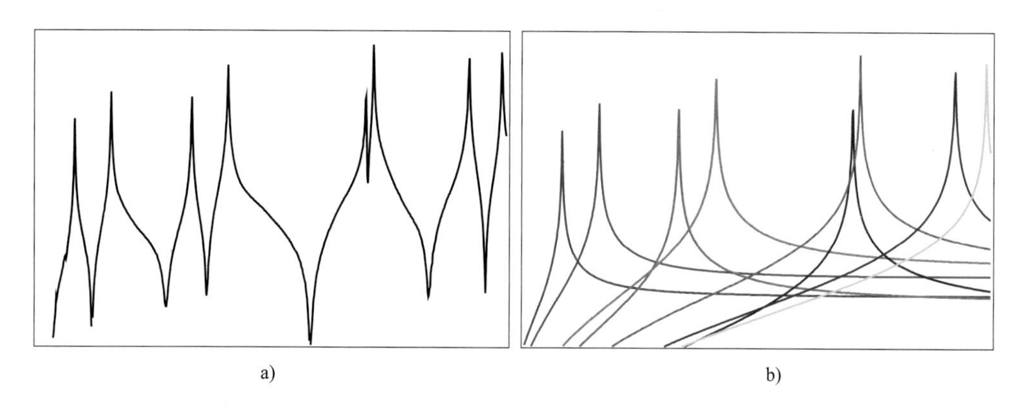

a)　　b)

图 2-29　多自由度系统的频响函数

a）总和形式的频响函数　b）单阶模态的贡献

图 2-30 汇总了所有信息，展示了系统传递函数和复数频响函数。图 2-30 显示了含 3 阶模态的系统传递函数的幅值和频响函数的实部、虚部、幅值和相位。

2.3.4　从频响函数中得到模态振型

当在系统的一个极点处估计系统传递函数时，可用系统矩阵 $\boldsymbol{B}(s)$ 任何一行或一列求解系统方程，得到相应的振型向量。现在让我们使用更高级的技术更进一步考察这一点。使用奇异值分解技术，当在一个极点处估计 $\boldsymbol{H}(s)$ 时，可得到 $\boldsymbol{H}(s)$ 是奇异的，秩为 1，可以分解为

$$\boldsymbol{H}(s)_{s=p_k} = \boldsymbol{u}_k\left(\frac{q_k}{s-p_k}\right)\boldsymbol{u}_k^{\mathrm{T}} \tag{2.68}$$

注意，留数矩阵与模态振型之间的关系可以写为

$$\boldsymbol{A}(s)_k = q_k\boldsymbol{u}_k\boldsymbol{u}_k^{\mathrm{T}} \tag{2.69}$$

其中，q 是比例常数，稍后将讨论它。

观察伴随矩阵，并且展开这个方程第 k 阶模态的一些项：

$$\begin{pmatrix} a_{11k} & a_{12k} & a_{13k} & \cdots \\ a_{21k} & a_{22k} & a_{23k} & \cdots \\ a_{31k} & a_{32k} & a_{33k} & \cdots \\ \vdots & \vdots & \vdots & \ddots \end{pmatrix} = q_k \begin{pmatrix} u_{1k}u_{1k} & u_{1k}u_{2k} & u_{1k}u_{3k} & \cdots \\ u_{2k}u_{1k} & u_{2k}u_{2k} & u_{2k}u_{3k} & \cdots \\ u_{3k}u_{1k} & u_{3k}u_{2k} & u_{3k}u_{3k} & \cdots \\ \vdots & \vdots & \vdots & \ddots \end{pmatrix} \tag{2.70}$$

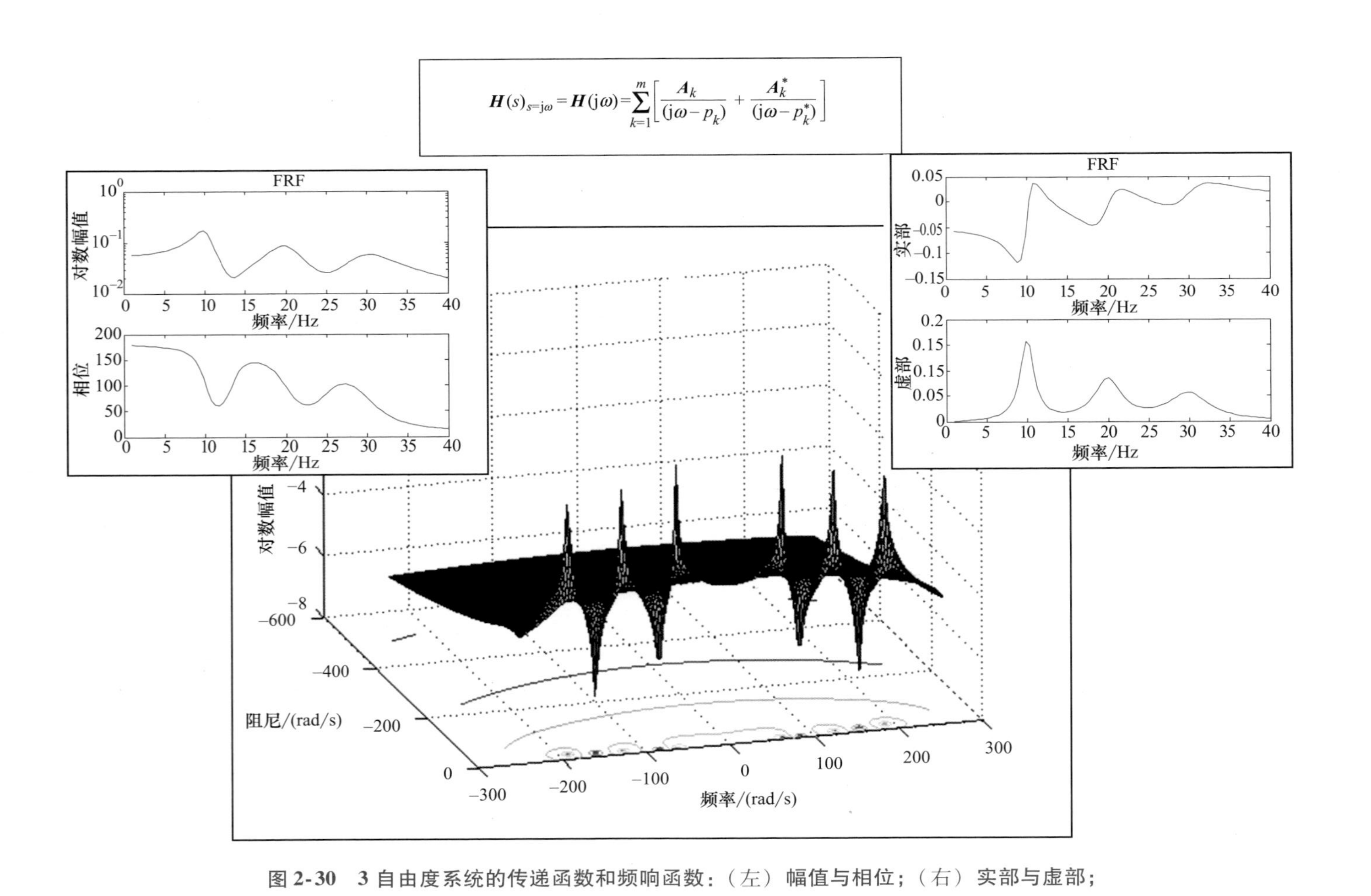

图 2-30　3 自由度系统的传递函数和频响函数：（左）幅值与相位；（右）实部与虚部；（主图）系统传递函数

着重注意到留数直接与系统模态振型相关。为了说明，展开一些项是非常有帮助的。让我们以列向量的形式重新分组一些项：

$$\left(\begin{pmatrix} a_{11k} \\ a_{21k} \\ a_{31k} \\ \vdots \end{pmatrix} \begin{pmatrix} a_{12k} \\ a_{22k} \\ a_{32k} \\ \vdots \end{pmatrix} \begin{pmatrix} a_{13k} \\ a_{23k} \\ a_{33k} \\ \vdots \end{pmatrix} \cdots \right) = \left(q_k u_{1k} \begin{Bmatrix} u_{1k} \\ u_{2k} \\ u_{3k} \\ \vdots \end{Bmatrix} \quad q_k u_{2k} \begin{Bmatrix} u_{1k} \\ u_{2k} \\ u_{3k} \\ \vdots \end{Bmatrix} \quad q_k u_{3k} \begin{Bmatrix} u_{1k} \\ u_{2k} \\ u_{3k} \\ \vdots \end{Bmatrix} \cdots \right) \tag{2.71}$$

这个矩阵的第一列包含了系统第 k 阶模态的一个估计，通过 q_k 和 u_{1k} 缩放：

$$\begin{Bmatrix} a_{11k} \\ a_{21k} \\ a_{31k} \\ \vdots \end{Bmatrix} = q_k u_{1k} \begin{Bmatrix} u_{1k} \\ u_{2k} \\ u_{3k} \\ \vdots \end{Bmatrix} \tag{2.72}$$

这个矩阵的第二列包含了系统第 k 阶模态的一个估计，通过 q_k 和 u_{2k} 缩放：

$$\begin{Bmatrix} a_{12k} \\ a_{22k} \\ a_{32k} \\ \vdots \end{Bmatrix} = q_k u_{2k} \begin{Bmatrix} u_{1k} \\ u_{2k} \\ u_{3k} \\ \vdots \end{Bmatrix} \tag{2.73}$$

这个矩阵的第三列包含了系统第 k 阶模态的一个估计，通过 q_k 和 u_{3k} 缩放：

$$\begin{Bmatrix} a_{13k} \\ a_{23k} \\ a_{33k} \\ \vdots \end{Bmatrix} = q_k u_{3k} \begin{Bmatrix} u_{1k} \\ u_{2k} \\ u_{3k} \\ \vdots \end{Bmatrix} \tag{2.74}$$

现在让我们按行向量的形式重新组合这些项：

$$\begin{pmatrix} (a_{11k} & a_{12k} & a_{13k} & \cdots) \\ (a_{21k} & a_{22k} & a_{23k} & \cdots) \\ (a_{31k} & a_{32k} & a_{33k} & \cdots) \\ & \vdots & & \end{pmatrix} = \begin{pmatrix} q_k u_{1k}(u_{1k} & u_{2k} & u_{3k} & \cdots) \\ q_k u_{2k}(u_{1k} & u_{2k} & u_{3k} & \cdots) \\ q_k u_{3k}(u_{1k} & u_{2k} & u_{3k} & \cdots) \\ & \vdots & & \end{pmatrix} \tag{2.75}$$

显然这个矩阵的第一行包含了系统第 k 阶模态的一个估计，通过 q_k 和 u_{1k} 缩放：

$$(a_{11k} \quad a_{12k} \quad a_{13k} \quad \cdots) = q_k u_{1k}(u_{1k} \quad u_{2k} \quad u_{3k} \quad \cdots) \tag{2.76}$$

显然这个矩阵的第二行也包含了系统第 k 阶模态的一个估计，通过 q_k 和 u_{2k} 缩放：

$$(a_{21k} \quad a_{22k} \quad a_{23k} \quad \cdots) = q_k u_{2k}(u_{1k} \quad u_{2k} \quad u_{3k} \quad \cdots) \tag{2.77}$$

显然这个矩阵的第三行同样包含了系统第 k 阶模态的一个估计，通过 q_k 和 u_{3k} 缩放：

$$(a_{31k} \quad a_{32k} \quad a_{33k} \quad \cdots) = q_k u_{3k}(u_{1k} \quad u_{2k} \quad u_{3k} \quad \cdots) \tag{2.78}$$

对于单位模态质量缩放，比例常数可以写为

$$q_k = \frac{1}{2\mathrm{j}\omega_k} \tag{2.79}$$

从上面的方程可以看出，频响函数可以由系统特征值和特征向量得到。如果这个频响函数可以测量得到，那么可以从测量数据中得到感兴趣的参数（频率、阻尼和模态振型）。

2.3.5 点到点的频响函数

接下来估计点到点的频响函数。让我们在系统 j 点处激励，考虑在 i 点处的响应。对于特定 ij（输入-输出）位置，在 $s=\mathrm{j}\omega$ 轴上估计系统传递函数，如

$$h(s)_{ij}\big|_{s=\mathrm{j}\omega} = h_{ij}(\mathrm{j}\omega) = \sum_{k=1}^{m}\left[\frac{a_{ijk}}{(\mathrm{j}\omega - p_k)} + \frac{a_{ijk}^{*}}{(\mathrm{j}\omega - p_k^{*})}\right] \tag{2.80}$$

重点注意到这个表达式与早期单自由度系统的频响函数是相同的，除了这个是所有模态之和。这个频响函数用如图 2-31（只考虑系统两阶模态）所示来说明它们的和。

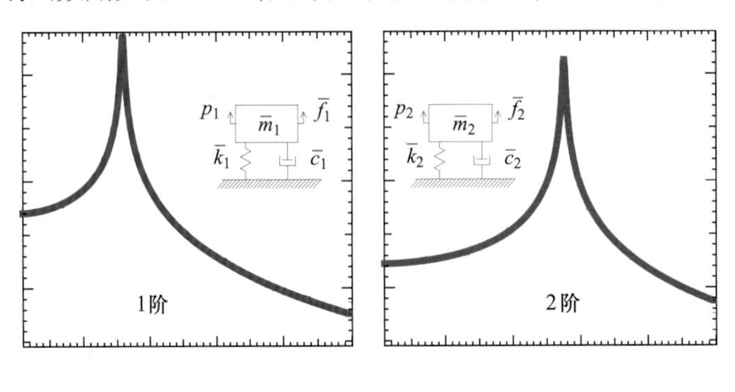

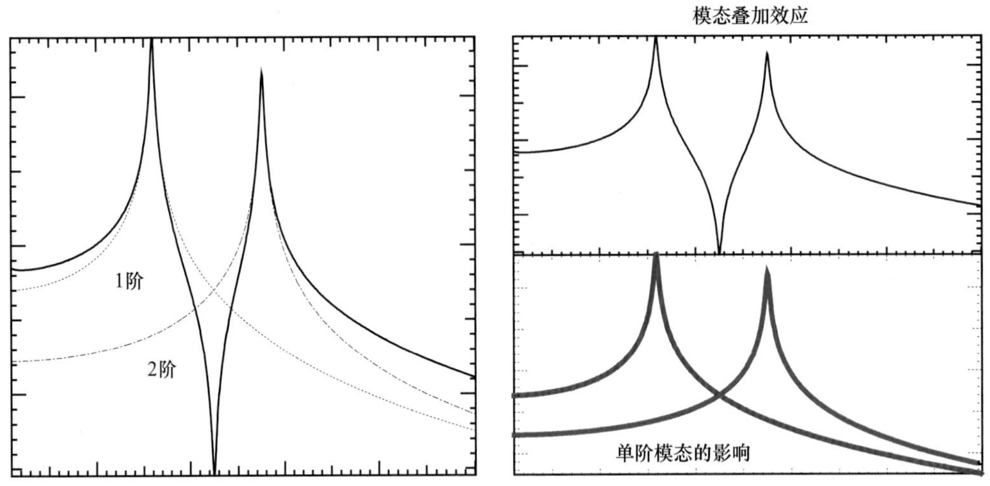

图 2-31　SDOF 叠加在一起的 FRF 和分解的 FRF

频响函数的 D/F、V/F 和 A/F 形式的实部、虚部、幅值、相位和奈奎斯特图如图 2-32 ~ 图 2-34 所示。在每一个图中，完整的频响函数用黑色显示在上边图中，每阶模态的贡献显示在下边图中，第 1 阶模态用蓝色表示，第 2 阶模态用红色表示。

另外，回想一下 $a_{ijk}=u_{ik}u_{jk}$，点到点的频响函数可以写为

$$h(s)_{ij}\big|_{s=\mathrm{j}\omega} = h_{ij}(\mathrm{j}\omega) = \sum_{k=1}^{m}\left[\frac{q_k u_{ik} u_{jk}}{(\mathrm{j}\omega - p_k)} + \frac{q_k^{*} u_{ik}^{*} u_{jk}^{*}}{(\mathrm{j}\omega - p_k^{*})}\right] \tag{2.81}$$

从这个方程可以看出，点到点的频响函数是由一组单自由度振子组成的，每个幅值受输入激励位置（基于模态振型在 DOF j 的值）的滤波效应控制，也受输出响应位置（基于模态振型在 DOF i 的值）的滤波效应的控制。

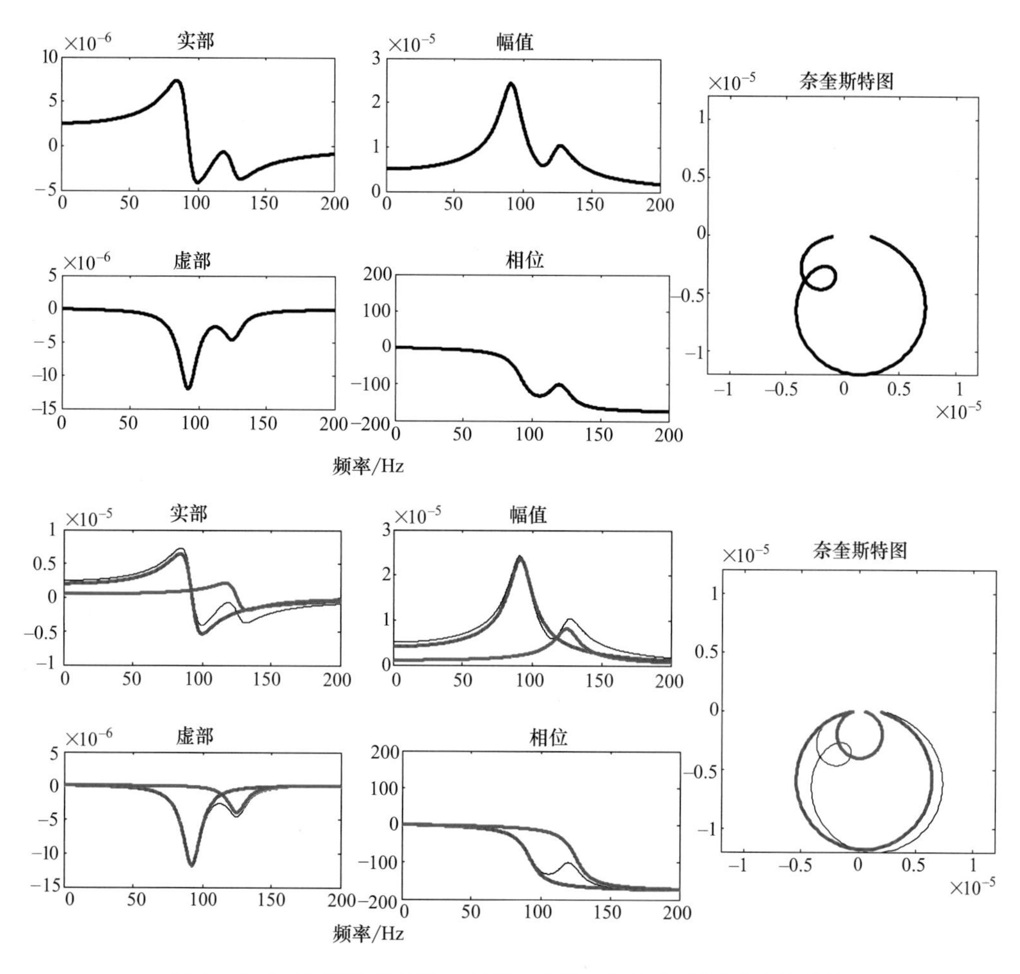

图 2-32　*D/F* **FRF** 的实部、虚部、幅值、相位和 **FRF** 奈奎斯特图

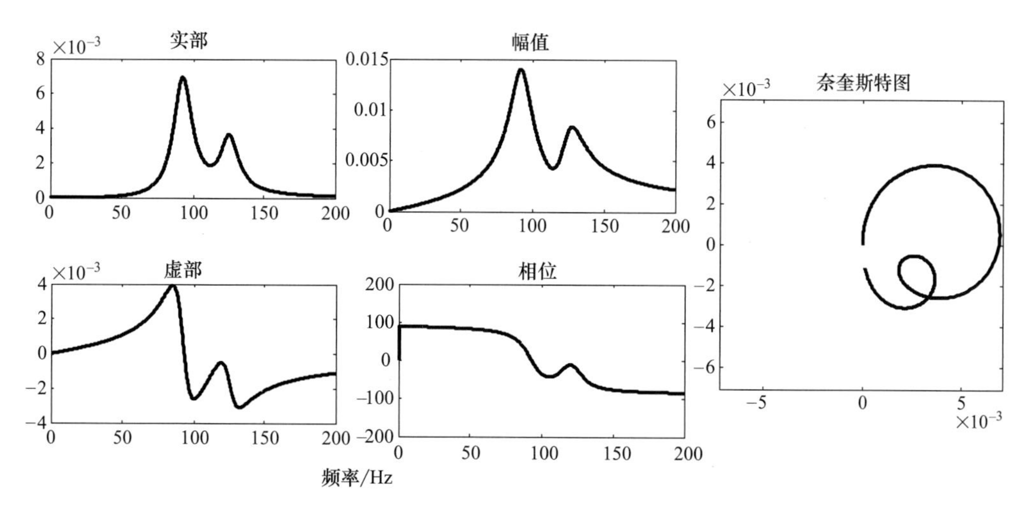

图 2-33　*V/F* **FRF** 的实部、虚部、幅值、相位和 **FRF** 奈奎斯特图

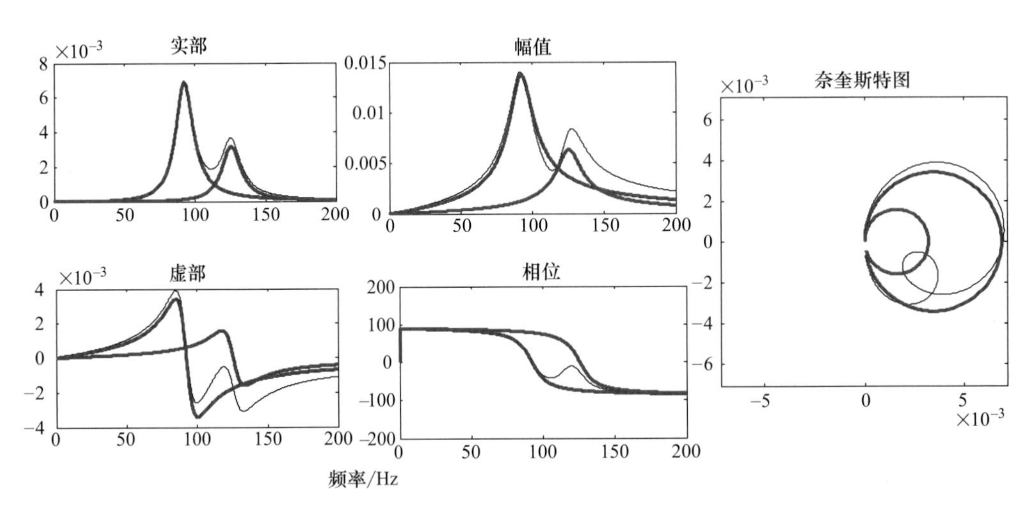

图 2-33 *V/F* **FRF** 的实部、虚部、幅值、相位和 **FRF** 奈奎斯特图（续）

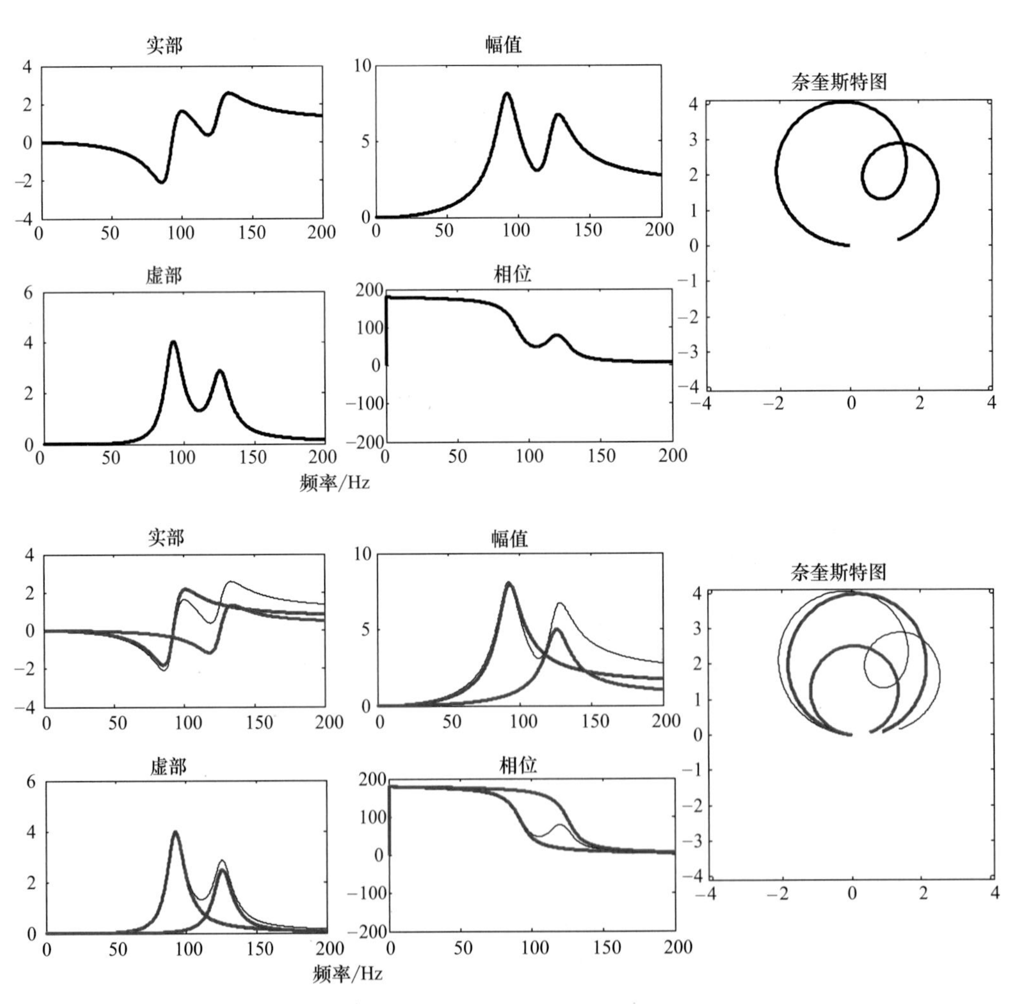

图 2-34 *A/F* **FRF** 的实部、虚部、幅值、相位和 **FRF** 奈奎斯特图

2.3.6　正弦激励下的多自由度系统响应

前文已经考虑了单自由度系统对正弦激励的响应。现在，让我们考虑对一个多自由度系统施加相同的正弦激励。这个正弦激励下的多自由度响应是组成这个多自由度系统的每个单自由度系统的响应之和。为了说明每阶模态的贡献，考虑一个简单的两自由度系统受一些不同的激励频率作用。

首先，让我们考虑正弦激励的频率远低于系统两阶模态频率，这时系统的响应主要由第 1 阶模态的响应组成，第 1 阶模态的响应远大于第 2 阶模态的响应，如图 2-35 所示。图 2-35 上部显示了每阶模态的频响函数对总的频响函数的贡献，图 2-35 下部显示了相应的时域响应。

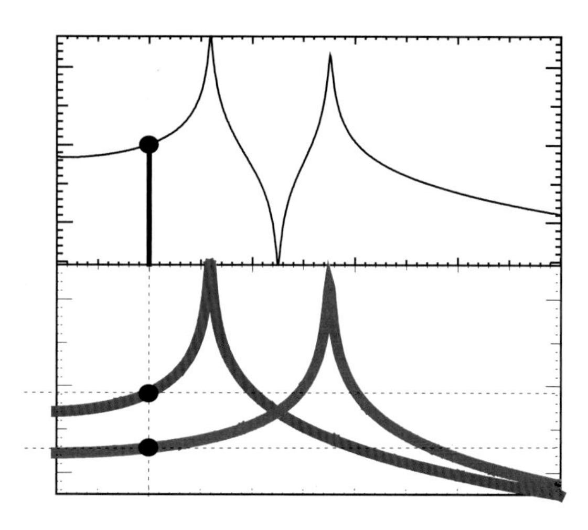

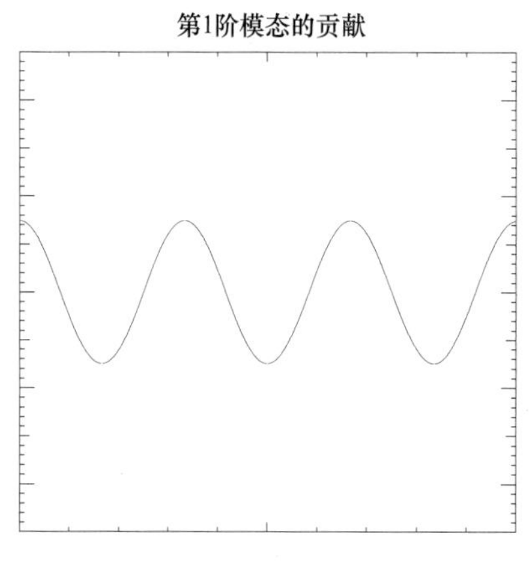

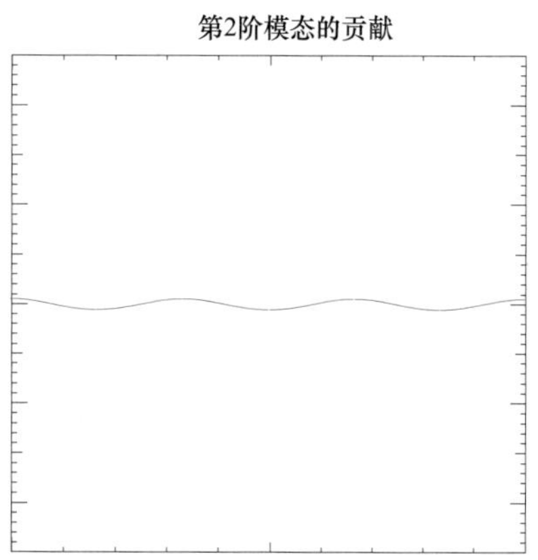

图 2-35　正弦激励频率远低于固有频率：（上部）每阶模态的频响函数对总的频响函数的贡献；（下部）时域响应

在图 2-36 中，激励频率等于系统第 1 阶模态的固有频率，响应的绝大部分都来自于第 1 阶模态，虽然也有少量来自第 2 阶模态。图 2-36 上部显示了每阶模态的频响函数对总的频响函数的贡献，图 2-36 下部显示了相应的时域响应，图 2-36 下部左侧为第 1 阶模态的时域响应，右侧为第 2 阶模态的时域响应。

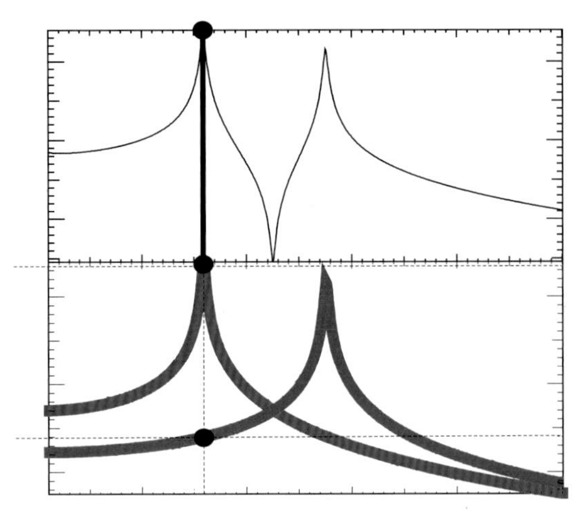

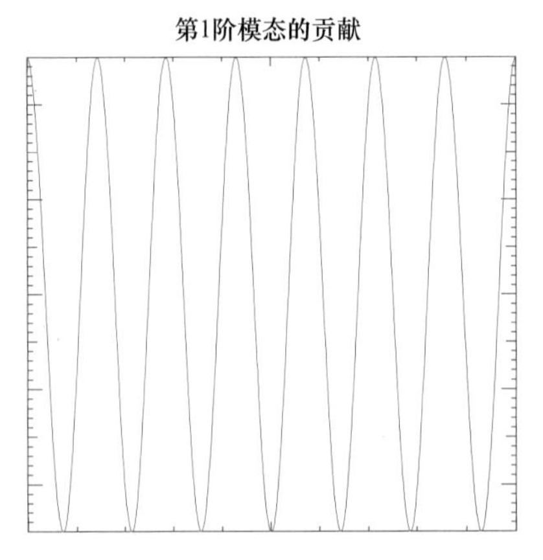

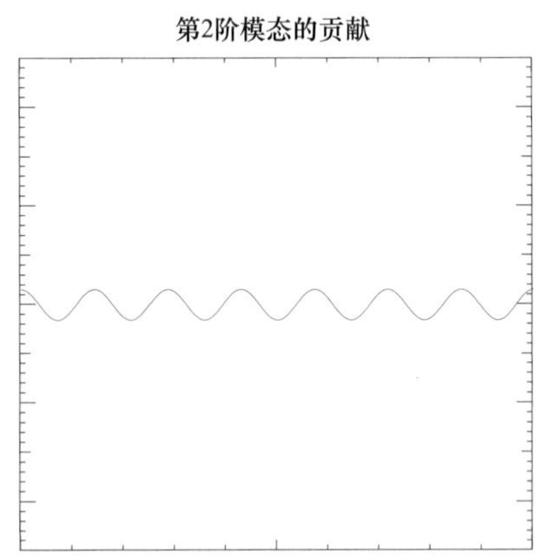

图 2-36　正弦激励频率等于第 1 阶模态的固有频率：
（上部）每阶模态的频响函数对总的频响函数的贡献；
（下部）时域响应

在图 2-37 中，激励频率位于两阶模态频率之间，但更靠近系统第 2 阶模态的固有频率，响应的绝大部分都来自于第 2 阶模态，但也有部分来自第 1 阶模态。同样图 2-37 上部显示了每阶模态的频响函数对总的频响函数的贡献，图 2-37 下部显示了相应的时域响应。

在这些图解中，通过系统的模态转换所获得的优势变得更加明显。如果系统响应可以分解成每阶模态的贡献，那么更易于明白系统的总响应。例如，频响函数可分解成三阶模态，图 2-38 中展示了频响函数和每阶模态的贡献：第 1 阶模态用蓝色表示，第 2 阶模态用红色表示，第 3 阶模态用绿色表示。图 2-38 中分别用了留数形式和模态振型形式来表示频响函数，这是为了强调模态振型对频响函数幅值所起的重要作用。

2.3.7　实例：三个测量自由度的悬臂梁

使用三个测点的悬臂梁作为实例，用于说明悬臂梁的前三阶模态（前三阶模态振型如图 2-39 所示）的频响函数矩阵。

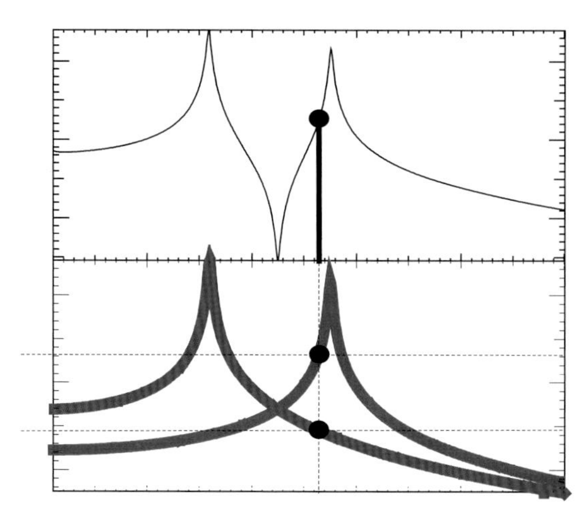

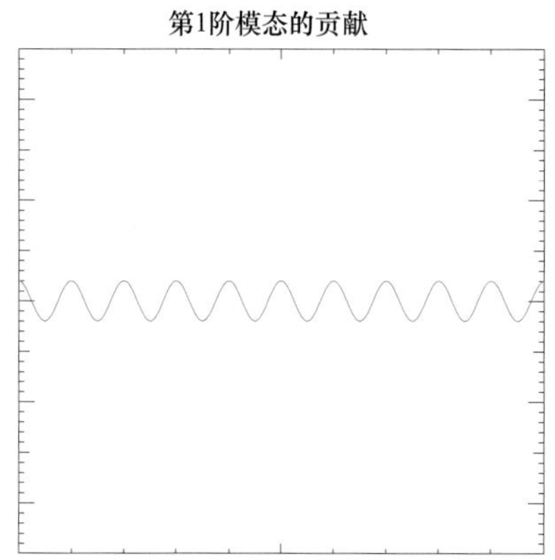

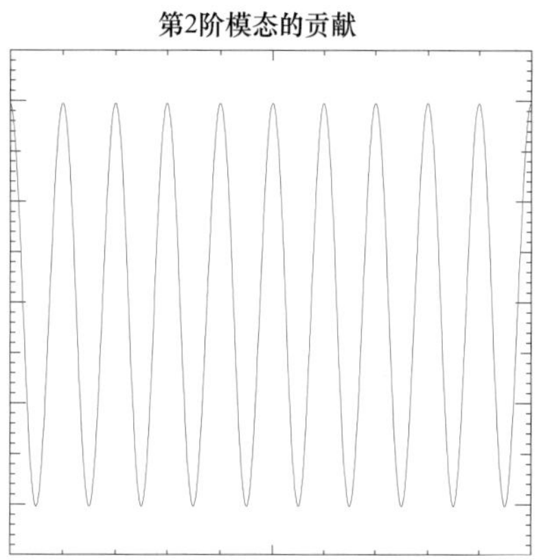

图 2-37　正弦激励频率位于两阶固有频率之间：（上部）每阶模态的频响函数对总的频响函数的贡献；（下部）时域响应

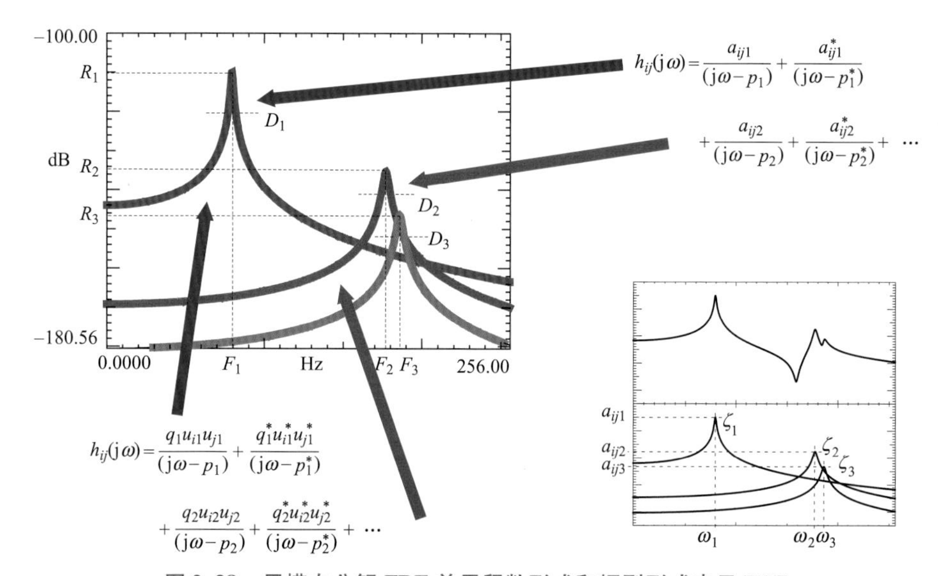

图 2-38　用模态分解 FRF 并用留数形式和振型形式表示 FRF

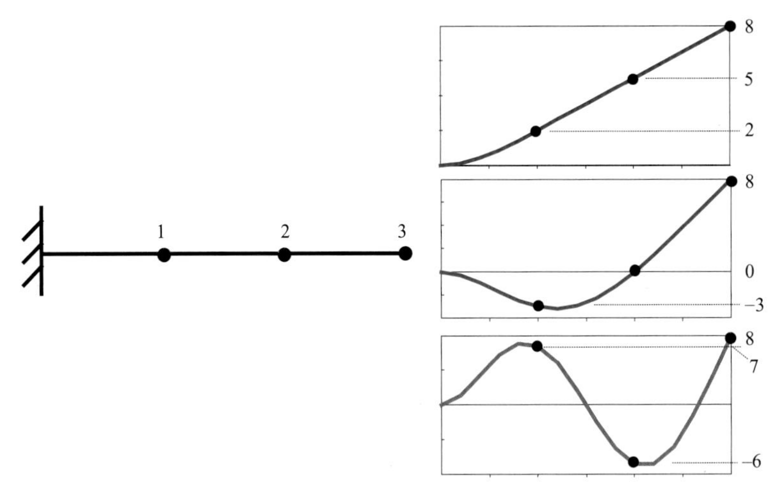

图 2-39　三自由度悬臂梁和前三阶模态振型

沿梁的长度方向测量这三个测点，我们知道总共可以测量得到 9 个频响函数：这里有 3 个可能的输入力位置和 3 个可能的输出响应位置。图 2-40 显示了能得到的 3 ×3 的频响

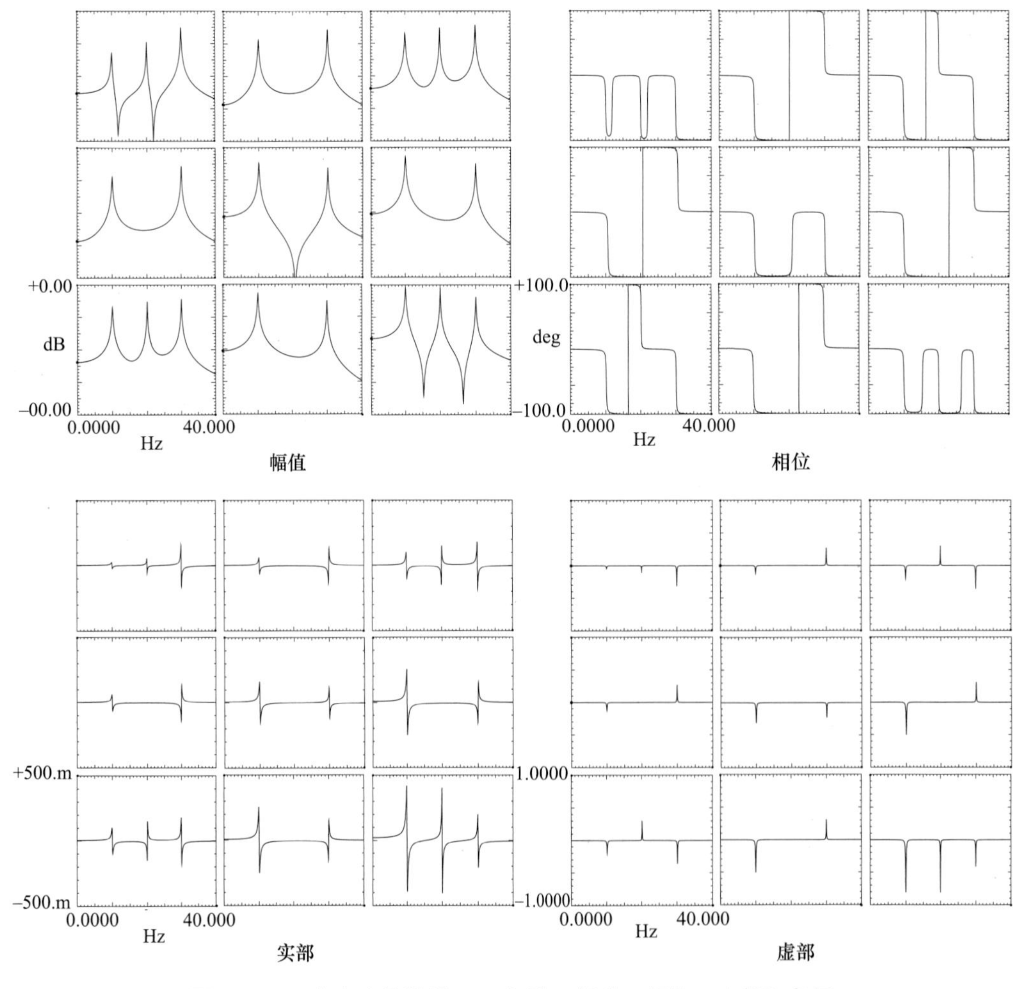

图 2-40　三自由度悬臂梁 FRF 矩阵：幅值、相位、实部和虚部

函数矩阵。注意到有 4 组频响函数矩阵：幅值、相位、实部和虚部。图 2-40 为我们展示了从这 3 个测量位置可得到的所有可能的测量结果。现在让我们来考查每一个测量位置，首先使用锤击法，然后用激振器法。

现在让我们描述从这根梁上可能获得的测量，并进行一次典型的测量。让我们假设在梁的自由端位置测点 3 处施加一个力，这个位置作为参考点位置。如果我们同时在测点 3 处测量梁的响应，那么我们可以得到 h_{33}，即自由端位置的驱动点频响函数测量，如图 2-41 所示。驱动点测量是一次特殊的测量，它是激励和响应在同一位置测量获得的。

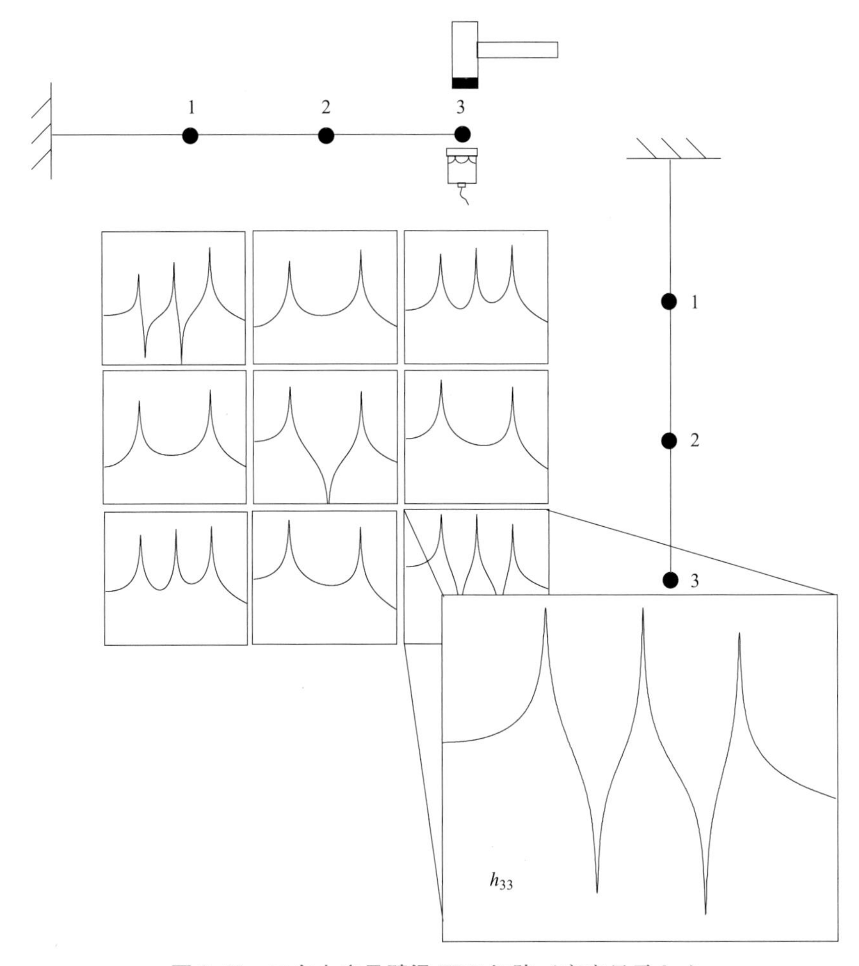

图 2-41　三自由度悬臂梁 FRF 矩阵（突出显示 h_{33}）

梁自由端位置的驱动点测量可以看作是所有模态的总和或每阶模态的贡献。如图 2-42 中显示的 4 幅图所示，上部图中包含了所有模态的总和，下部图中显示了每阶模态的贡献。对于梁的前三阶模态，频响函数由用于描述梁每阶模态的每个单自由度振子之和组成。作为参考，回想一下，频响函数方程可以写成留数或模态振型的形式。

让我们在梁的测点 2 处激励，在测点 3 处测量响应，相应的频响函数 h_{32} 如图 2-43 所示。

让我们在梁的测点 1 处激励，在测点 3 处测量响应，相应的频响函数 h_{31} 如图 2-44 所示。

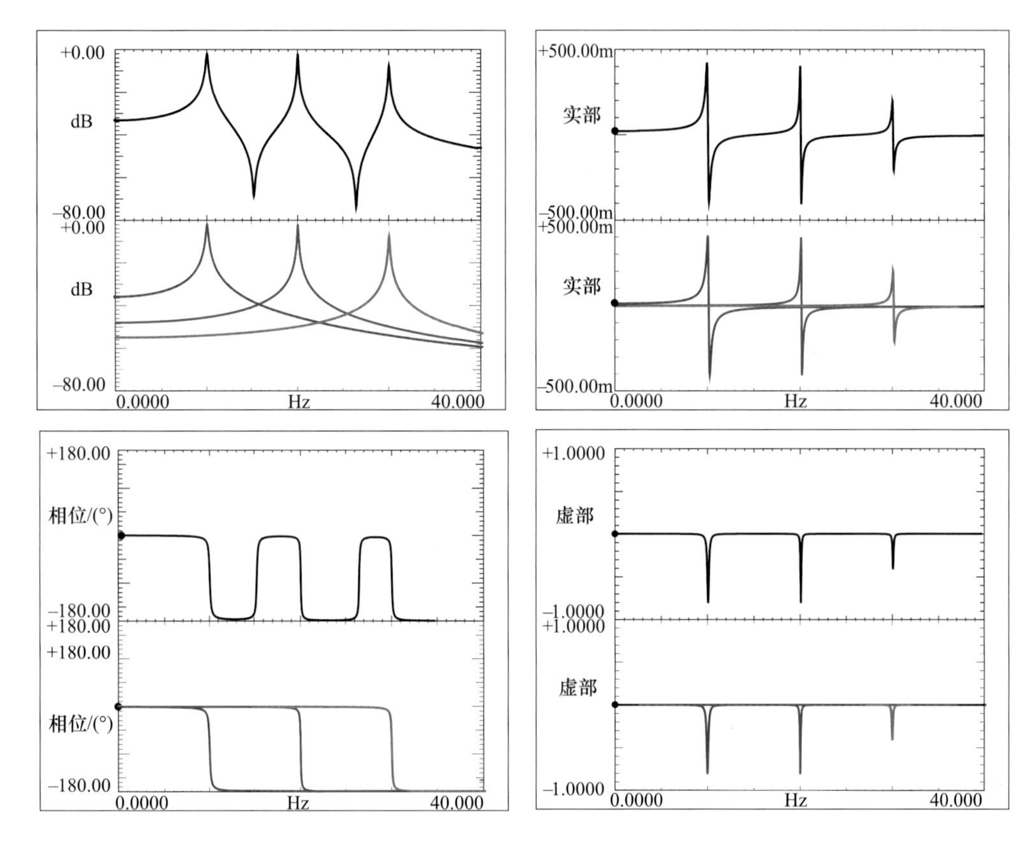

图 2-42　三自由度驱动点 FRF：完整的 FRF 和每阶模态的贡献

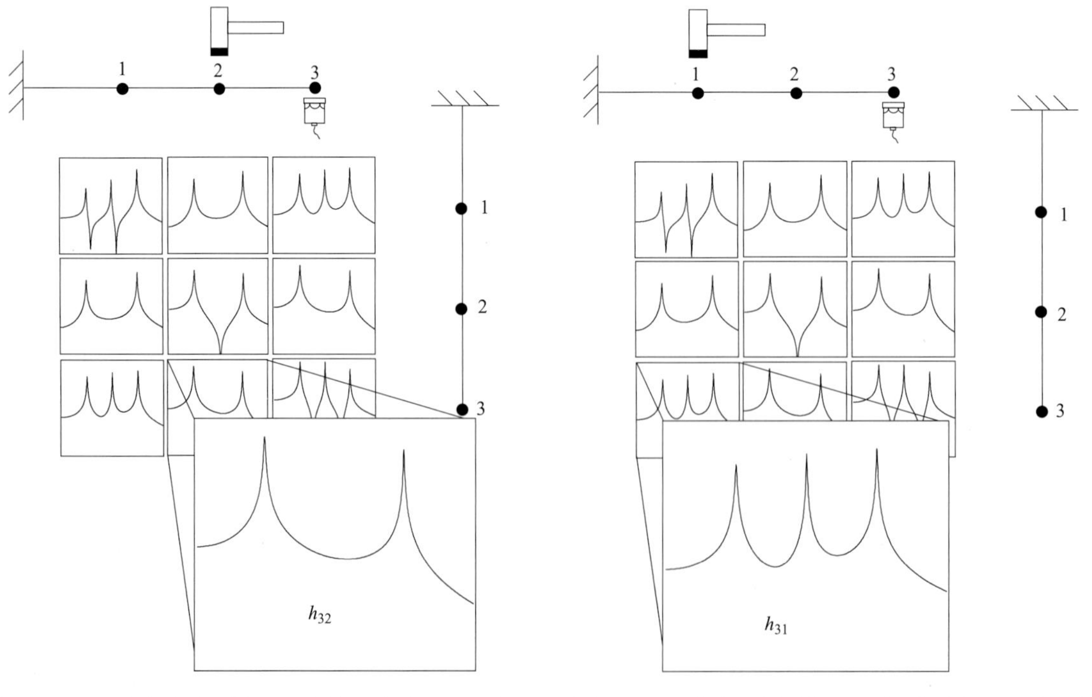

图 2-43　三自由度悬臂梁 FRF 矩阵（突出显示 h_{32}）

图 2-44　三自由度悬臂梁 FRF 矩阵（突出显示 h_{31}）

我们采用的这种测量方式可得到频响函数矩阵的最后一行。对于所有的 3 个测量而言，响应位置是相同的，这意味着这个位置是参考点位置，它确定了我们能得到频响函数矩阵的哪一行。如果参考传感器置于测点 3 处，那么这是一个参考点位置，能得到频响函数矩阵的第三行，如图 2-45 所示。

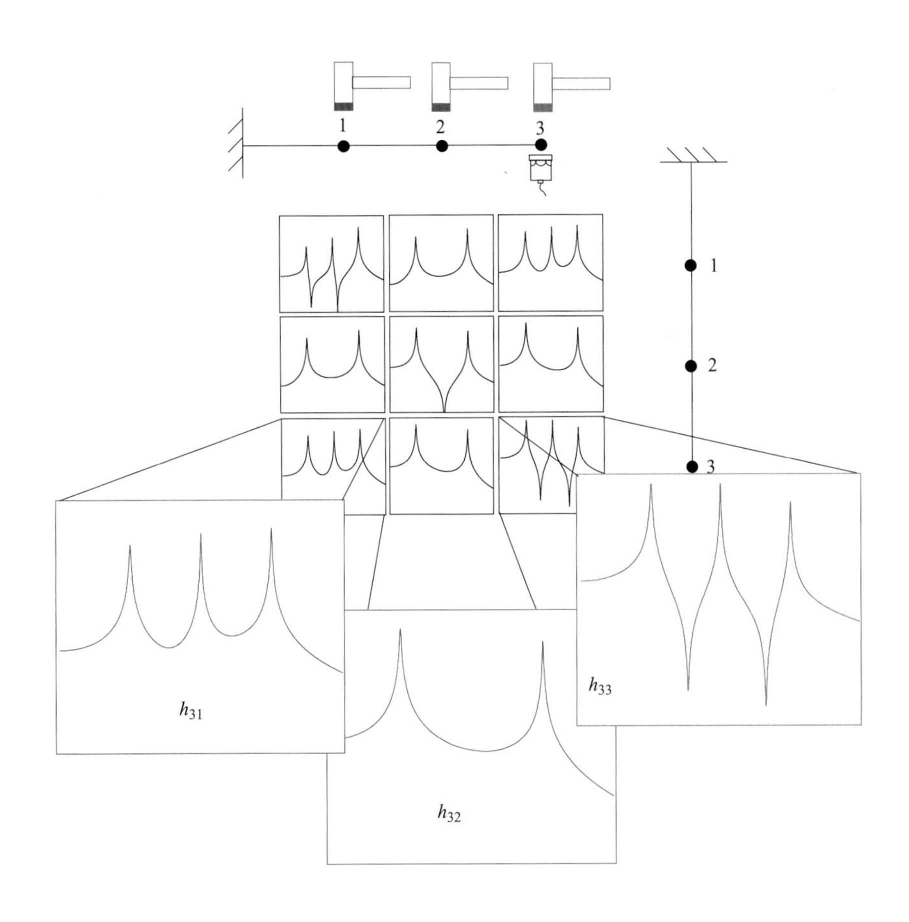

图 2-45　移动力锤测试（参考加速度计固定在测点 3 处）

如果参考加速度计布置在测点 1 处（或 2 处），并且激励所有点，那么可以获得频响函数矩阵的第一行（或第二行）。这是锤击测试典型的测试设置。通常在锤击测试中，响应传感器固定不动，使用一个力锤激励系统所有的测点位置。因此，对于这类测试，能获得频响函数矩阵的一行。

现在如果输入激励力位置固定（如激振器激励），那么可获得频响函数矩阵的一列，获得的一列依赖于激励位置。获得频响函数矩阵一列的一次典型测量如图 2-46 所示，其中包含三个测量位置，激振器激励位置则固定在参考点 3 处。

现在三自由度系统的频响函数矩阵已经给出，每一阶模态的贡献如图 2-47 所示。在图 2-47 中，很容易得到任何“ij”输入-输出位置的频响函数。图 2-48 展示了相同的信息，但是是以总和的形式。注意，为了便于说明，只给出了复数频响函数测量的幅值部分。

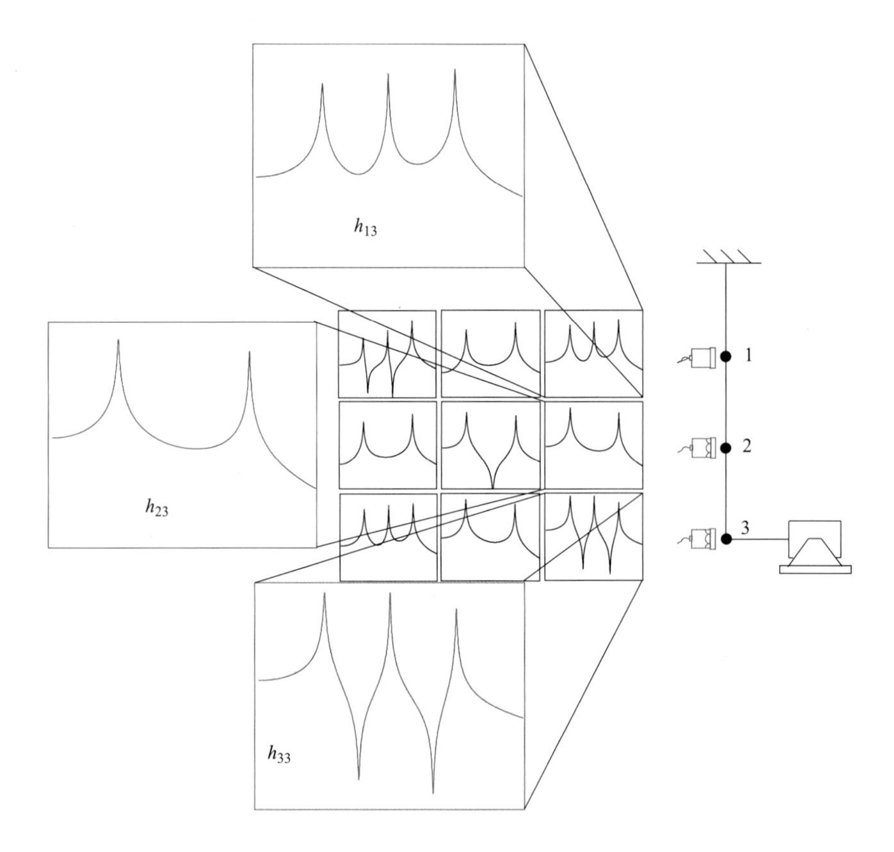

图 2-46　移动加速度计测试（参考激振器固定在测点 3 处激励）

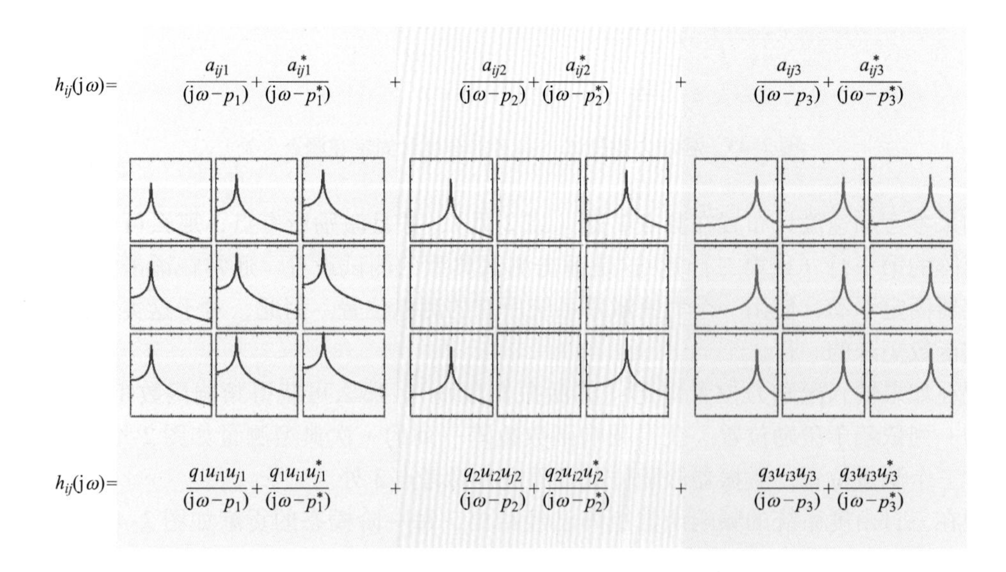

图 2-47　**FRF** 矩阵（幅值）和每阶模态的贡献

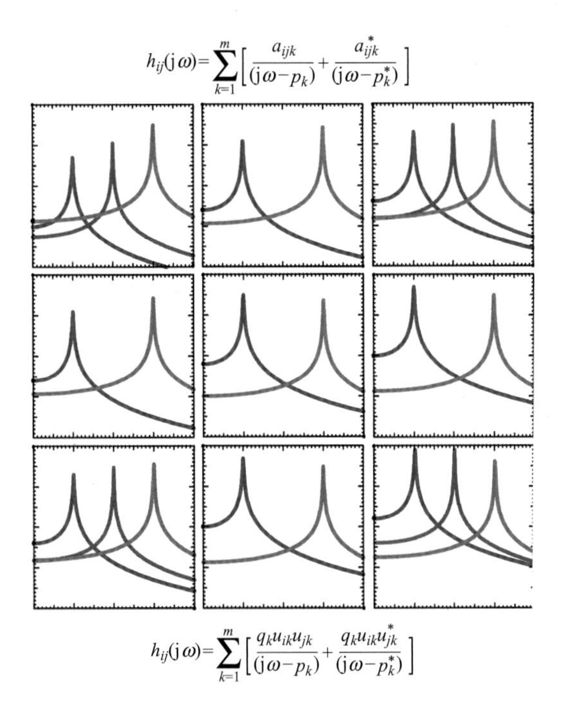

图 2-48　FRF 矩阵（幅值）和所有模态的组合

现在，让我们回想一下这根梁的第 k 阶模态的留数矩阵：

$$\begin{pmatrix} a_{11k} & a_{12k} & a_{13k} & \cdots \\ a_{21k} & a_{22k} & a_{23k} & \cdots \\ a_{31k} & a_{32k} & a_{33k} & \cdots \\ \vdots & \vdots & \vdots & \ddots \end{pmatrix} = q_k \begin{pmatrix} u_{1k}u_{1k} & u_{1k}u_{2k} & u_{1k}u_{3k} & \cdots \\ u_{2k}u_{1k} & u_{2k}u_{2k} & u_{2k}u_{3k} & \cdots \\ u_{3k}u_{1k} & u_{3k}u_{2k} & u_{3k}u_{3k} & \cdots \\ \vdots & \vdots & \vdots & \ddots \end{pmatrix} \tag{2.82}$$

注意到比例常数 q 和梁自由端的振型值是常数，这个方程的第 1 阶模态变成

$$\begin{pmatrix} a_{13k} \\ a_{23k} \\ a_{33k} \end{pmatrix} = q_k u_{3k} \begin{pmatrix} u_{1k} \\ u_{2k} \\ u_{3k} \end{pmatrix} \tag{2.83}$$

然后把测点 3 作为一个参考点，系统的第 1 阶模态：

$$\begin{pmatrix} a_{131} \\ a_{231} \\ a_{331} \end{pmatrix} = q_1 u_{31} \begin{pmatrix} u_{11} \\ u_{21} \\ u_{31} \end{pmatrix} \begin{pmatrix} a_{131} \\ a_{231} \\ a_{331} \end{pmatrix} = q_1(8) \begin{pmatrix} 2 \\ 5 \\ 8 \end{pmatrix} \tag{2.84}$$

现在观察频响函数矩阵的第三列，考察第 1 阶模态，频响函数的虚部直接与模态振型值相关，如图 2-49 所示。这些幅值可直接从这些振型图上读出，当然，这些数只是用于解释说明。这个过程也可用于第 2 阶模态和第 3 阶模态。

因此，3×3 的频响函数矩阵直接描述了所有可能的测量，矩阵任何一行或一列都可用于提取梁的频率和模态振型信息。在图 2-50 中以瀑布图的方式显示了频响函数的虚部，自由端作为参考点，可直接从这些测量上看出模态振型。

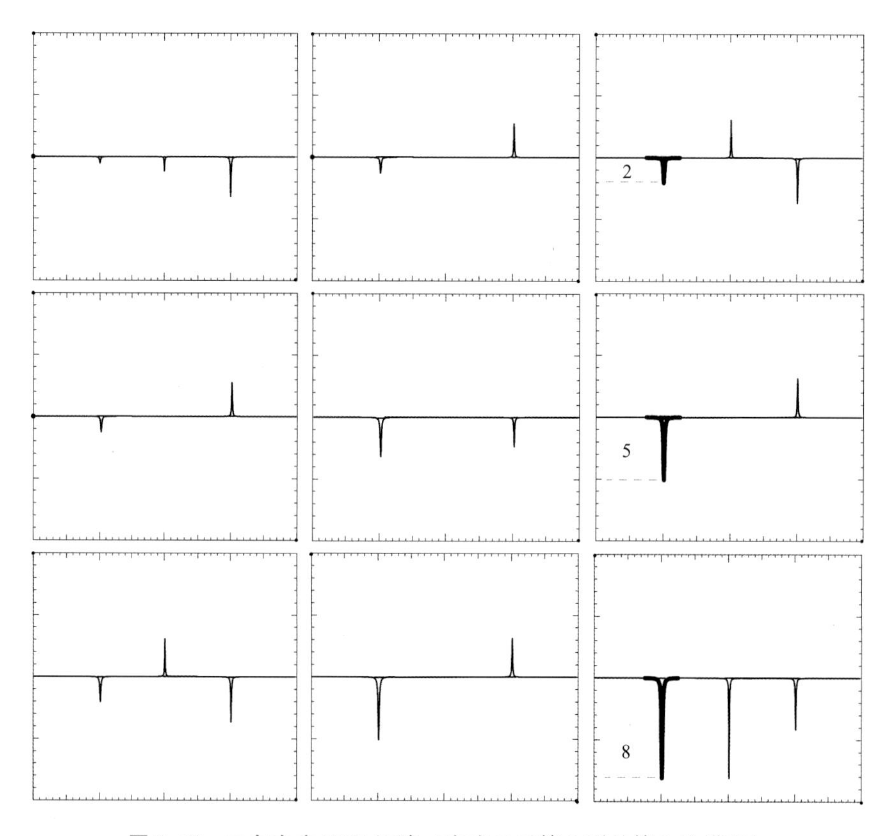

图 2-49　三自由度 FRF 矩阵（突出显示第 3 列的第 1 阶模态）

2.3.8　时域、频域和模态域总结

作为系统响应的进一步解释说明，图 2-51 概述了整个时域-频域-模态域的关系。一个系统可用物理系统来描述或用分析模型来表示。如果我们考虑因激励引起的系统响应，比如锤击测试，那么我们既可以在时域测量这个响应，也可以在频域测量这个响应。如果我们在梁的自由端位置观察时域响应，可以看到总响应是由一组有阻尼指数衰减的正弦波组成，这些正弦波源于系统的第 1 阶模态、第 2 阶模态和第 3 阶模态。在频域，我们看到总的频响函数正是输入激励激起来的所有单自由度振子的叠加。我们也可看出，可轻易地将每个单自由度的响应从时域变换到频域和从频域变换到时域。我们也可以看出，物理模型可根据它的模态来描述，这些模态是第 1 阶模态、第 2 阶模态和第 3 阶模态。如果我们能制作一个系统的分析模型，那么我们能将物理空间耦合的系统分解到模态空间，变成一组单自由度模态振子。注意到，所有的时域-频域-模态域信息是相互关联的。

2.3.9　使用模态叠加计算强迫响应

既然理论所有的方面都已经给出了，现在让我们通过一个计算结构响应的实例来说明整个处理过程。让我们考虑一个简单的激励，如脉冲激励作用在一个小型风机叶片上，叶片按照悬臂梁结构进行建模，使用模态叠加法来近似计算结构的响应。图 2-52

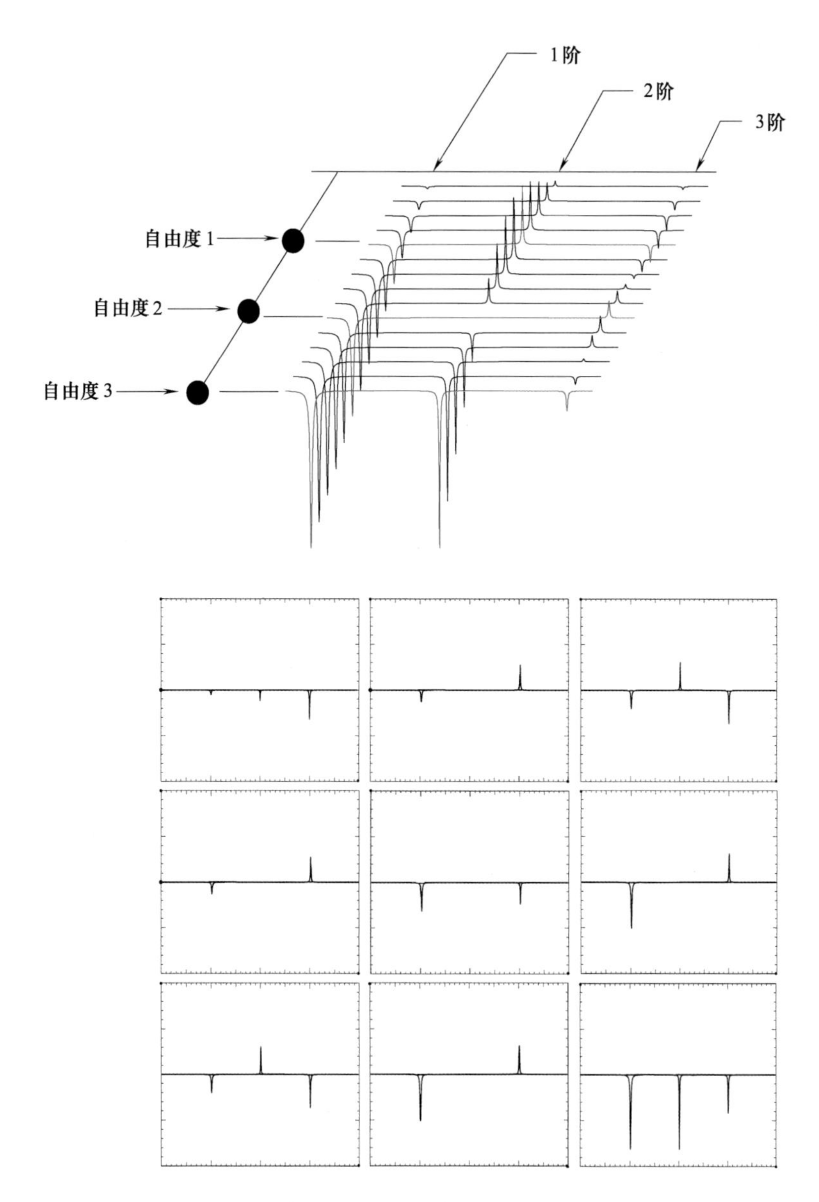

图 2-50　瀑布图说明 3×3 的 FRF 矩阵的模态振型

所示为这个悬臂梁的叶片模型，脉冲激励作用在叶片靠近根部的位置，考虑叶片自由端的响应。

一旦建立了有限元模型，通过特征值求解可得到系统的所有模态，但在此为了说明模态叠加法，仅使用前三阶模态。当然，模态空间的单自由度方程与之前一样：

$$\overline{m}_i \ddot{p}_i + \overline{c}_i \dot{p}_i + \overline{k}_i p_i = \overline{f}_i \tag{2.85}$$

这个方程将用于单自由度响应计算作为每阶模态的贡献。考虑系统的第 1 阶模态，我们可以使用模态转换方程得到模态质量、模态阻尼、模态刚度（蓝色表示）和模态力的近似。一旦完成所有时刻上的响应计算，使用模态振型可将其投影回到物理自由度上，并且是

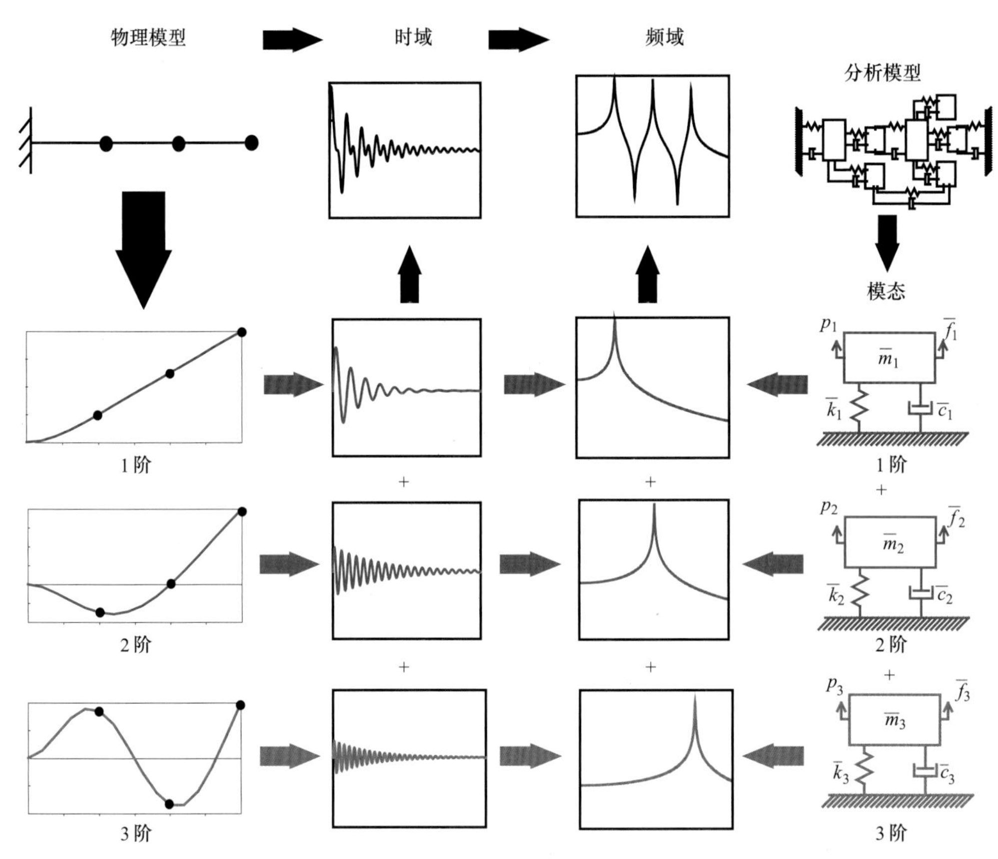

图 2-51　每阶模态的物理模型、时域响应、FRF 和 SDOF 模型

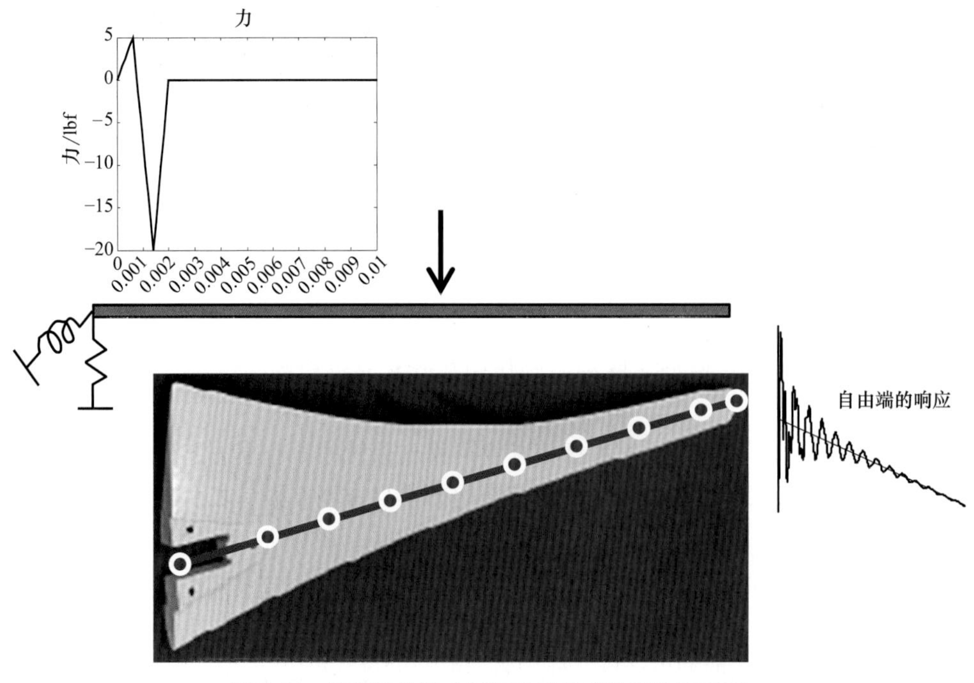

图 2-52　悬臂结构的小型风机叶片脉冲和响应示意

空间分布的所有物理自由度上的响应。来自第 1 阶模态的贡献的总的物理响应如图 2-53a 所示（1lbf = 4.4482N，1in = 0.0254m）。

可以对第 2 阶模态和第 3 阶模态进行相同的处理，总的物理响应分别如图 2-53b 和图 2-53c 所示。

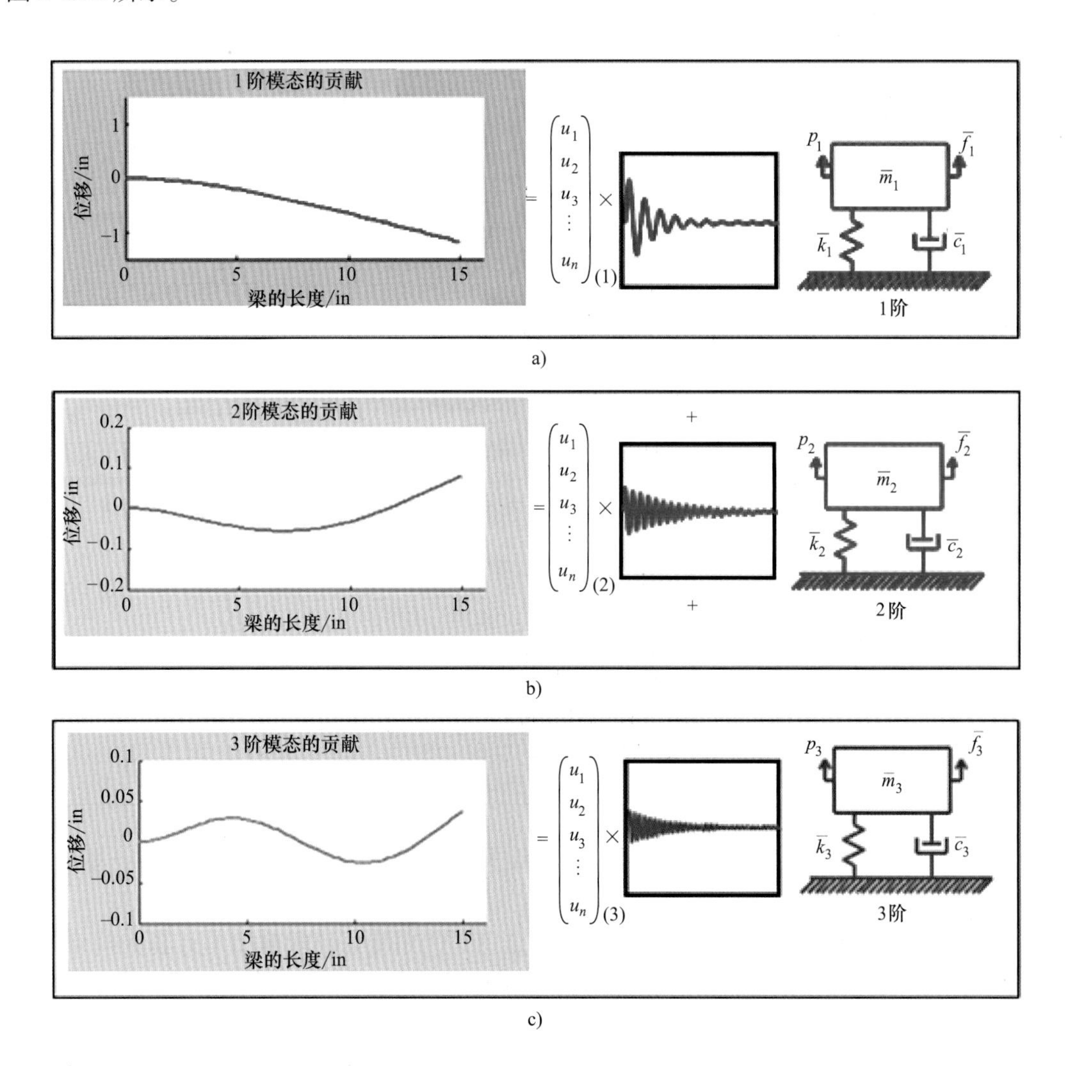

图 2-53　模态响应投影到物理空间的说明

a）第 1 阶模态　b）第 2 阶模态　c）第 3 阶模态

整个系统响应的解释过程如图 2-54 所示。有限元模型的物理方程显示在图 2-54 的右上角，以及模态空间转换后的方程，包括模态质量、模态阻尼、模态刚度和模态力。这些基本的单自由度方程用于计算每阶模态的响应。这三阶分离的模态中的每一个响应对总响应提供了主要贡献。每阶模态的响应叠加在一起得到物理响应，显示在图 2-54 的左侧。额外注意的是风机叶片自由端的响应显示在图 2-54 的底部，同时还有每阶模态单独的响应。这个过程表明了脉冲响应可分解成每阶模态的贡献。图 2-54 总结了时域响应计算的整个处理过程，本书提到的网页上提供了 GIF 格式的动画。

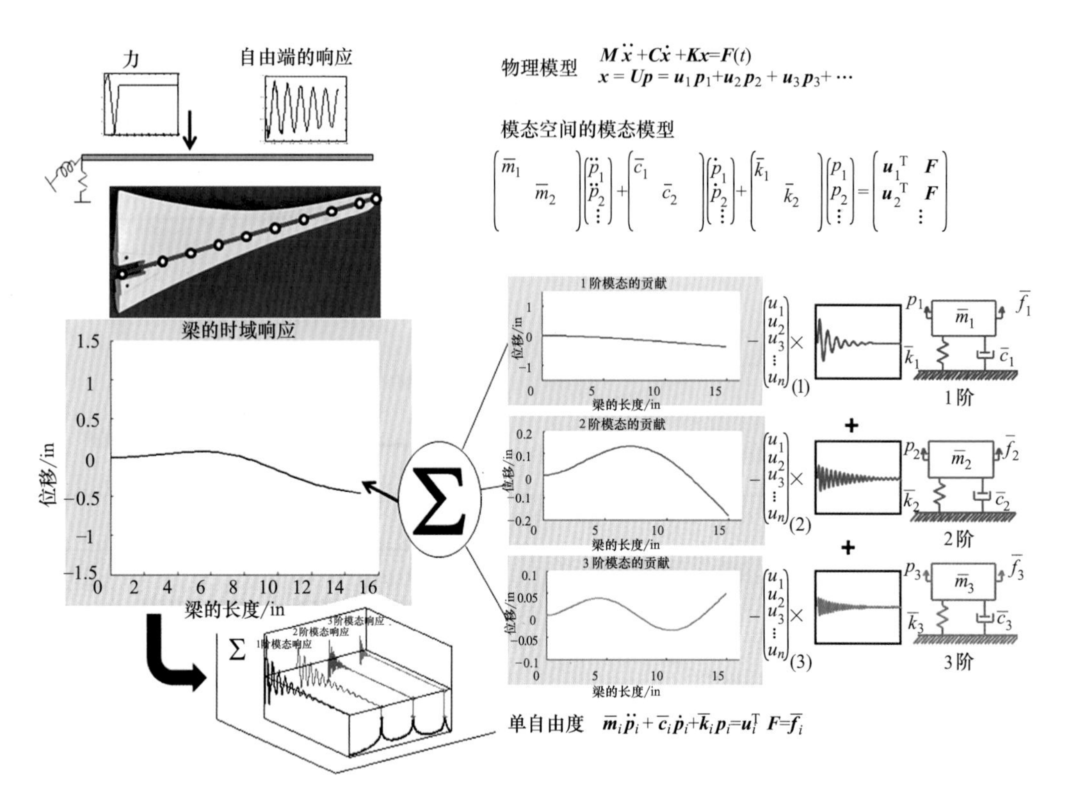

图 2-54　整个物理模型、模态响应和有限元模型空间扩展的概述（网站上有动画）

2.4　总结

图 2-55 总结了整个实验模态分析过程，让我们来描述一下这个原理图的一些方面，以再次强调一些事项。

有限元模型是建立在分布质量和刚度假设之上，使用特征值求解技术计算大规模的耦合方程，以提取系统的频率和模态振型。这些方程可以在拉普拉斯域内转换成系统的传递函数。模态分析的关键是系统传递函数是系统矩阵的伴随矩阵除以系统矩阵的行列式，它直接与留数（模态振型）和极点（频率）相关。因此，拉氏域是与有限元模型一样的系统的另一种表示方式。

现在可以为任何输入-输出位置综合出它的频响函数，事实上，可以生成整个频响函数矩阵。因为频响函数是由极点和留数（频率和模态振型）构成的，因此，从频响函数中提取到极点和留数似乎是合理的，这个过程称为“模态参数估计”，或者，更常见的术语是“曲线拟合”。现在，与其根据拉普拉斯域的质量、阻尼和刚度分布的假设建立频响函数，不如考虑测量输入输出特性。

如果能测量到用于激励系统的输入激励力，也能测量因输入激励引起的响应，那么时域数据可转换到频域，输出与输入之比可用于计算频响函数。一旦测量得到一系列的频响函数，那么可以从这些数据中提取到感兴趣的参数。这个过程听起来似乎很简单，但这有

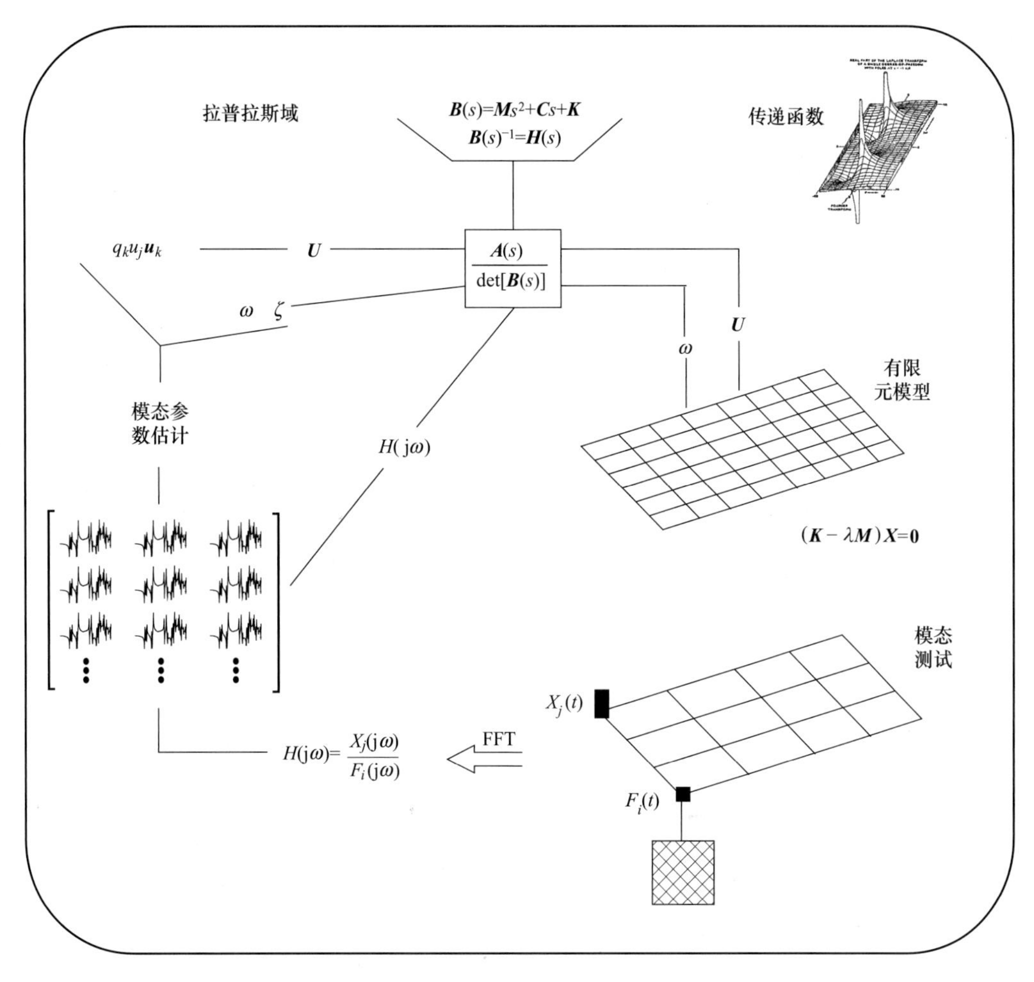

图 2-55　计算和实验模态分析概述

一些重要的方面需要理解和处理。这些方面是数字信号处理（DSP）技术、激励的考虑事项和模态参数提取技术，所有这些内容都将在后续章节中进行讨论。

第3章 与实验模态分析相关的信号处理和测量方法

3.1 引言

通过上一章的模态理论复习，可以清楚地知道由质量矩阵、阻尼矩阵和刚度矩阵可确定系统的传递关系，在点到点的频响函数中包含了感兴趣的参数，也就是系统所有模态的频率、阻尼和留数或模态振型。如果能测量到频响函数，那么可运用数学处理方法从测量数据中提取这些信息。为了从实验角度获得这些频响函数，必须解决与数字信号处理有关的几个问题。

3.2 时域和频域

通常，时域信号是很难理解的，通过将时域信号转换到频域，一个复杂的信号更易于理解。例如，图 3-1 显示了 4 个不同幅值和相位的正弦波叠加之后的信号，这个信号在时域是很难解释的。然而，在频域，有关信号的频率成分、幅值和相位等信息变得更加清楚明了。傅里叶级数就是具有这种转换能力的一个工具，它将一个复杂的时域描述的信号表征成为一系列包含幅值和相位的不同频率的正弦波。

数字计算机的出现使数字化采样数据和对时域数据进行傅里叶变换变得可行。通过傅里叶变换，时域数据可在频域或傅里叶域描述成另一种等价的形式。在引入 Cooley 和 Tukey 提出的 FFT 算法之前，时域信号的分析仅限于非常特殊的关键应用。得益于有效的 FFT 算法，常规地分析时域信号才变成可能。然而，时域信号的捕获和数字化等方面必须仔细处理，不然将产生信号失真，得到错误的结果。

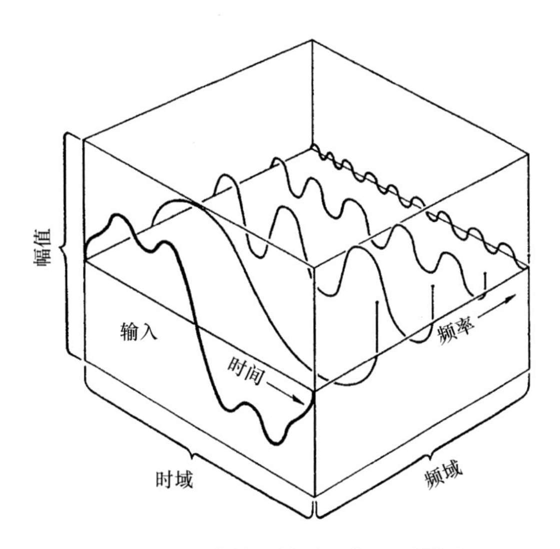

图 3-1　一个信号的时（频）域描述

在开始讨论之前，必须了解 FFT 分析仪的基本功能，如图 3-2 所示。虽然不同生产商生产的分析仪可能存在一些变化，但分析仪的一些基本功能是不变的。

从传感器测量得到的模拟信号首先传输给一个低通抗混叠滤波器，然后是通过 ADC 对信号进行数字化，接着进行数字滤波，所得到的离散数据是根据测试工程师选择的特定参数和频率范围得到的。之后对这个离散的数据进行 FFT 处理，计算完可以查看它的频谱。

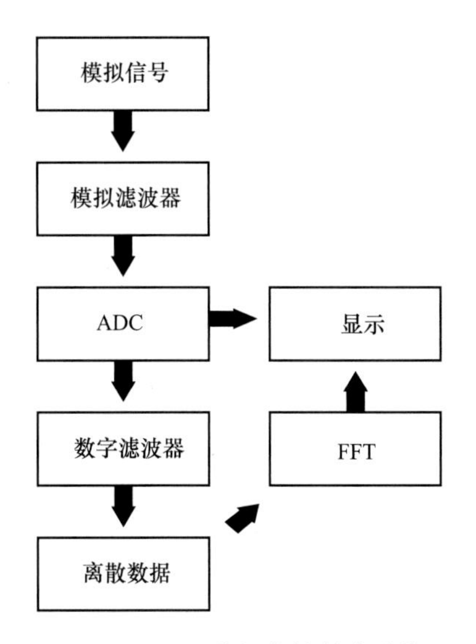

图 3-2　FFT 分析仪的基本功能

图 3-3 很好地展示了使用 FFT 变换的整个测量处理过程，图 3-3 与图 1-13 相同，但在此给出了额外的标识。这基本上展示了在测量过程中所涉及的 FFT 处理的总体剖析。捕获的实际时域信号先通过一个低通滤波器，它是一个抗混叠滤波器，然后再对信号进行数字化。在 FFT 处理之前，如果数据不满足 FFT 处理的周期性要求，需要对数据施加加权函

数（通常称为窗函数）。这个处理将防止出现严重的信号处理问题，称为泄漏。一旦对数据进行了 FFT 计算，那么将继续这个过程，以便得到一个平均的自功率谱和互功率谱，然后再计算频响函数和相干函数。

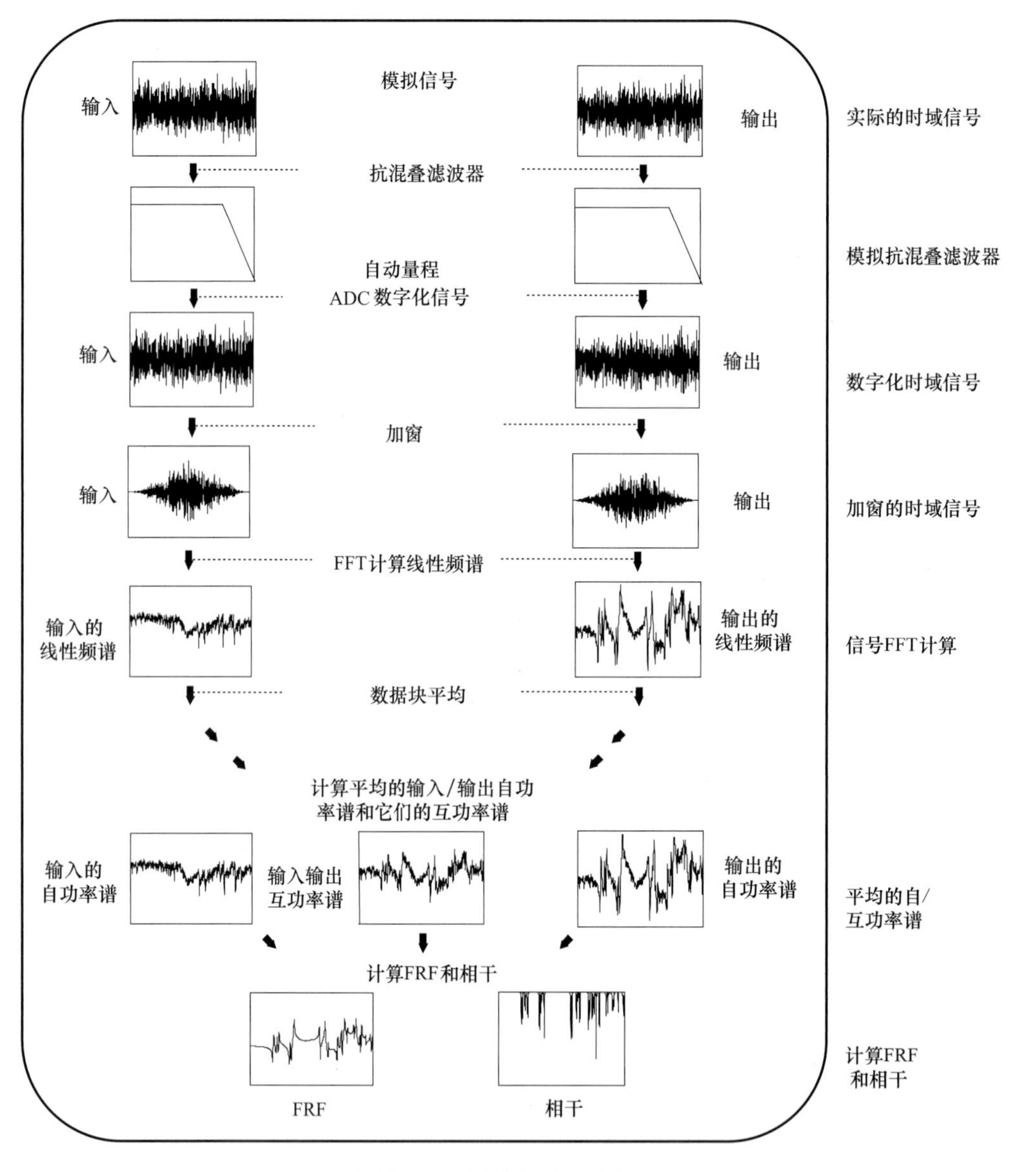

图 3-3　**FFT** 测量处理的剖析

3.3　数据采集的一些通用信息

在讨论与实验模态测试相关的一些特定主题之前，首先要考虑一些通用问题。数据采集系统可多路复用或同步采集（当今实验模态测试中的大多数数据采集系统通常采用同步采集）。多路复用系统使用一个 ADC，所有通道共享这个 ADC，这种类型的采集对于低频事件是可接受的，并且不关注通道之间的小相位滞后。然而，对于实验模态分析的大多数采集系统而言，通常是每通道有多个 ADC 卡，所以通道能同步采样。这使得采样时通道之间没有相位失真。数据采集系统通常按 4 通道排列，因此，小型的实验模态测试系统常使用 4 通道或 8 通道的采集系统。随着通道数的变化，常见的有 64 通道和 128 通道，更大的也有 256 通道及以上的系统，但并不常见，通常在一些要求同时采集多个通道的大公司可以找到。

依赖于 ADC 的位数，模拟信号数字化时可能会引起一些信号失真。通常，当今大多数 FFT 分析仪和数据采集系统都使用 16 位、24 位，甚至 32 位的 ADC。AD 位数与可测量的最小电压相关。通常，可能的离散电压份数是 2^n，n 是 ADC 的位数。每一位有两种状态，要么是“开”，要么是“关”。因此，1 位 AD 有 2 个可能的值，而 2 位 AD 有 4 个可能的值，3 位 AD 有 8 种可能值。图 3-4 所示为其中的一个简单示意。

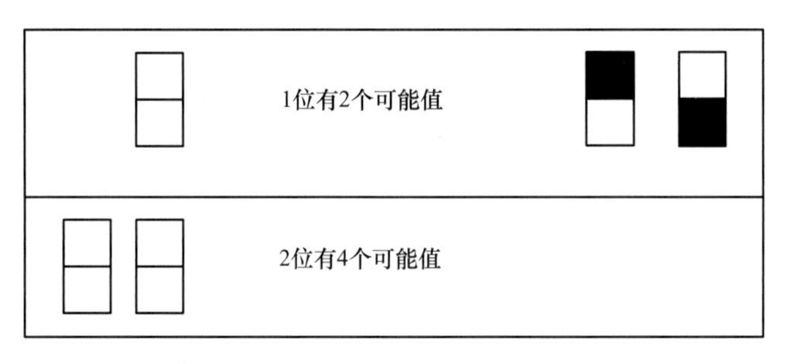

4位ADC有2^4 或16种可能值

6位ADC有2^6 或64种可能值

12位ADC有2^{12}或4096种可能值

4位=0000=$2^3+2^2+2^1+2^0$=15个量级

12位=000000000000=$2^{11}+2^{10}+\cdots+2^1+2^0$=4095个量级

图 3-4　ADC 位数、可能的量级和动态范围的示意图

3.4　时域信号数字化

使用模拟采集设备，仅仅需要关心模拟设备的性能。使用数字信号处理技术，在模数转换过程中，必须要考虑一些额外的注意事项。模拟信号必须要进行数字化，为了减少原始信号的失真，一些事项就变得相当重要了。这些事项是量化、采样、混叠和泄漏。

在模拟信号转换成数字信号的过程中，有两个重要的数字信号处理参数：采样和量化。采样是时间轴上将模拟信号采样形成数字信号。如果信号不能按足够快的采样速率进行采样，那么高频信号将混叠成分析带宽内的低频信号，这将导致分析失真。为了防止混叠，大多数信号分析仪提供抗混叠滤波器。量化与模拟信号数字化后的幅值精度相关。如果没有足够高的分辨率，那么信号将失真。图 3-5 所示为从模拟测量中得到数字信号。

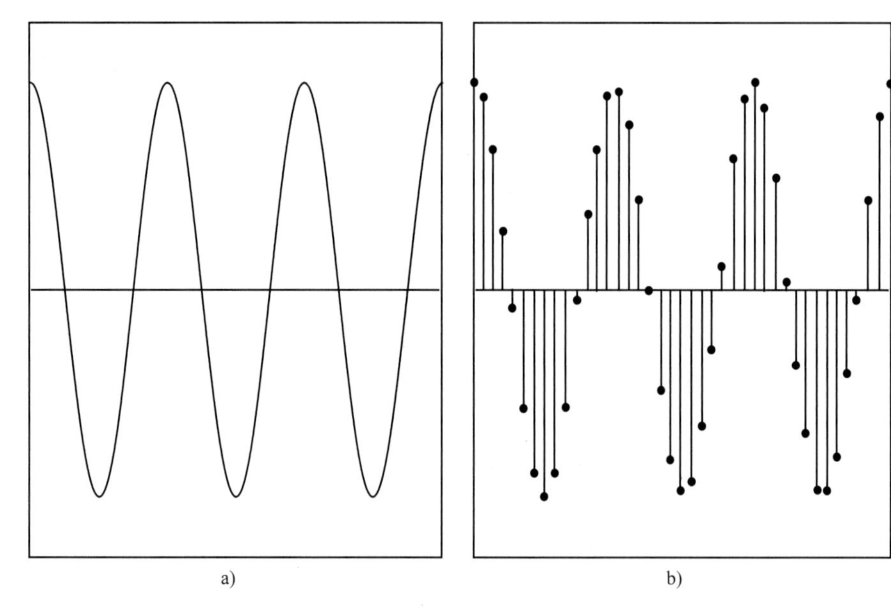

图 3-5　模拟信号数字化得到数字描述

a）模拟信号　b）数字描述

3.5　量化

现在人们总是关心采集系统是否有足够的幅值分辨率以便合理地描述测量的信号。使用的 AD 位数越多，测量的信号越精确，但是由于模拟信号数字化采样和用于数字化描述信号的电压步长是离散的，这个过程总是存在一些误差。一个非常合适的例子是数字照片，当今人人都用数码照相机拍照。照片的分辨率可设置成不同的值，如 100 万像素、300 万像素，或者更高的 1000 万或 2000 万像素。使用更高的分辨率，能得到更清晰的照片，但是当你把照片放大到足够大时，你总是会发现组成照片的离散值，这时子像素的分辨率是不够的。当然，更高的分辨率意味着整张照片占用的存储空间也会更大。对于我们的测量信号也是如此。如果使用粗糙的分辨率，则会导致分辨率不足，但文件占用的存储空间会少很多。如果使用更高的分辨率，那么捕获的信号具有更佳的分辨率，但是文件占用的存储空间会大很多。因此，有时需要做一些权衡考虑，特别是当使用高分辨率的多通道时，需要考虑时域文件的大小这个因素。

图 3-6 所示为 4 位 ADC 和 6 位 ADC 用于测量同一个正弦波的结果对比。结果表明测量的信号可能会存在幅值差异。图 3-6 中的圆形区域清楚地表明了两个分辨率下的幅值差异。

3.5.1　ADC 欠载

通过自动量程可优化 ADC，以减少一些欠载问题，但是小幅值信号通常仍会遭受量化误差，因为 ADC 量程设置是基于最大的信号幅值，它不会对信号所有的成分都适用。图 3-7a、b 展示了对两个不同频率成分和不同幅值的正弦波按相同的分辨率进行采样造成的失真。幅值更小的信号没有被合理地表征。在图 3-7b 中显示幅值没有被合适地捕获，

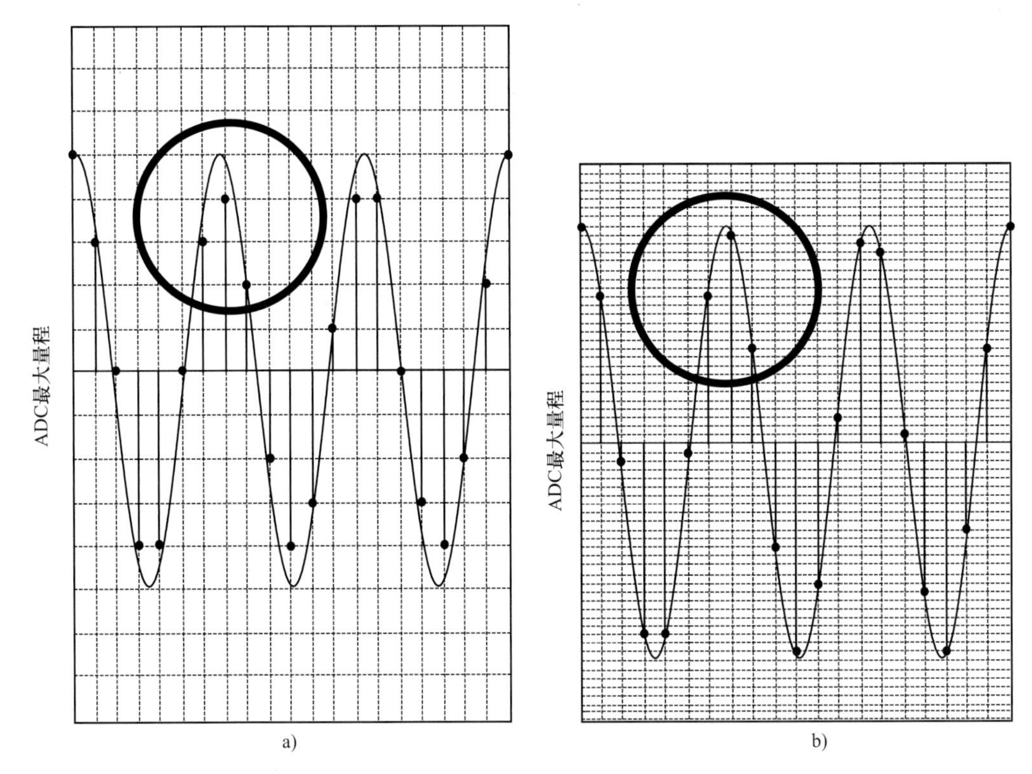

图 3-6　使用 4 位 ADC 和 6 位 ADC 捕获单频正弦波时的幅值失真情况

a）4 位 ADC　b）6 位 ADC

因为电压量程是按大幅值正弦波来设置的，量程设置如图 3-7a 左侧所示。图 3-7c 进一步显示了小幅值信号的总体动态范围的不良使用情况。

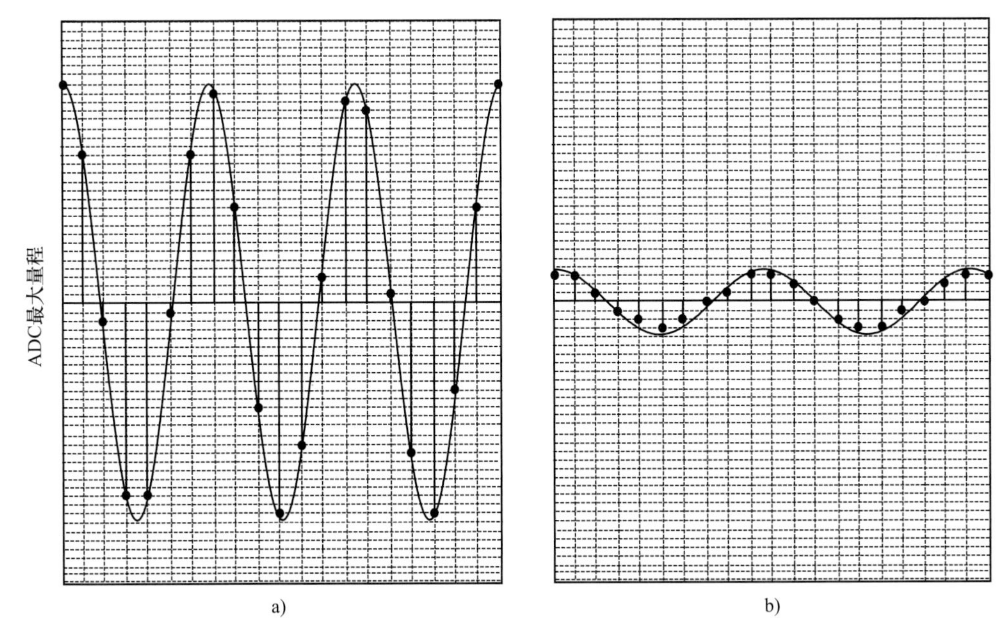

图 3-7　ADC 欠载

a）、b）对大幅值和小幅值两个不同频率的正弦波以相同分辨率采样导致信号失真

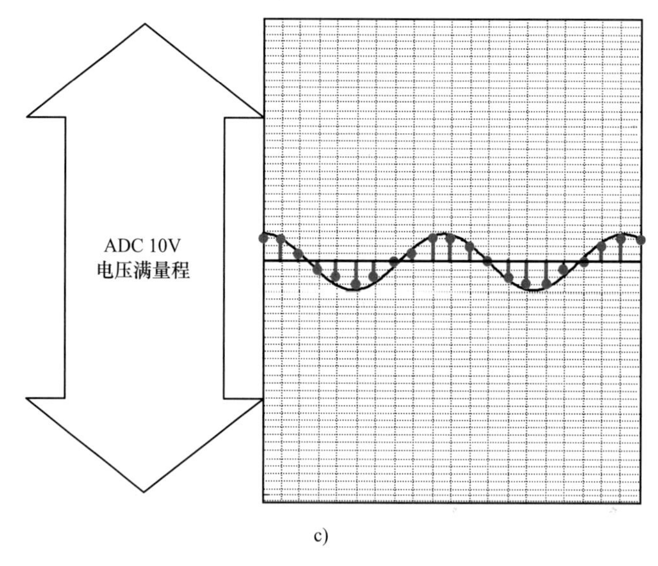

c)

图 3-7 ADC 欠载（续）

c）小幅值正弦信号使用不合适的 ADC 量程后的情况

3.5.2 ADC 过载

如果 ADC 量程设置不合适，那么会出现 ADC 过载。图 3-8 所示为同一个信号使用两种不同的电压量程情况。图 3-8 左侧是合适的电压量程设置，图 3-8 右侧设置了不合适的电压量程导致了过载。过载的测量信号被削波，被削波的测量信号将导致测量信号失真。在欠载和过载两种情况中，信号失真表现在频域幅值不正确，同时时域幅值失真会导致其

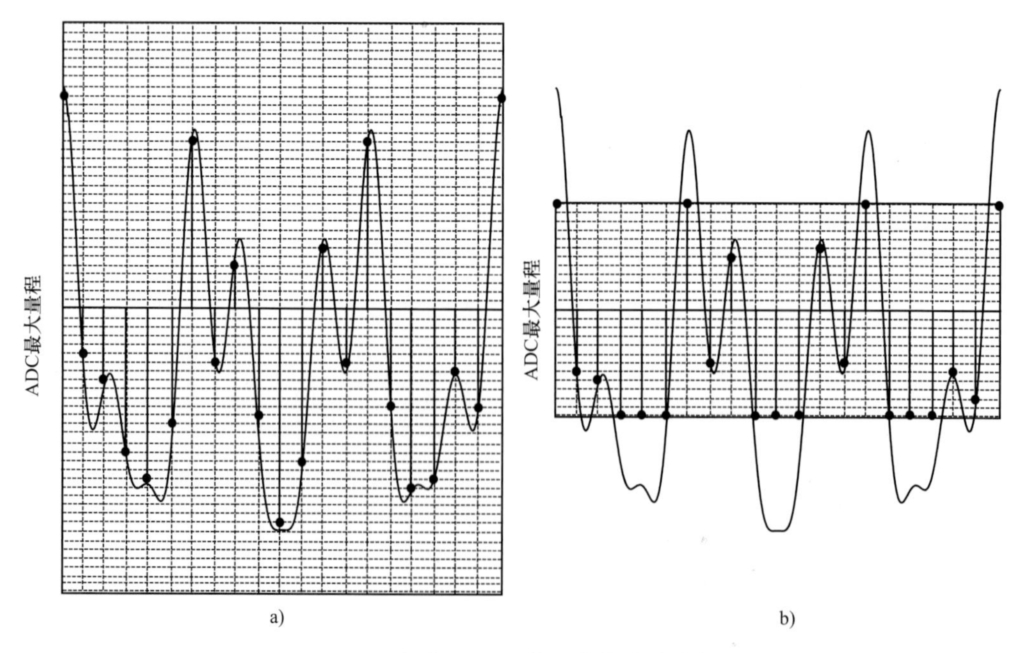

a) b)

图 3-8 由于 ADC 过载导致的信号失真

a）合适的电压量程设置 b）不合适的量程设置和过载

他频率分量的出现。大多数失真是过载削波的情况，但是欠载的情况也时有发生。

3.6 AC 耦合

信号经常有很大的 DC 部分，这时 AC 信号是叠加在 DC 信号之上的。如图 3-9 所示，DC 信号可能占整个测量信号的绝大部分。因而需要一个高电压量程去测量这个大的 DC 分量，但可能不关心这个 DC 分量。DC 信号占了动态范围的绝大部分，但在涉及高频的动态测量中，实际可能不关心 DC 信号。经常使用 AC 耦合去移除 DC 信号，这本质上是对信号加了一个高通滤波器，以移除不想要的 DC 部分。在许多动态测量中，这是通用的做法，但必须指出的是，对于一些处理和建模而言，有时 DC 信号也是需要的，因此，虽然经常使用 AC 耦合，但是使用时必须与实际需要的信号相关。如果需要信号的 DC 部分，那么必须为 ADC 选择 DC 耦合。重点说明的是，许多数据采集系统内置了 ICP 信号调理模块，其放大器集成了高通滤波器，因此，总是会滤掉测量信号中的 DC 成分。

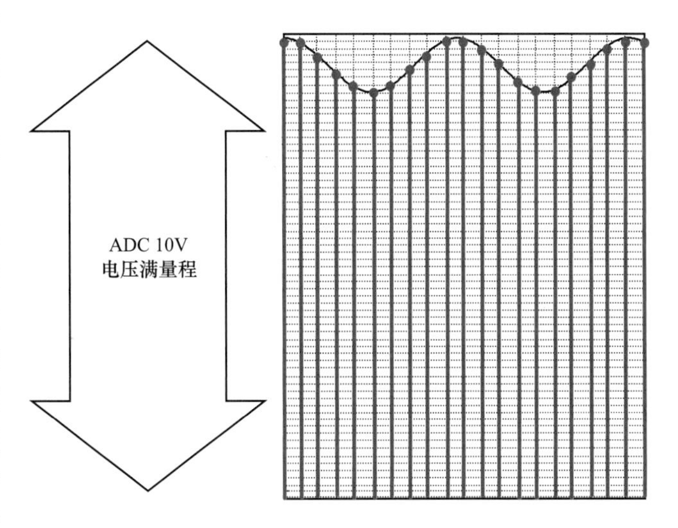

图 3-9　信号表明需要用 AC 耦合去移除大幅值的 DC 信号

3.7 采样定理

为了提取到正确的频率信息，模拟信号必须按一定的速率进行数字化。香农采样定理陈述如下：

$$f_s > 2f_{max}$$

也就是说，采样率必须大于两倍关心的频率。对于时间为 T 的时域记录而言，由瑞利准则可知，可测量的最低频率成分为

$$\Delta f = 1/T$$

使用上面两个属性，采样参数可总结为

$$f_{max} = 1/2\Delta t \text{ 或 } \Delta t = 1/2f_{max}$$

如图 3-10 所示。典型的时-频域名词术语见表 3-1。

在时间间隔、频率分辨率、样本点数和带宽等所有这些感兴趣的采样参数中，它们彼此之间存在一定的关系。它们之间的关系如图 3-11 所示，同时也给出了一个例子以表明它们之间的关系。当采集时间历程数据用于后处理时，这个图表非常有用，因为它有助于确保采集合适的数据以便获得想要的频谱参数。用户可以将它打印粘贴在数据采集系统上，作为测试时的快速参考。

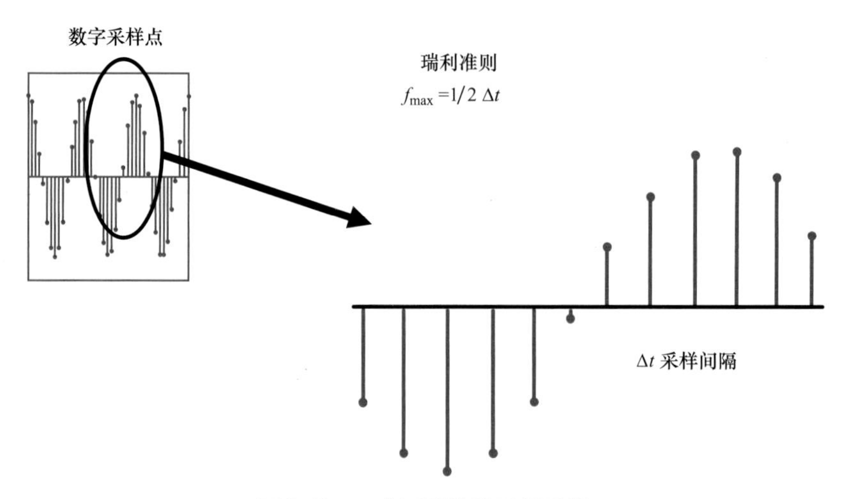

图 3-10　一个正弦波的时间采样

表 3-1　典型的时-频域名词术语

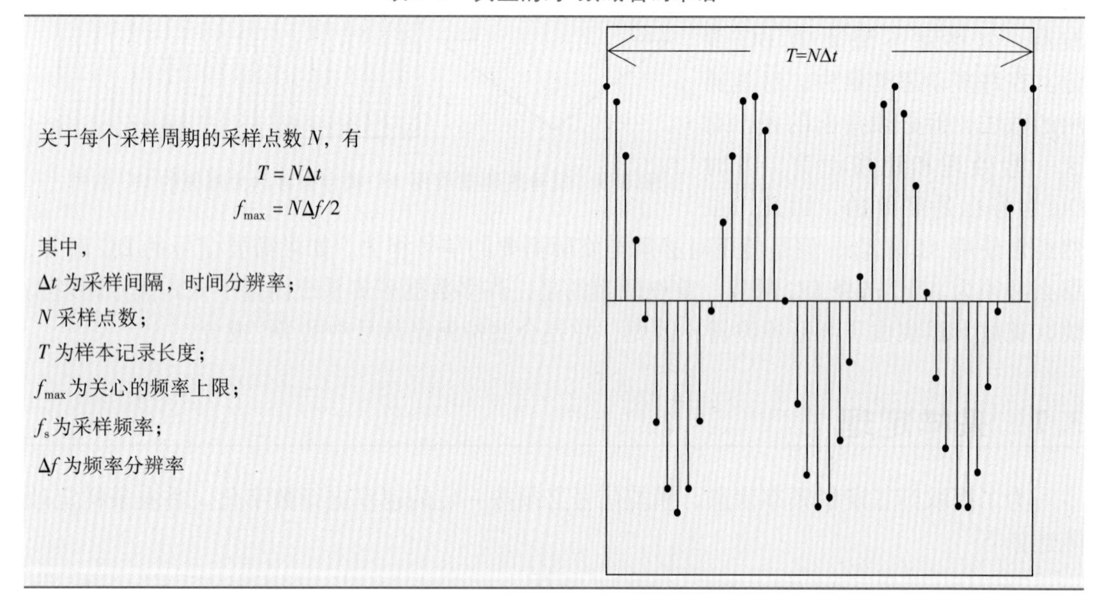

选择	那么	以及
Δt	$f_{max}=1/(2\Delta t)$	$T=N\Delta t$ $\Delta f=1/(N\Delta t)$
f_{max}	$\Delta t=1/(2f_{max})$	
Δf	$T=1/\Delta f$	$\Delta t=T/N$ $f_{max}=N\Delta f/2$
T	$\Delta f=1/T$	

实例：
Δf=5Hz且N=1024
那么
$T=1/\Delta f=1/5\text{Hz}=0.2\text{s}$
$f_s=N\Delta f=1024\times5\text{Hz}=5120\text{Hz}$
$f_{max}=f_s/2=5120\text{Hz}/2=2560\text{Hz}$

图 3-11　时间间隔、频率分辨率、样本点数和带宽的关系

对于采集任何数据而言，有一点很关键，就是测试工程师需要知晓什么样的数据和采样率多少是最合适的。图 3-12 展示了一次数据采样的结果（红色），但是这次采样的时间

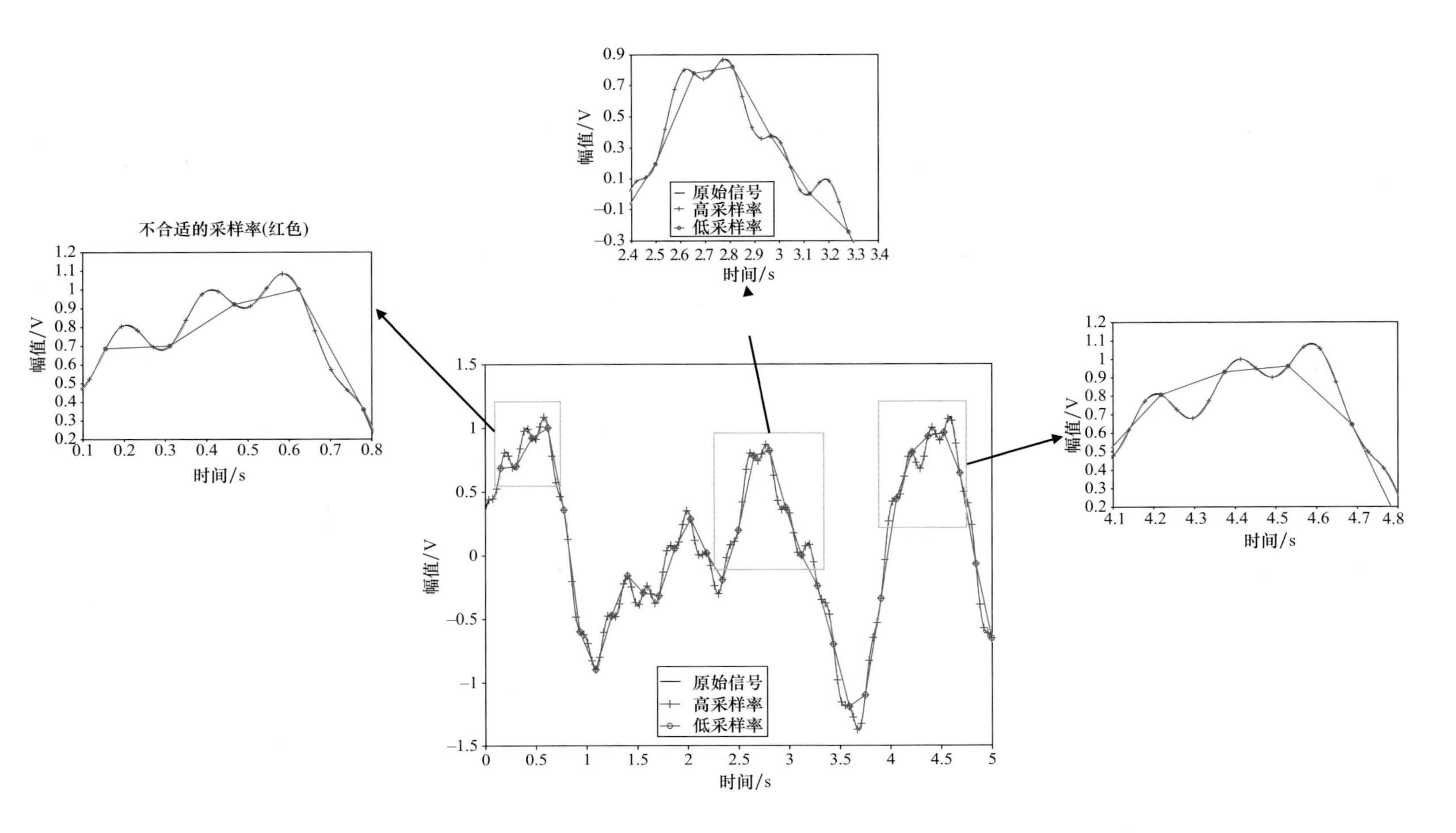

图 3-12　采样率设定不合适时的数据失真情况［图片来源：Image courtesy Jim De Clerck.］

分辨率没有经过慎重考虑。注意到实际的信号（蓝色）有一些更高的频率信息，由于采样率太低，无法捕捉到所有隐藏的动态响应，因此这一点被忽略了。

一个经常令人困惑的问题是，时域和频域之间存在着反比关系。通常，信号在一个域长，在另一个域就会短，图 3-13 用图形说明了这个效应（用一些简单的参数表明它们实际数值）。在图 3-13 的上部（蓝色），有 16 条时间线和 8 条相应的谱线，谱线数是时间线的一半，因为一个有 16 条时间线的时域信号，在频域表征时必须用 8 个正弦波和 8 个余弦波的复数来描述它。如果观察图 3-13 中间的信号（红色），虽然也是 16 条时间线，但相互之间更紧凑，因为时间步长是之前的一半。这个信号也将产生 8 个复数的正弦波和余弦波，但相比较上面蓝色的信号，频率间隔是原来的 2 倍。当时间步长减半时，相应的带宽加倍。图 3-13 底部的时域信号（绿色），为了保持原始的带宽（蓝色），只有 8 条时间线，时间步长与原始的时间步长（蓝色）相同，虽然带宽与原始带宽（蓝色）相同，但是频率间隔与中间的红色信号相同。在理解这些经常迷惑的问题上，这个具有三种情形的数值例子是非常有帮助的。

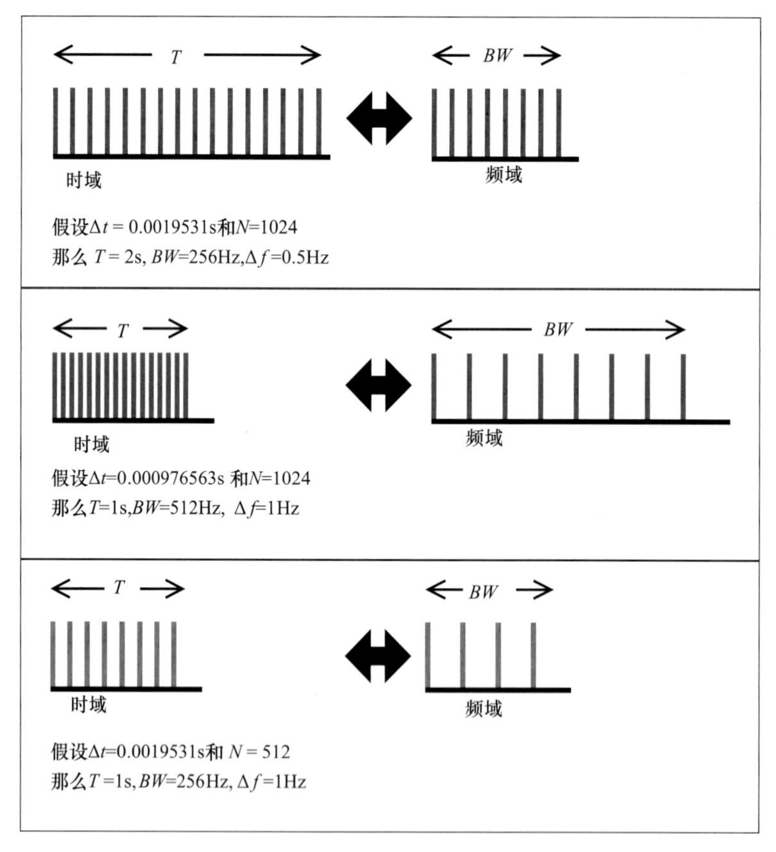

图 3-13　时域频域关系的图形描述

3.8　混叠

还有另一个与采样相关的问题必须讨论。当以低于 2 倍的关心频率进行采样时，混叠就会出现。我们在许多旋转系统中大多都见过混叠。比如，你使用正时灯去设置你汽车的正时，使用的频闪仪按低于汽车发动机的旋转频率进行采样。或者当汽车以变化的速度行驶时，起初车轮似乎是向前运动的，但当车速变慢时，会发现车轮改变方向。另一个例子是观察直升机叶片，可能会看到顺时针旋转，然后逆时针旋转。

在任何数据采集试验中，如果频率成分大于模拟时域历程采样频率的一半，那么将会产生幅值和频率误差。为了防止出现混叠，通常使用一个低通滤波器以大大衰减不关心的高频成分。但是要记住，测试工程师需要明白关心的频率是多少，否则，滤波可能会滤掉动态信号中重要的频率成分。通常，前端（ADC）有低通滤波器以防止混叠，这些滤波器经常称为抗混叠滤波器。

混叠有时也称为“折回”误差，因为不想要的高频成分折回到了想要的低频范围。图 3-14 展示了“混叠的”信号（红色），当采样不是按高于两倍想要的频率进行时，从实际信号（蓝色）中就观测到了混叠的信号，图 3-14 也示意性地展示了折回误差效应。

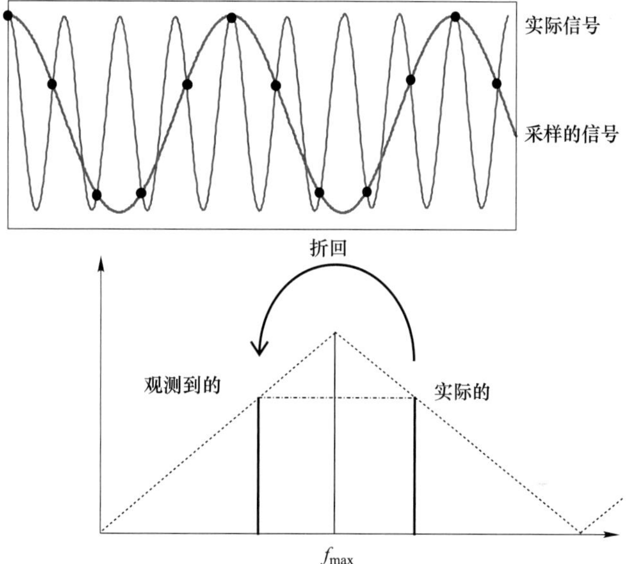

图 3-14　混叠和折回误差示意图

大多数好的 FFT 分析仪都有抗混叠滤波器用于防止混叠。这些滤波器通常都能衰减信号，但也不是十分理想。通常只在抗混叠滤波范围的 80% 区间内提供无混叠保护。这就是为什么 FFT 分析仪只提供 400、800、1600…条谱线的原因所在。一些分析仪允许使用所有可用的谱线，如 512、1024、2048…条谱线，但用户必须谨慎，带宽的最后 20% 区域可能存在混叠，应谨慎使用这些区域的频率。

3.9　什么是傅里叶变换?

让我们尝试避免所有烦琐的数学细节，从概念的角度来理解 FFT，有许多优秀的信号处理方面教材都给出了 FFT 每个折磨人的细节。一个任意信号可能很难解释，比如，图 3-15 所示的随机时域信号有某些特性，但很难从信号的时域描述去确定这些特性，图 3-15 中省略了时间和幅值轴，因为它们真的不影响对该信号的解释。

任何一个信号都可以分解成一系列不同幅值和不同频率的正弦波。这就是傅里叶所说的，也是著名的傅里叶级数的基础。通过把复杂的信号分解成一系列正弦波，信号的某些特性更易于查看。比如，可以确定：

- 信号的频率成分。
- 更占主导的特定频率。

- 每个频率的幅值。

快速傅里叶变换是有额外限制的傅里叶级数的离散形式。

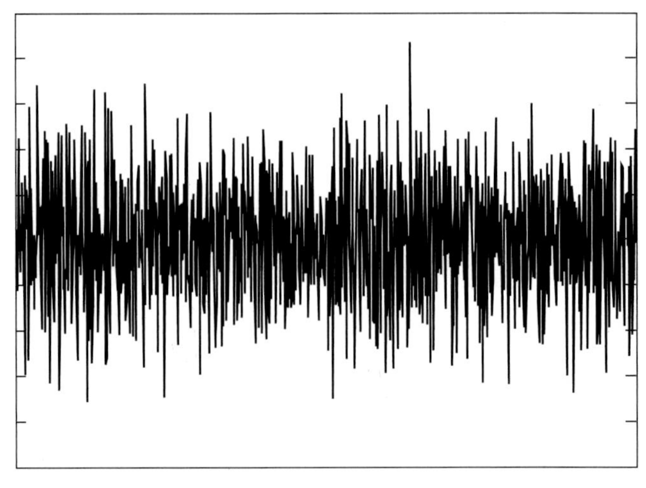

图 3-15　普通的随机信号

为了理解这个概念，考虑一些不同频率的简单正弦波（见图 3-16）。图 3-16 的上半部分显示了三个不同的正弦波的时域信号和它们的频域描述，每个正弦波的频域描述都是一条谱线。图 3-16 的下半部分显示的是这三个正弦波的叠加，在时域它是一个比较复杂的信号，但在频域，很容易理解。

考虑图 3-16 中的三个正弦波的叠加，比起在时域，相关信息在频域更易于理解。因此，现在让我们来讨论傅里叶变换。

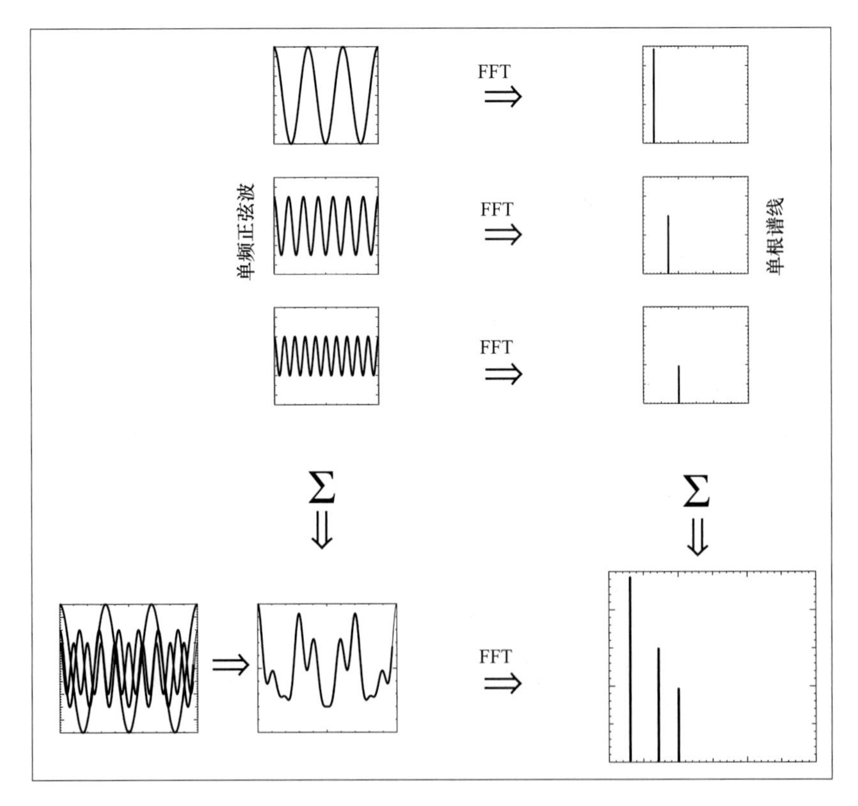

图 3-16　几个简单的正弦波和相应的频域描述

3.9.1　傅里叶变换和离散傅里叶变换

在当今大多数可用的 FFT 分析仪中，离散傅里叶变换算法是频域信号表达公式的基础。因为这个变换是对信号在所有时间上的连续积分，但事实是采样纪录的时域数据通常时间很短，所以，此处有一些注意事项。倘若时域信号在频域有整数个正弦波描述，或者倘若这个信号能完全在一个采样记录中观测到，那么在信号变换过程中是没有失真的。如果这一点不成立，那么可能导致信号严重失真。这个失真称为泄漏，是到目前为止，最严重的信号处理误差。通过使用特殊的激励技术或者通过使用时间加权函数（称为窗函数），可以减少泄漏。首先，让我们总结傅里叶变换方程，但不是正式的推导。

傅里叶变换从时域变换到频域以及它的逆变换如下：

傅里叶变换　　　　傅里叶逆变换

$$S_x(f) = \int_{-\infty}^{+\infty} x(t)\mathrm{e}^{-\mathrm{j}2\pi ft}\mathrm{d}t \qquad x(t) = \int_{-\infty}^{+\infty} S_x(f)\mathrm{e}^{\mathrm{j}2\pi ft}\mathrm{d}f$$

对于离散傅里叶变换，尽管实际的时域信号是连续的，也要对信号进行离散，然后在离散的数据点处进行变换：

$$S_x(m\Delta f) = \int_{-\infty}^{+\infty} x(t)\mathrm{e}^{-\mathrm{j}2\pi m\Delta ft}\mathrm{d}t$$

这个积分可近似为

$$S_x(m\Delta f) \approx \Delta t\sum_{-\infty}^{+\infty} x(n\Delta t)\mathrm{e}^{-\mathrm{j}2\pi m\Delta fn\Delta t}$$

然而，如果只有有限个样本点可用（通常是这样的），那么变换方程变为

$$S_x(m\Delta f) \approx \Delta t\sum_{n=0}^{N-1} x(n\Delta t)\mathrm{e}^{-\mathrm{j}2\pi m\Delta fn\Delta t}$$

3.9.2　FFT：周期信号

当将信号从时域变换到频域时，假设信号从负无穷到正无穷已知，那么傅里叶级数的数学描述是精确的。然而，因为一个数据块（或样本）只有时间 T 的长度，没有捕获到整个信号。倘若测量的信号在一个样本间隔内是周期信号，那么样本信号的 FFT 将产生正确的频域描述。图 3-17 显示了实际的时域信号和时间长度为 T 的数据块，如果能得到整数个周期的信号，那么可以将这个数据块重构得到原始的信号，如图 3-17 底部的时域信号所示。这个信号正确的 FFT 结果是一条谱线。注意到时间和幅值尺度没有显示，此处只是示意。

3.9.3　FFT：非周期信号

当将信号从时域变换到频域时，假设信号从负无穷到正无穷已知，那么傅里叶级数的数学描述是精确的。然而，因为一个数据块（或样本）只有时间为 T 的长度，没到捕获到整个信号。倘若测量的信号在一个样本间隔内是非周期信号（不包含信号的整数倍周期），那么 FFT 处理将产生误差。图 3-18 显示了实际的时域信号和时间长度为 T 的数据块，如果从这个数据块重构信号，在时域信号的起始处和结束处将不连续，这表明在时间长度为 T 的数据块内没有捕获到正弦波的整数倍个周期。如果用 FFT 处理这个 T 时间的数据块，将得不到预期的单条谱线，这是由于采样过程引起了时域信号失真的缘故。

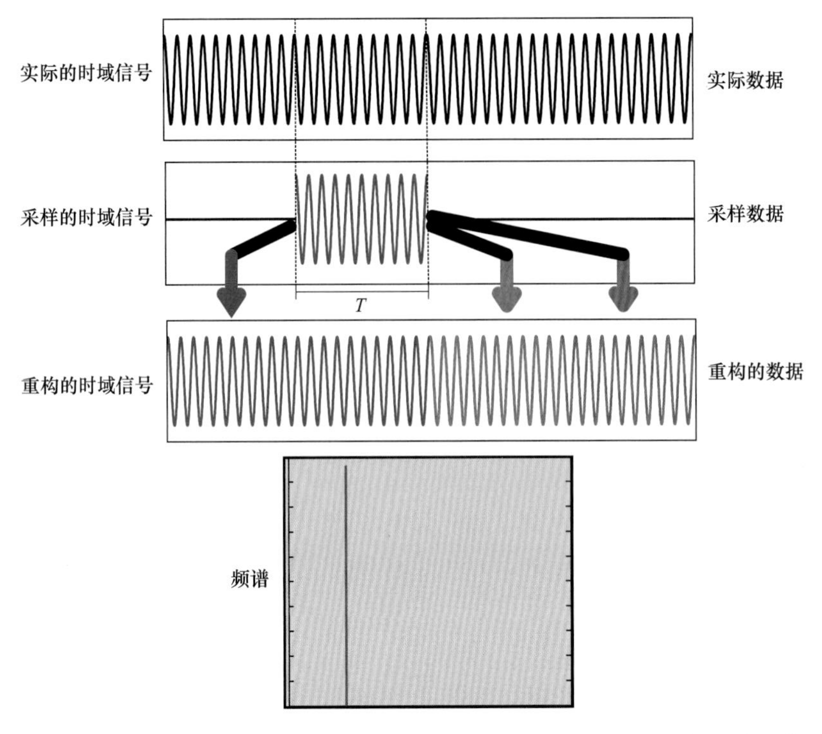

图 3-17　实际的时域信号、采样的和重构的时域信号及合适采样数据的频谱

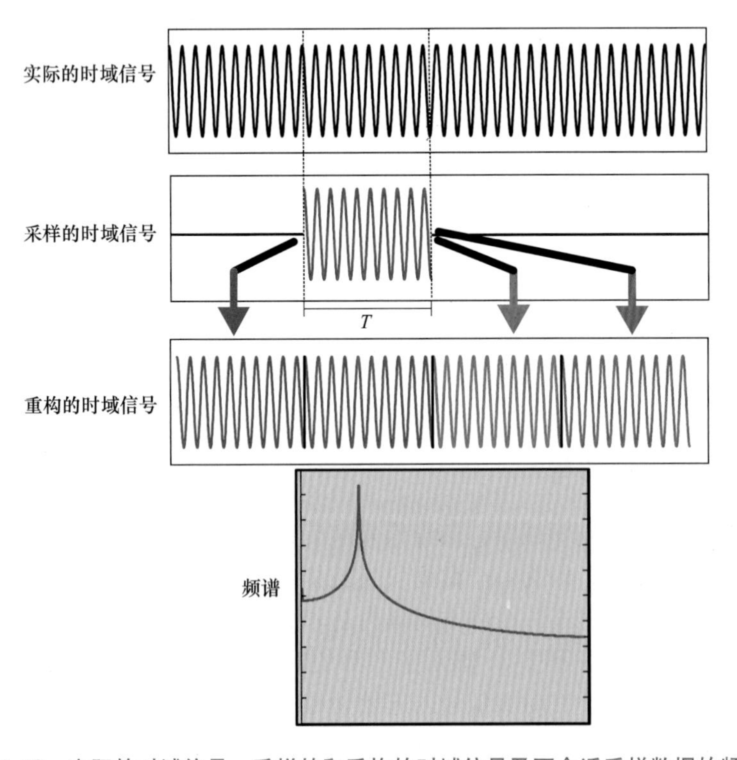

图 3-18　实际的时域信号、采样的和重构的时域信号及不合适采样数据的频谱

3.10　泄漏和最小化泄漏

当在一个数据块内，测量的信号不是周期信号时，就会出现不正确的信号幅值和频率估计，这个误差称为泄漏。本质上是信号能量分布拖尾至整个频谱上，能量从一个特定的 Δf 泄漏至邻近的谱线上。时域信号从一个时域数据块到下一个时域数据块似乎失真了，如图 3-19 所示。时域信号从一个时域数据块到下一个时域数据块有明显的失真。着重注意，信号的幅值变小了，峰值分布于一些谱线上，而不是集中在一条谱线上。回想一下，频响函数的幅值直接与模态振型相关，泄漏将会影响到频响函数的幅值，从而影响到模态振型。

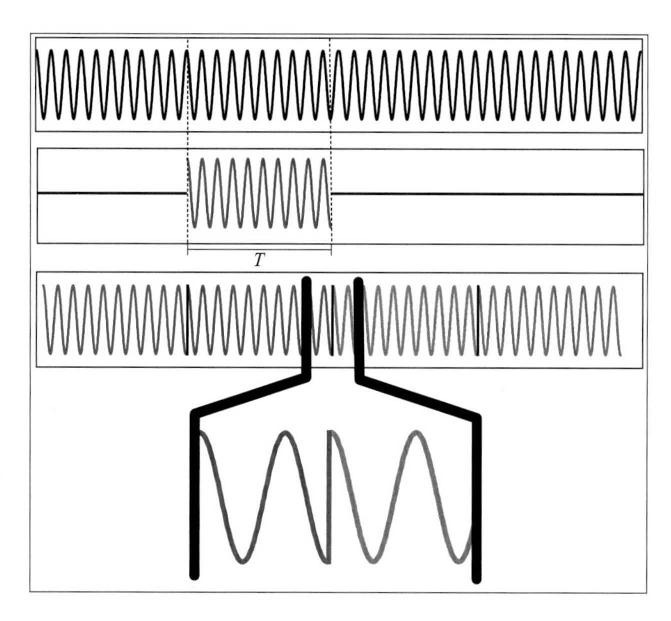

图 3-19　采样清晰地表明了从一个数据块到另一个数据块的不连续

峰值分布于一些谱线上将出现阻尼，因此，泄漏会影响模态振型和阻尼，在进行模态试验时，这是两个非常重要的参数。

泄漏可能是最常见、最严重的数字信号处理误差。不像混叠，泄漏的影响不能消除，只能减少泄漏。这些影响通过以下方法可部分减少：

- 平均技术。
- 增加频率分辨率。
- 使用周期/特定的激励技术。
- 使用窗函数。

最小化泄漏

对测量信号施加的窗函数是一种加权函数。窗函数能使测量信号在一个样本间隔内似乎更具有周期性，因而能减少泄漏的影响。可以使用的窗函数有许多，无法在此列出全部的窗函数，并加以描述。

实验模态分析常使用以下窗函数：

- 矩形窗。
- 汉宁窗。
- 平顶窗。
- 力窗。
- 指数窗。

窗函数处理的目的是试图加权信号使它更易于满足傅里叶变换处理的周期性要求。图 3-20 中的四个数据块从概念上显示了这一点。

对于大部分实验模态而言，汉宁窗用于随机信号，平顶窗用于校准，当能保证信号满足周期性要求时使用矩形窗，力/指数窗用于锤击测试。下面将讨论每个窗函数。

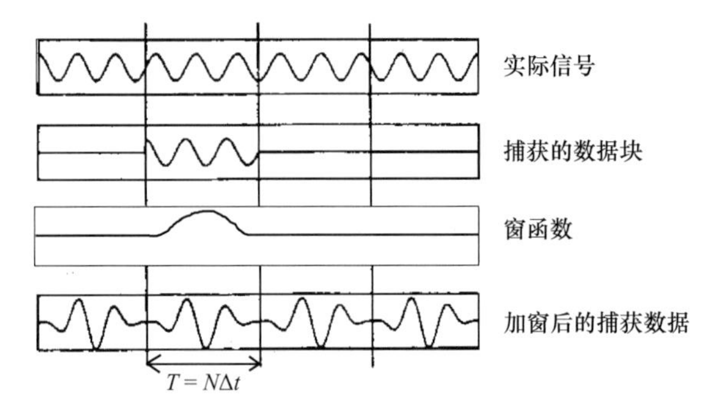

图 3-20　窗加权减少泄漏的概念

3.11　窗函数和泄漏

实验模态测试常用的窗函数有汉宁窗、平顶窗、矩形窗、力窗和指数窗。矩形窗（也称均衡窗或不加窗），当信号是已知的，且包含组成这个时域信号的整数倍个周期的正弦波，或者在一个样本间隔内能捕获到整个信号时，通常使用矩形窗。矩形窗对数据进行单位加权。当测量信号的成分完全未知时，如随机激励，通常应用汉宁窗。汉宁窗虽然能提供相当合适的频率分辨率，但会使测量信号的幅值精度失真 16%。平顶窗通常应用于具有正弦特性的信号，它能为信号提供精确的幅值，幅值失真只有 0.1%，但是频率分辨率粗糙，对于校准目的来说，平顶窗是个不错的选择。力窗和指数窗的典型应用是脉冲激励测试，对系统的响应应用指数窗，试图加权时域响应以保证整个瞬态响应能在一个样本间隔内观测到。

窗函数虽然对于减少信号处理误差泄漏是必要的，但是它在一定程度上会使时域数据失真。失真总会使频域的峰值幅值的精度有所损失，并且总是会使测量的频域数据有更大的阻尼。

接下来讲述矩形窗、汉宁窗和平顶窗。本质上，评估所有的窗函数都基于主瓣的宽度（控制幅值精度）和旁瓣的衰减（控制频率的分辨能力）。这些影响如图 3-21 所示。

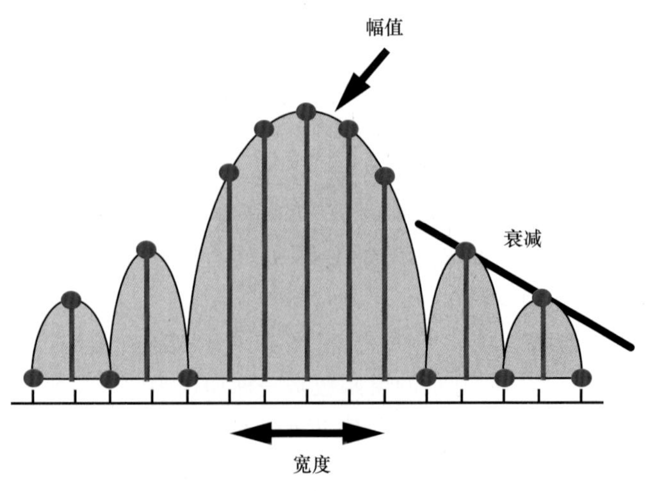

图 3-21　窗函数减少泄漏的失真影响

每个窗函数如图 3-22～图 3-24 所示，窗函数的频域描述的主瓣位于 0Hz 处，用对数幅值图显示

主瓣两侧 ±15Δf 的频率区间，同时也用线性幅值显示主瓣两侧 ±3Δf 的频率区间。当涉及一个单频正弦信号时，有两个重要的情形。第一个，如果在样本间隔内信号是周期信号，那么傅里叶处理结果没有失真。第二个，当信号在一个样本间隔内是非周期信号时，这将产生泄漏。后文将讨论最糟糕的泄漏情形。

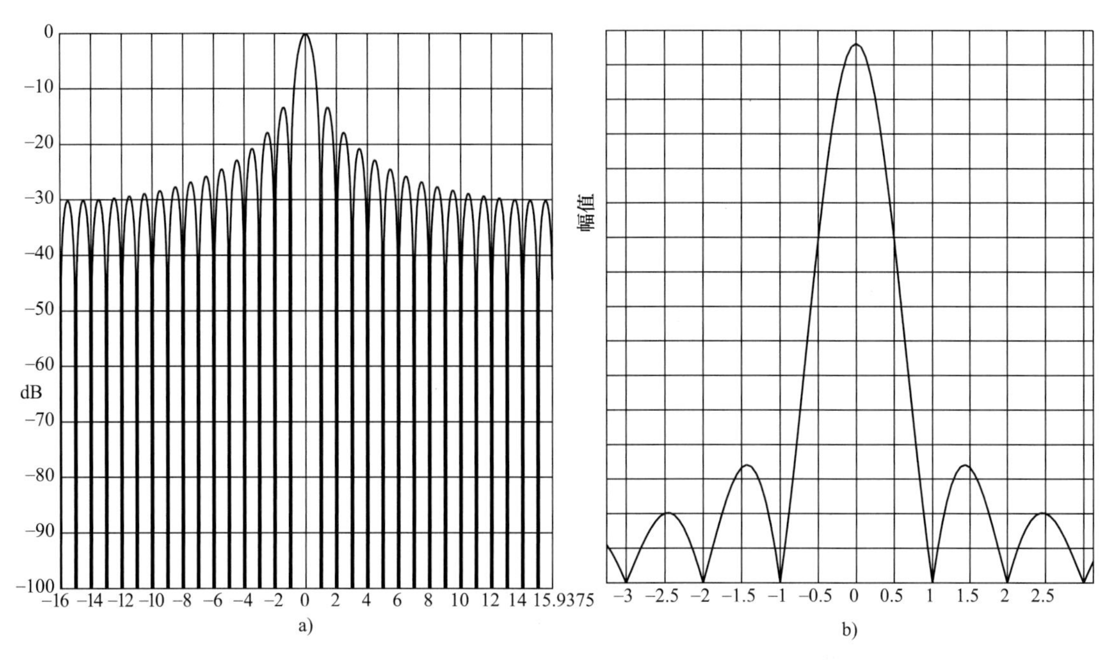

图 3-22　矩形窗频域特性

a）对数幅值　b）线性幅值

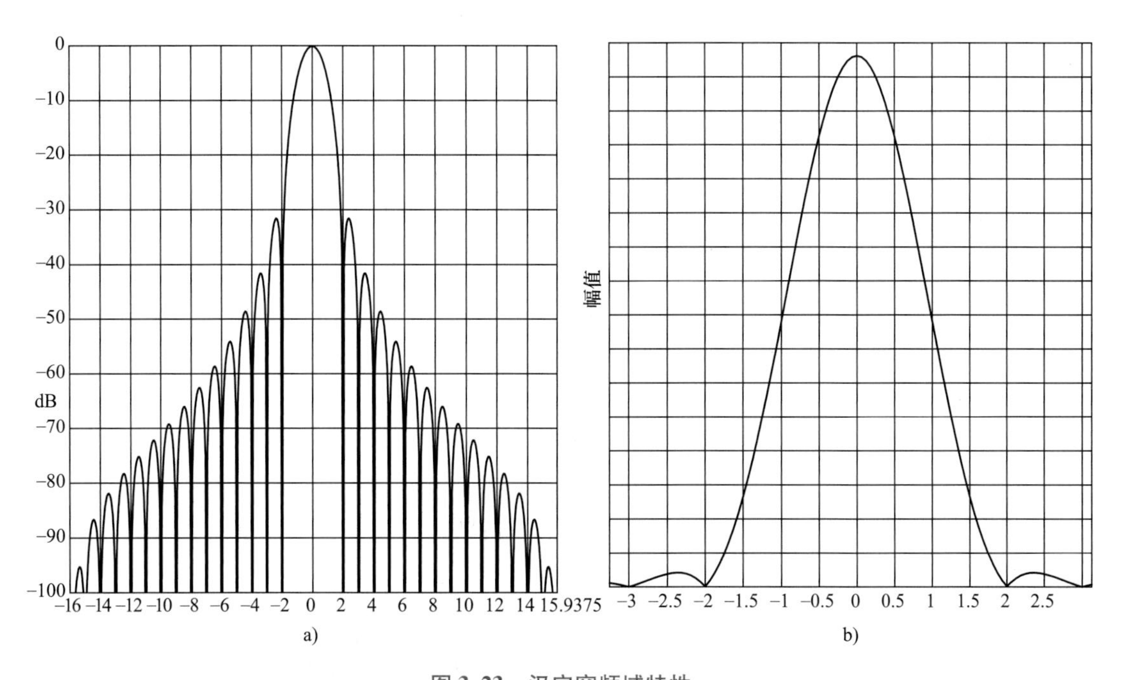

图 3-23　汉宁窗频域特性

a）对数幅值　b）线性幅值

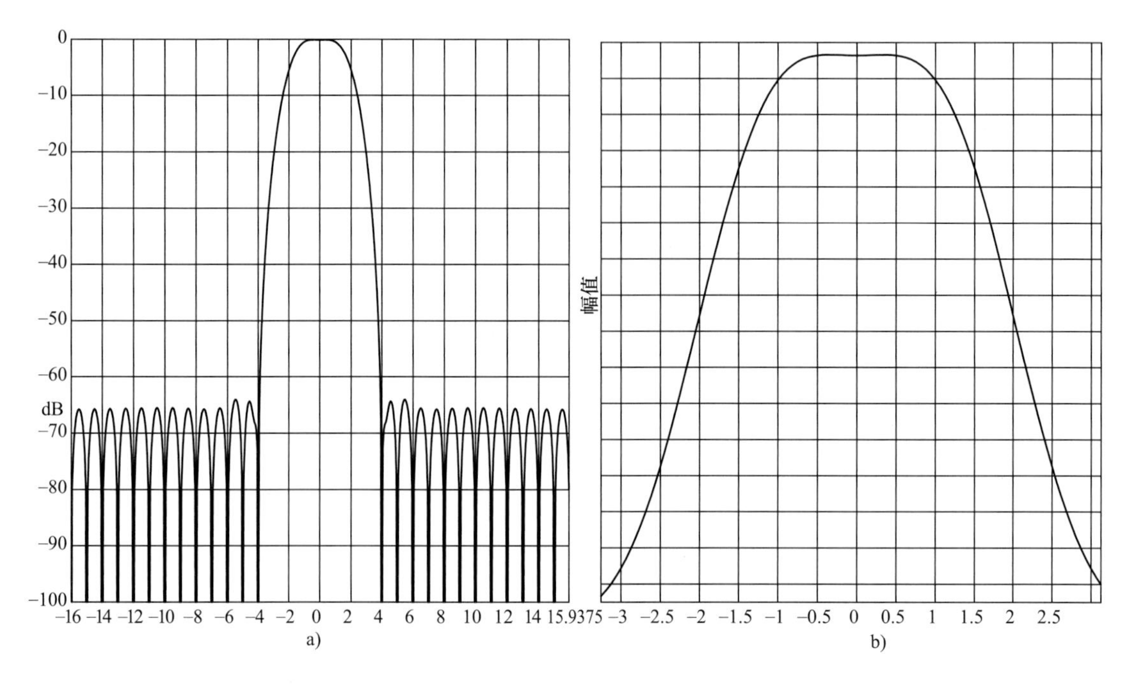

图 3-24 平顶窗频域特性

a）对数幅值 b）线性幅值

3.11.1 矩形窗

矩形窗的时域窗形状在整个时间为 T 的测量数据长度内都是单位增益。矩形窗也称为货车车厢窗、均衡窗或不加窗，如图 3-22 所示。矩形窗的主瓣窄，旁瓣很高且衰减非常慢。主瓣相当浑圆，这将引入大的测量误差，矩形窗的幅值误差达到了 36%。

观察图 3-22a 所示的对数幅值图，需要注意以下几点。图 3-22a 中的主刻度线对应的频率宽度是 $2\Delta f$，这表明每 $1\Delta f$ 处，函数衰减至 0。这暗示着，如果信号在样本间隔内是周期信号，那么能观测到的频率成分只能位于主瓣内，每远离主瓣 $1\Delta f$，幅值衰减至 0，所以只能观测到一个频率。现在观察图 3-22b 所示的线性幅值图，图 3-22b 中的主刻度线对应的频率区间是 $0.5\Delta f$，再次每远离主瓣 $1\Delta f$，函数衰减至 0。如果信号满足变换的周期性要求，这没有问题。但如果不满足，那么信号将失真。当测量信号的频率刚好位于两个 Δf 线之间时，将出现最严重的失真，后文将介绍这一点。

3.11.2 汉宁窗

汉宁窗的时域形状是半个余弦曲线，汉宁窗函数如图 3-23 所示。主瓣附近的一些旁瓣相当高，但旁瓣衰减率不错，每个倍频程衰减 60dB。对于需要合适频率分辨率的搜寻操作来说，这个窗是非常有用的，但幅值精度不太好，会使幅值衰减 1.5dB（16%）。

观察图 3-23a 所示的对数幅值图，需要注意以下几点。图 3-23a 中的主刻度线对应的频率宽度是 $2\Delta f$。先前，对于矩形窗，每远离主瓣 $1\Delta f$，函数衰减至 0。但对于汉宁窗而言，几乎所有的 Δf 处，函数衰减至 0，除了频谱有大幅值的主瓣两侧。现在观察图 3-23b 所示的线性幅值图，图 3-23b 中的主刻度线对应的频率区间是 0.5Δf，主瓣两侧没有衰减至 0。因此，可以看出，如果施加完全满足变换周期性要求的信号，信号会受到汉宁窗的影响，至少在 3Δf 内能观测到信号的频域描述。如果信号不满足周期性要求，那么信号将失真。当测量信号的频率刚好位于两个 Δf 线之间时，将出现最严重的失真，后文将介绍这一点。汉宁窗是一个不错的窗函数，它能平衡频率分辨能力和幅值精度。

3.11.3　平顶窗

平顶窗或 P301 窗的时域表达是四个正弦波的叠加，如图 3-24 所示。平顶窗的主瓣非常平坦且遍布在一些频带上。虽然这个窗会遭受频率分辨率问题，但它的幅值是非常精确的，误差小于 0.1%。

观察图 3-24a 所示的对数幅值图，需要注意以下几点。图 3-24a 中的主刻度线对应的频率宽度是 2Δf。先前，对于矩形窗，每远离主瓣 1Δf，函数衰减至 0。然而对于平顶窗而言，几乎所有的 Δf 处，函数衰减至 0，除了频谱有大幅值的主瓣两侧。现在观察图 3-24b 所示的线性幅值图，图 3-24b 中的主刻度线对应的频率区间是 0.5Δf，主瓣两侧没有衰减至 0。因此，可以看出，如果施加完全满足变换周期性要求的信号，信号会受到平顶窗的影响，至少在 7Δf 内能观测到信号的频域描述。如果信号不满足周期性要求，那么信号将失真。当测量信号的频率刚好位于两个 Δf 线之间时，将出现最严重的失真，后文将介绍这一点。虽然平顶窗不易于确定信号的频率，但测量的幅值非常精确。这对于要求测量非常精确的幅值来说，使用平顶窗是个非常合适的选择。

3.11.4　比较窗函数可能的最严重泄漏失真情况

如果一个正弦信号的频率位于频率分辨率的中间，那么将产生最严重的泄漏。在图 3-25 中，为了展示信号的失真，使用了矩形窗、汉宁窗和平顶窗无泄漏的情况和可能最严重的泄漏的情况。图 3-25a 用对数幅值形式显示了无泄漏测量，显示的频率区间为 16Δf。显然窗函数有影响，虽然信号实际上满足傅里叶变换处理的周期性要求。当信号不满足傅里叶变换处理的周期性要求时，失真更明显（见图 3-25b）。

3.11.5　比较矩形窗、汉宁窗和平顶窗

图 3-26 显示了矩形窗、汉宁窗和平顶窗的叠加比较。注意到，相对于汉宁窗和平顶窗，只有矩形窗的旁瓣衰减非常慢。

3.11.6　力窗

在很多应用中，通常都是使用锤击法获得测量数据。当按这种方式采集数据时，输入通道可能会出现噪声，这时使用汉宁窗和平顶窗是不合适的。力窗在样本间隔的指定部分是单位幅值，而在样本间隔的剩余部分为 0。对于脉冲激励而言，力窗是减少输入通道噪声的一种有效机制。

3.11.7　指数窗

在锤击激励的许多情况中，系统响应是有阻尼正弦波的叠加。在这种激励力作用下，

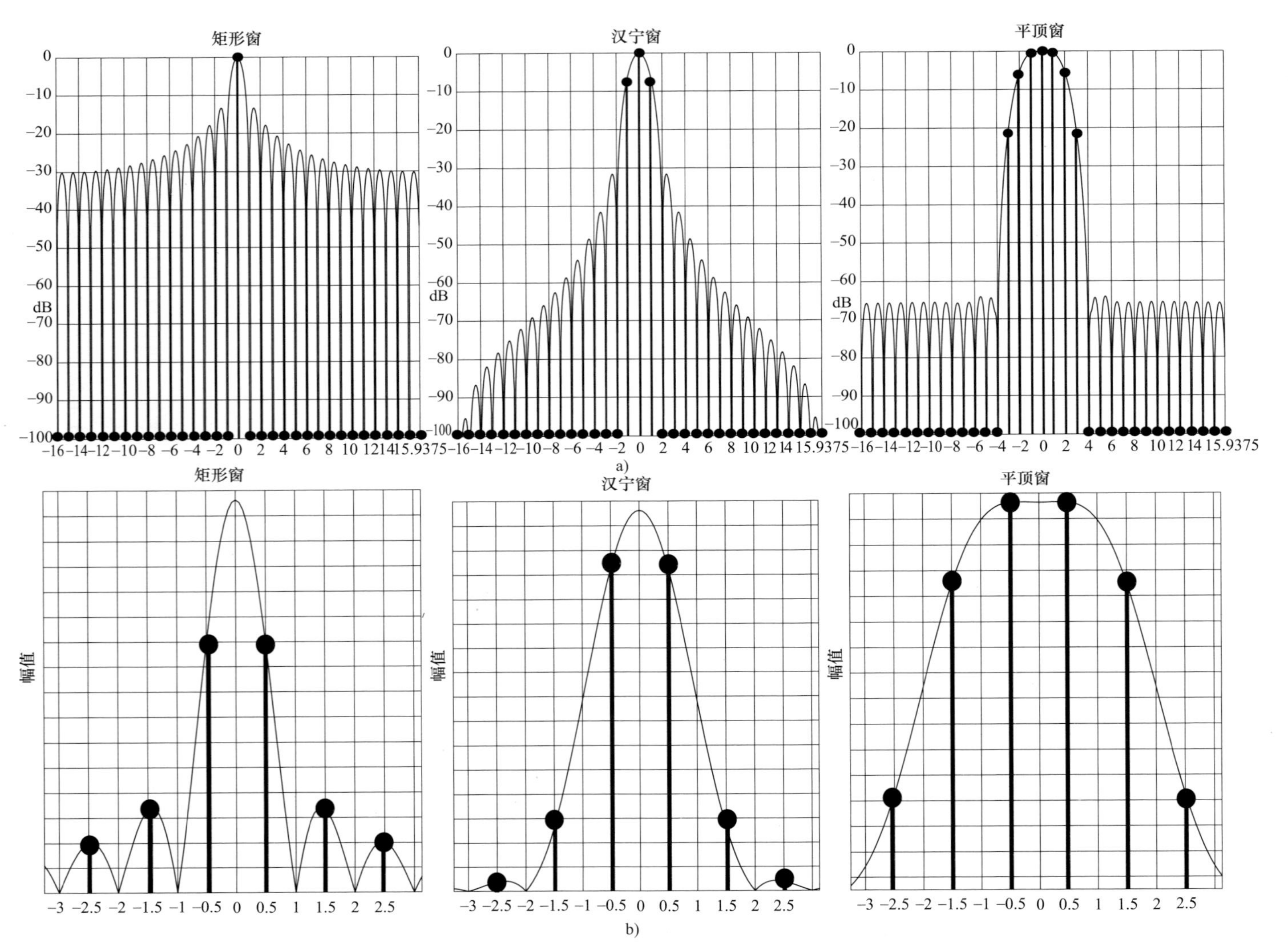

图 3-25　比较矩形窗、汉宁窗和平顶窗应用于满足和不满足傅里叶处理的周期性要求的情况

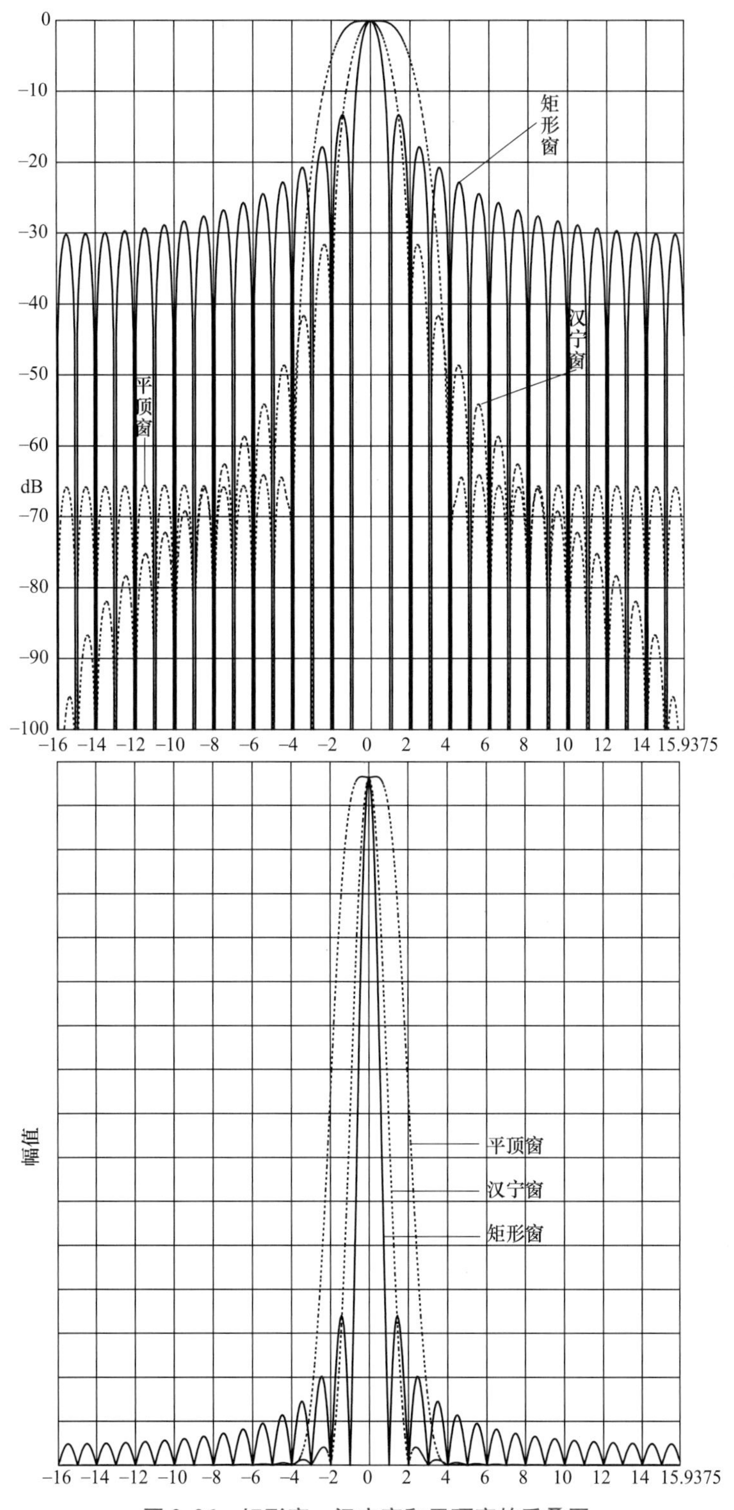

图 3-26　矩形窗、汉宁窗和平顶窗的重叠图

对响应信号施加汉宁窗和平顶窗是不合适的。指数窗迫使系统响应在样本间隔内成为周期信号。如果时域采样时间足够长使得系统在采样间隔内自然衰减到零，那么没有理由需要

施加任何窗函数。具有这种特性的信号称为自窗函数。

力窗和指数窗的示意如图 3-27 所示，它们的详细内容将在本书的应用部分进行介绍。

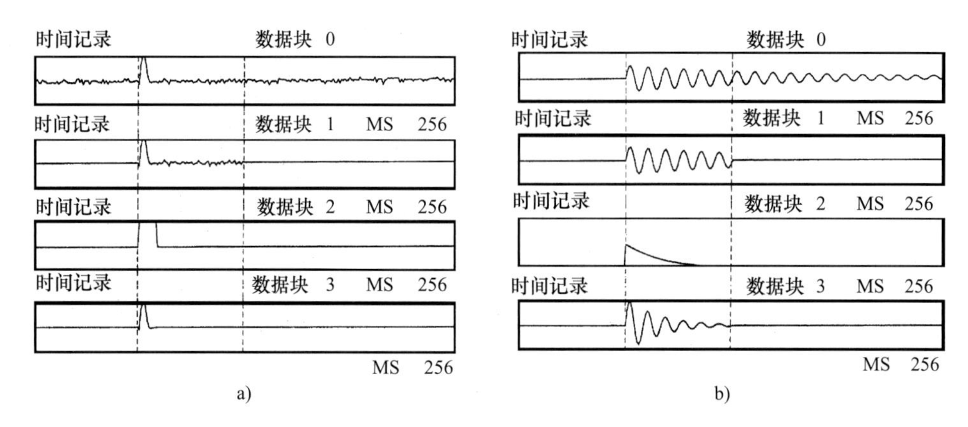

图 3-27 力窗和指数窗

a）力窗 b）指数窗

3.11.8 窗函数的频域卷积

虽然窗函数应用在时域（对实际捕获的时域信号乘以时域窗函数），但是窗函数的影响在频域更明显。在频域，实际上是频域的实际信号与窗函数谱线的卷积。这个影响的示意如图 3-28 所示，图 3-28 中显示了三条谱线的窗形状和一个离散的单频正弦波。时域窗

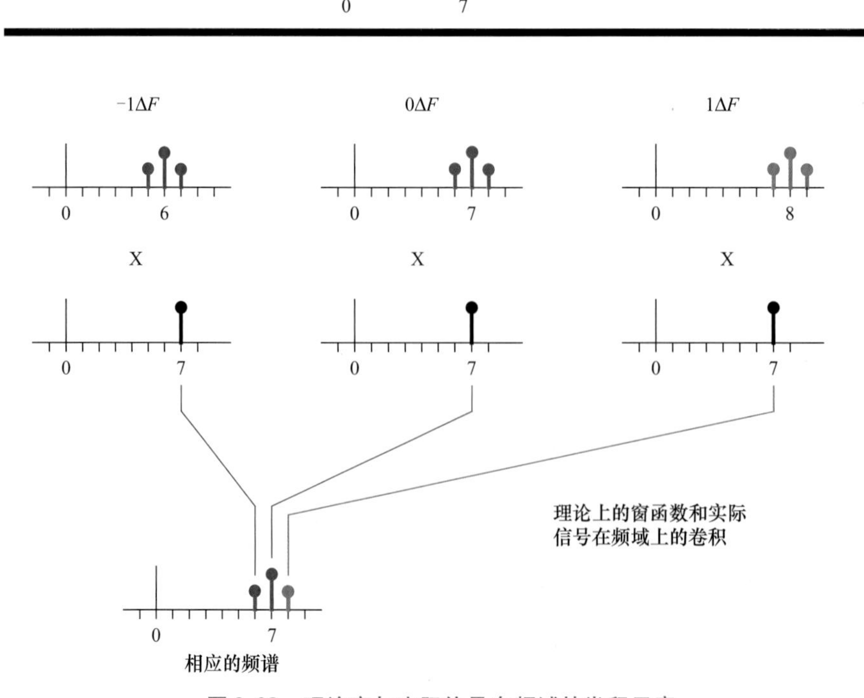

图 3-28 理论窗与实际信号在频域的卷积示意

函数与测量数据的乘积产生了频域的卷积。理论窗的形状与实际信号的乘积在每个 Δf 处生成一个值进行叠加。在这个例子中，我们可以看到在第七个 Δf 处的实际信号乘以了假设有三个瓣的窗函数。当我们考虑第一个 Δf 时，这个地方的值为 0，因为窗函数相应的每一项乘以这个信号之和为零。这些值都为 0，直到窗的中心瓣位于第六个 Δf 时才有非零值，以及中心瓣位于第七和第八个 Δf 处，其他位置值都为 0。

3.12　频响函数公式

当测量出现噪声时，需要几种估计频响函数的公式。在所有的频响函数公式中，如果能最小化噪声，那么所有不同形式的频响函数都能获得相同的结果。虽然有一些不同的方法，但在此仅介绍两种常见的方法。图 3-29 所示为一次典型的输入-输出测量。

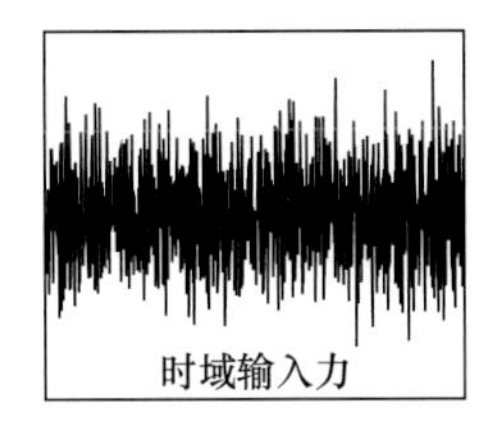

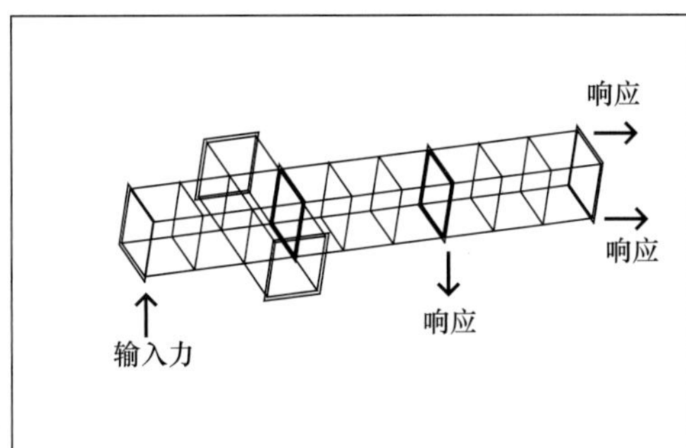

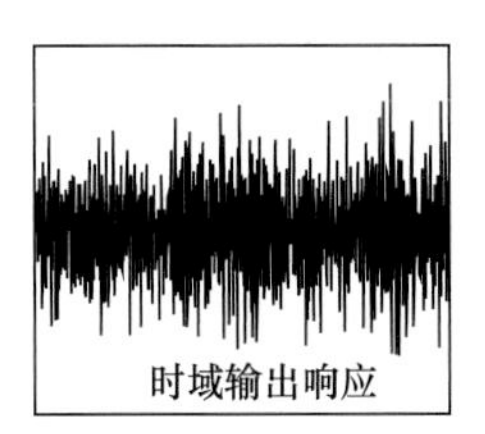

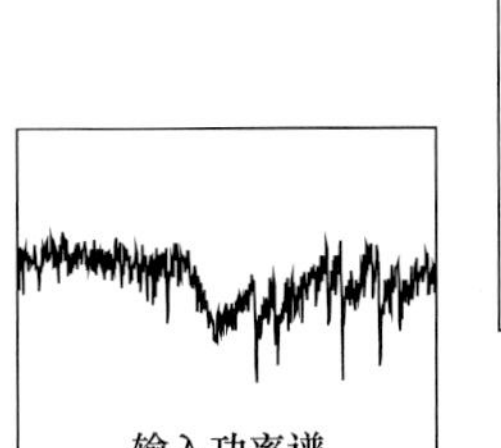

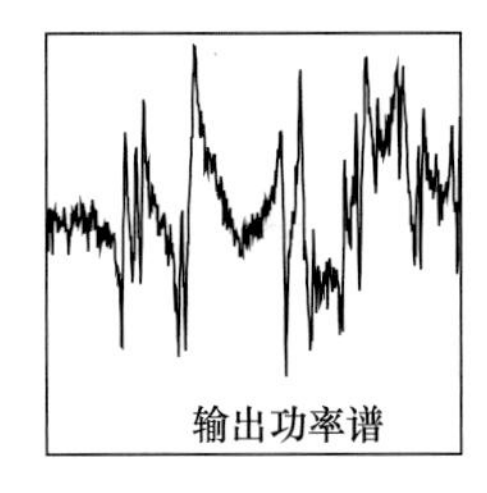

图 3-29　典型的输入-输出测量

首先，让我们定义输入-输出模型。如果 $x(t)$ 作为输入信号，$y(t)$ 作为相应的输出信号，那么对这些信号进行 FFT 变换，将得到

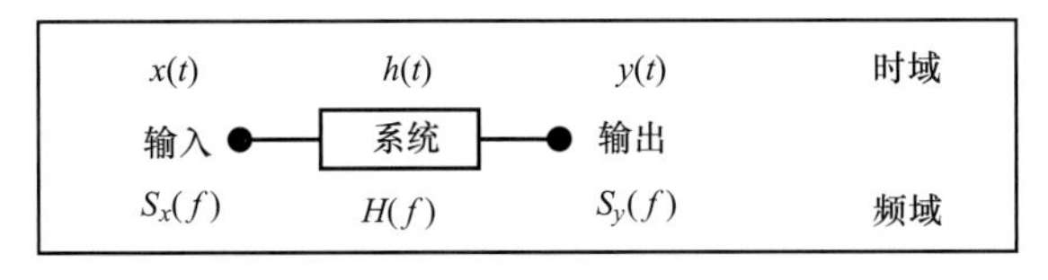

其中，S_x 和 S_y 分别是输入信号 $x(t)$ 和输出信号 $y(t)$ 的线性傅里叶频谱。这些频域的信号与频响函数相关：

$$S_y = HS_x$$

通常，大多数分析仪都能测量时域信号平均的功率谱以减少测量中的噪声。这些功率谱与线性频谱相关：

G_{xx}　输入自功率谱 $S_xS_x^*$

G_{yy}　输出自功率谱 $S_yS_y^*$

G_{yx}　互功率谱 $S_yS_x^*$

使用这些定义，在一种情况中输入-输出关系通过右乘 S_x^*，在另一种情况中右乘 S_y^*，得到两个关系式：

$$S_yS_x^* = HS_xS_x^* \Rightarrow H_1 = \frac{G_{yx}}{G_{xx}}$$

$$S_yS_y^* = HS_xS_y^* \Rightarrow H_2 = \frac{G_{yy}}{G_{xy}}$$

频响函数 H 的第一个公式倾向于最小化输出的噪声，这个公式是测量频响函数的欠估计。频响函数 H 的第二个公式倾向于最小化输入的噪声，这个公式是测量频响函数的过估计。第三个公式称为 H_v，是按最小二乘估计方式来同时最小化输入和输出的噪声，它是系统真实频响函数 H 更好的近似。

相干，或称为常相干，定义如下：

$$\gamma^2 = \frac{G_{yx}G_{xy}}{G_{xx}G_{yy}} = \frac{H_1}{H_2}$$

相干函数是一个标量，取值范围在 0 ~ 1。当相干为 0 时，输出信号与输入信号不相关，二者没有任何因果关系。当相干为 1 时，所有测量的输出信号与输入信号都是相关的。相干是评估测量的频响函数充分性的重要工具。

3.13 典型的测量

3.13.1 时域信号和自功率谱

在 FFT 分析仪中捕获了输入和输出时域信号。如果需要，则对离散化数据应用窗函数。一旦完成，信号就转换到频域成为线性傅里叶频谱。这些线性频谱是复值函数，有实部和虚部或幅值和相位。为了计算自功率谱，两个信号要乘以它们各自的复数共轭。一旦这些函数从线性频谱变换到自功率谱，这些函数就变成了实值函数，没有相位信息。典型的输入激励和输出响应的时域信号和功率谱如图 3-30 所示。

3.13.2 典型测量：互功率谱

一旦计算出输入和输出的线性傅里叶频谱，那么就可计算得到互功率谱。互功率谱是一个复值函数，有实部和虚部或幅值和相位。互功率谱显示在图 3-31 的下半部分，图 3-31 的上半部分显示了输入的功率谱（左上角）和输出功率谱（右上角）。

3.13.3 典型测量：频响函数

一旦得到平均的输入、输出的自功率谱和互功率谱，那么从这些频谱中可产生频响函数，如图 3-32 所示。频响函数是一个复值函数，因为所有的 H 公式都使用互功率谱，互功率谱是一个复值函数。

3.13.4 典型测量：相干函数

在计算频响函数 H 的同时，也能得到相干函数。一个典型的相干图如图 3-33 所示，

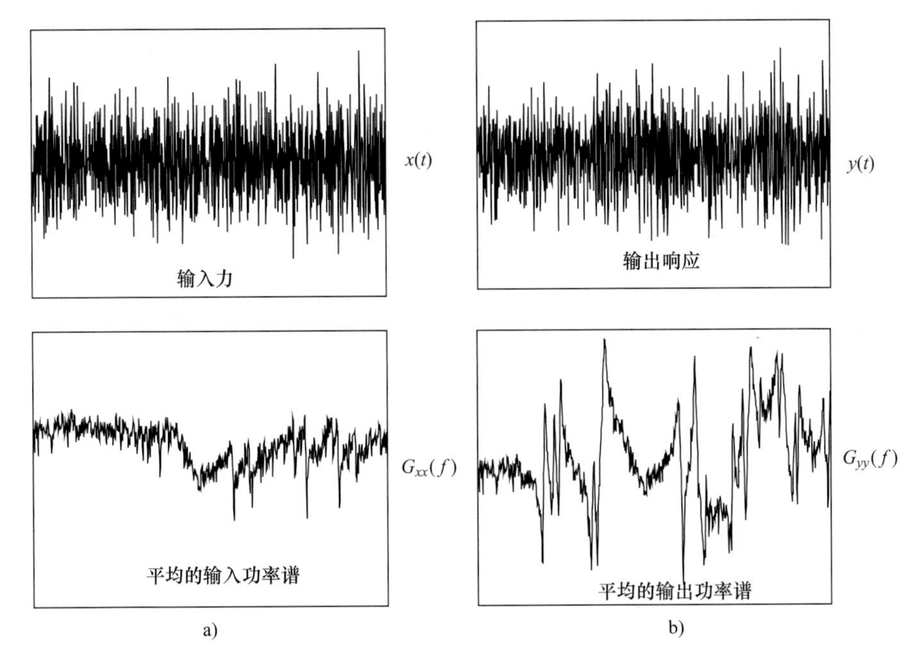

图 3-30　输入和输出的时域信号（顶部）和功率谱（底部）

a）输入　b）输出

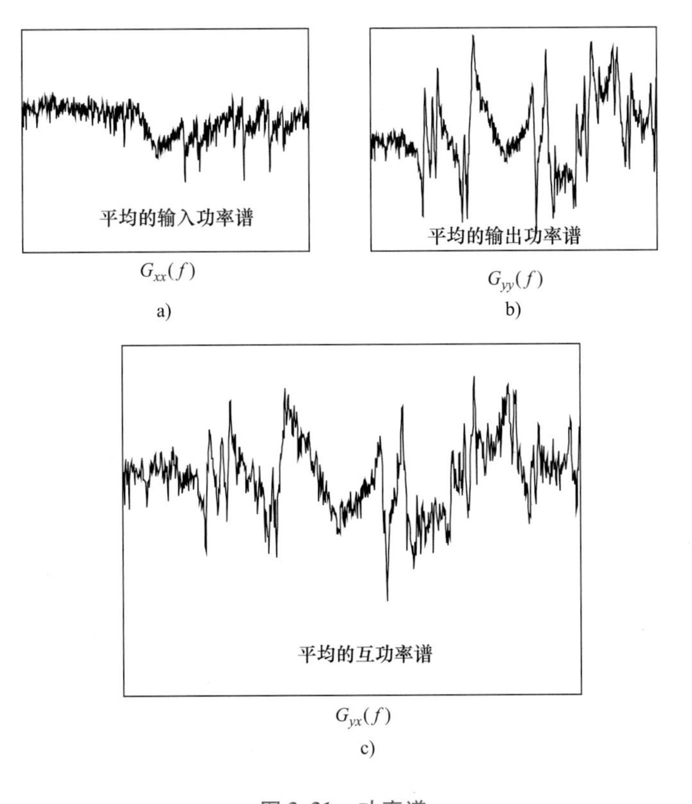

图 3-31　功率谱

a）输入　b）输出　c）互功率谱

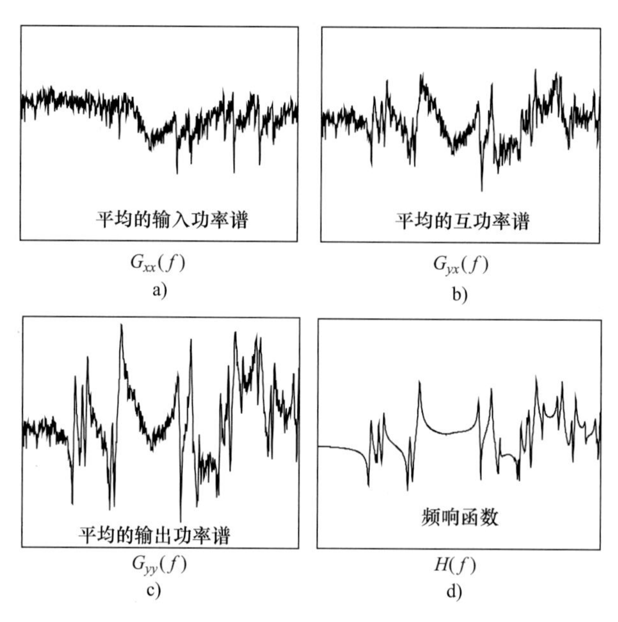

图 3-32　功率谱

a）输入　b）输出　c）互功率谱　d）频响函数

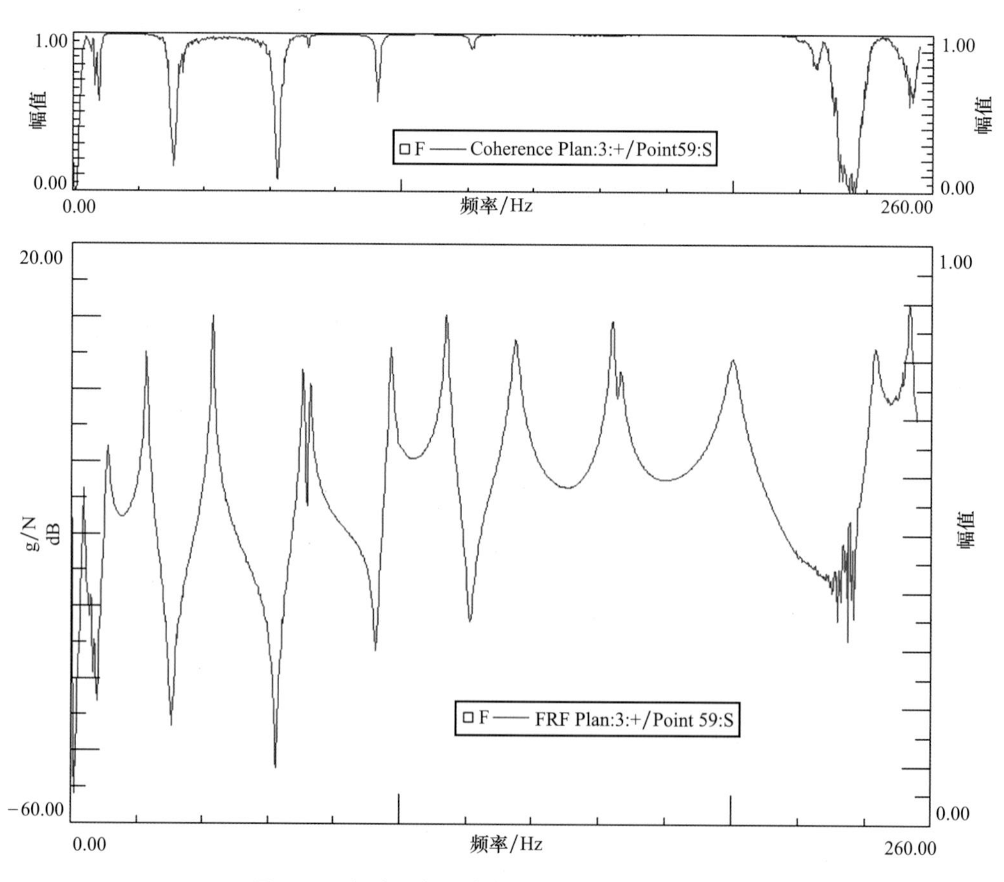

图 3-33　频响函数（底部）和相干函数（顶部）

同时也显示了频响函数。注意到相干似乎很好，值接近 1。在一些频率处，相干有明显的下降。这些相干下降出现在靠近反共振位置，这不是问题，因为在这些地方输出很小。因此，在这些频率处的相干出现下降是能预料的。总之，这是一次相当不错的测量。

3.14　时域和频域的关系定义

当测量数据存在噪声时，通常对获得的测量做平均处理，以减少测量数据的变化。输入-输出模型的线性与平方关系的定义是

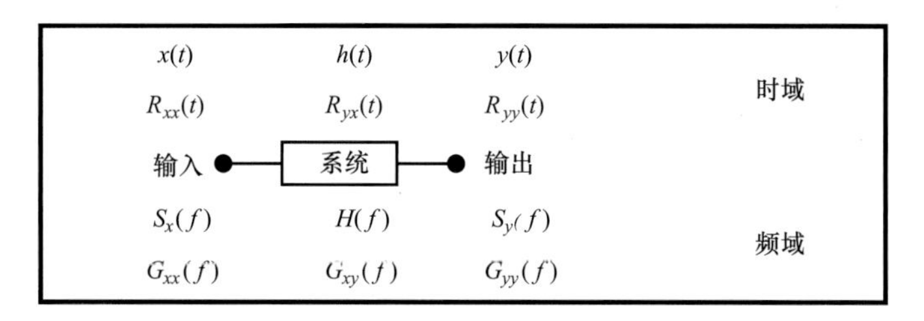

其中，$x(t)$ 为系统的时域输入信号，$y(t)$ 为系统的时域输出信号，$S_x(f)$ 为 $x(t)$ 的线性傅里叶频谱，$S_y(f)$ 为 $y(t)$ 的线性傅里叶频谱，$H(f)$ 为系统的传递函数，$H(t)$ 为系统的脉冲响应函数，$R_{xx}(t)$ 为输入信号 $x(t)$ 的自相关函数，$R_{yy}(t)$ 为输出信号 $y(t)$ 的自相关函数，$G_{xx}(f)$ 为 $x(t)$ 的自功率谱，$G_{yy}(f)$ 为 $y(t)$ 的自功率谱，$G_{yx}(f)$ 为 $y(t)$ 和 $x(t)$ 的互功率谱，$R_{yx}(t)$ 为 $y(t)$ 和 $x(t)$ 的互相关函数。

普通的傅里叶变换对定义如下，这些测量函数通常由 FFT 处理得到。

$$x(t) = \int_{-\infty}^{+\infty} S_x(f)\, e^{j2\pi ft} df \qquad S_x(f) = \int_{-\infty}^{+\infty} x(t)\, e^{-j2\pi ft} dt$$

$$y(t) = \int_{-\infty}^{+\infty} S_y(f)\, e^{j2\pi ft} df \qquad S_y(f) = \int_{-\infty}^{+\infty} y(t)\, e^{-j2\pi ft} dt$$

$$h(t) = \int_{-\infty}^{+\infty} H(f)\, e^{j2\pi ft} df \qquad H(f) = \int_{-\infty}^{+\infty} h(t)\, e^{-j2\pi ft} dt$$

$$R_{xx}(\tau) = E[x(t), x(t+\tau)] = \frac{\lim}{T \to \infty} \frac{1}{T}\int_T x(t)x(t+\tau)\,dt$$

$$G_{xx}(f) = \int_{-\infty}^{+\infty} R_{xx}(\tau)\, e^{-j2\pi ft} d\tau = S_x(f) \cdot S_x^*(f)$$

$$R_{yy}(\tau) = E[y(t), y(t+\tau)] = \frac{\lim}{T \to \infty} \frac{1}{T}\int_T y(t)y(t+\tau)\,dt$$

$$G_{yy}(f) = \int_{-\infty}^{+\infty} R_{yy}(\tau)\, e^{-j2\pi ft} d\tau = S_y(f) \cdot S_y^*(f)$$

$$R_{yx}(\tau)=E[y(t),x(t+\tau)]=\frac{\lim}{T\to\infty}\frac{1}{T}\int_T y(t)x(t+\tau)\mathrm{d}t$$

$$G_{yx}(f)=\int_{-\infty}^{+\infty}R_{yx}(\tau)\mathrm{e}^{-\mathrm{j}2\pi f t}\mathrm{d}\tau=S_y(f)\cdot S_x^*(f)$$

3.15 带噪声的输入-输出模型

图3-34所示为一般输入-输出模型，在输入和输出上都加上了噪声。

使用上述的输入-输出噪声模型，频响函数 H 的计算公式如下：

$$H=G_{uv}/G_{uu}$$

该公式可用于识别输入或输出上的噪声，并可确定对所测频响函数的影响，在下一个例子中将会遇到，在那里对噪声进行了详细的评价。但在此对频响函数有一个大致的观测，简单示意见表3-2。

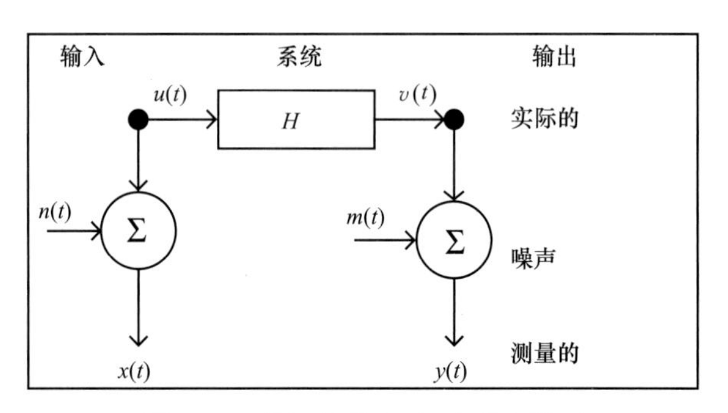

图3-34 普通的输入-输出噪声模型

表3-2 噪声对测量的频响函数的影响

输入对噪声敏感	输出对噪声敏感
真实 H 的欠估计	真实 H 的过估计
$H_1=H\left[\frac{1}{1+\frac{G_{nn}}{G_{uu}}}\right]$	$H_2=H\left[1+\frac{G_{mm}}{G_{vv}}\right]$

3.15.1 H_1 估计：只有输出有噪声

使用基本的输入-输出模型，对输出加噪声 S_m，假设：

$$S_m+S_v=HS_u$$

上式右乘输入频谱的共轭 S_u^*，假设：

$$(S_m+S_v)S_u^*=H_1S_uS_u^*$$

$$S_mS_u^*+S_vS_u^*=H_1S_uS_u^*$$

如果输出噪声与输入信号不相干（不相关），那么随着平均的多次进行，$S_mS_u^*=0$。方程可写为

$$H_1=S_vS_u^*/S_uS_u^*=G_{uv}/G_{uu}$$

3.15.2 H_2 估计：只有输出有噪声

使用基本的输入-输出模型，对输出加噪声 S_m，假设：

$$S_m + S_v = HS_u$$

上式右乘输出频谱的共轭（$S_m^* + S_v^*$），假设：

$$(S_m + S_v)(S_m^* + S_v^*) = H_2 S_u (S_m^* + S_v^*)$$

$$S_m S_m^* + S_v S_v^* + S_v S_m^* + S_m S_v^* = H_2 S_u S_m^* + H_2 S_u S_v^*$$

如果输出噪声与输入和输出信号不相干（不相关），那么随着平均的多次进行，方程可写为

$$S_m S_m^* + S_v S_v^* = H_2 S_u S_v^*$$

$$G_{mm} + G_{vv} = H_2 G_{uv}$$

$$H_2 = (G_{mm} + G_{vv})/G_{uv} = H + G_{mm}/G_{uv}$$

$$H_2 = H(1 + G_{mm}/G_{uv})$$

3.15.3　H_1 估计：只有输入有噪声

使用基本的输入-输出模型，对输入加噪声 S_n，假设：

$$S_v = H(S_u + S_n)$$

上式右乘输入频谱的共轭（$S_u^* + S_n^*$），假设：

$$S_v(S_u^* + S_n^*) = H_1(S_u + S_n)(S_u^* + S_n^*)$$

$$S_v S_u^* + S_v S_n^* = H_1(S_u S_u^* + S_n S_n^* + S_n S_u^* + S_u S_n^*)$$

如果输入噪声与输入和输出信号不相干（不相关），那么随着平均的多次进行，方程可写为

$$S_v S_u^* = H_1(S_u S_u^* + S_n S_n^*)$$

$$G_{vu} = H_1(G_{uu} + G_{nn})$$

$$H_1 = G_{uv}/(G_{uu} + G_{nn}) = (G_{uv}/G_{uu})/(1 + G_{nn}/G_{uu})$$

$$H_1 = H(1 + G_{nn}/G_{uu})$$

3.15.4　H_2 估计：只有输入有噪声

使用基本的输入-输出模型，对输入加噪声 S_n，假设：

$$S_v = H(S_u + S_n)$$

上式右乘输出频谱的共轭 S_v^*，假设：

$$S_v S_v^* = H_2(S_u + S_n)S_v^*$$

$$S_v S_v^* = H_2(S_u S_v^* + S_n S_v^*)$$

如果输入噪声与输入和输出信号不相干（不相关），那么，随着平均的多次进行，方程可写为

$$H_2 = G_{vv}/G_{uv}$$

3.16　总结

本章回顾了数字信号处理的概念，复习了数字化、混叠、量化、采样和测量信号的混叠等内容，描述了泄漏的概念和加权函数（窗函数）的使用，讨论了频响函数的不同估计技术。同时本章也描述了直接与实验模态试验相关的数字数据采集和信号处理概念。

第4章

激 励 技 术

4.1 引言

从一般模态理论的发展来看，为了提取模态模型，显然需要测量频响函数。为了测量响应，有几个可供选择的激励技术。然而，为了获得一组校准的测量数据，需要使用已知的激励力激起系统的响应。这限制了可用于获得频响函数的激励类型。通常，实验模态测试使用两类激励方式：锤击激励和激振器激励。虽然还有许多其他类型的激励，但通常它们不能提供一个已知的或可测量的输入激励力。因而，在这讨论的激励类型仅限于锤击激励和激振器激励，它们是最常用的激励方法。

最常用的锤击激励技术使用一个力锤，配备了一个安装在锤头位置的力传感器，有多种锤头可用来为结构施加脉冲类型的激励。

在激振器测试中，有几种常用的激励技术用于建立实验模态模型。作用到系统上的力分两类：随机的和确定性的。每一类激励信号都可用于确定系统的特性：获得频响函数和评估待测系统的线性程度。

随机激励的性质只能用信号的某些统计特征来描述。信号可以被描述为具有一定的总量级，随着时间的推移，该信号具有一定的统计可信度。一般来说，不能用数学关系来描述任何时刻的随机信号。这些类型的随机信号通常在任何时间点都有不同的振幅、相位和频率成分。在模态测试中常用的一些随机信号是纯随机信号和猝发随机信号。

另一方面，确定性信号满足特定的数学关系，可以在任何时刻用特定的数学关系精确描述。因此，如果系统特性是已知的，那么系统的响应也可以被精确定义。在模态测试中常用的一些确定性信号是正弦扫频信号、伪随机信号、数字步进正弦信号和正弦快扫信号。

对于所有的测量技术而言，都要对输入/输出信号进行采样，数字化时域数据。如有必要，需要对这些采样的信号施加窗函数，以尽量减少测量频谱的泄漏。一些激励技术是专门设计的，这样在测量过程中不会有任何泄漏存在，因此，不需要对信号施加窗函数。对输入功率谱、输出功率谱和互功率谱进行平均，以获得可信的测量特性。然后用这些平均的测量数据来计算频响函数。

锤击测试的总体测量过程如图 4-1 所示，激振器测试的总体测量过程如图 4-2 所示。这两个图展示了两类测试的整个处理流程，这个流程图在信号处理章节中也讨论过。

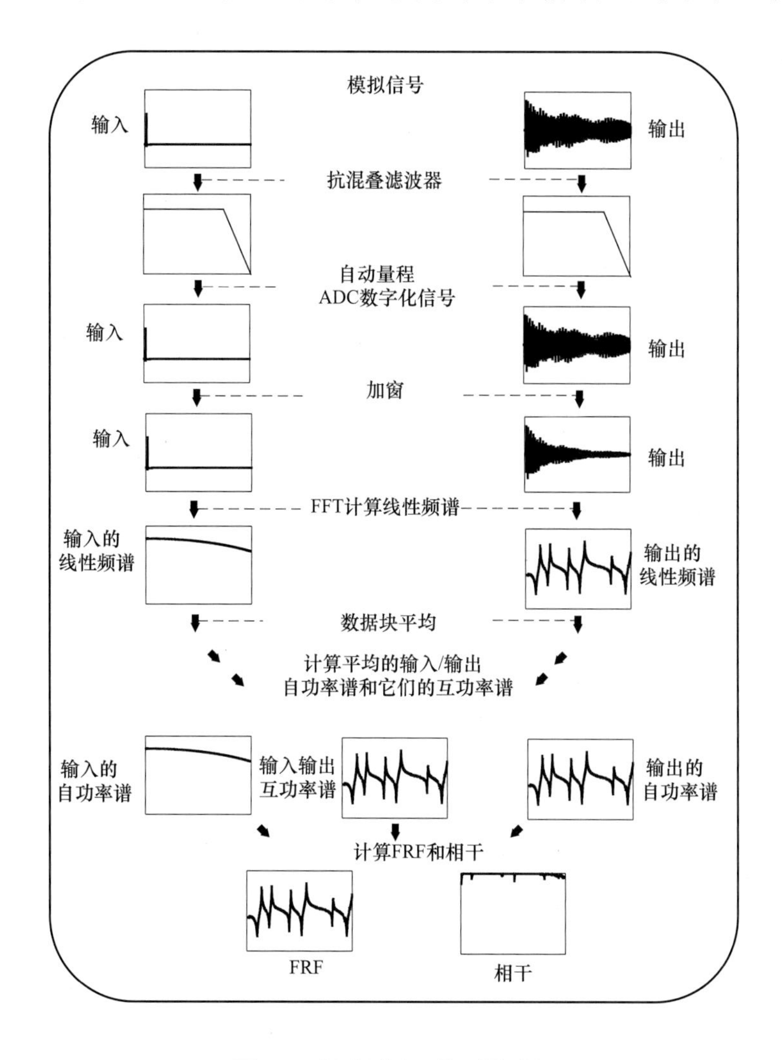

图 4-1　锤击测试总体测量过程

首先讨论锤击测试，然后是激振器测试。接下来会讨论锤击测试的注意事项，并对一个简单结构采集一些数据来说明一些要点。接下来还会对激振器测试技术进行描述，并对一个简单结构进行了一些典型的数据采集。同时也会介绍多输入多输出激振器测试。

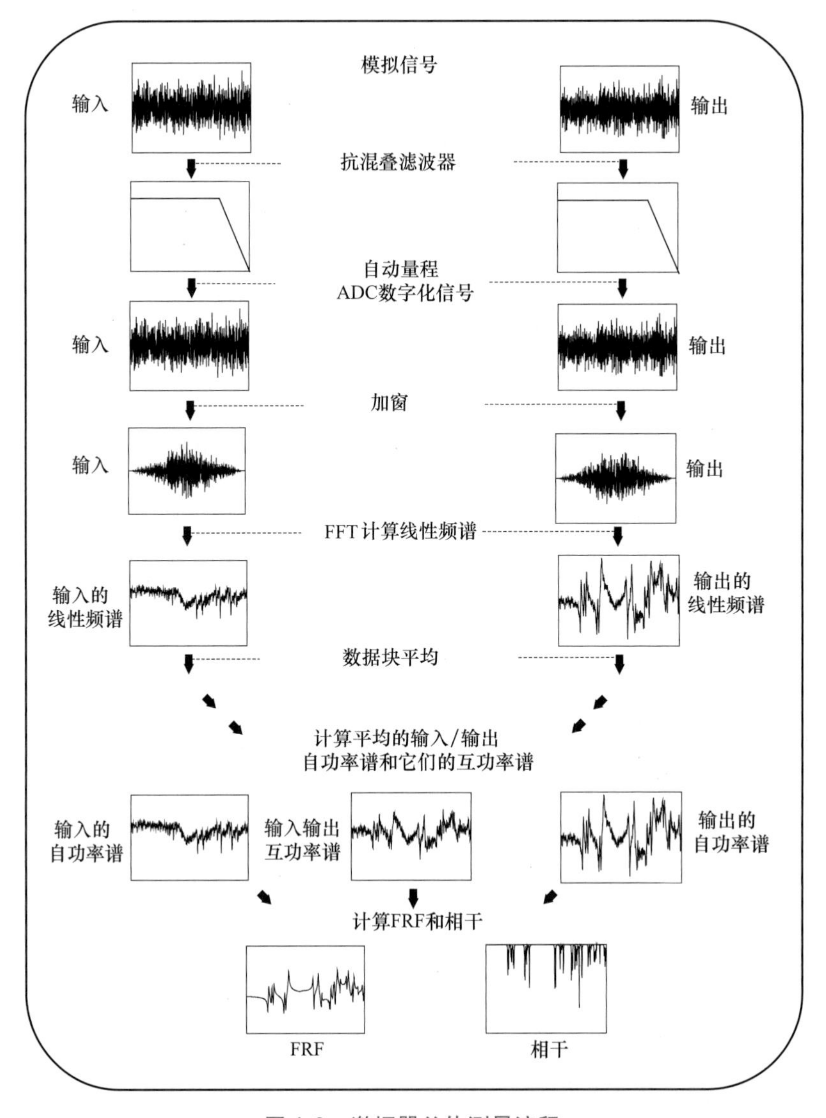

图 4-2　激振器总体测量流程

4.2 锤击激励技术

锤击测试已经成为实验模态测试获得频响函数的一种非常流行的方法。设备的便携性和简单性使其成为一种有价值的测试技术，主要用于故障诊断和实验模态测试。锤击技术需要解决几个问题，涉及输入激励力和系统相应的输出响应。一个单自由度系统的典型锤击响应测量如图 4-3 所示。注意，虽然输入力在分析仪的一个采样间隔内完全可见，但系统的响应却不是。响应继续呈指数衰减，远远超出记录的数据块长度。如果不加窗函数，由于存在泄漏将引起严重的信号失真。

有许多与锤击测试相关的事项需要讨论。接下来将讨论锤头选择、力窗使用、预触发延迟、二次连击和指数窗的使用等内容，以及其他几个相关的问题。锤击测试还有许多实

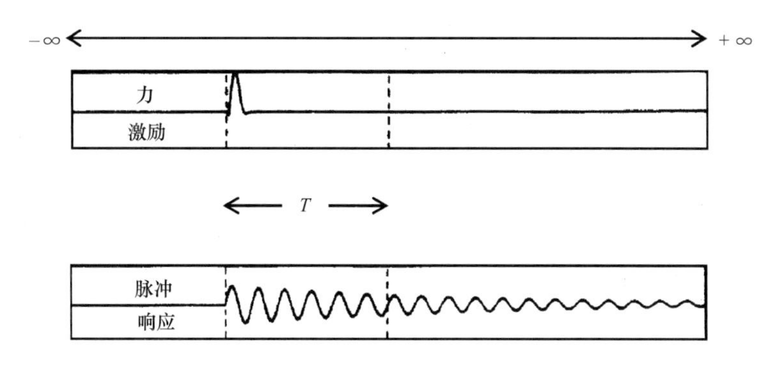

图 4-3 锤击信号和超出采样数据块 T 的响应信号

例和需要考虑的问题，这些将在本书的第2部分的应用章节中介绍。

4.2.1 力锤

一般来说，使用力锤进行锤击测试是最常用的测试方法。虽然还有其他新颖的方法来执行这种脉冲式的激励测试，但这此只考虑锤击激励。

力锤一般由一个安装在锤头上的力传感器组成，力传感器上可配备不同硬度的锤头，以提供一些定制的频率范围的激励。力锤可安装多种不同的锤头，能激起非常低的频率范围和非常高的频率范围。这些锤头包括从非常柔软的橡胶头，到空气胶囊头，到塑料头，到金属头。市面上有几种常见的力锤，如图4-4所示，从小到大，有一些变化，如模态力锤和电锤。使用力锤锤击待测结构产生脉冲激励，如图4-3中上部所示的时域信号。力脉冲的时间宽度直接控制着激起的频率范围。

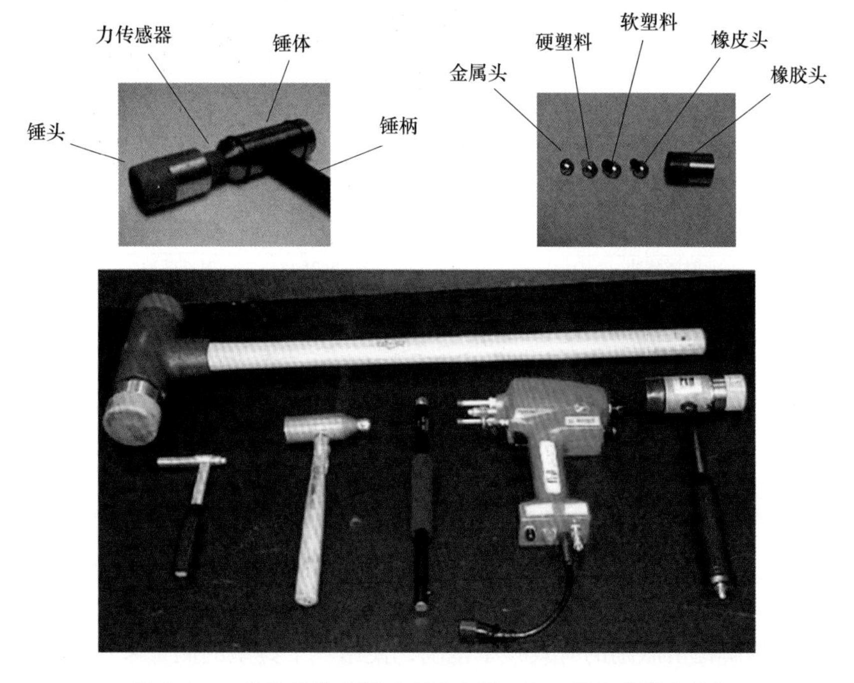

图 4-4 几种常见的力锤［图片来源：PCB压电有限公司］

4.2.2 力锤锤头选择

一个非常重要的考虑因素是锤头的选择。输入力谱的频率成分很大程度上受作用于系统上的力脉冲的时间宽度（锤击的作用时间）控制。力脉冲的时间宽度主要由锤头的硬度来控制（虽然输入力谱有时主要由待测结构的局部刚度来控制）。一般来说，锤头越硬，激起的频率范围越宽；锤头越软，激起的频率范围越窄。图 4-5 所示为不同硬度的四个锤头激起的频带。在力不足以激励起结构之前，人们总是讨论锤击力谱衰减多少是可以接受的。有些人会说 3dB 是极限，而另一些人可能会说，可以是 10～20dB，否则力不足以激励起结构。这没有明确的衰减值，最合理的是观察频响函数和相干，以确定测量是否可接受，在下一节以及本书的应用部分将对此进行更多的讨论。另一个需要注意的关键事项是，公布的锤头力谱的频率范围曲线是锤击一块巨大的钢板得到的结果，这不是测试实际结构时观察到的力谱。

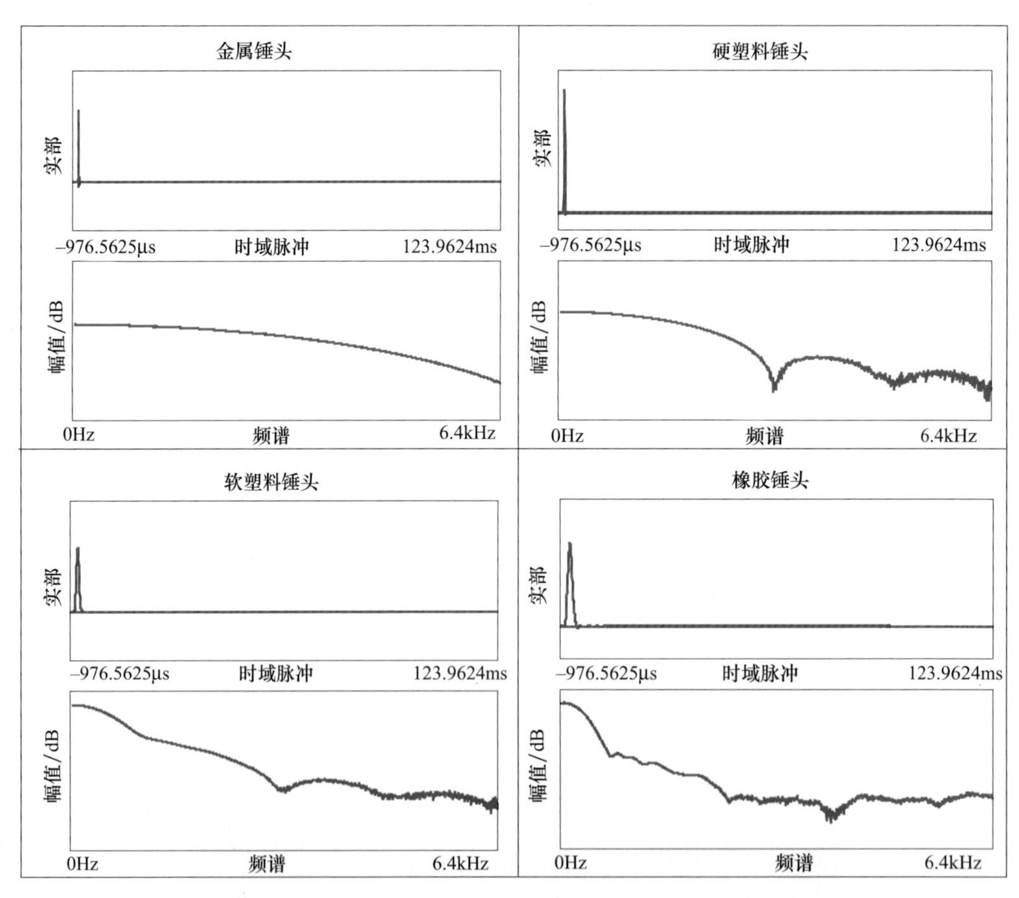

图 4-5　金属锤头、硬塑料锤头、软塑料锤头和橡胶锤头的力脉冲（蓝色）和相应的力谱（红色）

4.2.3 锤击激励有效频率范围

为了更好地理解锤击激励的有效频率范围，使用一个典型的测量来说明。图 4-6 显示了一次锤击测试的频响函数。一般来说，在 400Hz 带宽内，测量是可以接受的，但在

400Hz 以上，好像出现了偏差，这可能是噪声或非线性行为或一系列其他可能的因素造成的。

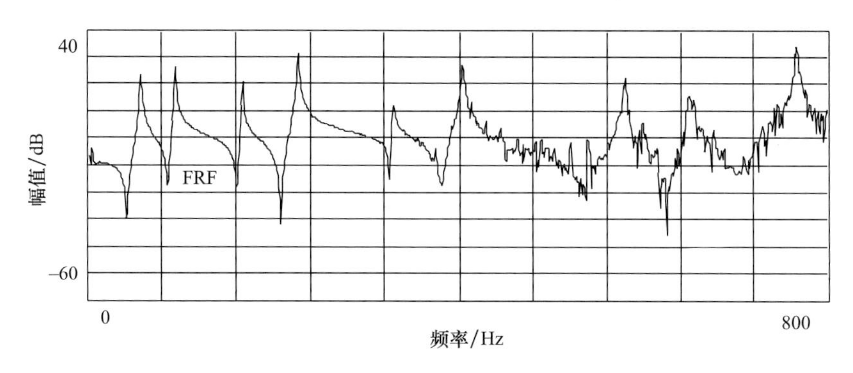

图 4-6　锤击测试典型的 FRF

但是，如果不考虑相干，就不能对这次测量进行评估。图 4-7 中重叠显示了频响函数和相干，以便于比较。现在，通过相干可以确认 400Hz 以内的测量质量看起来可以接受，但 400Hz 以上的测量质量却降低了。

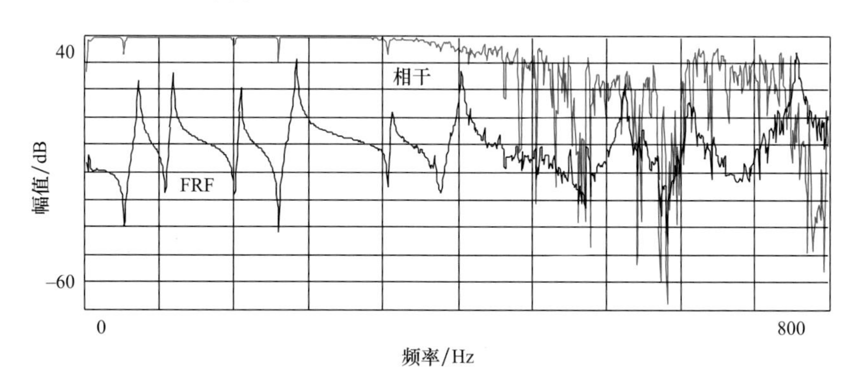

图 4-7　锤击测试典型 FRF 和相干

图 4-8 显示了频响函数和相干以及输入力谱，很明显，400Hz 以上的测量质量差的原因最有可能的事实是锤击激励没能激起 400Hz 以上的频率。所以，问题是这是否是一次好的测量。在整个 800Hz 的带宽内，频响函数的测量质量是不高的。但是如果只对 400Hz 的

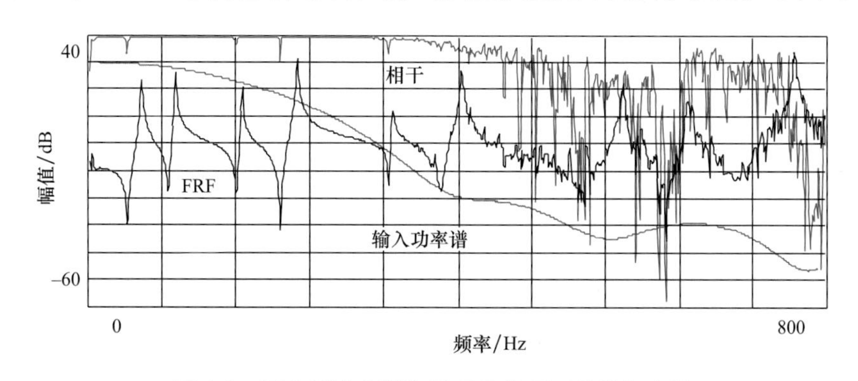

图 4-8　锤击测试典型的 FRF 和相干以及输入力谱

频带感兴趣，那么这是一次很不错的测量。查看输入力谱，很明显，350Hz 以内频响函数和相干非常好，即便输入的力谱已经衰减了大约 30dB。实际测量和所有重要部分都需要检查，以确定测量是否充分。当锤击测试时，有时很难选择一个锤头刚好激起感兴趣的频率范围。因此，在实际的激励频率范围内需要有一定的灵活性，并且必须对测量结果进行评估。

图 4-9 显示了另一个频响函数和相干以及输入力谱，这次测量是所有测量都想要的典型测量。但是，在现实中，这并不是一个可以在实际应用中能轻易实现的测量，拥有一个能激起精确频率范围的力谱通常是不可能的。然而，它的出现表明了一个最佳的情况可能是什么样子。

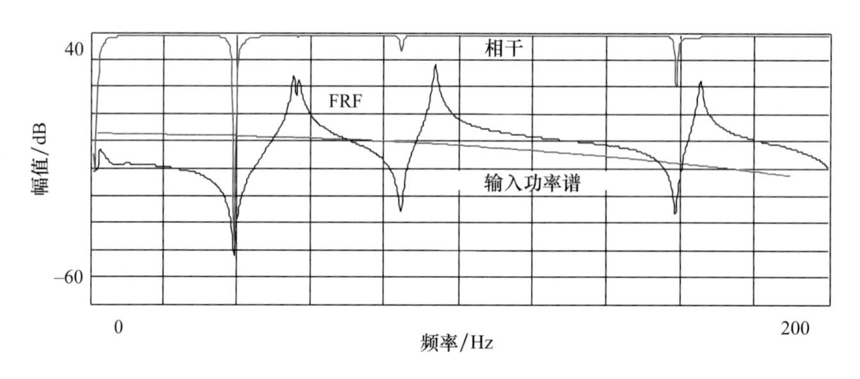

图 4-9　锤击测试理想的 FRF 和相干以及输入力谱

4.2.4　锤击激励的力窗

锤击通道可能会有一些不想要的噪声，需要使用一个力窗来最小化这个影响。力窗的使用如图 4-10 所示。这个窗函数通常是一个矩形窗，但它只存在于一部分数据块上，或

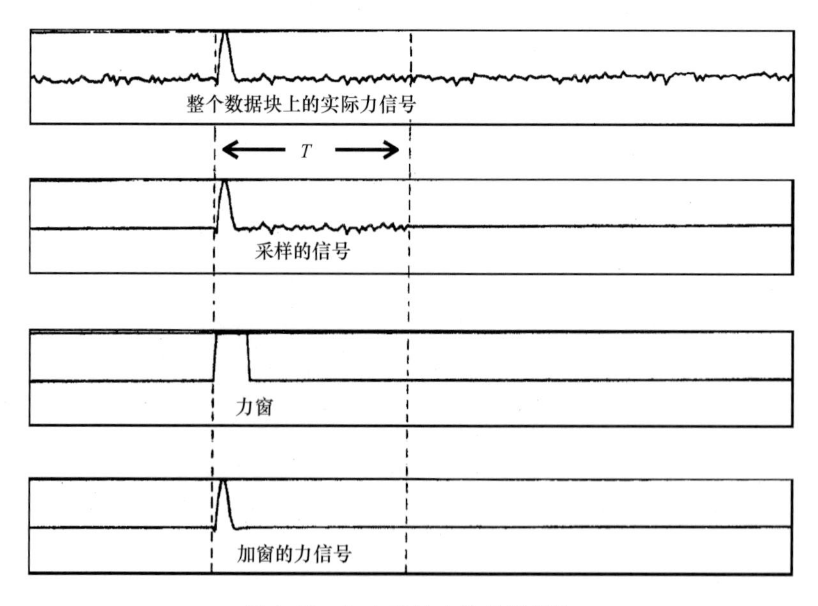

图 4-10　加力窗的力信号数据块

者它可能是一个余弦波形状，这取决于具体的操作。力窗的主要用途是尽量减少本底噪声对输入通道的影响。如果使用ICP型力传感器，那么ICP信号调理器本质上采用了高通滤波器，能消除力信号上的任何直流偏置。然而，如果不是这样，则需要进行一些处理，以确保时域采样的锤击信号没有直流失真。

4.2.5　预触发延迟

锤击测试的另一个常见特点是在获取频响函数时需要预触发延迟。因为分析仪需要测量一定的电压用于触发开始采集。如果将触发时刻作为采样的零时刻，那么将损失部分测量信号，如图4-11左上角的时域脉冲（红色）所示。现实中，系统所受的脉冲有明显的不同，如图4-11左下角的时域脉冲（蓝色）所示。这两个不同的时域脉冲信号对应的力谱叠加在一起，如图4-11右侧所示。显示的频率范围远宽于FFT常用的频率范围，实际上只有靠近主瓣的频带对锤击测试来说才是有用的。在感兴趣的频率范围内，两个力谱没有本质上的差异，但是它们会引起计算的频响函数幅值差异。绝大多数软件和FFT分析仪采用预触发延迟来消除这个问题。但是需要着重注意的是，预触发延迟也需要应用在所有响应通道上，不然测量将存在相位差。然而，需要谨慎小心以确定“预”触发标识是正或负（这依赖于使用的特定系统）。

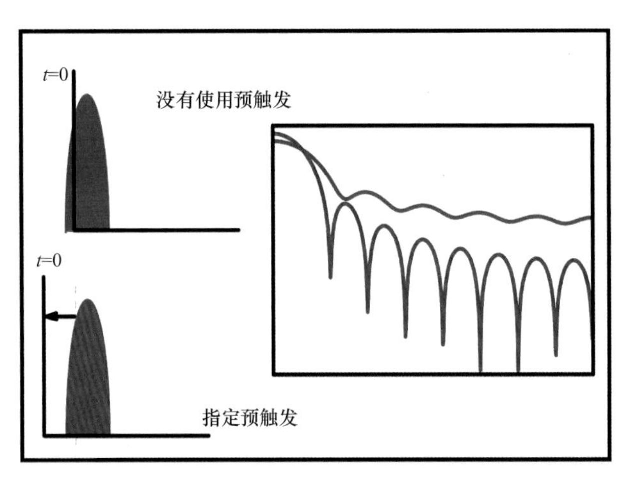

图4-11　使用和不使用预触发延迟的力谱比较

4.2.6　二次连击

锤击测试一个常出现的问题是二次连击。出现的二次连击经常是由力锤使用不正确引起的。其他时候，结构可能是一个阻尼非常小的结构，在某些位置响应极其迅速导致出现了二次连击。在这种情况下，使用脉冲激励结构，结构会迅速响应，并在力锤从结构上移开之前，结构再次击打力锤，从而产生二次连击。虽然二次连击是不想要的，应该避免，但这些情况下的二次连击是避免不了的。当输入力谱因二次连击而失真，导致力谱严重衰减时，这是一种严重的情况。然而，在任何情况下都不应使用力窗来消除二次连击的影响。二次连击确实是作用到结构上的真实输入，所有锤击激励引起的系统响应都会出现在时域数据块中。图4-12显示了两种不同的二次连击测量。在力谱测量中，通常可以看到二次连击的迹象。一般来说，单个脉冲力会产生平滑的力谱，如图4-5所示。图4-12展示了两种情况下相应的力谱，在整个频率范围上显示了一些变化，这是时域信号中的二次连击导致的直接结果。二次连击应当避免，但在某些情况下，它们是不可避免的。之后，一些测量结果将表明在结构上有意地应用二次连击和多次锤击，并且仍然可以提取到有用的频响函数和模态振型。

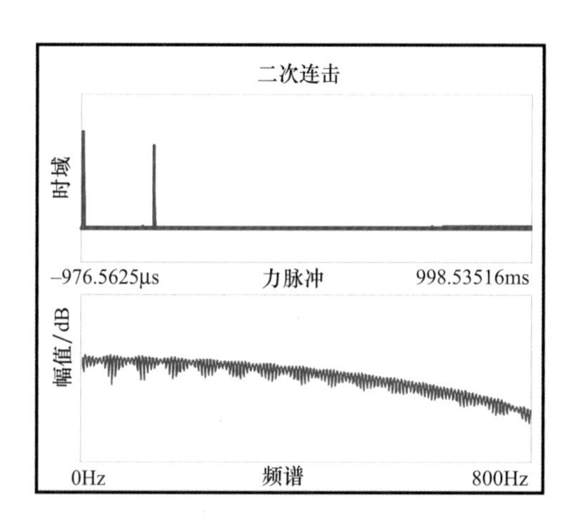

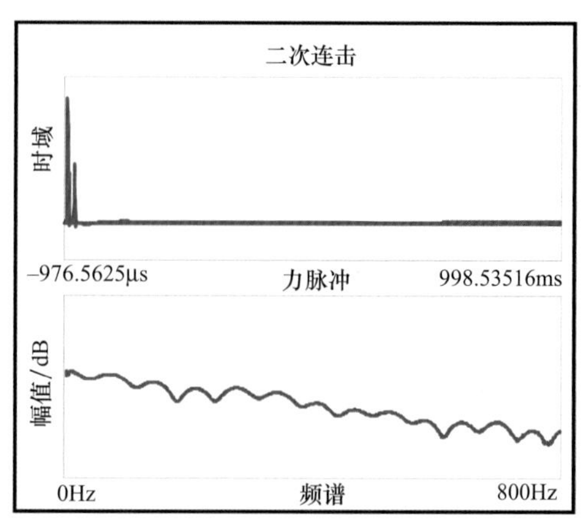

图 4-12　两个不同的二次连击时域脉冲和相应的力谱

4.2.7　锤击的响应

由于受到锤击激励，系统的响应将是由输入激起的所有模态的指数衰减响应。对于小阻尼结构而言，结构的响应通常不会在采样周期结束时衰减到零，因此信号在一个采样间隔内不能完全观测到，如图 4-13 所示为单自由度系统的响应。在这种情况下，泄漏将是一个严重的问题，可能需要施加一个指数窗，如图 4-13 所示。指数窗的使用将能减少泄漏的影响，但是它会带来信号失真。避免使用窗函数的两个可用方法是延长时域数据块（通过缩小带宽）或增加采集数据的时间样本数量。这两个方法都将使信号在一个数据块内观测到，所以在使用指数窗之前应该考虑它们。在图 4-14 的底部所示的时域信号（蓝

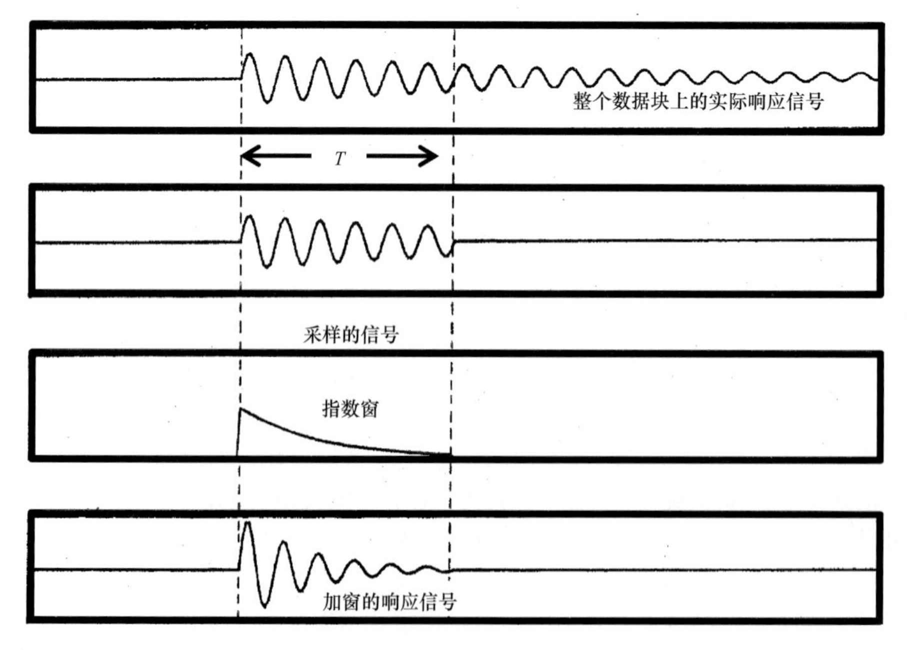

图 4-13　需要加指数窗的锤击激励的时域响应

色）需要使用一个指数窗，而图4-14中上部的信号（红色）有更长的时间记录，要么是改变带宽，要么是增加谱线的数量，从而使时域记录时间更长，能最小化指数窗的使用需求。然而，在阻尼极其小的结构中，这并不总是可行的，指数窗的使用是不可避免的。有时，指数窗的使用能掩盖密集模态的出现。因此，需要谨慎使用。

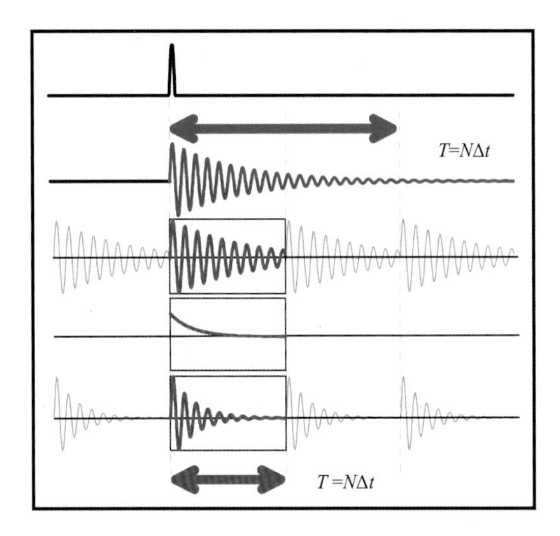

图4-14　锤击激励的两个不同时域信号数据块（一个要用指数窗，一个不用指数窗）

4.2.8　移动力锤与固定力锤的对比和互易性

锤击测试一般可以通过两种方式进行。一种方式是移动力锤遍历所有测点并固定一个加速度计（或一组加速度计）的方式进行测量。另一种方式是固定力锤在一个测点激励，加速度计安装在结构上（或者用一组加速度计在结构上移动）来测量所有的测点。移动力锤将测量频响矩阵的一行，而固定力锤将测量频响矩阵的一列。从理论的角度来看，这两种测量方式并没有什么区别，因为互易性是成立的。图4-15显示了从每种方法测量得到的互易的频响函数。

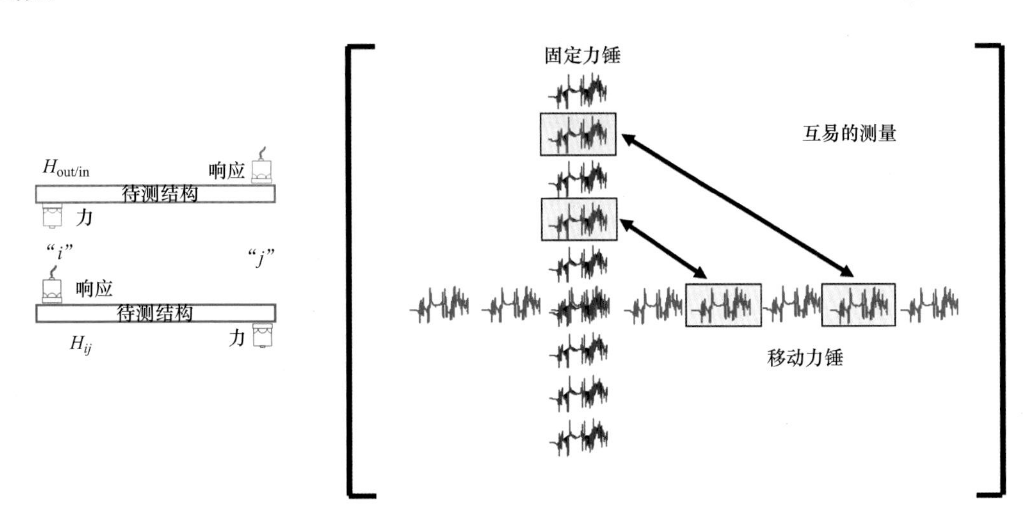

图4-15　移动力锤（行，红色）和固定力锤（列，蓝色）得到的频响矩阵数据及互易的FRF测量示意

在上面的例子中，只确定了频响矩阵的一行或一列。现在让我们考虑每种情况的扩展形式，采集多参考点数据。这是有利的，因为多参考点数据可以使用频响矩阵中包含的冗余信息来提取频率和模态振型。

图4-16显示了一个框架结构，它有三个独立的组件连接在框架上，并且每个组件都

安装了隔振悬置。这是许多实际应用，即多个组件连接在一起形成一个系统的典型代表。隔振悬置使得从一个位置激起整个结构变得非常困难，从每一个组件测量到感兴趣的所有模态的响应也很困难。因此，在图 4-16 中，三个独立的组件分别安装了三个独立的加速度计，采用移动力锤测量所有测点。当锤击每个测点时，能测量到三个独立的频响函数，每个测量表示频响矩阵的每一行中的一个测量元素，如图 4-16 所示的蓝色、红色和绿色行。随着力锤移动到每个测点上，能测量到频响矩阵三行中的三个频响函数。每一行代表了与固定加速度计位置相关的一个参考点。一旦采集完了所有测点，那么将会有频响矩阵独立的、完整的三行元素可用。这种测试技术通常称为多参考点锤击技术（MRIT）。这些行可以单独使用或者一起使用，用于识别频率和模态振型。冗余数据的收集非常有用，进一步的讨论将包含在模态参数估计章节中。

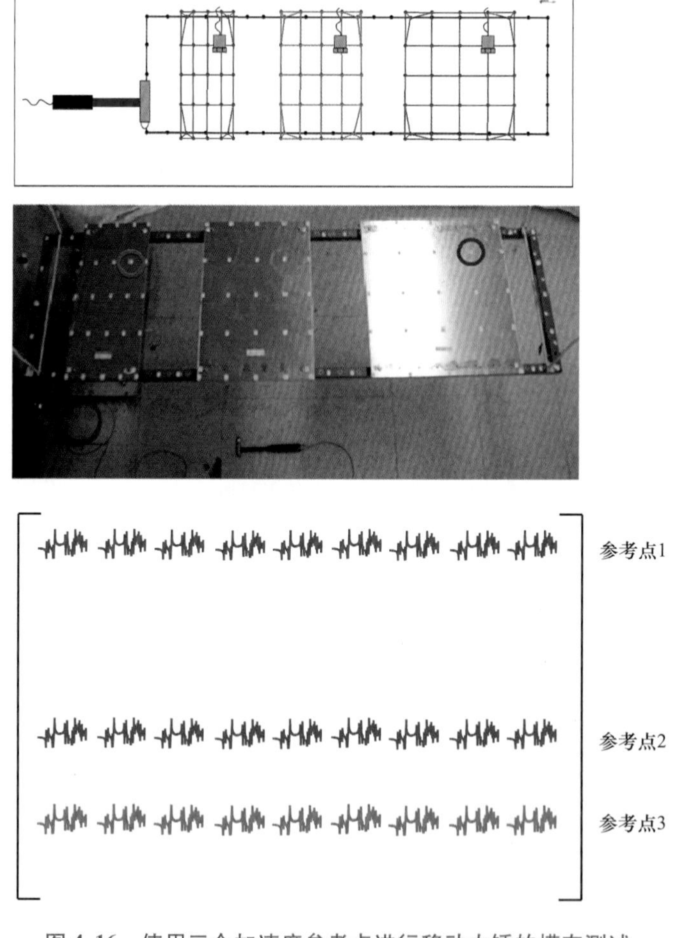

图 4-16　使用三个加速度参考点进行移动力锤的模态测试

现在考虑第二种情况，所有的加速度计安装在所有组件上，且是所有测点，图 4-17 所示为这次的测试设置。这种数据采集方式的好处是方便进行工作数据采集，工作数据采集经常使用所有加速度计安装在待测结构上。当处于这种情况时，在一个测点处进行锤击，实验模态测试将会得到频响矩阵中完整的一列，例如，当力锤对图 4-17 所示的任何一个组件的一个测点进行锤击时。当锤击多个位置进行测量时，能测量得到频响矩阵完整的多列。这种方法提供的多参考点数据与之前描述的情况类似。当然，第二种情况会有更多的测试设置，并且需要大量的采集通道以及大量的加速度计。但是，采集所有数据的时间要短得多，而且数据出现不一致的可能性要比之前移动力锤少，移动力锤采集数据时间更长。第二种方法更可取，因为数据的一致性更好，模态参数估计过程更加直观。

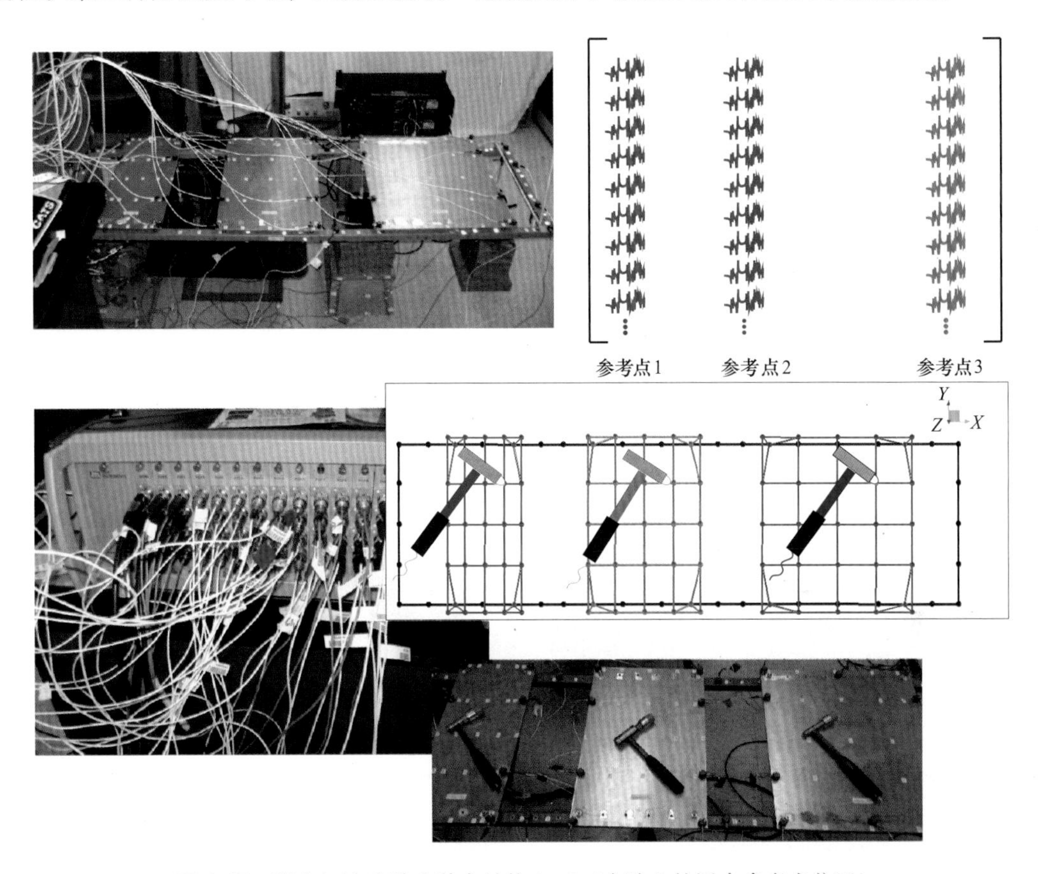

图4-17　所有加速度计安装在结构上（三个独立的锤击参考点位置）

需要提到的另外一个方面是，当所有传感器都安装在结构上时，数据可以很容易地存储到硬盘上，然后使用不同的信号处理参数以找到可能的最佳测量。图4-18所示为对一个8m长的光学望远镜进行测试，其结构上安装了100个加速度计。每个锤击位置获得频响矩阵单独的一列。图4-18仅显示了100个加速度计的3个测量位置，以及锤击力。进行了25次锤击，然后对100个加速度计的每一个测量位置和每一个锤击位置进行了25次平均。

4.2.9　锤击测试：一组测量实例

现在让我们来看看对一个简单的结构进行的测量，考虑不同的分析仪设置的影响，以及它们对相应的频响函数的影响。将对频率带宽、分辨率和使用不同的锤头进行调查。注意，一些频响函数是通过使用HPGL输出文件来获得的，不幸的是遭受了一些屏幕分辨率问题，但是仍然显示了一些非常重要的特性。测试结构是一个矩形框架，在过去的几十年里已经多次使用。图4-19所示为待测结构和带力锤的FFT分析仪，供参考。

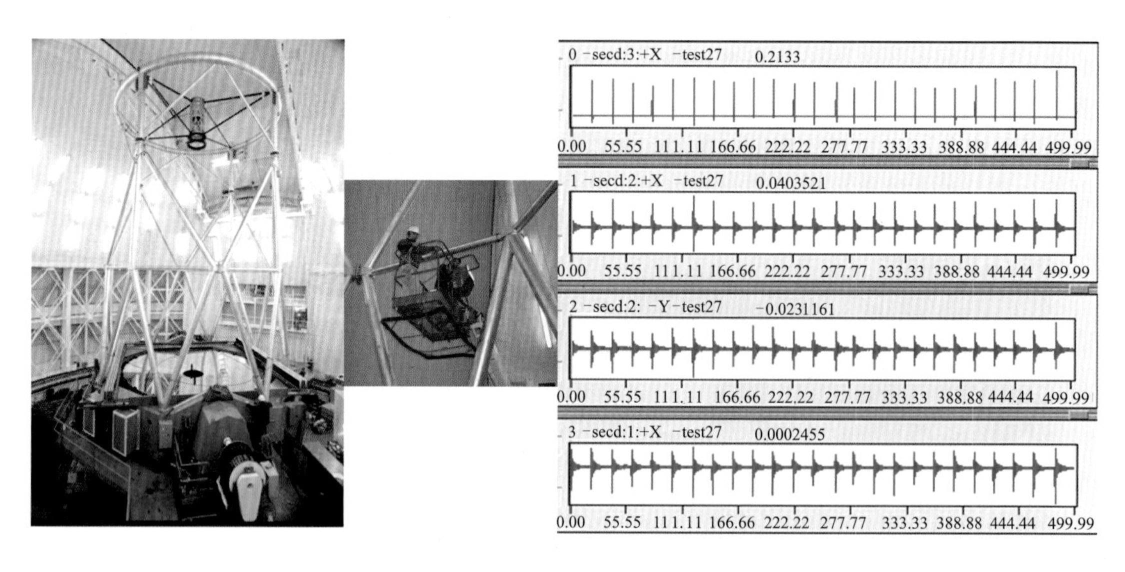

图 4-18 用 100 个响应加速度计锤击测试光学望远镜（锤击了多个位置，显示了三个加速度计的 25 个时域数据块）

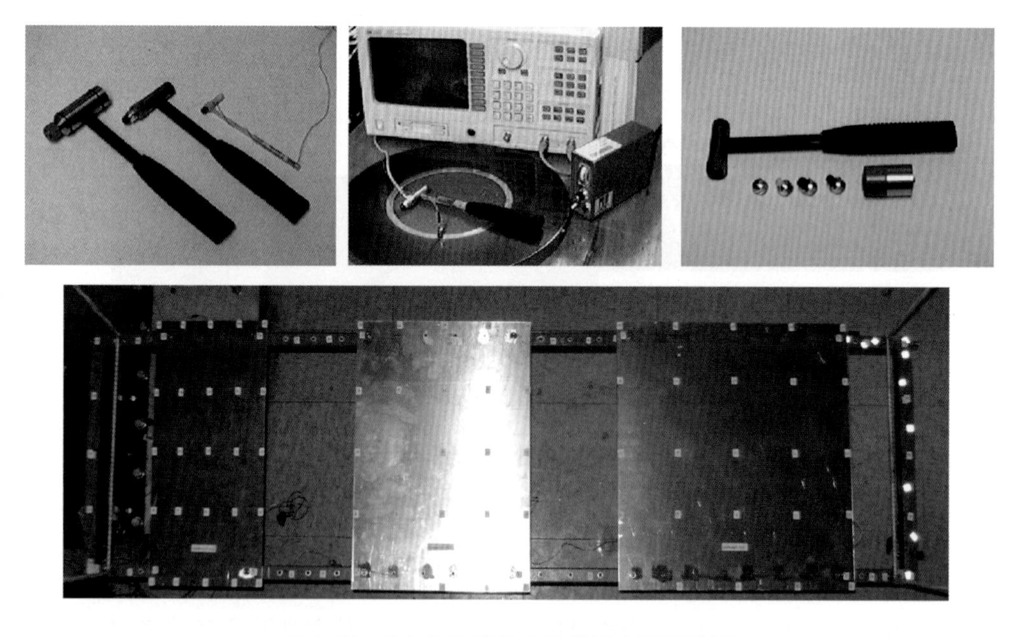

图 4-19 蓝色框架结构典型的锤击测量设置

现在让我们先用软塑料头。图 4-20 显示了 800Hz 的带宽和 400 条谱线。注意到输入脉冲相当尖锐，并且有相当多的时域响应在数据块的末尾未充分衰减。显然，如果不使用窗函数，这个测量将存在泄漏。

在测量中可以看到泄漏，但是注意到在高频段测量也不是特别好。这是因为输入力谱在 400Hz 内就大幅衰减了。这说明所使用的锤头并不能很好地激起这个频率范围。必须要用较硬的锤头或不同的频率范围。

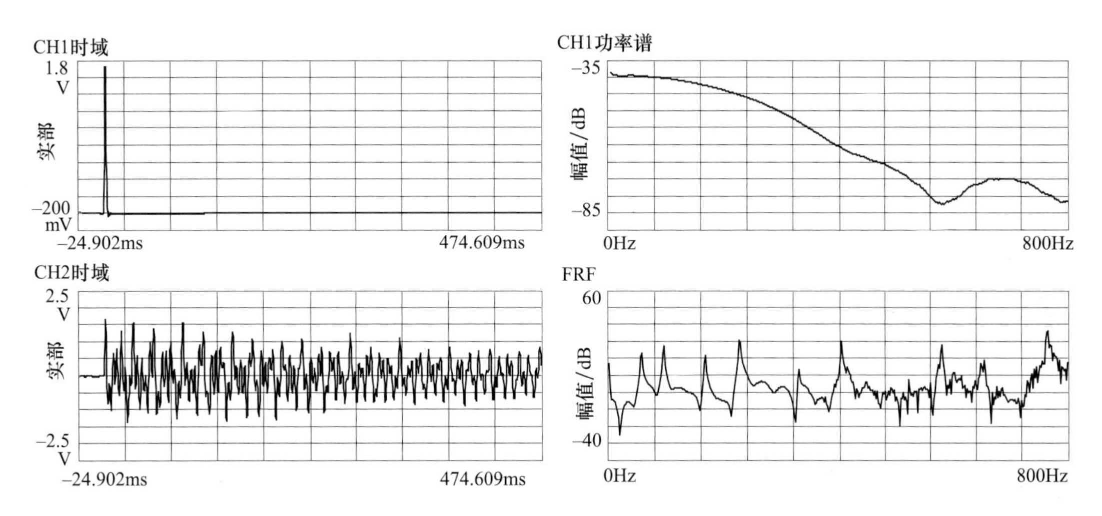

图4-20　800Hz的带宽和400条谱线的锤击测量：时域力脉冲（左上角）、力谱（右上角）、时域响应（左下角）和FRF（右下角）

现在还是使用软塑料头，使用200Hz的带宽和800条谱线，如图4-21所示。注意到输入力脉冲相当尖锐，并且时域响应时间更长。但注意到时域响应衰减比前一种情况更接近于零。这是因为时域记录比之前的情况要长得多，所以时域响应有更长的时间自然地衰减到零，但是信号还是没有完全衰减到足以消除泄漏。现在在测量中还可以看到泄漏，因为在峰值区域的频响函数失真了。可能还不清楚一个好的频响函数应该是什么样子，让我们改变更多的参数再看。

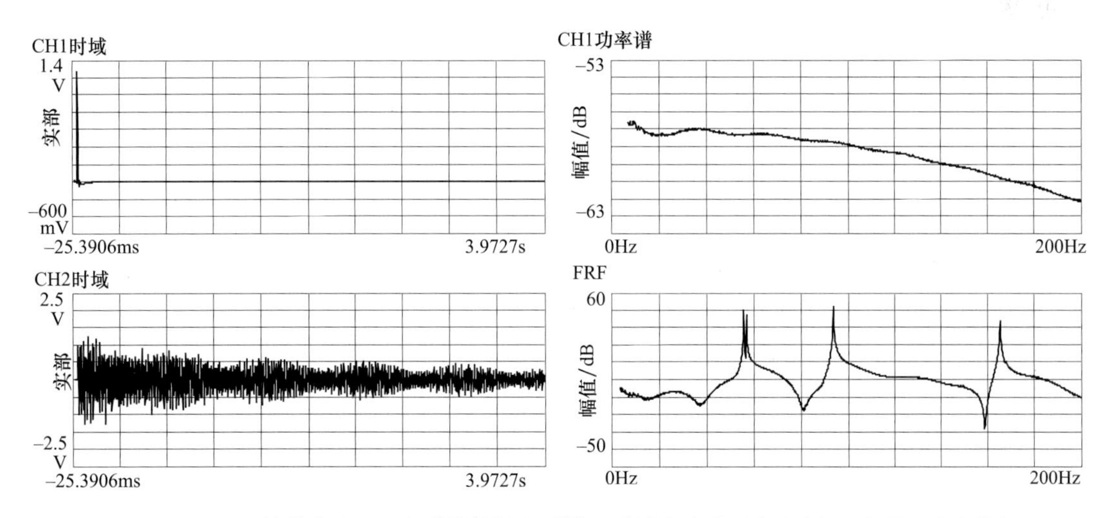

图4-21　200Hz的带宽和800条谱线的锤击测量：时域力脉冲（左上角）、力谱（右上角）、时域响应（左下角）和FRF（右下角）

现在仍然使用软塑料头，400Hz的带宽和400条谱线，并且对时域数据施加指数窗，如图4-22所示。注意到输入力脉冲相当尖锐，响应似乎在时域数据块末端衰减到零了。由于对数据施加了指数窗，所以未加窗的原始数据便观测不到了。现在，我们注意到信号似乎在分析仪的一个采样间隔内可以完全观察到。

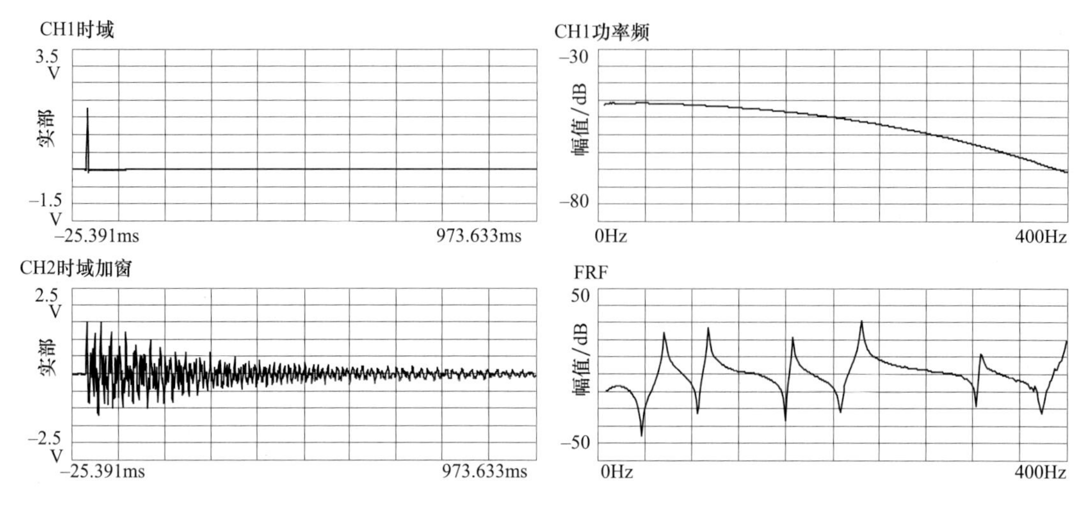

图 4-22 400Hz 的带宽和 400 条谱线的锤击测量：时域力脉冲（左上角）、力谱（右上角）、时域响应（左下角）和 FRF（右下角）

这个测量看起来相当不错。注意到输入力谱相当平坦，但在频域数据块的末端有一些衰减。频响函数在频域数据块的末端也有一些失真。仔细观察上一次的测量，注意到在第一个频率处有两个密集模态，但是在这个测量中没有看到。让我们再仔细看看。

现在仍然使用软塑料头，并使用 400Hz 带宽和 800 条谱线，对时域数据施加指数窗，测量结果如图 4-23 所示。现在查看未加窗的时域数据和加窗的时域数据，以清楚到底有

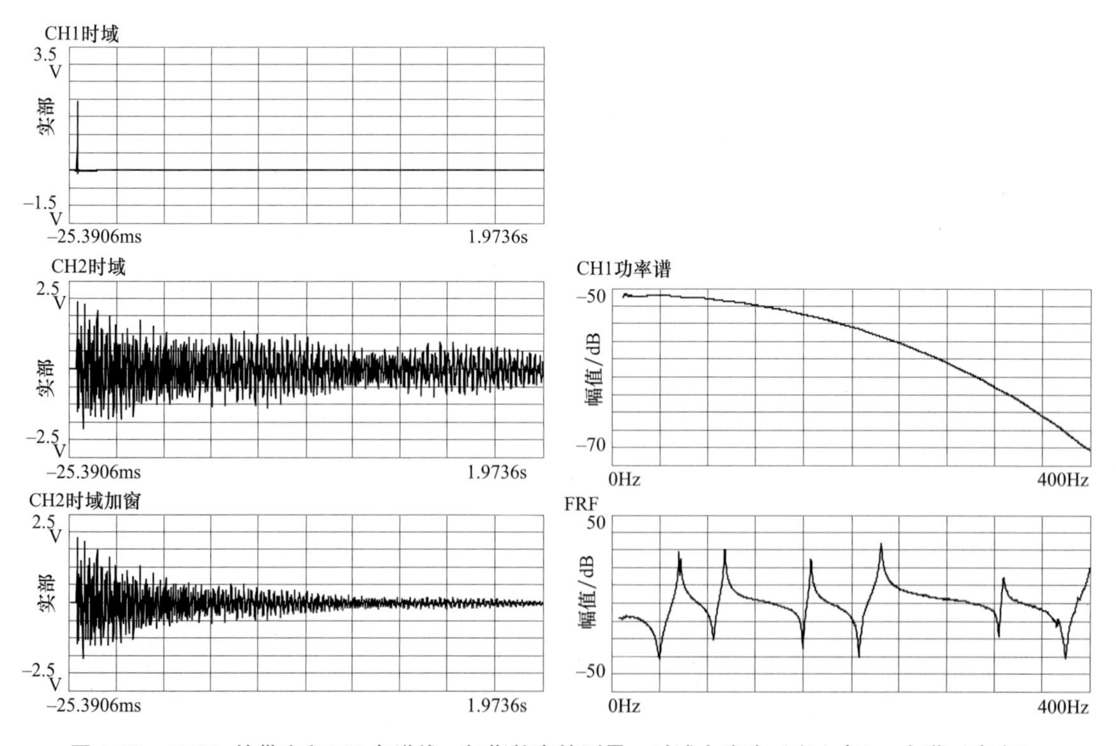

图 4-23 400Hz 的带宽和 800 条谱线，加指数窗的测量：时域力脉冲（左上角）、力谱（中右）、原始时域信号（中左）、加窗的时域响应（底部左）和 FRF（底部右）

什么变化。注意到时域信号在分析仪的一个采样间隔内似乎可以完全观测到。

现在这个测量看起来相当不错。注意到输入力谱相当平坦，但在频域数据块的末端有近20dB的衰减。频响函数在频域数据块的末端也有一些失真。注意到现在在第一个频率处有两个峰。这是因为使用了更高的频率分辨率，这能减少指数窗的使用。在上一次测量中，施加了一个大指数窗，所以两个峰值拖尾在一起了，看起来像一个峰值，但实际上有两个峰。当锤击测试使用指数窗时，这是一个非常重要的问题。

现在，为了确认发生了什么，让我们对响应施加一个大指数窗以查看影响（见图4-24）。仍然使用软塑料头，但现在只有400Hz的带宽和400条谱线，再次对时域数据施加指数窗。同样，未加窗的原始时域数据和加窗的时域数据都显示出来，以表明发生的变化。注意到时域信号在分析仪的一个采样间隔内似乎可以完全观测到，但对信号施加的阻尼相当显著。

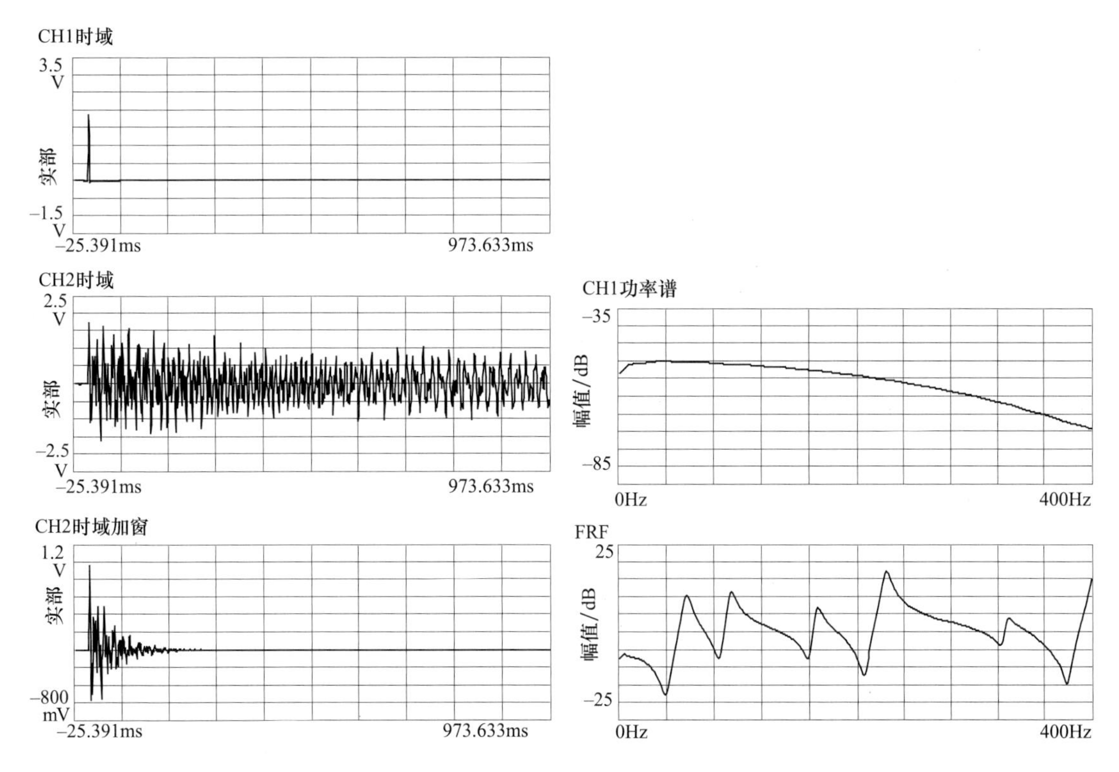

图4-24 400Hz的带宽和400条谱线，加大指数窗的测量：时域力脉冲（左上角）、力谱（中右）、原始时域信号（中左）、加窗的时域响应（底部左）和FRF（底部右）

这个测量看起来相当不错。注意到输入力谱相当平坦，但在频域数据块的末端有一些衰减。但这两个密集的峰在第一个频率处是看不到的。这意味着大指数窗的应用可能掩盖了系统的一些模态。那么，当测试使用锤击法时应该做些什么呢？一般来说，尽量施加小指数窗，这可以通过增加更多的谱线或改变带宽来实现。下面我们来做这两件事。

现在，仍然使用软塑料头（到现在，锤头还没有改变）。让我们使用一个100Hz的带宽和800条谱线以及对时域数据施加一个非常小的指数窗，如图4-25所示。现在，查看未加窗的原始时域数据和加窗的数据，看看发生了什么变化。注意到在分析仪的一个采样间隔内，时域信号似乎可以完全观察到，但是需要对响应信号施加一个极小的指数窗。

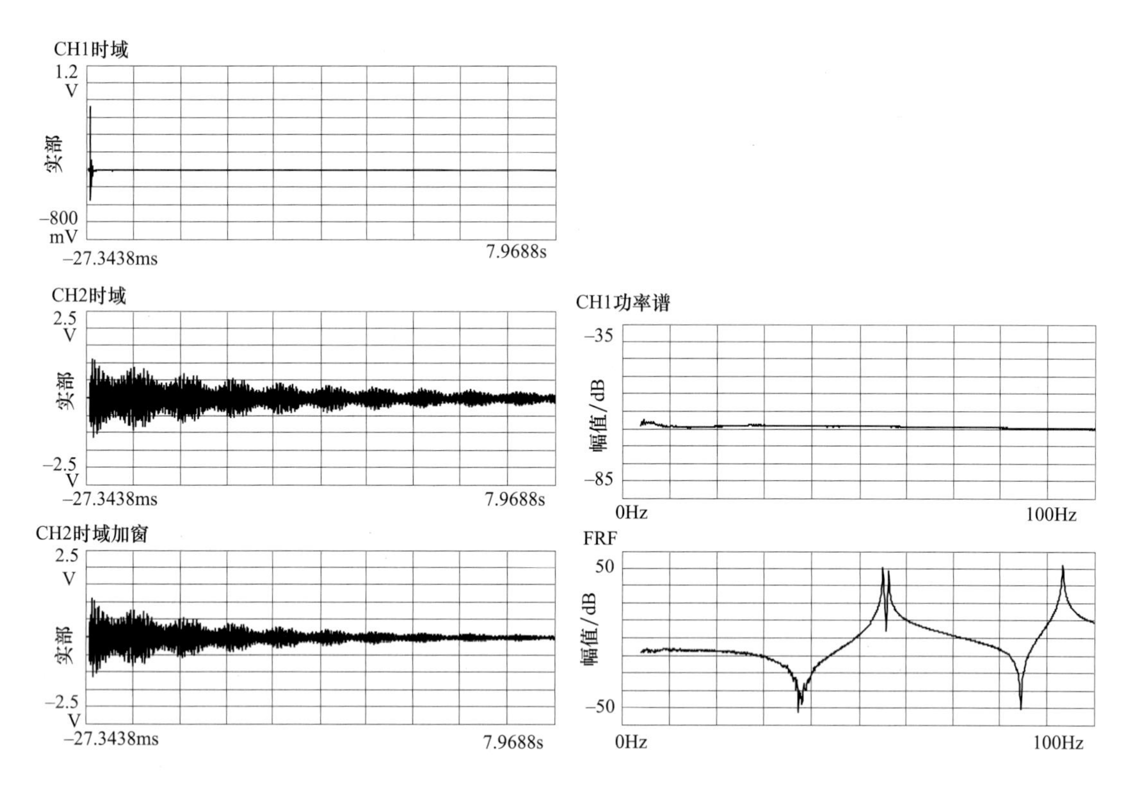

图4-25 100Hz的带宽和800条谱线，加小指数窗的测量：时域力脉冲（左上角）、力谱（中右）、原始时域信号（中左）、加窗的时域响应（底部左）和FRF（底部右）

现在频响函数看起来非常好。注意到在60Hz的频率范围内，有两阶密集模态。如果使用了不合适的分析仪设置，那么就可能丢失这些密集模态，注意仔细检查数据和使用适合的测量设置对于清楚地看到这两阶密集模态来说是至关重要的。在进行这些测量时需要注意。

我们已经了解了测量过程，现在让我们来考察使用一些不同的锤头。

现在让我们尝试使用一个更软的橡皮锤头，800Hz的带宽和800条谱线，如图4-26所示。仅查看输入力谱、频响函数和相干。注意到输入力谱很快就衰减了，而在频率范围的后半段，能量较少。频响函数在高频段看起来也很差，观察相干函数，显然在频率范围的后半部分测量是不充分的。

现在让我们使用一个硬金属头，200Hz的带宽和800条谱线，如图4-27所示。只给出了输入力谱、频响函数和相干。现在，由于使用了一个硬的锤头，输入力谱与预期一样平

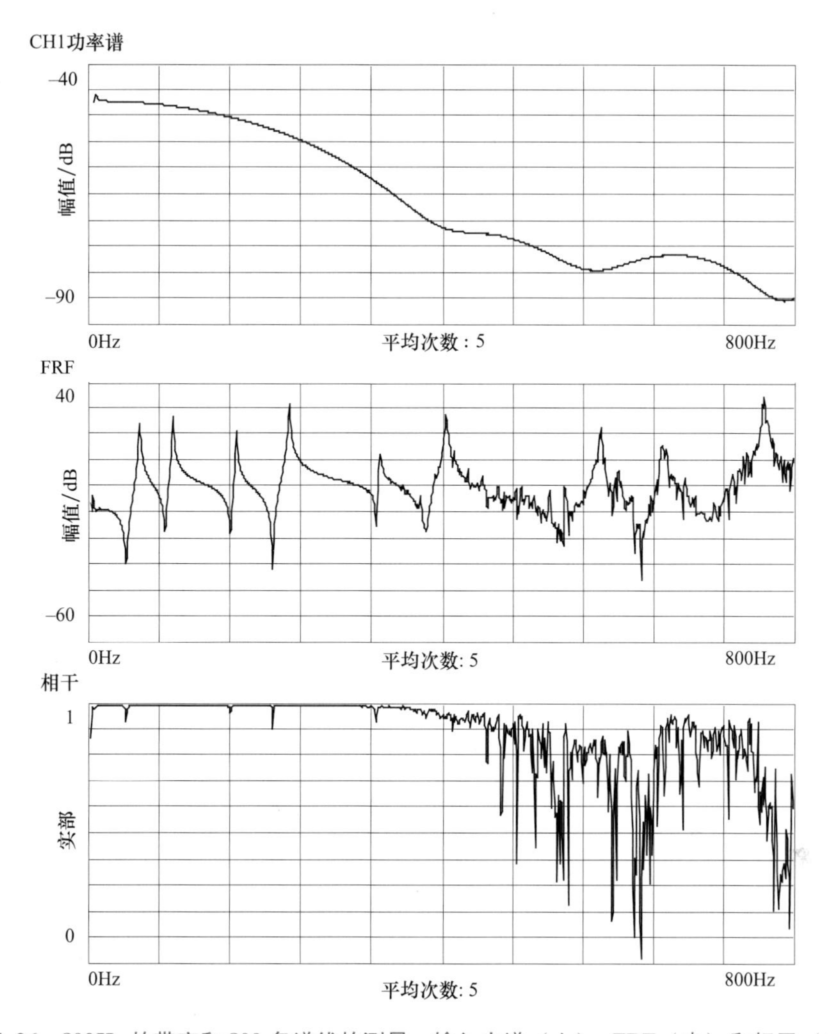

图4-26　800Hz 的带宽和 800 条谱线的测量：输入力谱（上）、FRF（中）和相干（底）

坦。但与其他高质量的测量相比，频响函数和相干似乎并不像预期的那么好。输入力谱确实相当平坦，正因为力谱相当平坦，使得它激起了许多感兴趣频率范围之外的模态。当然，加速度计测量的响应和 ADC 设置必须针对加速度计能测量到的总能量，即使只有部分能量与感兴趣的低频相关。这样测量会遭受量化误差。总是选择刚好能激起感兴趣频率范围的锤头。本质上，这需要做一些权衡：力谱衰减多与缺少能激起的模态对比力谱衰减少与激起了许多不感兴趣的模态。

现在让我们再次使用软锤头，200Hz 的带宽和 800 条谱线，如图 4-28 所示。只给出了输入力谱、频响函数和相干。在这种情况下，输入力谱的衰减略小于 10dB。这可能是可以接受的。频响函数非常好，也可以看到密集模态。相干函数也很好，在所有频率处接近于 1，除了在反共振峰处有一些微小的下降，这个下降是预期的，可容忍的。这似乎是一次可以接受的测量。

现在回过头来看看所有的步骤都是为了达到这个目的，为了实现这个测量数据做了许多工作。这是一种典型的测量序列，在进行锤击测量时一直这样做，以确保没有遗漏

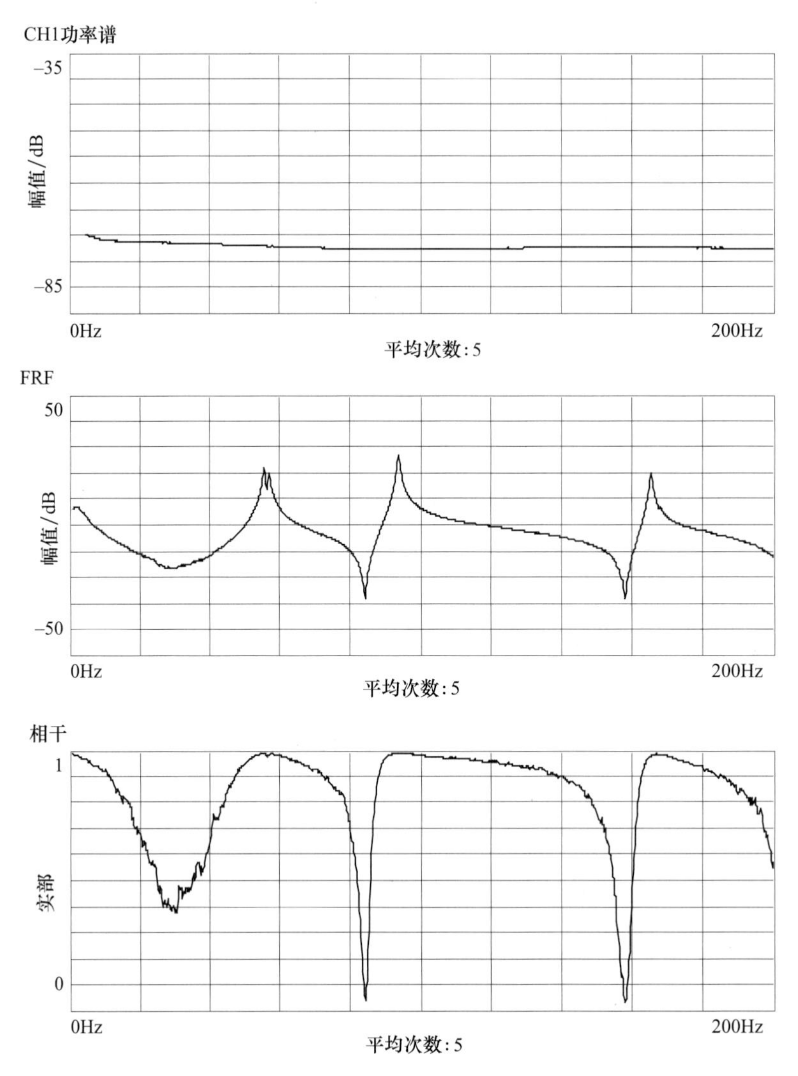

图 4-27　200Hz 的带宽和 800 条谱线的金属头测量：
输入力谱（上）、FRF（中）和相干（底）

任何信息。为了重述所观察到的测量，图 4-29 显示了上面包含的整个测量过程中最关键的三次测量。图 4-29 中显示的分别是，左边应用小指数窗，中间应用大指数窗，右边是一次很好的测量。增加时间和频率分辨率使得所有的模态都可见，没有失真，最上面的信号是锤击的力脉冲，中间是时域响应，底部是频响函数。所有的测量都是在相同的带宽上进行的，但是使用了不同的指数窗以表明指数窗的影响，这可能会掩盖测量中的一些模态。这是至关重要的。一般来说，总是试图在不施加任何指数窗的情况下进行测量，即使当指数窗最终是必需的时候。不加窗可能会存在泄漏，但至少这是一个好机会，使得所有的模态都能被观测到。当对测量指定力/指数窗时，许多 FFT 分析仪和软件包都有默认的参数设置。这是非常糟糕的，因为新手可能不会认为或意识到指数窗可能会隐藏一些关键信息。第一次测量应该是不加窗的。这将使数据中的模态更容易被观

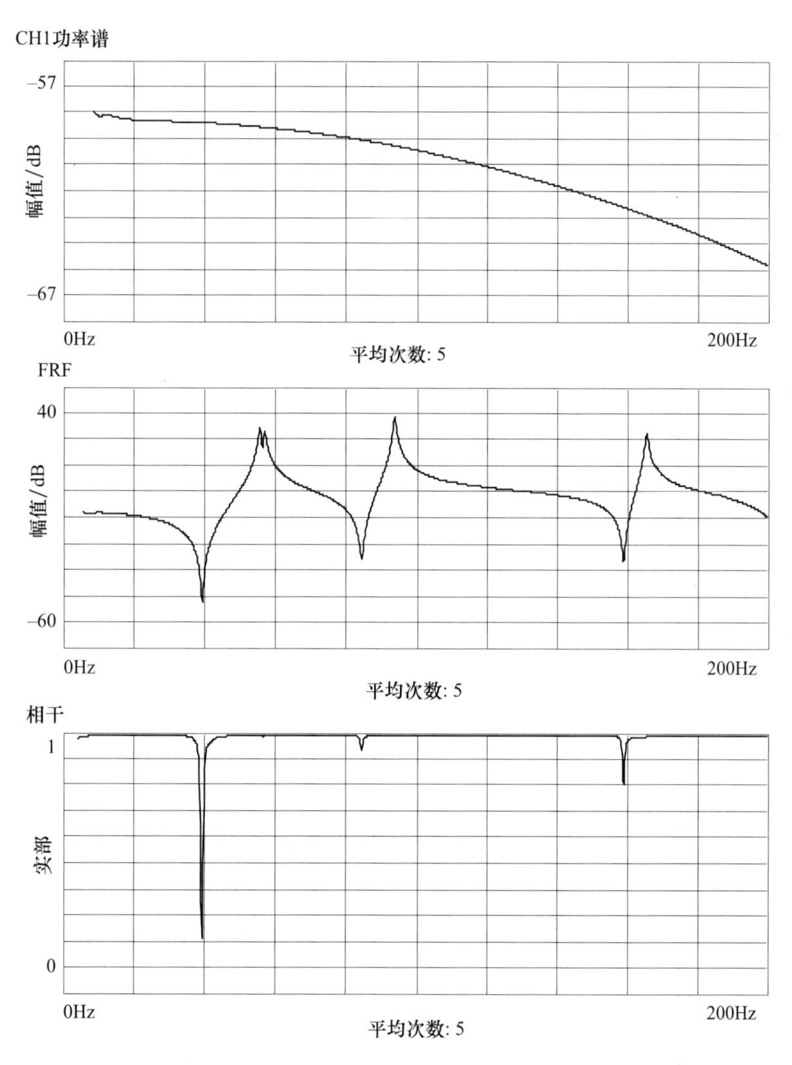

图 4-28 200Hz 的带宽和 800 条谱线的软锤头测量：输入力谱（上）、FRF（中）和相干（底）

察到。在第一次测量之后，可以对测量应用指数窗，但是要了解在测量数据中有多少阶模态存在。如果第一个测量是图 4-29（也是图 4-22）中的左边，那么用户可能会认为它是一次很好的测量，具有良好的频响函数和良好的相干。然而，他们可能没有意识到在第一个峰值处有两阶模态。这也将导致在后续的参数估计过程中产生迷惑，因为那时稳态图（SD）可能很难解释：从差的稳态图中，可能会认为存在质量载荷、时变性和非线性问题等，而实际上结构有可能真有两阶模态存在而被认为似乎只是一个峰值。尽管最终可能需要指数窗，但在未进行不加窗的测量之前，不要使用它，以确保窗函数是真正需要的。

最后要检查的是系统的互易性，如图 4-30 所示。这是一个相当不错的测量，只在反共振区域有很小的变化，这是可以容忍的。

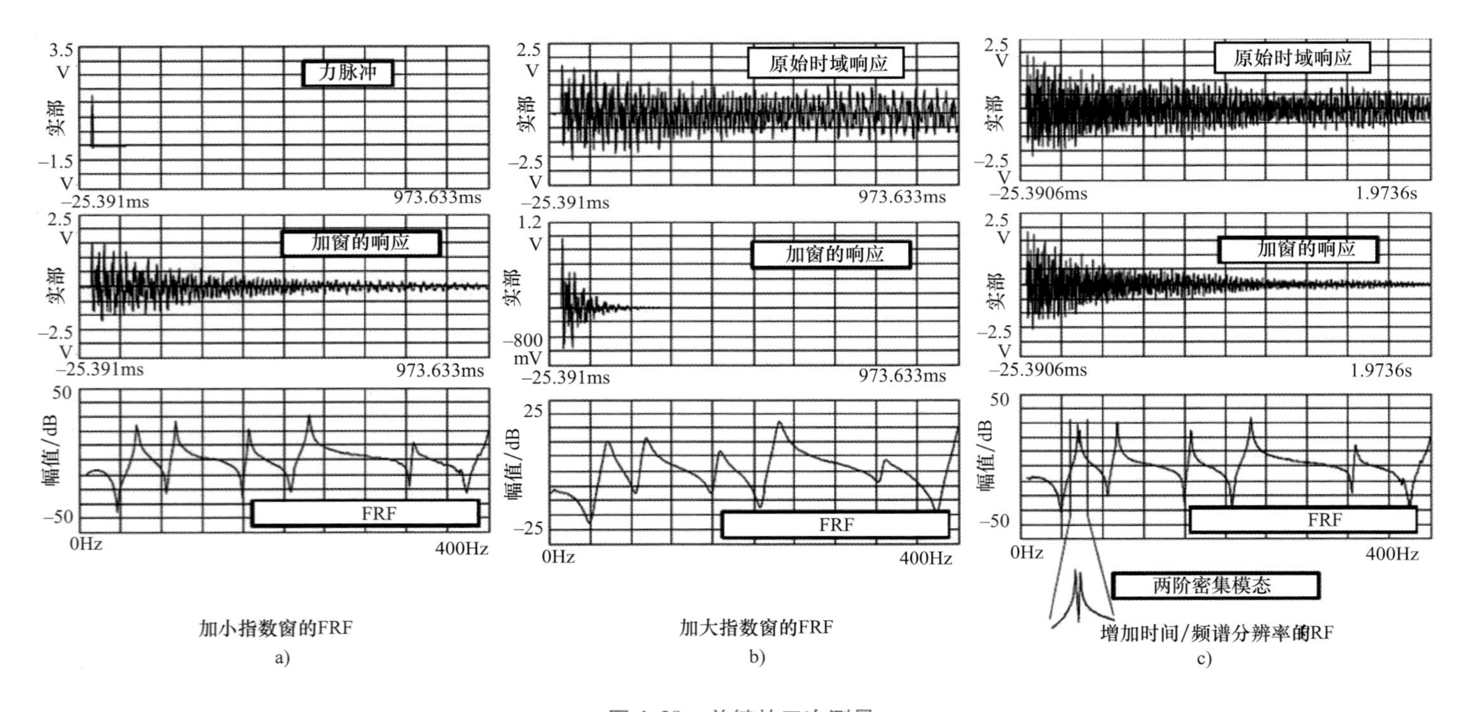

图 4-29 关键的三次测量

a）应用小指数窗的测量（左）的时域脉冲（上）、时域响应（中）和 FRF（底） b）应用大指数窗的测量（中）的原始未加窗的时域响应（上）、加窗的时域响应（中）和 FRF（底） c）应用小指数窗改善频率分辨率的测量（右）的原始未加窗的时域响应（上）、加窗的时域响应（中）和 FRF（底）

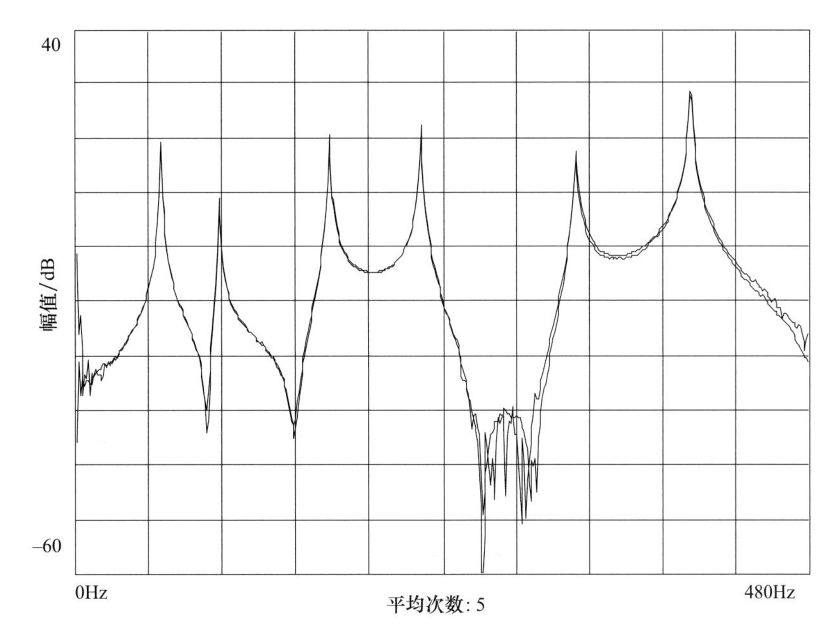

图 4-30 互易性测量

4.3 激振器激励

用于设备可靠性试验的振动台测试与激振器测试有着本质的区别，因为激振器测试用于实验模态测试。这需要进一步讨论。在常规的振动测试中，通常将测试对象刚性安装在振动台动圈的顶部表面，然后施加一些基础激励信号，通过控制某些给定的加速度来进行监测。待测设备（DUT）通常会经受一些操作环境、通用频谱或者某些恶劣的环境，以确定设备是否适用于预期的服务。传统的振动台测试是将结构、测试对象或设备暴露在高量级的力和载荷下，以确定设备是否适合特定的工作环境。图 4-31 所示为经常遇到的典型振动台测试配置。

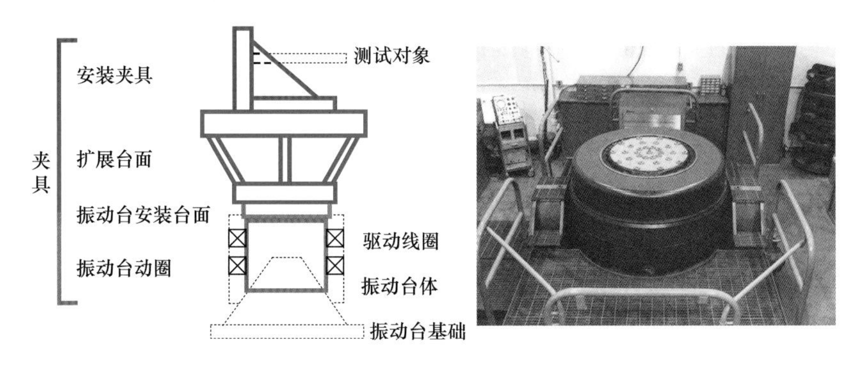

图 4-31 用于振动鉴定试验的典型振动台配置

在用激振器进行模态测试的早期，使用小型激振器进行一些小量级的激励，从而能够测量到频响函数。通常，激振器通过一根长杆与结构连接，这根杆被称为“推力杆”或

“顶杆”，以便向结构传递力。顶杆的目的是动态地将激振器与结构分离。

由于这些激振器传统上用于基础激励，动圈附件的配置不是最优的。通常，某些类型的左右螺纹布置或某种类型的转换头设计，使得更易于调整激振器来进行安装。无论进行何种安装，这真的是一个非常困难的布置。此外，还必须考虑所需顶杆的实际长度。如果需要一根不同长度的顶杆，那么激振器需要重新定位并重新调整，因为模态测试使用了不同的顶杆。总的来说，模态测试的激振器设置是非常困难和烦琐的。

由于这些问题，人们提出了一些新的特定设计配置思路，更适合于模态测试。这样就产生了通孔动圈，有一个套筒设计（就像手钻一样），使激振器非常容易地被安装到模态测试对象上。这个设计使得调整顶杆的长度变得非常容易。这种布置非常简单，很难想象没有它进行测试有多困难。

对于实验模态测试而言，使用激振器是另一种测试方式。一般来说，激励力的幅值要比特征化结构的力低得多。一个典型的激振器模态测试设置配置如图 4-32 所示。产生的激励信号通常来自数据采集设备，并输入给功率放大器。激振器的头部用一根顶杆（或推力杆）在激励位置与结构相连，顶杆靠近结构端装有一个力传感器（或阻抗头）。实际的多种激励信号将在讨论激振器对结构的物理安装后分别进行介绍。

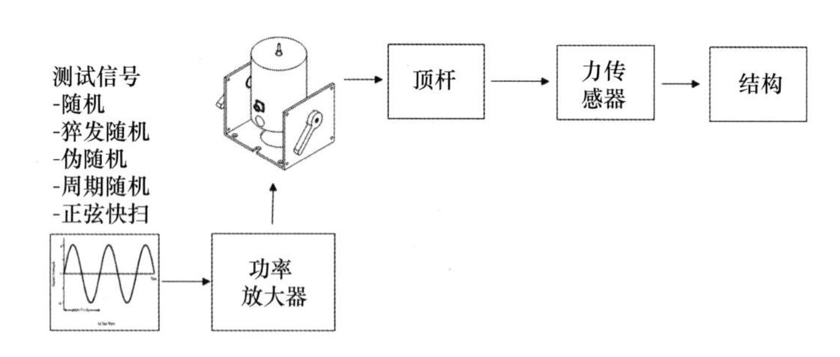

图 4-32　典型的激振器模态系统设置配置

4.3.1　模态激振器设置

在讨论实际的激励技术之前，让我们描述一个典型的激振器测试设置，如图 4-33 所示。激振器通常通过一根长顶杆连接在结构上。顶杆的目的是仅沿顶杆轴向传递力，在其他方向上引入的刚度影响要尽可能小，顶杆起着机械保险丝的作用。力传感器安装在顶杆的结构侧，以测量向系统施加的激励力。响应加速度计安装在结构上的一个或多个位置测量频响函数。激励信号通过数据采集系统传输给激振器系统（激振器和功率放大器）。

顶杆起到这样的作用：只沿顶杆长度方向传递力，在剪切或弯曲方向非常柔。这是必要的，因为力传感器只测量拉力或压力，而测量不到（也不打算测量）可能引入到结构中的任何弯矩。激振器和顶杆与结构对齐非常重要，任何歪斜或错位都会使施加到结构上的力失真。必须要小心谨慎，以确保尽可能精确地对齐。

有许多不同类型的顶杆，从钢琴丝、细钻杆、细金属杆到螺纹塑料或金属杆，如图 4-34 所示。一般来说，更小的顶杆用于小型、柔性结构，而更大、更硬的顶杆用于大型结构。

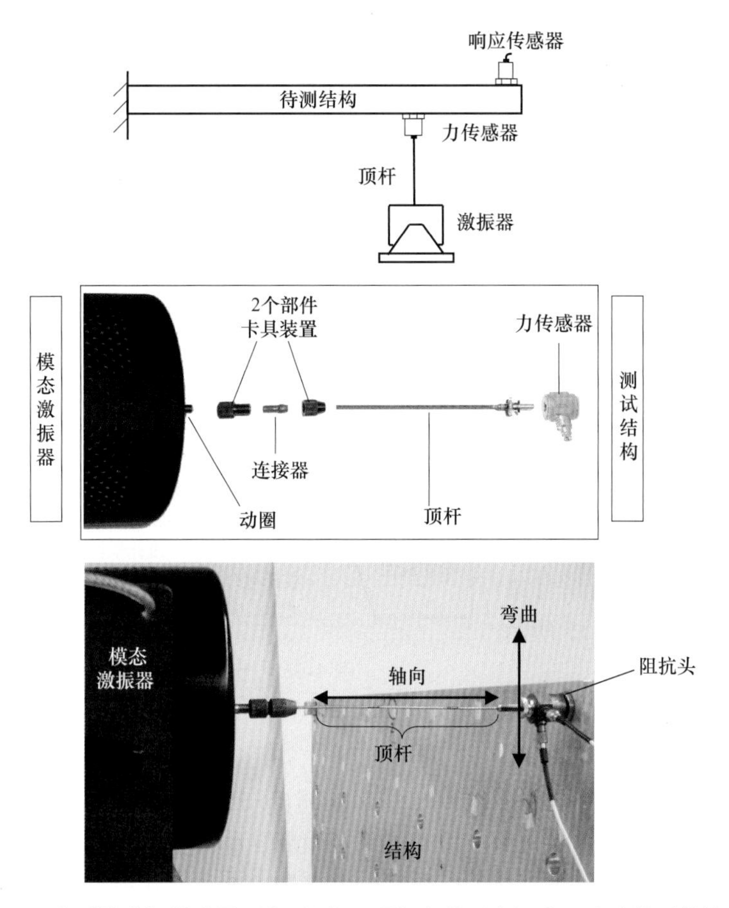

图 4-33 典型的激振器设置示意（顶）、顶杆安装（中）和一个连接到结构上的实际激振器（底）［图片来源：PCB 压电有限公司］

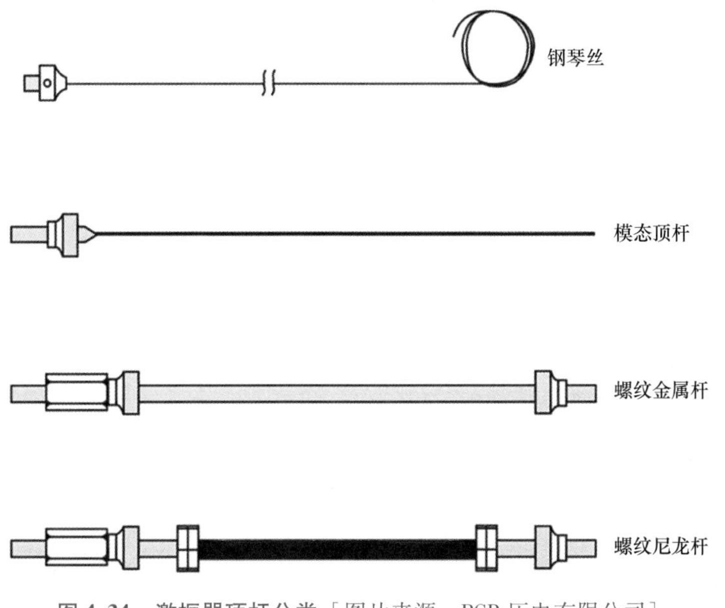

图 4-34 激振器顶杆分类［图片来源：PCB 压电有限公司］

4.3.2 激振器激励技术的发展

如果每种激励技术都是按时间先后顺序展现出来，就可以得到一个更清晰的视角，而不是用它的类别（确定性与随机）来描述每一种激励技术。但一般而言，每一种激励技术都属于确定性或非确定性（随机）激励的范畴。一般来说，确定性信号适合用于确定系统是线性的还是有轻微（或显著）的非线性行为。另一方面，非确定性信号往往适用于消除系统中可能出现的一些变化和噪声。这两种方法在模态测试中都有它们各自的应用领域，在接下来的讨论中，我们将会用每一个种激励信号来进行实验模态测试。图 4-35 所示为两大类别的一般分类。

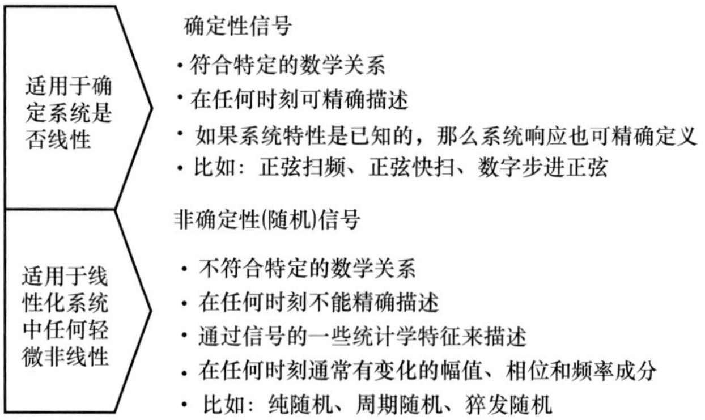

适用于确定系统是否线性

确定性信号
- 符合特定的数学关系
- 在任何时刻可精确描述
- 如果系统特性是已知的，那么系统响应也可精确定义
- 比如：正弦扫频、正弦快扫、数字步进正弦

适用于线性化系统中任何轻微非线性

非确定性(随机)信号
- 不符合特定的数学关系
- 在任何时刻不能精确描述
- 通过信号的一些统计学特征来描述
- 在任何时刻通常有变化的幅值、相位和频率成分
- 比如：纯随机、周期随机、猝发随机

图 4-35　比较确定性和非确定性激励

4.3.3 正弦扫频激励

从历史上看，在过去的许多年里，正弦扫频测试用于航空航天行业的地面共振试验。作为一种测试技术，它有很长的使用历史，并且被航空航天业界广泛接受。本质上，正弦波在很长一段时间内从低频扫到高频。在扫频过程中，测量输出响应。该测试技术信噪比高，总 RMS 值（均方根值）量级也很好。

然而，扫频正弦测试是为模拟仪器的应用开发的，对它直接使用数字信号处理技术的标准形式具有一定的局限性。由于超慢的扫频特性，测试时间很长，不能利用 FFT 的处理能力和速度，泄漏也是一个非常严重的问题。该测试技术的明显优点是获得的信号质量总是很高，具有良好的信噪比和良好的总 RMS 量级。正弦扫频测试对于描述系统的非线性特性是非常适用的。

4.3.4 纯随机激励

实验模态测试最早使用的激振器激励技术之一是纯随机激励。纯随机激励是一种平稳遍历过程。因此，在任何时刻都不能定义这个特定的激励，而只能用信号的统计特性来评估它。这种信号具有随机变化的幅值和相位，是一种很好的通用激励方法。获取频响函数的基本测量过程如图 4-36 所

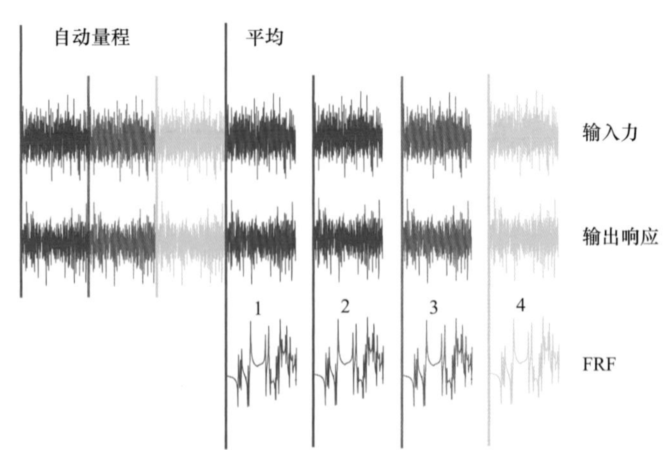

图 4-36　随机激励典型的输入力（顶）、输出响应（中）和 FRF（底）

示，由于信号的随机性，每个样本都不同于其他的样本，这就是为什么每个样本都用不同的颜色显示的原因所在。通常，启动一个信号并启动数据采集系统，在平均开始之前对每个通道进行自动量程设置。

作为一种通用的测试技术，随机激励技术易于实现，是最早使用的通用激励技术之一。然而，与随机激励相关的一个重要问题是输入和输出响应信号总是会遭受到泄漏的影响。这是与纯随机激励相关的所有信号处理误差中最严重的一个。泄漏误差将导致测量的频响函数质量严重退化，产生严重的误差，尤其是在系统的共振峰值处。一次典型测量的时域输入激励和输出响应如图4-37所示。图4-37中左侧为随机激励的时域输入力（上）和输出响应（下），右侧为相应的相干（上）和FRF（下）。

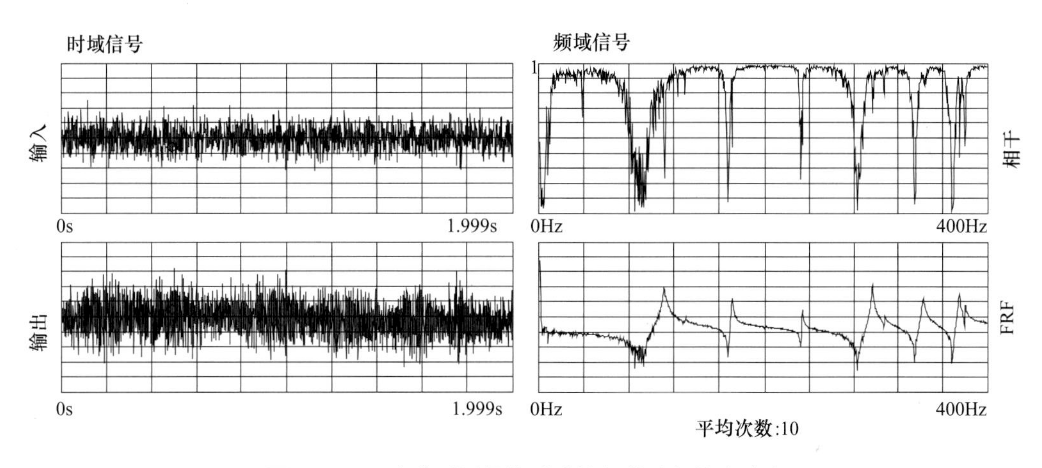

图4-37　一次典型测量的时域输入激励和输出响应

在许多频率上，相干很差，频响函数在数据上显示了一些差异。这是纯随机激励得到的频响函数的一个正常特征。一般来说，随着进行更多次的平均，测量的质量将会提高，但是与其他激励技术相比，任何平均次数都不能使测量的质量提高到这一点：即对于现今进行的大多数模态测试来说，认为纯随机激励是一种可行的技术。

4.3.5　加窗的纯随机激励

之前所显示的随机激励数据没有对测量数据应用窗函数或加权函数。从数字信号处理角度考虑，为了尽量减少泄漏的影响，窗函数是必需的。现在，如果对之前的数据施加汉宁窗，那么窗函数会使信号看起来更好地满足FFT处理的周期性要求。测量过程如图4-38所示，数据与之前显示的随机激励相同，

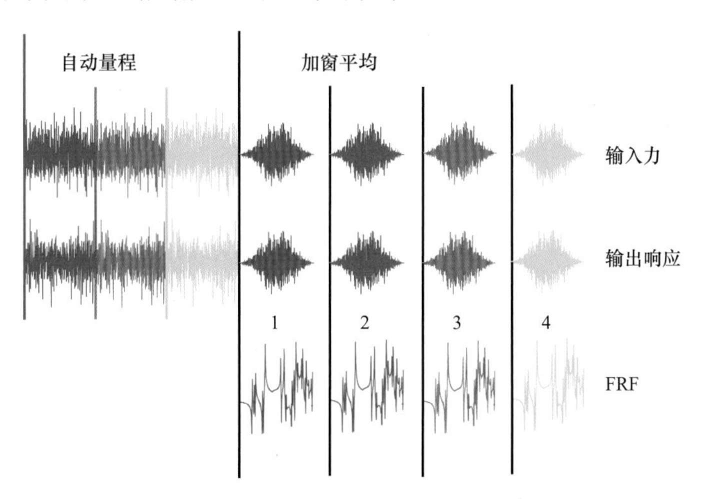

图4-38　加汉宁窗的随机激励典型的输入力（顶）、输出响应（中）和FRF（底）

除了对数据施加了加权函数（在本例中为汉宁窗）之外。

图 4-39 所示为应用汉宁窗的时域信号以及频响函数，它看起来更清晰，并且相干提高显著。虽然对测量数据使用窗函数使得测量数据的质量提高不少，但泄漏仍然是一个问题，并导致测量的频响函数退化。在系统的共振频率处的泄漏问题更为严重。

图 4-39 中左侧为加汉宁窗的随机激励的时域输入力（上）和输出响应（下），右侧为相应的相干（上）和 FRF（下）。由于输入信号的幅值和相位的变化，随着平均次数的增加，系统的非线性通常会被平均掉。这是使用随机激励的一个非常重要的优点。随着更多次的平均，轻微的非线性将会被平均掉。由于泄漏存在，以及在测量的频响函数中需要平均掉系统轻微的非线性，所以在使用随机激励时，应该经常进行更多次的平均，这将导致测试时间显著增加。

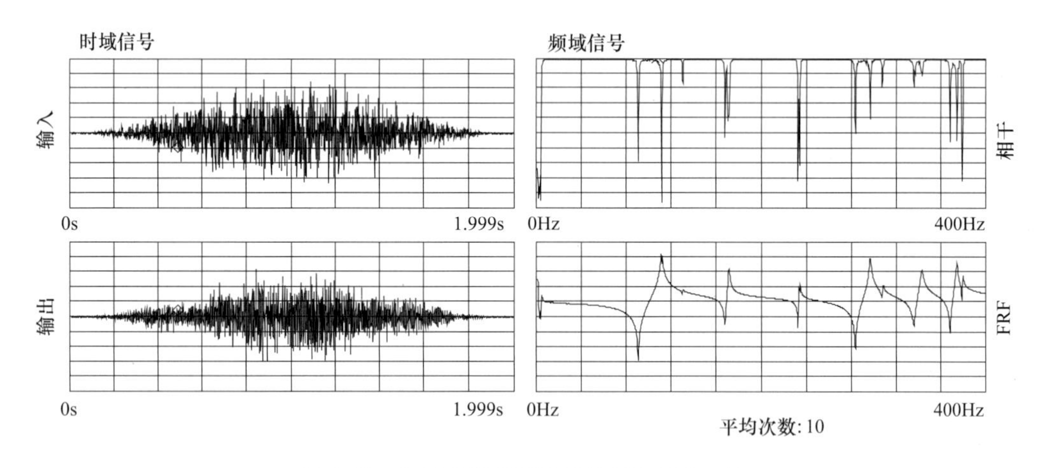

图 4-39　加汉宁窗的时域信号以及频响函数

4.3.6　纯随机激励重叠处理

纯随机激励减少测试时间的一种方法是重叠处理。由于汉宁窗往往将时域数据块起始的四分之一和最后四分之一的数据加权为零，所以在正常的平均处理过程中，没有充分地使用这部分数据。重叠处理有效地使用了数据块的这部分数据，即已经被应用汉宁窗加权置零的那部分数据。当使用 50% 的重叠时，重叠处理的平均次数几乎是相同数据的两倍。图 4-40 所示为重叠 50%

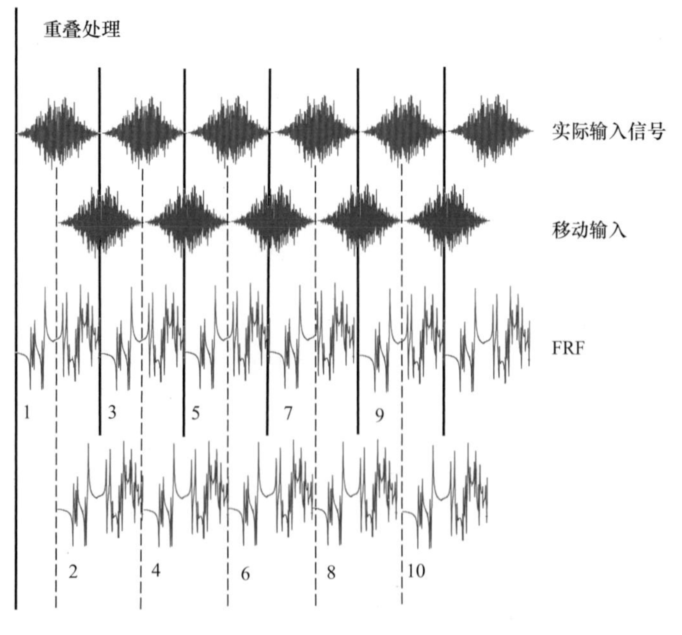

图 4-40　重叠 50% 的处理过程示意

的处理过程，示意了如何实现数据平均。在这个示意图中，只显示了6个数据块，但用重叠处理从测量数据中计算了11次平均。

4.3.7 伪随机激励

考虑到使用纯随机激励时的泄漏问题，如上文所述，人们一直在努力，试图减少与测量频响函数相关的误差。上面描述的误差和直接原因是违背了FFT处理的周期性要求。让我们考虑开发一个激励信号，它的一般特性并没有违背这个要求。

在频域中取一条特定的谱线，进行FFT逆变换，产生的时域信号将是一个正弦信号，时域信号将包含周期整数倍的信号。因为这个时域信号没有违背FFT处理的周期性要求，所以为了不失真地变换这个信号，不需要施加任何窗函数。现在取不同频率的第二条谱线，对它也进行FFT逆变换，产生的时域信号也将是一个正弦信号，与上面所述的前一个信号具有相同的特征。如果将这两个正弦信号加在一起，那么产生的时域信号也将满足FFT处理的周期性要求，变换数据时不需要使用任何窗函数。

如果FFT分析仪的每条谱线都被分配一个特定的值，对它们进行FFT逆变换，得到的信号将是构成频域信号的所有离散谱值对应的正弦信号的总和。相应的时域信号看起来非常像一个随机信号，但它是由正弦信号的叠加构成的，这个信号被称为伪随机信号。它也满足FFT处理的周期性要求，因此，变换这些数据不需要使用任何窗函数。

如果使用这个信号激励系统，那么在系统达到稳态响应时，系统的响应也满足FFT处理的周期性要求。这是因为系统的响应是由许多正弦响应信号组成的。因为信号在采样间隔内包含了整数倍的信号周期，那么输入或输出信号不需要任何窗函数，泄漏也不是问题。这就消除了测量频响函数失真的最大影响因素之一：泄漏。

当然，这种方法也有一些不利作用。由于相同的信号被不断地用作系统的输入，一旦系统达到稳态响应，系统就会对每一个输入数据块做出相同的响应。因此，使用伪随机激励的一个严重缺点是，这个激励信号将无法通过平均消除掉系统中可能存在的任何轻微非线性。因此，随着进行更多次的平均，测试过程中的咯咯声和轻微的非线性不会被平均消除掉。

伪随机测量的过程如图4-41所示，需要注意的是，用于激励的信号是同一块信号的重复，这就是为什么在图4-41中用同一种颜色表示的原因所在。将激励输入到结构中，并测量其响应。分析仪设定为自动量程，这样可以在结构达到稳态响应的同时达到最优的ADC设置。一旦实现了这一目标，就开始进行平均，直到实现想要的平均次数为止。必须再次强调的是，相同的激励信号被反复使用，因此一旦系统达到稳态响应，结构响应也将是相同的。

4.3.8 周期随机激励

考虑到伪随机激励的相关问题，一种称为周期随机的激励技术是通过对伪随机激励技术进一步改进获得的。基本上，周期随机激励与伪随机激励是一样的，只是每一个测量都产生一个新的输入频谱，为每一个测量平均处理创建一个新的时域信号。再次，这个信号被用来激励系统，当进行自动量程后，系统将达到稳态响应。一旦实现这个目标，就只进行一次平均。这时，会生成另一个频谱（与第一个频谱不同），对它进行逆变换获得一个

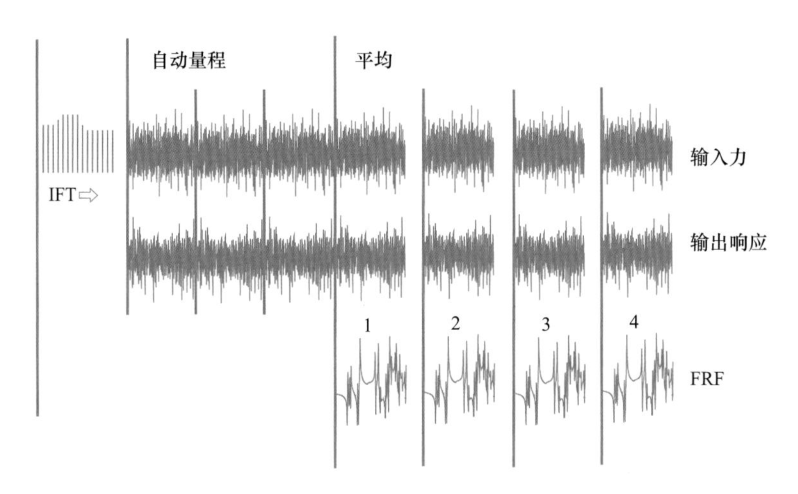

图 4-41 伪随机激励典型的输入力（顶）、输出响应（中）和 **FRF**（底）

时域信号。用这个时域信号激励系统，重新开始处理，以获得下一个平均的频响函数。这样，每一次测量都会用不同的信号激励结构，然后进行平均，随着平均次数的增加，非线性将会从测量中移除掉。与伪随机激励类似，由于输入激励信号和输出响应信号都满足 FFT 处理的周期性要求，因此这个测量过程不需要使用窗函数。虽然从这种方法获得了非常高质量的频响函数，但是需要大量的时间和硬件来执行这种测量。

周期随机激励的基本测量过程如图 4-42 所示。这里需要注意的是，对于第一次平均的数据重复使用相同的信号，如蓝色突出显示的一样，但是第二次平均使用了一个不同的随机信号，用红色突出显示，每次平均都使用一个不同的随机信号。

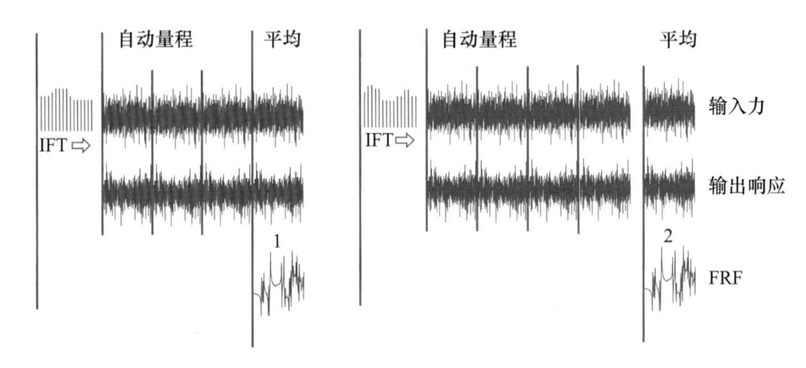

图 4-42 周期随机激励典型的输入力（顶）、输出响应（中）和 **FRF**（底）

4.3.9 猝发随机激励

出于对伪随机和周期随机激励技术的时间和成本的考虑，为了使高质量频响函数测量变得可行，需要更易于实现的激励技术。再次，意识到主要关注的是由于违背 FFT 处理的周期性要求而导致被测频响函数失真，因此考虑在数据块的一个样本间隔内捕获整个瞬态信号。一个具有巨大潜能的信号是猝发随机信号。猝发随机激励已经成为当今实验模态测试中更为流行的激励信号之一。这种特殊的激励技术提供了随机、伪随机和周期性随机激励的所有优点，并且没有这些激励技术的相关缺点。

猝发随机信号形成如下：产生随机激励，但只输出数据块的一部分。这样，在FFT分析仪的一个采样间隔内可以完全观察到这个激励信号，没有必要使用窗函数，因为捕获的信号不存在泄漏。此外，经常使用预触发延迟，这样能保证在捕获数据的前几个时间点中不会出现激励信号。猝发随机信号如图4-43所示。

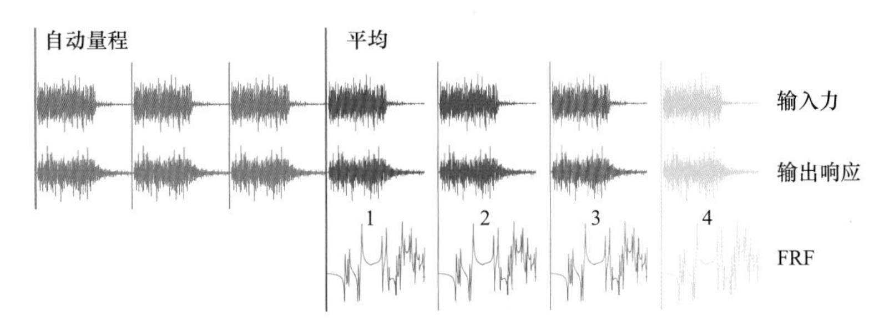

图4-43 猝发随机激励典型的输入力（顶）、输出响应（中）和FRF（底）

倘若在FFT分析仪的一个采样间隔内，能完全观测到测量的响应，那么就不需要使用窗函数，因为捕获的信号不存在泄漏。然而，一旦关闭激励，结构响应将按指数衰减，衰减速率取决于结构的阻尼。如果结构响应在一个样本间隔内没有衰减到零，那么应该缩短这个猝发时间，以确保能在采样周期结束之前，响应衰减到零。可以通过指定数据块的百分比来控制猝发随机信号的作用时间。一般来说，大多数结构都可以实现这一点。

猝发随机测量过程如图4-44所示。激励输入到结构中，并对响应进行监测，以确保响应在采样间隔结束之前衰减到零。猝发时间长度可以调整，这样就能实现在采样结束之前响应衰减到零。在此期间，分析仪可以自动量程，从而达到最优的ADC设置。一旦实现了这一目标，就会按照所需的平均次数开始平均。图4-44中左侧为猝发随机激励的激励力（上）和输出响应（下），右侧为相应的相干（上）和FRF（下）。

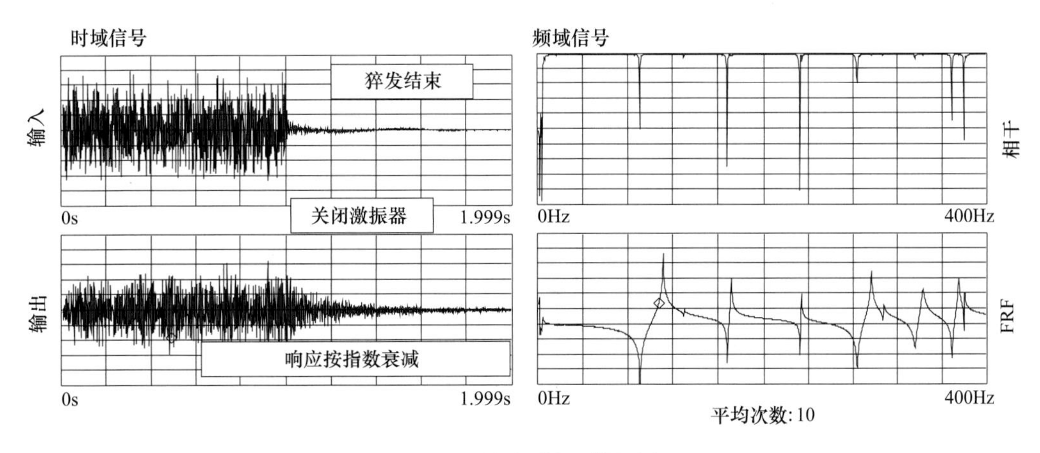

图4-44 猝发随机测量过程

由于这个基本激励技术是一个随机函数，随机激励能线性化数据中存在的任何轻微非线性的所有优点将会保留。此外，没有任何随机激励的相关缺点，特别是随机激励的泄漏，因为信号的瞬态特性阻止了这种情况的发生。从测量的时域数据的频响函数和相干函数中，我们可以清楚地看到，测量的频响函数和相干相对于先前随机激励显示的测量结果有很大的改善。

4.3.10 正弦快扫激励

对于线性结构的模态测试而言，正弦快扫激励已成为一种非常流行的激励技术。本质上，正弦快扫非常类似于已使用多年的传统的正弦扫频测试，唯一的区别是，频率范围内的整个扫频出现在 FFT 分析仪的一个采样间隔内。由于输入信号在一个数据块内能完全观测到，所以不违背 FFT 处理的周期性要求，不需要窗函数。基本的测量过程如图 4-45 所示，注意到相同的信号被反复使用，这使得结构能够达到稳态响应，这样输入和输出都在采样间隔内是周期性的，不需要窗函数。

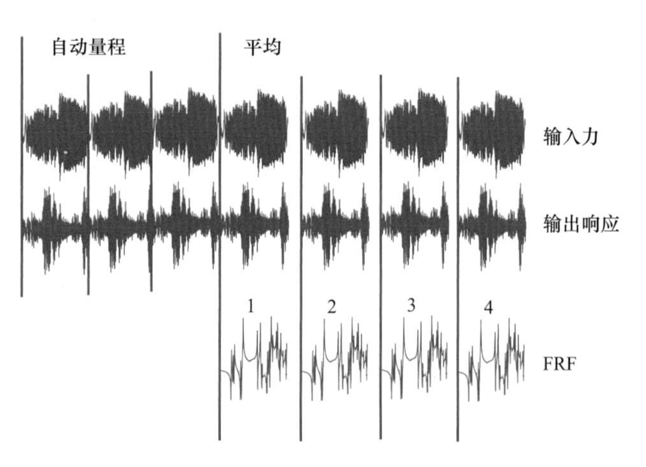

图 4-45 正弦快扫激励典型的输入力（顶）、输出响应（中）和 FRF（底）

该信号被输入到结构中，同时分析仪进行自动量程，系统响应最终会达到稳态响应。因此，在一个采样间隔内，输出响应也完全可以观测到，这样这种激励类型不需要窗函数。

正弦快扫提供了传统正弦扫频测试的所有优点，以及 FFT 处理的速度。对线性系统测量得到的频响函数是除数字步进正弦激励之外最优的。另外，注意这个测量的相干，如图 4-46 所示。对于识别非线性系统的特性而言，正弦快扫也是一种非常好的测试技术。

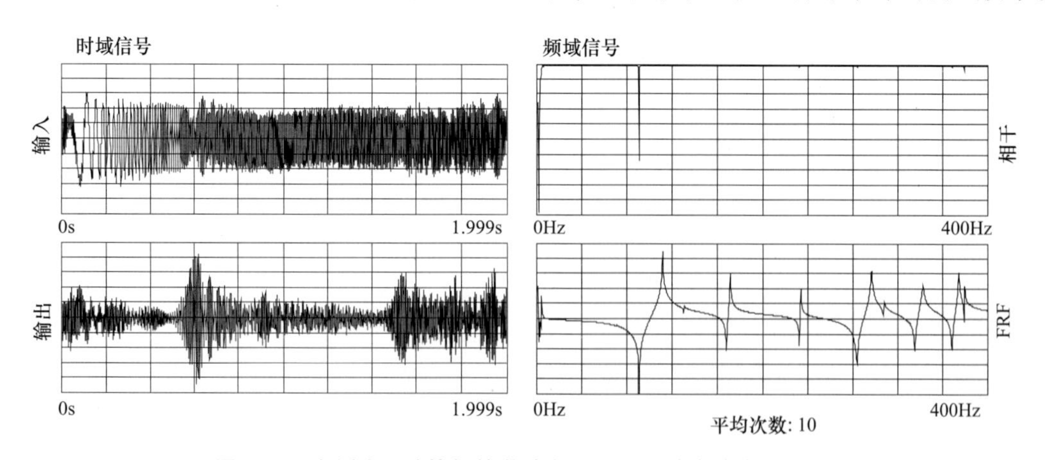

图 4-46 左侧为正弦快扫的激励力（上）和输出响应（下），右侧为相应的相干（上）和 FRF（下）

4.3.11 数字步进正弦激励

由于正弦扫频测试的优良特性，开发了一种利用 FFT 分析仪速度的另一种激励技术。

这就是所谓的数字步进正弦。本质上，正弦波是在离散频率下产生的，这与 FFT 分析仪在频率分辨率上的数值相等（频率分辨率的整数倍）。

采用单频正弦波激励系统，并测量稳态响应。由于输入频率与 FFT 分析仪的一个离散谱线重合，因而测量的时域信号总是包含信号整数倍个周期，满足 FFT 处理的周期性要求，测量过程如图 4-47 所示。

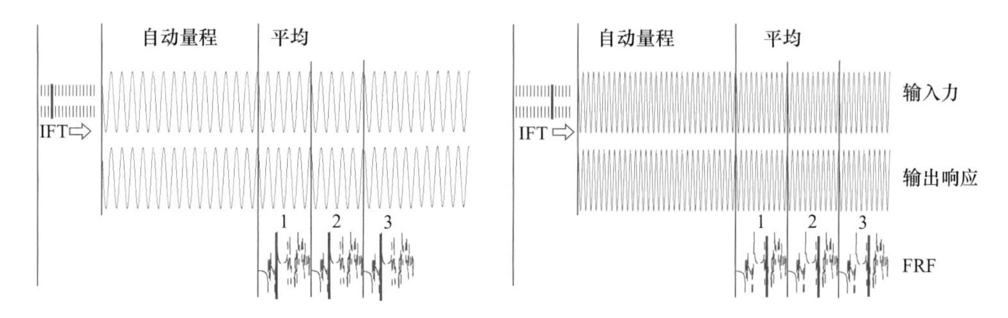

图 4-47 步进正弦激励典型的输入力（顶）、输出响应（中）和 FRF（底）

一旦达到可接受的测量，激励信号就会数字步进到 FFT 分析仪的下一个可用的离散频率。这个过程将重复进行，直到所有的离散频率被测量到。

这个测试技术保留了正弦扫频的所有优点，并结合了 FFT 分析处理的所有优点。显然，要获得一个频率分辨率较好的宽频带的测试需要耗费大量的时间，但数据的精度和分辨率使其成为一项优异的测试技术。像正弦扫频一样，数字步进正弦对于描述系统的任何非线性特征都是极其适用的。如果所有的传感器都安装在结构上，采集数据的时间将不会太长。

4.4 通过焊接结构对比不同的激励

对一个焊接结构使用几种常用的激励技术来获取该结构的频响函数。为了便于比较，这一节给出了这些结果。具体来说，在图 4-48 所示的焊接结构上分别采用了不加窗和加汉宁窗的随机激励、猝发随机和正弦快扫激励。同时，用正弦快扫进行线性检查，以说明结构存在非线性的影响。这样，就可以清楚地评估不同激励技术的优缺点。

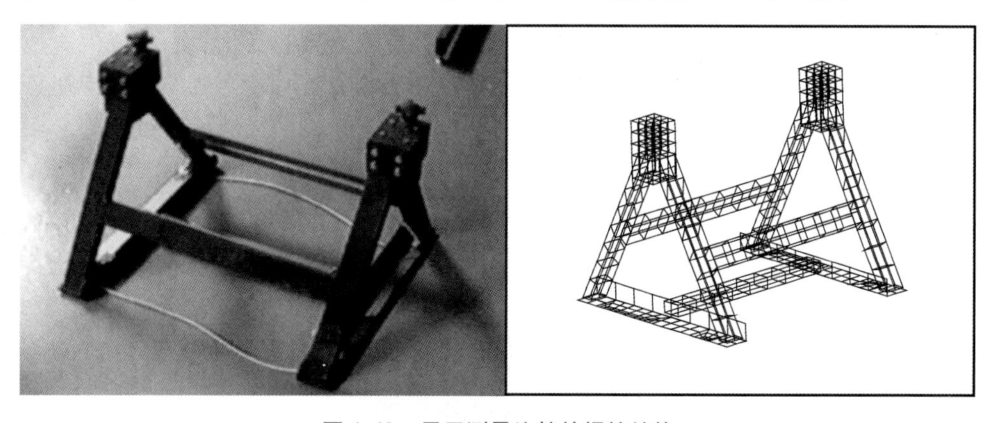

图 4-48 用于测量比较的焊接结构

在所有测量中，使用400Hz的频率范围，分辨率为800条谱线。通常，为了计算频响函数 H_1 估计，使用10次平均。显示输入和输出的时间历程数据，以及相应的频响函数和相干。

4.4.1 不加窗的随机激励

图4-49左侧所示为输入/输出的时间历程，右侧所示为相干/频响函数。查看时域结果，输入和输出信号都是随机特性，从时域数据不易于得到有用的信息。然而，在频域中，频响函数显示了存在的几阶模态。频响测量表明频响函数有相当大的变化。为了减少这种测量变化，需要进行更多次的平均。然而，即使过多的平均和重叠处理，变化也不能降低到可接受的水平。造成这种测量失真的主要原因是泄漏，这一直是随机激励技术的问题。

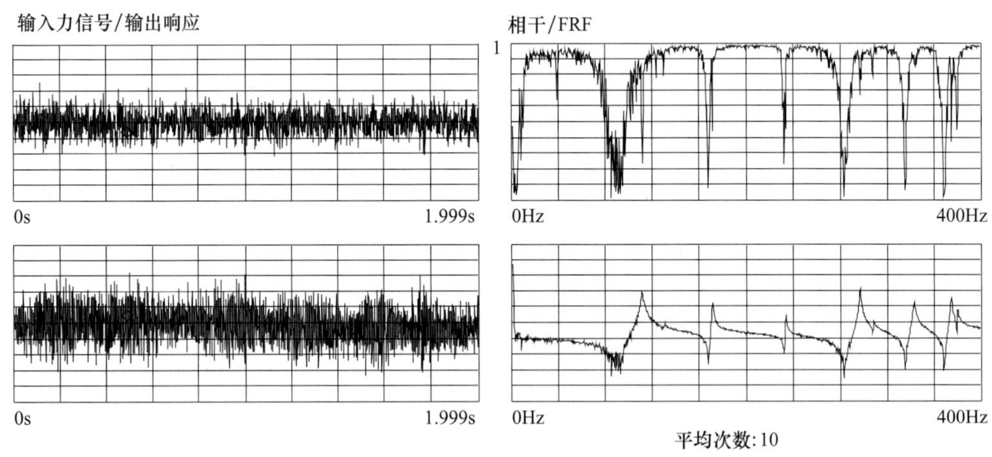

图4-49 左侧为随机激励的输入力（上）和输出响应（下），右侧为相应的相干（上）和FRF（下）

4.4.2 加汉宁窗的随机激励

图4-50左侧所示为输入/输出的时间历程，右侧所示为相干/频响函数。使用汉宁窗，情况有所改善。查看时域结果，输入和输出信号本质上仍是随机特性，从时域数据不易于得到有用的信息，然而，可以清楚地看到汉宁窗对时域信号的影响。在频域中，频响函数显示了存在的几阶模态。频响测量表明频响函数仍然有相当大的变化。为了减少这种测量的变化，需要进行更多次的平均。需要注意的是，相干函数具有相当低的值，特别是在共振峰处。即使使用了汉宁窗，为了将变化降低到可接受的水平，仍然需要过多的平均。同样，这种测量失真的主要原因是泄漏。这将永远是随机激励技术的一个问题，即使应用了汉宁窗。汉宁窗减少了大量的泄漏，但并没有消除泄漏。

4.4.3 不加窗的猝发随机激励

图4-51左侧所示为输入/输出的时间历程，右侧所示为相干/频响函数。查看时域结果，猝发随机激励的信号仍然不包含任何可以很容易看到的有用信息。然而，输入和输出信号现在都在时域数据块的一个采样间隔内能完全观测到。这种情况下，因为信号没有违

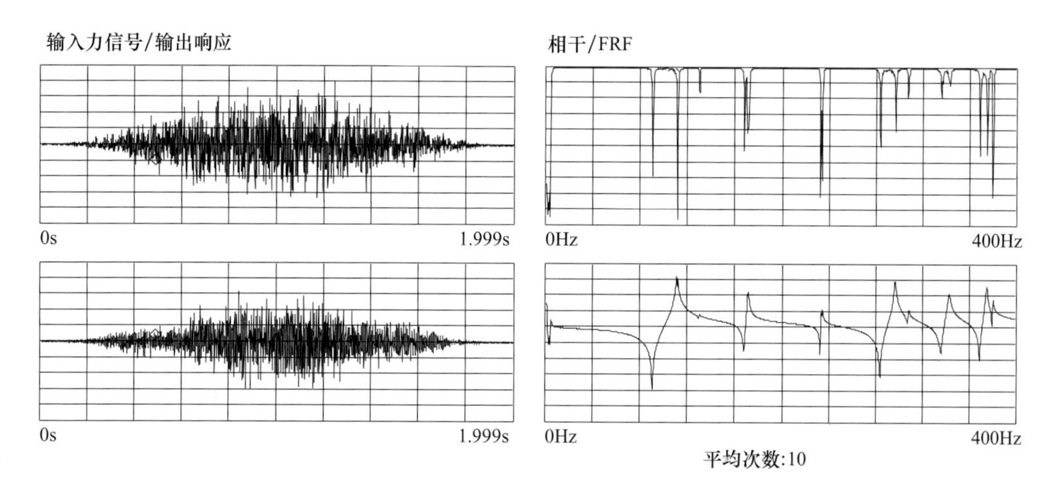

图 4-50 左侧为加汉宁窗的随机激励的输入力（上）和输出响应（下），右侧为相应的相干（上）和 FRF（下）

背基本的 FFT 处理周期性要求，不需要应用窗函数。这将产生一种无泄漏的测量，数据不会因泄漏而失真。频响函数比随机激励要好得多，其相干函数值显著提高，特别是在共振峰处。此外，注意到共振峰比随机激励要尖锐得多，因为泄漏和窗函数往往会使数据拖尾，造成比实际存在更高阻尼的假象。

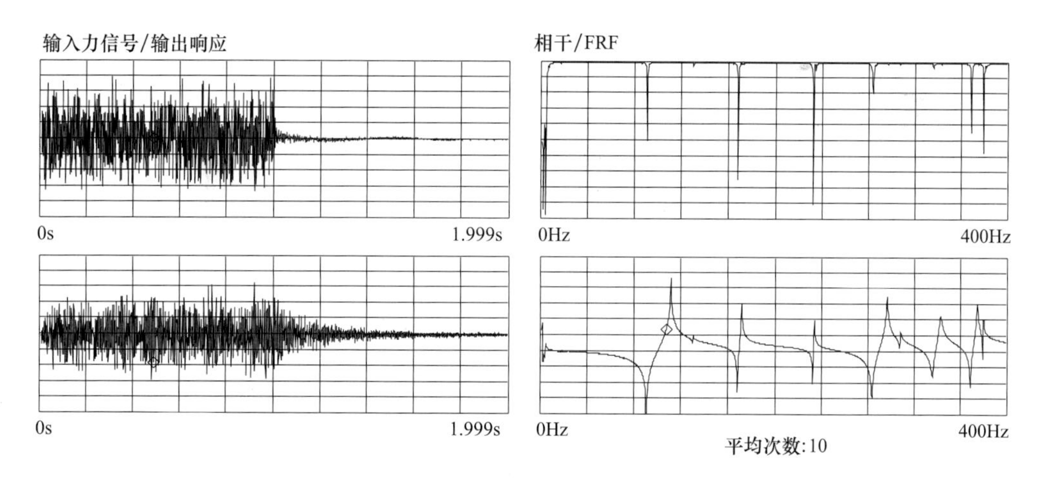

图 4-51 左侧为猝发随机激励的输入力（上）和输出响应（下），右侧为相应的相干（上）和 FRF（下）

4.4.4 不加窗的正弦快扫激励

图 4-52 左侧所示为输入/输出的时间历程，右侧所示为相干/频响函数。查看时域结果，正弦快扫的信号显示了一些有用的信息。由于正弦快扫在一个采样间隔内从低频扫到高频，时域响应将包含高幅值部分，因为正弦快扫会扫过每一个共振频率。同样，输入和输出信号都在时域数据块的一个采样间隔内能完全观测到。这种情况下，因为信号没有违背基本的 FFT 处理周期性要求，不需要应用窗函数。这将产生一种无泄漏的测量，数据不

会因泄漏而失真。频响函数比随机激励要好得多，其相干函数显著提高，特别是在共振峰处。此外，注意到共振峰比随机激励要尖锐得多，因为泄漏和窗函数往往会拖尾数据，造成比实际存在更高阻尼的假象。

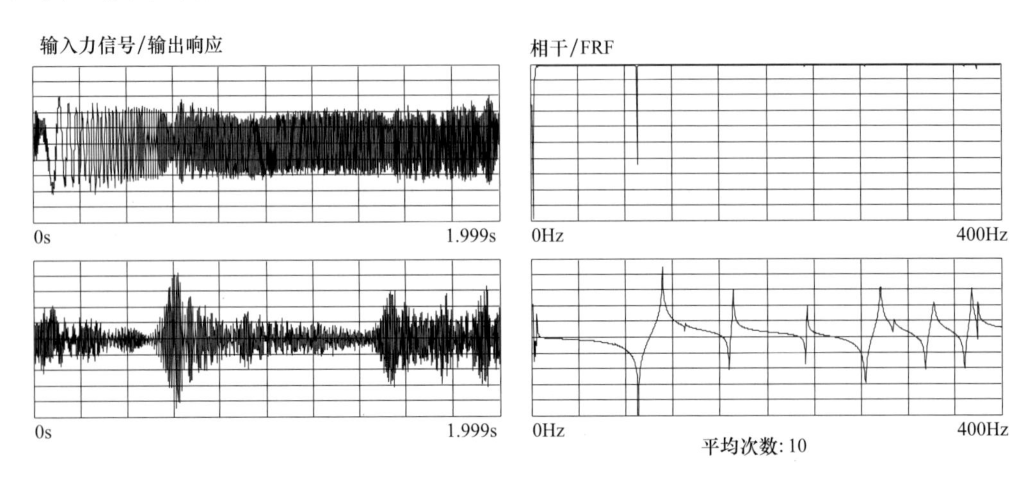

图 4-52　左侧为正弦快扫激励的输入力（上）和输出响应（下），右侧为相应的相干（上）和 **FRF**（下）

4.4.5　比较随机激励、猝发随机和正弦快扫

图 4-53 所示为随机、猝发随机和正弦快扫的比较。猝发随机和正弦快扫产生非常相似的结果。测量数据的共振峰定义很好，并且变化很少。将这两个结果与随机激励测量结果进行比较，可以看出，随机激励测量在共振峰处的阻尼比猝发随机和正弦快扫的大得多。同时，注意到在随机激励测量的第一个频率处出现了一个双峰，这是由于泄漏造成

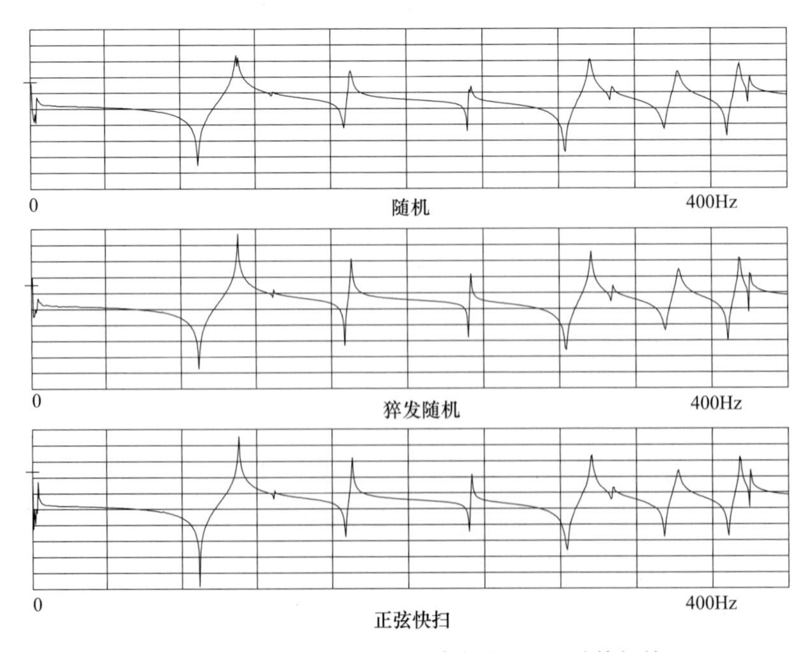

图 4-53　比较加窗的随机激励、猝发随机和正弦快扫的 **FRF**

的，将会仔细观察这一点。

4.4.6　比较共振峰处的随机激励和猝发随机

让我们比较随机和猝发随机激励的结果，如图4-54和图4-55所示。

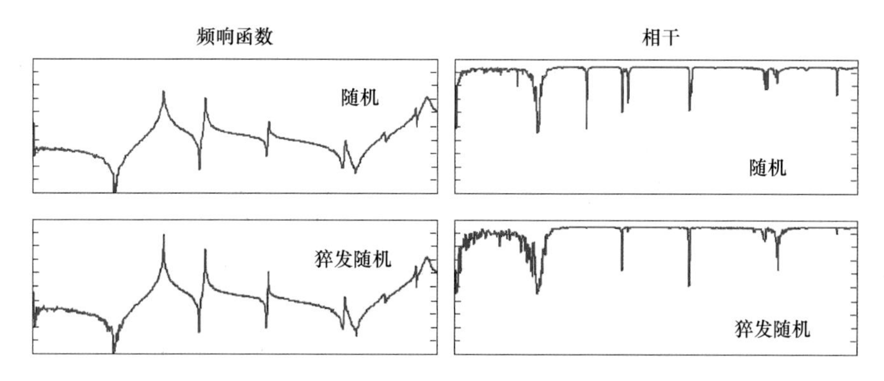

图4-54　比较随机和猝发随机的FRF和相干

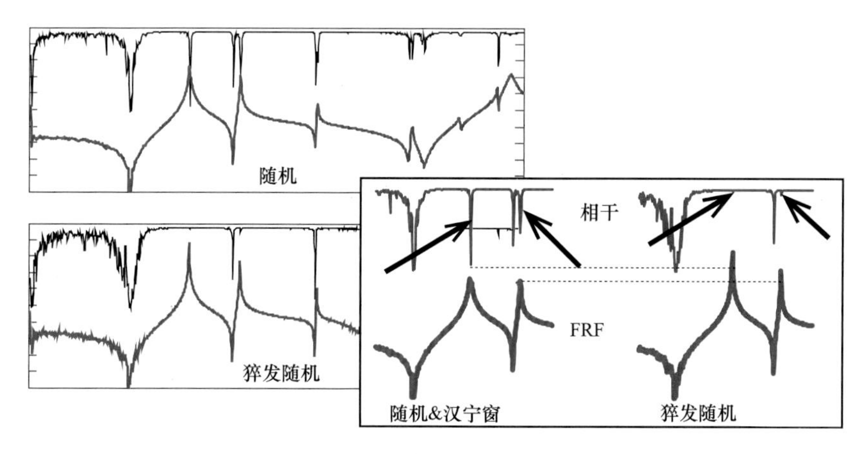

图4-55　比较随机和猝发随机重叠的FRF和相干

表面上看，图4-55左侧两个测量都是相同的，但仔细看图4-55右侧显示的局部区域，就会发现共振峰出现了一些失真。更仔细地观察图4-56，很明显，频响函数存在严重失真，尤其是在共振峰处。即使对随机数据使用了汉宁窗，但仍然有严重的泄漏。

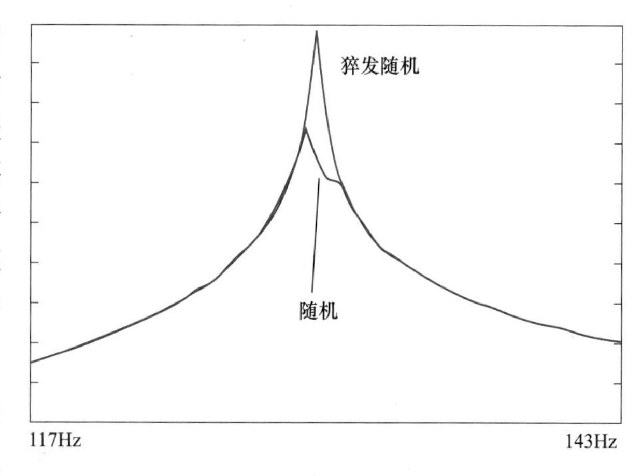

图4-56　放大第1阶模态以表明随机和猝发随机激励的FRF差异

4.4.7　使用正弦快扫做线性检查

图4-57所示的频响函数是正弦快扫激励采用不同大小的激励力测

量得到的，以证明系统的线性度。显然该系统存在非线性行为，但并不是所有的模态都同等地受到系统中存在的任何非线性的影响。有些模态随着力的增加几乎不变化，有些模态由于激励力大小的增加显示出一些细微的差异，而另外一些模态则显示出系统动态特性的显著变化。

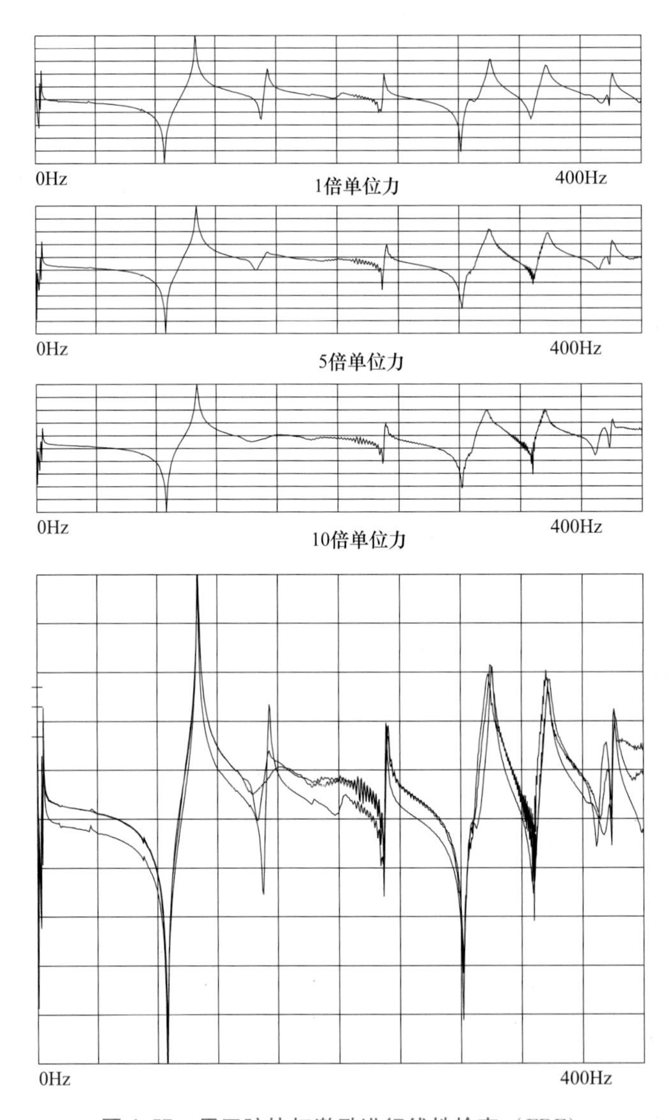

图 4-57　用正弦快扫激励进行线性检查（FRF）

4.5　多输入多输出测量

多输入多输出（MIMO）测试已经变得非常流行，并且与单输入单输出测试（SISO）方法相比，有更多优点。这种技术使激励能量分布更均匀，从而能更一致地激起大型结构。多个激励同时作用在结构上，以不同的方式激起非线性，这样可以得到系统一个更好的线性近似。此外，同时采集频响矩阵的多列使得用于建立实验模态模型的频响函数的定义更加一致。MIMO 采集数据的时间与 SISO 相同。

计算频响函数时不再作为标量处理，而需要对数据进行矩阵处理。输入输出模型是相同的，定义为

$$\boldsymbol{G}_{XF}=\boldsymbol{H}\boldsymbol{G}_{FF}$$

而

$$\boldsymbol{H}=\begin{pmatrix} H_{11} & H_{21} & \cdots & H_{1,N_{\mathrm{i}}} \\ H_{21} & H_{22} & \cdots & H_{2,N_{\mathrm{i}}} \\ \vdots & \vdots & & \vdots \\ H_{N_{\mathrm{o}},1} & H_{N_{\mathrm{o}},2} & \cdots & H_{N_{\mathrm{o}},N_{\mathrm{i}}} \end{pmatrix}$$

其中，N_{o} 是输出自由度数，N_{i} 是输入自由度数。求解 $\boldsymbol{H}$，得

$$\boldsymbol{H}=\boldsymbol{G}_{XF}\boldsymbol{G}_{FF}^{-1}$$

4.5.1 对比多输入和单输入测试（一）

由于激振器的质量和刚度的影响，不同的单输入测试的结果有时会有所不同。然而，模态分析理论认为互易性必须成立。从实际的角度来看，在实际的测试环境中，情况往往不是这样的。然而，如果只需要一个输入参考时，单输入激励可以提供非常好的结果。当试图联合不同的 SISO 激振器测试时，总是会存在数据不一致的可能性。当试图合并几个不同的 SISO 测试数据时，由于采集数据所需的总时间、影响系统模态的环境变化，或者许多其他困难等总能导致数据不一致。通常情况下，将激振器从一个 SISO 参考点移动到另一个 SISO 参考点，这就足以引起数据的不一致。通常，实验室会尝试这样的移动，因为缺少激振器，或者缺少数据采集设备，或者还有很多其他的原因。

进行 MIMO 测试的最佳方式是多个激振器同时安装到待测结构上。通常，MIMO 测试只需要较低的激励力，如果结构存在非线性，也不会被激起来。使用多输入测试，相应的结果数据也能更好地满足互易性要求。

接下来显示的是 20 世纪 80 年代早期的一个测试。这是对相同的结构比较 SISO 数据和 MIMO 数据，对比也包括随机激励和猝发随机激励，也给出了两个激振器的互易性测量结果。图 4-58 显示了这些测量，整个带宽并没有显示出来，而是放大了两阶密集模态附近的频段，以表明测量的差异和进行一些观察。图 4-58 上部两幅图显示了随机激励和猝发随机激励的 SISO 测量，分别显示了各自单独的测量结果和叠加的结果，图 4-58 下部两个图显示了 MIMO 的测量结果。

现在如果一个基带测量显示在 1000Hz 的带宽上，测量看起来很好，认为没有多大差别。但是缩小频带到两阶密集模态时，存在非常明显的差异。首先看一下 SISO 测量，两个测量峰值没有重合。加汉宁窗的随机信号显示出了测量的一些变化，以及两阶模态重叠差。虽然猝发随机测量总体上是一种更好的测量方法，但是峰值也不一致。这是因为激振器安装在结构上的两个不同位置。这种测量的不一致将会给解释稳态图带来困难：在第 1 阶模态处有两个峰值。问题是，在一个 SISO 测量中，极点出现在一个频率处，而在另一个测量数据中，极点频率出现了轻微的移动。当尝试将不同的 SISO 测试组合形成一个多

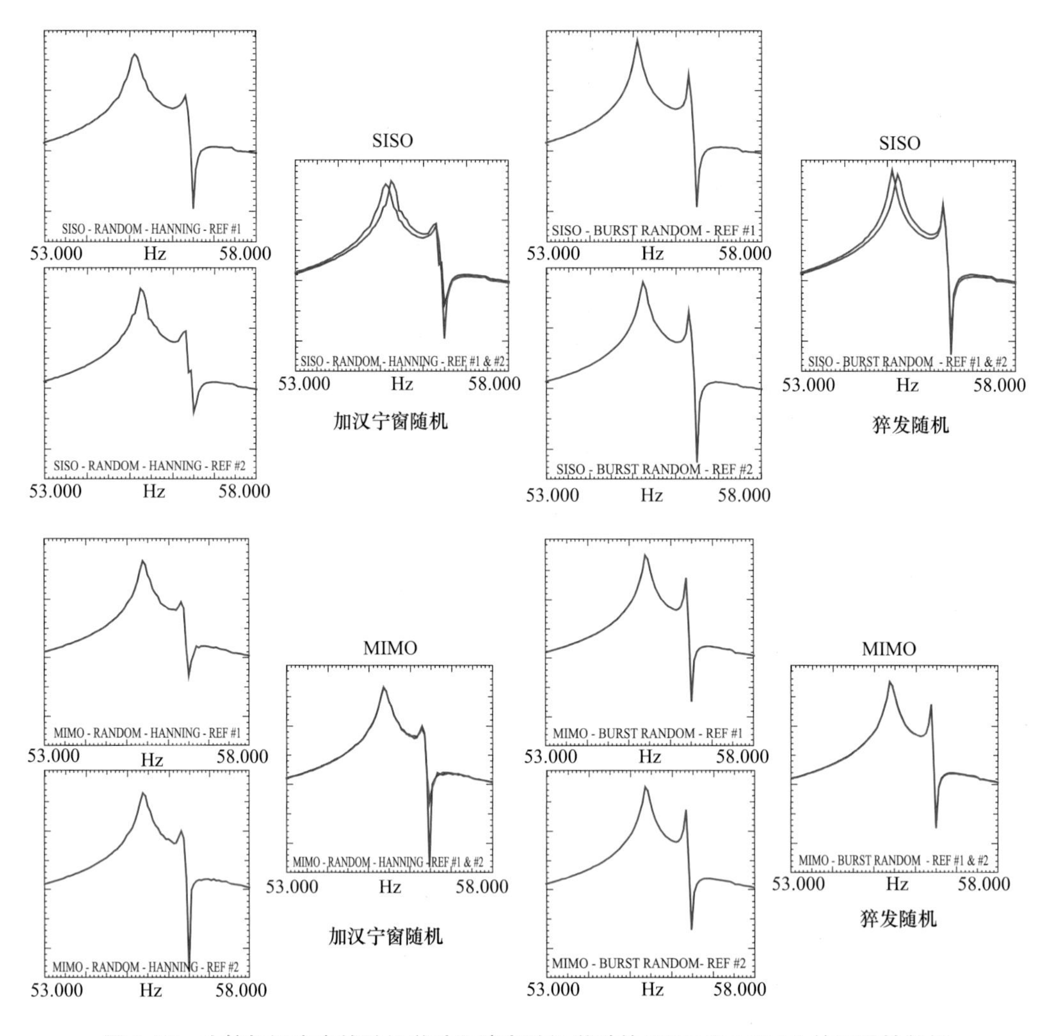

图 4-58　比较加汉宁窗的随机激励和猝发随机激励的 SISO 和 MIMO 的互易性数据

参考数据集时，几乎总是会出现这种情况。现在看看 MIMO 数据，两个参考点之间的数据不一致性不再是问题。但从随机激励数据来看，这两个互易性测量之间存在一定的差异。显然，总的来说，猝发随机激励在这里呈现的数据更好。

4.5.2　焊接件的多输入和单输入对比（一）

由于激振器质量和刚度的影响，不同的单输入测试结果有时会有所不同。使用相同的结构来演示不同的激励技术，使用单输入和多输入方法进行互易性测量比较。

4.5.3　对比多输入和单输入测试（二）

对于多输入测试（见图 4-59），每个输入必须与其他输入不相关。这是必要的，因为输入功率谱矩阵必须能求逆。如果输入是相互关联的，则求逆是不准确的。虽然从数模转换器产生的信号在数学上是不相关的，但实际的力可能只是略有不同。这可能是因为放大器，但更重要的是，也许有结构/激振器动态耦合存在。一般来说，执行主分量分析，检查所有激振器的输入力功率谱，以确保系统有足够不相关的输入，如图 4-60 所示。

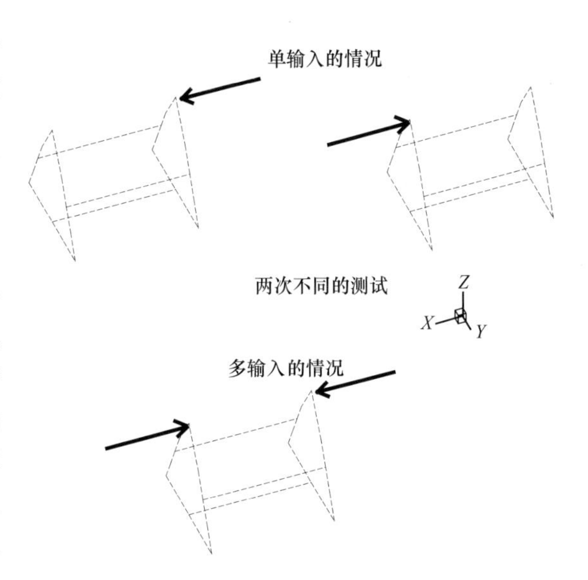

图 4-59　对比两个不同的 SISO 测试（上）和 MIMO 测试（下）

基本来说，使用奇异值分解（SVD）来分解输入力谱矩阵。分解频谱的每一条谱线，以确定有多少线性无关的信息构成了这条谱线的信息。计算每一条谱线的奇异值，奇异值被绘制成频率的函数。图 4-60 中左侧的 SVD 图表明确实有两个独立的输入力作用在这个结构上。如果系统只有一个独立的输入，那么图 4-60中只有一条 SVD 曲线的值显著，而另一条奇异值将大大减少。这是在进行 MIMO 测试时需要执行的关键检查。有时，在测试较大的结构时，可能会出现激振器以 1 阶模态（或几阶）的结构响应为主的情况，这时，由于占主导的结构响应将导致输入力不能保持线性无关的特性。主分量图（或 SVD 图将表明这一点）。如果发生这种情况，可能需要不同的激振位置来避免结构/激振器的动态交互。

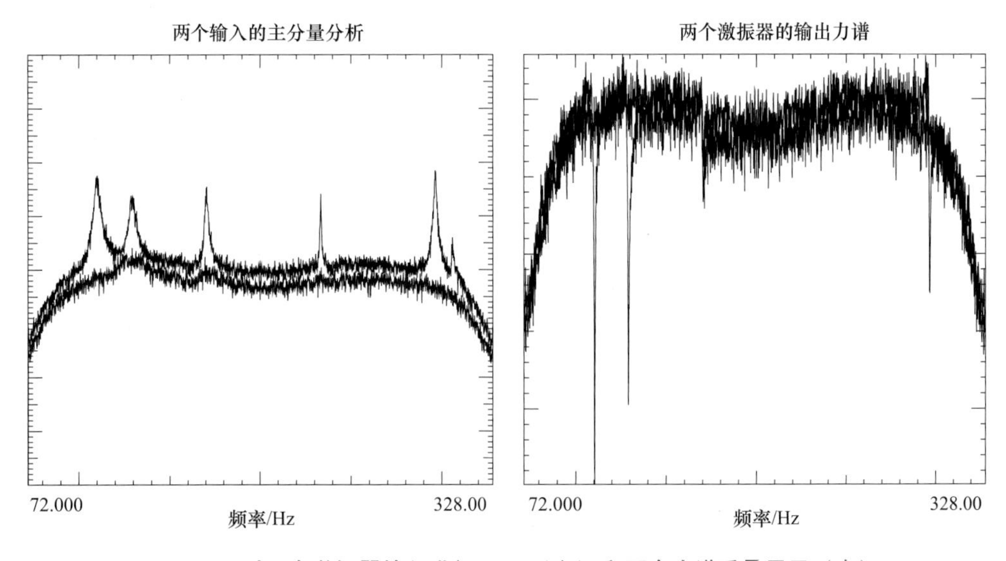

图 4-60　对两个激振器输入进行 SVD（左）和两个力谱重叠显示（右）

一旦对系统进行了输入检查，就会以常规的方式获得测量数据。但是有一些不同的测量函数是必要的。一个是重相干，另一个是偏相干。重相干与常相干相似，并以类似的方式来解释它。由于有多个输入，因此必须对所有测量输入引起的每个输出响应的相干进行评估（类似于常相干）。如果所有的输出与所有测量的输入力线性相关，那么重相干将接近于1。小于1的值表明有其他的、未测量的输入对测量的响应有贡献。偏相干是输出响应与其中一个输入之间的相干关系的指示（另一个输入的影响被移除）。所有偏相干的总和便是重相干。解释基本上与单个输入的情况相同。图4-61所示为两组频响函数及其对应的重相干。这组测量都显示了非常好的重相干，除了在极低频和极高频处，因为这是频谱的端部，在这些位置激振器的输入谱被削减了。总的来说，这些测量的频响函数和重相干非常好。

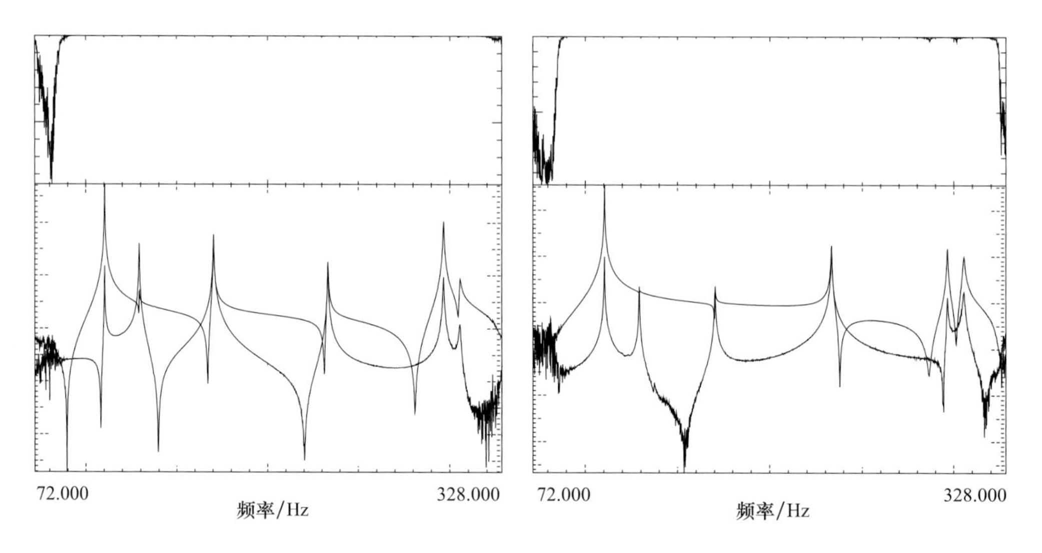

图4-61 两个输入位置的两个FRF（底）和相应的重相干（顶）

4.5.4 焊接件的多输入和单输入对比（二）

虽然待测的特定结构是相当线性的，但是在多输入和单输入下还是有些小差异。在大多数测试情况下，并不是这样的。然而，在图4-62中显示的测量比较中有一些差异。

4.5.5 多部件结构的MIMO测量

通常，系统是由组件装配形成的。这些组件通常通过隔振悬置系统在某种程度上相互隔离。在这些情况下，通常多输入多输出测量对于成功地进行实验模态测试的频响测量是至关重要的。一个专门设计的结构用来说明为学术用途进行的一些困难的测量情况。对于这种结构，清楚地表明了单输入单输出模态测试方法并不能产生高质量的测量。随后，进行了MIMO测试，获得了一些驱动点测量和互易性测量，这些测量表明MIMO方法更有效。

这个结构如图4-63所示，在查看模态振型时，可清楚地看出有一些模态本质上是整体的（在结构任何地方可以看到），但也有一些局部模态（模态振型响应是局部的，不易从结构上所有组件上看到它，只能从一个或两个组件上看到）。MIMO测试方法对于这些类型的结构非常重要。

图4-64显示了SISO和MIMO测试的典型设置。在模态试验所需的所有测量位置上安

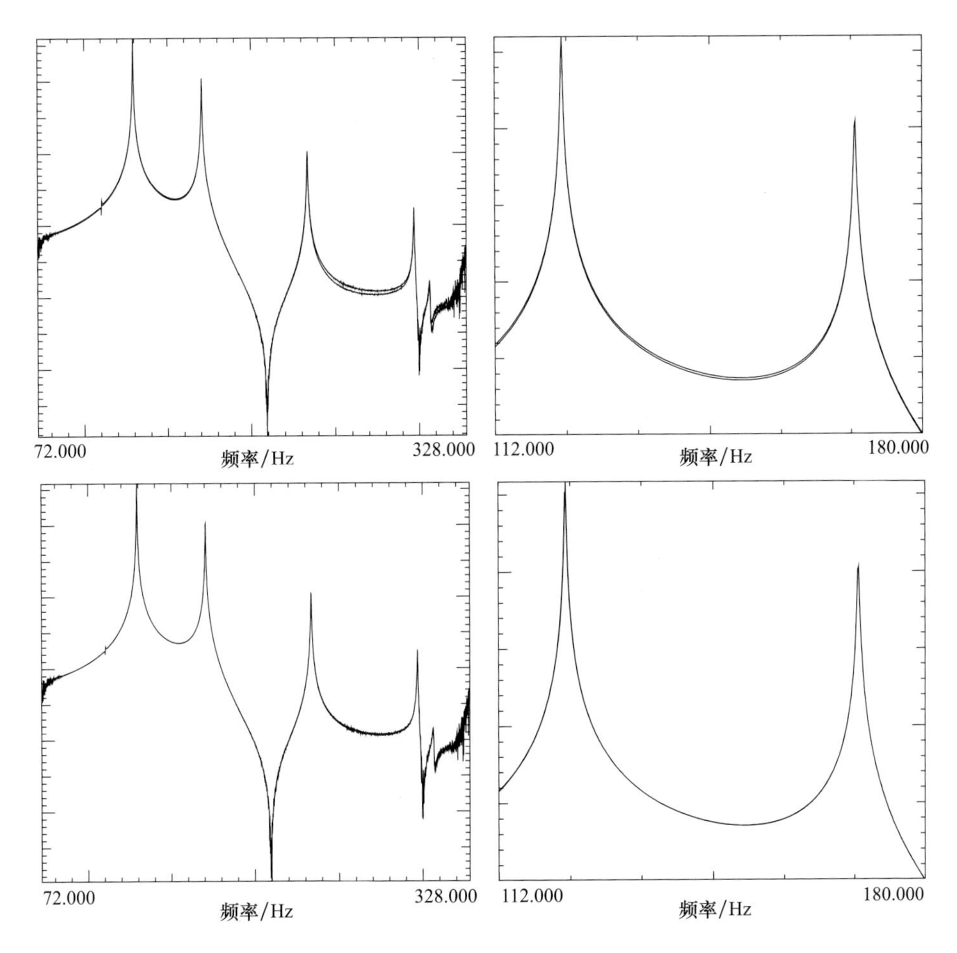

图4-62　左侧为SISO测试（顶）和MIMO测试（底）的宽带FRF，右侧为展开的前两阶模态FRF

装了38个加速度计。所有的测试都采用512Hz的带宽，4096条谱线。只使用猝发随机激励，先前的研究清楚地表明，猝发随机提供了最优的结果。进行50次平均，因为使用猝发随机激励，因而不需要窗函数。使用SISO和MIMO配置进行测试。SISO测试激振器位置是在位于图4-64所示的四个MIMO位置。

SISO测量结果如图4-65所示。总的来说，测量看起来很好，频响函数共振峰明确，相干也好。这个测量结果用作参考，所有四个SISO测试都有相似的结果。然而，当单个激振器从一个参考位置移动到另一个参考位置时，SISO所得到的互易性频响函数测量结果显示出了差异，当从测量数据中提取模态参数时，会导致数据的不一致性，使稳态图难以解释。

图4-66显示了MIMO测试设置以及从MIMO测试配置中获得的三个独立的互易的频响函数。在图4-66每个子图中，由结构上的箭头位置获得相应的互易性测量。在这三个测量中，互易测量比较非常好。这是得益于MIMO布置和数据采集过程。很明显，与所执行的四个单独的SISO测试相比，MIMO测量结果要更好、更一致。

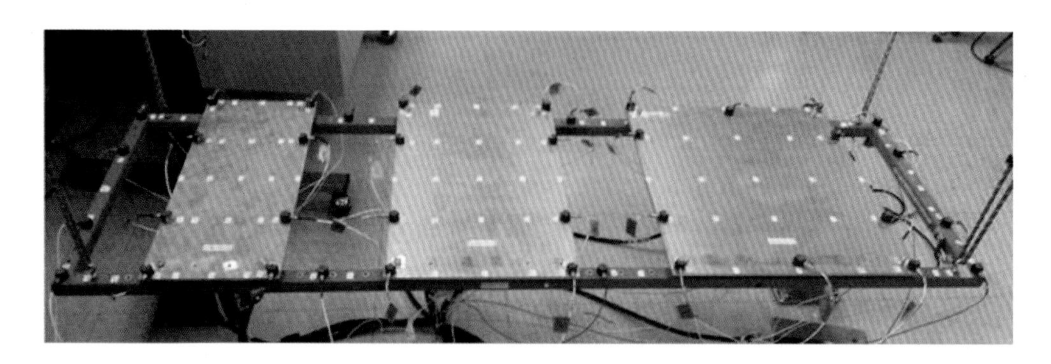

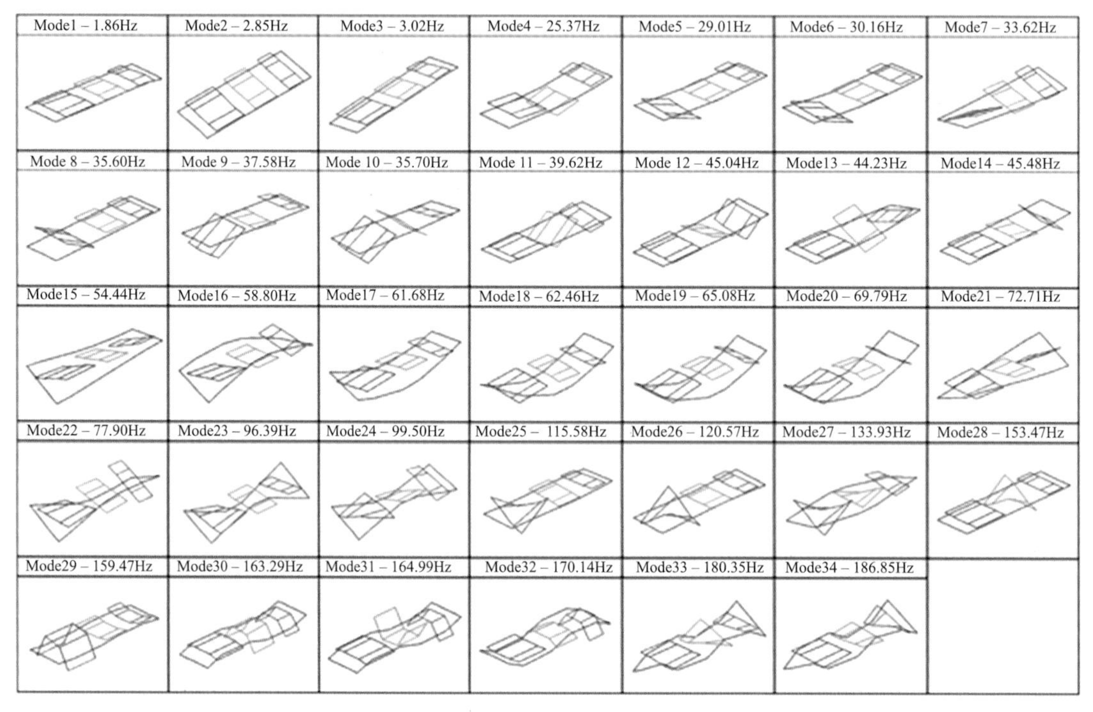

图 4-63　装有独立的模态上活跃的组件的框架结构

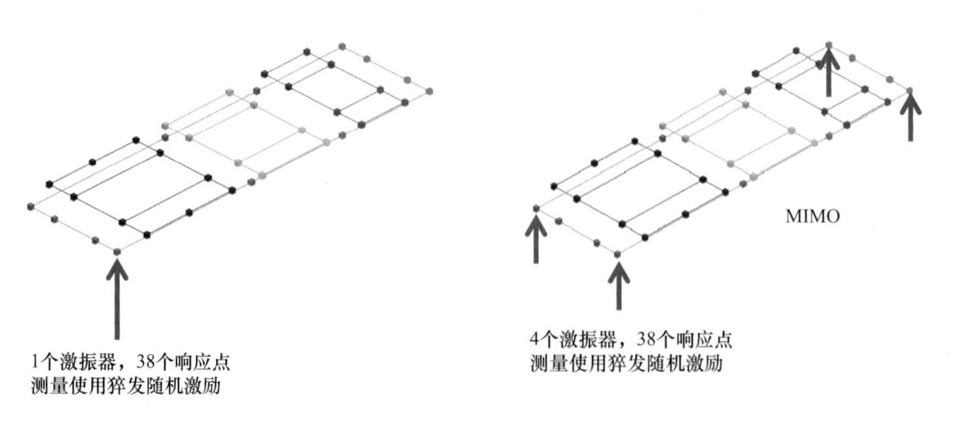

图 4-64　SISO 和 MIMO 测试的典型设置

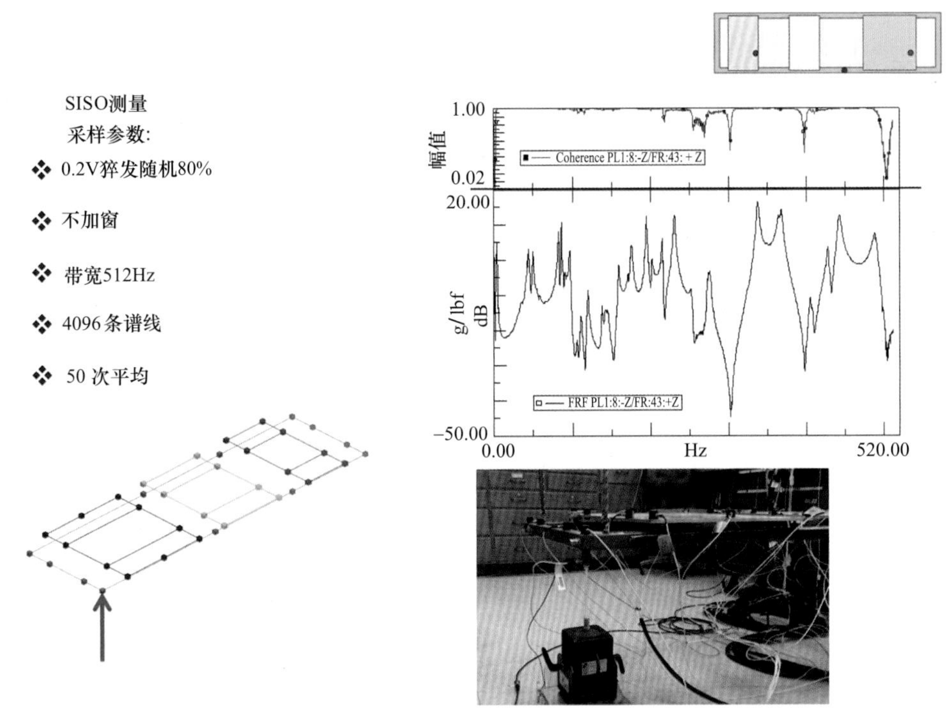

图4-65 SISO测试设置和一个激振器位置的结果

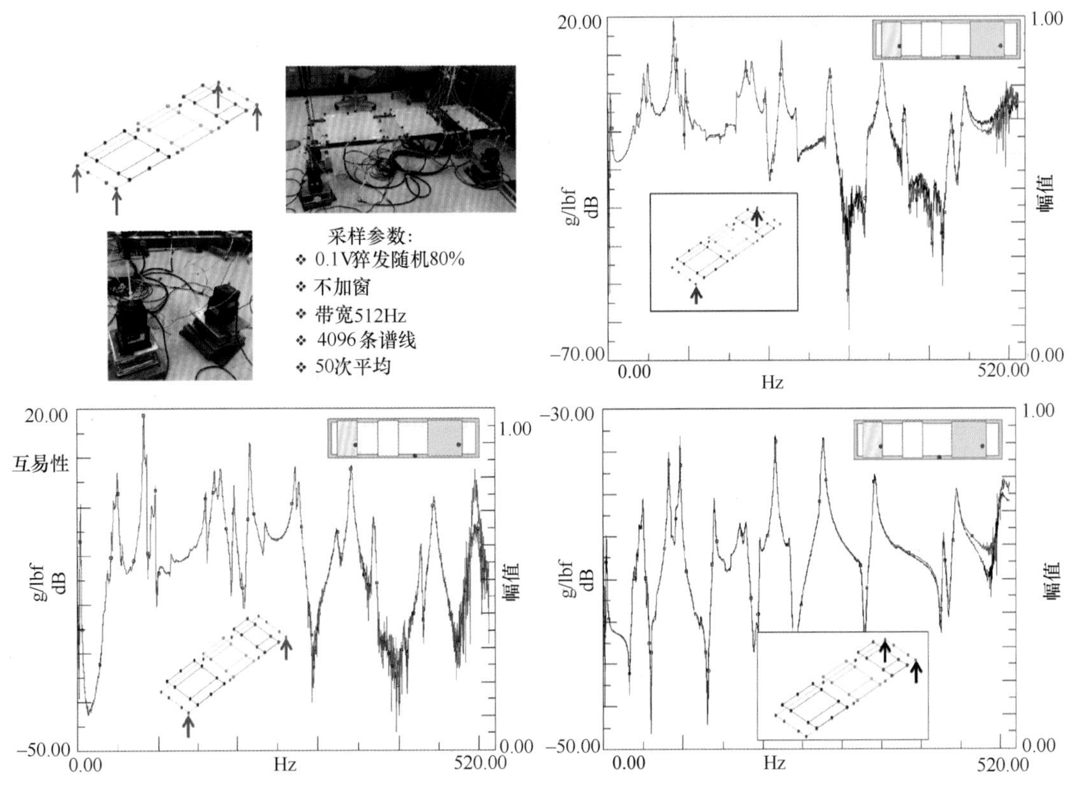

图4-66 MIMO测试设置和结果

4.6 总结

本章综述了获取频响测量的锤击技术，描述并讨论了锤头选择、有效频带宽度、触发和预触发延迟、力和响应窗函数，以及移动力锤和固定力锤对比等所有的基本考虑事项，并使用一个示例结构来说明整个锤击测试，以说明设置任何一次锤击测试所需的名词术语。

本章还综述了激振器的安装和激振器各种不同的激励技术，描述了所有常用的（以及一些不常用的）激励，以及它们的优缺点，并通过一个普通结构比较了这些激励技术中的大多数。

此外，本章还介绍了多输入多输出测试技术，通过一个结构的模态测试说明与此类测试相关的一些额外测量。

第5章

模态参数估计技术

5.1 引言

从一般模态理论的发展来看，生成频响函数所需要的是系统的极点和留数。同理，如果测量了一个点对点的频响函数，那么应该可以从这个测量数据中提取到极点和留数。提取这些信息的过程称为模态参数估计。由于要使用一个表示频响函数的数学函数去拟合测量数据，这个过程通常被称为曲线拟合。测试工程师所面临的问题是确定模型的阶数（模态的数量）和模型的形式（时域或频域）。这些都是非常重要的问题，尤其是在采集到的数据并不完美的时候。接下来的各小节将讨论一些传统的模态参数估计方法和定义。所有模态参数估计方法的一般理论远远超出了本书的范畴，在这里，我们将重点讨论模态参数提取技术的不同方法和相应的注意事项。然而，在对特定的曲线拟合技术进行任何深入的探讨之前，将讨论一些简单的关于数据最小二乘近似的概念，然后引入一些基本概念以帮助读者理解模态参数估计过程。最后介绍常用的模态参数提取技术。

5.2 实验模态分析

5.2.1 数据的最小二乘近似

数据的最小二乘近似经常可能会使用线性关系来描述数据组。对于图5-1，它所示的是一个力传感器采集到的一些数据，实际上可以考虑任何类型的数据，但是在此仅考虑一个力传感器测量到的简单数据。

假设传感器不受力时，没有电压输出，那么描述这组数据的直线必然通过零点。图5-2（左）中的虚线显示了数据的最可能的直线拟合（最小二乘法的误差最小）。但是，观察这条直线，在测量的数据和描述数据的直线之间有很大的差异，因而这条直线的准确性有待提高。实际上，数据似乎并没有通过零点的趋势，因而这个拟合并不合理。

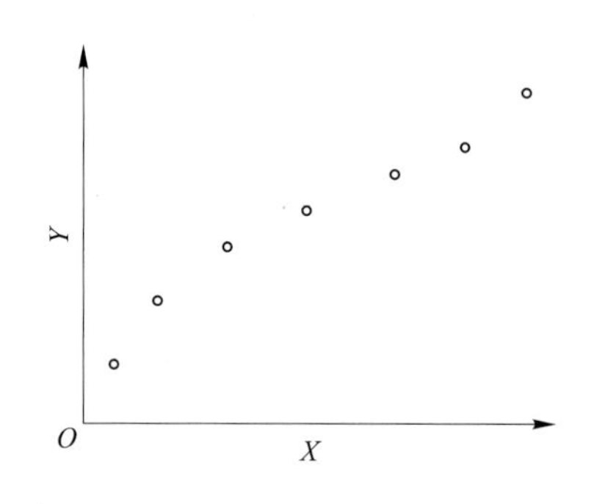

图5-1　用于最小二乘拟合的典型数据组

现在让我们假设不限制直线通过零点，再次拟合数据，如图5-2（中）所示。注意到得到的最佳拟合直线不经过零点，并且距离零点有一定的偏移。这将假设力传感器实际上在没有电压输出时就有一个负载。例如，这可能对应于一个预载荷。虽然这条直线看起来更适合这些数据，但测量数据和直线之间仍然有一些显著的差异。因而，需要考虑拟合是否要包含所有的数据在内。可能，测量的一些力小于传感器能够精确测量的值，并且测量可能还包含了本底噪声。同样，测量的一些力可能远超出传感器的量程，并且可能是错误的。

现在，如果拟合要排除最小数据点和最大数据点，如图5-2（右）所示，结果会如何？如果在获得有效数据点之前有一个最低阈值电压，或者传感器获得的有用数据有上限，那么排除这些数据点可能是必要的。这条曲线似乎对测量数据拟合得更好。注意到在整个估计过程中得到了三条不同的直线，它们都是实际测量数据的近似。很难得到确切的答案，但分析人员必须要确保所使用的数据代表了预期的结果。

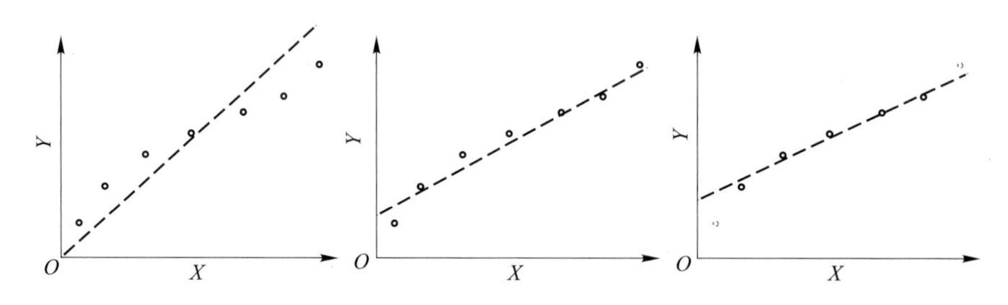

图5-2　直线拟合过零点（左）、带截距的直线拟合（中）和忽略了一些数据点的直线拟合（右）

事实上，并没有根据来假设这条拟合的线条是线性数学关系。如果用更高阶模型来拟合可能会更好地描述测量数据。注意到这需要分析人员自行决定模型的阶数，是否考虑对其他的影响进行补偿，以及在估计过程中包含哪些数据点。这些判断将导致对系统的特性产生严重不同的估计结果，模态参数估计时也是如此。

在执行模态参数估计时，分析人员必须决定与从测量的频响函数中提取模态参数相关的若干因素，如图5-3所示。分析人员必须确定以下内容：

- 模型的阶数。
- 要使用的数据量。
- 残余影响的补偿需求。

模型的阶数对于确定在选择的频带内可能存在多少阶模态来说是非常重要的。当使用

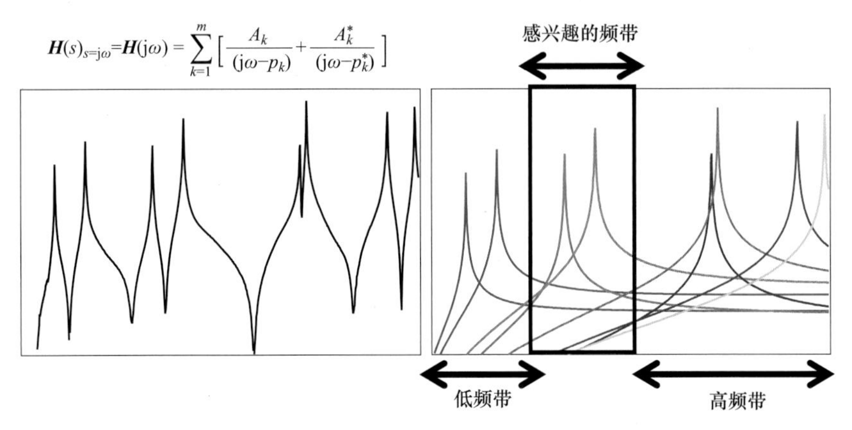

图 5-3　感兴趣的带宽和相邻带宽的曲线拟合示意

光标选择带宽时就确定了要使用的数据量，在模态参数估计过程中将包含这些数据点。最后一个要指定的项目是是否包括带外模态的影响，这些带外模态对带内的参数估计有贡献。

然后再回到刚才讨论的力传感器的直线拟合上来，同样的步骤将用于这些数据的直线拟合估计。分析人员需要决定是否要用直线或多项式来拟合数据（模型的阶数）。他们还需要定义要包含多少数据（需要使用的数据量），也需要决定是否需要考虑带外的影响（补偿残余项的影响），比如偏移。因此，用于最小二乘拟合数据的步骤与模态参数估计过程中使用的步骤是相同的（除了后者拟合数据的函数更为复杂外）。

这个观察过程从讨论关于每阶模态的几个非常基本的概念，它们的重叠，以及它们之间的关系开始。基本方程可以写成频域的部分分式形式：

$$\boldsymbol{H}(s)_{s=j\omega}=\boldsymbol{H}(j\omega)=\sum_{-\infty}^{+\infty}\left[\frac{\boldsymbol{A}_k}{(j\omega-p_k)}+\frac{\boldsymbol{A}_k^*}{(j\omega-p_k^*)}\right] \tag{5.1}$$

这里写的方程包含了系统所有的模态。但在这里的讨论，只给出了一个特定输入-输出位置 ij 的测量。

$$h_{ij}(s)_{s=j\omega}=h_{ij}(j\omega)=\sum_{-\infty}^{\infty}\left[\frac{a_{ijk}}{(j\omega-p_k)}+\frac{a_{ijk}^*}{(j\omega-p_k^*)}\right] \tag{5.2}$$

上面的函数可分解为三个与带宽相关的函数，其中一个与模态参数（$k=1\sim m$）提取的带宽有关，另外是感兴趣带宽两侧的下频带和上频带：

$$h_{ij}(j\omega)=\sum_{\text{下频带}}\left[\frac{a_{ijk}}{(j\omega-p_k)}+\frac{a_{ijk}^*}{(j\omega-p_k^*)}\right]+\sum_{k=1}^{m}\left[\frac{a_{ijk}}{(j\omega-p_k)}+\frac{a_{ijk}^*}{(j\omega-p_k^*)}\right]$$
$$+\sum_{\text{上频带}}\left[\frac{a_{ijk}}{(j\omega-p_k)}+\frac{a_{ijk}^*}{(j\omega-p_k^*)}\right] \tag{5.3}$$

观察图 5-3，在图 5-3 左侧显示的是测量数据的幅值，右侧显示了每阶模态的贡献，以及与这个方程相关的三个区域。这个方程描述了完整的测量，本质上是所有模态的总和，但它可以分解成三个不同的区域。当然，当对感兴趣的频带进行模态参数估计时，感兴趣频带外（低于感兴趣频带和高于感兴趣频带）的模态对感兴趣频带内的模态有影响。

为了补偿这些带外模态的影响，应包含残余项的影响。在感兴趣频带以下的模态实质上有质量影响，而在感兴趣频带之上的模态实际上有刚度影响（在模态理论章节讨论了这些质量和刚度的影响，在讨论单自由度模型时被称为质量线和刚度线）。在这同样也包含这些影响，在试图识别感兴趣频带内的模态参数时，应考虑带外其他模态的影响。

现在这个方程已经写成了这三个频带对应的形式，使用这个方程引入残余项：

- 低于感兴趣频带的低阶模态的质量影响。
- 高于感兴趣频带的高阶模态的刚度影响。

这个方程可以表示为

$$h_{ij}(\mathrm{j}\omega) = \text{下残余项} + \sum_{k=1}^{m}\left[\frac{a_{ijk}}{(\mathrm{j}\omega - p_k)} + \frac{a_{ijk}^*}{(\mathrm{j}\omega - p_k^*)}\right] + \text{上残余项} \tag{5.4}$$

图 5-4 所示为感兴趣的频带和残余项的影响。当拟合感兴趣的频带内的数据时，带外模态的影响对于成功拟合感兴趣频带内的数据是非常重要的。通常，残余模态（非提取的模态）的估计将作为这个处理过程中的一部分。这些残余模态对于提取感兴趣频带内的模态来说很重要，对于由选择的模态参数来综合或重建频响函数来说也很关键。虽然所有的商业软件都包含残余项作为曲线拟合处理的一部分，但并不是所有的商业软件都考虑保存残余模态和由模态参数综合得到的频响函数用于将来进一步的应用。这也可能导致测量数据与由模态参数综合出的数据之间不匹配。

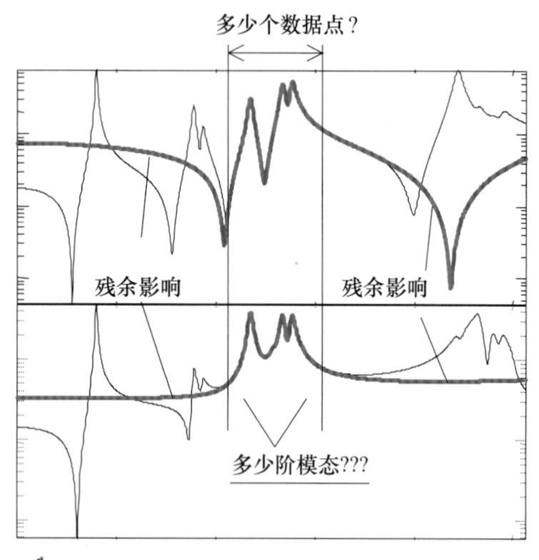

图 5-4　对典型 FRF 选择频带用于参数估计

5.2.2　模态参数估计方法分类

模态模型开发的基本理论可以写成许多不同的形式，但本质上所有的方法都是一样的。差异主要是由于测量数据不够理想造成的。

在最基本的近似中，频响测量可以分解为组成频响函数的模态分量，这些分量来自于等价的单自由度系统。因此，从分析的角度来看，只需要一个单自由度的近似。然而，从测量的角度来看，两阶密集模态之间可能存在显著的模态重叠，这将会影响单自由度方法精确提取到这些模态参数。因此，当模态分布密集，具有显著的模态重叠时，通常需要利用多自由度模型来提取有效的模态参数。因此，初级的近似可能同时需要单自由度和多自由度拟合来处理一系列的情况。

图 5-5 所示为两自由度系统由于不同原因造成的不同类型的模态重叠。图 5-5 中左数第一幅图所示的两阶模态分离很好，阻尼小。图 5-5 中左数第二幅图所示的两阶模态阻尼小，但彼此有耦合，耦合是两阶模态彼此之间相互接近造成的结果。图 5-5 中左数第三幅图所示的两阶模态阻尼大，两阶模态的重叠部分是由于系统的阻尼大造成的，而不是前一种情况下的模态接近。图 5-5 中左数第四幅图所示为两阶大阻尼、密集模态，如果不仔细观察，很容易被误认为是一个单自由度系统。接下来讨论图 5-5 中所示的 4 种不同的情

况，一次讨论一个，包含一个实际的测量和一个每阶模态的分解形式以展示各阶模态的贡献。在每种情况下，第 1 阶模态为蓝色，第 2 阶模态为红色。

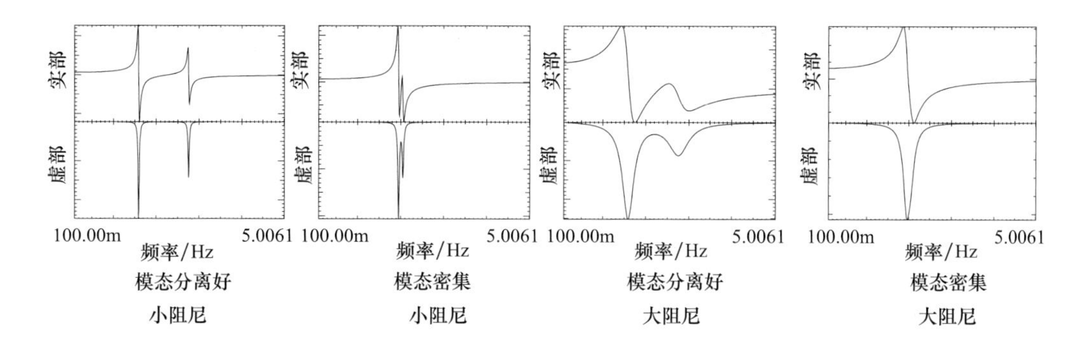

图 5-5　不同阻尼和密集度的两自由度系统的 FRF

图 5-6 显示了两自由度系统的频响函数，左侧为单个频响函数，右侧是每阶模态贡献的分解形式，这使得我们能够理解频域图中两阶模态之间的关系。注意到这两阶模态分离得很好，每阶模态都有明确的定义，并且彼此独立。注意到第 1 阶模态的虚部从 0 开始，上升到峰值，然后在出现第 2 阶模态的任何指示之前回到 0。第 2 阶模态也有类似的规律，频响函数的虚部在第 1 阶模态峰值之后从 0 开始上升，达到峰值，然后返回到零。这两阶模态根本没有重叠。在这种情况下，由于两阶模态之间的距离关系，可以很容易地对数据进行单自由度曲线拟合。

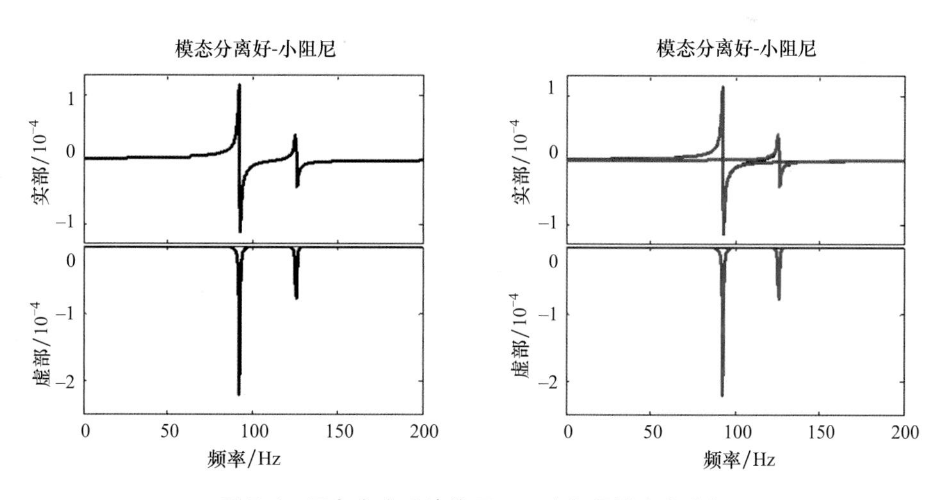

图 5-6　两自由度系统的 FRF：小阻尼模态分离好

图 5-7 所示为两自由度系统的频响函数，图 5-7 左侧所示为单个频响函数，图 5-7 右侧所示为每阶模态贡献的分解形式，这使得我们能够理解频域图中两阶模态之间的关系。对于这个频响函数，每阶模态与前面的例子具有相同的阻尼，但频率彼此更接近。立即检查频响函数的虚部，可以看出在第 1 阶模态与第 2 阶模态之间存在明显的重叠。在这种情况下，可以尝试使用单自由度曲线拟合，需要仔细选择光标位置，但实际情况是需要使用多自由度拟合，因为多自由度模型的阶数可以为拟合提供更好的近似。为这个数据建立单自由度拟合模型是很困难的。

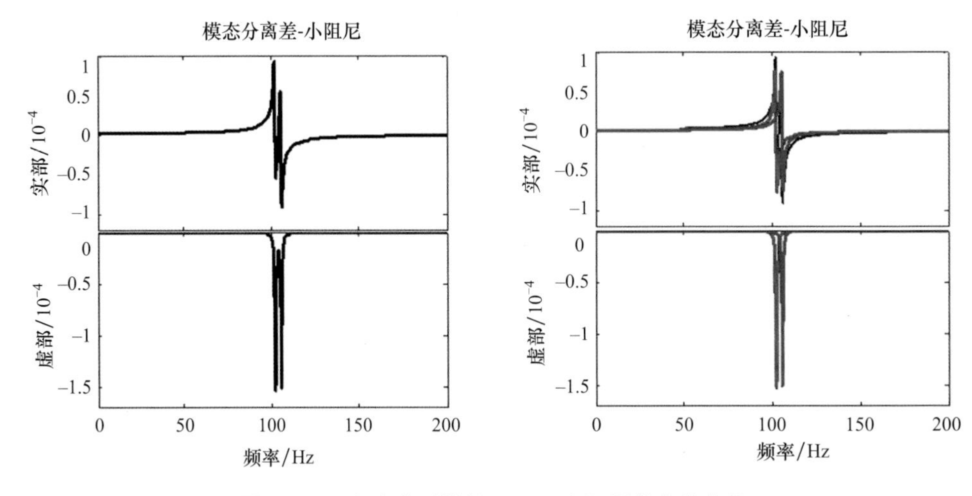

图 5-7　两自由度系统的 FRF：小阻尼模态分离差

图 5-8 所示为两自由度系统的频响函数，图 5-8 左侧所示为单个频响函数，图 5-8 右侧所示为每阶模态贡献的分解形式，与以前的情况相同。频率与第一种情况有相同的分离，但每阶模态的阻尼增加了，大阻尼使得模态重叠更加明显。在这种情况下，从频率上讲，模态是分离的，但是因为阻尼比前一种情况要大导致存在模态重叠。图 5-8 左侧清楚地显示了频响函数的重叠，图 5-8 右侧显示了第 1 阶模态和第 2 阶模态重叠显著。在模态分离好的情况下，可以用单自由度来估计模态参数，但是由于模态重叠，最终可能需要多自由度曲线拟合来提取有效的模态参数。特别推荐比较这两种不同方法的结果，以确定是否存在显著的差异。

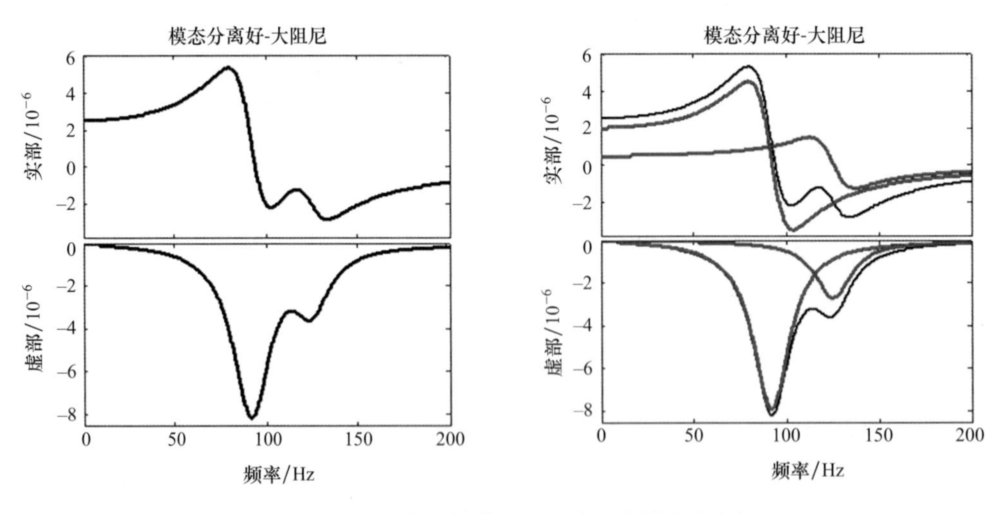

图 5-8　两自由度系统的 FRF：大阻尼模态分离好

图 5-9 所示为两自由度系统的频响函数，图 5-9 左侧所示为单个频响函数，图 5-9 右侧所示为每阶模态贡献的分解形式，与以前的情况相同。频率的密集程度与第二种情况相同，阻尼与第三种情况相同。现在，大阻尼和频率密集已经导致很难判断在频响函数中存在两阶模态了。这个例子非常有趣，因为这里似乎只有一阶模态。那么，如果在曲线拟合

时，模型的阶数只指定了一阶模态，结果怎样？在这种情况下，参数估计过程将只会产生一阶模态，结果很可能是该频段两阶模态的平均值。

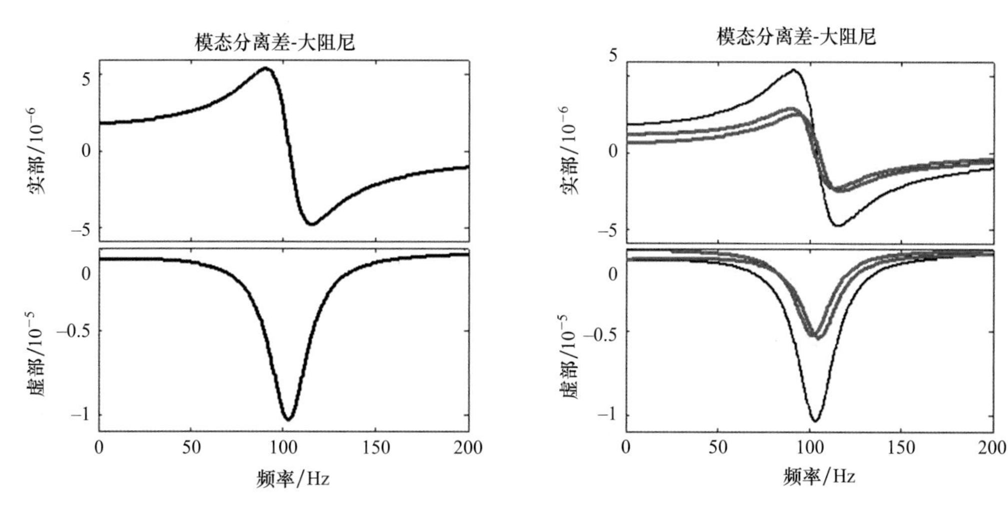

图 5-9　两自由度系统的 **FRF**：大阻尼模态分离差

现在，如果在曲线拟合的时候为分析带宽指定了两阶模态，又将怎样呢？模态参数估计过程将产生两阶模态，并可能产生两个精确的留数。使用多个商业上可用的曲线拟合算法对这个数据进行了拟合，通常所有的曲线拟合算法都能产生良好的结果。如果当且仅当在这个频带选择两阶模态，这至关重要，因为曲线拟合算法无法为分析人员猜测该频宽内存在多少阶模态。曲线拟合的底线是模态参数估计算法可以从这类测量中提取到有效的数据（如果数据测量完美）。曲线拟合通常不会有任何问题，更多的是采集的测量数据不够精确，或者包含太多的变化和噪声，从而不能提取到有效的模态参数。

接下来考虑用时域拟合还是频域拟合。由于方程可写成任意一个域的形式，那么模态参数估计也可以在任意一个域中进行。当使用时域时，方程可以表示为有阻尼、指数衰减的正弦波响应。当使用频域时，方程可以采用部分分式形式、极点-零点形式、多项式形式或其他等价形式。这两个域如图 5-10 所示。本质上，这些方程将被转换成另一种形式，这种形式将提供一些数值上的优势或数学上的技巧，使得处理方程能够效率更高或速度更快。在单自由度系统的两种表述中，系统的时域或频域特性都可以由系统的极点和留数来定义，而不考虑它所使用的域。假定在频域、时域和幅值上给出了无限分辨率，那么这两种形式的数据都没有区别，在任意一个域都能同等地提取到具有无限分辨率的参数。但是一般的规则是，非常小的阻尼系统在时域可以得到更好的描述，而大阻尼系统在频域可以得到更好地描述。

此外，测量的频响数据可以一次测量一个，或者一次测量一列数据，或者一次测量几列数据，这取决于它是如何获得的。数据也可以以相同的方式缩减：一次一个、一次一列，或一次多列。它们分别被称为局部、整体或多参考曲线拟合。接下来简要地描述每一种方法。局部曲线拟合主要在早期的模态试验使用，而现今很少使用。今天，整体曲线拟合和多参考曲线拟合在模态试验中占主导地位，但这些技术都有一个重要的要求，即数据必须以非常一致的方式采集获得到。

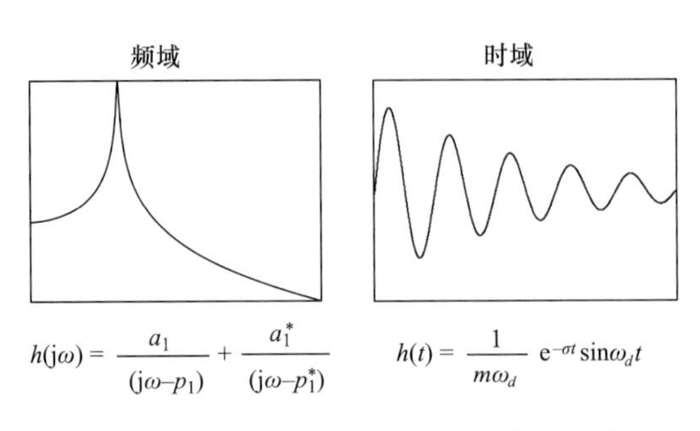

图 5-10　频域描述（左）和时域描述（右）

局部曲线拟合

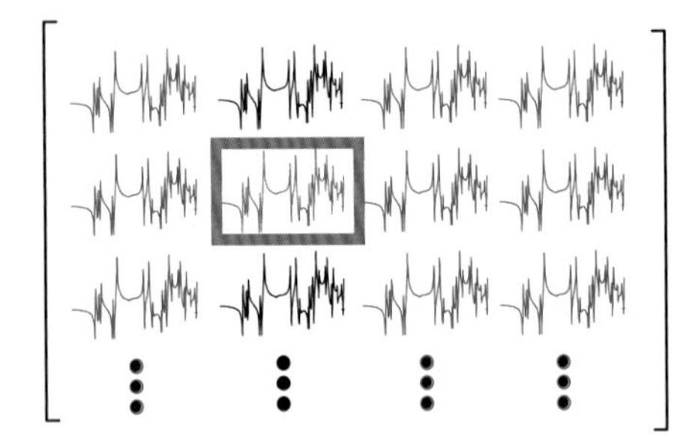

在局部曲线拟合中，可以从每一个频响函数中提取极点和留数，这个频响函数独立于频响矩阵中其他的频响函数。左边的频响矩阵显示了这一点。当从一个测量到下一个测量的频率和阻尼不保持恒定时，这个方法是非常有用的。

整体曲线拟合

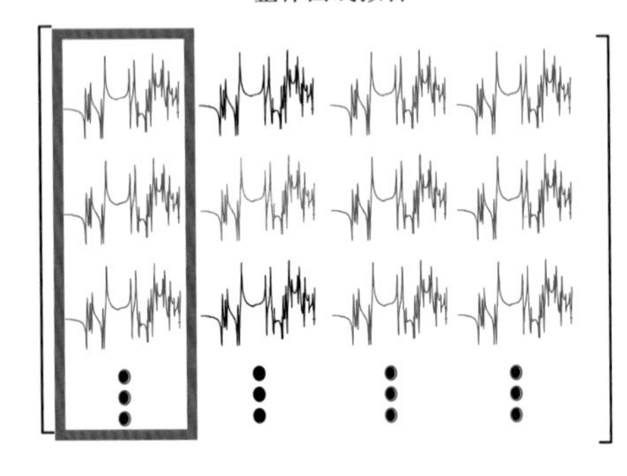

在整体曲线拟合中，一次极点估计是从全局角度使用频响函数矩阵的一行或一列中所有的或选定的一组频响函数，如左侧所示。然后在第二步中使用第一步获得的整体极点来提取留数。

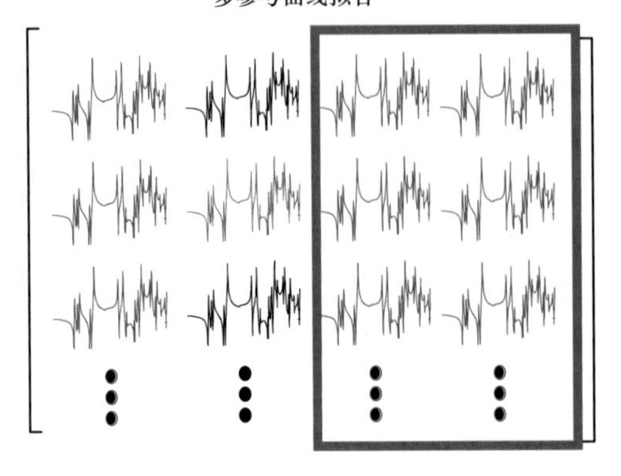

在多参考曲线拟合中，一次极点估计是从全局角度使用频响函数矩阵多行或多列中所有的或选定的一组频响函数，如左侧所示。然后在第二步中使用第一步获得的整体极点来提取留数。

5.3　模态参数提取

使用上面定义的一些基本概念，现在将讨论一些更基本的参数估计方法，之后将概述常用的方法。注意，这里只包含了总结性的方程和概念，详细的理论扩展已超出了本书的范畴。感兴趣的读者可以查阅已发表的论文，以了解每种常用方法的具体细节。

5.3.1　峰值拾取技术

早期开发出来的参数估计技术之一是峰值拾取法，该方法获得的系统留数是一种粗糙估计。倘若系统各阶模态之间分离得足够远，这个方法能给出系统留数的合理估计。通过峰值位置确定频率，通过半功率带宽法估计阻尼。如果是在系统的固有频率处估算频响函数，则留数可用单自由度系统近似：

$$h(\mathrm{j}\omega)_{\omega\to\omega_n}=\frac{a_1}{(\mathrm{j}\omega_n+\sigma-\mathrm{j}\omega_d)}+\frac{a_1^*}{(\mathrm{j}\omega_n+\sigma+\mathrm{j}\omega_d)} \tag{5.5}$$

对于小阻尼系统而言，由于有阻尼固有频率和固有频率近似相等，因此留数可以近似为

$$a_1=\sigma h(\mathrm{j}\omega)\big|_{\omega\to\omega_n} \tag{5.6}$$

本质上这意味着频响函数的峰值直接与留数（带一个系统阻尼的比例常数）相关。峰值拾取过程如图 5-11 所示。如果对结构上所有测点都进行评估，那么能得到模态振型的良好估计，这作为数据处理的第一步。虽然，总的说来峰值拾取方法并不是最精确的方法，但还是能对模态振型做一个良好的全面描述。通常，这种方法对于识别传感器的位置错误或方向不正确来说是非常有用的。有时，在进行更完整的测点测量和更完整的数据处理之前，测量一组缩减的测点可使用峰值拾取法快速地识别振型。

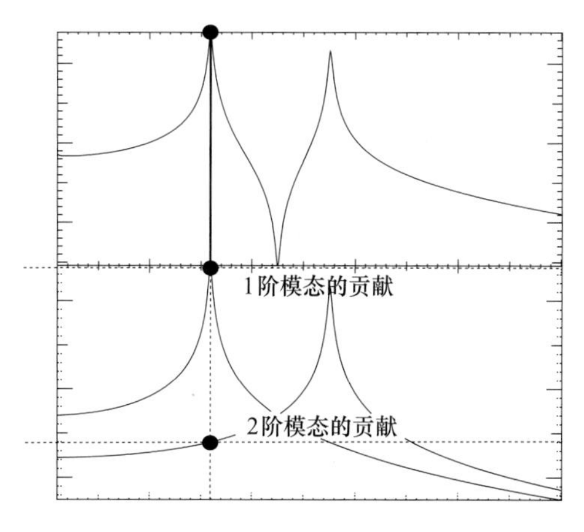

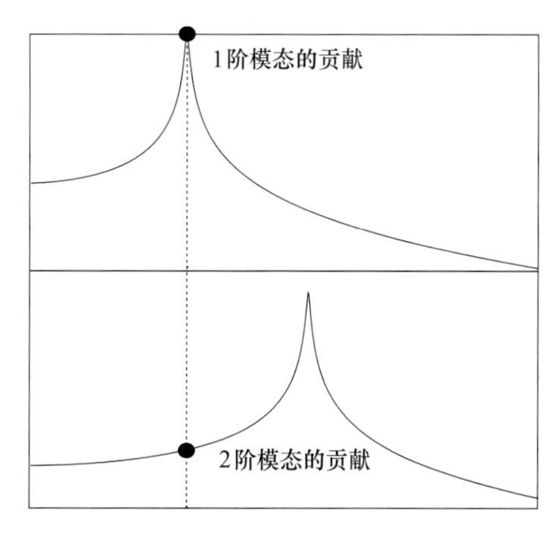

图 5-11　显示峰值拾取技术示意

5.3.2　圆拟合——Kenedy 和 Pancu

对于小阻尼、模态分离好的情况而言，单自由度近似是准确的。如果频响函数用复

数形式表示，那么在复平面（奈奎斯特平面）中，频响函数显示为一个圆，如图 5-12 所示。在这里我们引入响应测量，在这种形式下，一个圆的方程可以用最小二乘方法来提取感兴趣的参数，即极点和留数。频率由奈奎斯特图中显示的相邻两个数据点之间存在最远的距离确定。系统的阻尼可由半功率带宽法确定。留数 a_{ij} 可以近似于圆的直径。圆拟合是由于圆方程的简单性而开发出来的最早的数学提取技术之一。圆拟合的扩展能考虑到相邻模态的重叠，以及复杂的模态特征。虽然圆拟合很简单，但这种方法在模态测试中并不常用，因为通常情况下，模态的密集性使得这个圆拟合方法不适用于大多数系统。

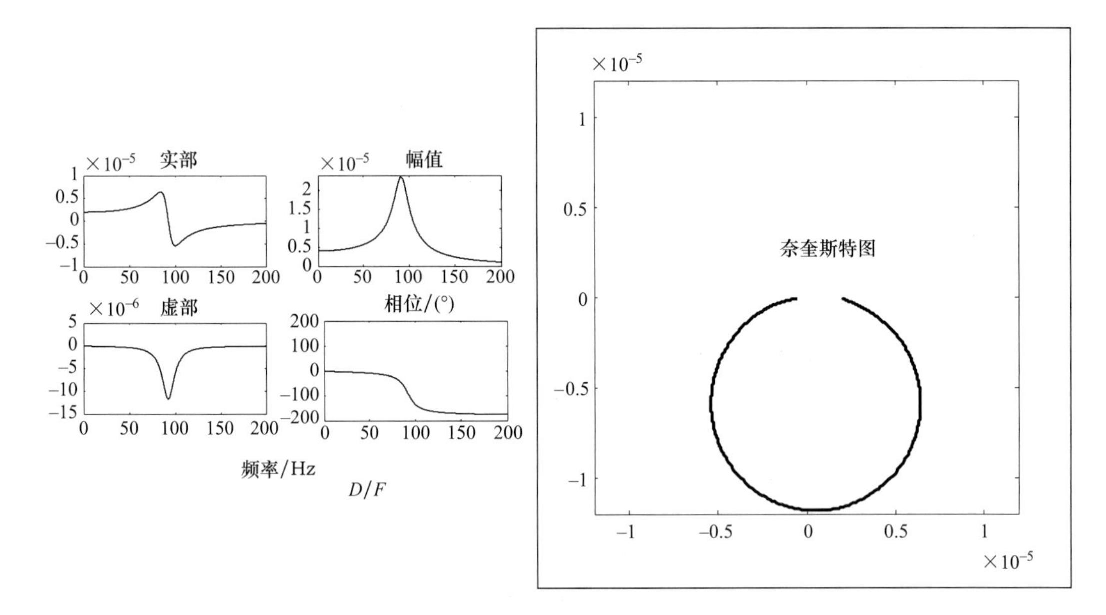

图 5-12　单自由度系统在奈奎斯特图（右）中的圆表征示意

5.3.3　SDOF 多项式

圆拟合技术的扩展之一是单自由度多项式频域方法。这个方法使用式（5.7）来估计参数：

$$h(s)=\frac{1}{(ms^2+cs+k)}\text{或}\ h(\mathrm{j}\omega)=\frac{1}{[m(\mathrm{j}\omega)^2+c(\mathrm{j}\omega)+k]} \tag{5.7}$$

利用这个技术，提取出来的参数是极点和留数。SDOF 系统的这种近似如图 5-13 所示。

5.3.4　带外模态的残余影响

模型中应包含其他相邻模态的残余影响，低阶模态有质量影响，高阶模态有刚度影响：

$$h(\mathrm{j}\omega)=\frac{1}{m\omega^2}+\frac{1}{[m(\mathrm{j}\omega)^2+c(\mathrm{j}\omega)+k]}+\frac{1}{k} \tag{5.8}$$

图 5-14 很好地说明了带有残余影响的曲线拟合。描述频响函数的完整方程和整个频

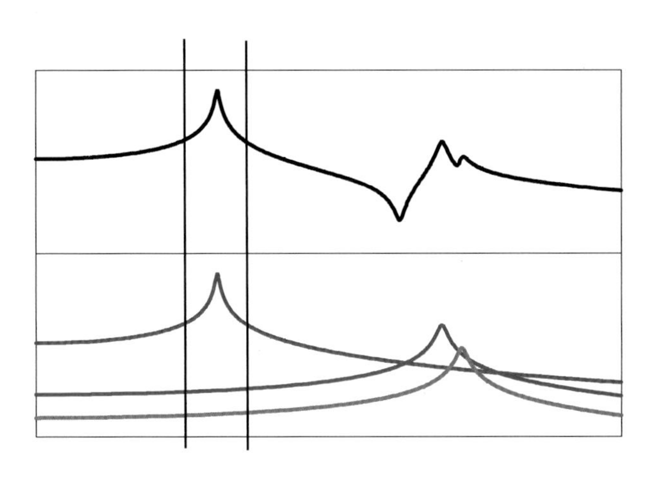

图 5-13　SDOF 系统的曲线拟合示意

率范围内每阶模态的贡献显示在图 5-14 的上部分。然而，当估计参数时，只使用感兴趣的带宽来估计参数。在这个例子中，红色的第 2 阶模态是感兴趣的模态，但是还有带外的第 1 阶模态（蓝色）和第 3 阶模态（绿色）的影响。由单自由度理论可以看出，低于共振频率的部分响应被认为是一种刚度效应，而高于共振频率的部分则被认为是质量效应。因此，在图 5-14 中下部分显示的感兴趣频带内第 2 阶模态占主导，第 1 阶模态（蓝色）在这个带宽内主要是质量影响，而第 3 阶模态在这个带宽内主要是刚度影响。因此，使用这些简单的影响可以很容易地处理出带外模态的影响。然而，这只是一种近似，模态越密集，这种近似就越不准确。

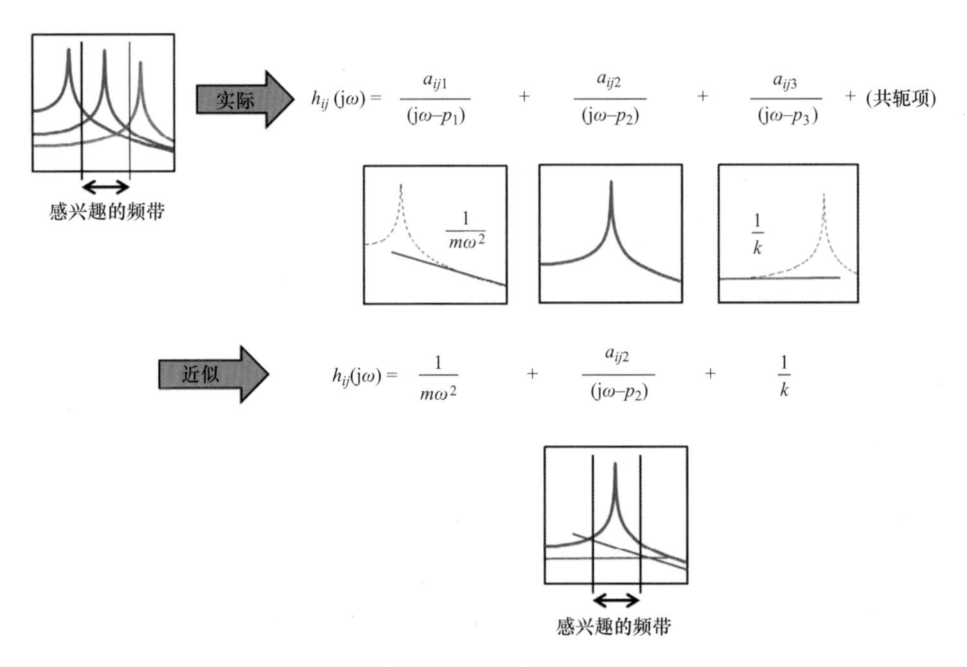

图 5-14　曲线拟合的质量和刚度的残余影响示意

5.3.5 MDOF 多项式

开发了一种扩展的 SDOF 多项式技术（MDOF 多项式技术）来处理多阶模态。早期的研究使用了各种不同形式的方程来处理数值问题，这是因为与多项式相关联的幂能产生宽的动态范围的数值。在最简单的形式中，方程可以写成部分分式形式：

$$h_{ij}(\mathrm{j}\omega)=\frac{a_{ij2}}{(\mathrm{j}\omega-p_2)}+\frac{a_{ij2}^*}{(\mathrm{j}\omega-p_2^*)}+\frac{a_{ij3}}{(\mathrm{j}\omega-p_3)}+\frac{a_{ij3}^*}{(\mathrm{j}\omega-p_3^*)} \tag{5.9}$$

其中，只有两阶模态（本例中的第 2 阶模态和第 3 阶模态）显示在图 5-15 中，如果需要，残余项也可以添加到这个等式中。

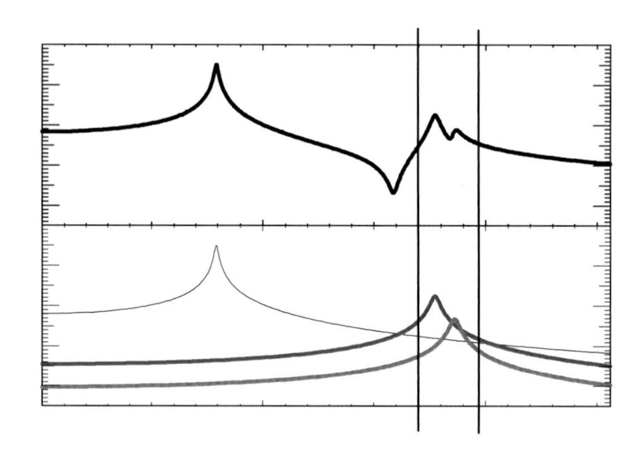

图 5-15　MDOF 系统的曲线拟合示意

显然，可以扩展这个方程去处理多个不同频段的模态。创建了这个多项式方程的多种变体，其中最常用的是有理分数多项式，它由分子和分母两种多项式形式表示。这个方法通常只适用于感兴趣频带内的只有少数几阶模态的情况。它利用正交多项式更适合对数据进行数值处理。这是一种非常流行的方法，仍然被商业软件广泛用于模态参数估计。

5.3.6 最小二乘复指数法

一种非常流行的方法是使用时域数据，系统时域响应形式为有阻尼的指数衰减的正弦响应。这是最早的时域技术之一，它只使用时域响应测量数据，对采集的时域数据进行分解以提取模态参数。最小二乘复指数可以写为

$$h(t)=\sum_{k=1}^{m}\left(\frac{1}{m_k\omega_{dk}}\mathrm{e}^{-\sigma kt}\sin\omega_{dk}t\right) \tag{5.10}$$

这个等式在模态分析中使用了一种稍微不同的形式。由于通常采集到的是频响函数，测量到的频域数据必须进行傅里叶逆变换，以获得这个方法所需的时域数据。图 5-16 示意性地显示了从频域变换到时域的过程。

这个变换本质上为最小二乘复指数模态参数估计过程提供了时域数据，这个方程可以写成求和的形式，如：

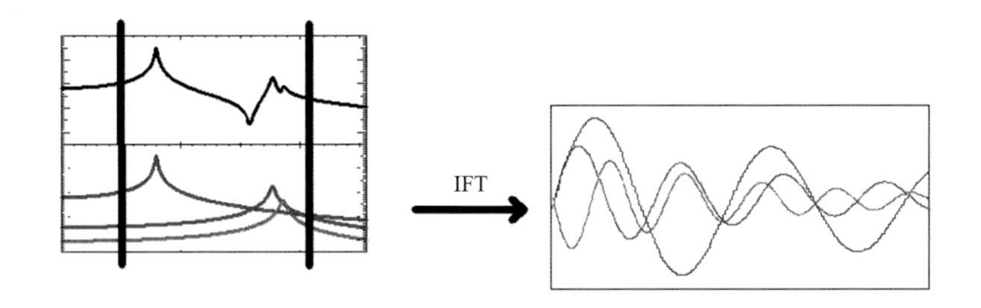

图 5-16　对 FRF 进行逆变换获得等效的时域数据

$$h(t)=\frac{1}{m_1\omega_{d1}}\mathrm{e}^{-\sigma 1t}\sin\omega_{d1}t+\frac{1}{m_2\omega_{d2}}\mathrm{e}^{-\sigma 2t}\sin\omega_{d2}t+\frac{1}{m_3\omega_{d3}}\mathrm{e}^{-\sigma 3t}\sin\omega_{d3}t+\cdots \tag{5.11}$$

通常，复指数按指数形式写出。在这种形式下，通过采样数据，可以将解写成 $2m$ 阶常系数的线性微分方程。得到的特征方程可以用最小二乘法对高度超定方程组进行求解。在将方程转化为归一形式的过程中，形成了一个紧凑系数矩阵，即协变矩阵，这个矩阵的秩用于使用最小二乘误差图或奇异值图方法确定模态数量。

这种方法是模态测试早期使用的第一个多自由度技术之一，它现在仍被应用于几种不同的曲线拟合技术中。该方法利用 Prony 算法求解方程组，使用 Toeplitz 方程来形成特征多项式，在此基础上利用 Vandemonde 方程进行模态振型提取。

与频域技术相比，该技术具有快速、稳定的特点，不会遭遇数值问题，通常可以处理多阶模态。与频域技术相比，时域技术不能包含残余项，在数值处理过程中需要指定合理的、附加的模态，这些额外的模态必须从系统真正的极点中筛选出来。早期模态分析的另一个困难是需要对数据进行傅里叶逆变换，而这些数据量被指定为 2 的幂次方。有时，逆变换可能包含时域泄漏，这对结果有影响。然而，今天的计算机速度更快，可以使用 DFT，以减少时域的泄漏影响。

5.3.7　时域和频域估计的高级形式

上面给出的模态参数估计技术有助于引入一些简单的概念，这些方法是当今可用的商业软件所使用的高级技术的基础。理解这些基础知识可以帮助读者理解更高级的技术，而不必过于深入地涉及数学和理论的开发。有大量的研究和论文阐述了这些技巧，感兴趣的读者可以参考。

5.3.8　通用的时域技术

其他的时域技术扩展了上面描述的复指数法。例如，Ibrahim 时域法和多参考最小二乘复指数法利用了脉冲响应方程的变体。

$$\boldsymbol{h}(t)=\boldsymbol{V}(\mathrm{e}^{\Lambda t})\boldsymbol{L} \tag{5.12}$$

通常，这些技术提供系统极点的整体估计，并且可以使用单参考或多参考数据进行估计处理。这个方程和最小二乘复指数法有相同的基本信息，上面讨论的所有问题都适用于它。

5.3.9 通用的频域技术

其他的频域方法扩展了上述的多项式技术。如最小二乘频域法、正交多项式法、频域参数辨识等方法利用有理分式、部分分式或简化的运动方程的一些变体来描述问题。基本方程为

$$h_{ij}(\mathrm{j}\omega)=\sum_{k=1}^{m}\left[\frac{u_{ik}L_{jk}}{(\mathrm{j}\omega-p_k)}+*\right]+UR_{ij}+\frac{LR_{ij}}{\omega^2} \tag{5.13}$$

这本质上与用部分分式形式写成的方程是相同的，包含上、下残余项来补偿带外的影响。注意到这个方程是用模态振型而不是留数来表示的（这本质上是等价的，可回顾理论部分所讨论的内容）。另一件要注意的事情是分子上的留数是用稍微不同的形式来写的。但是，它等价于理论部分的方程，除了将参考点的模态振型值和比例常数 q 的值组合在一起形成一个新的术语，称为模态参与因子。

$$u_{ik}L_{jk}=q_k u_{ik}u_{jk}=u_{ik}(q_k u_{jk}) \tag{5.14}$$

模态参与因子确定了每个参考点相对于彼此的大小。由于模态参数提取过程中使用的高阶多项式的性质，这些方程可能会成为病态方程。可利用正交多项式的许多不同的类型来改善数值处理问题。

5.3.10 时域和频域表示的一般考虑因素

通过写出一般的时域和频域方程可以更好地理解时域和频域曲线拟合的一些基本差异。

时域表示由脉冲响应函数组成，用于描述方程组的所有项的阶次（或幂次）均为1，即

$$h_{ij(n)}(t)+a_1h_{ij(n-1)}(t)+\cdots+a_{2n}h_{ij(n-2N)}(t)=0 \tag{5.15}$$

在频域表示中，描述方程组的所有项都被提升为幂项，这会导致很宽的动态范围，直接影响到数据的数值处理。

$$[(\mathrm{j}\omega)^{2N}+a_1(\mathrm{j}\omega)^{2N-1}+\cdots+a_{2N}]h_{ij}(\mathrm{j}\omega)=[(\mathrm{j}\omega)^{2M}+b_1(\mathrm{j}\omega)^{2M-1}+\cdots+a_{2M}] \tag{5.16}$$

因此，观察这些方程，很容易理解频域技术的数值问题和动态范围。频率提高到 $2N$ 次方，因此对于多阶模态的宽带，这些项将变得非常大，在数值处理数据时会造成困难。必须对方程进行数值调节，不同的曲线拟合采用不同的方法来实现这一目的。虽然时域技术不会这么复杂，但是时域技术不能同频域技术一样包含残余项的影响。

5.3.11 模态参数估计的其他方面

虽然这些方法通常被称为“曲线拟合”，一个更合适的描述是“模态参数估计”。曲线拟合一般涉及系统辨识，任意多项式都可以用于拟合数据。这与模态参数估计要做的事有所不同。有一个基本的假设，即描述系统的方程可以用二阶微分方程（或拉普拉斯变换）来表示。基本特征可以用极点和留数（或频率、阻尼和模态振型）来表示，极点和留数来自于模态空间的近似，所有的模态都可以写成对被测频响函数的单独贡献，同时假设方程是一个线性、时不变的方程组。因此，无论是使用时域还是频域方法，单自由度近似还是多自由度近似，都是测量系统响应的一种很好近似。图 5-17 所示的原理图做了很

好的诠释。这些方程可以写成极点和留数的部分分式形式（或任何形式），也可以写成模态振型的形式（代替留数）。极点定义了系统的频率和阻尼。当以模态振型形式表示时，对于系统的每一阶模态而言，频响函数的幅值直接与输入位置的模态振型值和输出位置的模态振型值的乘积相关。模态参数估计的目标是从测量数据中提取极点和留数（或模态振型），测量数据所使用的方程是线性时不变系统的二阶微分方程。

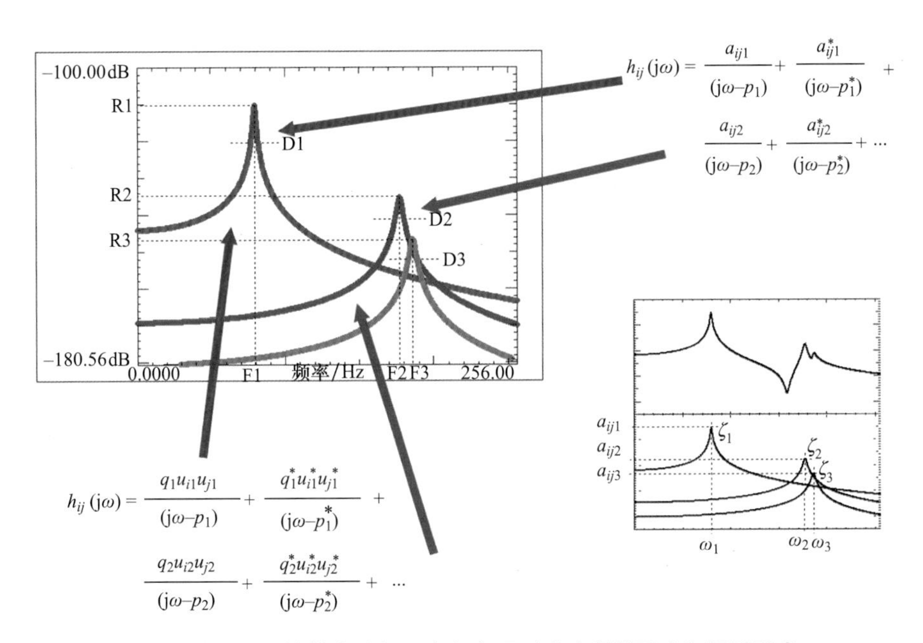

图 5-17　**FRF** 按模态分解，方程表现形式为留数形式和振型形式

5.3.12　模态参数估计的两个步骤

目前常用的模态参数估计方法有两个步骤。

第一步，使用一组频响函数来获得系统的极点。一旦确定了极点，那么方程中将使用这个极点作为系统的一个固定或整体参量。理论表明频响方程中有一个值表示极点，而这个值与特定的输入输出测量位置无关。因此，极点应该首先被估计出来，然后锁定它的值。

第二步，利用频响方程中确定的极点来估计留数，由频响函数给出模态振型。当然，这里的含义是测量的数据中的每阶模态对应的极点确实需要成为一个整体参量。这就非常严格地要求测量的数据应该是以能够具有这种效果的方式来获得。这也是当今所有商业软件中所采用的方法。

目前常用的传统实验模态分析方法主要有：

- 时域复指数法。
- 多参考时域法。
- 有理分式多项式。
- 正交有理分式多项式法。
- 多参考频域法。

5.4　模态识别工具

模态参数估计并不是一件容易的事，尤其是当测量的数据质量不是很高时。极力推荐获取高质量的测量数据。但即使是高质量的数据，有时识别模态也很困难，特别是当有密集模态或在窄的带宽上有多阶模态的复杂响应时。有几个工具可以帮助识别数据中的模态。集总函数、多变量模态指示函数、复模态指示函数和稳态图是常用的工具。接下来讨论这些工具，然后讨论参数提取的验证工具。

5.4.1　集总函数

从测量数据中确定提取的极点数量时，存在几个指示函数。第一种方法是检查测量的频响函数，在频响数据中寻找峰值。然而，当存在密集模态或重根模态时，确定极点数量就变得很困难。

所有测量的频响函数的总和，称为增强的频响函数或集总函数（SUM），将倾向于突出数据中存在的模态峰值。然而，密集模态或重根模态使得集总函数无能为力，因此，这意味着这个工具仅当模态间隔较远的时候才有用。集总函数如图 5-18 所示。

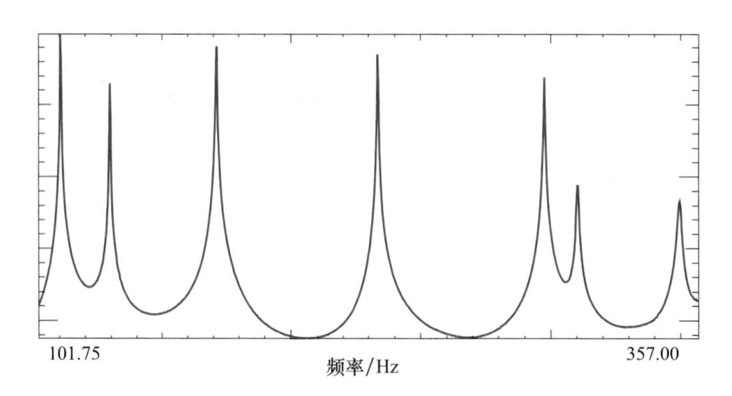

图 5-18　集总函数在有限带宽上显示的几个峰值

5.4.2　模态指示函数

另一个工具被称为模态指示函数（MIF），可以用频响函数的实部和虚部来表示：

$$MIF = \frac{\boldsymbol{F}^{\mathrm{T}}\boldsymbol{H}_R^{\mathrm{T}}\boldsymbol{H}_R\boldsymbol{F}}{\boldsymbol{F}(\boldsymbol{H}_R^{\mathrm{T}}\boldsymbol{H}_R + \boldsymbol{H}_I^{\mathrm{T}}\boldsymbol{H}_I)\boldsymbol{F}} \tag{5.17}$$

这个函数可以用于多参考数据组，多参考数据中每个参考点对应一个 MIF，如果只存在一个参考点，那么将只有一条 MIF。这个函数的下降处意味着在那个频率处有一阶模态。MIF 工具比集总函数有更清晰、更具辨识度的模态指示。这是因为 MIF 公式使用了测量的频响函数的实部，而频响函数的实部在共振区域展示了非常迅速的变化。

如果存在多个参考点，则有多条 MIF，该函数称为多变量模态指示函数（MMIF），主 MIF 在结构每阶固有频率处都有极小值。其他的 MIF 在重根模态或伪重根模态处才有极小值。高阶 MIF 在频率上不会下降，除非主 MIF 在这个频率处有下降。图 5-19 显示了两个参考点的 MMIF，因此有两条 MIF，注意到二级 MIF 在主 MIF 下降的几个相同频率处也有下降，这表明在这个频率上有两阶模态。

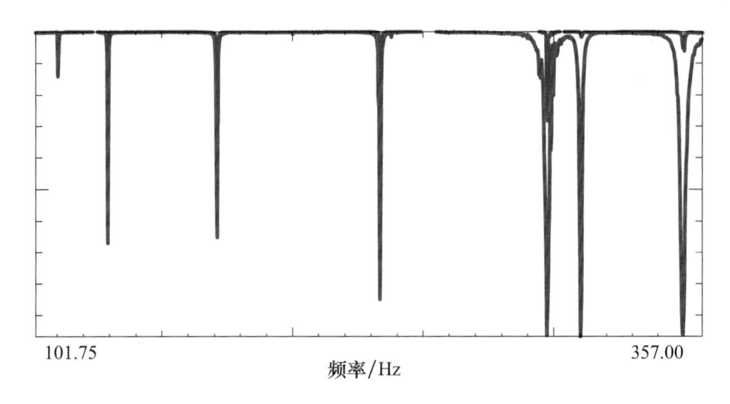

图 5-19　在有限的带宽内 MMIF 显示了一些下降（主 MIF 用蓝色表示，二级 MIF 用红色表示）

MMIF 是一种更精确的模态指示工具。然而，前提是假设频响函数的实部在共振频率处的值为零。如果测量有一些失真，或者在测量中有一些相位信息（与非真实的实模态或复模态相关），那么 MMIF 可能无法准确地识别这些模态。

5.4.3　复模态指示函数

另一个工具称为复模态指示函数（CMIF），它由频响矩阵的奇异值分解确定：

$$\boldsymbol{H}=\boldsymbol{U}\begin{pmatrix}\ddots & & \\ & \boldsymbol{S} & \\ & & \ddots\end{pmatrix}\boldsymbol{V}^{h} \tag{5.18}$$

CMIF 是每条谱线的奇异值图，当在某个频率处有一阶系统的模态时，它将上升为一个峰值。频响矩阵中每个参考点对应一条 CMIF 曲线。第一个或主 CMIF 将在系统中的每个模态频率处达到峰值，通过其他的 CMIF 曲线可以观察到重根模态或伪重根模态。图 5-20显示了一组数据的 CMIF，其中数据包含重根模态，或者有密集模态。这些模态如图 5-20 中的箭头所示。当其他的 CMIF 出现峰值时，但不是第一个 CMIF 上升到峰值的频率之一时，这时会令人迷惑，实际上这些位置并不是模态的指示，而是数值结果，这些频率是所谓的交叉频率，在本书第 2 部分有关这些技术的实际应用中，我们将进一步讨论。

5.4.4　稳态图

从模态测试和模态提取的早期开始，一旦对某一频段的模态数量进行了估计，那么用于对感兴趣频段进行时域模型拟合的工具之一就是最小二乘误差图。随着模型中假设的模态数目的增加，可以观察到最小二乘误差将是模型中假设的模态数目的函数。数据中模态的数量由曲线的拐点确定，在此模态的数量相对于误差有明显的变化。在这个过程中生成的协变矩阵也可以用奇异值分解法进行分解，以确定方程组的秩，并将其绘制成一个误差图或奇异值图。奇异值图的解释比误差图更直观。随着模型假设的阶数越来越高，真实的结构模态将收敛到一个稳定的数量，而噪声或计算模态将在图中以不一致或随机的方式出现。

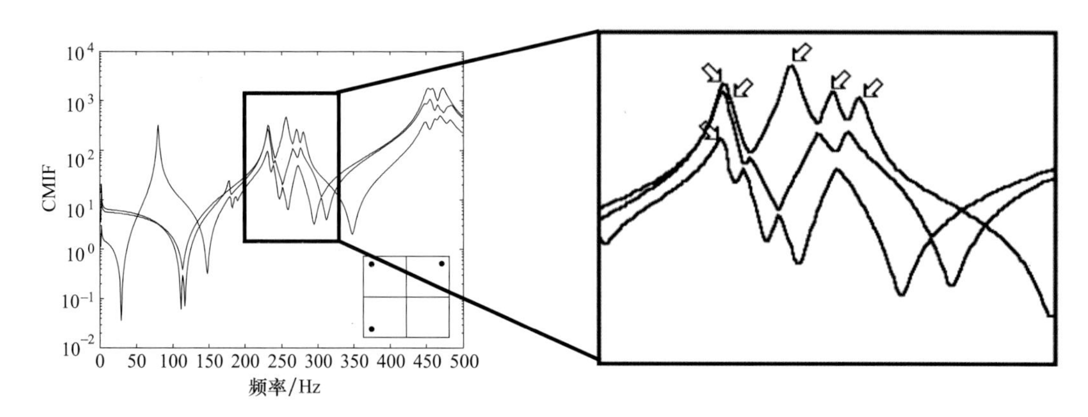

图 5-20　三个参考点的 CMIF 指示了多个根

现在更流行的方法是使用这个信息的稳态图。这种方法用更高阶的模型来拟合，将所有这些信息合并到一个图中。随着极点收敛于“稳定的根”，图中包含了确定各种信息的标记，这些信息与根或极点的连续性有关。一般来说，频率、阻尼和向量的精度是可以选择的。通常情况下，稳态图会与集总函数、模态指示函数或复模态指示函数一起显示。图 5-21所示为 20 世纪 90 年代集总函数的一个稳态图。但是在讨论这个问题之前，我们需要更简单地讨论一下这个图表。

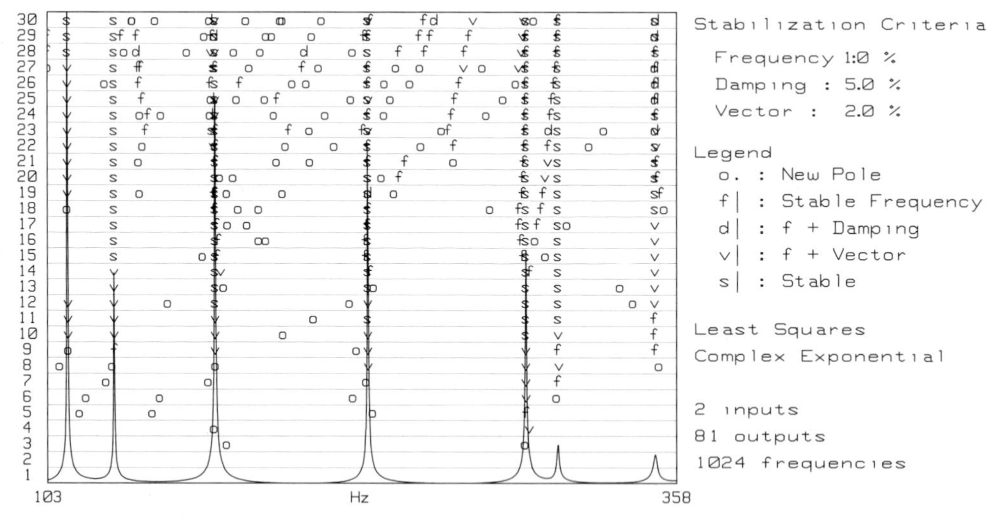

图 5-21　20 世纪 90 年代集总函数的稳态图

稳态图是朝着简明扼要地描述系统极点方向迈出的一大步。在 20 世纪 90 年代和 21 世纪初，稳态图用频域曲线拟合或时域复指数曲线拟合。基本的思想是，选择模型的阶数来拟合数据并计算极点。（注意，这里使用的术语与 LMS 软件的表述相同，其他软件可能使用其他符号，但它们都是相同的通用表述。）

如果发现极点，则用字母“o”标记。然后增加模型的阶数，重新计算极点。如果发现是相同的极点，那么这个极点就会被标记如下：

- 如果频率与前一次计算的模态频率相同，误差在 1% 以内，那么它就会被标记为“f”。
- 如果模态向量与前一次计算的模态向量相同，误差在 2% 以内，那么它就会被标为“v”。
- 如果阻尼与前一次计算的模态阻尼相同，误差在 5% 以内，那么它就会被标记为“d”。
- 如果频率、振型向量和阻尼都与前一次计算的模态频率、振型向量和阻尼相同，误差分别在 1%、2% 和 5% 以内，则标记为“s”，表明它在规定的误差范围内达到了稳定值。

1%、2% 和 5% 的误差范围通常被认为是合理的，但如果需要的话可以改变它们。

为了首先介绍稳态图，图 5-22 给出了一个更为简单的例子。这个结构的很多阶模态彼此都间隔很远，但是数据也包含了密集的根。集总函数、MMIF 和 CMIF 分别显示在图 5-22的右边，稳态图显示在中间，在 MMIF、CMIF 图和放大的稳态图区域中可观察到这个伪重根模态，局部放大的稳态图显示在图 5-22 的左边，它清楚地表明数据包含两阶不同的模态。经过仔细的调查，集总函数显示了所有的峰值，但不能区分密集模态。然而，MMIF 和 CMIF 二者都指明了数据存在密集模态。现在带 CMIF 重叠显示的稳态图显示了非常令人信服的稳定极点。甚至局部放大有两阶间隔很近的模态的区域，能清楚地描述系统稳定的极点。这个数据质量很好，极点选择起来并不困难。这组数据来自于多参考点锤击试验，并且所有的数据都是按非常一致的方式采集的。

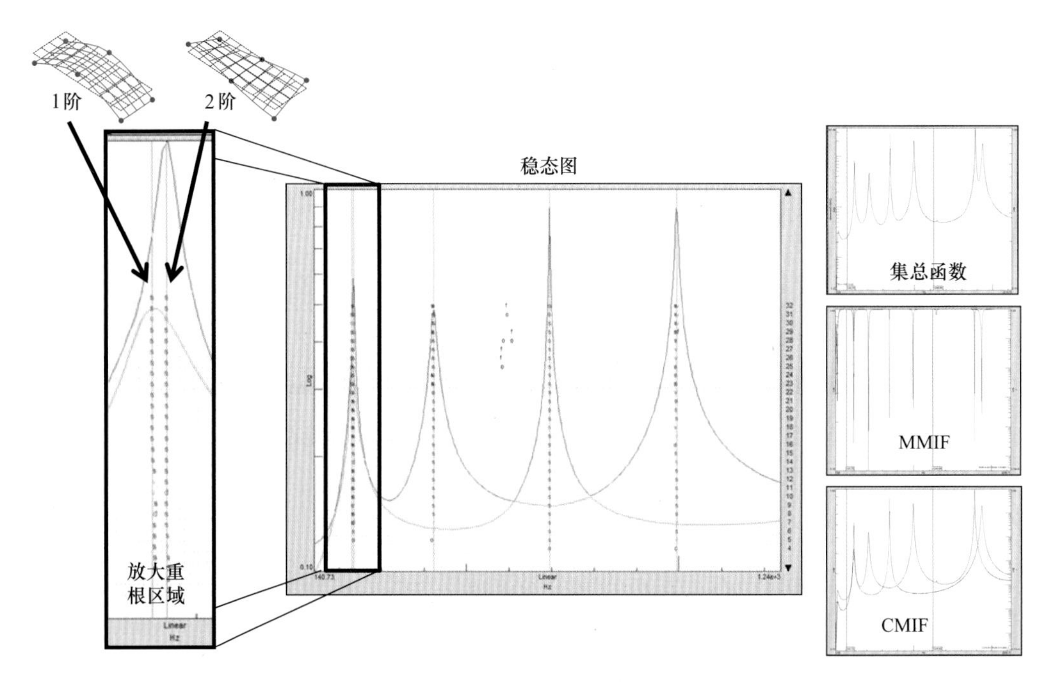

图 5-22　带有伪重根模态的集总函数、MMIF、CMIF 和稳态图

经常，在稳态图中选择哪个“s”是正确的令人感到迷惑。有关这方面有许多“都市传说”。最简单的答案是，任何“s”值都在确定的误差范围 1%、2% 和 5%之内。所以选

择任何“s”都符合要求。通常人们都有一定的经验法则，但是他们通常没有任何技术上的论证。

在20世纪90年代，一个典型的稳态图提供了有用的信息，但是这个技术仍然有一些其他模态的指示。虽然这个方法对于显示数据已经向前迈进了一大步，但是对不同子频带的数据进行筛选和处理还有大量的工作要做。提取模态仍然是一项烦琐的工作。一个复杂的稳态图用于处理来自加拿大航天局雷达卫星的数据，为了提取出结构所有的模态，需要进行大量的审查，这个稳态图如图5-23所示。显然在图5-23中有很多阶模态非常明显，但也有很多阶模态不是很明显。20多年前，所使用的方法是将数据分解成几个更小的频带去进行筛选，以便在那个频带内只包含与该频带模态相关的最佳测量。例如，该结构的前20~30阶模态主要是水平弯曲模态，几乎没有垂直响应。包括所有的垂直测量更倾向于破坏水平方向极点的提取，因为测量本身存在显著的差异。一旦将这些垂直方向的测量移除，数据筛选只包含与水平方向相关的测量和参考，那么数据就变得更加易于管理，极点也更加明显。但在21世纪头十年的中期，数据处理有了一些改进，这样能更好地处理数据中的噪声和差异，这使得数据处理有了显著的改善。

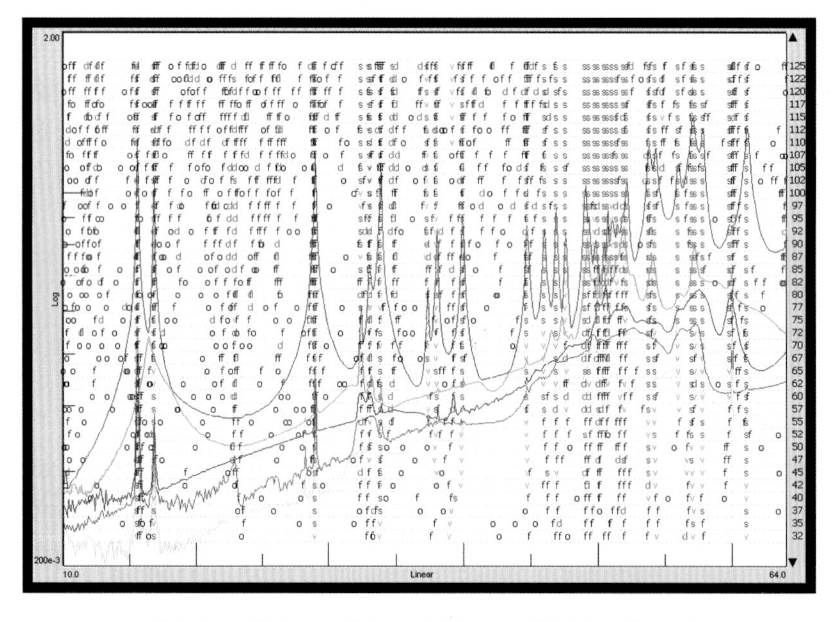

图5-23　1993年加拿大航天局雷达卫星测试的稳态图

5.4.5 PolyMAX

模态参数估计处理在引入一套新的模态参数提取方法后取得了突破性的进展。LMS是第一个引入称为“PolyMAX”技术的公司，在几年内，所有主要的商业软件都有类似的技术。虽然基本的方程组本质上保持不变，处理和理解该方程组的哪些部分对噪声敏感或哪些部分不敏感，使得我们在使用稳态图时有了更清晰的认识。对于感兴趣的读者，有很多关于这个主题的论文可供查询。

为了能够显示出PolyMAX方法的显著对比，仍使用加拿大航天局雷达卫星数据来提取模态参数。图 5-24 所示为 PolyMAX 的稳态图，它与图 5-23 所示的稳态图使用完全相同的数据组。与之前的技术相比，极点的清晰度更突出。自引入以来，PolyMAX 方法已经成为模态参数估计的主流方法。

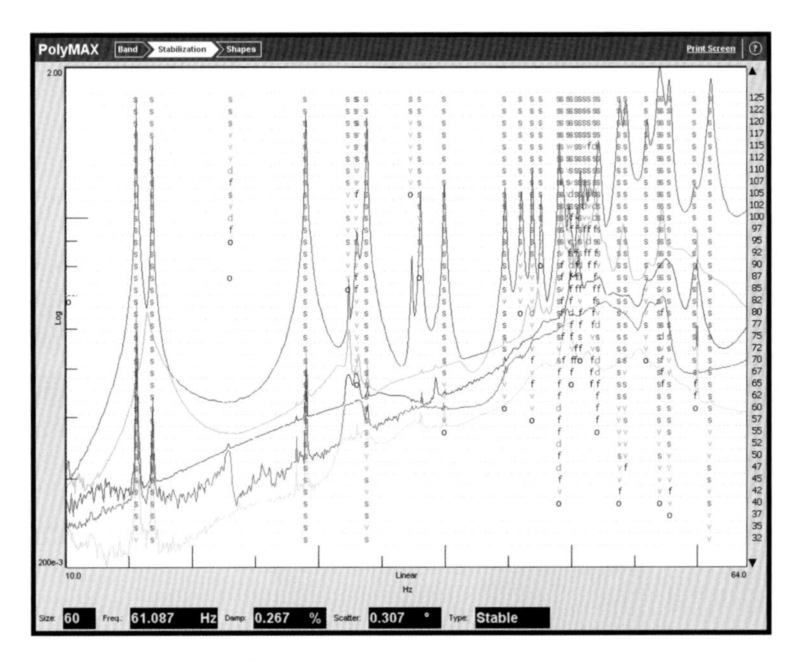

图 5-24　21 世纪头十年的中期用 PolyMAX 分析加拿大航天局雷达卫星测试时的稳态图

PolyMAX 模态参数估计方法是一种突破性的工具，已被广泛使用，并主导着模态数据的缩减，至少对研究人员来说是如此。事实上，对于极点的描述非常清楚，可以看出现在数据中还有许多其他不明显的模态。以前，这些都隐藏在计算模态后面，并没有被认为是重要的模态，主要是因为它们对测试工程师来说很少是显而易见的。

5.5　模态模型验证工具

一旦提取到了模态参数，还需要进一步数据处理以帮助验证提取到的参数。有一些技术可以帮助验证模态模型，接下来将讨论这些技术。两个最重要的工具是通过提取的参数重构测量数据（FRF 综合）和模态置信准则验证振型的相关性。

5.5.1　使用提取的参数综合频响函数

在几个较小的频带上提取到模态参数后，利用提取的极点和留数信息去综合频响函数，然后将其与实测的频响函数进行比较，以确保提取的参数是准确的。

当进行曲线拟合时，第一阶段是很重要的，要确保所使用的模型充分描述了测量数据。图 5-25 所示为一个具有强方向性模态的结构的两个频响函数。这些特定综合的频响函数来自于两个方向的跨点频响函数，这样使得综合频响函数更加困难。虽然数据存在噪声和变化，但测量的 FRF 和综合的 FRF 总体上一致性较好，即使存在噪声和跨方向模态的影响。

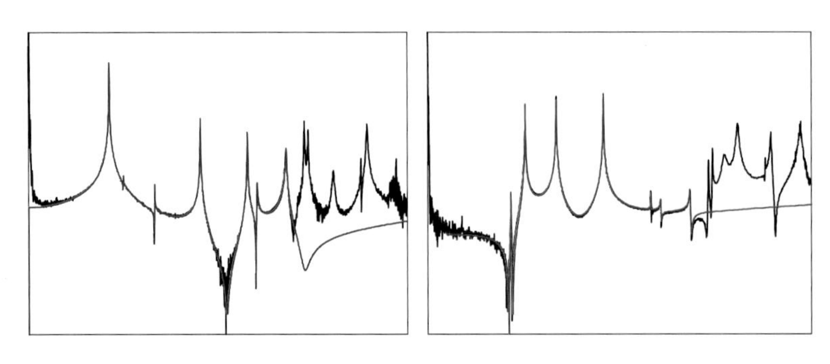

图 5-25　强方向性模态的结构两个跨点频响函数的综合比较

这只是曲线拟合过程得到的结果。然而，为了完全覆盖更宽的频率范围，当选择几个窄频带时，为了综合原始的测量函数，需要包含这些窄频带的模态和留数项。图 5-26 所示为联合几个频带上的模态的总体处理过程示意。为了正确地综合整个频带的频响函数，每个频带的模态需要集成为一个完整的模态结果，同时还需要第一个频带段的下残余模态和最后一个频带的上残余模态。

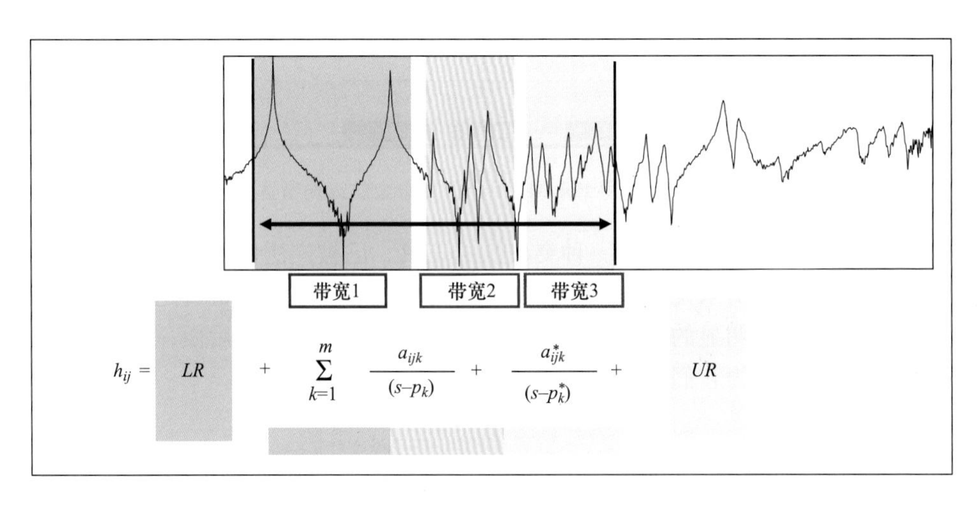

图 5-26　联合频带 1 ~ 3 的模态（极点和留数）及频带 1 的下残余项和频带 3 的上残余项去综合频响函数

为了说明这一点，仍使用加拿大航天局雷达卫星的模态数据，从测量数据中提取到的参数去综合两个不同的频响函数，如图 5-27 所示。图 5-27a 所示为一个综合的频响函数，可以观察到系统有许多局部和整体模态。图 5-27b 所示为一个主要为整体模态的综合频响函数。对于这两个频响函数，综合的与实测的频响函数一致性好。

5. 5. 2　模态置信准则

模态置信准则作为一个向量相关性工具，用来检验从一个实验模态测试估计到的不同模态向量之间的相似程度或一致性，这个工具已经被广泛使用了几十年，并且已经扩展到与分析模型的比较。在这里，范围仅限于比较实验模态向量结果。

因为不同的试验模态向量提取可以使用不同的模态参数估计技术，或从频响矩阵不同

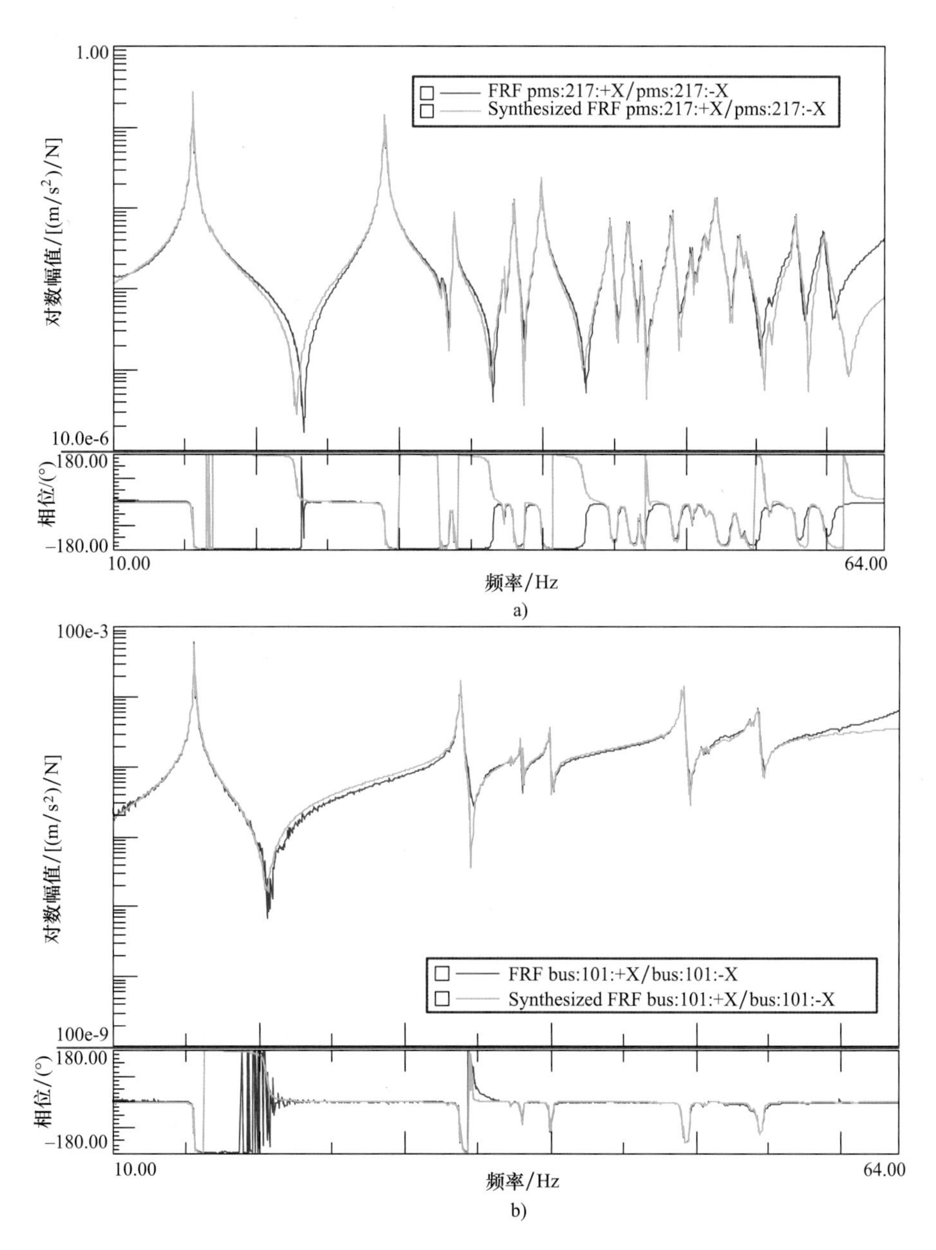

图 5-27　加拿大航天局雷达卫星的驱动点频响函数综合对比

a）有局部和整体模态　b）主要为整体模态

的行或列，或从完全不同的模态试验，因而，开发了模态置信准则（MAC）用来确定不同模态向量之间的相关性水平（或缺乏相关性）。MAC 计算公式为

$$\mathrm{MAC}_{ij}=\frac{(\boldsymbol{e}_i^{\mathrm{T}}\boldsymbol{e}_j)^2}{(\boldsymbol{e}_i^{\mathrm{T}}\boldsymbol{e}_i)(\boldsymbol{e}_j^{\mathrm{T}}\boldsymbol{e}_j)};\ \mathrm{MAC}_{ij}=\frac{(\boldsymbol{e}_i^{\mathrm{H}}\boldsymbol{e}_j)^2}{(\boldsymbol{e}_i^{\mathrm{H}}\boldsymbol{e}_i)(\boldsymbol{e}_j^{\mathrm{H}}\boldsymbol{e}_j)} \tag{5.19}$$

一个公式用于实模态向量，另一个用于由幅值和相位表示的复模态向量组成的数据。当 MAC 值接近 1 时，表明这两个向量非常相关。当 MAC 值趋于 0 时，表明这两个向量非常不相关。注意到 MAC 与相干函数计算方式相同。

MAC 可能小于 1 的原因有很多。一些典型的原因可能是

- 提取的模态向量彼此不同。
- 用于比较的向量可能包含噪声。
- 向量可能受测量数据的非线性影响。
- 表征振型的测点数量不够。

MAC 是一个优秀的工具，应该经常使用，但是需要仔细地对数据进行解释。本书的其他部分包含了一些应用实例，将进一步讨论 MAC。

作为了一个例子，将对两个模态试验执行 MAC 分析，在两个测试中，同一个结构的支承方式略有不同，用以说明 MAC 的一些特性。用 CrossMAC 来分析这两个模态数据组。注意到前两阶模态在两个测试之间交换了顺序，这显示了相关性的结果，MAC 如图 5-28 所示。显然，边界条件对这种情况下的模态顺序有显著影响。

			支承角点				
	阶数		1	2	3	4	5
		频率/Hz	231.82	232.11	423.44	694.33	996.99
支承中点	1	230.11	0.47	96.18	0.19	0.04	0.43
	2	233.32	97.12	0.01	0.02	0.37	0.03
	3	422.16	0.02	0.30	99.73	0.00	0.31
	4	695.12	0.33	0.04	0.00	99.83	0.11
	5	995.69	0.01	0.23	0.37	0.09	98.93

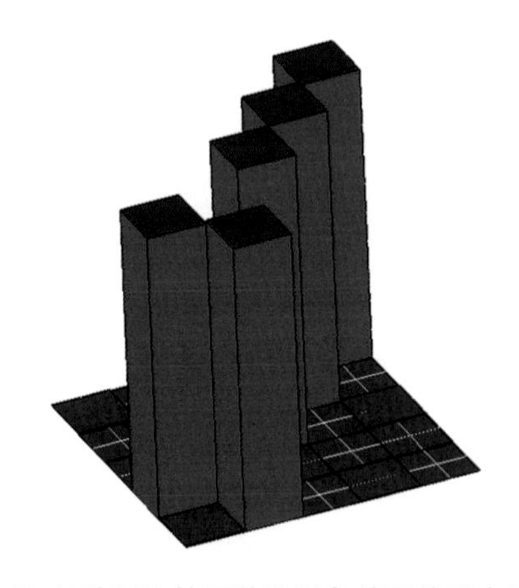

图 5-28　用 MAC 表和 3D 矩阵图比较两种边界条件下的两次不同模态试验的模态振型

5.5.3　模态参与因子

模态参与与每个参考自由度相关，且当使用多参考点时才有意义。它是一个加权函数，取值在 0～1。当考察这些因子时，一个参考自由度下的每阶模态有一个模态参与值。这有助于确定选择的参考点是否合适。这也表明了哪个参考点主要激起了哪阶模态。低参与值对应的模态参考点对于模态参数估计处理可能作用不大，更重要的是，当使用模态指示工具时它们可能会产生不利的影响，当估计系统的极点时，可能需要将它们排除在可用数据之外。

5.5.4 模态超复杂性

模态超复杂性（MOV）是响应自由度的一个加权百分比，遵循质量增加时，频率向下偏移的规律。因此，单位MOV值是想要的值，而低MOV值表示小于期望的结果，这可能是由一个有噪声的模态向量引起的，或者是表示模态实际上不是系统的真实模态。

5.5.5 平均相位共线性和平均相位偏差

平均相位共线性（MPC）是对在模态向量中存在多大的相位散射的一种评估，记得正则的实模态的模态振型的分量与其他分量要么完全同相位，要么完全反相位。因此，正则的实模态MPC值应该接近于1，较低的值表明存在相位差。平均相位偏差（MPD）表示模态向量中存在的相位散射量，正则的实模态的平均相位偏差应该接近于零。然而，需要着重注意的是，MPC和MPD都只对那些模态是正则的实模态的系统有用。它们对模态有一些复杂性的系统来说并不是很有用，因为这样的系统在模态振型中，存在相对的相位。

5.6 工作模态分析

在此之前，只讨论了传统的实验模态分析技术。为了说明清楚所有的方面，一个通用的输入-输出配置如图5-29中的矩阵所示，图5-30中显示了所获得的测量。这表明一次传统的模态试验要获得输入力、输出响应和相应的频响函数，图5-30中有两个参考点，用矩阵形式和测量频谱图示意性地显示，作为一个测量概述。

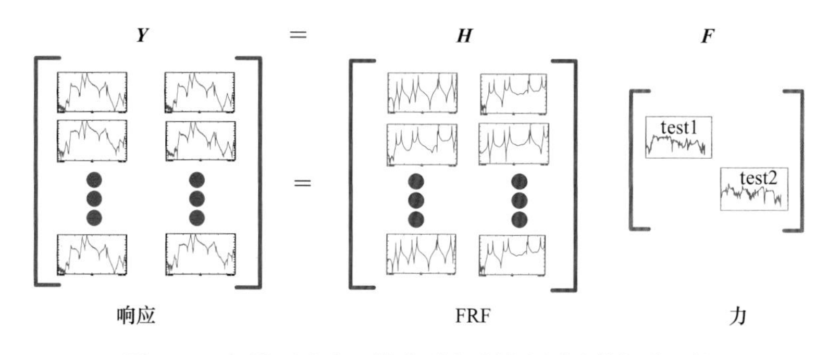

图5-29 矩阵形式表示的典型实验模态测试的频响函数

在过去的十余年中，为了使用结构处于工作状态下的工作数据来提取模态参数，已经做出了大量的工作。这些类型的模型通常被称为“只有输出”的系统。从安装在结构上的传感器获得测量数据，但是没有测量用来计算频响函数的激励力，而通常传统的模态测试要测量激励力。为了采集频域数据，一般都是由一个单参考点或多参考点使用参考响应传感器来计算互谱。因此，当结构处于运行状态时，可以获得类似于频响函数矩阵的互谱矩阵。图5-31所示为一个典型的工作模态配置，这有许多测量点被指定为输出点（黑色表示）。这些测点的一部分被指定为参考点（蓝色表示），请注意，为了说明目的，只显示了少数的频谱。

工作模态分析有几个显著的优点。它分析结构在其固有的状态，利用处于工作状态下

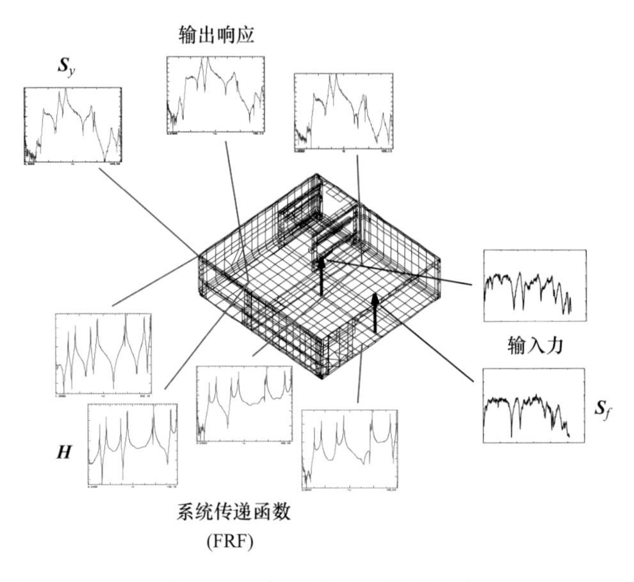

图 5-30　典型的实验模态配置

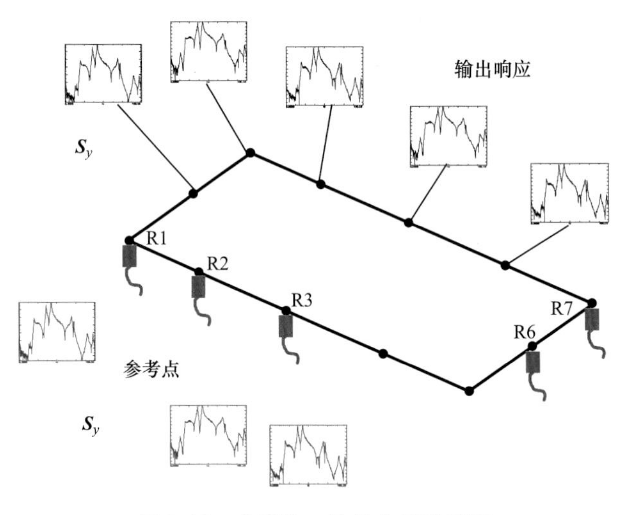

图 5-31　典型的工作模态测试配置

的实际边界条件和真实环境下的实际激励。的确，相比实验室测试，这是优势。对于非常大型的结构而言，这可能是获得这些模态参数的唯一方式，因为用常规技术不能激起这样的结构。结构不能搬进实验室进行测试，实验室中也不能模拟实际工作状态的边界条件和设置，也不能使用结构实际工作中所受到的实际作用力来激励结构。这些都是采用这种方法进行测试的令人信服的理由。

然而，一个重要的考虑事项是，没有实际的方法来确定系统的所有模态是否被激起，从而提取到系统的所有模态。当然，很多人会认为，如果一阶模态没有被激起，因为工作载荷不能激起它，那么这些模态就不重要。但是，如果数据要用于其他模拟或相关性分析，那么系统的所有模态都是需要的，而不仅仅是系统在特定的工作条件下的部分响应。

另一个困难是，相同的“明显的”工作条件往往会产生不同的变形模式，这是无法解释的。因此，运行模态分析有一些基本的假设需要首先说明，这样才能清楚地了解这种方法的优点和不足。

测量的响应是由于某种未知的力引起的，这些未知的力作用在一些离散位置（如安装点）或者作用在结构的很大一部分上（如风荷载）对结构进行激励。测量由这个未知力引起的响应，可以通过平均响应得到互谱（相对于一个固定的响应点或多个固定的响应点），但是只测量响应。图 5-32 所示为一个互谱测量的示意，未测量的力谱和未测量的频响函数也同时显示以表明未知的力需要能够充分激起所有模态的响应，如果不能激起所有的模态，那么系统所有模态的响应可能不能清楚地观测到。注意到输出频谱有几个显著的峰值，对应于第 3 阶和第 4 阶模态，但在低频段，小的输入力激励系统引起的输出响应也非常小。显然，如果这个力没有包含足够的频率成分，那么系统的重要模态可能无法充分激起来，在数据中观察不到它们。当然，如果任何一个激励力作用于模态的节点处，那么这些模态在响应中肯定观察不到。当然，在本书讨论的传统模态测试中，这一点非常明显。

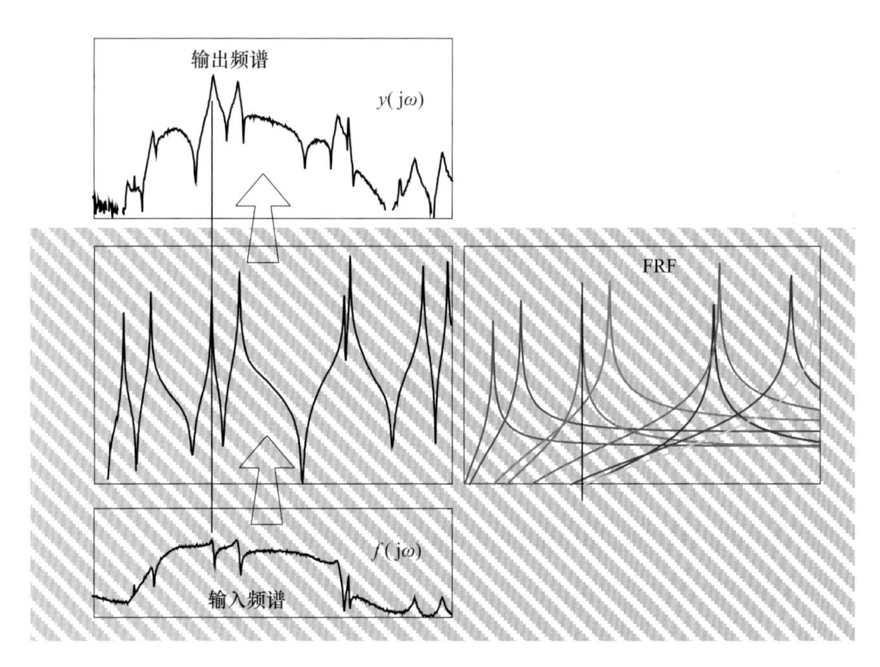

图 5-32　一个互谱测量的示意

现在，让我们根据参与的力来确定只有输出的系统的基本前提。

对于任何只有输出的系统与激励系统的力相关的基本假设是：

- 力谱是宽频带且光滑的。
- 力谱是不相关的或者是弱相关的。
- 力作用在整个结构上。
- 力在空间和时间上是随机的。

这组假设在现实中很难实现，也没有办法真正验证所有这些条件都是满足的。

所以这些假设暗示力谱需要看起来与激振器或锤击激励的实验模态测试中的力本质上

相同。这也是一个非常重要的假设，因为所有传感器测量位置的输出响应可以归一化为这个假设的力谱，然后这个数据开始看起来非常像传统的频响函数。这很好，因为所有传统的模态参数估计技术可以很容易地演变成所有现有的时域和频域模态参数估计技术。因此，如果未知的激励力满足这个条件，那么测量的响应可以使用传统实验模态测试中的大多数典型的分解技术进行分解。如果所有这些条件都满足，那么工作模态分析可以产生系统模态很好的近似。

当今工作模态分析常使用的一些模态参数提取工具有：

- Ibrahim 时域方法。
- 特征系统实现算法。
- 随机子空间识别法。
- 频域分解法。
- 自回归频域模型。
- 多参考频域方法。

毫无疑问，随着开展更多的研究，这些只有输出的方法将会变得越来越好。本书的第 2 部分会介绍只有输出的系统的一些工作模态分析和数据缩减实例。

5.7 总结

本章介绍了模态参数估计的基本概念。以一个简单的两自由度系统为例，讨论了单自由度和多自由度技术之间的差别。描述了使用时域和频域表达的相似性，也描述了局部曲线拟合、整体曲线拟合和多参考曲线拟合技术。最后，简要介绍了常用的技术，描述了模态识别工具和模型验证工具。

第二部分

试验模态测试实践中的注意事项

第6章

试验设置的注意事项

进行试验模态测试的原因或目的有很多。通常，用于确定结构动态特性的模态测试是为了与有限元模型进行对比；或者用于识别结构关键特性以便设计团队重新设计或改进现有设计；有时候仿真分析需要这些试验测试数据；其他情况下，试验测试可能是特定合同要求的一部分。但是通常，进行试验测试是因为被测结构运行有问题，而我们并没有该结构的模态模型。此时，进行模态测试可洞悉结构的不同频率和模态振型，无论该结构是原型机还是正在运转的设备。简单地说，进行一次模态测试的原因很多，而且通常这些原因会促使测试以一种非常规的方式进行。但是理解为什么要进行测试，有时候比测试本身更重要。更关键的是，要确保参与试验的每个人都清楚这个试验能不能解决手头上的问题。有时，问题就会出现在这里：很多人可能会说他们对模态测试有所了解，但可能理解得还不够深入。

重要的问题是测试设备的可用性、测试成本以及其他制约测试的物理条件。然而，测试可能不能完全按照想要的测量、配置和需要考虑的其他一些事项等执行。通常有一些行政约束不允许进行全部想要的测试。或者，测试人员可能还有其他项目和测试任务、没有人能一直参与所需要的全部测试等。有时，缺少数据采集通道无法按照想要的配置进行试验，不得不通过分批测试来获取数据。最重要的是：是否有足够的预算来进行所需的测试？

虽然这些注意事项似乎超出了本书讨论的范畴，但现实情况可能是必须要选择一部分测试的注意事项进行考虑。当进行模态测试时，这是一个需要考虑的重要问题。但是每个人会问的主要问题是“我们为什么要做这个测试?”，而你可能会问他“你为什么要问为什么?”，有时你会发现，这个问题的答案反映了有些人对从测试中采集或提取的信息有完全不同的理解。

一个最基本的问题是试验最重要的输出结果是什么：

- 是模态频率吗？
- 是模态振型吗？
- 是模态阻尼吗？

也许在这些输出结果中只有一个是非常重要的，而其他的只是有用的信息。或者所有这些结果都是同等重要的。这个问题对所进行的测试、所使用的仪器和数据缩减分析有非常重要的影响。

另一个通常很难回答的关键问题是模态测试的结果如何与整个系统的系统级响应和性能表现相结合。通常，需要为模态测试提供大量的细节，而子部件的模态试验结果对系统的总体性能表现没有显著影响，但在进行测试时却不知道这一点。系统级和部件级需要的精度等级可能是不同的。这就意味着，有时使用不太严格的要求获得的测试结果对于部件级来说是足够的，这样可以进行一个更简单的测试（并且测试成本大幅降低）。

所有的测试参与者都应当讨论测试目的和对象，这样在数据缩减分析和提供测试结果时就不会产生误解。这会涉及几个事项。这些事项没有特定的顺序，有些主题可能会出现在下面的多个标题下。需要强调的一些非常简单的主题是：

- 感兴趣的频率范围。
- 使用的传感器。
- 提取的模态数量。
- 使用的激励技术。
- 测点数目。
- 内部组件的详细程度。
- 怎样配置被测结构。

在讨论每一个主题时，笔者将根据个人 40 余年的经验，提供一些产生困难或奇怪结果的案例。有些主题可能与测试设置的注意事项直接相关，但这里讨论的一些主题包含的一般信息在其他章节中可能不会过多涉及。

6.1　测试方案

测试方案是模态测试的一个重要组成部分。它有助于指导试验的进行，并确保采集到所有需要的测量数据。测试方案是基于整个测试内容双方共同商定的。即使常规测试也应当有测试方案，以便每个人都知道采集到的数据足以满足项目需要或合同要求。有时，既定的测试可能会轻微改变，“我们总是这样做”不是一个可取的操作方式，特别是模态测试作为合同内容的一部分时。

测试方案对确定如下信息非常有用：

- 测试范围。
- 感兴趣的频率范围和需要的频率分辨率。
- 需要获取的模态阶数。
- 需要的测点数目。
- 采集数据的顺序。

- 需要获取的特定或独特的测量。
- 确定提供给用户的数据格式。
- 需要提供服务的机构数量（当涉及多个机构时）。
- 指定测试的时间节点。
- 离开测试场地前需要完成的关键事项。
- 测试报告需要包含的特定信息。

这似乎是额外的工作，并且浪费时间，但已经证明测试方案是非常有价值的文档，即使是最简单的试验模态测试。测试方案有助于让每个人都明白测试内容、范围和预期结果。虽然测试方案不是提交给客户的必要内容，但是这个需要编制的额外文档能确保工程师和技术人员协同地进行测试工作。

6.2 需要多少阶模态？

通常，人们真的不知道一次模态测试需要识别多少阶模态。有些时候，只需要识别少数几阶就足够了，但太多时候，仍然需要识别很多阶模态，这可能“只是为了安全起见”。但是，很多测试会要求获取非常明确的模态阶数，有时是强制性的。这些确定的模态阶数通常是服务合同要求的一部分。虽然合同要求的模态阶数可能很明确，但并不意味着它们确实需要这么多的模态。如果没有明确的指导方针，那么工程师必须真正理解应用场合和载荷情况，以便做出正确的判断。了解激励频率范围是必要的，以便于确定频率范围和模态阶数，这些对系统总响应有显著的贡献。

虽然要获取的模态总数很重要，但更重要的问题（实际上是更大的问题）是如何安装测试件进行测试：

- 完全固支的边界条件。
- 自由-自由边界条件。
- 按实际安装或夹具模拟安装。

边界条件对测试和必须考虑的频率范围产生显著的影响。这些考虑事项将引出几个需要回答的重要问题：

- 因为0Hz真的不存在，多自由才算自由边界条件？
- 因为无限刚度的边界条件是无法实现的，固定多紧才算是固支边界条件？
- 夹具模拟实际安装效果怎么样？
- 夹具的动力学特性与待测件相互作用有多严重？

很多模态测试是在所谓的“自由-自由”边界条件下进行的，但是现实中这样的边界条件是不可能实现的。通常，人们试图提供一种测试设置使模态接近0Hz。然而，只有有限元模型可以得到纯0Hz的刚体模态。但是，主要的目的是试图获得一种测试设置使得近似的六个低频刚体模态与系统的弹性模态分离，这样二者就没有太多的动力学耦合。但是，有许多系统的弹性模态接近刚体模态，没有办法分离它们。如果有限元模型可用，则可以用有限元模型来研究支承系统对待测结构的近似刚体模态的影响。这对理解弹性模态和刚体模态之间可能存在的动力学相互作用是非常有帮助的。虽然这里提到了这样的模型，但绝对不可能有一个像纯自由-自由边界条件的有限元模型，因为现实中这不是一个可能的测试配置。如果有的话，有限元模型就应该对用于试验模态测试的支承条件进行建模，从而为获得系统最真实的配置提供指导。如果要将测试数据与有限元模型进行比较，如相关性研究是工作的一部分时，这个工作将必不可少。

如果没有有限元模型可用，那么应该进行一些前期工作，以明白支承系统对弹性模态的影响。如果这种结构是由蹦极绳悬挂的，那么可以进行两个测试：一个是单根蹦极绳悬挂，另一种是两根蹦极绳悬挂。这样，刚体模态就应该有明显的移动。更重要的是，蹦极绳刚度的变化可能会对系统的弹性模态产生影响。如果弹性模态频率没有明显的偏移，那么刚体模态可能对弹性模态的影响不显著，结果更可信，即支承条件对待测弹性模态几乎没有影响。

但即使是最软的支承条件，支承的物理位置也会对模态顺序产生影响。使用一个常用于学术研究的结构作为简单的例子进行说明，它有密集的低阶弯曲和扭转模态，这些模态会受到支承方式的影响。虽然接下来显示的边界条件是非常规的，但从这两个测试设置中可以反映出模态顺序互换的影响。对于第一个测试设置，非常软的支承放在结构的角点上。对于第二个测试设置，同样的支承放在结构的边的中点上。第 1 阶弯曲模态和第 1 阶扭转模态在频率上移动了约 1%，但更重要的是两次测试的模态顺序发生了交换。因此，相同的边界条件应用于结构的不同位置对模态频率和顺序有影响。两个结构设置如图 6-1 所示，表 6-1 中的 CrossMAC 显示了两种相同边界条件下不同配置的影响。

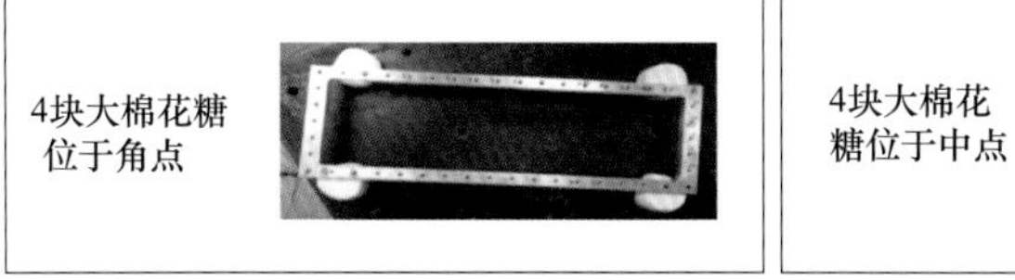

图 6-1　对 RR 框架结构设置两种不同的边界条件

表 6-1　CrossMAC 表明了边界条件影响

			中点支承				
	模态阶数		1	2	3	4	5
		频率/Hz	231.82	232.11	423.44	694.33	996.99
角点支承	1	230.11	0.47	96.18	0.19	0.04	0.43
	2	233.32	97.12	0.01	0.02	0.37	0.03
	3	422.20	0.02	0.30	99.73	0.00	0.31
	4	695.12	0.33	0.04	0.00	99.83	0.11
	5	995.55	0.01	0.23	0.37	0.09	98.93

另外一个例子，对一块大型冲击板进行测试，测试之前冲击板安装在空气弹簧系统上，对它进行测试是为模型提供一些验证。由于最终的支承系统不便实现，这个质量为 250lb（1lb = 0.4536kg）的平板分别采用 3 个橡胶悬置（与空气弹簧支承位置相同）和另外 6 个橡胶悬置支承。6 阶刚体模态都低于 20Hz，所有的弹性模态都高于 200Hz，因此刚体模态与弹性模态分离看起来似乎合适。但是，最终的结果是，当对结构分别采用这两种

支承方式进行测试时，不但刚体模态发生了轻微的变化，弹性模态也变化了 1%，图 6-2 所示为这两个测试的结果。

3个橡胶吸盘支承

阶次	振型	振型图	
1阶 4.167Hz	X向平动	X	
2阶 4.339Hz	Y向平动	Y	
3阶 5.756Hz	Z向转动	Z	
4阶 9.013Hz	Z向平动	Z	
5阶 10.278Hz	X向转动	X	
6阶 13.989Hz	Y向转动	Y	
7阶 219.399Hz	扭转		
8阶 315.940Hz	弯曲		
9阶 439.263Hz	弯曲		

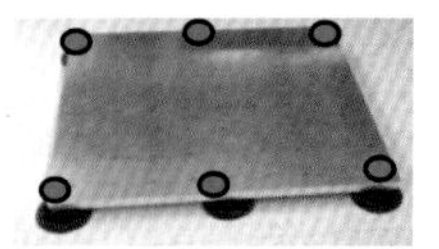

6个橡胶吸盘支承

阶次	振型	振型图	
1阶 4.519Hz	X向平动	X	
2阶 4.602Hz	Y向平动	Y	
3阶 6.816Hz	Z向转动	Z	
4阶 9.350Hz	Z向平动	Z	
5阶 12.359Hz	X向转动	X	
6阶 15.967Hz	Y向转动	Y	
7阶 217.166Hz	扭转		
8阶 316.362Hz	弯曲		
9阶 439.762Hz	弯曲		

图 6-2　两种不同支承条件下的冲击平板测试

从这两个例子可以看出，进行测试设置时，必须小心谨慎，以确保测试设置和边界条件得到很好的理解。再次，如果开发有限元模型作为测试工作的一部分，那么该模型应该施加模拟真实测试设置的边界条件，而不是使用纯自由-自由边界条件。但是最重要的一点是没有真正的自由-自由边界条件，即便刚体模态和弹性模态有很大的频率差，应用的边界条件仍然对模态有影响。即使刚体模态和弹性模态的比值是 1∶10，从刚刚展示的例子可以看出边界条件对模态仍然有影响。

另一种试验模态测试方法是将结构约束住或固定在接触面上。建立固支边界条件比自由-自由边界条件更为困难。一般来说，人们完全低估了一个模拟适合固支边界的基础的大小和质量。测试考虑这个的主要原因是有些有限元模型是用克雷格·班普顿组件综合技术，这种方法要求建立固支边界的模型。所以，有时候固支边界是需要的。实现上述要求的最简单的方法是使用一个大且重的基础质量。但是随着结构越来越大，上述要求也越难实现。当结构细长时，如风机叶片，这个问题会更加凸显。一项研究表明，创建一个合适的基础质量以实现固支边界条件，其质量和转动惯量比想象的要大得多。图 6-3 所示为这项研究的概要，为了实现合适的边界条件，给出了所需的质量和转动惯量。

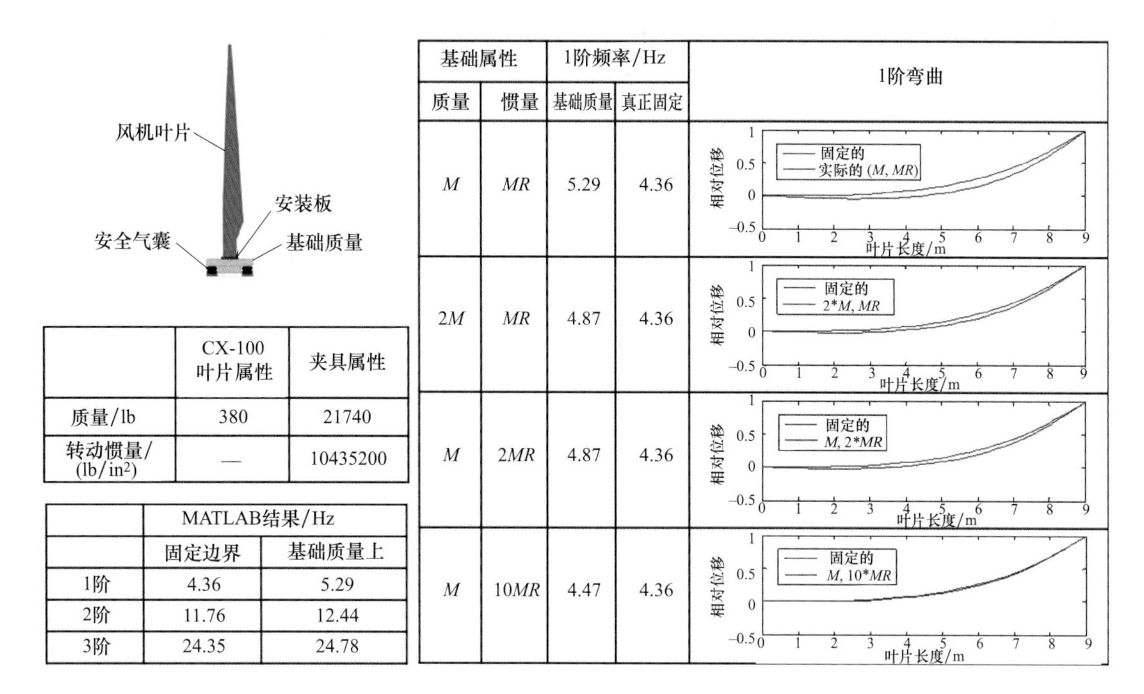

	CX-100 叶片属性	夹具属性
质量/lb	380	21740
转动惯量/(lb/in2)	—	10435200

	MATLAB结果/Hz	
	固定边界	基础质量上
1阶	4.36	5.29
2阶	11.76	12.44
3阶	24.35	24.78

基础属性		1阶频率/Hz		1阶弯曲
质量	惯量	基础质量	真正固定	
M	MR	5.29	4.36	
$2M$	MR	4.87	4.36	
M	$2MR$	4.87	4.36	
M	$10MR$	4.47	4.36	

图 6-3　CX-100 风机叶片实现固支边界条件所需的质量和转动惯量比（1in = 0.0254m）

试验模态测试设置经常使用夹具，用于模拟测试结构一小部分的实际安装的边界条件。虽然这听起来是模态测试的好方法，但往往由于夹具的动力学特性无法充分模拟结构的实际安装条件，从而导致结构的动态特性与实际情况不同，人们意识到这种情况后，这些尝试便被终止了。有时候，这种方法可能能得到一个可以接受的测试结果，这取决于所需或预期的测试精度。应当谨慎使用这种方法以确保获得真实的动力学响应。

另外一个经常使人们陷入困境的情况是对安装在夹具上的结构进行试验模态测试。如果夹具自身的模态位于感兴趣的频率范围内，那么被测结构就会受到显著的影响，导致测试的模态无效。一般夹具的模态要比被测结构的模态高，即便如此，夹具和待测结构仍然可能有很大的动力学耦合，导致试验模态测试的结果疑问重重。

如果实际的安装配置是可实现的，测试便可在该配置下进行，那么得到的结果可认为是实际安装下的真实结果。然而，如果试验模态测试的目标是验证部件的有限元模型，那么有限元模型应该包含全部的配置，否则该模型就不能代表该配置。

6.3　感兴趣的频率范围

就测试而言，两个非常重要的考虑事项是感兴趣的频率范围和需要从试验模态测试中提取的模态类型。有时，感兴趣的只是低阶模态，但也有可能需要高阶模态，这取决于具体应用和测试目的。需要为施加给系统的输入激励力确定频率范围，以便确定分析带宽和提取的模态。每个测试都是不同的，对于频率范围的确定没有硬性规定。但是，可能有些情况是合同规定或标准强制要求的，那么这时必须按照这些事先定义的范围来处理。然而，如果进行的试验模态测试是为了解决系统的一些运行问题，或者识别感兴趣的模态是为了提高系统的整体性能，那么频率范围可能就不能明确指定，测量带宽可能也是未知的或不明确的。

有时，可能需要获取一组模态。对于多体动力学响应研究可能仅需要刚体模态，或者确定基本特性仅需要低阶弹性模态，或者对于声学响应可能需要一些高频特性。需要理解测试的原因以便知道需要考虑什么类型的模态或频率范围。

首先，明确“低频”和“高频”的含义非常重要，这取决于正在考虑的结构类型。例如，对于大型风机叶片而言，前几阶弯曲和扭转模态将远低于 10～20Hz。但对于喷气式发动机涡轮叶片（与风机叶片具有相同类型的模态）而言，第 1 阶频率可能是 300～400Hz，这取决于叶片的尺寸。前十几阶模态可能高达 10000Hz 或更高。所以首先要说明的是，必须考虑系统的低阶模态和它们所覆盖的频率范围。很多时候，人们可能错误地认为试验模态分析在高频段不起作用。然而，这并不正确，此时需要考虑测量的模态类型和振型。风机叶片和喷气式发动机涡轮叶片的前十阶模态肯定可以从试验模态分析中得到，但二者的频率可能会相差甚远。所以无疑需要考虑频率范围和使用的传感器型号，根据考虑的频率范围，传感器型号可能会大不相同。在图 6-4～图 6-6 中，对三种不同的结构考虑了三种不同的频率范围。

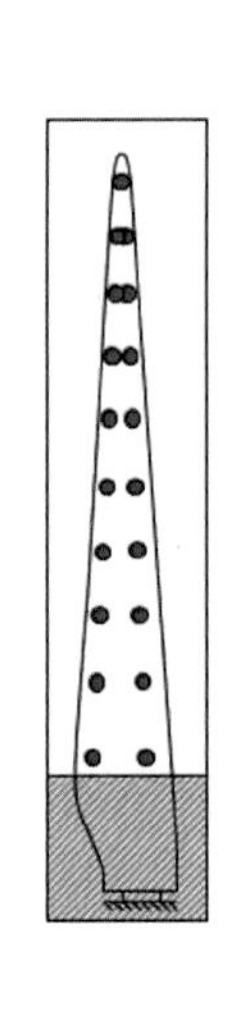

阶数	模态振型	挥舞	摆振
1	1阶挥舞		
2	1阶摆振		
3	2阶挥舞		
4	2阶摆振		
5	3阶挥舞		
6	4阶挥舞		
7	3阶摆振		

图 6-4　大型风机叶片的低频试验模态测试

图 6-4 所示为一个大型风机叶片，它的前几阶模态是梁型弯曲模态，模态频率都低于 10Hz。图 6-5 所示为一个学术研究型结构叫 BU（底板-直立板结构），它的前 8 阶模态频率在 20～400Hz 之间。图 6-6 所示为另一个学术研究型结构，该结构用于模拟小型喷气式发动机涡轮叶片的高频特性，前 10 阶模态频率位于 300～16000Hz。在三个结构中，低阶模态的振型都是相同的。虽然它们的低阶模态振型都是非常相似的弯曲和扭转振型，但模态频率却相差甚远。

因此，我们需要强调两件事情。第一，了解每阶模态的实际模态振型对于确定需要多

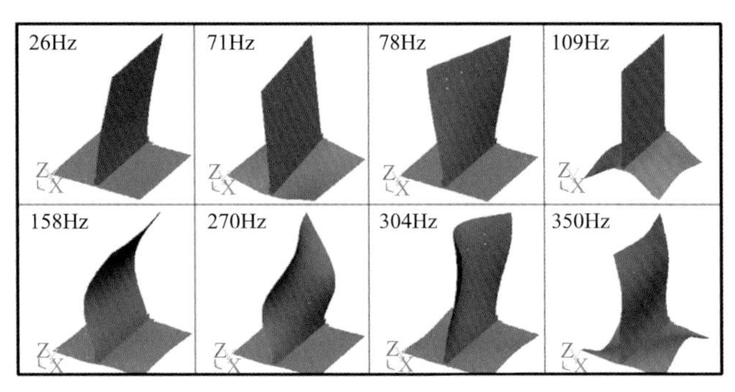

图 6-5 中等尺寸的学术研究型结构的试验模态测试

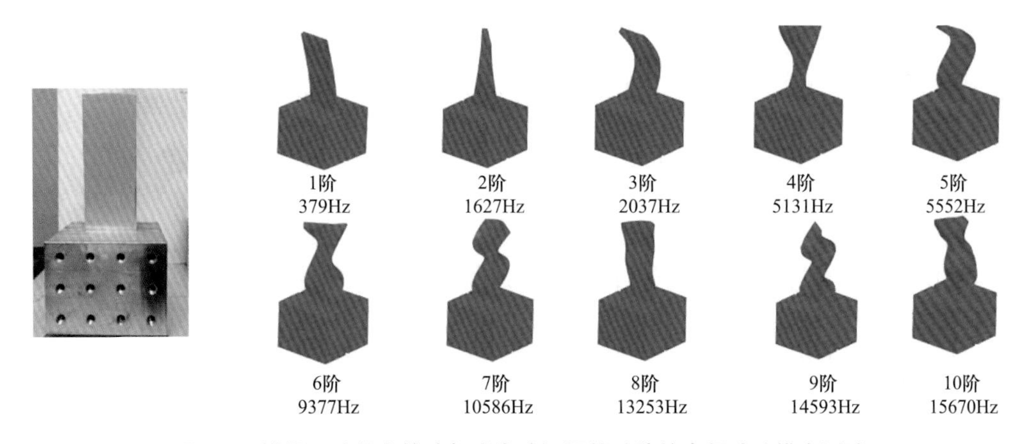

图 6-6 模拟尺寸很小的喷气式发动机涡轮叶片的高频试验模态测试

少测点、在哪里布置传感器用来描述每阶模态振型来说极其重要。第二，三个结构可能需要不同型号的传感器用于数据采集，因为所考虑的频率差别巨大。在第一个低频模态测量实例中，要使用频率非常低的加速度传感器，尤其是考虑到要测量的频率将小于 10Hz，某些模态可能实际上小于 1Hz。作为替代方案，也可以考虑使用动态的光学摄影测量系统。对于第二个例子，可以采用加速度计进行所需的测量。然而，在第三种情况下，由于这个结构非常小，而且质量轻，还需要测量高频，因此，最好使用非接触式测量，如激光测振仪，考虑到加速度传感器的质量载荷影响，需要一个轻质量的解决方案。

因此，在这几个案例中，确定测点分布和数量的方法是相同的，但由于三个测试的频率范围差别明显，所以，实际使用的传感器会大不相同。这最终说明了测试实验室需要满足各种不同应用场合的多个测量系统，这取决于所涉及的结构类型和频率范围。同时也需要不同频率范围、不同灵敏度的传感器以适用于不同的测试环境。

6.4 可能的传感器

由上述可知，需要使用不同类型的传感器和测量仪器进行试验模态测试。加速度、速度或位移都是可能的测量物理量。有些测试会用应变片，但这里不予讨论。此外，还有各种各样的新颖方法，如用细沙显示振型，在这里也不讨论这些方法。

显然，需要考虑使用的传感器，这取决于所涉及的频率范围和模态类型。但是，加速度传感器大概是模态测试中最常用的传感器，激光测振可能会是下一个最常用的测量方法。随着相机成本的降低和分辨率的提高，数字图像相关法和动态摄影测量等其他技术也开始越来越多地使用。在写作本书时，运动放大器作为另一种选择方案也开始出现了。

当然，为了满足测试要求，需要选择合适的传感器频率范围和灵敏度。通常情况下，确实没有关于被测结构预期响应的信息，这时至少可以说选择传感器非常困难。一般来说，当没有关于结构预期响应的信息时，搭配各种灵敏度的传感器是最好的方法。即使该结构与之前测试过的结构相似，但通常与之前的测试有差别，因此建议准备多种传感器。通常，对类似结构进行简单测试可以为预期的响应量级提供很多信息。例如，如果需要对正在建设中的智利双子望远镜进行测试，要求前往马纳那开（Mauna Kai），对在那里已经投入使用的姊妹望远镜进行测试以获得粗略数据，以便确定智利双子望远镜测试所用的传感器，最终为工况测试和模态测试使用了 100 多个永久性安装的传感器。为了获取所有感兴趣的数据，要求有些传感器灵敏度要高、频率范围要低。

在一个大型风机叶片的测试中（长度超过 60m），用以前对稍微小一点的叶片的测试结果来估计本次测试的最大电压。用户想购买而不是租用加速度计，以前测试中的电压设置有助于确定要购买的加速度计的灵敏度。风机叶片测试中使用 1000mV/g 和 100mV/g 的传感器会使数据质量有很大的差异。表 6-2 所列为之前试验的通道和电压记录，这对于确定要采购的加速度计的灵敏度是非常有用的。

表 6-2　通道最大电压分布

测点	方向	通道	序列号	灵敏度/(mV/g)	参考点的电压范围/V								
					11：X	13：X	15：X	17：X	2：Z	11：Z	13：Z	15：Z	17：Z
1	X+	5	104009	980.4171	0.2	0.5	0.2	0.2	0.5	0.1	0.2	0.5	0.2
	Z+	6		947.5198	0.2	0.2	0.05	0.1	0.2	0.2	0.5	0.5	0.5
2	X+	7	104010	966.5479	0.2	0.5	0.2	0.2	0.5	0.2	0.2	2.0	0.2
	Z+	8		973.4251	0.1	0.2	0.2	0.5	0.2	0.5	0.5	0.5	0.5
3	X+	9	83168	995.4277	0.1	0.5	0.2	0.5	0.5	0.1	0.2	0.2	0.2
	Z+	10		1013.5176	0.1	0.2	0.1	0.2	0.2	0.2	0.5	0.5	0.5
4	X+	11	83169	1011.4053	0.1	0.2	0.2	0.5	0.2	0.2	0.2	0.5	0.2
	Z+	12		1007.5164	0.2	0.5	0.2	0.5	0.5	0.5	0.5	2.0	0.5
5	X+	13	83170	980.595	0.1	0.5	0.2	0.5	0.5	0.1	0.1	0.2	0.1
	Z+	14		1002.9363	0.05	0.1	0.1	0.1	0.1	0.2	0.5	0.5	0.5
6	X+	15	83172	1013.7888	0.1	0.5	0.2	0.5	0.5	0.1	0.2	0.2	0.2
	Z+	16		1073.6235	0.1	0.5	0.2	0.5	0.5	0.5	1.0	1.0	1.0
7	X+	17	83173	983.2784	0.1	0.5	0.2	0.5	0.5	0.1	0.1	0.2	0.1
	Z+	18		954.6505	0.05	0.1	0.1	0.1	0.1	0.2	0.5	0.5	0.5
8	X+	19	83174	1019.4618	1.0	0.5	0.2	0.5	0.5	0.5	0.5	0.5	0.5
	Z+	20		988.5574	1.0	0.5	0.2	0.2	0.5	0.5	0.5	0.5	0.5

（续）

测点	方向	通道	序列号	灵敏度/（mV/g）	参考点的电压范围/V								
					11：X	13：X	15：X	17：X	2：Z	11：Z	13：Z	15：Z	17：Z
9	X+	21	83175	973.8487	0.2	0.5	0.2	0.5	0.5	0.2	0.1	0.2	0.1
	Z+	22		1014.5338	0.05	0.2	0.1	0.1	0.2	0.5	0.5	0.2	0.5
10	X+	23	83176	1000.1573	0.2	0.5	0.2	0.5	0.5	0.2	0.2	0.2	0.2
	Z+	24		985.1972	0.1	0.5	0.2	0.2	0.5	0.5	1.0	0.5	1.0
11	X+	25	83180	1002.247	0.5	0.5	0.2	0.5	0.5	0.5	0.2	0.5	0.2
	Z+	26		1019.3975	0.5	0.2	0.1	0.2	0.2	1.0	0.5	0.5	0.5
12	X+	27	102913	1039.2945	0.5	0.5	0.2	0.5	0.5	0.5	0.2	0.2	0.2
	Z+	28		1019.6451	0.1	0.5	0.2	0.2	0.5	0.5	1.0	0.5	1.0
13	X+	29	102922	989.381	0.2	1.0	0.5	0.5	1.0	0.2	0.2	0.5	0.2
	Z+	30		959.5634	0.1	1.0	0.1	0.2	1.0	0.5	1.0	0.5	1.0
14	X+	31	102924	1004.0335	0.5	2.0	0.5	0.5	2.0	0.5	0.1	0.5	1.0
	Z+	32		1029.681	0.2	1.0	0.5	0.5	1.0	1.0	1.0	1.0	1.0
15	X+	33	102926	978.0894	0.2	1.0	0.5	1.0	1.0	0.2	0.5	0.5	0.5
	Z+	34		1024.9489	0.05	0.5	0.5	0.2	0.5	0.5	1.0	0.5	1.0
16	X+	35	102927	977.7977	0.2	1.0	1.0	0.5	1.0	0.5	2.0	0.5	2.0
	Z+	35		1025.615	0.1	0.5	0.5	0.5	0.5	1.0	2.0	1.0	2.0
17	X+	37	102929	950.6447	0.5	1.0	0.5	1.0	1.0	0.2	5.0	0.5	5.0
	Z+	38		950.953	0.2	0.5	0.5	0.5	0.5	0.5	1.0	0.5	1.0
18	X+	39	102930	1049.7952	0.2	1.0	0.5	1.0	1.0	0.2	2.0	0.5	2.0
	Z+	40		980.8092	0.2	0.5	0.5	0.5	0.5	1.0	2.0	1.0	2.0
19	X+	41	102931	988.3253	0.5	1.0	0.5	1.0	1.0	0.2	1.0	0.5	1.0
	Z+	42		1019.6261	0.1	0.5	0.5	0.5	0.5	2.0	2.0	1.0	2.0
20	X+	43	102932	1009.0189	0.5	1.0	0.5	1.0	1.0	0.2	1.0	0.5	1.0
	Z+	44		1014.2949	0.5	1.0	0.5	2.0	1.0	2.0	5.0	2.0	5.0

6.5　测试配置

很多测试使用加速度计，但通常没有足够的加速度计或足够的数据采集通道来支持整个测试。在大多数情况下，需要考虑的是加速度计的质量可能会改变结构的模态，因为它们被布置在结构上以获得测试所需的所有数据。如果加速度计的质量较大，这可能会导致不同批次数据出现不一致。这会给模态参数估计带来很大的困难。应不惜代价预防这种情况出现，采取适当措施减轻这一常见问题。

进行测试的最佳方式是将所有的加速度计安装在结构上，与相应的数据采集通道匹配，以便所有同时采集的数据是按一致的方式获得的。但通常情况下，数据采集通道较少，需要分批次进行测量，直到所有测点均测量完毕。检查传感器附加质量是否存在问题的方法是两个加速度计紧邻安装（或者背靠背安装）进行一次测量，然后观察测量数据是否有明显的模态频率移动。如果有影响，那么有几个补救办法可供选择。在结构上安装所有的加速度计是一种简单的方法，即使只有少量的数据采集通道可用，这时也不会存在因移动传感器带来的质量载荷的影响，但问题是安装到结构上的总质量会更大。如果有可用的有限元模型，那么可以很容易地考虑和调整该质量载荷的影响。

另外一种情况是，仅有少量的加速度计和数据采集通道可用，远小于要测量的测点数目。通常，人们会分批次移动加速度计直到测量完成。但这往往会产生质量载荷影响，当传感器从一批次测点移动到下一批次时，不同批次间的数据会不一致。减轻这种附加质量载荷影响的一种方法是在未安装加速度计的测点位置安装与加速度计质量相等的质量块哑元，以便在测量时保持质量一致。虽然这不是最佳的解决方法，但能使附加质量载荷问题减轻。因此需要考虑测试方案中现有设备的可用性。

有时在这种情况下可以使用小技巧。很多年前的一次测试中，有一台 60 通道的数据采集系统可用，需要采集 50 个三向加速度测点。与其安装多个三向加速度计，然后在结构上移动，还不如使用小型立方体安装座，再拧上单向加速度计。第一批次所有加速度计朝 X 向，第二批次朝 Y 向，第三批次朝 Z 向。使用这种方法，质量非常一致，加速度计和线缆仅仅需要改变方向而无须移动，这样可以最大限度地减少附加质量载荷问题。测点编号仍然不变，只需要改变响应方向。这种方法相比在结构上安装质量块哑元要好得多。本书的应用章节包含了有关附加质量载荷的影响和一些相关案例。

如果采集了不同批次的数据，就应该进行一个额外的步骤。如果测试过程中使用了移动加速度计的方式，应该总是检查不同批次的驱动点频响函数，尤其是测试需要持续数天或当环境随时间变化不稳定时，因为这会影响结果。

另一个经常遇到的测量问题是同时需要完成运行数据和模态测试两个试验。通常会要求使用同一组传感器来进行这两个测试。不幸的是，运行载荷通常大于试验模态测试中施加的力，因此同一组传感器的灵敏度是不兼容两个试验的。通常，项目经理会加以限制，要求两个试验使用同样的传感器以节省时间和成本。这几乎总是意味着模态测试使用的加速度计不够灵敏，由于传感器灵敏度不合适导致测量信号的幅值过低，从而遭受噪声的影响。以这种方式进行的许多测试最终结果是得到的测量数据整体欠佳，模态结果也不会令人满意。

6.6 需要多少测点?

这的确是最难回答的问题之一，尤其是在没有先验模态测试经验和有限元模型的情况下。但这个问题的答案其实也非常简单。你需要足够的测点数目以便区分出所需的振型，这就意味着需要足够多的测点去反映振型的形状。问题是你需要知道振型是什么形状，但这往往是未知的。因此，如果需要实际的振型，就需要非常仔细地定义测点的分布。但有些情况，整个模态振型不是必需的，尤其是当试验模态模型用于仿真不同激励下的响应时。在这种情况下，仅仅在施加输入力和待测响应的位置布置测点，其他位置的测点只是看起来舒服些，它们并不改变响应仿真中的输入-输出点的结果。图 6-7 所示的空间框架结构采用了三组不同的测点。黑色表示的结构采用的测点较多，这些点描绘了整个结构，使观察者能够看到模态振型所有点的运动。然而，红色表示的两个结构采用了非常简略的测点布置。但是，如果这些点是用于输入-输出问题研究，那么它们是足够的，但这可能无法让观察者理解结构的整体运动。

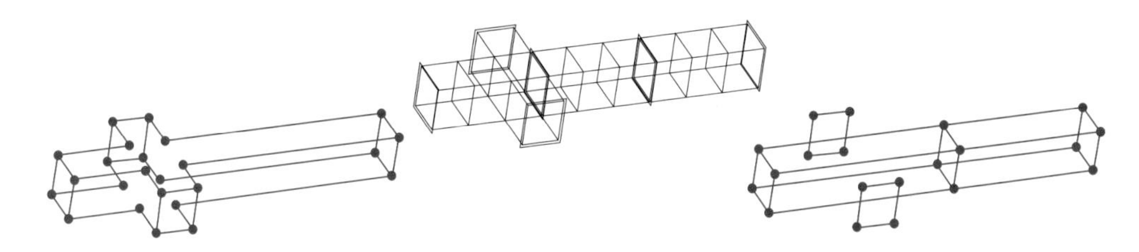

图 6-7　各种测点布置下的空间框架结构

在图 6-8 中，如果不需要查看模态振型，这个平板结构不需要黑色显示的 45 个测点。如果只需要两个输入位置和三个响应位置来描述输入-输出问题，那么真的只需要 5 个测点。需要 45 个测点的模型，是因为观察者需要描述结构的模态振型。

因此，测点的定义实际上取决于模型或仿真的目的。如果需要模态振型，那么测点数目必须足够才能描述结构模态活跃的所有部分。通常，结构的某些部分不是特别关注的（或隐藏的），因而不可能在这些位置布置测点。为了说明这一点，图 6-9 所示的结构包含两个模态活跃的部件。如果只对结构的某一部件进行测量，就会使模态振型非常不清楚。在图 6-9 的左上角位置，蓝色模态振型和红色模态振型看起来完全相同。但是，当添加结构的其余部件时，这两阶模态显然存在差异，因为只有测量整个结构时才能看到两个部件的相位关系。测点太少会导致一个被称为空间混叠的现象出现。必须特别注意以便避免这个问题。但是，如果不知道结构的模态，那么它就会成为一个不易解决的问题。

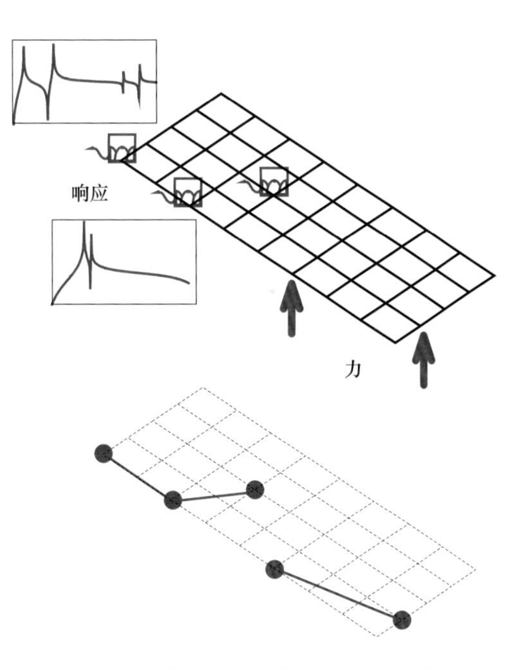

图 6-8　两点输入和三点输出的平板模型

再用另外一个简单的平板例子来说明这个问题。在图 6-10 中，如果测点没有布置到整个平板上，那么对振型将会产生误解：导致 1 阶模态和 3 阶模态看起来相同，但实际上是不同的模态。在图 6-11 中，如果测点仅分布在四个角点所在的短边上，那么高阶模态可能被误解为刚体运动。因此，合理的测点分布对于全面理解系统的模态振型是至关重要的。

对于移动力锤进行的测试，通常会指定多个加速度计测量位置作为参考点，表面上看似乎已经足够了。对一块大型复合材料平板的锤击测试用了 9 个参考加速度计和 81 个锤击点，但结果还是丢失了一个低阶模态。在使用有限元模型来观察可能出现问题的原因之前，每个人都对此感到震惊。图 6-12 显示了 9 个参考点位置和 81 个锤击点位置。通过查

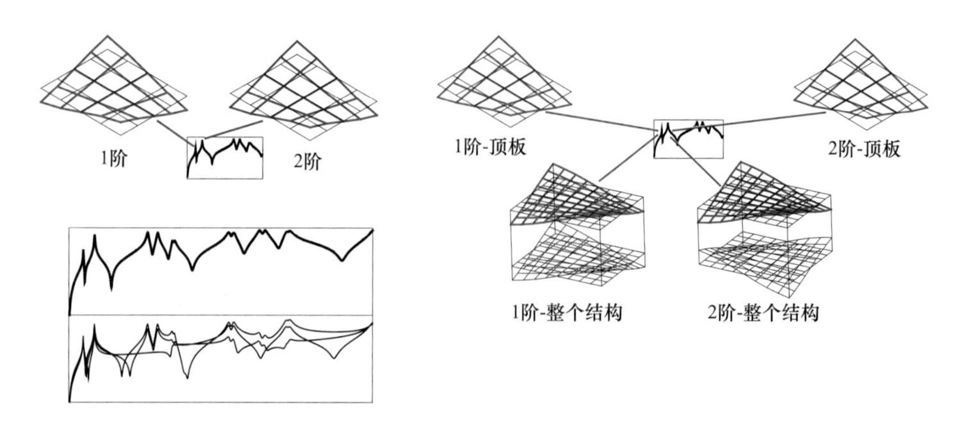

图 6-9　耦合的平板模型（其中一个部件未测量）

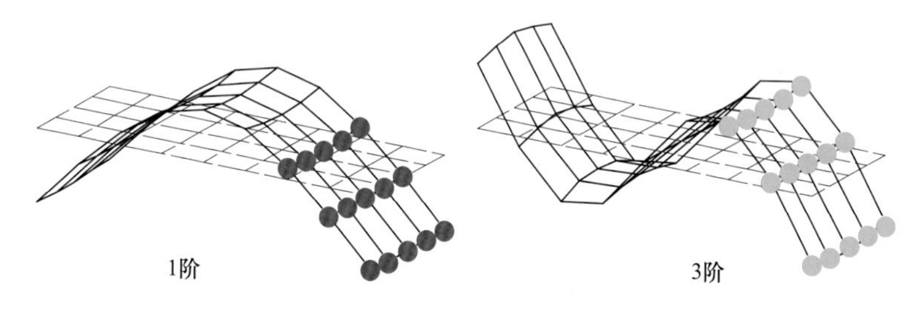

图 6-10　较差的测点分布（第 1 阶模态和第 3 阶模态无法区分开来）

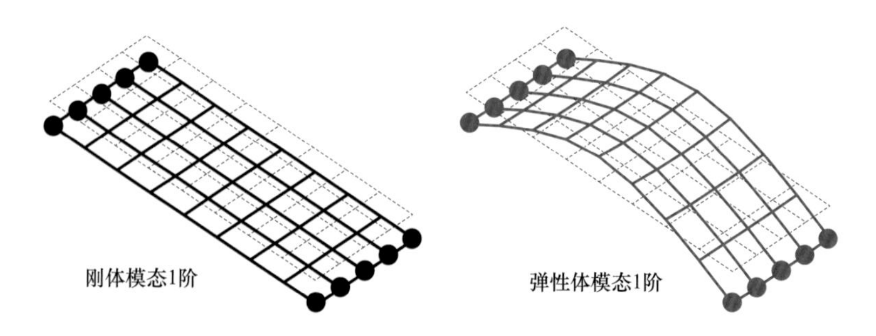

图 6-11　较差的测点分布（第 1 阶刚体模态和第 1 阶弹性模态无法区分开来）

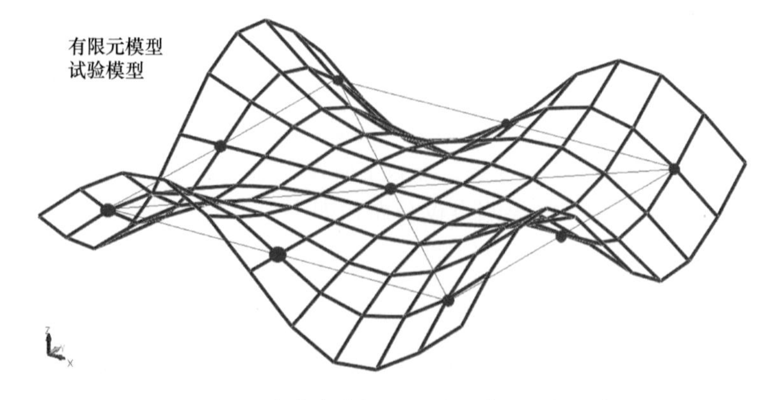

图 6-12　9 个参考点加速度计（位置选择不当）

看图 6-12，可以很清楚地知道这阶模态丢失的原因：9 个参考加速度计全部放置在这阶模态的节点上，所以识别这阶模态的测点仍然不足够（实际上是布置不合理）。

6.7　激励技术

如今大多数的试验模态测试要么使用标定的力锤激励，要么使用激振器激励。激振器需配置力传感器或者阻抗头，安装在顶杆上与激振器相连。在此对这些激励技术进行简要描述，后续会在本书相应章节中对它们做进一步的讨论。虽然锤击激励和激振器激励是目前最常用的激励技术，但也有许多其他非常规的激励方法可以用来获得振动模态。但需要注意的是，因为这些非常规的激励技术中有很多不测量施加给结构的激励力，所以无法获取校准的频响函数，不能进行振型缩放。因此，获得的振型是未经缩放的。

通常，运行条件或环境激励可作为对系统的自然激励，测量响应并能提取到模态参数。这些类型的系统通常被称为“只有输出”的系统，因为测量过程中无法测量激励力。这种情况下通常也可以获取足够的模态，但潜在假设是所有的模态都被激励起来了。但是如果不测力，这样就无法知道能量在频率上的分布，以及所有的模态是否都被充分激励起来。这是一个重要的考虑因素。当然，该类测试也有好处，因为结构通常安装在其实际服役的环境配置中，并且载荷与运行条件中的负载相似。系统可以在不同的运行量级和不同的配置下运行，以确定系统的性能表现。

有时会使用其他类型的激励，例如，用扬声器对结构进行声学激励，测量响应。这类激励对于离散的正弦测试而言，效果不错，例如，当试图激发小型喷气式发动机涡轮叶片的某一阶特定模态时。阶跃激励[⊖]常用于激励大型结构，以获得感兴趣的低阶模态。然而，在大多数情况下，锤击激励是最流行的模态试验测试方法，其次是激振器激励。这些方法将分两章进行讨论，因为有太多的内容。这里只做一些简短的介绍。锤击法测试是目前最常见和最流行的试验模态测试方法。这是一种非常简单和便携的方法。激振器测试是下一个最流行的模态测试方法，它需要更多的硬件，与锤击法相比，便携性差很多。但是，与锤击法相比，激振器测试有一些非常重要的优点。激振器测试能获得更加均匀和更加可控的激励力，这对于测试具有轻微非线性的大型结构来说是非常重要的。但是激振器测试需要更多的硬件和更多的设备设置，这一点需要着重考虑，尤其是在进行故障排除测试时，因为时间是非常宝贵的。

6.8　需要考虑的杂项

虽然纸质记录日志的时代可能已经过去了，但仍然需要对测试过程中发生的事件按顺序进行记录。一个人是很难回忆起所有已经实施的步骤，特别是一些似乎微不足道的小细节。此外，还有一些情况，可能数据由一个小组采集，但由另一个小组进行数据缩减分析。虽然这不是一个理想的情况，但事实是有时候这种情况仍会发生，特别是多个团队在

⊖　即先给定一个初位移，然后突然释放。——译者注

进行大型模态测试时。在一个大型光学望远镜的测试中，在望远镜的一系列 57 种不同的运行配置中，有一个运行测试（测试 25）提取的模态数据与传统的锤击模态测试的相关性比任何其他数据要好很多，即使这个特定的运行配置被认为应该有最小的相关性。每个数据组都经过了多次复查，仍没有找到这个数据相关性变好的原因。采集数据与数据缩减分析不是同一组人员。在花费了相当长的时间之后，测试日志揭示测试 25 是由负责测试的项目工程师执行的，并实施了特别的要求。这次测试使用了由这位项目工程师设计的新型防风罩，测试现场停止了所有施工。正是基于这个原因，这次采集的数据比其他测试的噪声小得多，其他所有的数据都是在嘈杂的施工环境中采集的。因此，那个数据比其他大多数数据都好的可能原因是数据质量提高了。如果这个情况没有被记录在纸质日志中，我们将不会知道这个原因。

在测试期间，应该检查和监视许多事情，以确保有一个稳定的环境，并且在整个测试过程中，用于执行测试的所有设备都处于恒定状态。以前对一台大型采矿设备进行了连续几天的测试。这个设备由安全气囊自由支承。没有人注意到（甚至没有想到要检查）测试过程中安全气囊的压力并没有保持恒定。一个 SISO 测试在某一天进行，然后移动激振器到不同的激励位置，在另外一天进行了第二个 SISO 测试。不同的测量数据是在几天内采集的，当开始分析数据和查看振型时，结果看起来并不一致。对比所有的频响函数，发现弹性模态的峰值有明显的偏移，但其原因尚不清楚。然而，在检查刚体模态所在的低频范围时，有更清楚的证据表明频响函数的峰值发生了偏移。虽然低频的刚体模态不是测试的关注点，但这些模态提供了数据存在不一致所需的信息。频响函数如图 6-13 所示，清楚地显示了数据的不一致性。图 6-13 左上角蓝色显示的是单个激振器激励和安装了全部加速度计采集到的一组数据；图 6-13 左下角红色显示的是第二组数据，激振器在另一个位置激励。图 6-13 的右侧同时显示了两组数据。每组数据都包含了有用的信息，因为采集所有数据时，所有的加速度计同时安装在结构上。然而，把两组数据合并到一起时得到了不一致的数据。更深层次的原因是，其中一个安全气囊支承装置的气压只有 20Pa；所有的气囊最初都被加压到 40Pa，在测试期间没有人检查过压力。幸运的是，在测试结束时，进行数据初步的分析时，发现了数据中的差异无法解释，使得该问题得以暴露。

在另一个对一些计算机机柜设备的测试中，模态振型有非常明显的差异，这引起了一些关注。测试数据是用一组移动的加速度计采集的，这些加速度计被移动到结构的六或七个不同的部分上。虽然测试只是为了观察整个计算机机柜的布置，但大型 19in 计算机机架需要的测点远远超过 200 个，这些数据是用 40 通道数据采集系统记录下来的。在移动加速度计的过程中，加速度的质量载荷并不是一个关键问题，但结构某些部分的模态振型却有着非常明显的差异。表面看来，没有明显的理由表明为什么会发生这种事情。然而，在按照事件顺序检查日志时，发现有一段时间，其中一名工程师在移动一组传感器之间打开了一扇柜门。显然，当柜门关闭时，门闩没有正确落下，这导致了系统特性的改变，这对系统的频率和振型产生了直接影响。由于这些数据是按奇数顺序采集的，因此日志有助于确定在什么时间点进行了哪些测量，以及何时打开和关闭了计算机机柜门。一旦确定了这一点，那么这些数据就更有意义了。

很多年前的另外一个测试是对六辆汽车进行各种各样的 NVH 测试，其中任务之一就是试验模态测试。目的是确定模态参数可能存在多大的变化，因为这将有助于分析模型的

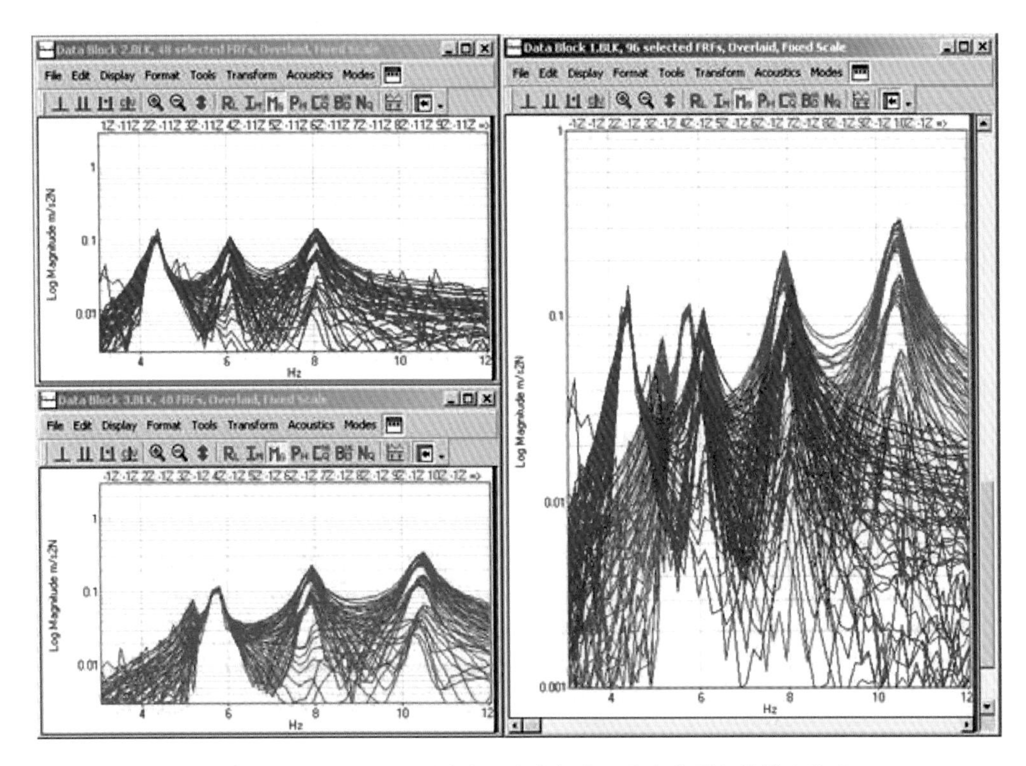

图 6-13　激振器 SISO 测试中因安全气囊压力变化引起的模态偏移

预测。模态试验的初步结果令人困惑，没有人相信所得到的一些试验结果。每个人都不了解的是，由于不同的 NVH 测试性质，在测试过程中对六辆不同车辆都进行了修改。所以实际上，由于进行了不同的测试，每辆车不再完全与来自生产线上的典型车辆相同。由于每辆车都修改了许多地方，导致差异很大，当对它们进行模态试验时，比较这些结果对于既定的变化研究没有任何用处，这与模态试验能力高低无关。所发现的车辆差异是由不同的 NVH 组因需要不同类型的测试而对车辆做了似乎是很小的修改造成的，使得这六辆车差异相当明显，从而妨碍了获得有意义的结果。

进行一些初步的数据缩减分析以确保采集到的所有数据在测试现场清理之前都有预期的模态，这一点总是很重要。这一步非常有用，尤其是当所有采集的数据都存储到硬盘中，而且只存时域数据时。通常，快速的数据缩减分析会揭示数据是否是可接受的。有时，测试结构可能只在短时间内可用，如果采集的数据不足够充分，则可能不会再有机会重新测试结构并获得所需的数据。在离开测试现场之前，快速地查看一下数据，至少可以让你清楚数据是否充足。几年前的一次测试产生了令人无法接受的结果，没有人在离开测试现场之前查看数据。不幸的是，没有人将数据采集系统中的加速度计设置为 ICP 方式，所有采集到的数据本质上都是无用的，它不能提供任何可以帮助解决手头问题的信息。在几十年前的另一次测试中，采用压缩的方法采集了某航空结构的 128 个通道的数据，使用 14 通道的模拟磁带记录器。采集完数据后，在数据复查之前已将结构移交给了项目下一阶段的相关人员。采集到的数据并不是最好的，不幸的是，从这个复杂的结构中提取的高质量数据很少，从而使得与有限元模型做相关性分析的希望很快就破灭了。在第一次检查数据时，由于该结构不能再给该团队使用，所以重新采集更高质量的数据的请求没有被批准。在这两个例子中，一些初步的检查将能够迅速确定数据质量是否足以胜任项目需求。

为模态测试设置拍摄照片，当一两年（甚至一周）后讨论结果和实际测试配置在当时的样子时，这些测试设置及其不同配置的照片能提供非常宝贵的信息：激振器设置或测试支承条件设置，以及关于如何执行实际测试的其他任何信息都将一目了然。今天，随着数码相机功能愈发强大，可以拍摄很多照片，能缩小和放大测试设置的所有细节。对于所有的加速度计位置都应该进行拍照，如果可能的话，应该包含清晰可见的三轴加速度计线缆和序列号。这个信息在某些测试中非常有用，比如在测试完成之后，模态振型数据具有异常的特征，原来是两根电缆接反了。照片能帮助解决数据采集中的这些问题。图 6-14 所示为在不同模态测试中拍摄到的不相关的照片合集。注意通过图 6-14 中左上角的图片可以看出安装在风机叶片上的应变片有一个识别特征，这个测试是可靠性测试的一部分。这是一个长度超过 60m 的大型风机叶片，考虑到风机叶片的尺寸，加速度计和应变片被认为是安装在同一点。然而，图片有助于确定加速度计和应变片的相对位置。

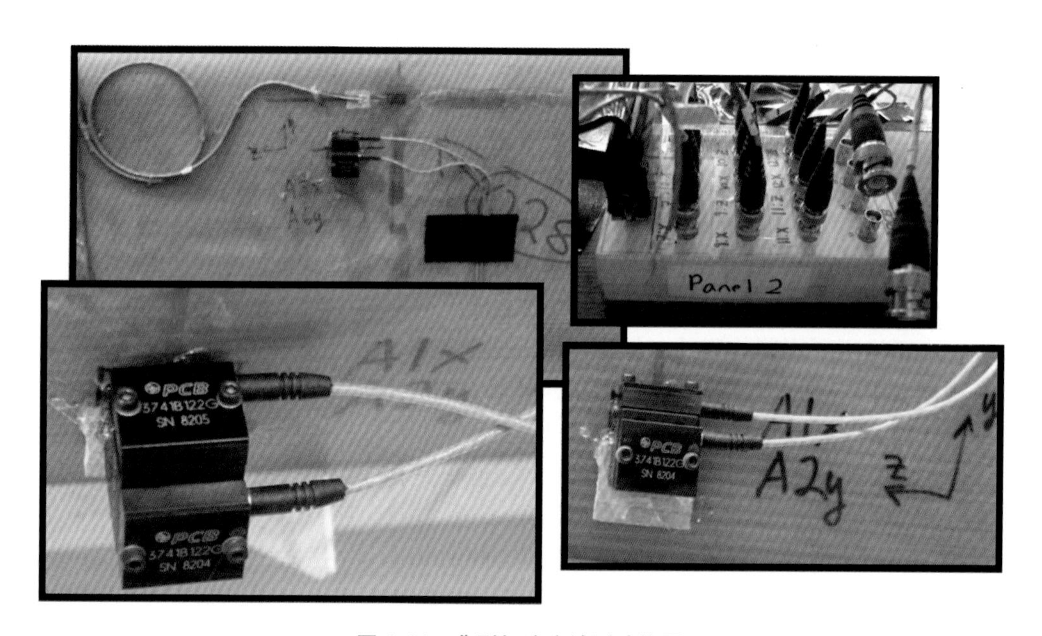

图 6-14　典型加速度计测试位置

坐标系和原点位置的选择往往容易被忽略。这个听起来可能像是一件滑稽的事情，但在很多测试中已经碰到过这个问题，其中有限元模型使用一个坐标系，而测试使用了其他的坐标系。即使是简单的事情，例如，在讨论测试结果时，坐标的正向和负向是哪个方向，都会产生问题。在讨论结果和解释测试数据时，选择一个通用的坐标系统非常容易，也能消除后续的迷惑。选择一致的单位也很重要。在一个公司内部通常使用统一的单位，但是当涉及不同的公司时，情况并不总是这样。

在试图对具有对称性的结构进行有限元模型与测试数据的相关性分析时也会出现困难。虽然结构看起来可能是对称的，但是可能有一些内部组件或质量分布导致模态不对称，导致在描述模态和对模型进行相关性分析时出现迷惑。图 6-15 所示的结构是很多应用都采用的结构。图 6-15 左侧的结构是 F-15 型战斗机有效负载的外壳，其质量分布使模态不对称，与有限元模型进行相关性分析时需要确定合适的方向。图 6-15 右侧的面板也有一些问题，因为在测试数据中没有定义方位，因而不能确保结构与有限元模型在尺寸上、节点位置和旋转方向等方面正确对齐。所有这些因素都会造成问题。

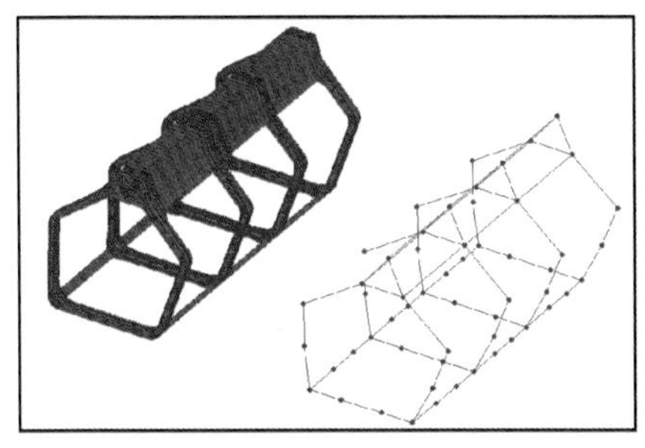
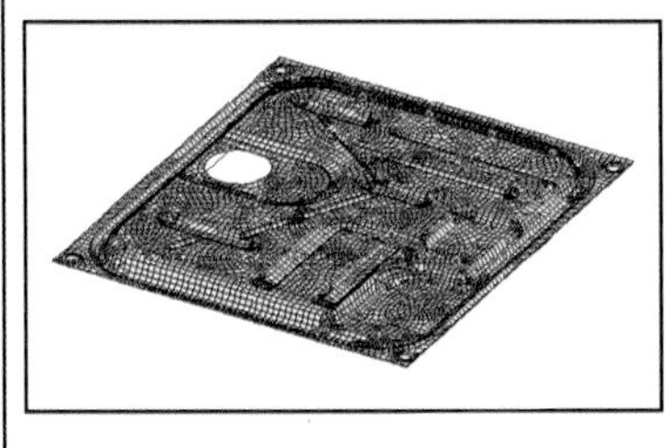

图 6-15　对称配置（方向很必要）

加速度计的附加质量载荷有时被认为是一个小问题。但在有些时候，频率的微小移动可能会产生巨大的影响，特别是当结构耦合在一起时。为了理解这个影响，对图 6-16 所示的调谐质量吸振器的回顾将带领我们关注几个方面的问题。图 6-15 左侧是把一个简单的质量-弹簧系统（红色）应用到结构（蓝色）上，注意到结构的第 1 阶模态被分裂为两阶模态，因为增加的调谐质量吸振器的频率设计成与结构第 1 阶模态频率相同。在图 6-15 右侧，两个调谐的质量动力吸振器应用于 1 阶模态和 2 阶模态，前两个峰值被分成了四个峰值，因为调谐吸振器设计成这样。

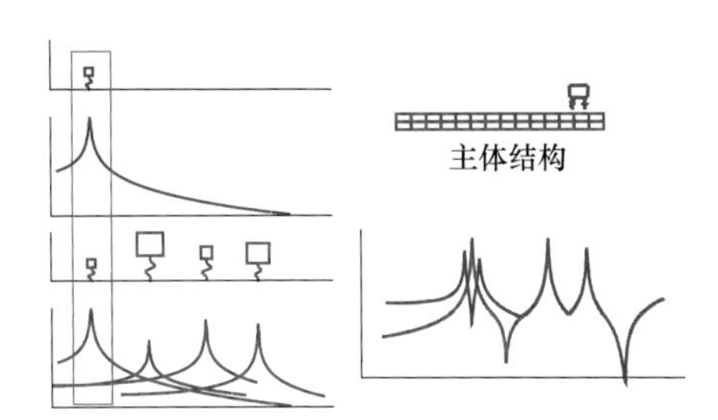
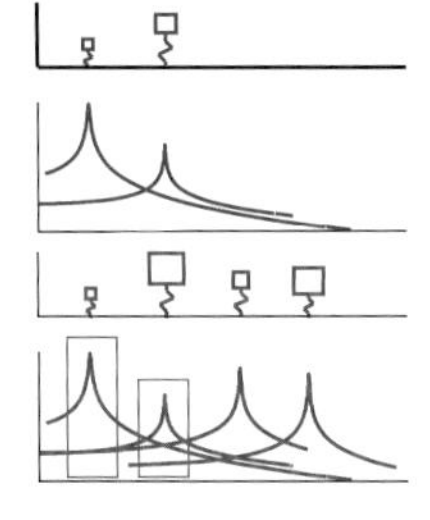

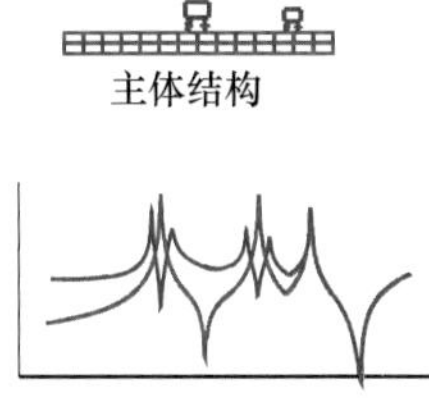

图 6-16　简易的调谐动力吸振器原理图

图 6-17 所示为两个连接在一起的组件，需要理解的是，这两个组件只不过是一组单自由度系统的合集，而如果组件 A 的模态与组件 B 的模态相等，就会导致两个组件之间的动力学耦合。如果两个组件的频率彼此相等，那么这将具有与调谐动力吸振器相同的效果，只是同时作用到多阶模态上。因此，如果一个小的附加质量载荷改变了其中一个组件的模态，那么这些模态彼此对齐，将会产生完全不同的动力学耦合现象。图 6-17 说明了这种可能性。因此，小的附加质量载荷的影响可能相当剧烈，以致产生完全不同的系统特性。

在进行测试设置时，如果不注意，也可能会产生一些严重的后果。对六个小型风机叶片进行了一系列测试，以进行比较研究。叶片通过三个安装孔夹在巨大的基座上。然而，

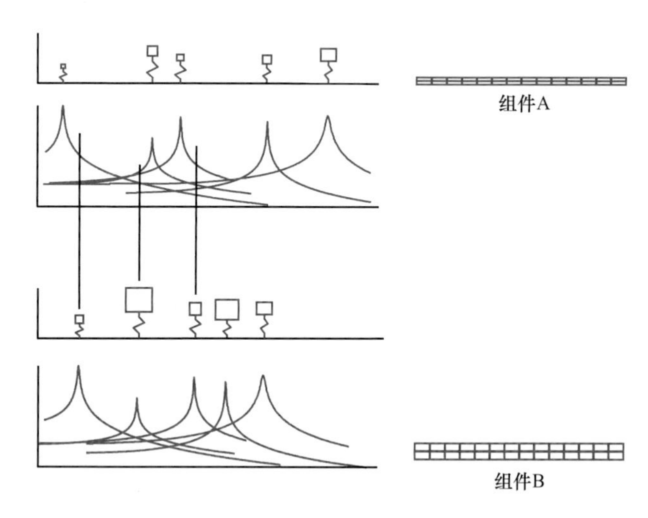

图 6-17　模态耦合效应示意图

三根螺杆有点长，在周五下午测试了三根叶片后，有人建议在外露的螺杆上加一些轻质的泡沫包起来，以防止实验室人员被划伤。周一继续对最后三根叶片进行了测试，出于安全考虑，安装在螺杆上的泡沫一直保留着。然而，当比较结果时，频率竟然有 40Hz 的偏移。最终确定悬臂螺杆上的非常轻的泡沫与叶片的第 5 阶模态固有频率接近，它们起到类似调谐动力吸振器的作用，引起了风机叶片测量频率的显著变化。如果没有发生这件事，这种影响可能就不会被注意到。这说明了合适的测试设置的重要性。测试设置非常小的、看起来不重要的一些方面可能也会对结果产生重大影响。图 6-18 所示为在测试设置中这个似乎微不足道的变化引起的巨大频率偏移。

当然，随着测试的进行，备份数据总是一件好事，每隔几个小时，应该在不同的测试之间或者其他常规的基础上进行。几年前，一位测试工程师随着测试的进行没有备份数据。没有人知道这一点。在测试的第三天，需要将数据发送给分析小组。测试工程师复制了数据，但没有确认是否复制了正确的数据。因此，认为不正确的数据被删除，当选择数据重新复制时，发现只剩下一个空的数据。测试工程师无意中删除了数据，没有备份，所有的数据都丢失了。因此，在别的存储设备上备份数据是至关重要，可以避免这种情况发生。作为一般原则，不应该对原始的数据进行任何操作，而只应该对数据副本进行分析和操作，以防止任何意外事故。

一般来说，所有的数据都应该写成通用的文件格式，可以用任何软件读取。这一点非常重要，因为随着时间的推移，软件会更换。测试数据可能用 A 公司的软件采集并保存成 A 公司的专有格式。然而，几年之后，A 公司的软件可能已经替换成 Z 公司的软件，这意味着不能访问以前的数据了。现在看起来这可能是一个小问题，但是几十年后，访问旧数据库可能会变得不可行。还应该考虑所使用的老的计算机操作系统。数十年前，通常在数字设备或 HP1000 或 HP Unix 硬件上采集数据。当前的计算机系统不一定能访问当时的二进制文件。尽管通用文件并不完美，但至少它们是可访问的，除非存储在可能不再可读的软盘或压缩磁盘上。一些小的额外工作真的可以为以后节省时间。请仔细考虑数据备份机制。

以上便是进行模态测试时需要注意的一些事项。

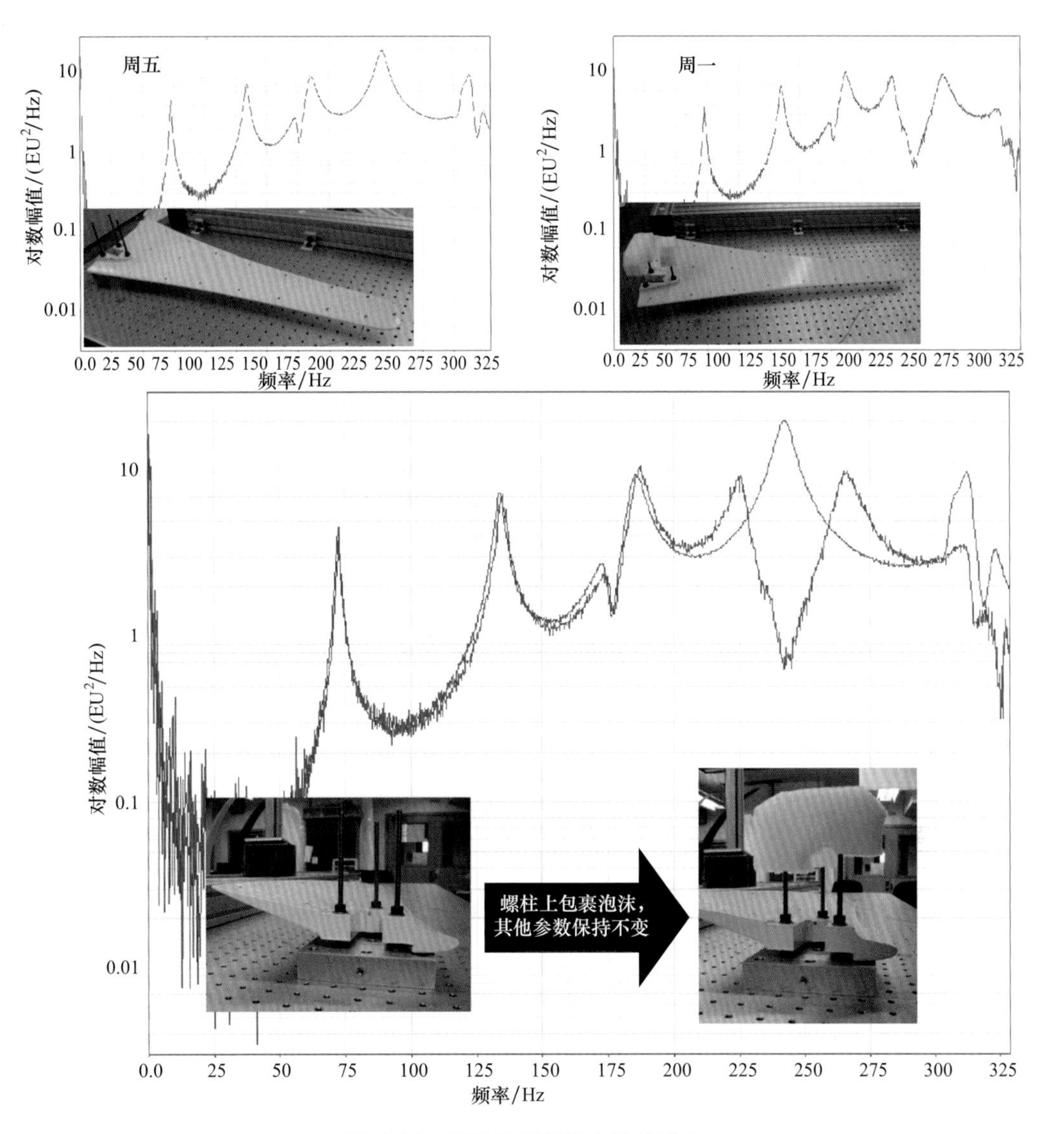

图6-18 测试设置轻微变化的影响

6.9 总结

本章回顾了进行模态测试时需要考虑的一些基本事项。讨论了经常需要考虑的基本信息，如测试方案，接着是测试范围、所需的频率范围、要提取的模态、要采集的测点数目、激励方法以及许多其他容易被遗忘但模态测试通常需要考虑的方面。

第7章

锤击测试注意事项

在前面的章节中，已经讨论了锤击测试的一些基础知识，包括对力锤配置和锤头的讨论。讨论了不同的锤头和相应的输入力谱，以及观测到的典型的呈指数衰减的结构响应。介绍了力窗和指数窗以及预触发延迟的使用，并讨论了二次连击问题，还给出了实例。本章将介绍与锤击测试相关的更广范围内的一些现实注意事项，并举例说明如果在采集数据时没有仔细考虑的后果，还将讨论对锤击激励技术的一些误解。

7.1 锤击位置

如果采用移动力锤的方式进行锤击测试，那么锤击位置就不重要了，加速度计测量位置作为模态参考点是关键因素。参考点的位置应该选择在可以清楚地看到所有模态的位置。但是在典型的结构系统中，满足这种要求的位置可能很少。那么，应使用几个不同的加速度计测量位置，以便从这些位置可以观察到所有的模态。

但是，如果力锤固定在某个测点位置锤击，那么锤击位置的选择就非常重要。这种情况下，模态参考点是力锤锤击位置，从这个位置应该能观察到所有的模态。当然，这也可能很困难，可能也需要几个不同的锤击位置，以便从这些锤击位置可以观察到所有的模态。

在任何一种情况下，了解结构的预期模态对进行模态试验都是至关重要的。如果不知道结构的振型，就需要特别小心。如果模态振型未知并且也不仔细考虑，模态参考点很容易就被放置在模态的节点处。

7.2 锤头和频率范围

在之前的一些章节中，对力锤、锤头和有用的频率范围已经做了讨论。在此重新再强调一下这个至关重要的事实：通常锤头越硬，激发的频率范围越宽；锤头越软，激发的频率范围越窄。图 7-1 所示为几种锤头和它们激发的典型频率范围。当然，这些数据来自于锤击没有局部变形的大型钢块，如果使用这些锤头锤击更柔软的结构，那么激发的频率范围将严重依赖于结构的局部刚度和结构被激励的位置。永远不要依赖力锤证书上面的数据曲线，被测结构的输入力谱可能与证书上的整个激励频率范围不相同。必须经常检查这一情况。这里给出的一些例子将会使你对这个主题有更深的了解。

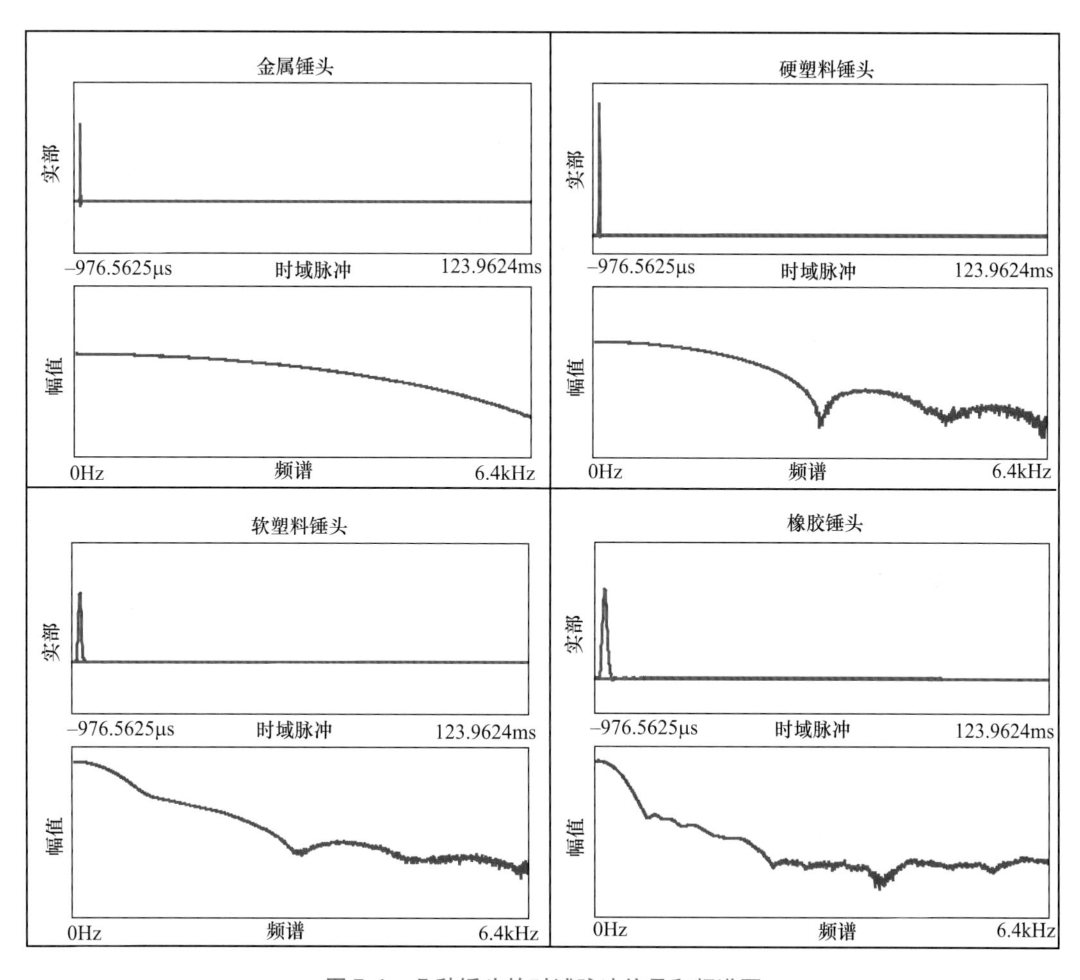

图 7-1　几种锤头的时域脉冲信号和频谱图

现在，在讨论锤击测试的任何其他方面之前，先提供一组测量数据，锤头分别选择了软、中、硬三种，锤击力量从轻击到中度锤击，然后是重击。这对于观察输入力谱和频率范围的变化是非常重要的。对一块非常大的钢块进行锤击，施加在钢块上的锤击力分别为轻击、中度锤击和重击。另外，评估了气囊锤头，然后是硬塑料锤头上加上塑料帽，最后是硬塑料锤头本身。锤击的结果（时域脉冲和输入力谱）如图 7-2 所示。

气囊锤头展示了时域脉冲信号和相应的力谱根据锤击力度变化而产生的剧烈变化。注意到激起的频谱有 20dB 的衰减（重击激发了更宽的频率范围）。因此，如果进行锤击测试每次用于平均的锤击力量都不相同，那么每次锤击激发的频谱也会有很大的不同。这可

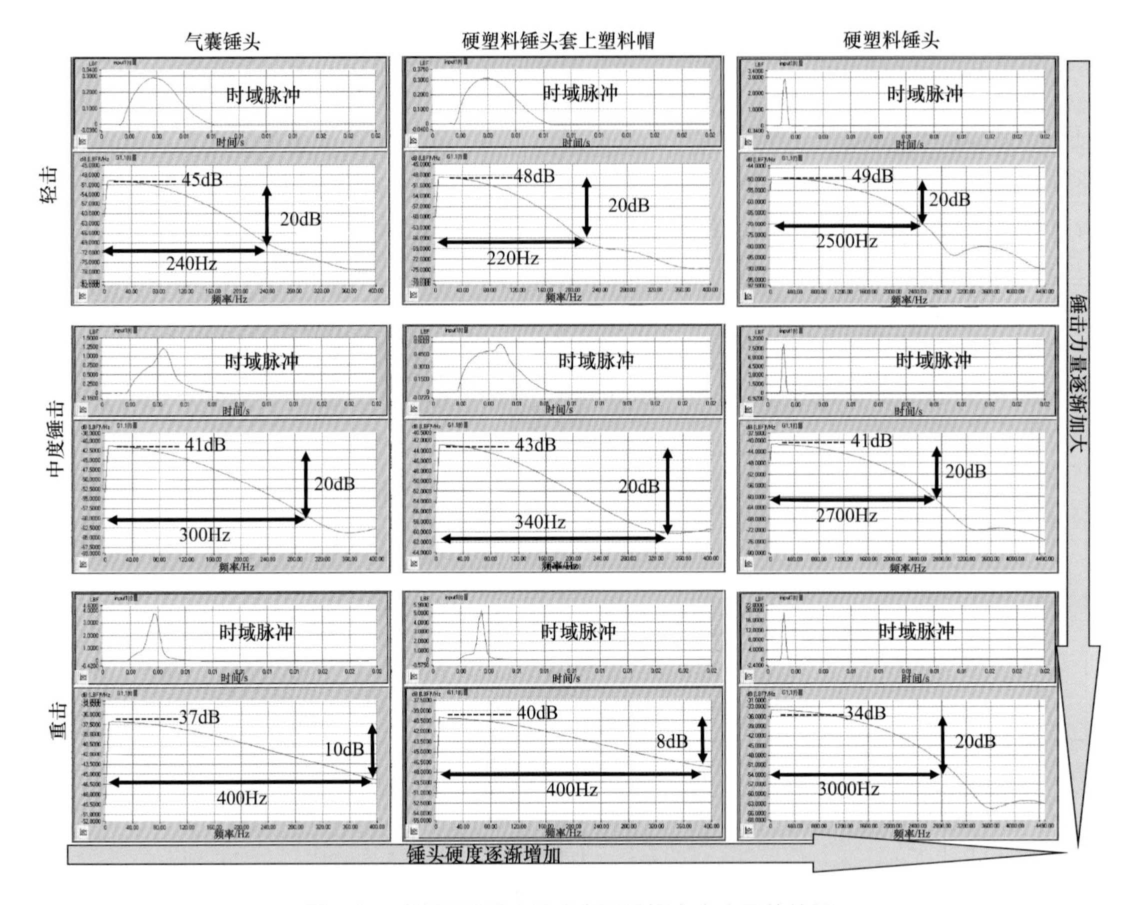

图 7-2　对比不同硬度锤头在不同锤击力度下的结果

能对较高频率范围的相干函数产生重大影响。

硬塑料锤头套上塑料帽在许多情况下表现出与气囊锤头相同的行为。对于这个特定的测试，塑料帽稍微比硬塑料锤头长，因此，在锤头前端生成了一个小气穴。同样，依赖于所施加的激励力大小，会激发出明显不同的输入力谱/频率范围。

硬塑料锤头在激发的输入力谱特性上展示出了相对小的变化。但还是有变化，相对于前两个锤头，它的变化非常小。因此，即使施加了不同的激励力大小，这个锤头激发的频率范围还是相对恒定。

当被测结构所激发的频率范围非常关键时，这种影响就非常重要了。对于前两个锤头，激发的频率范围取决于所使用的激励力大小。必须小心谨慎以确保每次平均、每次测量中的每次锤击都使用大小一致的锤击力。一直这样做下去并不容易。因此，使用力锤套件中的这些特殊锤头时要小心。

7.3　用于不同尺寸结构的力锤

可以对非常大的结构，如桥梁和建筑物进行锤击测试，也可以对非常小的结构，如喷气式发动机涡轮叶片和计算机磁盘驱动器进行锤击测试，以及位于这二者之间任何结构进行锤击测试。当然，使用的力锤大小将根据结构的大小而变化。如非常大的 3ft（1ft = 0.3048m）大锤可以用来测试大型卡车、巴士和大型框架结构。微型力锤可用于测试小型轻质结构，如计算机磁盘驱动器、高尔夫球杆杆头面板和小型喷气式发动机涡轮叶片。当然，商业上可用的力锤可能不适合激励一些极其小的结构或非常大的结构，这时可能需要设计定制锤击激励装置。在这里将不讨论这些，因为它们非常特殊，但是可以设计带力传感器的大型钟摆式质量块来激励大型结构，或者可以使用小型金属轴承滚珠来激励非常小的结构。但是这些都是特殊情况。

最近使用了大型力锤对 60m 长的大型风机叶片进行了激励以确定一些频率小于 10Hz 的低频模态，获得的测量结果非常好。当然，要谨慎确保获得好的输入力谱，相应的频响函数和与之相关的相干函数都是可接受的。图 7-3 所示为对风机叶片进行锤击测试的测试设置。

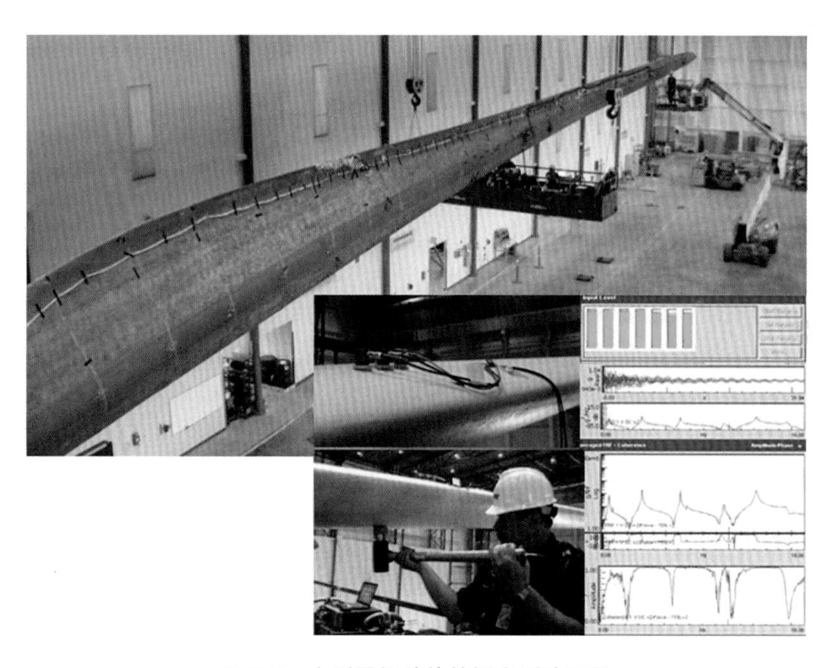

图 7-3 大型风机叶片的锤击测试设置

但是对于这种结构的测试，需要考虑与测试相关的布线和线缆。在这个测试中，加速度计被分成三块不同的区域，然后导线全部引到数据采集系统所在的公共点，如图 7-4 所示。力锤的线缆需要足够长以便能到达所有潜在的锤击位置。数据采集系统位于加速度计测量区块之间的中间位置。由于所有的加速度计都安装在结构上，因此力锤不需要移动到所有的测点位置，只需要锤击四个不同的位置（每个位置两个方向），总共有 8 个不同的参考点。事实上，所有参考点都是需要的，因为许多模态只有两个参考点实际上是有用的，具有较大的模态参与因子。对于某些模态而言，至少有两个参考点（不是相同的两个）的模态参与因子很差，但其他的模态明确需要它们。所以，虽然理论上讲只需要一个模态参考点就能确定所有模态，但选择一个参考点试图对所有模态都起作用往往是非常困难的。

为了说明这一点，图 7-5 所示为一个通用大型风机叶片的一组模态。由于模态振型

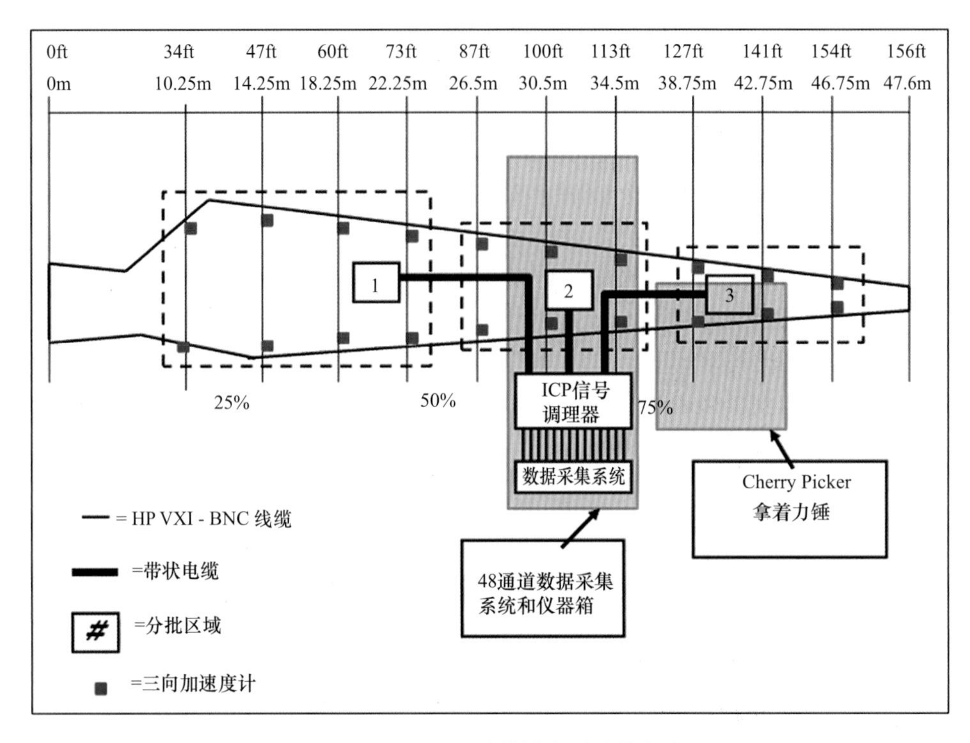

图 7-4　大型风机叶片模态测试的布线

是经过挑选的，因此，这里只有四个红色表示的参考点位置，而非八个。注意到其中有两个参考点对于一些模态而言非常接近节点，但是对于其他模态而言是非常合适的参考点位置。当进行这个测试时，客户原本没想得到风机叶片的频率和振型。在不了解结构的模态振型（除了经验或“直觉”）的情况下，选择参考点并不是一件容易的事情。虽然在这例子中，总共选择了 8 个参考点（4 个参考位置，每个位置分别对应挥舞和摆振这两个主要的模态方向）看起来可能过多，但是一旦检查最终的模态振型就会发现选择这么多参考点是明智的。虽然初看起来风机叶片的模态似乎是非常简单的悬臂梁弯曲模态，但实际上并非如此。叶片的实际模态振型受到复合叶片叠层的强烈影响，很难从叶片的外观看出来。

在另一个大型结构——光学望远镜的测试中，所有的 100 个加速度计都安装在结构上，因为运行测试是在经过研究的各种不同的配置下进行的，并且不管现场存在的风载大小。尽管客户对模态测试不感兴趣（并且不希望为模态测试花费额外的时间），但实际上在风停止后和没有有效运行数据需要采集的时间段内进行了模态测试。因此，如何将正在进行测试的流程和所有仪器的布局从运行测试改变为模态测试需要进行精心的策划（这应该是测试方案的一部分）。测试在施工期间进行，锤击模态测试可能能获得最佳的数据。模态测试的最好时间是在午餐时间，这时工作人员停止了施工，都去食堂吃午饭了。在测试方案中明确了测试设置的快速重新配置方案，要使锤击测试能够在安静的时间段进行，而且不能中断运行数据的采集。在测试之后，客户询问是否有任何超出运行测试的额外数据来确认模态信息，幸运的是，数据已经采集并且可用，尽管最初并没有这项测试要求。

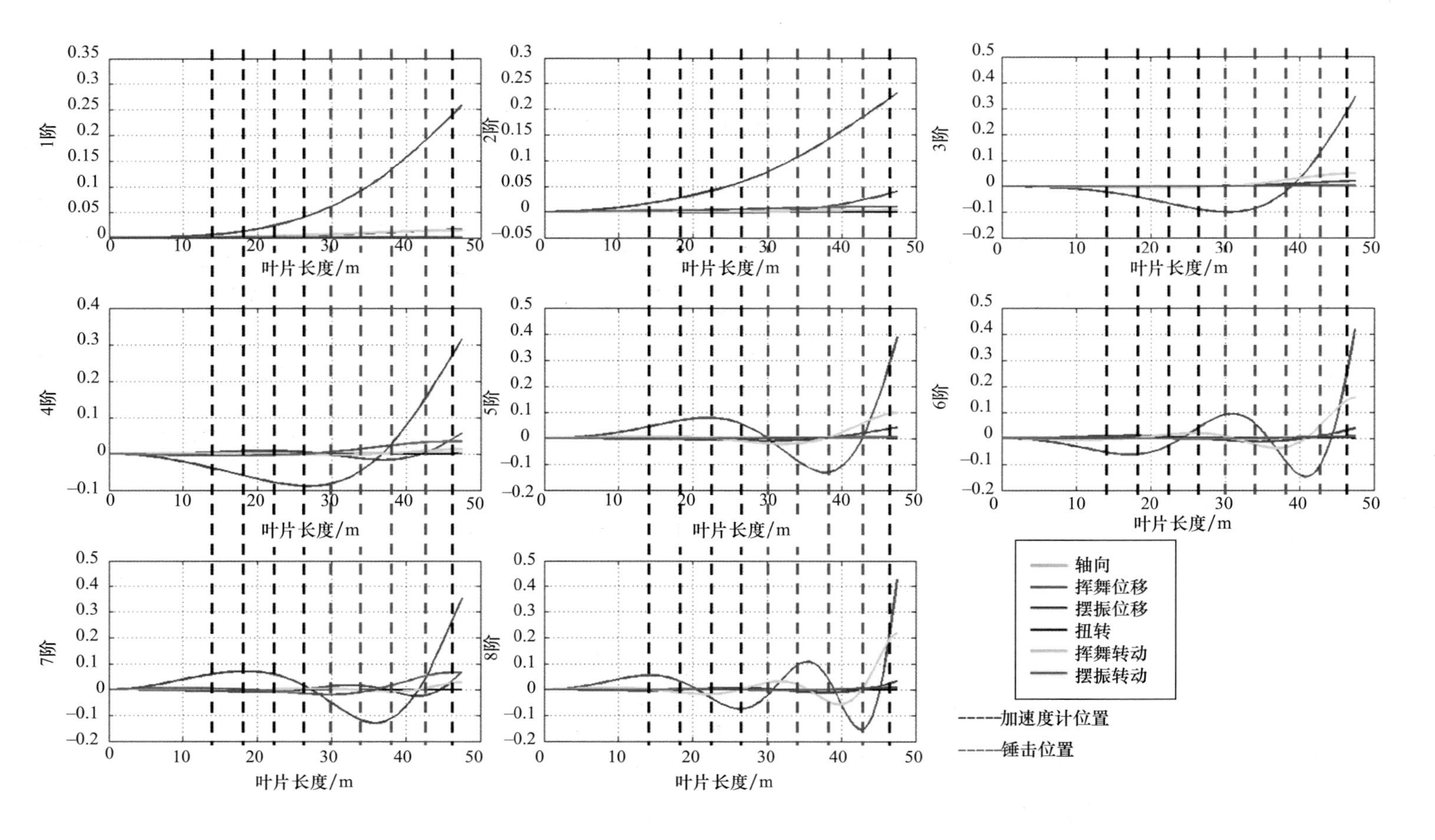

图 7-5　大型风机叶片测试典型的挥舞和摆振模态振型

图7-6所示为对在智利偏远山顶的双子望远镜进行的测试。这个望远镜测试和风机叶片测试的一个区别是，望远镜采集的所有数据都被存储到硬盘上，后续对它进行处理。在测试的一周中，在晚上对一些数据进行了缩减分析，使测试人员确信正在采集有用的数据。实际上进行了两次锤击模态试验，因为第一次试验是在白天施工期进行的。初步评估显示，虽然数据有用，但背景噪声比较大，因此需要重新采集数据。这突出了重要的一点，即应始终对采集的数据进行一些预处理，若某些数据不足以提取有用信息，则结构可能已经无法用于额外的测试。的确，一旦智利望远镜测试现场被清空而且测试团队返回了家乡，重新测试结构以获取任何额外的数据将非常昂贵、耗时并且在某些情况下可能无法实现。

图7-6　对大型光学望远镜进行模态测试和运行测试

现在，与非常小的结构相比，大型结构有一些完全不同的现实问题。在对高尔夫球杆杆头面板的固有频率进行测试时，能否在相同的方向重复锤击完全相同的点，是一个非常重要的关心事项。因此，在高尔夫球杆测试中，一个特殊的三脚架力锤配置了一根细的咖啡吸管，小三脚架的旋转头使得能够选择一个非常精确的激励位置。然后，旋转头锁定到合适的激励位置，轻弹咖啡吸管让力锤以一致和可重复的方式锤击高尔夫球杆面板。这一布置如图7-7所示，使用的3台激光测振仪可以一次进行多个测量（连同安装在球杆头背面的麦克风和加速度计）。

在大型望远镜测试或大型风机叶片测试中，实际输入位置的微小偏差并不重要，如果锤击位置偏离了不到0.5in，那么由于结构的尺寸很大，这是无关紧要的。但是对于高尔夫球杆杆头面板而言，锤击位置小的偏差也能造成显著的影响，这是可想而知的。事实上，这个简单的力锤配置从2000年开始就已经在实验室中使用了，那时这个测试是第一

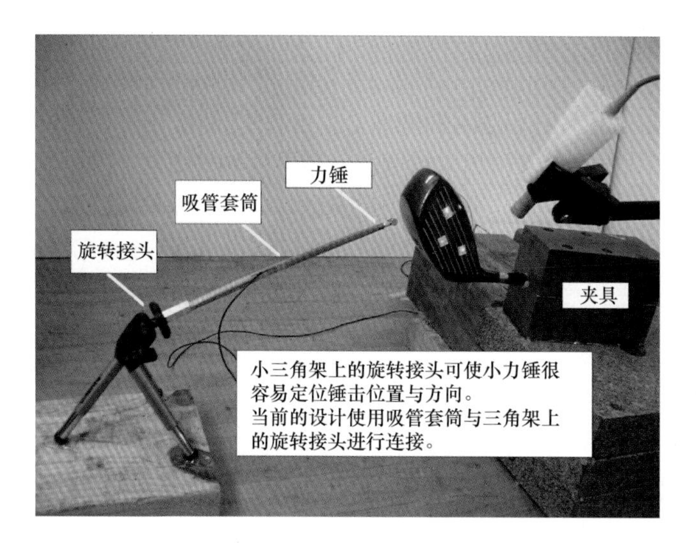

图7-7　用小型照相机三脚架配置小型力锤测试高尔夫球杆

次使用这个力锤。现在已经证明该力锤配置对锤击位置的精度特别关注的小型结构进行测试时是非常有价值的。

7.4　锤击方向倾斜和位置偏差是如何影响测量的?

保持一致地锤击同一点和同一方向是非常重要的，在测试小型结构时，这一点变得更重要。这里介绍两种情况来评估这一观点。

7.4.1　锤击方向倾斜

测量一个频响函数数据，每次平均测量时力锤有意倾斜，使得每次锤击的方向不完全相同。如果不小心谨慎的话，这种情况在测试过程中很容易发生，这可能会在长时间测试或者难以对锤击点进行锤击时发生。问题在于，每次测量的锤击力都不是同一方向，那么前后两次锤击是不一致的。这将导致该测量的相干函数质量降低。图7-8a展示了一组很不错的结果，其中每次锤击都仔细锤击同一点和同一方向。图7-8b展示了没有仔细保证每次锤击是在相同方向进行的数据。虽然锤击的位置是不变的，但是对于待平均的每一次测量而言，锤击的角度并不相同。虽然图7-8b中的测量并不算太糟糕，但它不如图7-8a中的测量精确。这一点在相干函数中可以看得很清楚。显然，锤击方向需要特别注意以便获得最佳的测量。

7.4.2　锤击位置不一致

测量一个频响函数数据，每次平均测量时力锤有意靠近要锤击的测点，但每次锤击都不是同一点。虽然方向保持不变，但每次锤击点略有不同。那么，这使得每次测量与参与平均的其他测量不一致。图7-9a显示了一组不错的结果，其中每次测量都仔细地按照同一点和同一方向进行锤击。图7-9b显示了没有确保每次锤击都是同一点，但每次锤击角

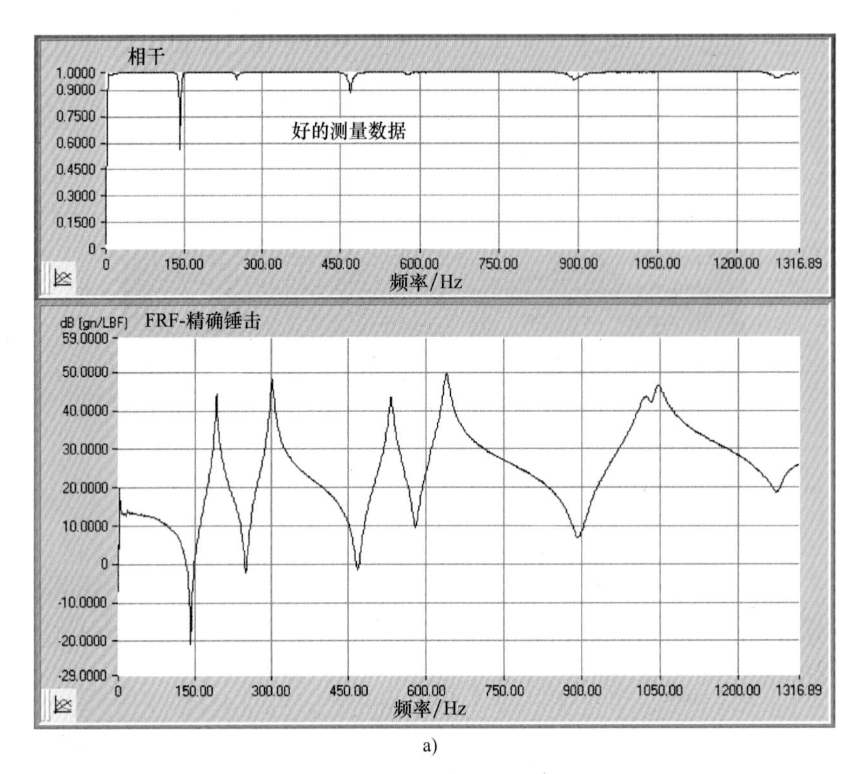

a)

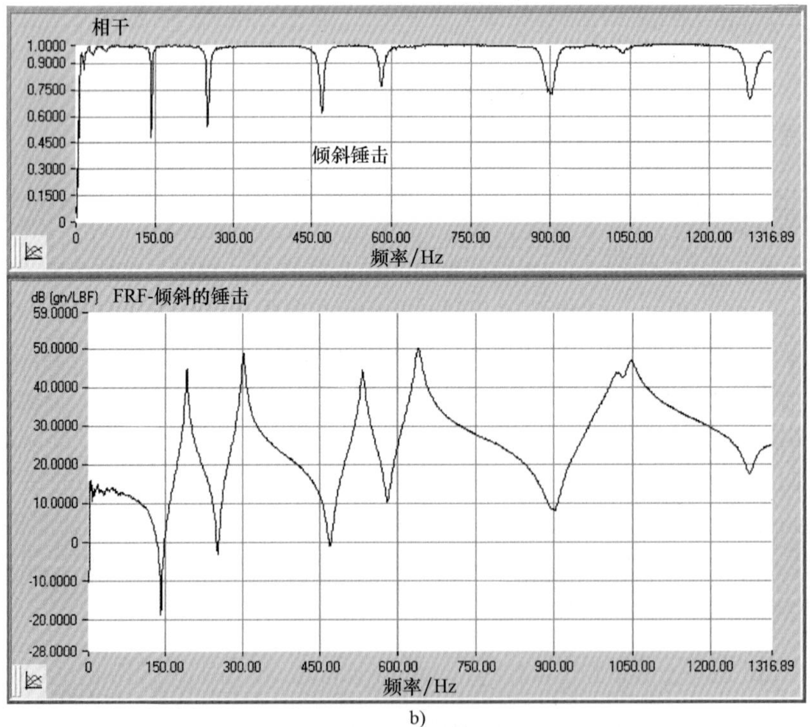

b)

图 7-8　锤击激励测量（同点不同方向）

a）好的锤击激励测量　b）倾斜的锤击激励测量

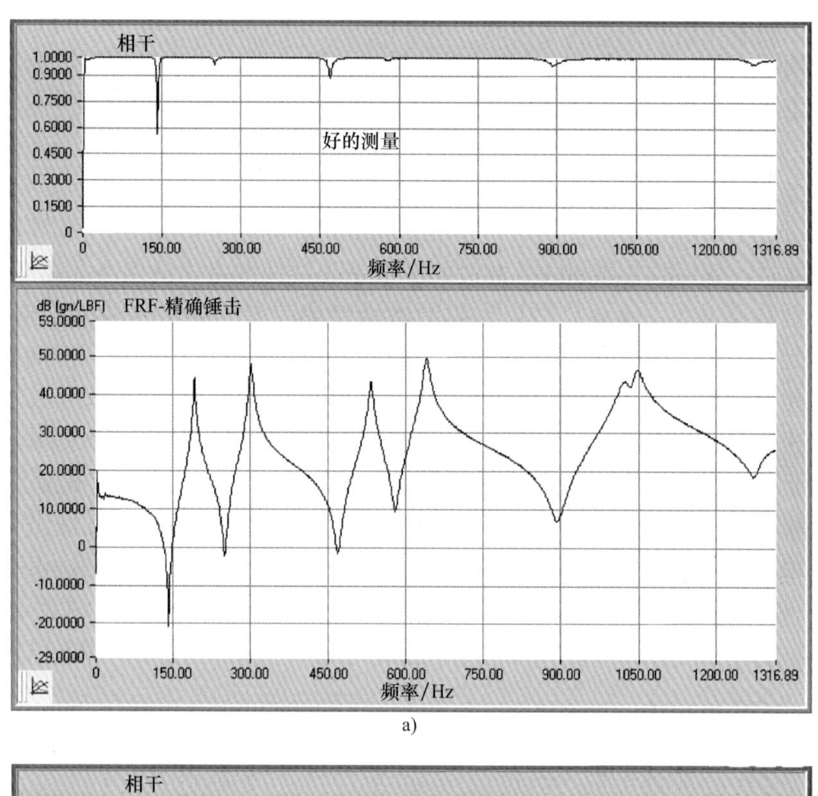

a)

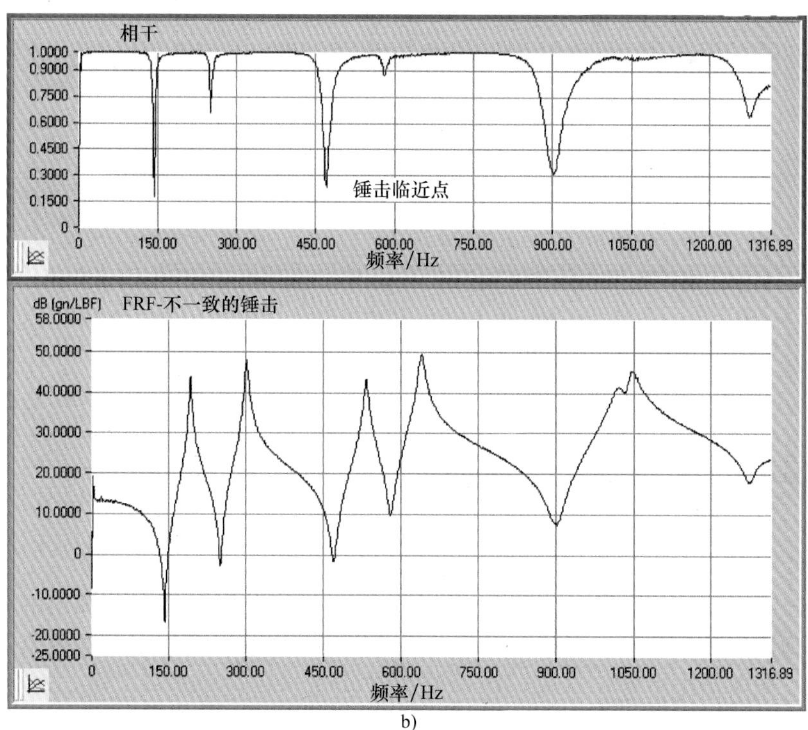

b)

图 7-9　锤击激励测量（同方向不同点）

a）好的锤击激励测量　b）不一致的锤击激励测量

度是相同的，当对每次测量进行平均时，实际锤击点位置略有不同。虽然图 7-9b 中的测量并不是很糟糕，但它不如图 7-9a 中的测量精确。再一次，从测量的相干函数中可以很清楚地看出差异。显然，锤击位置需要特别注意以便获得最佳的测量。

7.5 力锤的分析带宽

锤击测试时，锤头的选择和选择合适的带宽是需要仔细考虑的两个非常重要的因素。有时，可能会选择过硬的锤头，然后实际的激励频率范围可能远远超出了选择的带宽。起初，这看起来似乎不成问题，因为 FFT 分析仪将只处理选定的带宽。但问题是，锤击的能量远远超出带宽，更重要的是，实际的加速度计响应将来自于锤击激发的所有模态，并且加速度计输出电压将超过相同带宽下的输出电压。实际上，数据采集仪量程的一部分将用于超出带宽的模态能量，并且将对整体测量产生不利影响。但所选的 FFT 带宽对此无任何影响。因此，对同一个锤头使用几个不同的分析带宽以确保激发的频率范围已被很好地理解是非常重要的。测试工程师在初始设置时必须检查这一点，以便明白它的影响。这可能需要用 FFT 分析仪手动完成，或者可能嵌入在测试软件中，如图 7-10所示，图 7-10 显示了想要的频率带宽，并且还显示了四倍的带宽以明白实际激发的频带。

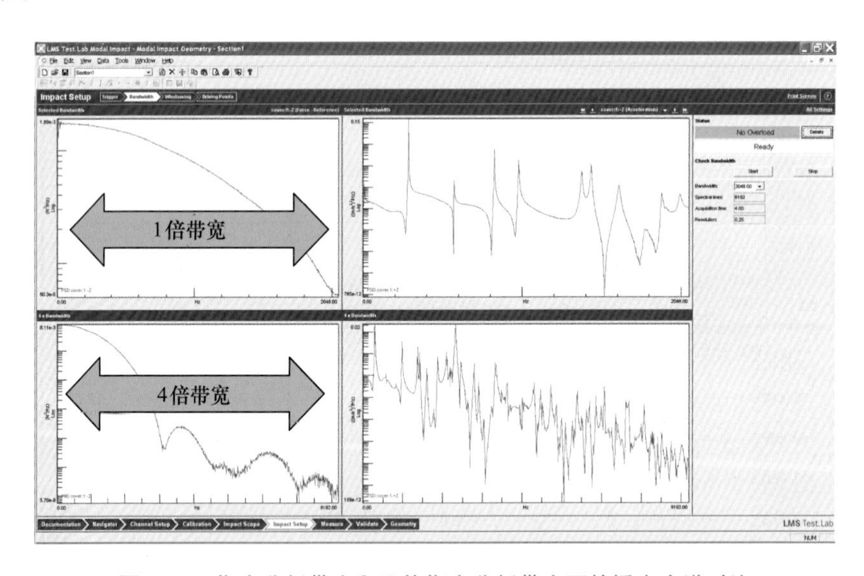

图 7-10　指定分析带宽和四倍指定分析带宽下的锤击力谱对比

为了进一步说明这一现象，图 7-11 所示为几个锤头在不同频率范围内的力谱。这有助于更清楚地展示这个影响。显然，对于每次要执行的测试，需要明白选择合适的锤头才能激发特定应用所需的带宽。

首先，我们已经知道施加在结构上的输入力谱受锤头刚度和结构锤击点刚度的共同影响。本质上，输入力谱受力脉冲的作用时间长短控制。时域长脉冲产生一个短或窄的频谱。时域短脉冲产生一个宽的频谱。让我们来看一些例子，以便从测量角度明白这是什么意思。在图 7-12 ~ 图 7-14 中，黑色的曲线是频响函数，蓝色的曲线是输入力谱，红色的

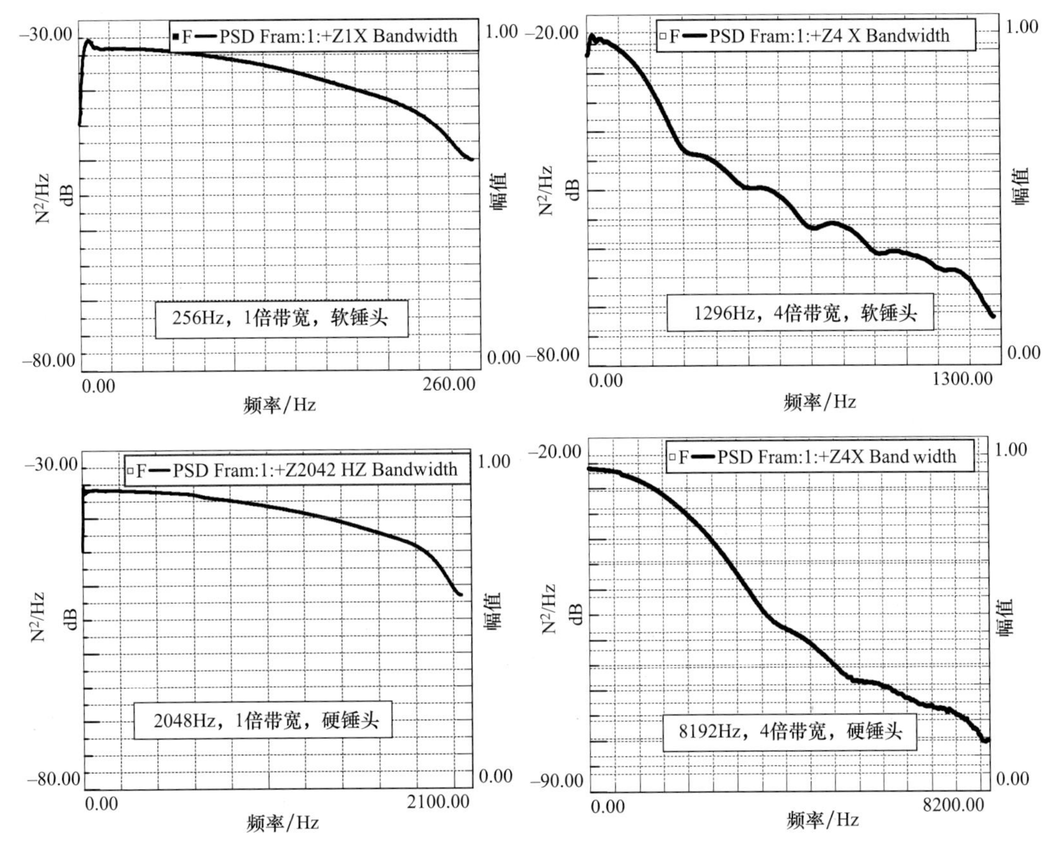

图 7-11　两个不同带宽设置和两个锤头的力谱对比

曲线是相干函数。

让我们用一个非常软的锤头在 800Hz 频率范围内对结构进行激励。如图 7-12 所示，输入功率谱（蓝色）400Hz 以上的带宽有显著的衰减。另外，注意到 400Hz 之后，相干函数（红色）开始显著下降，频响函数（黑色）在 400Hz 以上看起来并不是特别好。这里的问题是，在较高频率下没有足够的激励能量引起结构响应。如果输入不充分，就没有太多的输出。那么测量的输出不是由测量的输入引起的，因而频响函数和相干函数是不可接受的。

现在让我们用一个非常硬的锤头在 200Hz 频率范围内激励结构。如图 7-13 所示，输入功率谱（蓝色）在所有感兴趣的频率上都非常平坦。另外，注意到这次测量的相干函数（红色）并不是特别好。问题是高频段有太多的激励能量，激励起了结构所有模态响应。

现在让我们使用一个中等硬度的锤头在 200Hz 频率范围内激励结构，这使得输入力谱在感兴趣的频率范围的末端没有显著下降。如图 7-14 所示，输入功率谱（蓝色）在 200Hz 的频率范围内下降了 10 ~ 20dB。另外注意到，除了反共振频率之外，相干

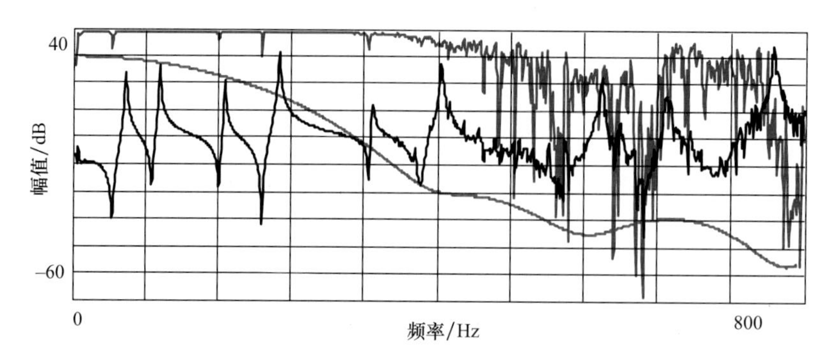

图 7-12　非常软的锤头用于较宽的频率范围

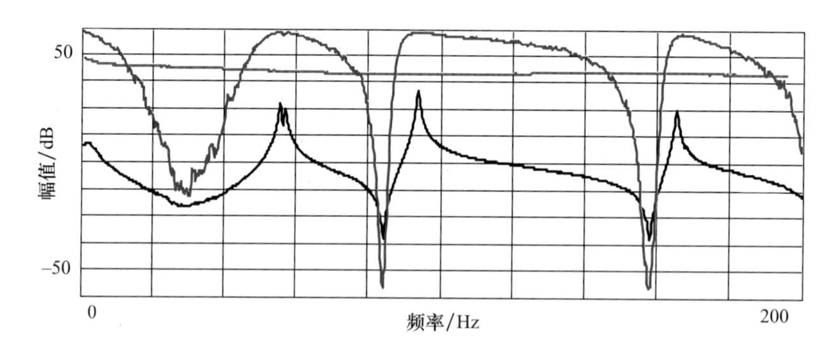

图 7-13　非常硬的锤头用于很窄的频率范围

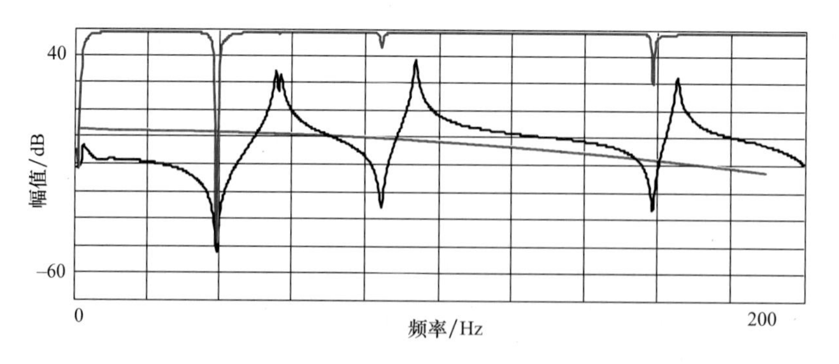

图 7-14　中等硬度的锤头用于想要的频率范围

函数（红色）在整个 200Hz 频带上看起来都特别好。在反共振频率处，相干函数的下降是完全可以接受的，因为在这些频率处结构是没有响应的（反共振），这意味着没有明显的响应可供测量，所以相干函数会按照预期下降。整体来看这是一次不错的测量。

注意到输入力谱并非完全平坦，这可能是想要的结果。事实上，当输入几乎完全平坦时，如图 7-13 所示，测量结果并不理想。让我们来解释为什么会发生这种情况。考虑图 7-15所示的测量。该测量是在 400Hz 分析带宽上进行的。使用的锤头在 400Hz 频带内下降约 20dB，这是可以接受的。

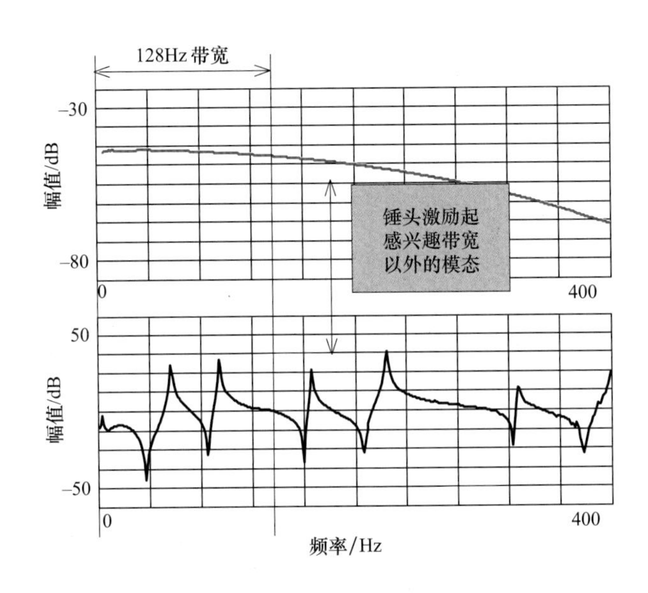

图 7-15 锤击能量超过了感兴趣的带宽

现在我们假设只需要 128Hz 的带宽，那么输入力谱衰减不会超过 3dB。观察图 7-15 中指定的 128Hz 的分析带宽。输入力谱在这个 128Hz 的频带内衰减约 2 ~ 3dB。所以测量结果应该是可以接受的。但真正发生的是，虽然分析频带仅为 128Hz，但结构的响应是基于赋予结构的能量。由于输入力激发了结构所有的模态，结构响应远超过了 128Hz，即使这些频率可能并不感兴趣。

安装在结构上的加速度计能测量到所有响应并输出电压到分析仪的输入通道。快速地观察频响函数曲线下的整个区域，似乎只有三分之一的能量与感兴趣的带宽相关。其他能量与感兴趣的带宽之外的东西相关。但是加速度计能感知并测量到所有的能量。可能需要对分析仪上的 ADC 进行设置以便结构的总响应不会发生过载。

如果信号在到达分析仪前没有经过模拟滤波，那么可能需要把 ADC 量程设置得很高以避免潜在的过载。请记住，信号的大部分能量可能超出了 128Hz 的带宽。这会使 ADC 产生量化问题。这可以轻易地通过选用不会激发感兴趣带宽之外的模态的锤头来更正。图 7-16说明了这一点。在图 7-16a 中，输入激励的大部分能量位于预期的分析带宽之外。在图 7-16b 中使用了较软的锤头，这不会激发感兴趣带宽以上的模态，总体上给出了更好的测量结果。

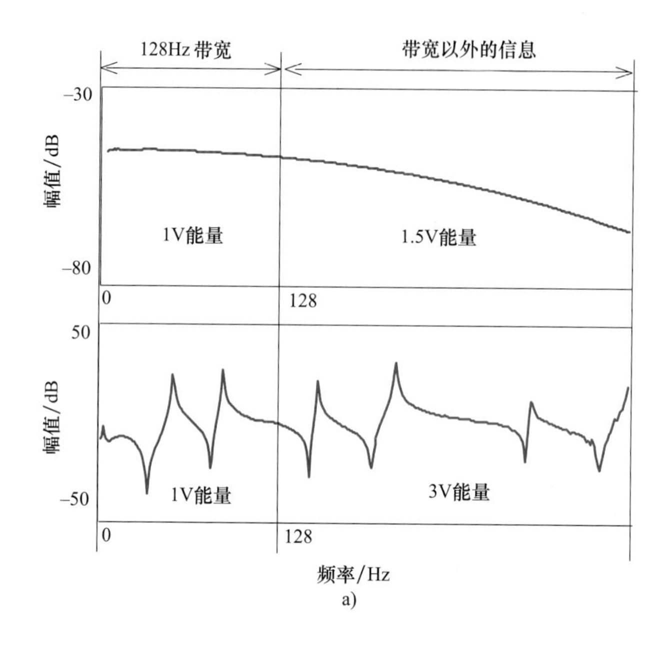

a)

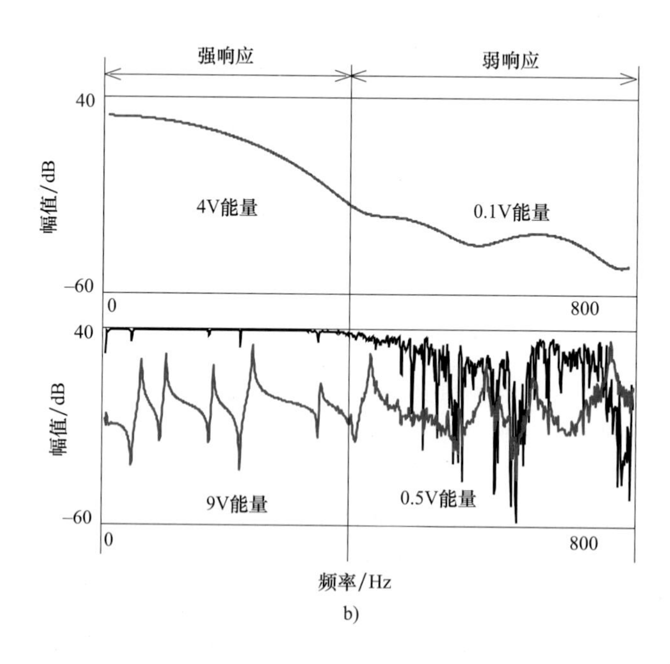

b)

图 7-16　激励能量位于感兴趣的带宽以外

a）硬锤头　b）软锤头

7.6　使用 ICP 型加速度计进行低频测量时的注意事项

通常用于模态测试的加速度计是 ICP 类型。ICP 本质上会导致加速度计不能在低频段进行测量，因为 ICP 信号调理器阻止了直流测量。这种类型的加速度计主要用于振荡或频率测量。所以这些加速度计通常用于测量远高于直流的频率，并且通常用于较高频率的测量。但是有一些非常敏感的加速度计可以测量接近于直流的非常低的频率，它们的灵敏度高达 100mV/g 和 1V/g，但是它们不是用来测量直流的。实际上，ICP 信号调理具有非常像高通滤波器的特性，高于滤波器截止频率的频率成分相对不受调理器的影响，但低于截止频率的频率成分受滤波器的影响很大。因此，当试图在 ICP 信号调理器的有效截止频率或低于该频率进行测量时，需要充分明白这一点。准确地知道可以测量的频率有多低是非常有必要的，这个频率以上不会受到高通滤波器特性的影响。为了说明这一点，分别使用一个高灵敏度的 ICP 型加速度计和两个不同灵敏度的直流加速度计在大型风机叶片上进行了一些低频测量。图 7-17 所示为三种不同的加速度计和频

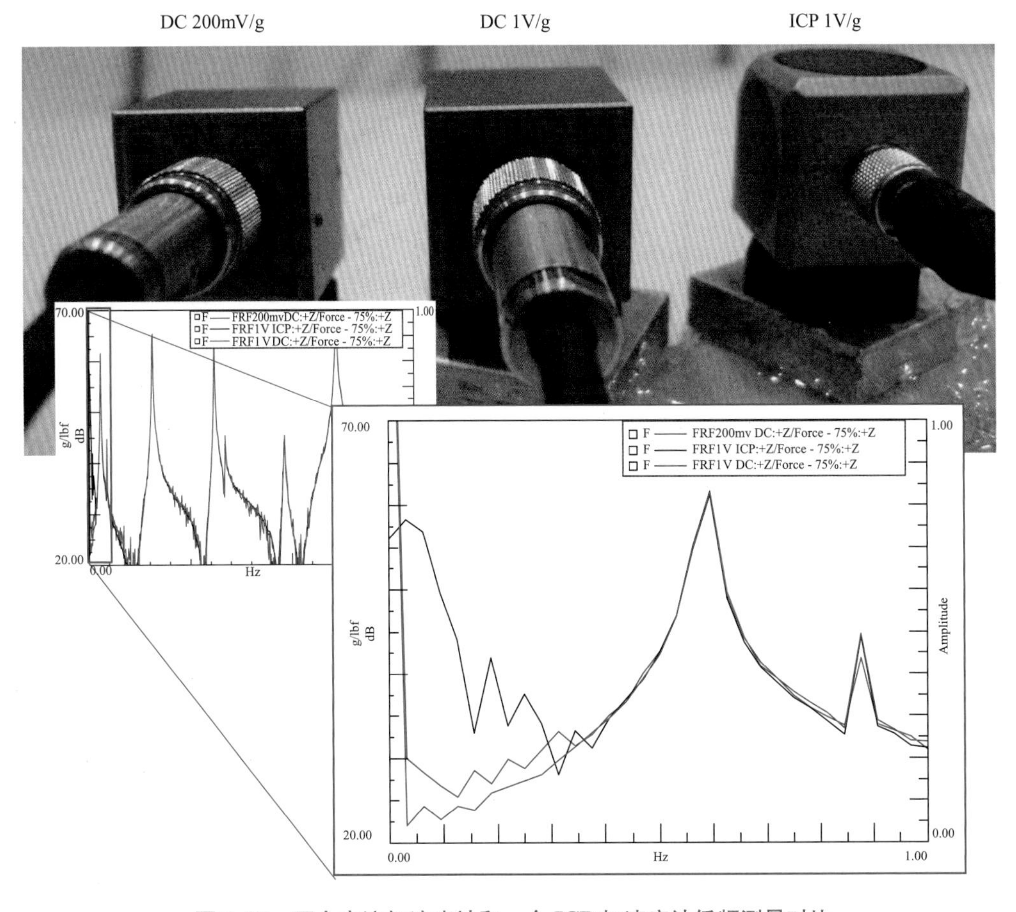

图 7-17　两个直流加速度计和一个 ICP 加速度计低频测量对比

响测量结果。注意到直流加速度计可以很好地测量并保持一致，低至直流频率，而ICP型加速度计可以很好地跟踪到0.3Hz左右，低于此频率的测量就会受到ICP信号调理器高通滤波器的影响。如果使用ICP加速度计测量非常低的频率，这个信息是至关重要的。

7.7 互易性测量的注意事项

互易性对模态测试的影响非常重要。互易性是模态测试为什么只需要测量频响矩阵的一行或一列就可以提取到模态参数（振型）的根本原因。但是，互易性测量作为重要的测量数据也有许多其他原因。在模态测试中，可能需要进行互易的频响函数测量。图7-18以示意图的形式展示了这种互易性测量。由于系统矩阵是对称方阵，所以频响函数测量也是对称方阵。

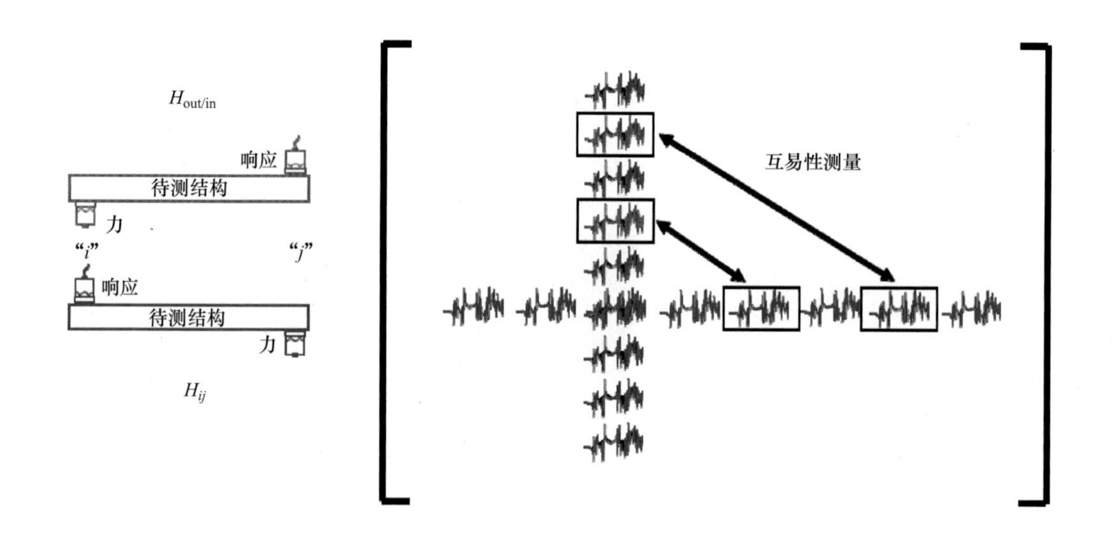

图7-18 激振器测试和移动力锤测试的互易性测量示意图

虽然这似乎是一个简单的测试，但实际上做一次互易性测量涉及很多方面，需要精心的测试才能得到非常好的互易性测量结果。图7-19显示了一个简单的结构，对该结构使用摆锤锤击进行了互易性测量。虽然从宽带测量的角度来看，这个测量看起来非常好，当放大每个峰值以显示实际峰值并进行比较时，不难发现测量有一些变化。为了改善这个互易性测量，使用了非常小的轴承滚珠粘在结构上，以确保输入力精确地位于结构上，如图7-20所示。一旦这样做了，测量结果将大为改善，但只有在经过极其小心的处理之后，才能确保最好的测量结果。校准一些非标准传感器以便获得精确的标定值就需要这样极其高的精度。

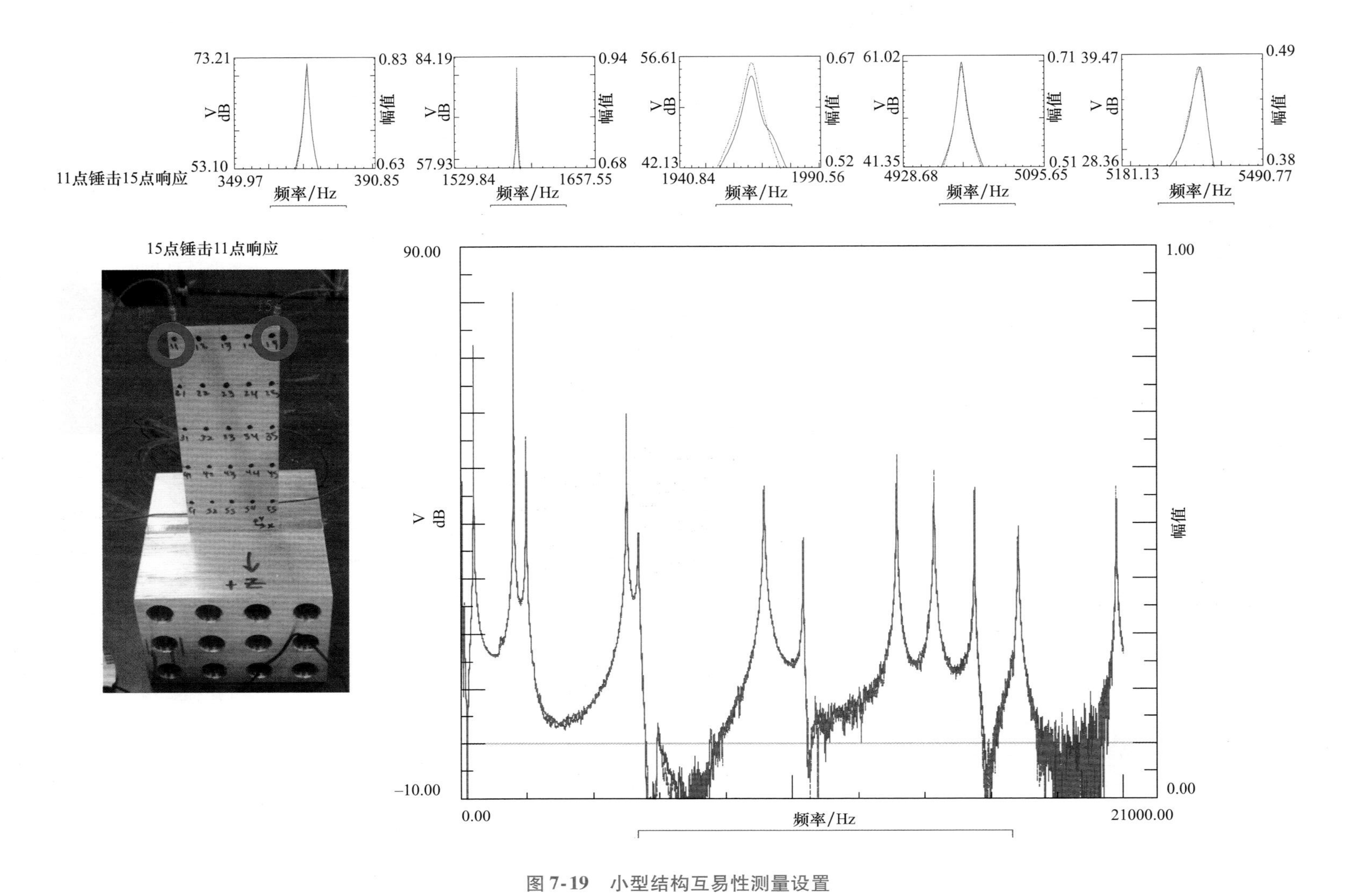

图 7-19　小型结构互易性测量设置

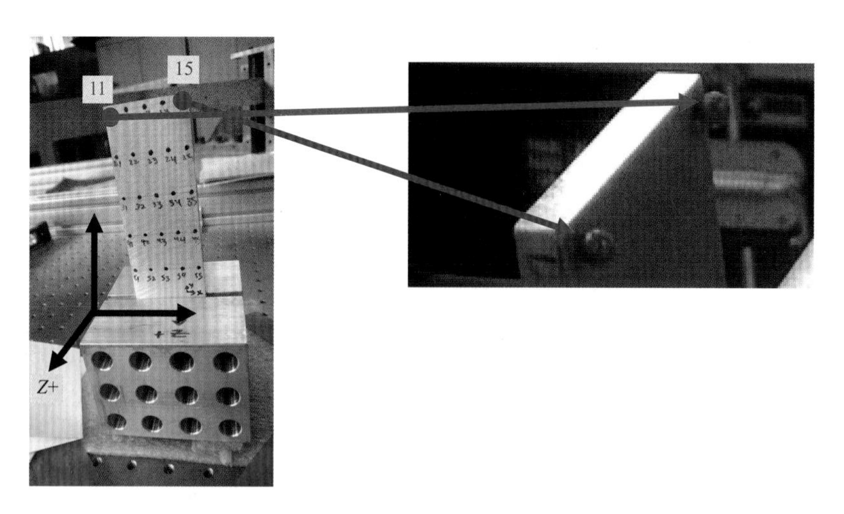

图 7-20　用于改善互易性测量精度的轴承滚珠的放大图

7.8　移动力锤与移动加速度计

锤击测试有两种常用方法。一种方法是将加速度计置于固定的位置，然后力锤在结构上移动以获得所有的测量数据。另一种方法是力锤锤击相同的位置，加速度计在结构上移动进行模态测试。然而，当加速度计在结构上移动时，可能存在质量载荷的影响，由于移动的加速度计质量会导致测量数据之间的不一致。当进行移动力锤测试时，得到频响函数矩阵一行或多行，行的位置取决于参考加速度计所在的位置。当力锤锤击位置固定时（类似于激振器测试），得到频响函数矩阵的一列或多列，列的位置取决于力锤锤击位置。在这种情况下，所有的加速度计都安装在结构上，这样能得到矩阵完整的一列或多列，那么就不存在因传感器移动带来的质量载荷问题了。图 7-21 所示为这两种测试设置，图 7-21

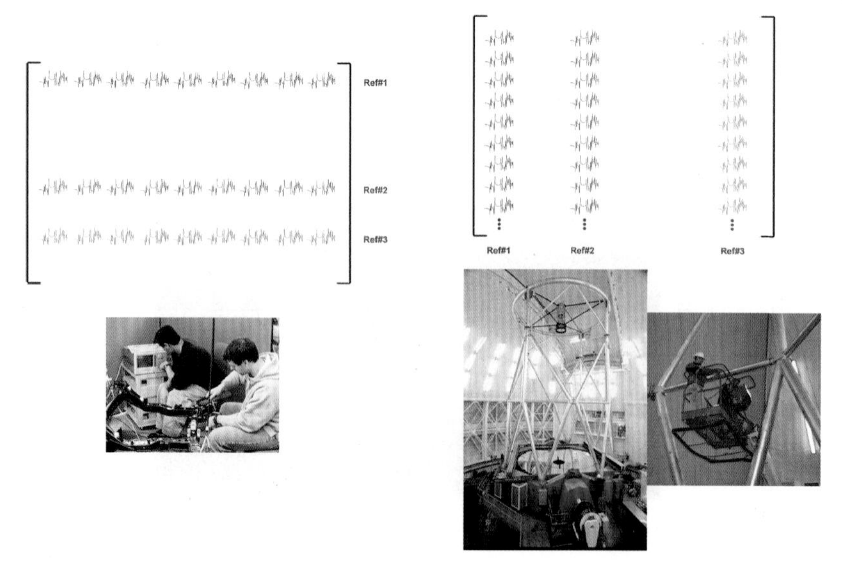

图 7-21　多参考点锤击测试：移动力锤测试（左）和固定力锤测试（右）

左侧采用移动力锤，图 7-21 右侧采用固定力锤。需要注意的是，如果使用移动力锤并在结构上布置了多个参考加速度计，那么每个参考加速度计都会得到一行测试数据，从而得到多参考点数据。如果进行固定力锤测试并且将力锤移动到多个不同的测点，那么每个锤击位置将得到一列测试数据。这些数据可以用于多输入多输出的模态参数估计。虽然这并不是实际上的多输入多输出数据，不同于多个激振器采集，但是采集的数据将与多个激振器测试采集的数据都具有一致性。否则在缩减分析采集到的数据时可能会遇到困难。

7.9　挑选合适的参考点位置

在任何模态测试中，参考点位置的选择都是非常重要的。如果有可用的有限元模型，那么也应该用该模型来帮助选择参考点。然而，经常要进行的模态测试却没有关于预期频率和模态振型的信息（或任何类型的模型）。在这些测试中，必须非常小心，以确保参考加速度计不位于模态节点上。通常需要试探几个不同的测量位置，以确保不会丢失模态。图 7-22 展示了一个非常简单的结构，即便如此，选择一个参考点以便获取所有模态是非常困难的。图 7-22 展示了其中的几个频响数据，很明显在所有的单个测量数据中都不易看到所有的模态。除了进行多次试探性测量以识别所有模态并选择可能的参考点位置外，还应该选择几个参考点以确保模态不会遗漏。

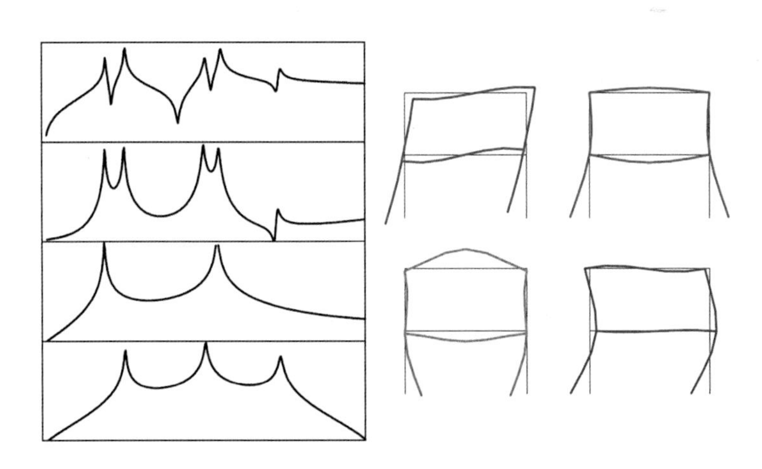

图 7-22　具有强方向性模态的 MACL 框架：频响函数（左）和振型（右）

7.10　连击难题和注意事项

有时候，可能会发生连击，并且有时很难避免这个问题。如果可能的话，应尽量避免二次连击，但在有些情况下，连击实际上也可以用于锤击测试。真正关键的是，输入力谱应当相对平坦，并且力谱不应该有明显的衰减，频响函数和相干函数应该看起来不错。如果满足上述情况，那么很可能测量数据足以识别出频率和模态振型。但是力谱需要多平坦，力谱衰减多少是可以接受的？这些都是很好的问题。力谱衰减应该避免大于5～10dB，但只要相干函数好，那么频响测量数据就可以接受。现在讨论两个故意使用连击的例子。

7.10.1 学术型结构

在一块简单的平板结构上进行多次测量，首先进行单次锤击，然后进行一系列随机锤击。当把一系列脉冲作用于结构时，需要特别注意。脉冲的持续时间和间隔必须以非常不连贯的方式施加。脉冲也不应该覆盖整个采样周期。它们应该仅作用于采样周期的一部分，如50%～75%。但在采样周期内能观察到全部响应也是非常重要的，这样不会发生泄漏，满足傅里叶变换的要求。实际上，激励信号接近宽带激励，具有类似于随机信号（诸如猝发随机信号）的特征。用一块简单的平板结构来说明这种技术。由于结构的响应特性，连击测量是不可避免的，但是它们并不那么严重不至于降低测量数据的整体质量。

首先，使用单次锤击，或者至少意图是进行单次锤击。图7-23所示为激励和响应的时域信号。图7-24所示为输入力谱和频响函数。图7-25所示为频响函数和相干函数。总的来说，测量不错，但是从输入时域信号和输入力谱中可以看到连击的影响，输入力谱的形状发生了变化。输入力谱的变化足够小以至于不会扭曲系统的整体测量，这一点可由相干函数证明。在第二次测试中，对结构施加了一系列的锤击。图7-26所示为激励和响应的时域信号。图7-27所示为输入力谱和频响函数。图7-28所示为频响函数和相干函数。虽然施加了多次锤击，但测量整体效果很好，相应的频

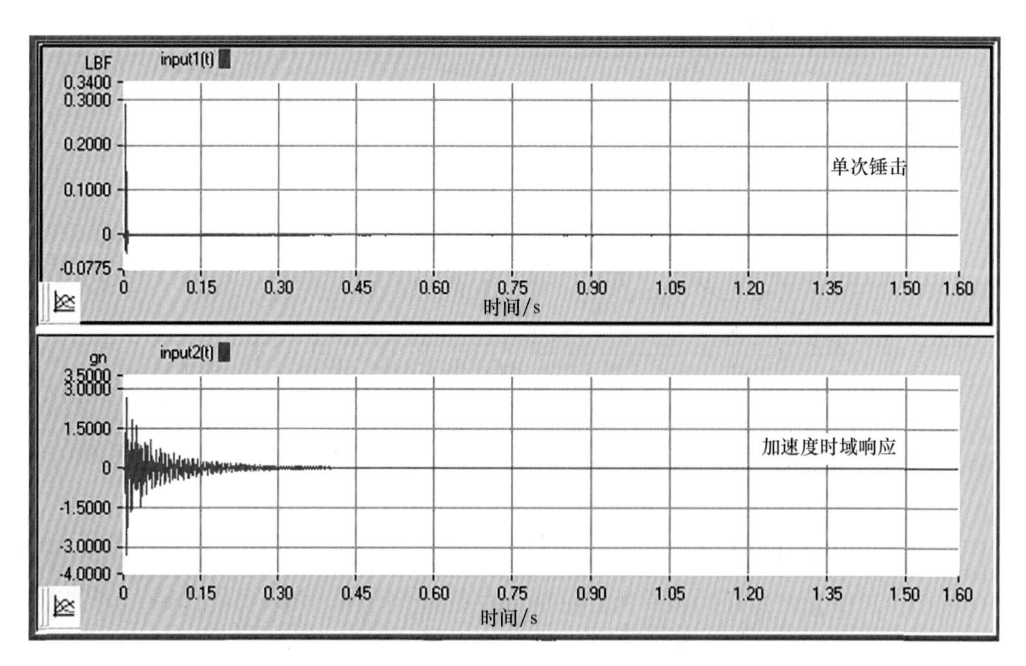

图7-23 单次锤击激励：激励（上）和响应（下）

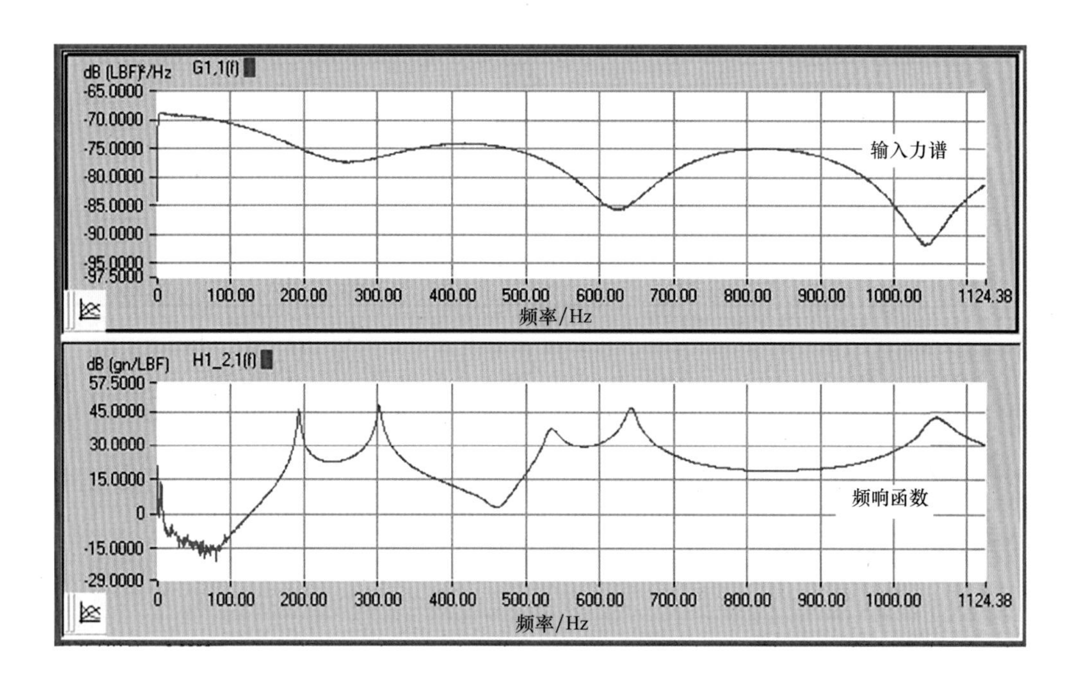

图 7-24　单次锤击激励：输入力谱（上）和频响函数（下）

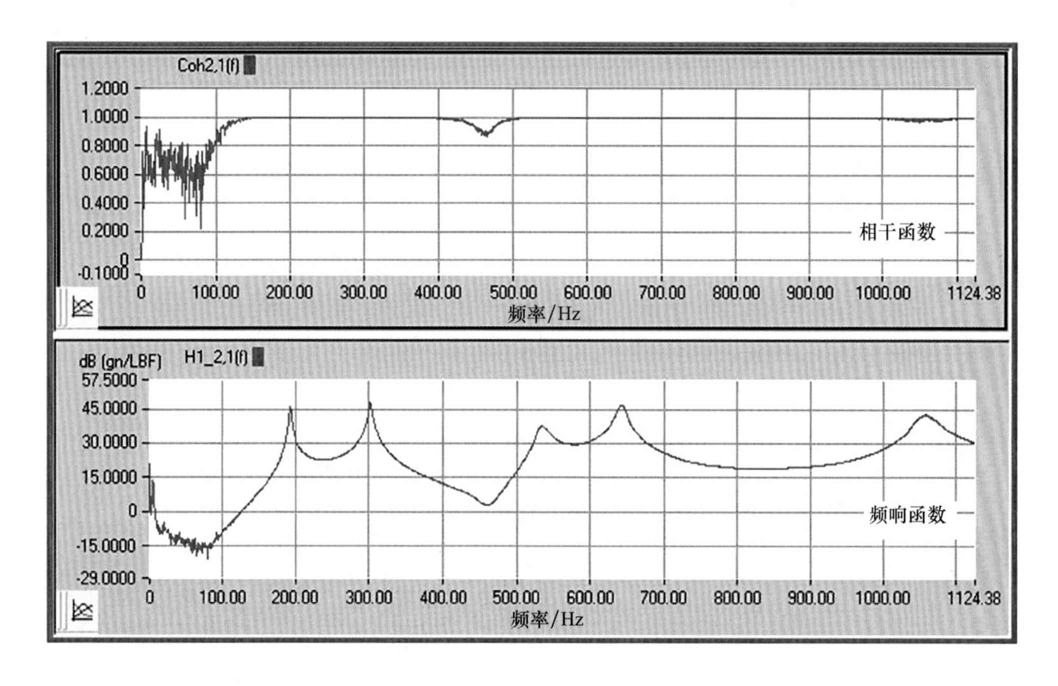

图 7-25　单次锤击激励：相干函数（上）和频响函数（下）

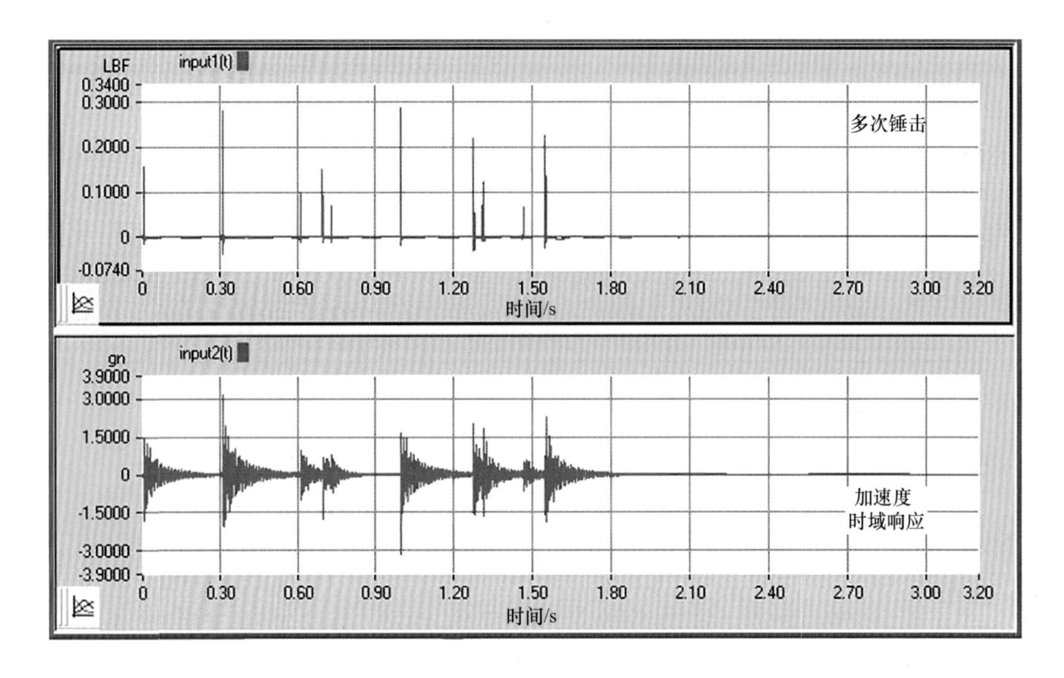

图 7-26　多次锤击激励：激励（上）和时域响应（下）

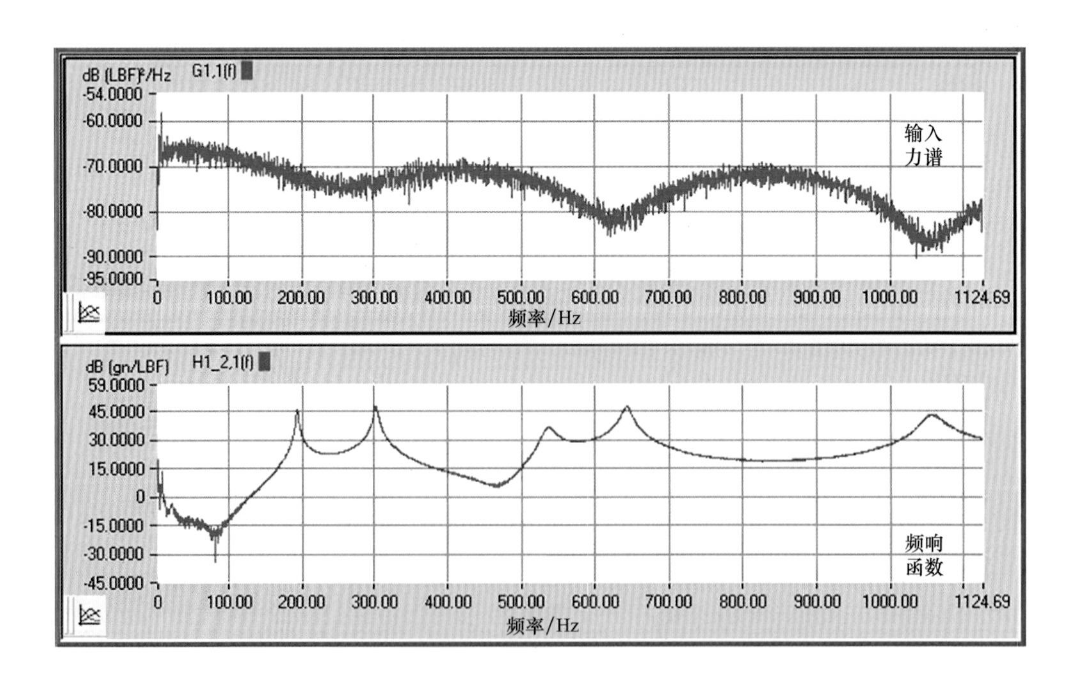

图 7-27　多次锤击激励：输入力谱（上）和频响函数（下）

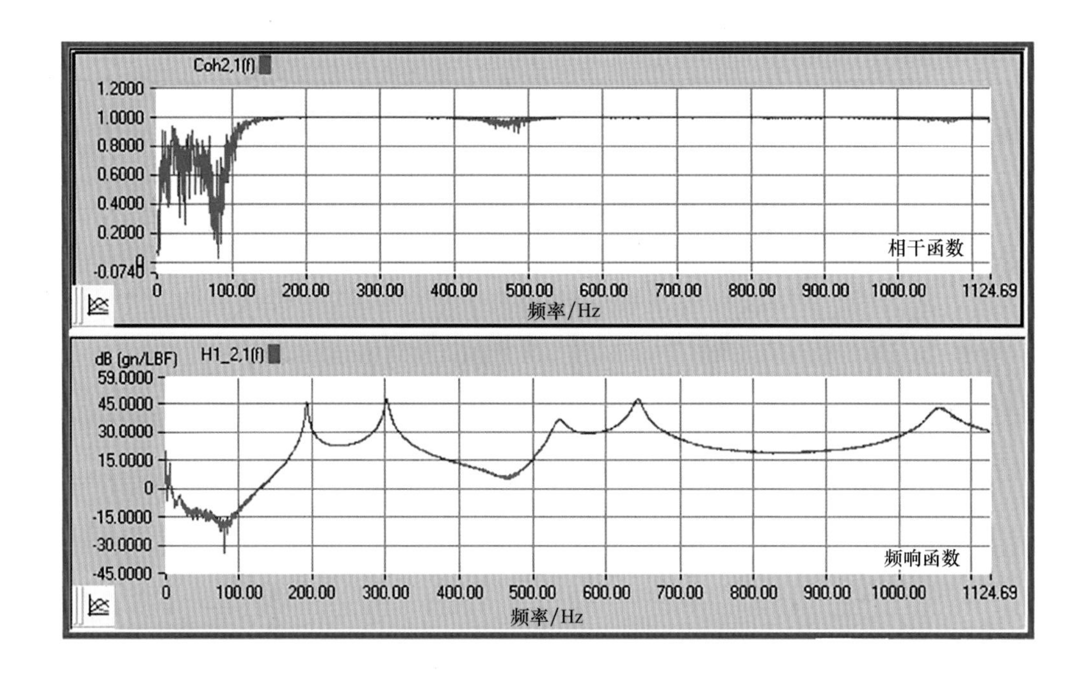

图 7-28　多次锤击激励：相干函数（上）和频响函数（下）

响函数和相干函数也非常好。多次锤击确实使这个学术型结构的整体测量有所改善。

第一次测量（图 7-23 ~ 图 7-25）是用单次锤击进行的，显然频响函数和相干函数的变化表明测量受到了噪声的影响。但是接下来的测量（图 7-26 ~ 图 7-28）展示了多次锤击的结果。很明显，使用多次锤击测试技术，频响函数和相干函数的质量显著提高。当然，必须注意要确保在 FFT 的一个采样周期内观察到全部输入和输出信号，如果这一点满足要求，那么测量会大为改善。

7.10.2　大型风机叶片

几年前测试过一个风机叶片。当进行单次锤击测试时，长时间的记录遭受了噪声的影响。因此决定采用随机模式的多次锤击，持续时间大约为时域数据块的 50%。两次测量结果如图 7-29 和图 7-30 所示，分别使用了 200mV/g 和 1000mV/g 的加速度计。在图 7-29 和图 7-30 中，左侧展示了单次锤击的输入激励、时域加速度响应、相干函数和频响函数，右侧展示了多次锤击的输入激励、时域加速度响应、相干函数和频响函数。在这两种情况下，频响函数看起来都有改善，每次测量的相干函数同样也有改善。显然，多次锤击激励对这个大型结构产生了更优的测量。当然，必须注意要确保在 FFT 时间窗的一个采样周期内观察到整个输入和输出信号，如果这一点满足要求，那么测量结果可能比单次锤击要好得多。

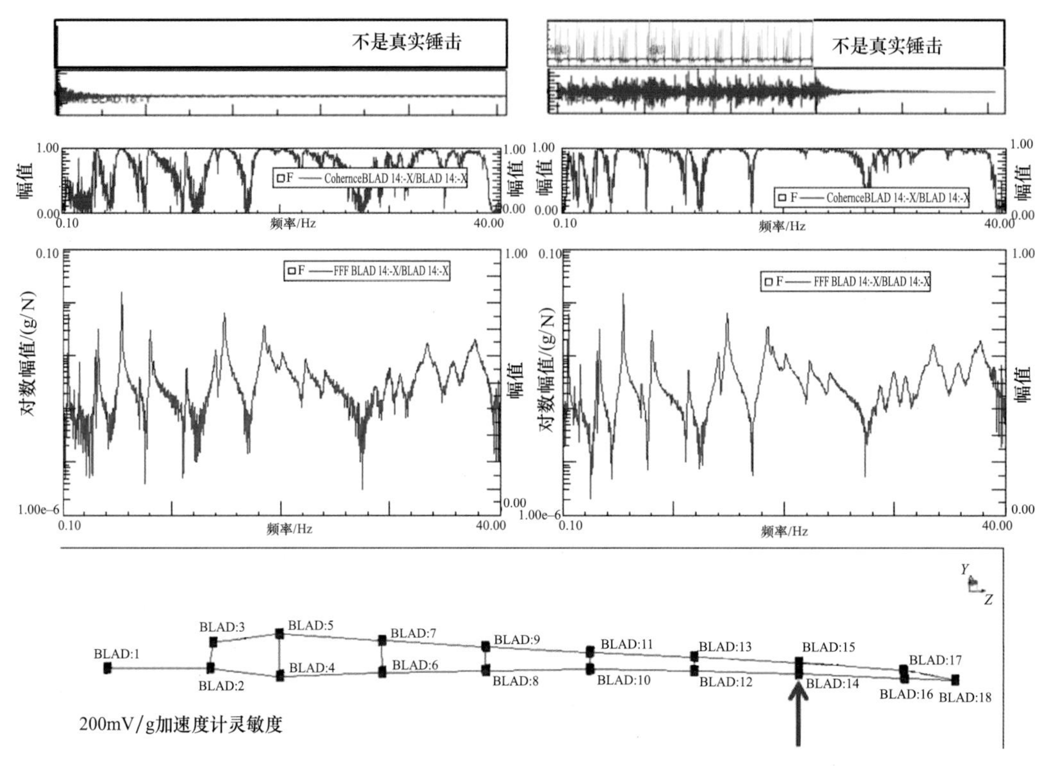

图 7-29　单次锤击（左）和多次锤击（右）使用 200mV/g 加速度计测试的频响函数和相干函数

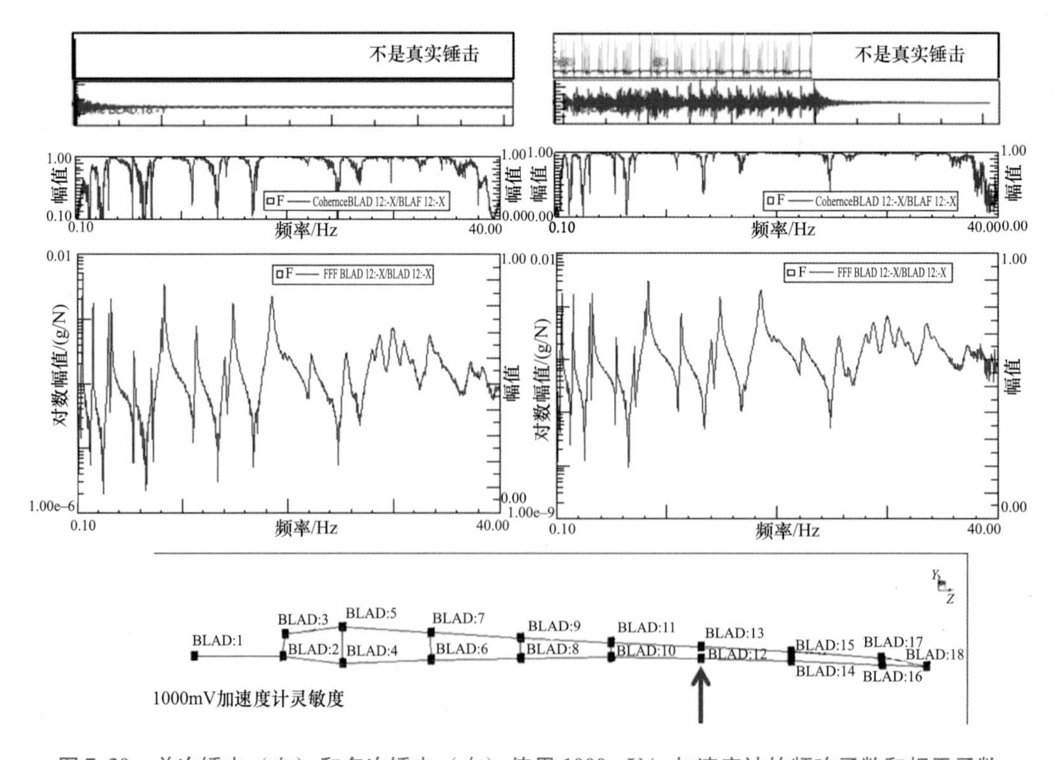

图 7-30　单次锤击（左）和多次锤击（右）使用 1000mV/g 加速度计的频响函数和相干函数

7.11　锤击测量中的“滤波器振铃”是什么？

通常在进行锤击测试时，力脉冲的形状非常规则，形状类似于半正弦波。锤击信号从零开始，接着是脉冲，锤击结束时再回到零。然而，经常在半正弦脉冲后部，力脉冲似乎在零值附近上下振荡。为什么会发生这样的情况？这是连击引起的吗？是否应该加窗来降低这个影响？这个现象被称为“滤波器振铃”。为了展示这个经常看到的现象，让我们通过一些简单的测量来说明。只需做几个简单的测量，就能观察到这个效应。希望通过这些简单的例子和说明可以帮助你更好地理解它。

滤波器振铃是许多 FFT 分析仪共有的问题。对于这里的测量和讨论，使用了一个通用的“品牌 XYZ”FFT 分析仪。用力锤和响应加速度计对典型结构进行测量。但是，在这里只讨论输入力。有些力脉冲的形状非常规则，就像教科书中的情况一样。但其他测量的力脉冲在时域脉冲的末端存在振荡，宛如一个单自由度系统的响应一样，这个现象通常被称为“滤波器振铃”。这是因为力脉冲可能激起了位于数据采集仪的模拟-数字转换器之前的模拟抗混叠滤波器的固有频率，以抗混叠滤波器的固有频率为响应产生的振铃。这正是实际所发生的。力脉冲能激起不同的频率范围取决于用来激励结构的锤头，这一点大多数人都能理解。

但问题就出在这里。滤波器出现或不出现振铃现象取决于选择的频率范围（带宽）。表面上看这似乎不合理，除非更深入地考虑 FFT 分析仪内部实际的工作原理。通常，FFT 分析仪制造商在分析仪内部安装了不同组的抗混叠滤波器：一组为低频工作，一组为高频工作。通常，当测量低频带时，低频滤波器就会工作。如果使用软锤头，这将不会显著引起任何滤波器振铃现象。但是，如果使用稍微硬一点的锤头，那么锤击的高频范围可能会激发低频模拟抗混叠滤波器。该滤波器被激发，相应地将产生动力学响应特性，在力脉冲时域波形中表现为这种振铃现象。

让我们来做一些测量以说明这个滤波器振铃特性，看看如何设置不同的频率带宽会对观察到的滤波器振铃产生影响。在此使用四种不同硬度的锤头，设置两个不同的频率范围进行测试。四种锤头分别是非常柔软的红色气囊锤头、中等硬度的蓝色塑料锤头、更硬的白色塑料锤头和黑色金属锤头。每种情况下，力锤锤击结构便获得一条时域力脉冲数据。在一组测量中，频率带宽设置为 400Hz，而在第二组测量中，带宽设置为 1600Hz。图 7-31 所示为两个频带在不同锤头锤击下的结果。图 7-31 中从上到下对应的锤头由软到硬。注意到随着锤头由软到硬，400Hz 带宽的滤波器振铃现象越来越明显。这是因为更硬的锤头能激发更宽的频率范围，这样激发低频模拟抗混叠滤波器响应的可能性大大提高。比较 400Hz 带宽和 1600Hz 带宽，滤波器振铃有一个明显的变化，在 1600Hz 带宽中几乎没有任何振铃现象。二者唯一的区别是选择的带宽不同。对于这个特定的 FFT 分析仪，两组抗混叠滤波器的使用情况依赖于选择的带宽。显然，当在较低的频率范围内使用较硬的锤头时，滤波器振铃现象要明显得多，这是因为硬锤头在高频段具有更多的能量，这就激发了滤波器的动态特性。同时注意到软锤头完全不会激发滤波器振铃。一般来说，较软的锤头是更合适的选择，以确保不发生滤波器振铃现象。如果出现了滤波器振铃，则选择一个更宽的频率范围以减少滤波器振铃是有

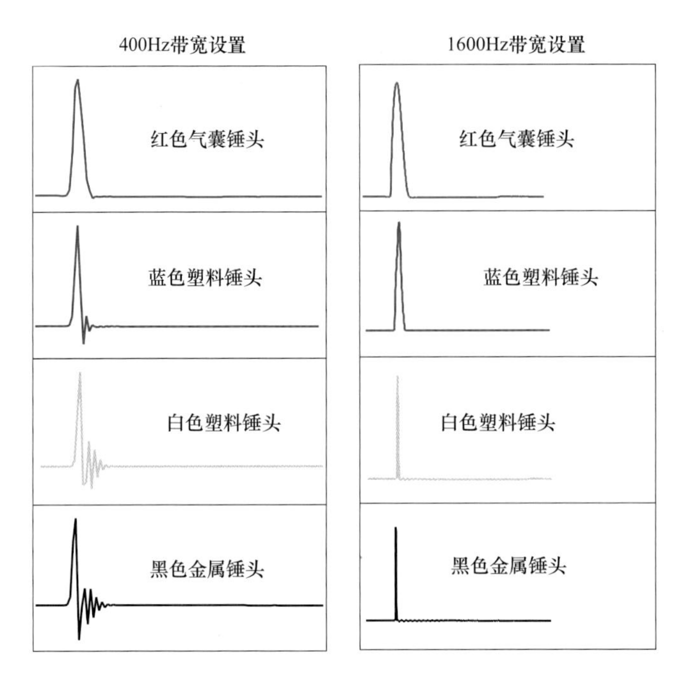

图7-31　滤波器振铃效应取决于带宽选择：400Hz 带宽（左）和 1600Hz 带宽（右）

意义的，这样它就不再是一个严重的问题了，通过设置更宽的频率范围达到了解决问题的目的。

7.12　测试带宽远大于期望的频率范围

有时，在测试实验室中，可能基于许多不同的原因要在不同的频率范围内进行结构动态特性测试。有时，人们希望进行一次测试得到的数据能满足公司几个不同项目组的使用要求。比如一家公司要在高达 2kHz 的频带内进行多次测试，但模态测试可能只需要分析到 500Hz。为了降低成本，这家公司可能建议进行一次 2kHz 的测试，然后公司内部的每个项目组只使用与他们相关的那部分数据。

这是一个有趣的测试场景，有几个与此相关的问题需要讨论。首先，重要的问题是为什么要按这种方式进行测试，然后讨论一些可能对整个测量产生影响的问题，最后再考虑一些替代方法。让我们考虑一下如图 7-32 所示的测量。测量范围覆盖到 2kHz，但只分析到 500Hz，这是团队负责人所建议的方式。

这真的没有正确或错误的答案，但有一些关于这些测量是否充分的强烈建议。不讨论非常具体的细节，按照要求进行的这次测量可能不是最合适的测量。考察输入功率谱、互功率谱、频响函数和相干函数，激励和响应都达到了 2kHz。在高频范围内有更高的响应量级和更多的模态。这次测量整体看起来是可以接受的，但这真的是在感兴趣的 500Hz 的频率范围内最合适的测量吗?

首先要考虑的是，为什么只提取 500Hz 以内的模型信息，实际的激励频率覆盖了更高的频率范围。或许分析或设计只考虑低阶模态频率。可能要开发的模型，设计方面只需要

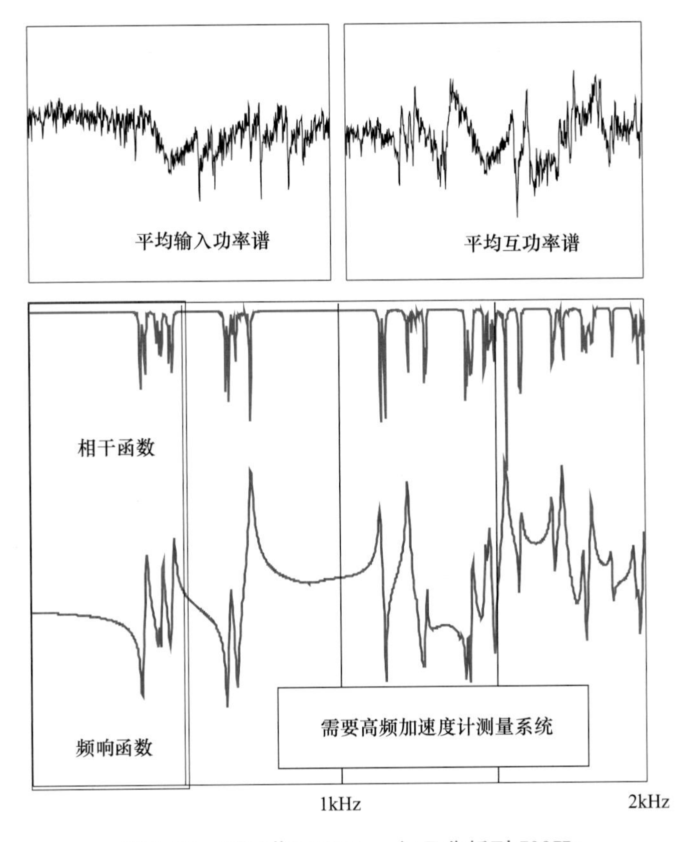

图 7-32　测量范围 2kHz，但只分析到 500Hz

处理 200Hz 或 400Hz 的响应，不需要考虑更高频率的贡献。这意味着高阶模态不显著参与系统的整体响应，可以将这些高阶模态排除在分析频带之外。

如果情况是这样的话，为了正确地提取参数和建立系统动力学模型，并不需要把激励扩展到高频。但是，这种激励可能来自于运行状态，这时输入激励为宽频激励，能激发较宽频带内的响应。但由于它是一种工作运行激励，可能被认为比人工产生的激励更好，但这无疑是值得商榷的。

测试可能有双重目的。虽然一个项目组可能只关心 500Hz 以内的频率范围，但其他项目组有可能需要为其他一些应用使用和分析这些数据到 2kHz。当一次测试被用于多种用途的分析时，这始终是个问题。这样测试不是最佳的测试方法，但考虑时间因素时，仍会这样测试，比如当被测件长时间不可用或被测件是紧张的生产计划中的非常昂贵的硬件时。无论如何，进行这类测试可能有多种原因。

但是什么因素可能会影响整体测量？这需要考虑一些用于数据采集的传感器的注意事项。如果激励频率超过 500Hz（高达 2kHz），那么选择的传感器必须适用于这个高频范围的响应。当然，这意味着所选择的加速度计应该适合于高频，这相对于专门选择用于低频测量的加速度计而言，这个加速度计可能对低频不敏感。所以，关心的问题在于合理地选择传感器，要求在 500Hz 以下能提供合适的测量，而在高频激励时不会过载或饱和。这样可能会导致传感器选择不合适。

另一个问题，2kHz 的激励会导致高频响应，这些响应不是我们感兴趣的或者会引起其他问题（如非线性）以至于降低了整体测量质量。优先选择的是仅在感兴趣的频率范围内进行测量，如图 7-33 所示。更明智的做法是用低通滤波器限制激励频率，从而不会激发系统的高频模态。这样允许测量使用更灵敏的低频加速度计，将提供一个更高质量的整体测量。这同时还使得数据采集系统的模数转换器的使用更合理。但原则是必须同时考虑测量仪器及与之相关的信号调理。传感器多余的负载没有任何意义。为什么要激发和测量一些不关心的东西呢？

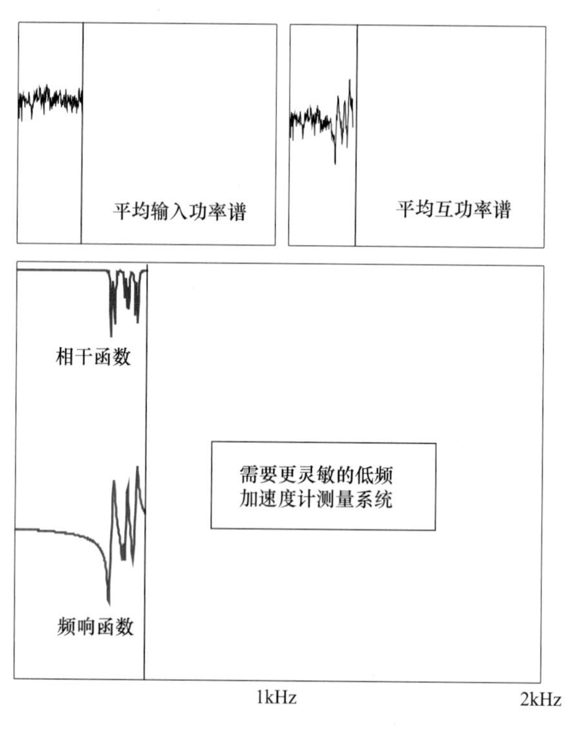

图 7-33　激励频率到 500Hz

但是，考察这次测量，有可能会关心 500Hz ~ 1kHz 内的模态贡献。在将来某个时候，出于某种理由，可能需要评估超出这次测试要求的那部分数据。考虑如图 7-34 所示的带宽，很明显有一些占主导地位的模态，这些模态可能是一些感兴趣的模态（可能不是今天，或许是明天）。因此，对于选择多宽的频率范围是合适的，往往没有一个明确的答案。但有一点是很清楚的：为测量选择的传感器必须要在实际测试的频率范围内非常灵敏，在测试之前，需要仔细考虑这一点。

那么，如果被迫进行这个测试要求 2kHz 的激励，但只分析到 500Hz，该怎么办？可能最佳的测试方式是第一次用 2kHz 激励，然后用 500Hz 激励进行第二次测试。如果上述所有问题都得到了妥善处理，那么两次测量应该提供同等的信息。如果被迫用 2kHz 激励结构，明智的选择是进行两次测试，分析这两组数据，以确定是否两次测量存在显著的差异。当然，这仍然要求测量仪器必须适合于两个频率范围，但对于低频段而言，可能不是最合适的。

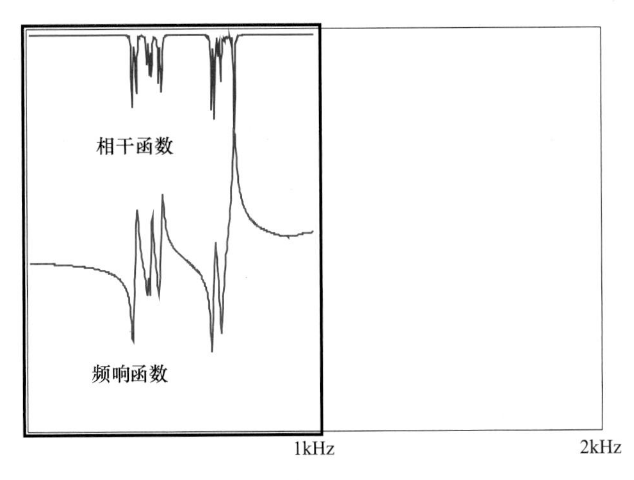

图 7-34　测量响应到 1kHz

7.13　为什么结构的响应需要在采样末端衰减到零?

现在我们来讨论一下，如果在下一次测量开始之前结构响应没有完全衰减，那么会产生什么样的问题。这里给出的测量数据来自于一个阻尼非常小的结构，为了防止泄漏，很可能需要施加一个指数窗。这个测量数据看起来如图 7-35 所示。图 7-35 上面的时域波形表明响应衰减时间比采集时间长。图 7-35 中间的时域波形正是 FFT 的 T 时间段的实际采集数据。图 7-35 下面的时域波形是施加指数窗之后的响应信号。然而，到目前为止，一切看起来都是合理的。通过锤击结构和测量响应进行了一系列的平均。

这些平均的时域样本如图 7-36 所示。施加窗函数、测量响应，然后对响应进行平均以便获得想要的数据，至少从用户的角度来看是这样的。然而，如图 7-37 所示的频响函数和相干函数看起来质量并不高。此外，驱动点的频响函数缺乏典型的测量特征，典型特征应该是具有明显的共振峰和反共振峰。

所以，到底哪里出了问题？为了明白发生了什么，我们需要回顾一下系统的传递函数。当写出运动方程，并进行拉普拉斯变换后：

$$(ms^2+cs+k)X(s)=f(s)+(ms+c)x_0+m\dot{x}_0$$

系统的传递函数为

$$H(s)=\frac{X(s)}{F(s)}=\frac{1}{ms^2+cs+k}$$

但是为了做到这一点，方程右边的外力项被忽略了；变换的初始条件被认为是零。

忽略这些项是假设初始条件为零。但问题是进行初次测量时，每次锤击间歇之间的结构响应被假设为零。当对数据应用指数窗时，看起来响应已经衰减到零，但这仅与采集数据的软件有关，而结构的实际响应还没有衰减到零。

实际上，最有可能的情况是进行的测量是按紧凑连续的方式进行的，结构实际的响应

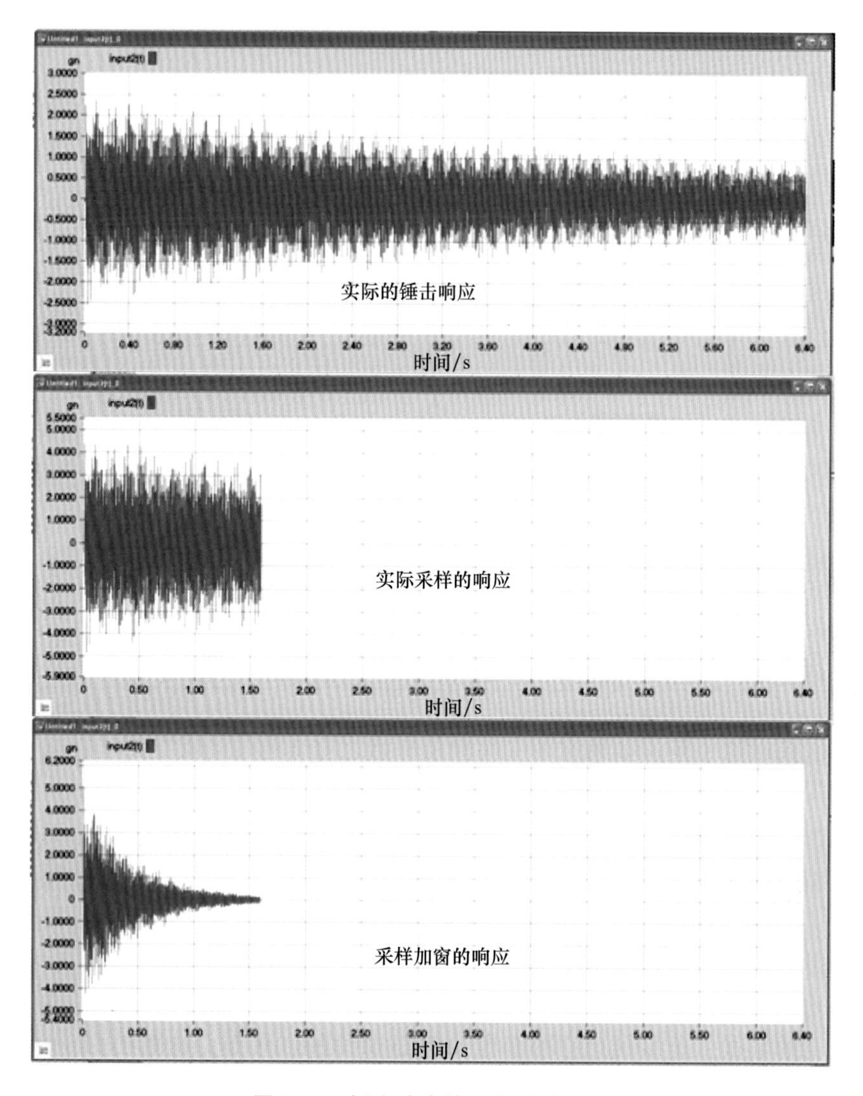

图 7-35 锤击响应的一个时域样本

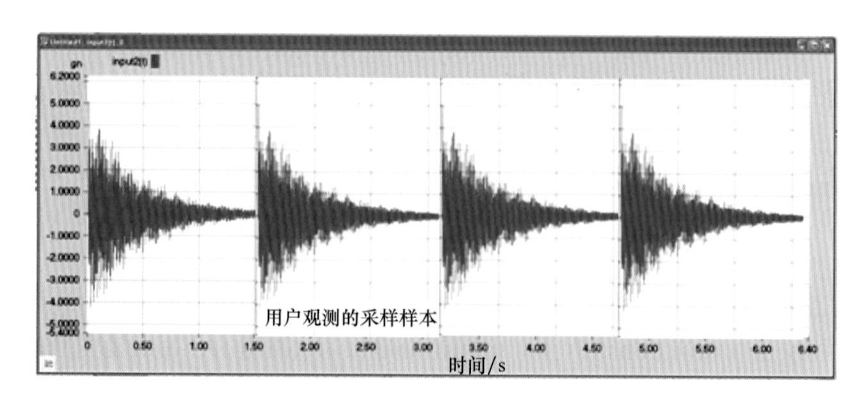

图 7-36 用户观测到的锤击平均响应

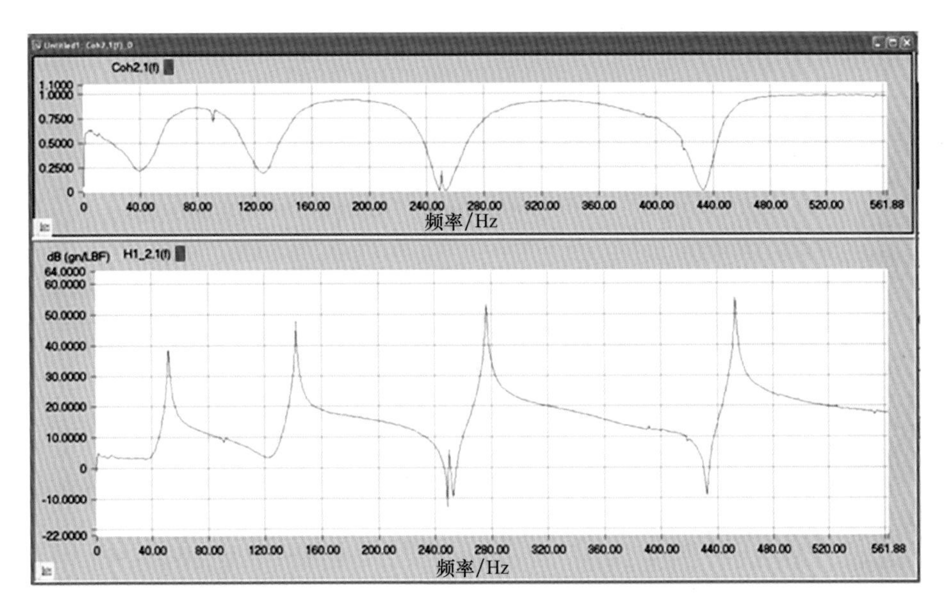

图 7-37　初次测量的频响函数和相干函数

在下一次采样之前还没有真正衰减到零，如图 7-38 所示。因此，实际情况是第二次平均的响应还包含了第一次锤击之后剩余的响应。第三次平均的响应包含了第一次和第二次锤击剩余的响应。进行的所有平均都会出现上述这种情况。所以，基本上每次平均测量的响应（在第一次平均之后）并不只是本次锤击激励引起的响应，还包含之前锤击引起的结构剩余响应。这就是相干如此差的原因所在。

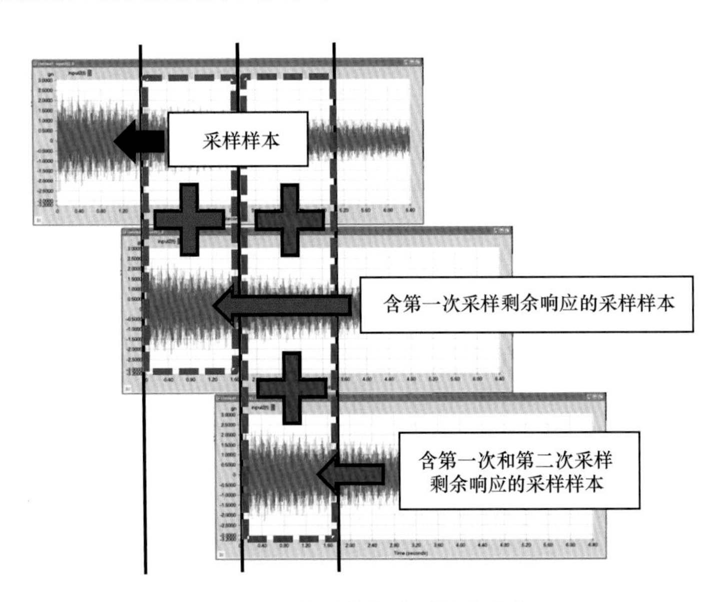

图 7-38　从结构角度看锤击响应

为了确认情况是这样的，又进行了一次测量，这次给出足够的采样时间以便使结构恢复到稳定状态（响应为零，也就是每次锤击的初始条件都为零）。这次得到的频响函数和相干函数如图 7-39 所示，很明显，这次测量数据远远优于图 7-37 中所示的测量数据。

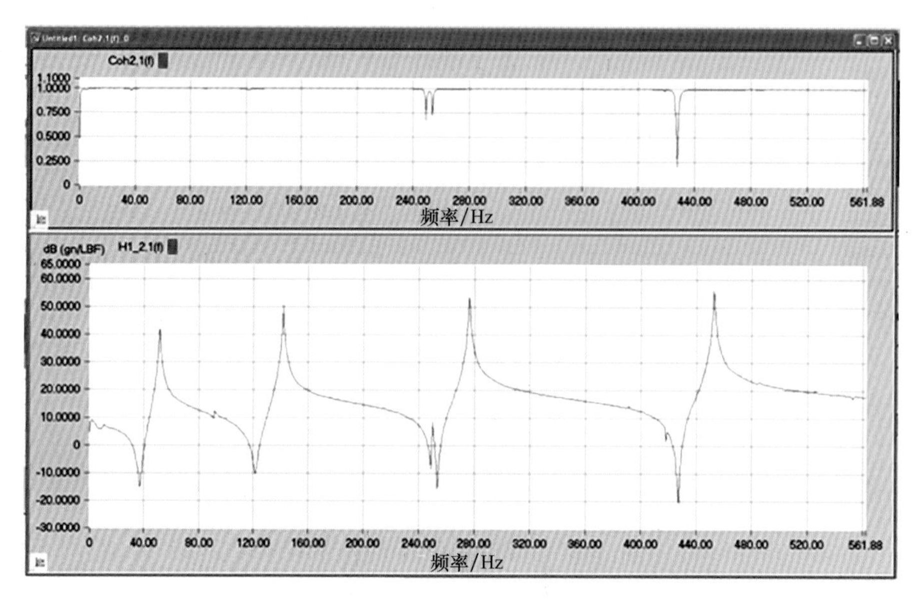

图 7-39　合适技术得到高质量的频响函数和相干函数

7.14　测量未过载但传感器却饱和了

有时 ADC 没有过载，但测量却不是很好。当传感器本身饱和，就会导致测量被扭曲，情况确实如此。有很多因素可能导致这个问题出现。测量可能被各种不同方面的因素干扰了。在不同的情况下可能遇到不同类型的问题。但是，在下面展示的例子中，测量中出现了一个非常奇怪的问题。乍一看，测试这个结构应该没什么问题。有意利用传感器饱和扭曲测量结果，这不会导致 ADC 过载。对于这次测量，用一个加速度计对一块简单的平板进行了锤击测试。三种不同的情况将展示这次测量会发生什么状况。

7.14.1　第一种情况：非常灵敏的加速度计施加指数窗

在第一次测量中，使用了锤击激励。使用了一个非常灵敏的加速度计，因为泄漏可能是个问题，所以对测量数据应用了指数窗。图 7-40 所示为输入激励和由加速度计得到的响应。图 7-40 中还展示了测量时的 ADC 量程设置。测量看起来是合理的，时域测量数据似乎没有任何问题。

然而，查看图 7-41 所示的频响函数和相干函数，表明测量很糟糕。在显示的频率范围内，测量没有真正有用的信息。显然，这次测量数据很差。

7.14.2　第二种情况：非常灵敏的加速度计不加窗

在第二次测量中，再次使用锤击激励，但没有给响应加窗函数，以表明是否存在任何额外可用的信息。图 7-42 所示为输入激励和由加速度计得到的响应。图 7-42 中也显示了

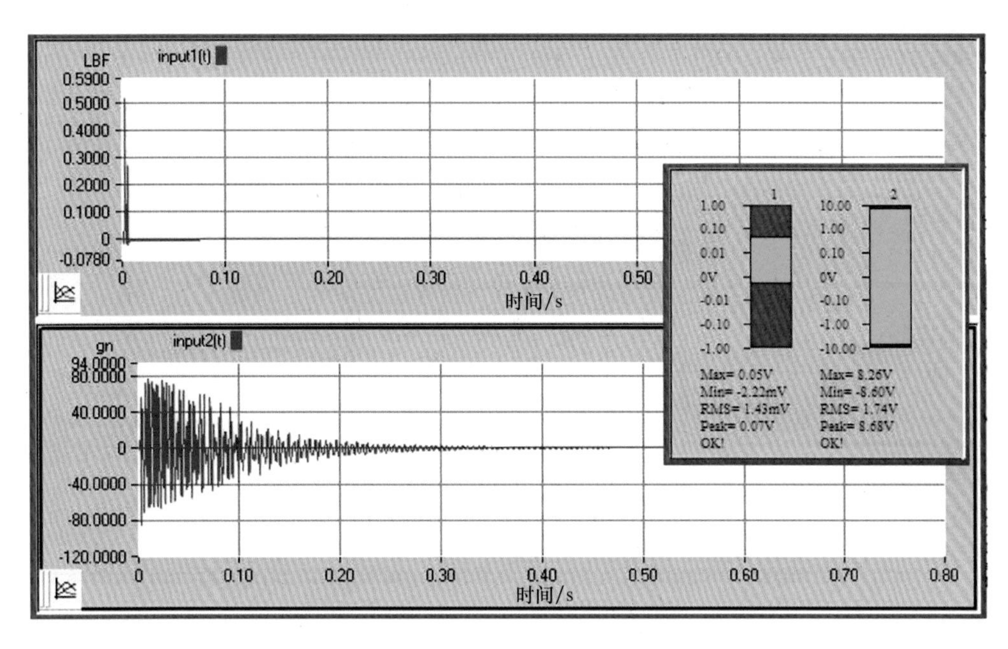

图 7-40　第一种情况：使用非常灵敏的加速度计和应用指数窗测量的激励信号（上）和响应信号（下）

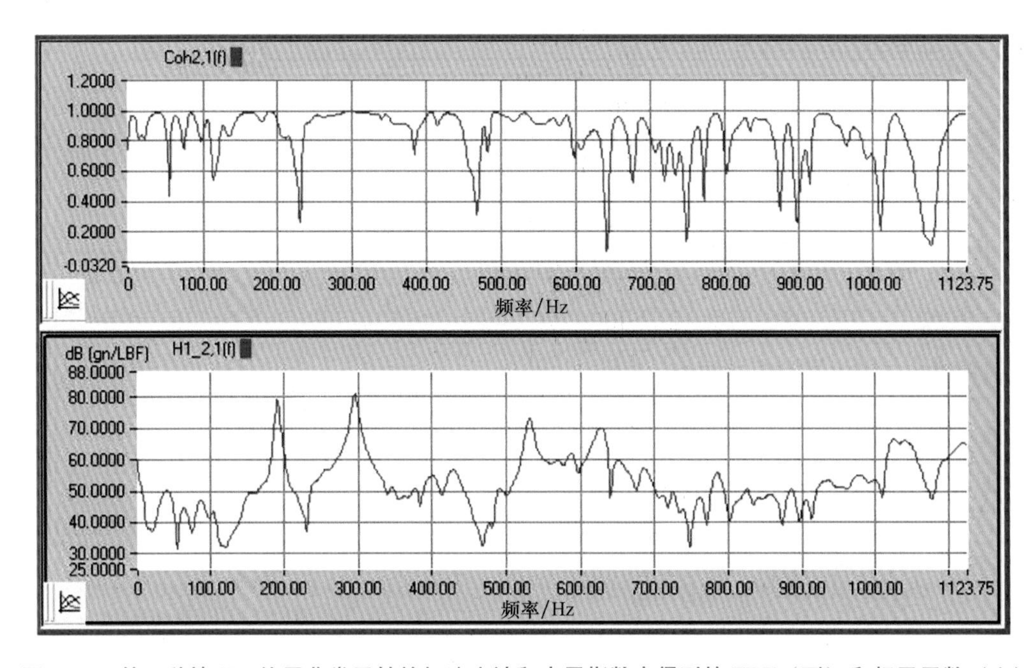

图 7-41　第一种情况：使用非常灵敏的加速度计和应用指数窗得到的 **FRF**（下）和相干函数（上）

测量时的 ADC 量程设置。虽然从时域数据中看不出过载，但是从图 7-43 中的频响函数和相干函数中可以看出测量仍然很糟糕。

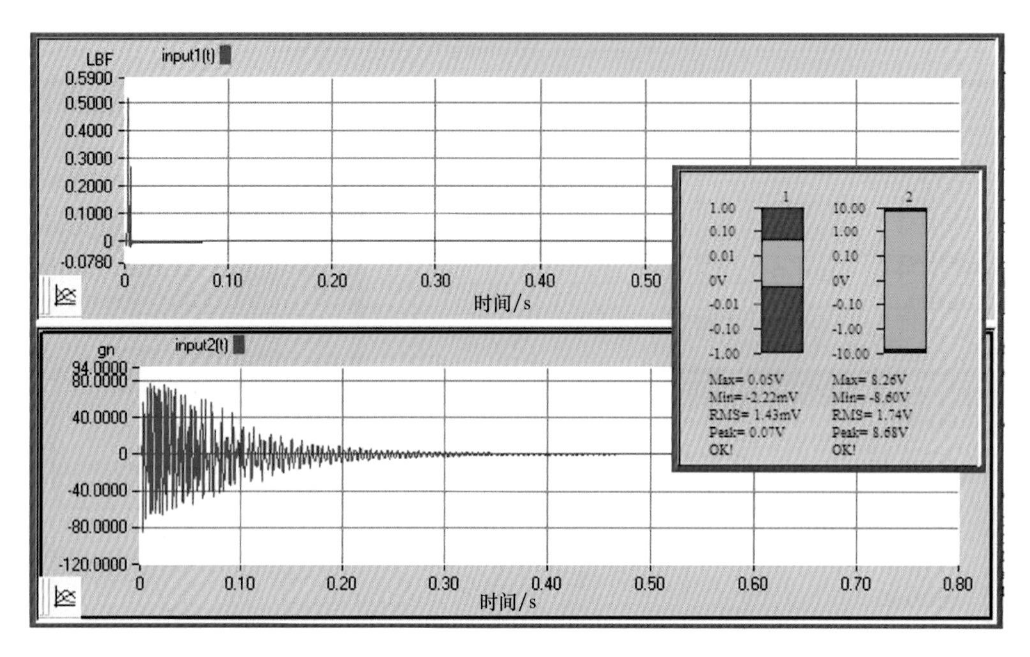

图 7-42　第二种情况：使用非常灵敏的加速度计和不加指数窗得到的激励信号（上）和响应信号（下）

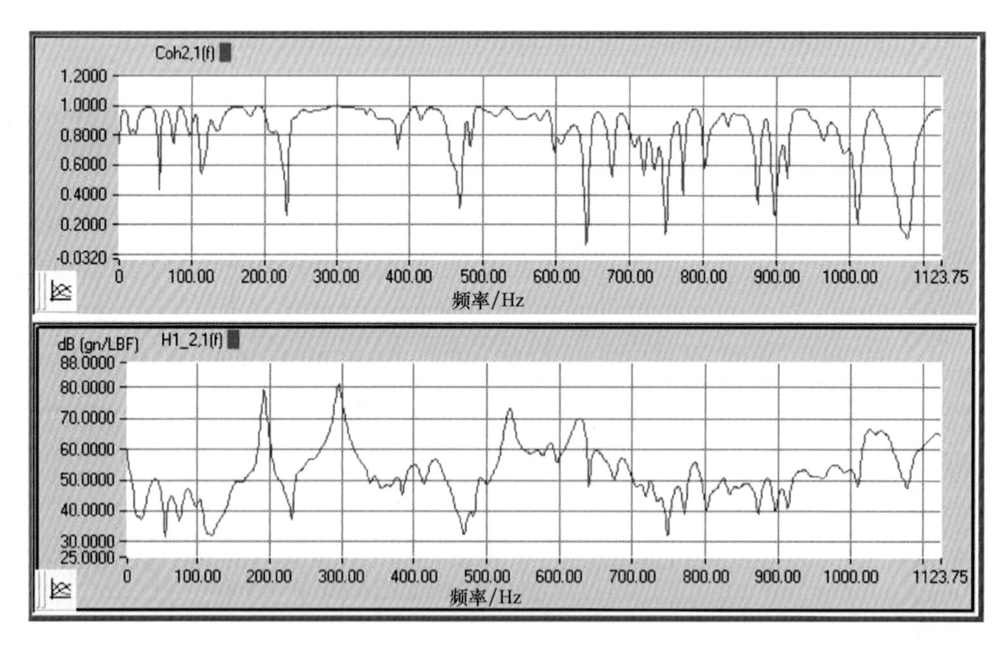

图 7-43　第二种情况：使用非常灵敏的加速度计和不加指数窗得到的 **FRF**（下）和相干函数（上）

但从时域波形上看，对于二阶指数衰减系统而言，响应似乎与预期并不一致。导致出现这种情况的原因是加速度计的响应过大，以至于加速度计饱和了，使其以非线性方式响应。在前 0.05s 的时域响应中，系统似乎没有按指数的方式响应。但有趣的是，加速度计总输出电压没有超过 10V，因而采集系统的 ADC 没有过载！

7.14.3　第三种情况：不太灵敏的加速度计不加窗

在第三次测量中，仍使用锤击激励，不加窗，但是此次使用不太灵敏的加速度计进行测量。图 7-44 所示为时域响应，图 7-45 中的频响函数看起来与预期的一样。

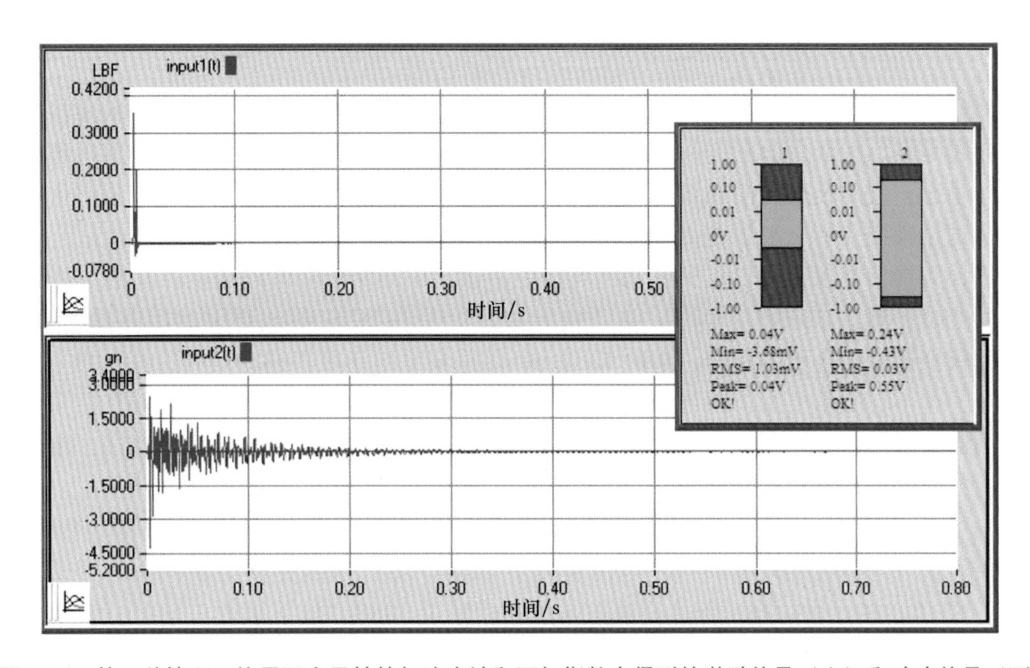

图 7-44　第三种情况：使用不太灵敏的加速度计和不加指数窗得到的激励信号（上）和响应信号（下）

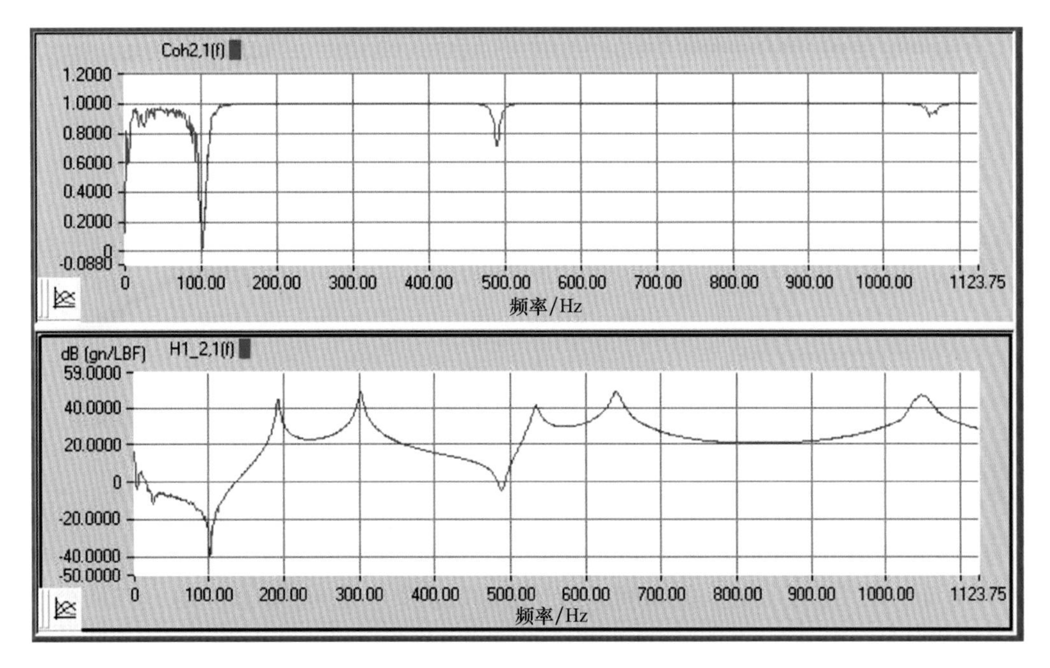

图 7-45　第三种情况：使用不太灵敏的加速度计和不加指数窗得到的相干函数（上）和 **FRF**（下）

在这个例子中，问题的出现是由于使用了太敏感的加速度计用于锤击测试。虽然 FFT 分析仪的 ADC 没有过载，但是加速度计由于响应过大导致了饱和，这就导致了测量的响应与预期的指数衰减响应完全不同。所以，同时查看时域和频域测量结果是非常重要的。

7.15 力谱衰减多少是可以接受的?

对许多人来说，这是一个有争议的话题。在过去一段时间内，人们声称输入力谱衰减不能超过 1dB。这是一个非常苛刻的标准，事实上，这种方式会激励起许多阶感兴趣频带以外的模态，使加速度计潜在地存在饱和，从而造成较差的测量结果。现在让我们来了解模态测试过程中为什么要制定相应的准则。通常关于如何进行测试的指导方针是有必要的。指导方针旨在保护用户在某些测试场景中不做无用的测量。但问题是，有些“指导方针”被当成了教条或戒律。也许一些“指导方针”是在 20 年前或更早时间前提出来的，当时的仪器远不如今天的先进，当时 12 位 AD 的采集系统还很普遍。但是这些指导方针可能在今天就不那么重要了，因为当今使用的测试仪器更先进，普遍使用 24 位 AD 的采集系统。因此，虽然需要明确的指导方针，但用户需要认识到这些指导方针只是建议，用户需要明白如何去解释测量是否有用。

为了说明这一点，用锤击法对一块简单的平板结构进行了两次测试。第一次试验使用硬锤头，输入力谱在感兴趣的频率范围衰减了 10dB。第二次测试使用软锤头，力谱衰减了 30 ~ 35dB，在力谱的前三分之一带宽内大约衰减了 10dB，接下来的三分之一带宽衰减了约 25dB，剩余的衰减量位于最后三分之一的频带内。硬锤头和软锤头的输入力谱如图 7-46所示。

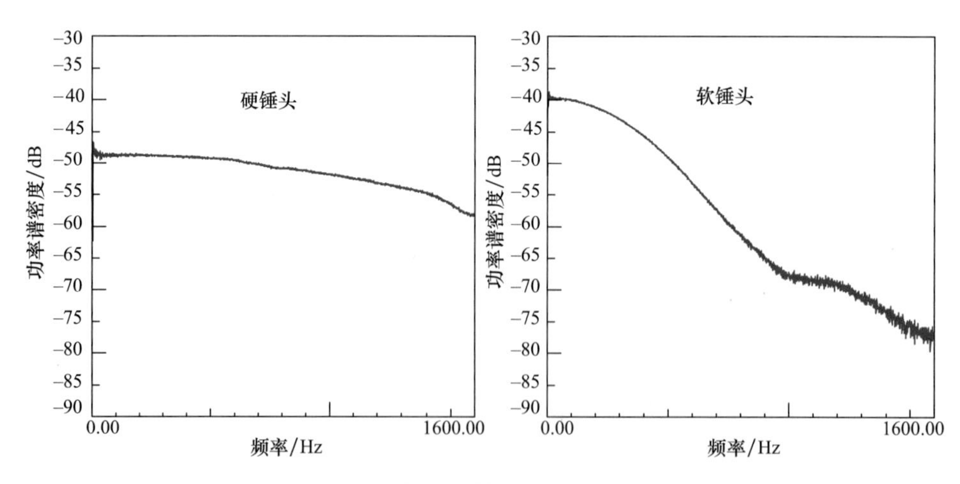

图 7-46 硬锤头和软锤头输入力谱对比

硬锤头模态测试的驱动点频响函数如图 7-47 所示，软锤头测试的驱动点频响函数如图 7-48 所示。很明显，硬锤头的频响函数总的来说是质量更高的测量，这一点从相干函数也能得到证实。需要注意的是软锤头测试的频响函数在高频部分产生了毛刺，并且相干函数在高频段也有轻微的下降。

现在要明白为什么需要测量，测量是用来做什么的？有时测试是为一些特定的应用场

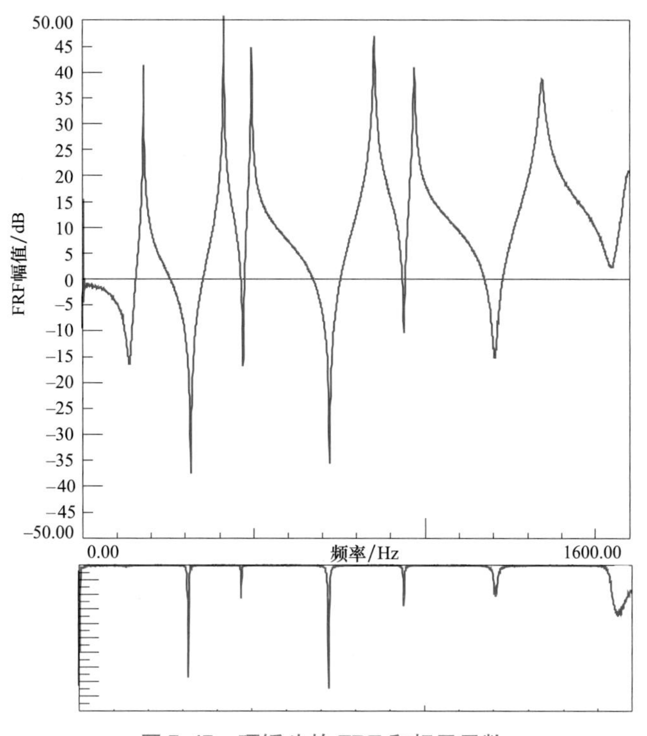

图 7-47　硬锤头的 **FRF** 和相干函数

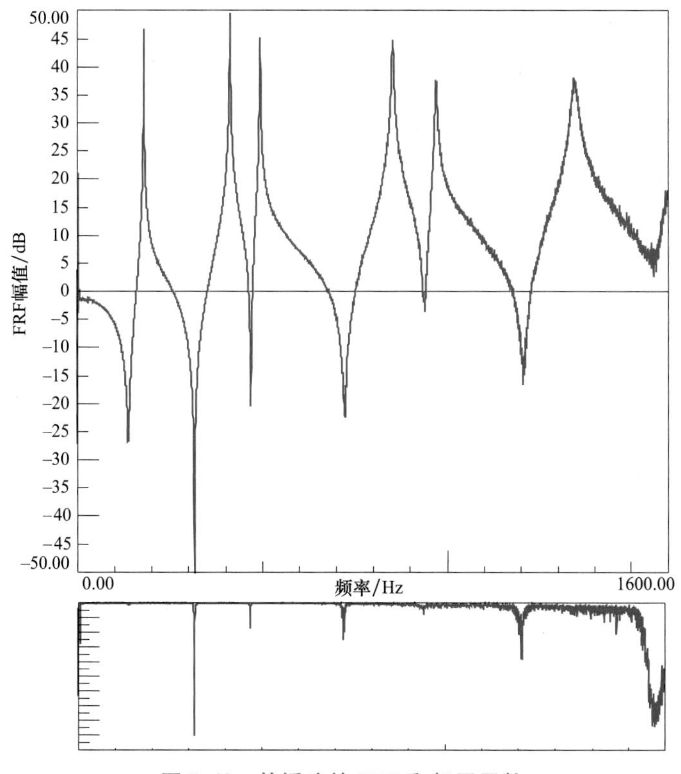

图 7-48　软锤头的 **FRF** 和相干函数

合获得高质量的测量数据。但有时测量是为了对结构的模态振型有一个大致的了解，这时也许不需要与其他测试具有相同的数据质量要求。把它想象成为一个家庭建筑项目购买木材的过程，不是整个项目都需要无疙瘩的木材，有时质量较差的木材能满足工程大多数的应用。

现在总是期望进行高质量的测量，但有时这样做会使测试成本变得很高。因此，让我们来看一下之前获得的这些测量数据有多好或多差。对两次测量进行模态参数估计。一般意义的振型如图 7-49 所示，并把它作为参考。对两组模态振型进行 MAC 计算显示在图 7-49中。两次试验获取的模态振型本质上是相同的，所以对于结构模态振型的简单评估来说，两次频响函数测量是足够的。

现在，这并不表明这种类型的输入力谱衰减是可以接受的，但有时仍然可以从这些数据中获得有用的信息。因此，虽然有指导方针，但并不一定意味着数据是无用的。需要关心如何采集数据和解释结果才是至关重要的。

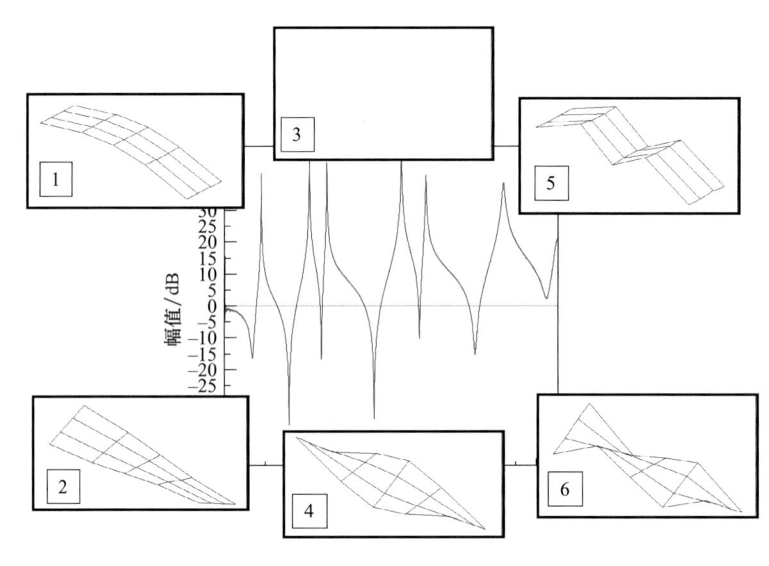

频率/Hz	179.3	413.5	495.1	853.7	970.6	1345.2
179.3	100	0.006	0.152	0.048	32.868	0.006
413.5	0.006	100	0.015	0.123	0.002	9.974
495.1	0.152	0.015	100	0.001	0.165	0.075
853.7	0.048	0.124	0.001	100	0	0.179
970.6	32.873	0.002	0.165	0	100	0
1345.2	0.006	9.975	0.075	0.179	0	100

图 7-49　典型模态振型及其两组数据 MAC 对比

7.16　可以在测试过程中更换力锤来避免连击吗?

前面已经讨论过连击，但本节考虑另一个不同的应用情况。从表面上看，更换力锤似乎能减轻连击，但这么做可能会有一些影响。因此，让我们对之前测试的同一块平板结构进行一些测量，以表明这样做有什么影响。在前一节中，讨论了输入力谱的衰减问题，结果表明，衰减本身并没有显著地降低系统的模态振型质量，但测量得到的频响函数质量与预期相比有些降低。

在第一次测试中，特别仔细，避免了任何连击（使用硬锤头）。现在又对这个结构进行了一次测量，获得了一些测量数据，但这些测量数据中包含了有意的连击。事实上，采集的这一组数据都特意确保每一个频响函数的锤击激励都有连击。作为参考，单次锤击和连击的典型输入力谱如图 7-50 所示。虽然连击导致输入力谱在整个频带上都有波动，但重要的是，输入力谱中并没有太大的衰减，这是主要的关注点。作为参考，图 7-51 所示为测试结构典型的模态振型。

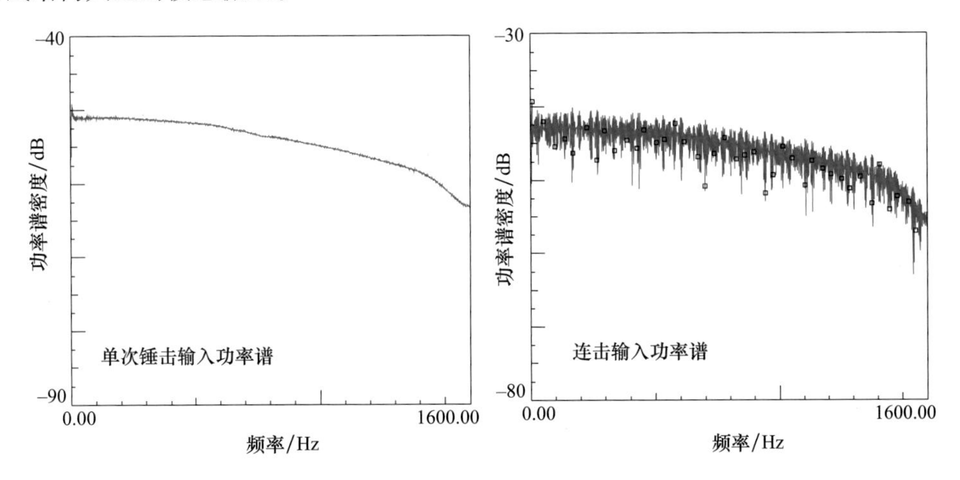

图 7-50　单次锤击和连击力谱对比

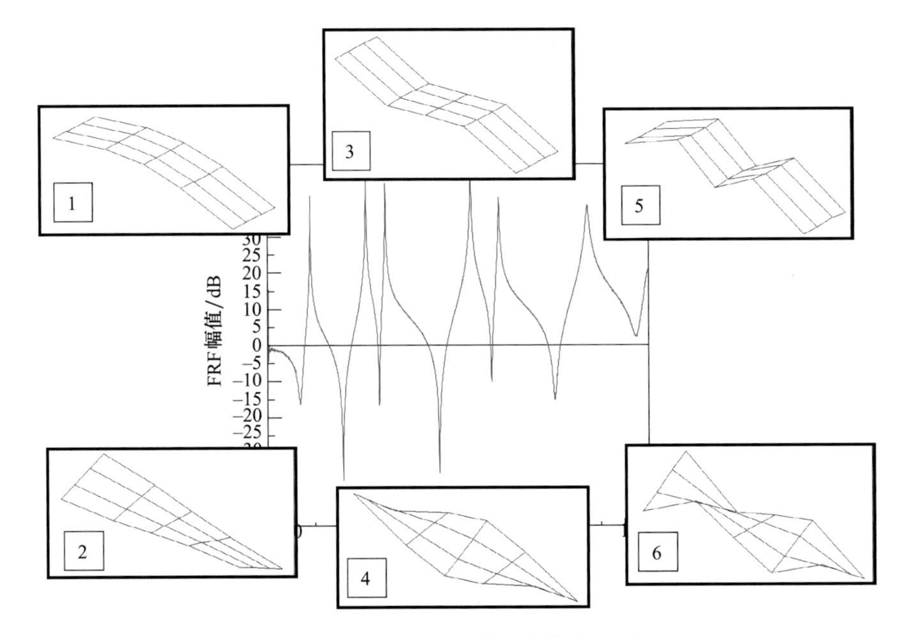

图 7-51　测试结构典型的模态振型

现在，一组数据使用了硬锤头，没有连击。这组数据作为数据对比的参考数据。第二组数据是在结构可能发生连击的位置进行了测量，使用软锤头。为了合理地阐述这一点，用硬锤头测量结构边缘10个点的频响函数，用软锤头测量结构内部10个点的频响函数。

作为对比，图7-52所示分别为来自于两个锤头的频响函数。

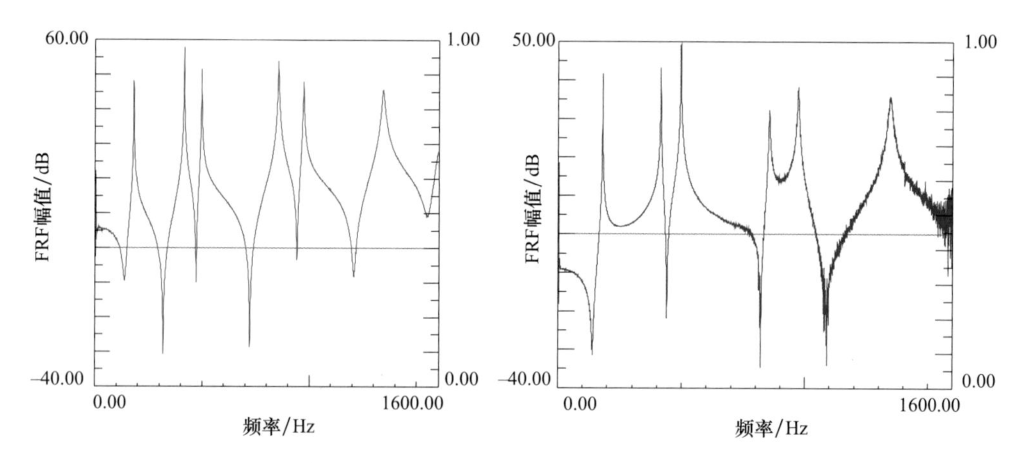

图7-52　使用硬锤头（左）和软锤头（右）获得的典型FRF

现在进行第一次对比，使用参考模态数据组和“混合”模态数据组计算MAC，其中“混合”模态数据组中的一些测量是用硬锤头测试的，另外一些是用软锤头测试的。最初的想法是使用软锤头最小化连击。这种情况下的MAC见表7-1。注意，MAC的对角元素的范围大约是从95~99。非对角元素不作为评价的关键项，因为空间混叠是测点有限遭遇的主要问题。

表7-1　参考数据和“混合”数据MAC对比

频率/Hz	179.270	413.356	495.121	853.661	970.418	1345.456
179.304	98.547	0.207	0.048	0.17	30.453	0.114
413.501	0.052	98.088	0.007	0.253	0.149	10.311
495.105	0.114	0.189	99.798	0.144	0.173	0.216
853.646	0.107	0.573	0.002	97.825	0.121	0.31
970.634	33.247	0.144	0.09	0.082	95.881	0.126
1345.196	0.122	9.725	0.07	0.431	0.132	97.921

还记得在上一节中，当比较硬锤头和较软锤头的模态数据时，模态振型之间基本上没有差别。但在这里发生了什么状况呢？本质上，更换力锤锤头会使输入力谱发生改变，这是因为本质上改变了力锤的校准数据。因为所有的测量并不是由相同的锤头来采集的，相对于测量的均衡性而言，有些测量是有偏差的，这意味着在频响函数的尺度存在不均衡。因此，这直接意味着在测试过程中不应该更换锤头，否则频响函数会出现偏差。除非在更换锤头时，重新校准以正则化数据采集过程中的影响。

现在让我们的讨论更进一步，使用另一组数据。虽然不希望使用连击的数据，但有时仍然可能会采集到连击的数据，如果确保所有数据都是合理的，具有良好的相干函数，那么这些连击数据使用起来也不会那么糟糕。现在，要使用的所有频响函数都存在连击，这些频响函数都是由软锤头激励的，然后进行了模态参数提取。现在，使用参考模态数据和连击的频响函数进行MAC计算。这种情况下的MAC列在表7-2中。注意到所有对角线元素的MAC值都在99以上。这表明，全部使用连击的频响函数比为了避免连击而更换软锤头做一部分测试的情况整体上要好。你可能没想到结果是这样的，但考虑到连击数据组的一致性比“混合”数据组要更好，这就合乎情理了。

表7-2　参考数据和软锤头数据的MAC对比

频率/Hz	179.454	414.166	495.463	853.208	972.122	1346.707
179.304	99.634	0.014	0.085	0.093	33.183	0.024
413.501	0.024	99.823	0.004	0.137	0	12.293
495.105	0.039	0.036	99.906	0.034	0.093	0.058
853.646	0.1	0.175	0	99.475	0.065	0.341
970.634	33.476	0.01	0.117	0.072	99.579	0.051
1345.196	0.018	11.365	0.06	0.216	0.009	99.292

7.17　总结

本章描述并讨论了各种不同的锤击测试场景下的各类问题，给出了不合适的力锤激励实例以说明会引起频响函数的失真。讨论了传感器饱和、互易性、参考点选择、力锤带宽、多次连击、锤头和滤波器振铃等多个问题，通过实例对这些问题进行了说明。从提出的各种不同问题中列举了几个实例，在进行模态测试时可能会遇到一个或多个这些问题，这些实例表明当试图纠正模态测试中经常发生的问题时，数据可能会失真。所讨论的每一个问题都是极易出现的问题，但纠正它们很容易。这些实例是非常有用的，可以帮助人们解决类似的其他问题。

第 8 章

激振器测试注意事项

前面的章节简要地讨论了激振器通用的测试设置，讨论了力传感器和顶杆的安装，然后介绍了进行频响函数测量时用到的各种典型的激振器激励技术。本章将讨论使用单个和多个激振器进行测试时更为现实的问题和经验。一些适用的不适用的技术将在本章中加以说明。

8.1 硬件相关的一般问题

8.1.1 激振器和功率放大器的一般信息

激振器和功率放大器（功放）构成了一套典型的激振器测试硬件。这实际上是一个带有放大器的音圈，类似于立体声系统上的扬声器。信号输送给放大器，放大器将信号输送给激振器，信号可以是简单的正弦波或正弦扫频信号。但对于模态测试而言，这些信号通常是随机的或确定性的。常用的信号如下：

- 不确定性信号：随机或猝发随机信号。
- 确定性信号：正弦快扫、伪随机或数字步进正弦信号。

在前面的章节中已经讨论过这些类型的信号。图 8-1 所示为激振器和功放系统的典型布置，包括在结构表面进行测量的力传感器。通常，在结构侧测量的传感器是力传感器或阻抗头。

8.1.2 激振器功放设置为恒流或恒压模式有什么区别?

大多数一般用途的激振器，功放会设置为恒流模式。当使用一些更常用的激振器激励

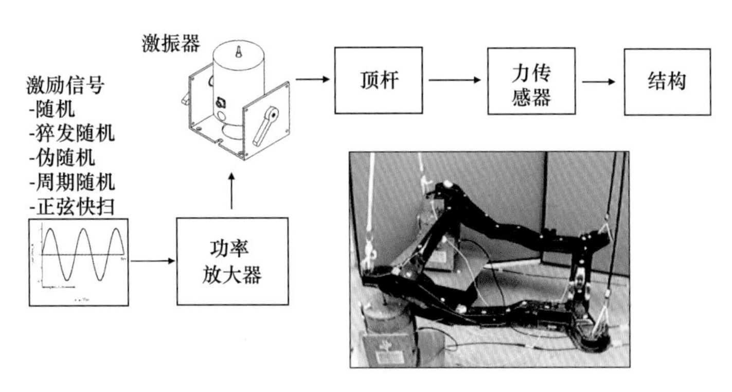

图 8-1　试验模态测试中典型的激振器/功放配置

技术用于模态测试时，这种设置无法提供高质量的频响函数测量。这对猝发随机激励的影响更为严重，猝发随机激励技术被广泛应用于单个或多个激振器的模态测试。当使用猝发随机激励时，系统的响应需要在 FFT 分析仪的采样周期结束之前衰减到零。功放设置为恒流模式，在激励结束后，允许激振器线圈的电枢自由浮动。对于阻尼非常小的系统而言，有时激励和响应远远超出了采样周期。

然而，当功放被设置为恒压模式时，反电动势效应对电枢提供的阻抗有助于使系统响应更快地衰减。这样激振器系统似乎为测量提供了阻尼，这似乎是不合理的。但这并不是真正的问题，只要整个测试过程中一直在测量激励力，那么正确的输入输出关系便被测量记录下来了。在此还需要着重注意的是，为了获得正确的测量数据，需要测量激励力，而不是测量功放的电参数。

8.1.3　有些激振器有耳轴：是否真的需要，为什么要有它?

耳轴实际上是一个支承激振器的支架，它使得激振器可以旋转到不同的位置。耳轴是激振器系统的一个非常重要的特征，如果没有耳轴，设置激振器模态试验将非常困难。耳轴允许激振器在不同的方位和角度进行激励。当使用激振器对准结构以进行模态试验时，耳轴就非常有用了。结构往往在不同的方向有不同的模态，这些方向相互之间可能是正交的。在这种情况下，为了使每阶不同的模态受到充分的激励，需要在 X、Y 和 Z 向上提供激励。一种替代的方法是将激振器安装在与结构有倾角的方向上，这样所有不同方向的模态都可以同等地受到激励。激振器耳轴在这些类型的测试中绝对是必要的。图 8-2 所示为一个典型的带耳轴的激振器和激振器倾斜配置的测试应用。

8.1.4　模态测试中激振器最佳的激励位置在哪里?

激振器激励位置的选择与在哪里放置参考加速度计有所不同，但两者的一些思路是相同的。在前面的理论章节（以及一些应用章节）清楚地表明需要把参考点选择在结构每阶模态都有响应的位置。对于移动力锤的模态测试而言，参考加速度计应放置在所有模态响应都较大的位置。一般来说，激振器参考点位置也有相同的要求，但需要考虑一些额外的事情。通常，激振器的行程和速度有限，同时激振器的最大推力决定了最大加速度。因此，如果激振器安装在位移大或者响应速度大的位置，那么激振器就跟不上结构的响应，

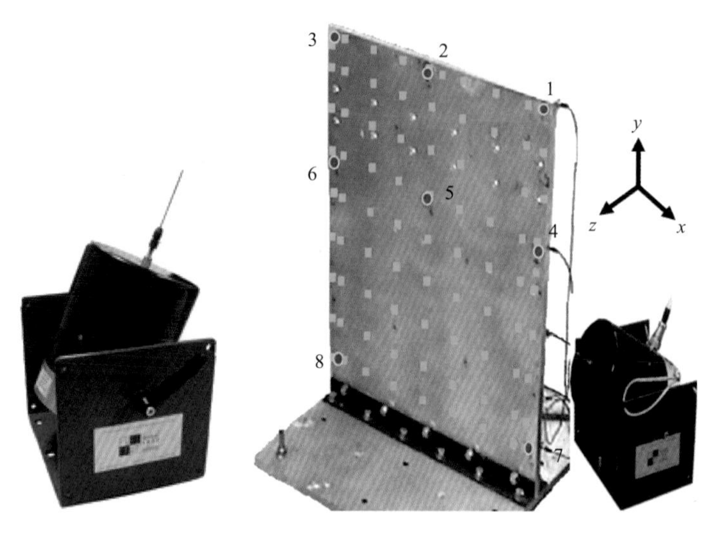

图 8-2　一个典型的带耳轴的模态激振器（左）和倾斜激励输入的测试设置（右）

激振器就不会施加激励给结构，而是跟随结构的响应。这称为阻抗不匹配。当发生这种情况时，力谱在结构的一个或多个共振频率处会有衰减，从而降低测量的频响函数和相干函数的质量。这种情形得不到良好的数据。在这种情形下，激振器应当位于结构的其他位置，这个位置结构的总响应要小一些，使得激振器在感兴趣频率范围内为结构施加良好的、宽带的、相当平坦的输入力谱。当然，为了做到这一点，需要对结构的预期模态振型有一些了解，但如果没有任何结构模态振型的先验知识，做到这一点就非常困难。通常，在进行激振器测试之前，如果没有其他信息可用，一个初步的锤击模态测试能提供有用的信息，可以帮助了解模态振型。

8.1.5　测试时如何约束激振器？

当设置激振器测试时，为了在想要的方向对结构进行激励，激振器必须与结构对齐。通常所用的激振器推力量级很低，不需要将激振器牢靠地固定在地板或工装上。然而，可能会有一些振动通过基座传递到地板上。在这种情况下，激振器牢靠地安装在地板上是很关键的。对于低量级的推力，基座周围的热胶固定可能绰绰有余。但在某些情况下，热胶固定可能不够，可能需要某种安装装置。激振器可能需要用螺栓连接到地板上。另一种可能情况是在连接/对准激振器系统之前，使激振器耳轴座落在沙袋上。这种方法并不总是有效，但这是降低激振器基座振动的另一种变通方法。如果观察到激振器基座振动，在测试过程中要检查激振器顶杆对准，以确保不发生偏斜。此外，还应经常检查驱动点频响函数，以确保系统没有发生重大变化。

8.1.6　悬挂激振器进行横向激励的最佳方式是什么？

通常，横向激励需要使用一个激振器吊具，如图 8-3 中所示的横向悬吊装置或其他等效装置。为了允许激振器进行如图 8-3 所示的水平运动，需要在激振器四个不同的位置处悬吊。有时需要在激振器底部增加惯性质量，以提高激振器系统的低频激励性能。

图 8-3　典型的激振器测量设置［图片来源：PCB 压电有限公司］

8.1.7　激振器设置中最常见的现实故障是什么？

在模态试验中，经常发生的实际问题是顶杆未对准。虽然没有因为这个出现什么真正的破坏结果，但测量的频响函数将不是系统特性的最佳描述，有时由激振器对准不良测试的数据会导致模态参数估计出现困难。通常人们甚至没有意识到测量受到了这些因素的影响，反而会因为结构非常复杂，并且由于噪声、非线性和其他的影响导致了许多数据不一致等原因蒙蔽了他们的判断。由于其他常见的因素，人们很容易忽视这些简单的测量问题。

激振器未对准的主要问题是力传感器或阻抗头测到了顶杆非轴向的载荷。这能引起实际施加于结构的激励力失真。尽最大努力实现最合适的测量是非常重要的，而对准是该过程的重要组成部分。

另一个问题是激振器在结构太过柔软的位置进行激励，这会引起几个问题。首先，对于在测试过程中观察到的结构实际位移，激振器可能没有足够的行程与之匹配。不光位移是一个影响，人们常常忘记激振器线圈也有速度限制，一般商用电动激振器的速度极限在 70in/s 左右。在这些情况下，当结构发生想要的变形（尤其是在共振频率处）时，激振器却不能与结构的实际位移/速度保持一致。因此，激振器电枢不是将力施加到结构上，而是试图推动比线圈运动速度还快的结构。这会导致输入力谱的“力衰减”，特别是在共振频率处。通常这被称为激振器和结构之间的阻抗不匹配。为了解决这个问题，通常需要把激振器移动到结构的另外一个不那么柔软的测点上。

8.1.8　激振器的正确激励量级是多大？

模态测试的激励力量级通常很低。不需要提供大量级的激励力进行模态测试，特别是如果选择了合适的响应传感器（加速度计），即高灵敏度的传感器。激励力的量级只需要满足合适的测量即可。事实上，大量级的激励力往往会过度驱动结构，从而激发结构的非线性特性，导致测试结果整体上比低量级的激励力更差。

8.1.9　模态测试应该使用几个激振器？

所需激振器的数量往往是一个很难回答的问题。本质上，在进行大型模态试验时永远没有足够的激振器。通常的限制是试验室可用于模态试验的激振器总数。两个激振器足以完成大多数的模态测试。大型结构的模态试验，有时需要三个或四个激振器。但一般来说，使用超过五个激振器的情况很少见。主要的一点是，需要有足够的激振器作为模态参考点，这样能使所有的结构模态得到充分激励，并获得良好的频响函数测量。

8.1.10　激振器和顶杆对准问题

对准非常重要，对关于如何设置激振器进行一些简单的讨论是很有必要的。在此，对设置激振器与结构的连接通常采取的一些简单步骤做一些描述。然后对激振器设置中经常面临的顶杆对准问题提供一些指导意见。

在进行激振器测试设置时，通常先设置激振器和顶杆，将顶杆延伸到所需的长度并在端部安装力传感器或阻抗头。通过松动激振器夹头，顶杆可以自由地伸出或伸入电枢以获得所需的长度。一旦顶杆长度合适，就可以把力传感器或阻抗头的安装垫固定在结构上。如果对准正确就可以用超强胶粘连安装垫，这样激振器顶杆应该能够非常容易地从力传感器或阻抗头上拧开，并且顶杆拧回去的时候没有任何束缚（阻止顶杆归位）或困难。这是确保激振器和顶杆正确对准的一种方法。

但是，有时结构上可能会有匹配的螺纹孔用于安装力传感器或阻抗头。这种情况下对准会更加困难。重点在于激振器必须对准，使得顶杆可以非常容易地拧入力传感器或阻抗头中，不存在任何困难或束缚。图 8-4 展示了两种情况：一种是顶杆对准良好的情况，另一种是顶杆未对准的情况。顶杆拧入力传感器的过程中应该没有任何束缚。

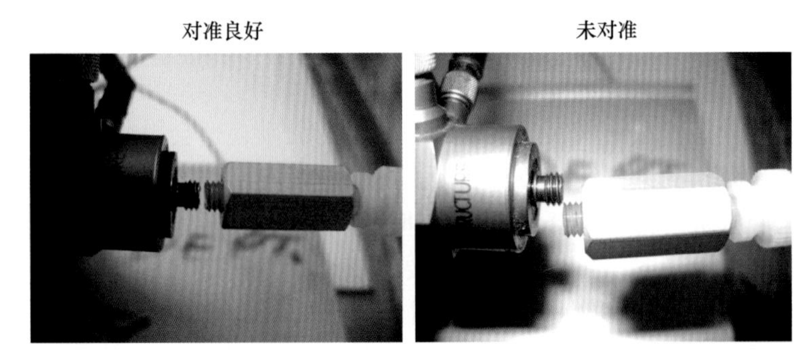

图 8-4　激振器顶杆连接：对准良好（左）和未对准（右）

图 8-5 中的三张图片显示了连接顶杆的顺序。一旦顶杆正确对准，应拧紧阻抗头或力传感器上的锁紧螺母。接下来，应该拧紧激振器上的夹头，确保激振器头部固定到位，以尽量减少电枢负载。

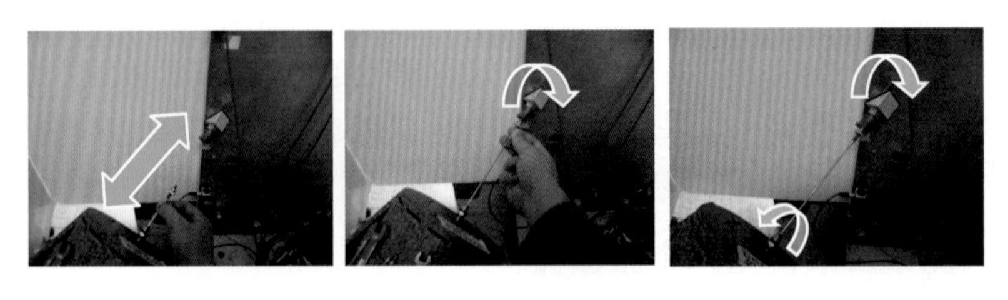

图 8-5　顶杆安装顺序：延长顶杆（左）、拧入力传感器（中）、拧紧锁紧螺母（右）

8.1.11　何时将激振器与结构连接？

一般来说，先将所有的加速度计都安装到结构上并完成从结构到采集系统的电缆布置，然后再把激振器连接到系统上。激振器/顶杆连接/对准通常是该过程的最后一步。如果在所有仪器设置完成之前连接激振器，则在测试设置过程中结构可能会出现沉降或偏移。当进行自由-自由边界模态测试时，这一点特别容易发生。如果结构有任何移动或沉降，可能会引起激振器/顶杆错位，从而导致错误的测量结果。这个问题可能会在测试完成并将激振器从结构上拆卸下来之后才被发现。正因为如此，激振器通常是进行模态测试设置的最后一步。图 8-6 展示了一个测试场景，所有的仪器已经连接到结构上，即将进行激振器连接。

图 8-6　顶杆连接是结构设置和设备连接完成后的最后一个步骤

8.1.12　不测试时是否应该断开顶杆连接?

一般来说，当不进行测试时应当断开激振器与结构的连接。在测试设置过程中，被测结构可能会发生一些移位或沉降。有时，安全气囊支承系统可能会漏气导致结构移位。或者在测试过程中可能会重新配置被测结构。例如，在一次测试中，油箱可能是空的，然而在另一次测试中是加满的。测试过程中系统可能需要重新配置的原因有很多。

由于这种情况，系统中可能存在的质量偏移或重新分布会导致被测结构相对于激振器与结构的原始对准位置发生偏移。如果在这些重新配置过程中连接激振器，可能会有横向负载施加到连接激振器和结构的顶杆上，在这些情况下，系统的对准可能会被破坏。如果仍然在这种情况下进行激振器连接，激振器电枢可能会产生横向载荷，导致激振器系统损坏。另外，一旦对准受到破坏，顶杆就很难从结构上拆卸下来。图 8-7 展示了在连接所有仪器之前激振器的原始对准情况。由于增加了设备和存在的其他相关的设置，结构看起来有轻微的移动，原来激振器对准位置已不再合适。如果在设备安装完成之前连接激振器，那么激振器和力传感器之间的横向负载可能会被忽略，这些横向负载可能会影响测得的频响函数。

如果断开激振器连接，进行下一组测试需要重新连接激振器时，如果发生未对准的情况，将会显而易见。如果原来的激振器对准受到破坏，则激振器必须重新对准，以便为系统提供一个适合的连接。图 8-8 展示了一个未对准的顶杆和阻抗头，激振器必须重新定位以实现精确对准。有时这可能很困难，但可以肯定地说，如果没有正确对准，测得的频响函数质量将会下降。

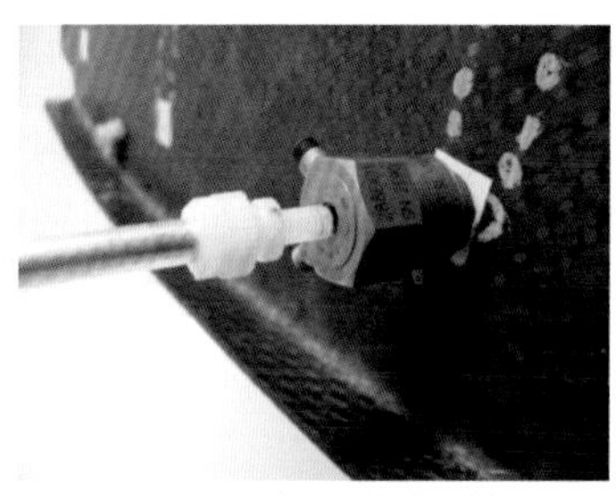

所有测试设置完成之前　　所有测试设备安装之后

图 8-7　激振器沉降：初始设置（左）沉降几小时后的系统（右）

图 8-8　结构与激振器未对准，需要调整激振器

8.1.13　力传感器或阻抗头必须安装在顶杆的结构侧吗？

力传感器应始终安装在顶杆的结构侧，而不是安装在顶杆的激振器侧，如图 8-9 所示。这样测量出来的力正是施加给结构的激励力，正确计算频响函数需要这个力信号，因为频响函数是响应与激励力之比。

如果力传感器安装在激振器侧，那么顶杆的动态特性将变成测量频响函数的一部分，这是不正确的。图 8-10 展示了两种安装方式。图 8-11 显示了这两种安装方式下的频响测量结果的差异：一种是在错误的方式下测得的，另一种是在正确的安装方式下测得的。图 8-11 显示两个频响函数有显著的差异，这就说明了这种安装方式的重要性。

8.1.14　什么是阻抗头？为什么要用它？哪里用到它？

阻抗头是一种可以同时测量力和响应的传感器。通常，现今使用的阻抗头由加速度计和力传感器组成，但在过去它是由速度传感器和力传感器组成（这是“阻抗头”名称的来源，这种称呼一直沿用到今天，尽管已经不再测量速度了）。驱动点频响函数是结构关键的测量数据，强烈建议在所有情况下都使用阻抗头。在图 8-12 中，展示了三个应用场景。图 8-12 中左上角的频响函数，故意不对齐加速度计和力传感器，以说明这样

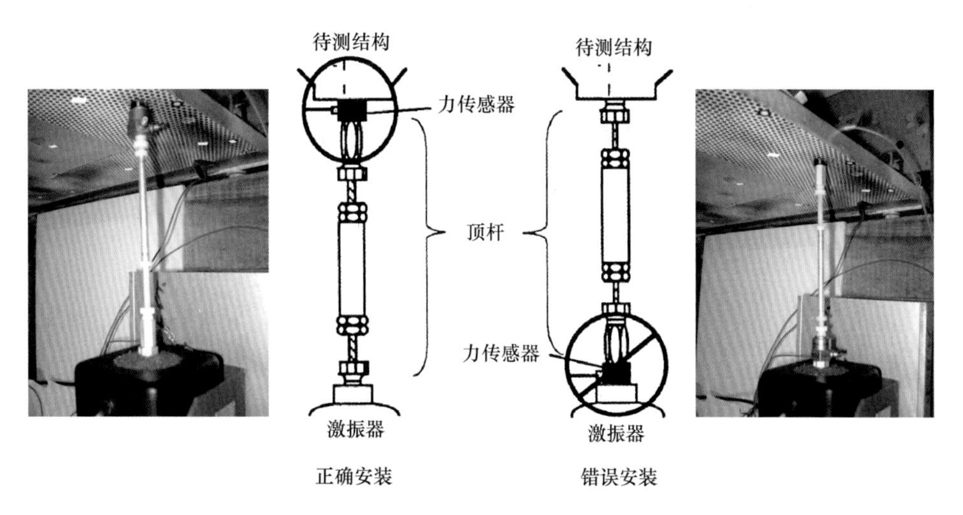

图 8-9　正确的力传感器安装（左）和不正确的安装（右）[图片来源：PCB 压电有限公司]

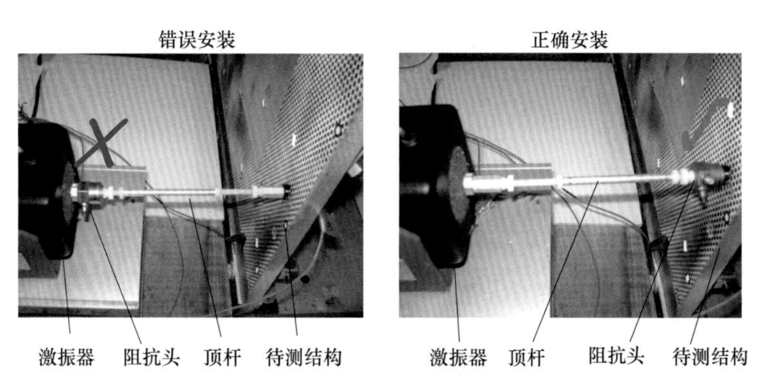

图 8-10　测量时错误的安装（左）和正确的安装（右）

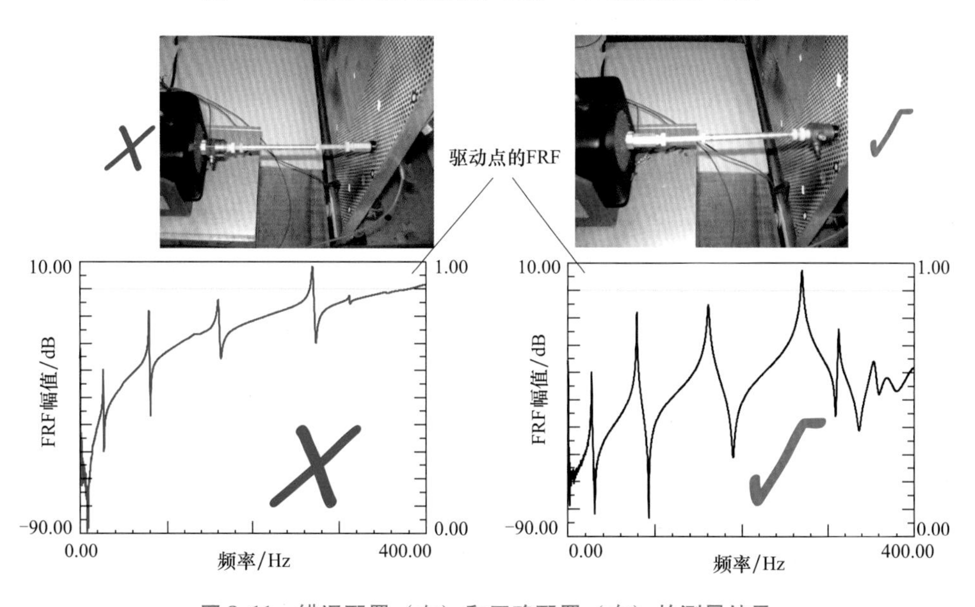

图 8-11　错误配置（左）和正确配置（右）的测量结果

可能产生的差异。图 8-12 中左下角的频响函数，加速度计尽可能对齐，但仍然可以看出差异。图 8-12 中右下角的频响函数，使用阻抗头可以把对准问题带来的影响降至最低程度。显然，测量这些关键的频响函数应首选使用阻抗头。虽然经常使用力传感器和加速度计的组合来测量，但一次又一次的测试表明，这种测量结果比用阻抗头获得的结果要差。

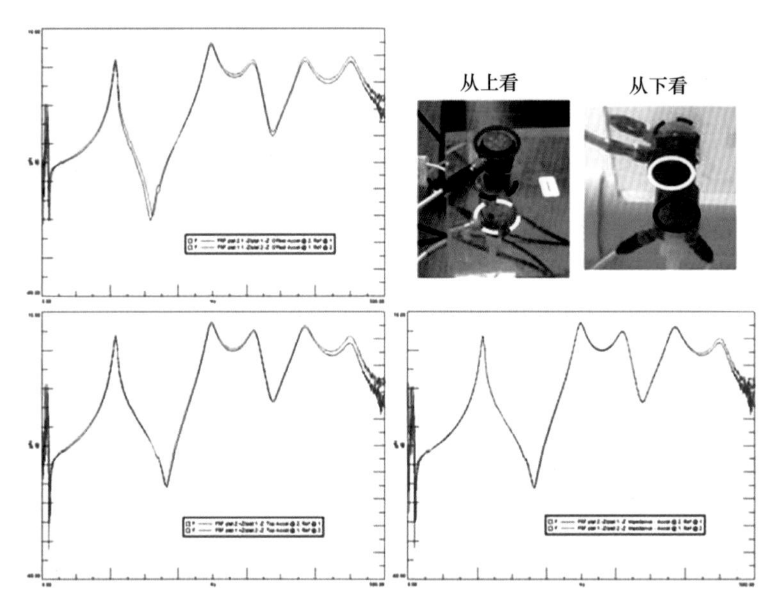

图 8-12　FRF 对比：使用偏移的加速度计（左上角）、加速度计尽可能对齐（左下角）、阻抗头（右下角）

8.2　顶杆相关问题

8.2.1　为什么要使用顶杆？

顶杆，也称为推力杆，是进行激振器模态测试的必备物品。进行模态测试时不可能直接把激振器头部连接到结构上。这样不能为模态测试提供良好的频响函数测量。如果激振器直接连接在结构上，那么激振器的动态特性将会施加到结构上。频响函数会因此受到显著的影响。

本质上，顶杆使激振器与结构解耦，并且使力仅沿着顶杆的轴向施加，如图 8-13 中所示的带顶杆的激振器设置。通过这种设置，只沿顶杆的轴向施加力，力传感器或阻抗头通过压电晶体测量的力仅是指定方向上的力。请务必记住，力传感器的力敏感元件只对一个运动方向敏感，力传感器的力敏感元件不能测量横向载荷或力矩。

当然这种设置永远不完美，激振器总会对结构产生一些轻微的影响。使用的顶杆应该在轴向非常刚，而在横向非常柔。这一点说起来容易，有时实现起来却不那么容易。现实中，顶杆在轴向非常刚的目的是将力传递（并测量）到结构上。横向刚度对整个系统的影响严重依赖于被测结构。如果结构非常刚硬，那么横向刚度往往不是一个严重的问题。然而，当结构非常薄或者在顶杆的连接点具有显著的弯曲效应时，横向载荷可能变得非常重

图 8-13　典型的带顶杆的激振器测量设置［图片来源：PCB 压电有限公司］

要。另外，这些弯曲效应在较高频率处通常变得更重要，因此，总是难以确定对整体结果的实际影响。确定顶杆的横向效应和弯曲效应影响的一个简单方法是进行多次试验，使顶杆长度变化 ±10%，并观察测得的驱动点频响函数的变化。

8.2.2　一个设计较差的激振器/顶杆设置会产生不正确的结果吗?

如果不仔细设置激振器和附属设备，则可能会给激振器模态测试造成一些特定的困难。顶杆的作用是将轴向运动施加到结构中，然后通过力传感器测量简单的压缩和拉伸类型的载荷。顶杆的目的是使载荷沿激励方向，而尽可能减少传递到系统中的横向载荷。从本质上讲，受力分析使我们能够知道在连接点处施加到结构上的力。因此，激振器系统和顶杆的动态特性都不应该包括在被测结构的动态特性中。至少从理论角度来讲是这样的。当然，这是假定顶杆完全没有横向刚度，并且对系统的整体动态特性没有任何显著的贡献。这个考虑是非常重要的，因为力传感器只能测量施加的轴向载荷，如果还有其他负载（横向载荷或力矩），力传感器不能测量它们。

接下来介绍所做的测量（这些测量数据由他人提供）。用激振器测试一个相对柔的梁结构。但是，顶杆相对较短，因而顶杆的弯曲刚度可能会影响梁的弹性模态。现在让我们来看看获得的一些测量数据。图 8-14 显示了一个频响函数的测量结果，其中激振器系统使用了一个可能太短的顶杆与结构连接。这将导致激振器的弯曲刚度更加明显，特别是相对于正在测量的柔性梁而言。正如预期的那样，前两个峰对应的是典型的 1 阶和 2 阶弯曲模态。然而，接下来的两个峰展示的都是梁的典型的 3 阶弯曲模态。频响函数测量仅是在被测结构上获得的，顶杆上什么也没有测量。

随后的测试（对顶杆本身也进行了额外的测量）揭示出这两个峰实际上是调谐的吸振器效应。顶杆实际上与频响函数的第三个峰值处的结构模态振型同步，与频响函数的第四个峰值处的结构模态振型异步。力传感器仅仅测量激振器激发产生的轴向运动的力，测量不到因顶杆引入的弯曲刚度相关的弯曲效应。但是，在连接点处，顶杆实际上看起来像是一根弯曲弹簧。为了确认观察到的结果，在第二次测试中使用了更长的顶杆。更长的顶杆能有效地降低施加给被测结构的弯曲刚度。图 8-15 显示了使用更长顶杆测得的频响函数。显然，频响函数更清晰，并遵循梁结构响应的预期模式。通过简短的模态分析，可知前三个峰值对应于悬臂梁的前三个经典模态。

显然，由于顶杆长度不同导致前两阶模态存在频率偏移。这可能是由多种因素造成

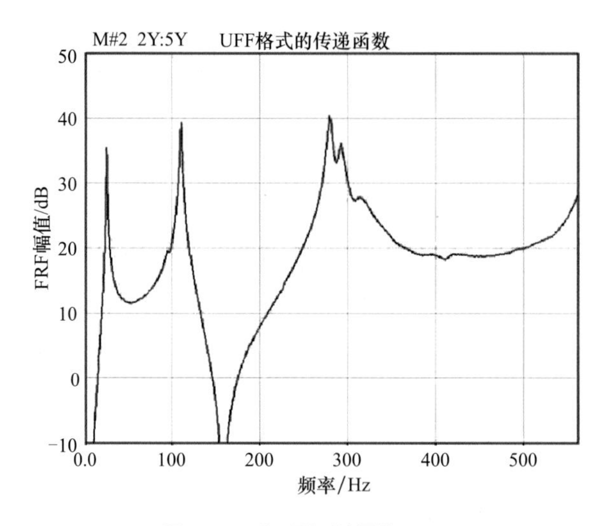

图 8-14 短顶杆测得的 FRF

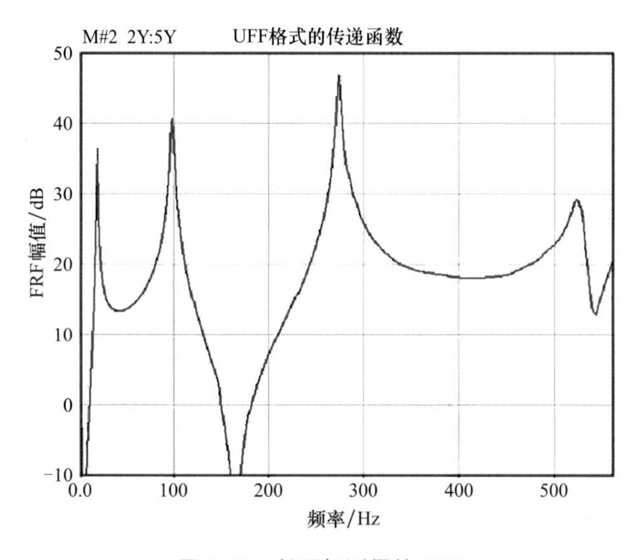

图 8-15 长顶杆测得的 FRF

的：质量载荷效应、顶杆影响、不同的测试设置等。这些测量数据是由他人提供的，因此实际测试设置是未知的，但这个影响非常明显。第三个峰值明显不同，正如通常在调谐吸振器应用中看到的那样，主峰发生了分裂。测量的响应的整体幅值也显著减小，这一点可以由调谐的吸振器理论来解释。

如果把这个顶杆作为测试系统的动力吸振器，那么图 8-16 展示了相应的预期振型。再次，这些测量结果是由他人提供的，用于说明存在的预期影响。显然，因为顶杆太短，在结构上的连接点处顶杆的弯曲效应将更加显著。如果顶杆恰好与待测结构的某一阶模态具有相同的频率，那么由于耦合就会产生如图 8-14 所示的频响函数。

显然，激振器顶杆的长度对测量准确的频响函数起着非常重要的作用。如果顶杆太短，则会在测得的频响函数中看到常见的刚度效应。对于这个特殊情况，可以容易地看到

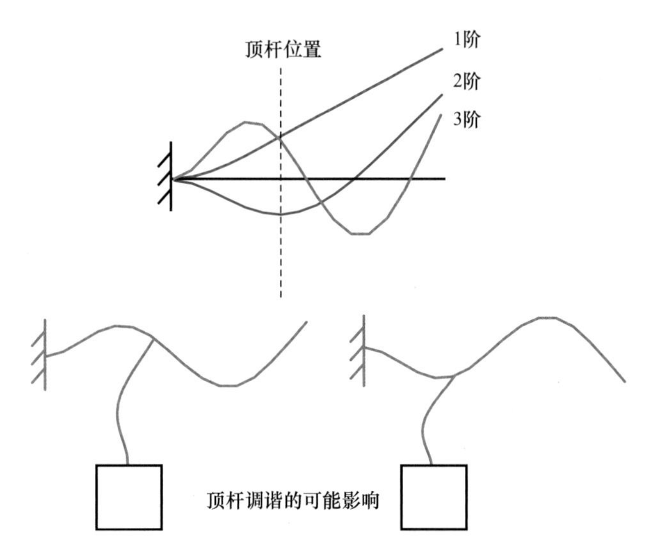

图 8-16　顶杆的调谐吸振器影响（为了展示顶杆弯曲刚度与待测结构耦合的预期效果振型，没有按比例绘制）

常见的调谐吸振器效应。这种调谐的吸振器效应可能不会在每个顶杆应用中出现，但在这个特定的测量设置中观察到了。

图 8-17 展示了获得的两个频响函数测量结果的叠加：一个使用短顶杆，一个使用长顶杆。对比这两个测量结果显示，被测系统的所有模态存在显著差异。注意到短顶杆测得的梁频率更高，这表明测试设置对系统频率增加了额外的刚度影响。顶杆的影响可能非常重要，如果不谨慎，可能会导致频响函数测量结果不准确。下一节有几个不同的案例用来研究另外一个结构上的顶杆。

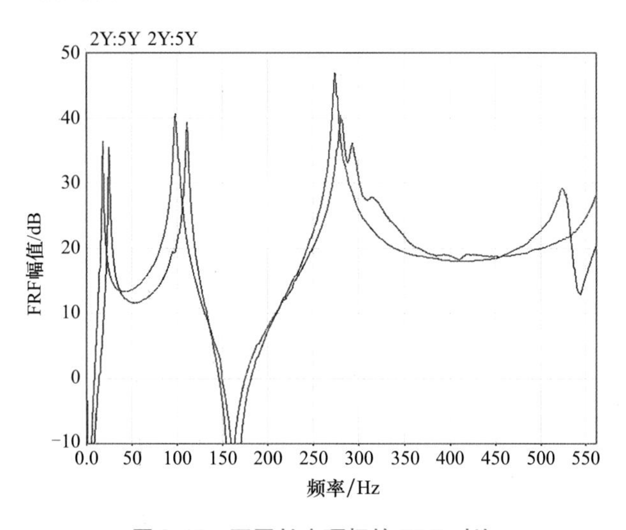

图 8-17　不同长度顶杆的 FRF 对比

8.2.3　顶杆和顶杆在测量频响函数中的影响

激振器激励通常用于获得高质量的频响函数，以便用于结构动力学建模。有多种测试因素会影响测量结果的充分性。一些关键的方面，如顶杆相关问题、阻抗头、力的量级、互易性、单点激励和多点激励等。以下各小节将详细说明这些方面的测量和考虑事项。这些发现源自于许多不同结构的测量结果，以及多年来的经验总结。每个小节将描述与特定测试设置和获得的结果相关的一些问题，同时也提供了一些改进测量的建议。

1. 顶杆位置

顶杆的功能是将激振器与被测结构解耦。虽然所有的顶杆都有一定的弯曲刚度，但是如果在结构上选择合适的激励位置，这个弯曲刚度不会对结构的刚度有贡献。当结构非常柔时，这可能是一个主要的问题，因为这样的结构可能有大的位移，导致在结构的响应中产生相应的旋转。最成问题的情况是顶杆连接点的转动刚度，这可能会影响高阶模态振型。

对图 8-18 所示的特定结构采用 SISO 测量，在三个不同高度的测点上进行频响函数测量。虽然这三个测点的数据没有特定的一致性的偏差，但如图 8-18 所示，顶部测点和底部测点之间的互易性检查显示出了差异。测量结果的不一致表明在结构的不同位置安装激振器会产生影响。明显，一些频率因激振器激励位置高度的不同而不同。这是由顶杆刚度引起的，它可能对高阶模态具有更显著的影响，因为结构直立部分的高阶模态呈现出比低阶模态更多的弯曲形状。注意到，为了方便清晰地比较数据，图 8-18 中并没有显示所有的测量结果，显示的只是所有不同高度测量调查的典型结果。

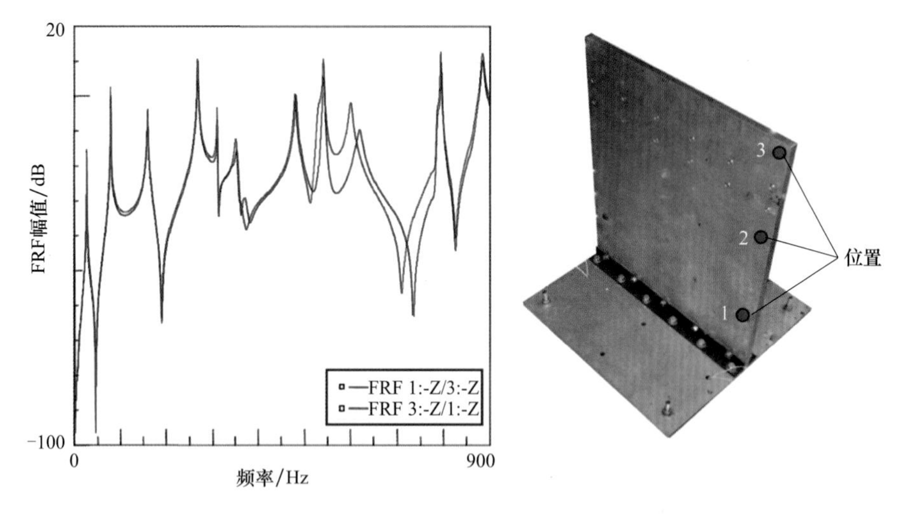

图 8-18　SISO 测量顶部和底部测点之间的互易性

有一个非常重要的事情需要注意，即顶杆的目的只是在轴向传递运动，施加的力只是沿轴向。但是，结构的任何旋转都会导致顶杆发生弯曲，并且频响函数测量中未考虑这一点，这在结构中将会引入刚度，从而在一定程度上影响结构的频率。另外，力传感器不能测量由这些旋转产生的任何力矩，而仅用于测量轴向运动。

2. 顶杆对准

激振器和顶杆的安装通常比较困难。当对结构进行激振器测试时，激振器和顶杆的对准是一个非常重要的问题。未对准是令人担忧的主要原因。本小节将探讨顶杆未对准的影响。在结构上连接一根 5in 长的顶杆（从激振器头部到结构），并将激振器倾斜大约 10°使其未对准。图 8-19 展示了这次的测量数据与对准的激振器和力锤测量数据的对比。

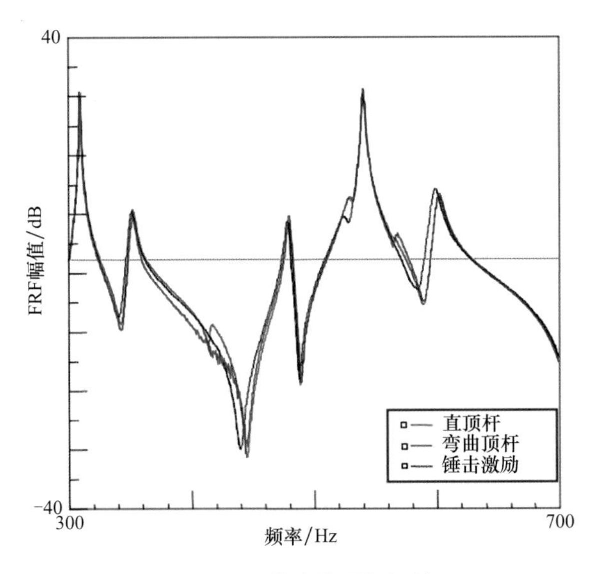

图 8-19　故意使顶杆倾斜

激振器未对准的情况清楚地显示出 400 ~ 450Hz 区间的频响函数测量存在差异。引起差异的具体原因可能是多种因素的组合，包括测量中的故意未对准。使用顶杆对准更好的激振器测试，该频段也有额外的峰值，这可能是由于顶杆的共振引起的。尽管这些原因并不完全确凿，但可以做出一个明确的陈述是需要不断尝试以确保对准。未对准可能导致测量的频响函数失真。

另一个未对准问题在于顶杆本身。这可能是由于激振器未对准（如刚刚提到的），或者可能是由于顶杆制造不良造成的。任何未对准都可能导致顶杆弯曲。图 8-20 所示为使用了一根损坏的顶杆的测试结果。测得的频响函数与使用良好顶杆测得的数据的对比，如图 8-20 所示，当使用损坏的顶杆时，大约 1130Hz 处的模态完全失真。

3. 顶杆长度

虽然顶杆连接的激励位置可能已经预先确定，但顶杆长度却是可以调整的。长度参数对测量的频响函数能产生重大的影响。如果在激振器测试设置中不注意，测量的频响函数质量会变差。建议先进行快速初步的锤击测试，以确认激振器测试的准确性。

在这个案例中，使用了三种不同的顶杆（由 Modal Shop 提供）：

- 2150G12：一根直径为 1/16in 的钢质圆杆。
- 2155G12：一根直径为 3/32in 的钢质圆杆。
- K2160G：一根直径为 0.028in 的钢琴钢丝。

长度从 1 ~ 7in 不等，如图 8-21 所示，并且激振器采用固定和悬挂两种方式。图 8-22 显示了 1/16in 顶杆在不同长度下测量的频响函数。对于这些测量数据，激振器固定在最低的连接点，所有长度的顶杆获得了相似的结果。

图 8-22 清楚地展示了测量的频响函数的差异。尽管 3in 的顶杆对于这个结构来说似乎是合适的，但没有一根合适长度的顶杆与锤击测量结果精确匹配。虽然 3in 的顶杆非常合

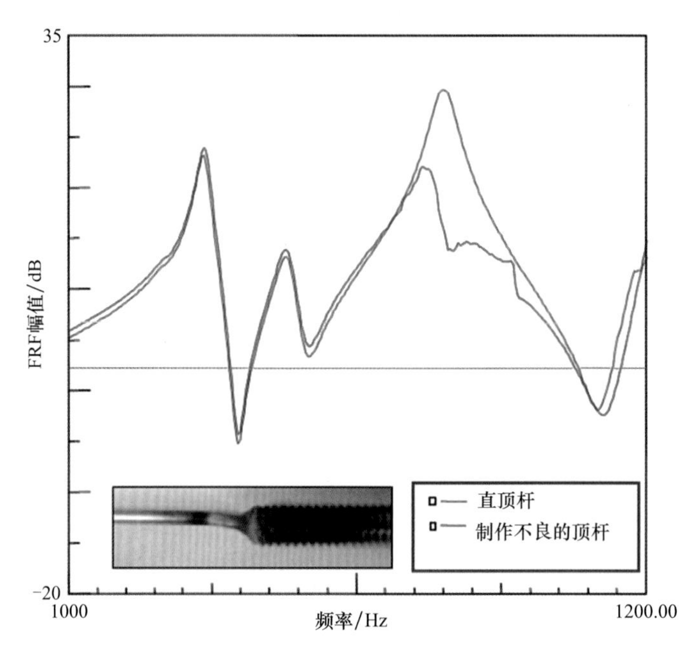

图 8-20　制作不良的顶杆组件

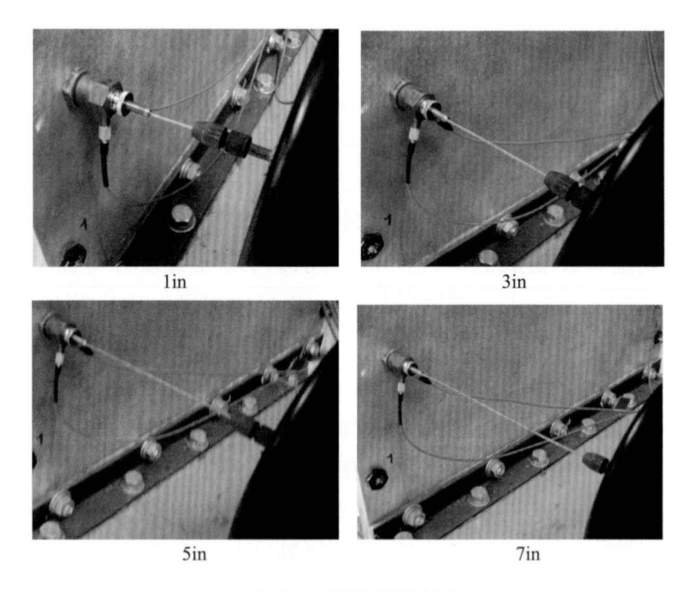

图 8-21　四种顶杆长度

适，但 5in 的顶杆得到的频响函数却产生了差异。长度比顶杆短的钢琴丝给出了更准确的频响函数，尤其是钢琴丝长度在 1in 左右。一般来说，如果顶杆太短，结构的刚度会增加，这会导致模态频率发生偏移。另一方面，太长的顶杆可能由于顶杆共振而引入额外的共振峰。

4. 顶杆类型

虽然螺纹钢杆和圆杆是最常用的顶杆，但钢琴丝和尼龙螺丝杆也可以用。本小节将比

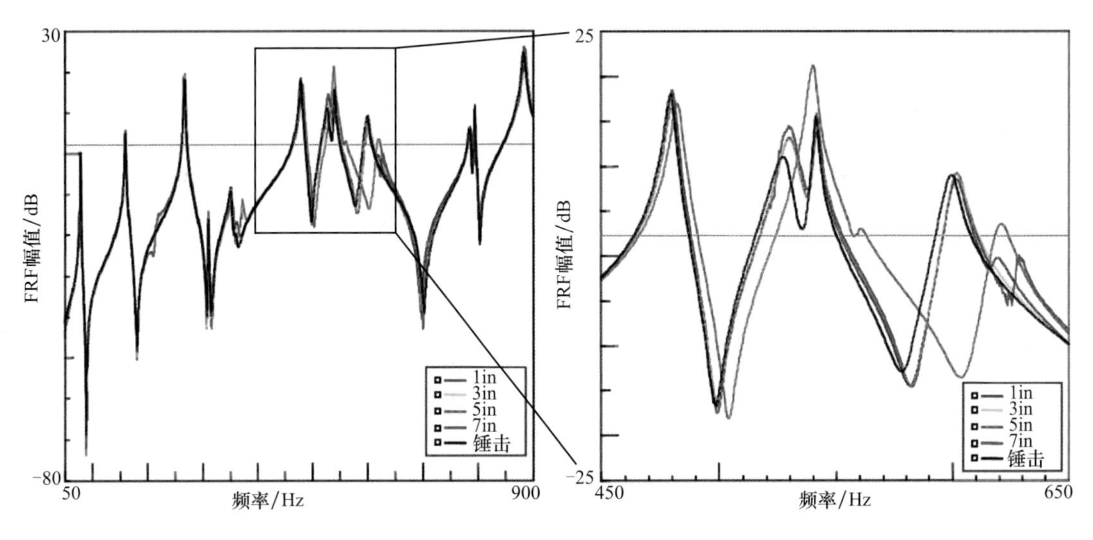

图 8-22　顶杆长度对比

较这些类型的顶杆并展示每种顶杆对测试结构可能产生的影响。使用了 Modal Shop 提供的五种不同类型的顶杆：

- 2150G12：直径为 1/16in 的钢质圆杆。
- 2155G12：直径为 3/32in 的钢质圆杆。
- 2120GXX：10-32 螺纹钢杆，具有三种不同的长度：9in、12in 和 18in。
- 2110G12：一根（10-32）in 的尼龙螺纹杆。
- K2160G：一根 0.028in 钢琴丝。

根据上一小节确定的理想长度使用钢质圆杆和钢琴丝，而螺纹杆则设定了不同的长度。激振器采用了固定和悬挂两种安装方式。图 8-23 显示了典型的频响函数，比较了使用各种类型的顶杆获得的测量结果。

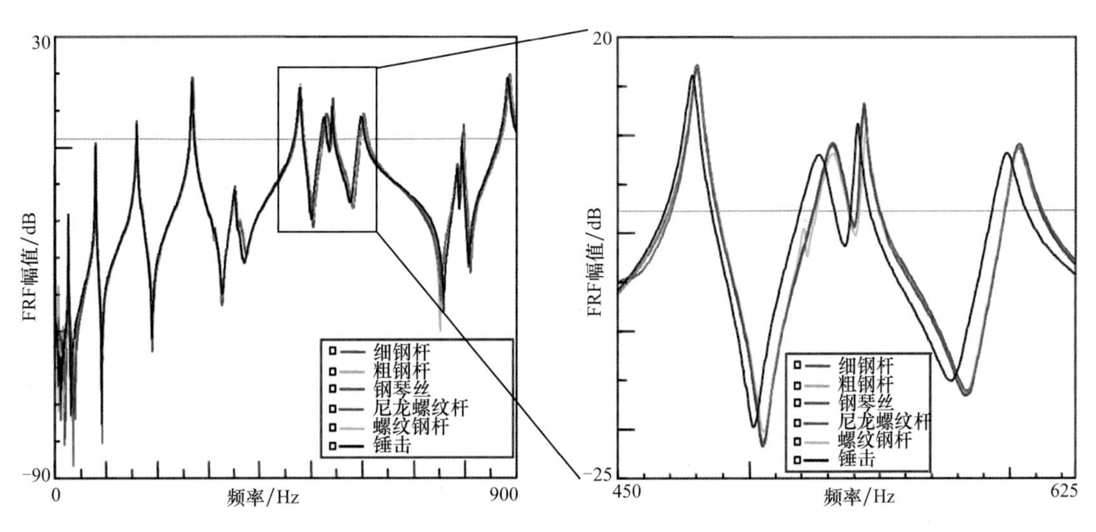

图 8-23　顶杆类型对比

虽然从整体上看各个测量结果比较吻合，但仔细检查可以看出螺纹钢杆的测量数据存在差异。这种差异并不令人意外，因为型号 2120GXX 的顶杆比更细更轻的 2150G12 和 2155G12 号钢质圆杆更粗更刚。在 520Hz 附近出现了一个额外的模态，并且接下来的两阶模态的幅值稍微降低。对比所有顶杆的测量数据，发现出现了常见的频率移动，并且频率越高移动越远。在测试设置时，每个顶杆可能都会引起显著的影响，这取决于待测结构的质量和刚度，这一点必须予以考虑。

5. 套筒顶杆

通常可以给顶杆加套筒以加强顶杆的刚度，以便为高频施加更大的激励力并防止顶杆弯曲。认识到这一点很重要，因为这可能会对测量的频响函数产生影响，特别是结构在激振器连接点具有局部柔韧性时。图 8-24 展示了带和不带套筒的顶杆的测量结果对比。当比较带套筒和不带套筒的激振器设置时，首先要注意到的是频响函数的高频部分有很大差异。这说明套筒有明显的影响。

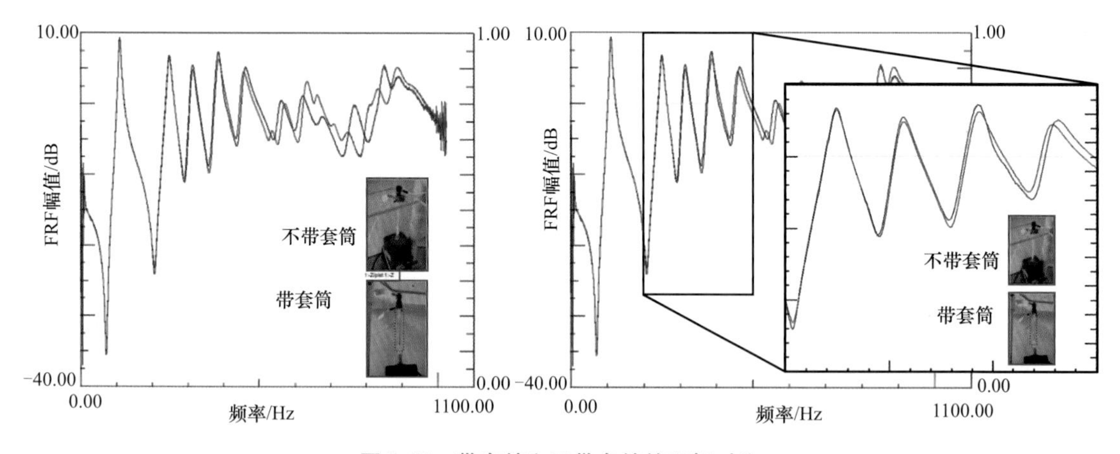

图 8-24　带套筒和不带套筒的顶杆对比

但是，在低频范围内，两个频响函数差异很小。在中频范围内，结果表明测得的频响函数发生了一些变化，特别是在考察放大的频率区间时。套筒倾向于加强顶杆的刚度。由于高频模态具有更大的弯曲形状，因此套筒对顶杆的影响变得越来越明显。随着结构的局部柔韧性变得越来越小，套筒的加强效果变得更加明显。这在测试期间可能并不明显。确定是否应该关注这个问题的最简单方法是分别使用带和不带套筒的顶杆进行测试。

6. 钢琴丝顶杆如何工作？它们如何预张紧？

钢琴丝顶杆是解决与传统顶杆相关的横向刚度问题的最佳方法。钢琴丝本质上没有横向刚度。钢琴丝预张紧的负载要大于施加到结构中的交变负载，施加给结构的载荷的 3 ~ 4 倍范围内的预载被认为是合理的。钢琴丝是通过激振器电枢的核心馈送载荷的，因此设计一个用于实现此目的的模态激振器是至关重要的。一个简单的预加载方法是使用配重。施加配重后，激振器夹头可夹紧钢琴丝使钢琴丝预张紧。只要激振器激振时施加的载荷小于预载荷，那么钢琴丝是进行模态测试并消除传统激振器顶杆横向刚度影响的极佳方式。当然，这种测试对于非常自由的边界条件的系统来说，并不总是适用。钢琴丝通常用于以实际配置进行测试的系统（如汽车或摩托车）。

8.3　激振器相关问题

8.3.1　具有强方向性模态的结构是否需要 MIMO?

结构经常具有一些强方向性模态。一些例子中使用的框架结构就是这种模态类型的典型实例。图 8-25 显示了框架的前 6 阶模态，显然有一些模态是水平方向的运动占主导，而其他的模态是垂直方向的运动占主导。如果激振器设置在 x 方向和/或 y 方向，则频响函数测量结果将只能看到来自每个激振器的一部分模态，这样可能需要使用多个激振器来进行测试，以便获得所有的模态。图 8-26 显示了从这种类型的测试中获得的频响函数。但是，尽管可以使用两个激振器分别在 x 方向和 y 方向上进行激励，但也可以仅使用一个激振器进行测试，将激振器设置与 x 方向和 y 方向成一定的倾角，如图 8-27 所示，这样可以激发前四阶模态。如果对接下来的两阶模态也感兴趣，则需要将激振器移动到不同的倾角位置，以便不在模态节点处。

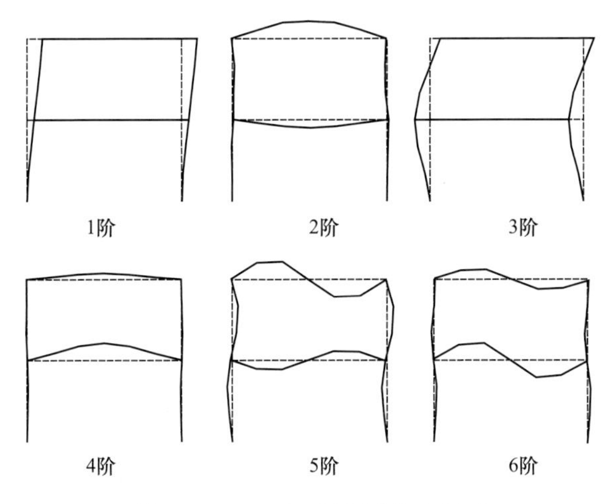

图 8-25　MACL 框架的模态振型

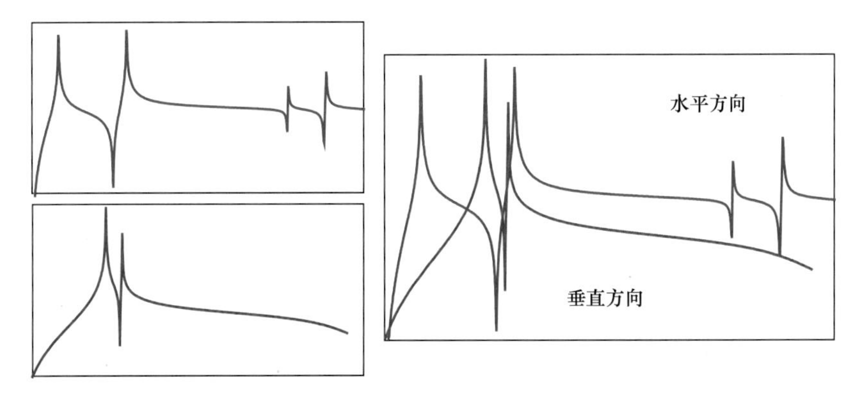

图 8-26　水平方向和垂直方向的驱动点测量以展示强方向性模态特性

现在所有模态软件中都有旋转坐标的功能来实现这种测量，但有一种更简单的方法是不进行坐标转换就可以完成这个测试。这涉及额外的驱动点测量，这个测量位置不在测量的几何模型中。进行一次驱动点测量，可以任意命名这个驱动点，如“点 99*s*”，如图 8-28所示。

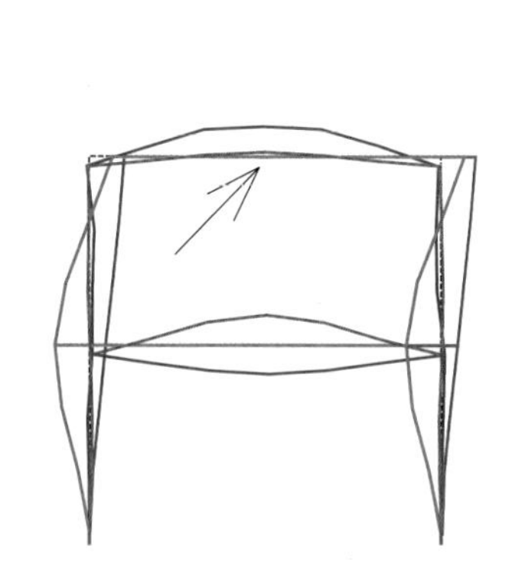

图 8-27　倾角激励以克服强方向性振型问题

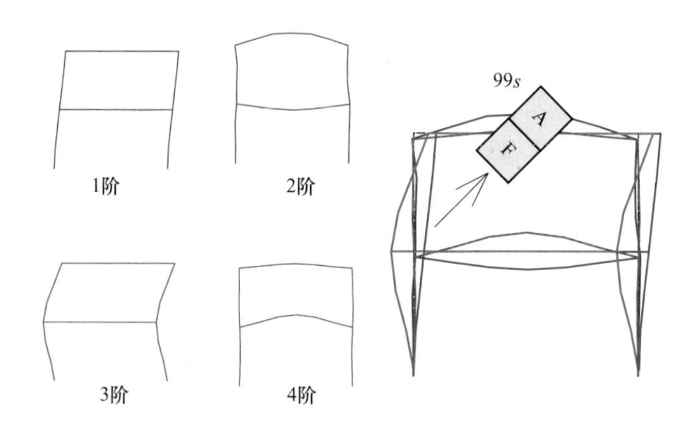

图 8-28　带有几何命名的倾角阻抗头测量

然后，所有 x 方向和 y 方向的测量都是相对于 $99s$ 点进行的。测量的数据组看起来像这样：

$$\begin{Bmatrix} a_{1x99s} \\ a_{1y99s} \\ a_{2x99s} \\ a_{2y99s} \\ a_{3x99s} \\ a_{3y99s} \\ a_{4x99s} \\ a_{4y99s} \\ \vdots \\ a_{99s99s} \end{Bmatrix} = \boldsymbol{q}\boldsymbol{u}_{99s} \begin{Bmatrix} u_{1x} \\ u_{1y} \\ u_{2x} \\ u_{2y} \\ u_{3x} \\ u_{3y} \\ u_{4x} \\ u_{4y} \\ \vdots \\ u_{99s} \end{Bmatrix} \text{和 } \boldsymbol{a}_{99s99s} = \boldsymbol{q}\boldsymbol{u}_{99s}\boldsymbol{u}_{99s}$$

这个倾斜的驱动点用作参考点，用于缩放其他所有的测量数据。这是处理倾斜坐标问题的一种非常简单有效的方法。点 99*s* 实际上不需要包含在几何模型中，也不应该包含在几何模型中。

8.3.2　激振器推力量级和 SISO 与 MIMO 的注意事项

经常考虑使用具有较大推力量级的单个激振器进行模态测试，以便充分激励系统获得良好的频响函数测量。这直接导致了在进行试验模态测试时使用 SISO 还是使用 MIMO 的问题。本节将围绕这个问题讨论一些注意事项。

1. 激振器大推力量级

在模态测试中，初衷是使用较低量级的激励进行测试以确定系统的动态特性，测试并不需要提供结构运行时的激励量级。实际上，如果使用更大的激励量级，有时会激发出结构的非线性特征。这样整体测量会变得失真，对模态参数估计并无好处。这也取决于待测结构的类型。如果结构是大型系统的一个非常简单的组件，并且组件本身非常线性，那么使用合适激励量级的单个激振器将不会出现问题。

但是当结构很复杂时（是由许多部件装配成的系统），那么仅提供一个激励源用来测量结构上所有的测量位置以识别模态振型，可能有很大的困难。当各个组件通过隔振悬置连接时，这个困难会变得更为复杂，很难将所有组件彼此之间相互隔离。为了在所有指定的响应测点位置获得充分的频响函数测量，仅使用单个激振器激励将变得非常困难。这种情况下有必要“调大信号”以便在所有响应位置获得可供测量的振动响应。当这样做时，非线性可能会被激发，从而导致整体测量质量下降。

最近对大型推进系统的一个子系统进行了测试，该子系统旨在隔离所有组件的振动传递。本书无法展示这个系统的具体数据，但是有一个相似的实验结构，结构通过隔振系统连接多个组件，用它来说明仅使用一个激振器激励时的相关问题。实验结构如图 8-29 所示，三个板件通过减振器连接在大框架上。

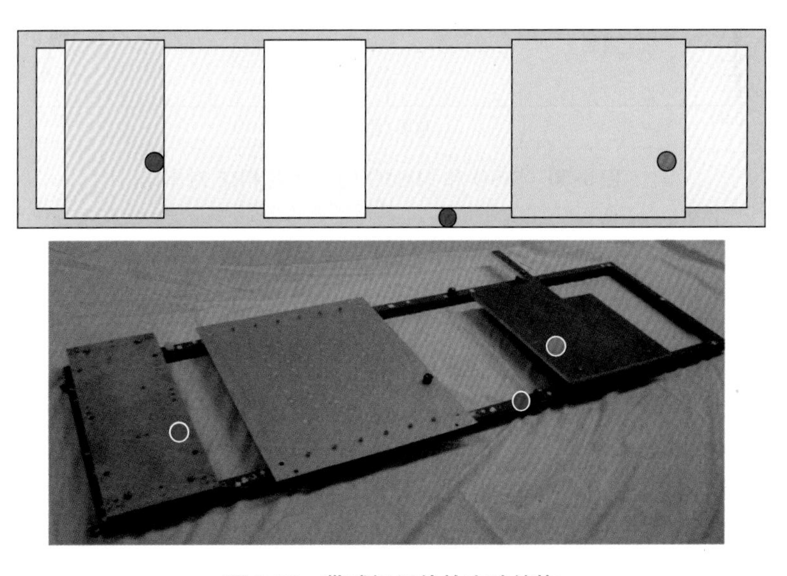

图 8-29　带减振组件的实验结构

在主框架上安装了一个激振器，并进行了频响函数测量。此外，为了比较所获得的测量结果，也进行了三个激振器的 MIMO 测试。图 8-30 显示了典型的驱动点测量（在主框架上）。红色的频响函数是 SISO 测试。图 8-30 也显示了用三个激振器获得的同一个频响函数（黑色），MIMO 测试的整体激励量级要低很多。

仔细观察频响函数，显然 SISO 获得的频响函数与整体使用较低量级 MIMO 激励获得的频响函数的质量不同。在考察相干函数时，这一点尤其如此。图 8-31 显示了质量更差的跨点测量。再次证实 SISO 测试得到的频响函数和相干函数质量更差。

2. SISO 与 MIMO

上个例子清楚地表明使用高推力量级的单个激振器激励所测量的频响函数会失真并且相干函数也差。有时，用一个激振器也可以获得多参考数据，这时激振器需要移动到其他

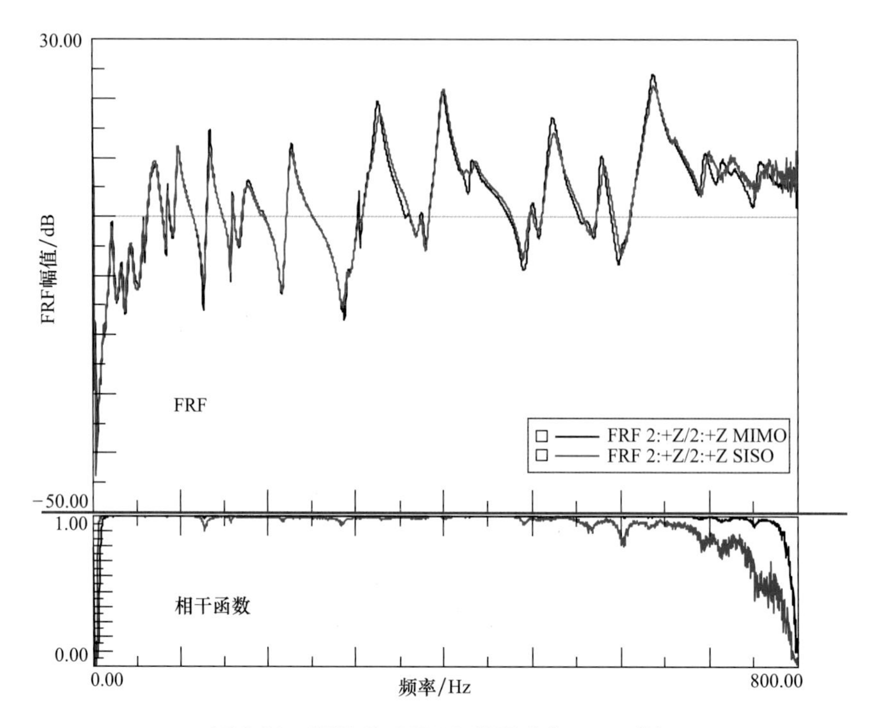

图 8-30　SISO 和 MIMO 的驱动点 FRF 对比

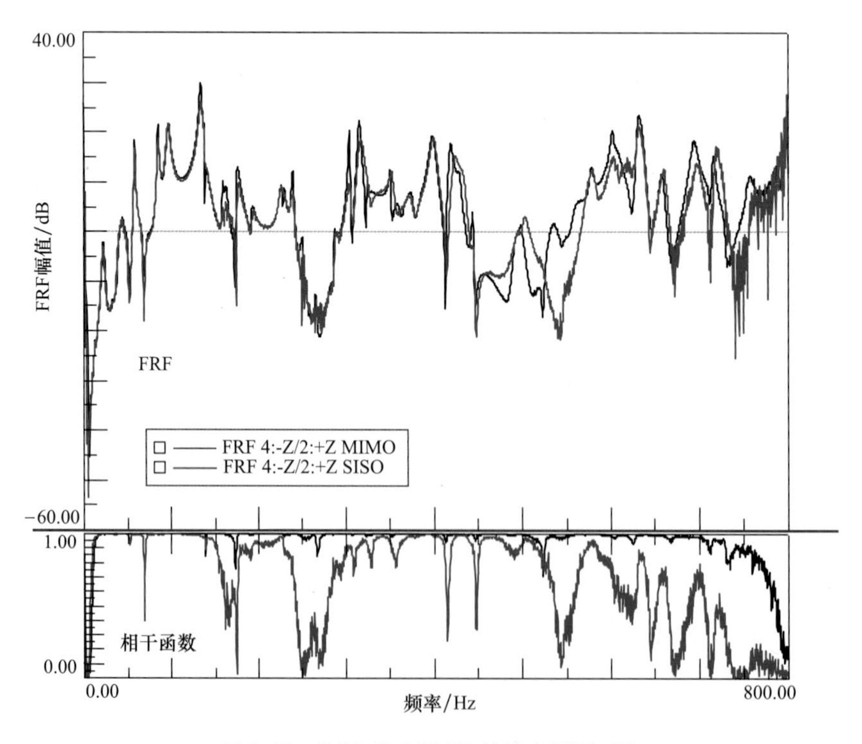

图 8-31　SISO 和 MIMO 的跨点测量对比

激励位置以获得多参考数据。这似乎是一个可行的解决方案，但这种方法存在局限性。已经讨论了第一个问题：为了在结构的所有测量位置获得足够的响应，使用单个激振器的激励力量级需要高得多，这将导致测量失真。

单个激振器可以用于简单的结构。对于由许多组件和子结构组成的结构，这些子结构和组件往往以最少化子系统能量流动的方式连接，这会对测试造成困难。当组件彼此隔离时，情况会非常不同。在这种情况下，只使用一个激励源就很难使整个结构获得足够的响应，需要多个激励源。这里将对 SISO 和 MIMO 测试设置进行比较。

如图 8-32 所示的实验结构有三个组件，安装在一个框架上。每个组件都附有一个非常软的悬置、一个中等硬度的悬置和一个非常硬的悬置。主框架和附件确实存在一些令人烦恼的响声和噪声，它们干扰了频响函数的采集。没有做任何尝试去降低这些噪声源。它们在这里受到欢迎，因为它们在结构的频响测量中很常见。

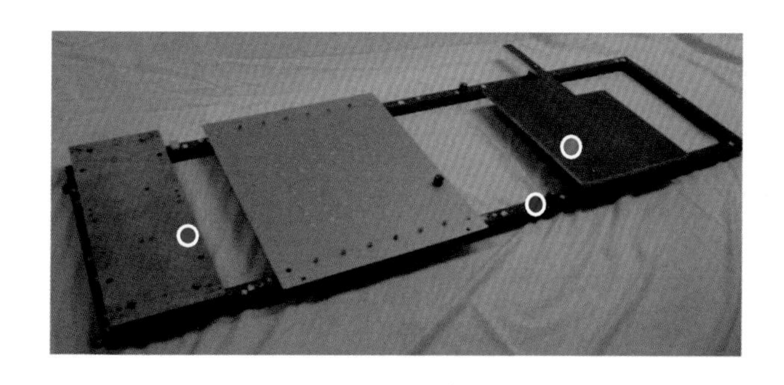

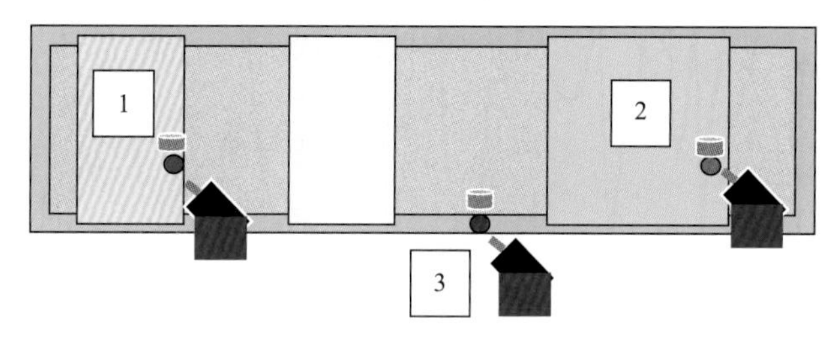

图 8-32　带有隔振组件的实验结构

采用许多不同的配置对该结构进行了测试。这里只列出少数几个配置用于展示单个激振器设置和多个激振器设置采集频响函数时存在的问题。图 8-32 中显示了三个激振器的参考点位置。

分别使用了每个激振器采集结构的频响函数，也采集了多参考点 MIMO 数据。为了获得最佳的测量，单个 SISO 激振器测试需要更高的激励力量级来激励结构。为了得到可接受的频响函数测量，MIMO 配置只需要较低的激励力量级。

为了评估所有的测量结果，比较了 0 ~ 800Hz 频率范围的几个频响函数。所有频响函数的参考点都是安装在主框架上的激振器。其他参考点也可以使用，但产生的结果与接下来介绍的结果本质上相同。在图 8-33 ~ 图 8-35 中，从 SISO 测试获得的频响函数用红色表示，从 MIMO 测试获得的频响函数用黑色表示。图 8-33、图 8-34 展示了两个从框架到连接组件的测量数据，图 8-35 展示的是框架本身的驱动点数据。

乍一看，图 8-33 ~ 图 8-35 中的数据看起来并没有太大的差别，许多人可能会说数据

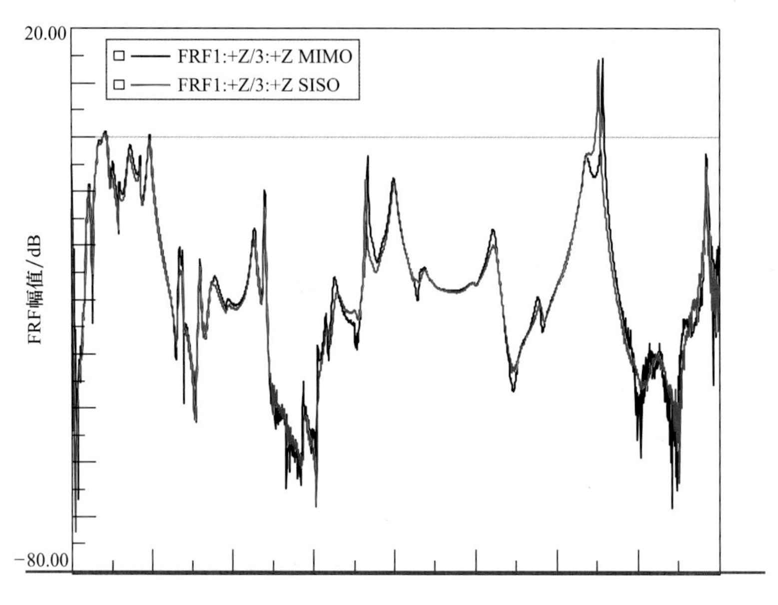

图 8-33 从框架（3）到组件（1）参考点的 FRF

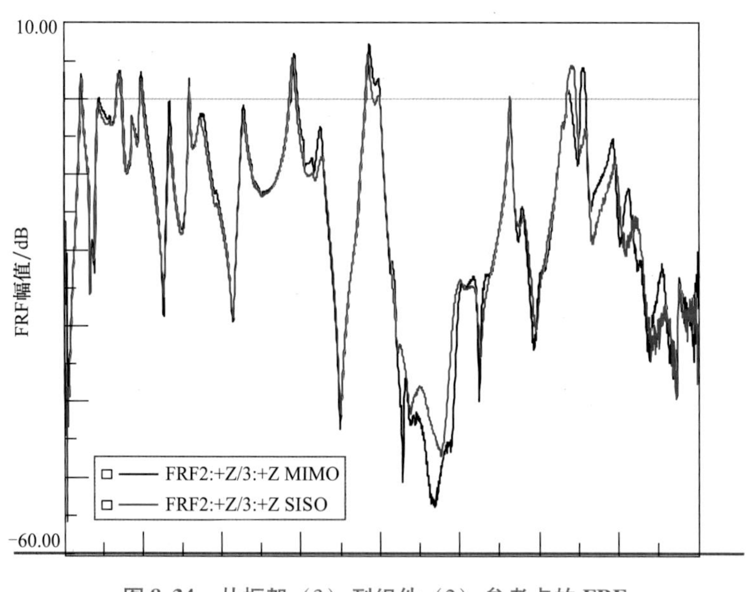

图 8-34 从框架（3）到组件（2）参考点的 FRF

是可接受的。但是更仔细观察一些互易的频响函数时，很明显可以发现 SISO 测试的频响函数的峰值与其他频响函数的峰值不一致。这导致不同数据组之间产生了差异。图 8-36 中显示了部分频段的数据。不满足不同数据之间的互易性要求。这将对模态参数识别产生较大的影响（下一节中将会讨论）。

3. FRF 测量对模态参数估计过程的影响

从纯理论的角度来讲，只要模态参考点不位于模态节点上，模态参数可以从任何参考点位置提取出来。但是，对实际结构进行测量的实用性需要评估。在上两节中，已经讨论

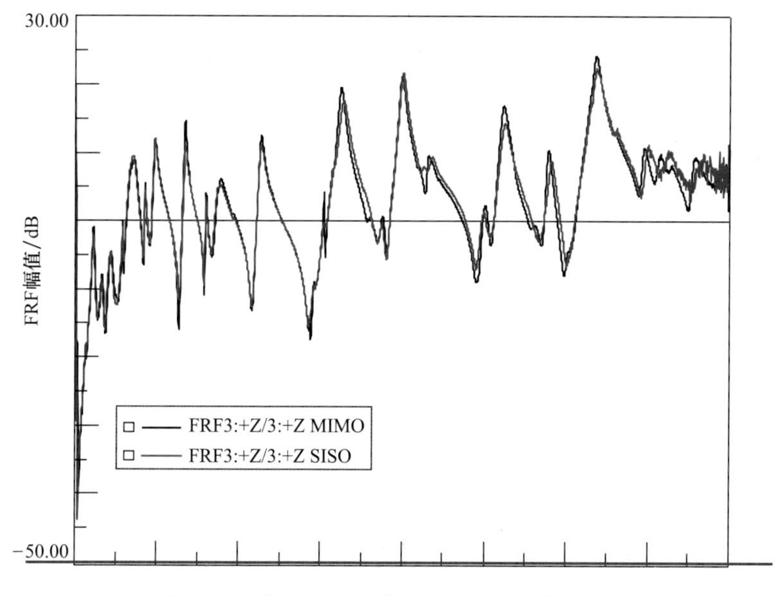

图 8-35　框架（3）到框架（3）参考点的 FRF

了测量的几个方面。在 MIMO 测试中同时采集数据得到的频响函数测量结果总是好很多。如果使用单个激振器，则会出现两个问题，这些问题导致提供的频响函数对于模态参数估计来说不是最佳的。

在一个例子中，为了获得适合的测量，单个激振器需要具有更高量级的激励力，但这总是会激发非线性，并且通常会导致测量出现差异。此时频响函数的测量结果并不如人们想象的那么好。另外一个问题是，当多参考点数据是由单个激振器测试组合而成时，通常频响函数可能会出现数据不一致。频响函数峰值可能会呈现出频率有一些轻微移动的情况。虽然结构可能不是时变系统，但是当分时测试获得测量数据时，测试设置会对测量的频响函数产生影响。变化的另一个原因采集的数据是在不同的时间段，轻微的环境变化可能会加重这个问题。

为了与前面两个测试案例保持一致，本次讨论的测试数据将与先前使用的测试数据相同。其中注意到某些模态频率有偏移。对于所有采集和使用的 SISO 数据用来形成多参考点数据时，互易性要求并不满足。

实验结构的示意图如图 8-37 所示。使用 SISO 方法在三次测试中分时采集了三个参考点的数据。另外，还使用 MIMO 方法同时采集了所有参考点的数据。

先前的案例讨论了一些内在的测量问题。这些数据将被处理以展示模态参数识别过程中的困难。在所有情况下，稳态图将用于展示数据中的一些变化如何给识别系统极点带来的挑战。

第一个挑战是使用三个分时的 SISO 测试频响函数组合形成多参考点数据用于分析处理。注意到这种方式采集的数据绝对不是 MIMO 数据，因为它是分时采集的。模态参数估计过程的第一步是识别系统极点。这通常是通过使用稳态图和叠加显示一种模态指示函数来完成。在这里，所有情况都使用模态指示函数 CMIF。

图 8-38 所示为这种情况下的稳态图。虽然图 8-37 的结果对于许多人来说可能是可以

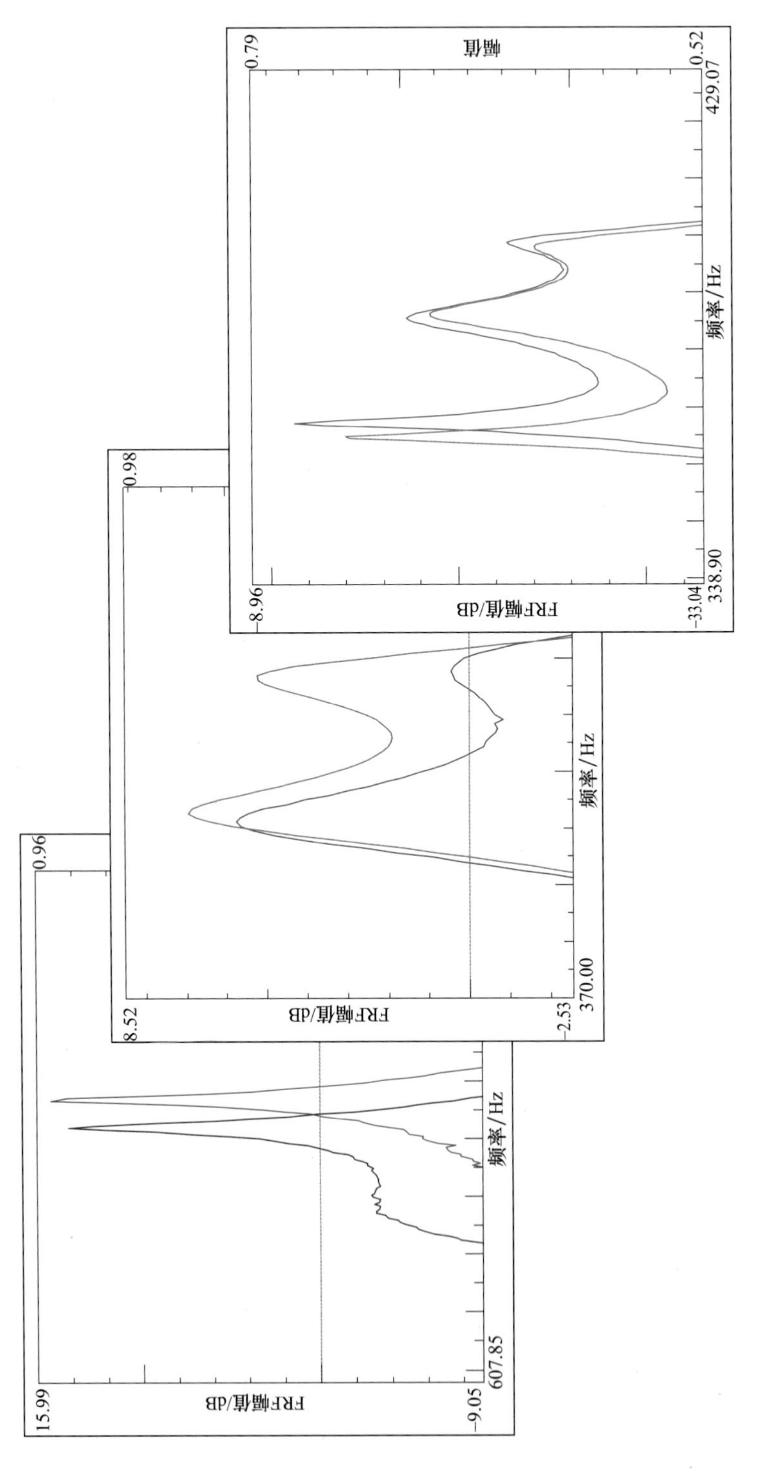

图 8-36 几个 FRF 出现不一致

接受的，但系统极点明显存在一些变化，并且每个系统极点并没有识别到非常稳定的极点。随着数据处理的进行，在考虑不同的数据组时，稳态图会有改善。

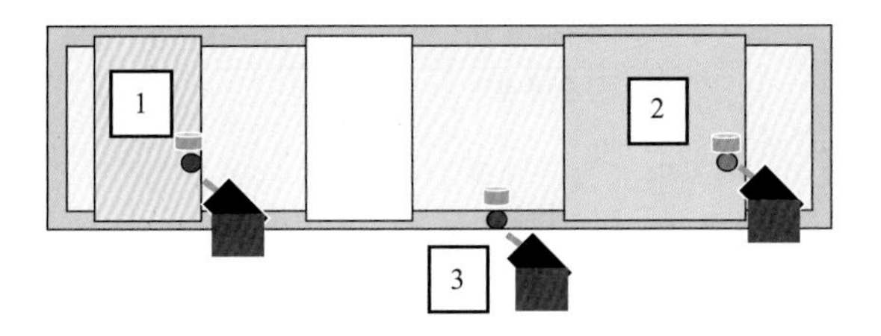

图 8-37　带有隔振组件的实验结构

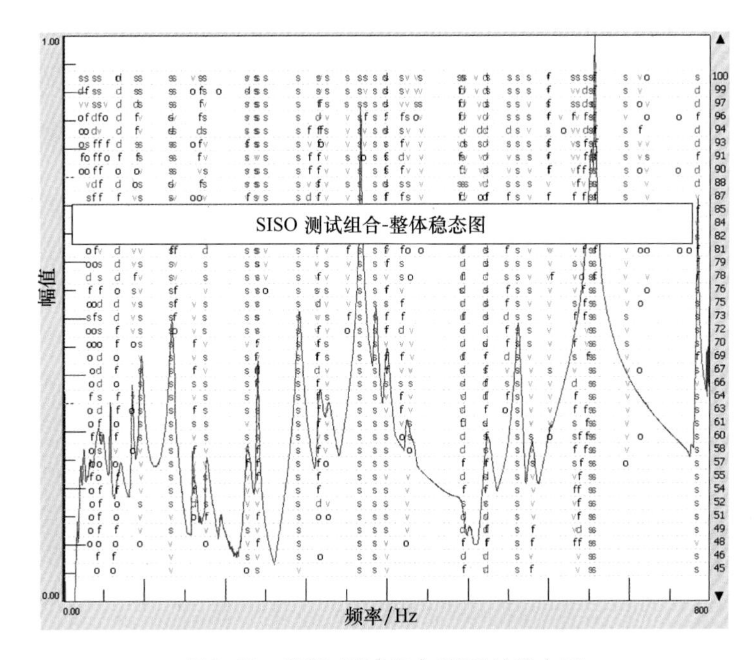

图 8-38　SISO 测试组合 FRF 的稳态图

在评估 MIMO 数据组之前，查看每个 SISO 数据组是非常重要的。图 8-39 所示为三个单独的 SISO 测试数据在被合并为一个多参考点数据之前进行各自处理的结果。每个独立测试的稳态图都产生了非常一致的稳定的系统极点。由这些数据估计出来的系统极点没有问题，极点识别得非常清楚。

单个数据组（见图 8-39）清楚地显示了系统极点，但是当所有数据组合在一起时极点并不清楚（见图 8-38）。请记住，SISO 采集的每个单独的数据是一致的。即使前面两个例子中表明存在一些噪声和非线性，但在这里识别系统极点并不困难。但是，当所有单独的 SISO 数据组合形成 MIMO 数据时，并不能保证数据在三个不同 SISO 测试之间保持一致。在前面的例子中已经指出频响函数峰值存在偏移。这种偏移在一些测量中也可见，如互易性频响函数测量。主要问题是数据是在三次单独测试中采集的，并且不能保证数据的一致性。这就是为什么图 8-38 中的稳态图难以解释，系统极点识别也不那么直观的原因。

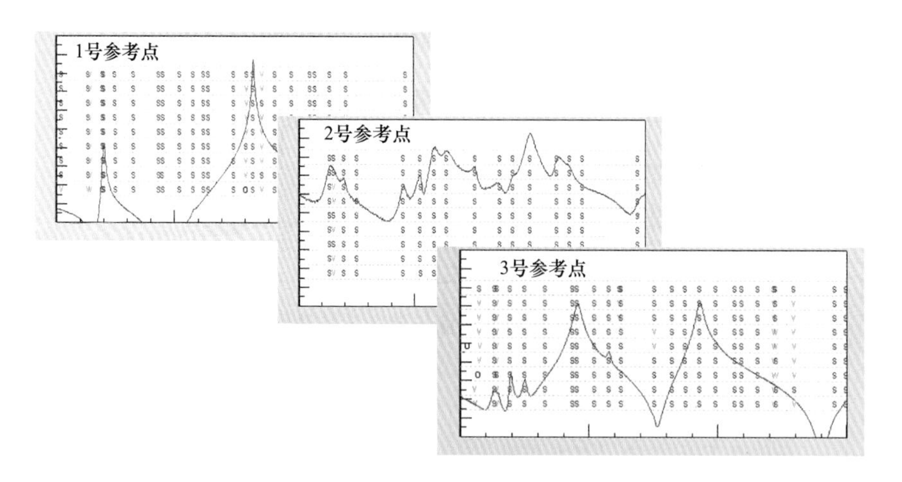

图 8-39　三个独立 SISO 测试的稳态图

为了确认上述观点，使用 MIMO 数据组（所有数据以一致的方式同时采集）生成稳态图，如图 8-40 所示。这个稳态图比图 8-38 所示的要好得多。有些频率仍然不完美，但这比以前的情况要好得多。之前的数据是分时单独采集的，一致性无法得到保证。

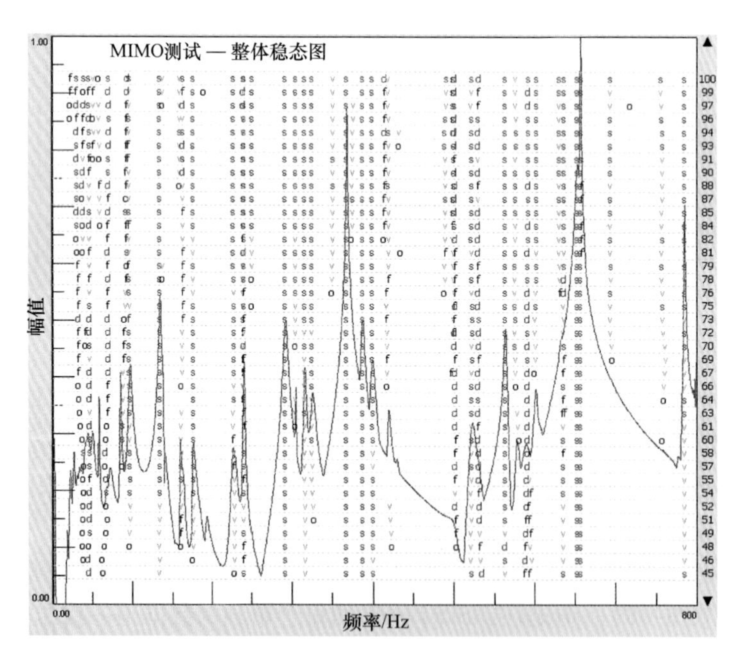

图 8-40　MIMO FRF 稳态图

这里的真正问题在于数据。频响函数必须以一致的方式采集。SISO 测试不能提供具有一致性的数据，但是 MIMO 测试具有同时采集数据的特点，因而数据通常具有一致性。

8.4　总结

本章强调了激振器测试的许多不同方面，讨论了一些关于激振器设置和顶杆设置的基本而现实的注意事项，以提供一些技巧和参考。对可能出现的顶杆和测量问题给出了一些特别的重视。以上的内容都给出了几个例子加以说明。本章还讨论和比较了 SISO 和 MIMO，介绍了数据缩减分析过程中可能出现的一些问题，并给出了模态测试配置的一些注意事项。一些示例使我们认识到，数据采集必须按准确的方式进行，最重要的是要以一致的方式采集，否则在模态参数提取过程中会遇到困难。

第9章

洞悉模态参数估计

9.1 引言

模态参数估计可能很复杂，特别是当数据采集是随意获得的，并没有考虑进行高质量测量所需的所有必要步骤时。当测量数据受到很多干扰时，这些干扰本可以在数据采集阶段排除，但采集时却没有这样做，这样的话，模态参数估计过程会变得非常困难。测量阶段的仔细考虑会使参数估计过程更加顺畅。当然，测量过程中的有些困难可能难以克服，但一个又一个实例表明，在测量阶段花费的时间和努力总是会使参数估计更容易。

当然也不能过度强调为了从数据中提取到最合适的模态参数，需要尽可能最佳的测量。模态参数估计阶段无法解决测量中出现的误差，而差的测量可能会导致模态指示工具不能被正确应用以及提取精确的极点和留数时令人产生疑惑。

人们经常要求帮助他们从采集的数据组中提取模态参数，并期望“专家”可以用这些充斥着常见测量问题的数据创造奇迹，这些问题如泄漏、加窗、模态激励较差、不适合的激励信号、不适当的传感器灵敏度、动态范围较差和其他一系列数据采集时导致测量较差的问题。人们通常会急于采集数据，可能是由于某个项目有时间节点或领导要求在某个日期之前完成测试，这会使得在采集数据时不能获得尽可能的最佳测量数据。

本章将描述一组不同的模态参数估计案例，以帮助强调数据采集时的一些困难，这些数据采集情况包括数据采集不当、以不一致的方式采集数据、数据整体较差等。另外，本章会介绍一些非常简单的例子以展示参数提取时需要理解的一些特征，一些实例的介绍也可以帮助揭开“都市传奇”的神秘面纱，这些“都市传奇”被认为是可接受的真理，但实际上没有任何技术理论支撑。此外，本章还将举例说明局部拟合和整体拟合之间的差异。同时，基于笔者四十多年来的技术经验，以及多年来进行的各类试验，也会给出一些非常诚实坦率的陈述。

9.2　模态指示工具帮助识别模态

一般来说，应该调查所有的模态指示工具，绝对不要只使用其中的一种。SUM、MMIF 和 CMIF 都是有用的工具，可同时使用它们用以识别模态。稳态图作为模态参数估计过程的组成部分，实质上是一个模态选择工具，同时是一个非常不错的数据质量和数据一致性的指示工具。多年来，一块简单的矩形塑胶平板结构一直用于测试和参数估计研究，因为它的第 1 阶弯曲模态和第 1 阶扭转模态被设计成了伪重根模态。所以，一般来说，在评估这块平板的数据时，第一步是查看所有的这些模态指示工具。这些工具有利于区分塑胶平板结构的伪重根模态。接下来，让我们来讨论每一种常用的模态指示工具，以展示其优缺点和解释数据的过程。

当然，也可以查看测量的频响函数，但只用一条频响函数可能很难确定存在多少阶模态。这会出现问题，因为在特定的频响函数中，可能没有激发起所有的模态。这些模态可能具有方向性，很难从一个测量数据中观察到所有的模态。对于驱动点测量来说可能也是如此，因为所有的峰值具有相同的相位，非常密集的两阶模态可能很难观察到。对于塑胶平板结构使用了 2 个激振器和 15 个加速度计进行 MIMO 测试，使用的模态指示工具如下：

- SUM。
- MMIF。
- CMIF。
- SD。

第一个讨论的工具是 SUM。这是一个非常简单的公式。本质上，它是所有测量的频响函数（或者有时只是所有频响函数的一个子集）的总和。SUM 将在系统模态处达到峰值。思路是这样的：如果考虑所有的频响函数，则所有模态在绝大多数频响函数中都可见，随着包含的频响函数越来越多，则所有模态在频响函数合集中可见的机会越来越大。这显然比一个特定的频响函数更好，一个特定的测量不一定能看到所有的模态。

所有测量的频响函数的 SUM 函数如图 9-1 所示。SUM 函数可以很方便地确定各阶模态，特别是在各阶模态相距比较远的情况下。如图 9-1 所示，在光标所示的带宽中观察到 5 个峰值，这表明所示的频带至少有 5 阶模态。SUM 函数的另一个重要特征是每个峰值通常比较宽，如果存在密集模态，所有的模态可能不能被合理地显示出来。

尽管 SUM 函数很有用，但模态非常密集时，却不能总是给出清晰的指示。对于识别密集模态，最初的 MIF 是一个更合适的工具。本质上，MIF 的数学公式是频响函数的实部除以频响函数的幅值。因为实部在共振频率处快速地通过零点，所以 MIF 通常倾向于通过模态频率时发生突然下坠的变化。频响函数的实部在共振频率处为零，因此 MIF 在模态频率处将下降到极小值。MIF 的扩展是多变量 MIF（MMIF），它是用于多参考频响函数数据 MIF 公式的扩展。MMIF 遵循单个 MIF 相同的基本性质。它的最大优点是多个参考点数据将具有多个 MIF（每个参考点有一个），可以检测出重根模态。图 9-2 使用了与图 9-1 相同的数据展示了 MMIF 这一特点。

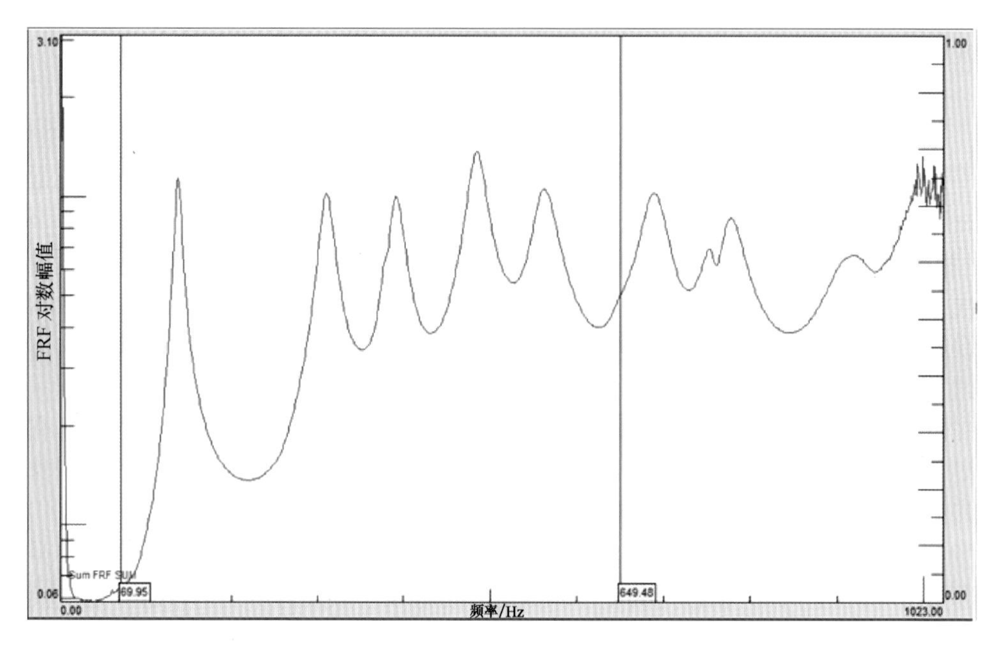

图 9-1　2 个参考点和 15 个加速度计的 SUM 函数

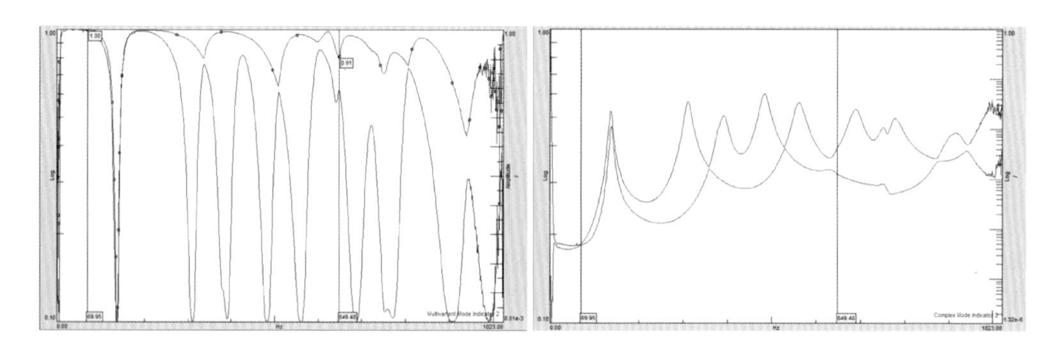

图 9-2　2 个参考点和 15 个加速度计的 MMIF（左）和 CMIF（右）

若第一个 MIF（蓝色）下降，则表明在该频率处存在一个系统极点。图 9-2 中第一个 MIF 的每一个下降都指示了系统的一阶模态。注意到展示的函数在光标所示的频带中有 6 个下降，比 SUM 函数观察到的多一个。显然，还有一阶密集模态接近于 140Hz，而这在 SUM 函数中没有被清楚地指示出来。

现在，若第二个 MIF 在与第一个 MIF 相同的频率处下降，则指示在那个频率处存在重根（或伪重根）。显然，图 9-2 中的第二个 MIF（红色）表明在 MIF 的第一个下降点处有一个重根，接近 140Hz。注意到 SUM 仅在此范围内指示了一阶模态。然而，第二个 MIF 接近 300Hz 和 500Hz 的其他小下降不是模态的指示，因为第二个 MIF 没有在第一个 MIF 下降的频率处下降。为了指示两阶重根，两个 MIF 必须在相同的频率处下降。

MMIF 是更加准确的模态指示工具。但是，前提假设是频响函数的实部在共振频率处为零。如果测量结果有一些失真或存在相位失真（与非实模态或复模态有关），那么 MMIF 可能无法准确地描述这些模态。

在这种情况下，CMIF 是一个更合适的工具。CMIF 基于频响函数矩阵的奇异值分解，它可以确定在这组数据中观察到的所有主模态。奇异值图也有助于识别系统的极点。CMIF 的峰值指示出了系统极点。每个参考点对应一条 CMIF 曲线。图 9-2 展示了之前那组数据的 CMIF。显然，两条 CMIF 曲线的峰值接近 140Hz，表明在该频率处有两阶模态。在 350Hz 和 520Hz 频率附近，第二个 CMIF 有峰值指示，但这些并不是模态的指示，因为它们与主 CMIF 中的峰值不重合。CMIF 函数提供了一些关于感兴趣频带内极点数量的额外信息。

所有这些模态指示工具都可以在模态参数提取过程中帮助分析人员选择极点。最后一个工具是稳态图。其基本原理是，如果极点是系统的全局特征，则随着阶数的增加从阶数递增的数学模型中提取的极点将重复或保持一致。随着模型阶数的增加，其他极点的指示工具不具有保持连续指示的特性。当系统极点趋于稳定时，稳态图的连续指示特征对系统极点提供了额外的洞察。图 9-3 所示为频带比之前更窄的稳态图。注意到在 140Hz 和 300Hz 附近指示出了重根极点。

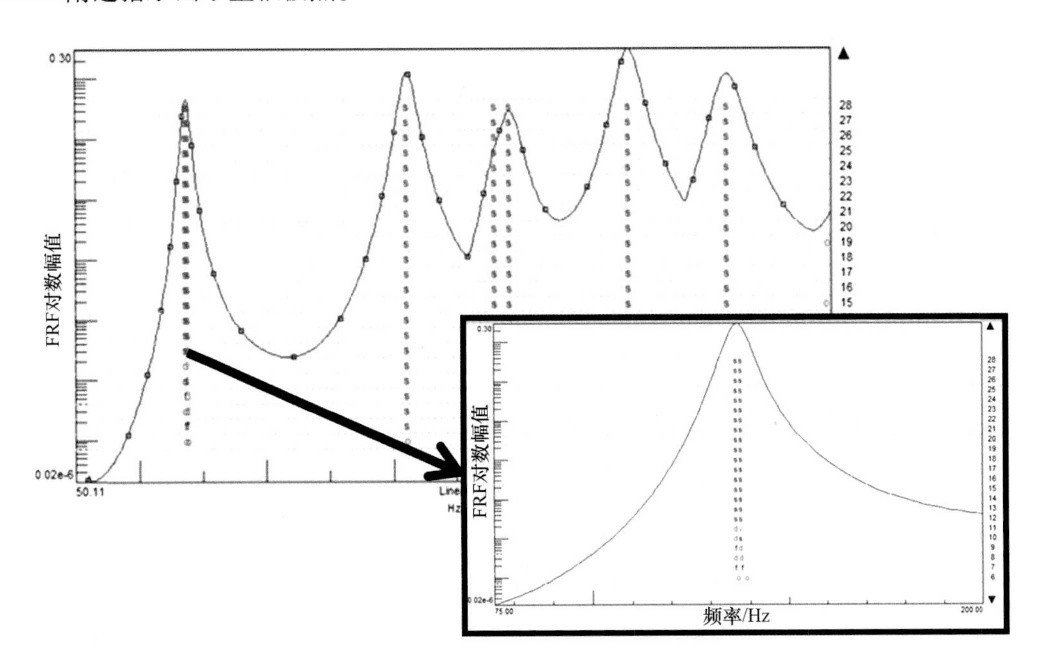

图 9-3　FRF 数据的稳态图

乍一看，300Hz 附近的这对根没有被完全观察到。但是回看 MMIF 和 CMIF，300Hz 区域的峰值似乎不对称，在峰值的左边还可能有其他模态。因此，稳态图有助于进一步确定系统极点。显然，为了识别系统的所有重要模态，需要使用所有的模态指示工具。

9.3　简单系统的 SDOF 和 MDOF 拟合对比

为了帮助指导新手，使用附录中的已知质量、阻尼和刚度矩阵的简单两自由度模型来确定系统极点、留数和部分分式形式的频响函数。由于该模型是从分析数据中得出来的，所以频响函数没有受到任何噪声或其他类型干扰的影响。在这里，使用商业软件从这些频响函数中提取极点和留数（实际上已知），与生成频响函数的分析模型进行比较。这里使用了局部曲线拟合的简单单自由度模型和多自由度模型，主要想法是仅仅展示两种拟合方式的一些差异（即使简单的两自由度系统模态间隔较远、阻尼小）。附录中对该模型进行了详细的描述。

表 9-1 列出了使用有理分式多项式的局部曲线拟合方法进行模态参数估计的结果，每阶模态都使用了单自由度近似。频率估计相当好，但阻尼和留数不准确。这很可能是模态重叠的原因，尽管这两阶模态离得比较远。表 9-2 也使用了有理分式多项式的局部曲线拟合方法，但是使用了两阶模态同时拟合的多自由度近似。频率和阻尼估计非常精确，但计算的留数存在轻微的误差。

表 9-1　SDOF 多项式曲线拟合的模态参数对比

H_{11}	1 阶模态			2 阶模态		
	分析模型	SDOF 多项式	误差（%）	分析模型	SDOF 多项式	误差（%）
频率/Hz	92.16	92.06	0.11	125.40	125.37	0.02
阻尼比（%）	8.60	8.30	3.49	6.33	7.39	16.75
留数	0.00059	0.00055	6.18	0.00020	0.00026	28.65
H_{21}	1 阶模态			2 阶模态		
	分析模型	SDOF 多项式	误差（%）	分析模型	SDOF 多项式	误差（%）
频率/Hz	92.16	92.29	0.14	125.40	125.13	0.22
阻尼比（%）	8.60	9.48	10.23	6.33	5.97	5.69
留数	0.00040	0.00049	21.62	0.00030	0.00027	7.10

表 9-2　MDOF 多项式曲线拟合的模态参数对比

H_{11}	1 阶模态			2 阶模态		
	分析模型	MDOF 多项式	误差（%）	分析模型	MDOF 多项式	误差（%）
频率/Hz	92.16	92.16	0	125.40	125.41	0.01
阻尼比（%）	8.60	8.60	0	6.33	6.33	0
留数	0.00059	0.00059	0.67	0.00020	0.00020	0.52
H_{21}	1 阶模态			2 阶模态		
	分析模型	MDOF 多项式	误差（%）	分析模型	MDOF 多项式	误差（%）
频率/Hz	92.16	92.16	0	125.40	125.41	0
阻尼比（%）	8.60	8.60	0	6.33	6.33	0
留数	0.00040	0.00040	0.71	0.00030	0.00030	0.51

9.4　局部拟合和整体拟合对比：MACL 框架

在模态测试的早期，只能使用局部曲线拟合。这主要是由于当时可用的计算能力非常有限。但是，随着该领域的技术发展和成熟，趋向于用两步来进行曲线拟合，首先估计极点以找到系统的最佳极点，然后在第二步中使用这些极点来估计留数。通常，由此产生的模态振型整体要好得多，尤其是在描述模态节点和局部模态（其中一部分结构非常活跃，但结构其余部分非常不活跃）的情况下。这些不活跃的区域响应非常小，当进行局部拟合时，极点通常估计很差。这对留数提取有直接的影响。当结构某些区域比其他区域更活跃时，整体拟合方法能给出节点和结构更合适的描述。原因在于，根据模态理论，极点应该是一个不变的值，从一个测点到下一个测点极点不会变化。这就要求在进行测量时，测量数据也需要具有相同的全局特性。有时，测量设置、过程或处理会违背这一要求，这会导致与所使用的理论不一致。但好处远大于问题。所以这些全局技术已经成为所有模态参数估计方法的标准。

为了更好地理解这个思想，我们使用了一个简单的平面框架结构（它有非常清晰的节点）来展示局部拟合和整体拟合方法之间的差异。结构的前六阶模态振型如图 9-4 所示，同时还展示了一个典型的测量数据。对于这个结构，简单的单自由度拟合足以提取到每阶模态，此处使用局部拟合。

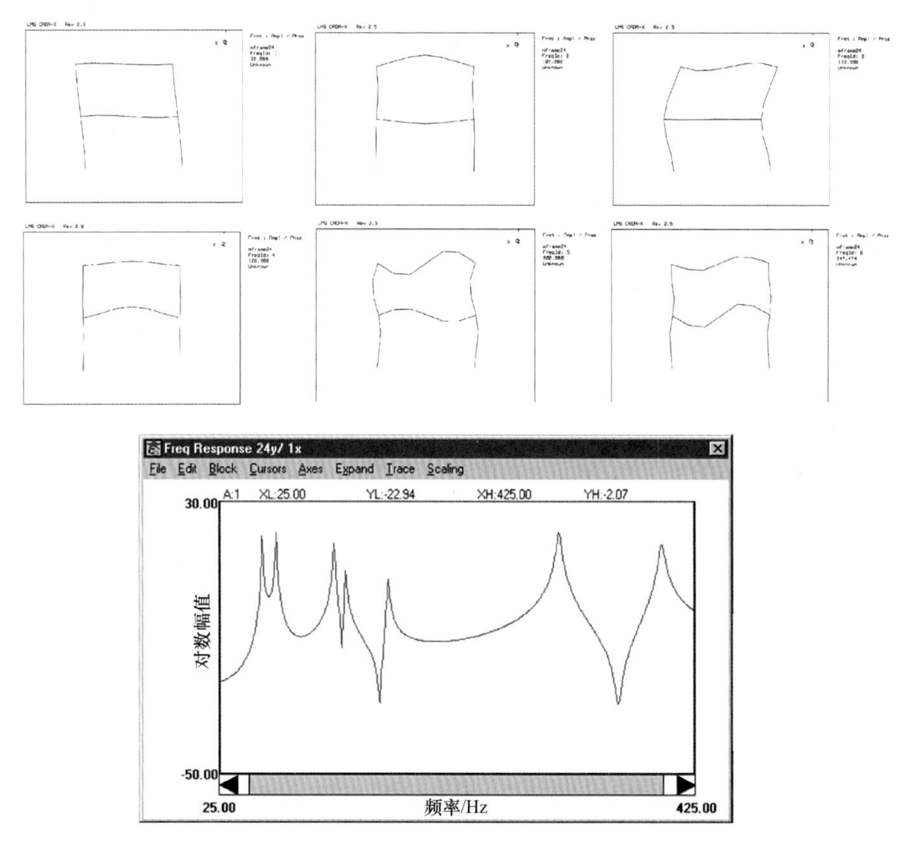

图 9-4　MACL 框架的前六阶模态和一个典型的 FRF 测量

图 9-5 展示了由于局部拟合导致振型失真的三阶模态。注意到图 9-5 中的红点应该是模态节点。使用局部多自由度曲线拟合对这些数据进行重新拟合，结果相同。但是，一旦使用整体拟合方法，问题就消失了。要相信这与测量噪声无关，因为使用的数据是由有限元模型综合出来的，因而可以确定局部拟合技术是这个问题的罪魁祸首。

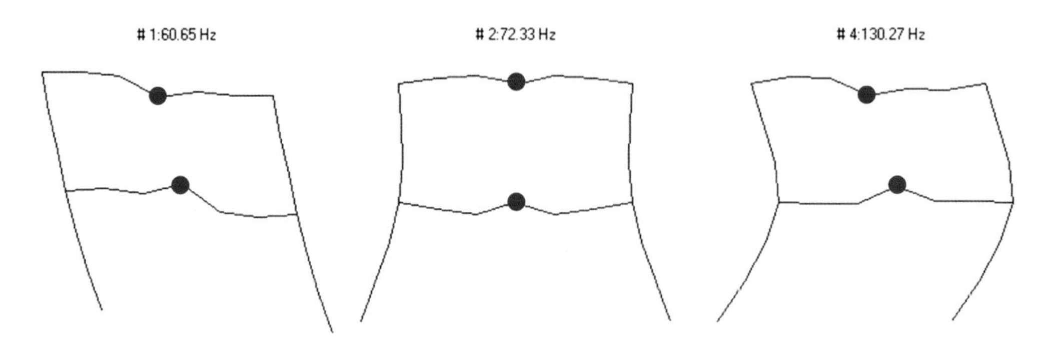

图 9-5　局部拟合导致三阶模态发生扭曲

9.5　重根：复合梁

在测试数据中很少观测到重根，但它们确实存在，当尝试提取重根参数时可能存在困难。若结构存在重根，则需要多参考点的测量数据来提取重根。虽然真正数学意义上的重根并不常见，但在测试数据中常常会出现伪重根。这些伪重根不是数学上的重根，但它们彼此非常靠近，因此它们通常被称为“重根”。当有伪重根时，许多情况都需要多个参考点测量。虽然多参考点数据总是很受欢迎，但可能伪重根并不真的需要 MIMO 数据。这里给出的实例就是具有这种情况的伪重根，将采用单参考点来提取模态。更重要的是，提取这个伪重根带有这样的假设：在这个带宽内只有一阶模态，以便清楚地展示在模态参数估计过程中做出差的决策时会发生什么。该结构是一个复合梁，这是一个来源未知的翼梁结构。复合翼梁如图 9-6 所示，模态测试的几何模型展示在图 9-6 的左侧作为参考。翼梁看起来像工字梁，其中一个翼缘是传统的 T 形截面。另一个是 L 形截面。整个翼梁沿着长度方向为锥形，几何模型不对称。使用一个参考传感器，对大约 100 个测点进行锤击测试。在查看所有的测量数据时，集总函数的所有峰值似乎都只有一阶模态。第一次分析在集总函数的第二个主峰值处仅选择了一阶模态。提取的模态参数看起来似乎非常合理，没有理由怀疑存在任何重根。模态振型展示在图 9-6 中的集总函数上。

没有有限元模型，所以没有其他信息可以质疑所提取的振型，这阶模态似乎完全可信。但在 x 方向和 y 方向上有一些跨点测量数据（总数少于五个）似乎表明可能存在额外的模态。虽然这几个测量数据存在噪声并且响应不强烈，但第二次数据处理时揭示出在集总函数的第二个峰值处有两阶模态。提取的这两阶模态显示在图 9-6 中集总函数的下面。一阶模态是沿着翼梁长轴方向的弯曲模态，另一阶模态是沿翼梁短轴方向的弯曲模态。两阶模态频率相差在 2Hz 以内，相对于 FFT 分析的频率分辨率而言，由于结构中的阻尼和模态非常接近，导致两阶模态很难从采集的数据中被识别出来。但是模态参数估计（有理分式多项式）可以很容易从测量数据中识别出这两阶模态。

从那以后，这个特殊的结构已经被测试过多次，并使用了多参考点，能够从数据中一次又一次地提取到多阶模态。当使用多参考点时，模态指示工具可以清晰地指示出确实存在多阶模态。现在，由所有这些数据可得出的重要的推论是，最初的单参考点数据足以提取出伪重根。许多人坚持要求必须使用多参考数据来提取伪重根，但是这项研究清楚地表

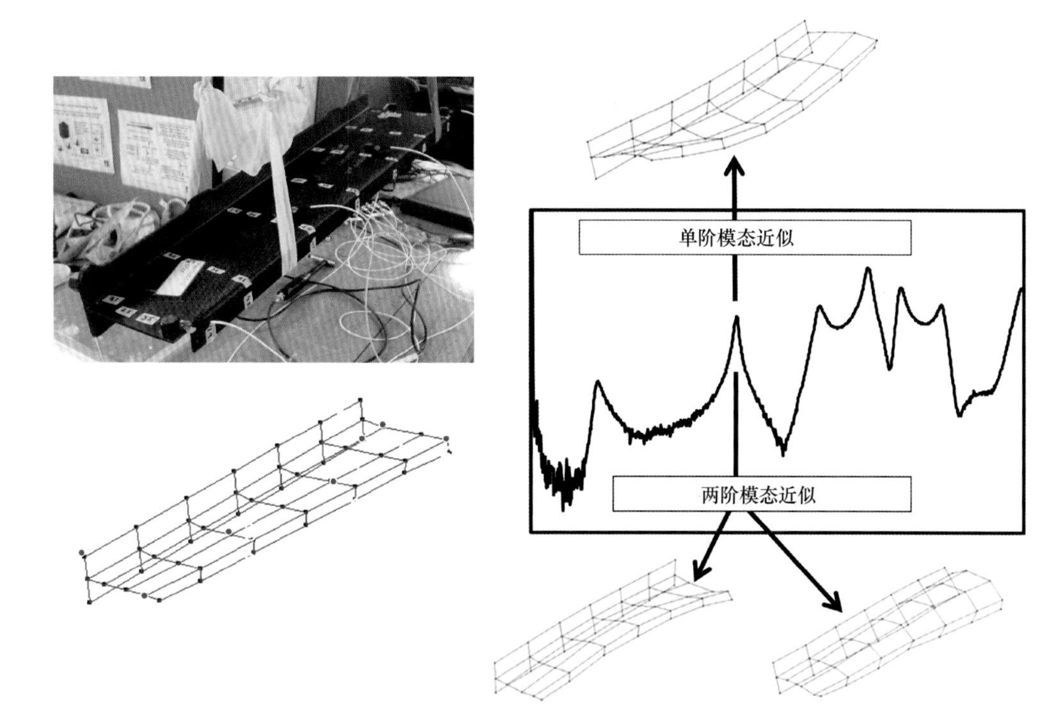

图9-6　复合梁结构和测试几何模型（左）：集总函数采用单阶模态近似（右上）和两阶模态近似（右下）

明，只需单参考点就可以提取到这个伪重根。当然，多参考数据总是首选，但这种情况表明，只要分析人员认识到在相同频率处存在多个根，那么多参考点也不是必要的。

9.6　风机叶片：相同的结构但模态大不相同

上面的复合梁结构实例说明需要了解结构的基本模态振型可能是什么样子。没有这些知识，关于模态振型的假设可能是不正确的，可能导致测试走向产生不正确结果的方向。复合梁结构的几何模型使分析人员相信第一次提取到的一阶模态。为了延伸这个案例，最近有两个大型风机叶片测试。客户曾要求对大型风机叶片进行测试，结果是典型的预期悬臂梁弯曲模态。这些模态分布如下：第1阶弯曲模态在挥舞方向、第1阶弯曲模态在摆振方向、第2阶弯曲模态在挥舞方向、第2阶弯曲模态在摆振方向等。注意到挥舞和摆振模态是涡轮机行业使用的专用术语，它们本质上是在两个垂直方向上的悬臂梁的弯曲模态。

一两年后，客户要求对具有相同尺寸和几何（至少从外形看叶片是相同的）的不同叶片进行第二次模态测试。模态试验小组没有多加考虑，认为它与之前测试过的风机叶片本质上是相同的。但是，当测试完成并且对数据进行缩减分析后，发现有几阶模态明显不同，并且有两阶模态间隔很近，之前的测试并不是这样。

当然，现在使用了多个参考点，并且两次测试的所有模态均被正确提取。然而，第二次测试具有两阶频率非常接近的密集模态，它们不是第一次测试中所看到的传统挥舞和摆振模态。MAC 比较和两个叶片的集总函数如图9-7所示，显然第二次测试的叶片有两阶密

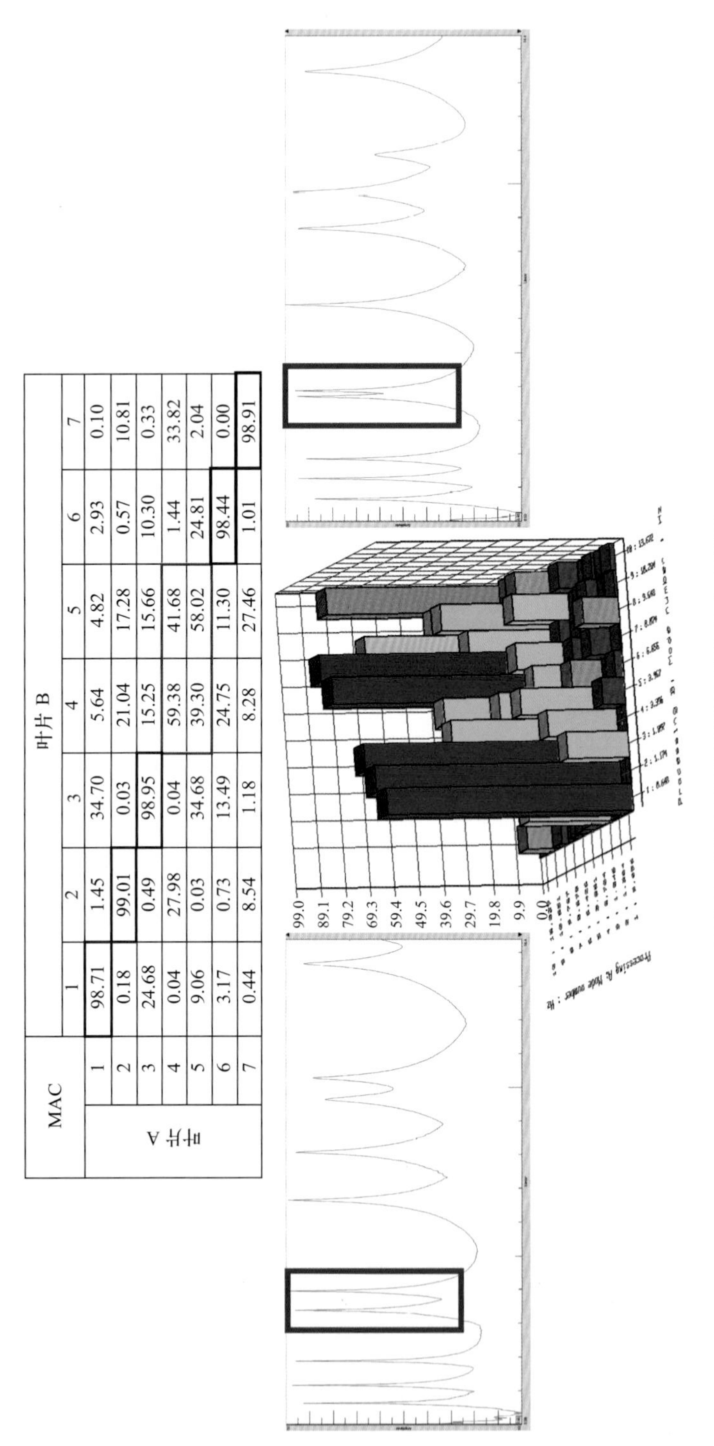

MAC		叶片B						
		1	2	3	4	5	6	7
叶片A	1	98.71	1.45	34.70	5.64	4.82	2.93	0.10
	2	0.18	99.01	0.03	21.04	17.28	0.57	10.81
	3	24.68	0.49	98.95	15.25	15.66	10.30	0.33
	4	0.04	27.98	0.04	59.38	41.68	1.44	33.82
	5	9.06	0.03	34.68	39.30	58.02	24.81	2.04
	6	3.17	0.73	13.49	24.75	11.30	98.44	0.00
	7	0.44	8.54	1.18	8.28	27.46	1.01	98.91

图 9-7　MAC 比较和两个叶片的集总函数

集模态，并且模态振型与第一个测试的不同。如果假设两次测试结果相同，并且在进行测试时只使用一个参考点以节省时间和费用，那么分析数据时很容易出现一些困难，特别是如果设计人员更改了叶片参数使模态变成了伪重根。这里的重点是，虽然一个结构从外形上看起来可能与另一个结构相同，但由于系统属性或特性可能已经发生了变化，这会对整个系统的模态产生重大影响，因此每一次测试都必须小心谨慎。在进行测试时永远不要自满，因为有很多东西可以轻易地使测试变得很糟糕。

9.7 揭秘稳态图

模态参数估计过程是模型（极点和留数）提取的一个非常重要的部分。通常这个过程分为两步：第一步提取极点、第二步估计留数。稳态图是用于从数据中提取极点的工具。我们来讨论一下极点估计和稳态图的使用。这里列举了一些简单的例子，以强调估计过程中的关键问题。

让我们假设存在一组如图9-8所示的数据。作为起点，假定三阶拟合可以很好地描述这组数据。一般来说，拟合是合理的，正如系数 R^2 值很大所证明的那样。但是，如果包含方差容限（虚线），则可能会有相当大的变化。有一个点显然是拟合数据的异常点。如果从数据组中删除这个异常点，如图9-9所示，则系数 R^2 增加。因此，从这里展示的这组数据可以清楚地看出，数据质量对提取有效参数来说非常重要。为参数估算过程提供高质量的数据至关重要。

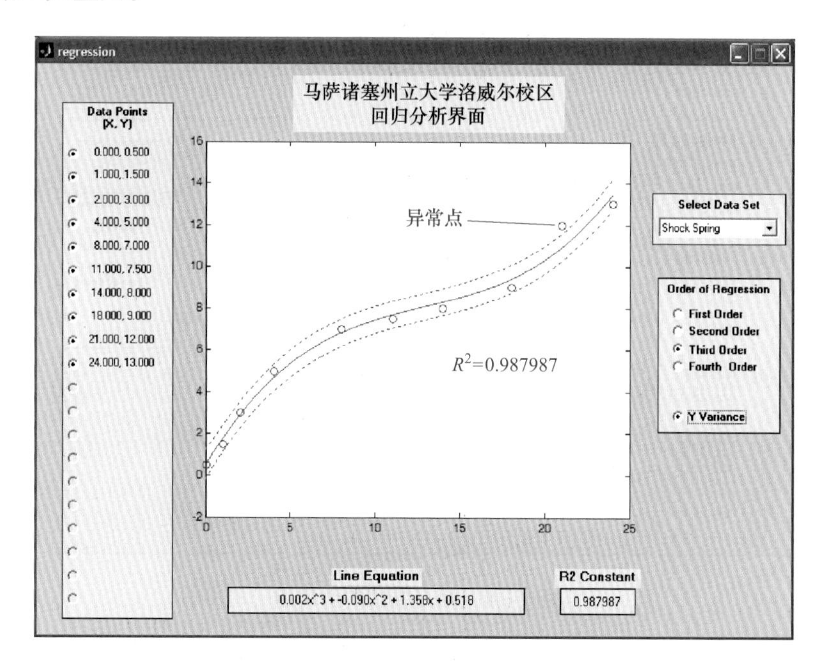

图9-8 存在明显异常点的数据拟合

从这个简单的例子可以看出，高质量的数据很重要。现在考虑图9-10所示的数据组。这是一组非常简单的数据，似乎具有非常简单的一阶特征（线性特征）。让我们研究随着模型阶数的增加估计出来的参数。

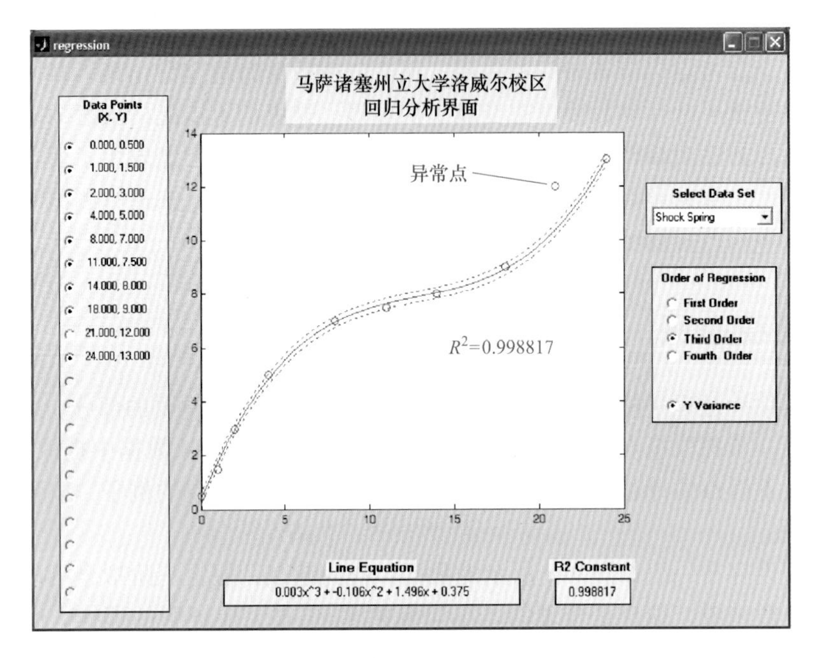

图 9-9　剔除异常点的数据拟合

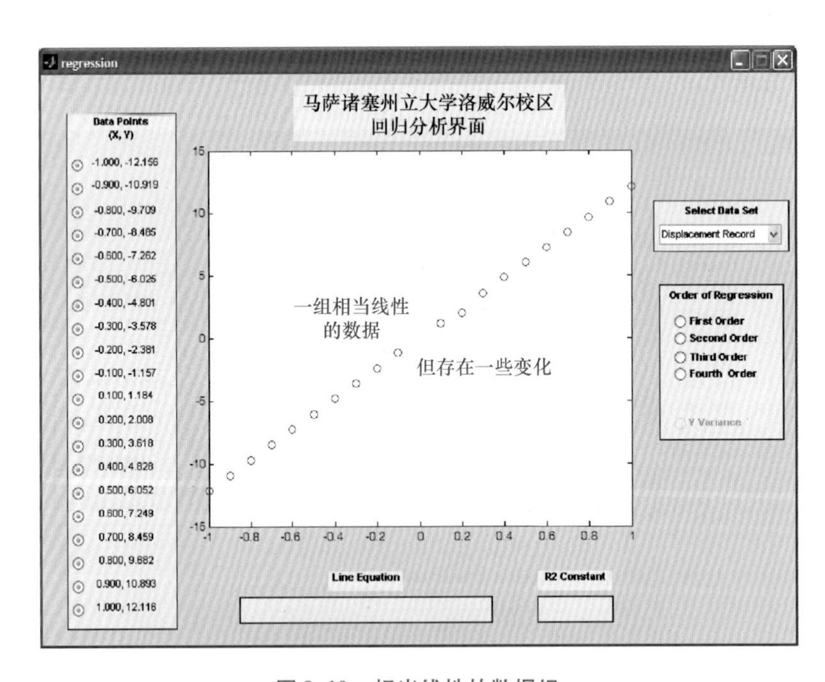

图 9-10　相当线性的数据组

图 9-11 展示了随着模型的阶数从 1 阶增加到 4 阶，斜率估计的变化。在图 9-11a 中，1 阶拟合产生的斜率是 12.097，具有非常好的 R^2 值。随着模型的阶数增加到 2 阶，如图 9-11b 所示，斜率仍然是 12.097，仍具有较好的 R^2 值。因此，将模型的阶数增加到 2 阶，斜率估计值没有变化。当然，更高阶项本质上只是做出调整以适应测量数据的变化。

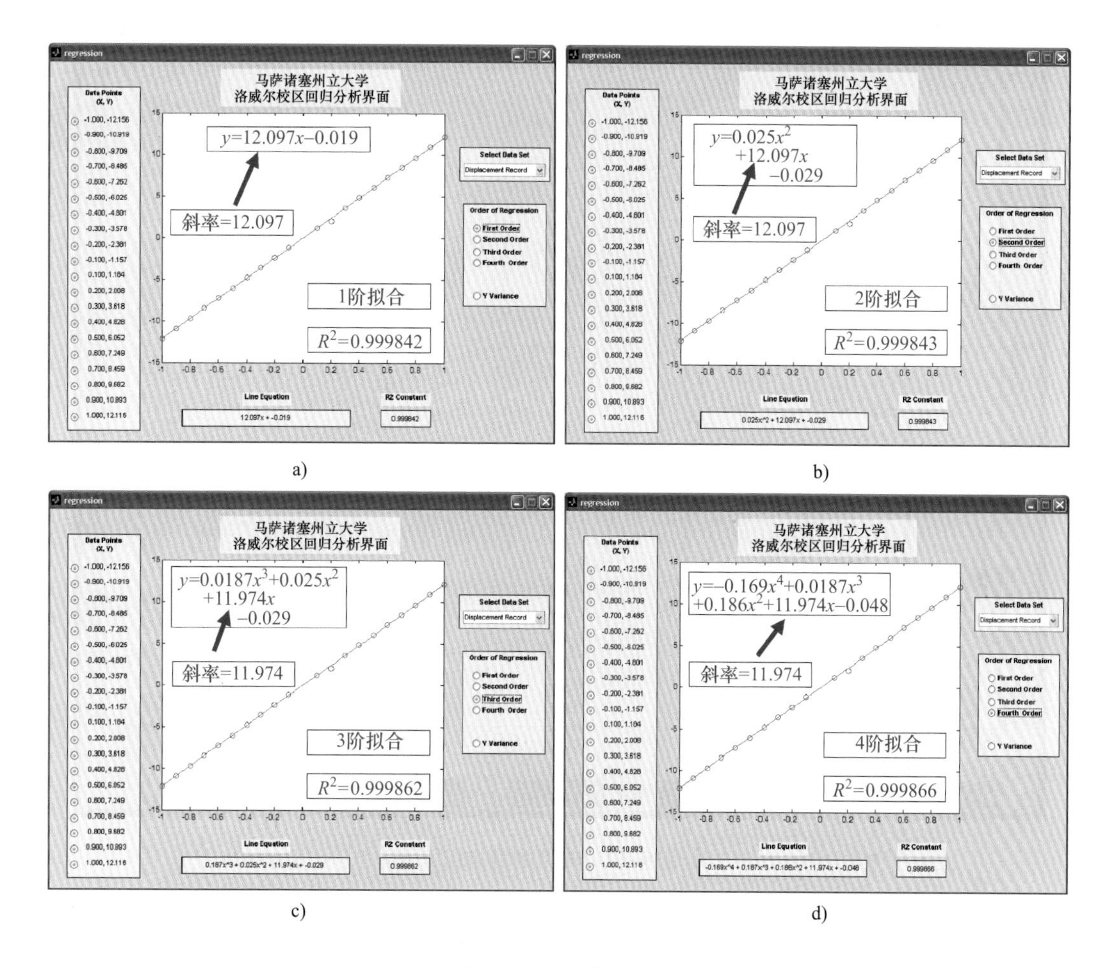

a)　　b)　　c)　　d)

图 9-11　斜率估计

a）1 阶拟合　b）2 阶拟合　c）3 阶拟合　d）4 阶拟合

随着模型的阶数增加到 3 阶，如图 9-11c 所示，斜率为 11.974，非常接近之前 1 阶和 2 阶模型计算出来的斜率。实际上，斜率只有 1% 的差异。因此可以说，斜率基本上是相同的，并且与之前的估计相比没有显著变化。随着模型进一步增加到图 9-11d 所示的 4 阶模型，斜率再次估计为 11.974，没有变化。

这个估计过程完成之后，可以得出一般的共识就是估计的斜率大约为 12.0，随着模型阶数的增加，斜率变化很小。另外，注意到使用哪个阶数模型并不关键，因为误差在 1% 以内，所有模型产生的斜率基本相同！

这个简单的例子使我们对稳态图背后的计算处理有了确切的理解。随着模型阶数的增加，将会进行极点的估计。如果估计的极点从一阶模型到下一阶模型的变化非常小，那么软件将提供一个标识（或指示）来帮助说明极点是否在某个指定的误差范围内达到“稳定值”，这些误差可能被设置为 1% 的频率和 5% 的阻尼以确定极点的稳定性。通常会提供一些标识并叠加在 SUM 图、MMIF 图或 CMIF 图上。一个典型的稳态图如图 9-12 所示。稳态图有助于确定随着模型阶数的增加哪些极点是一致的或稳定的。标识“s”清楚地指明了极点的位置。

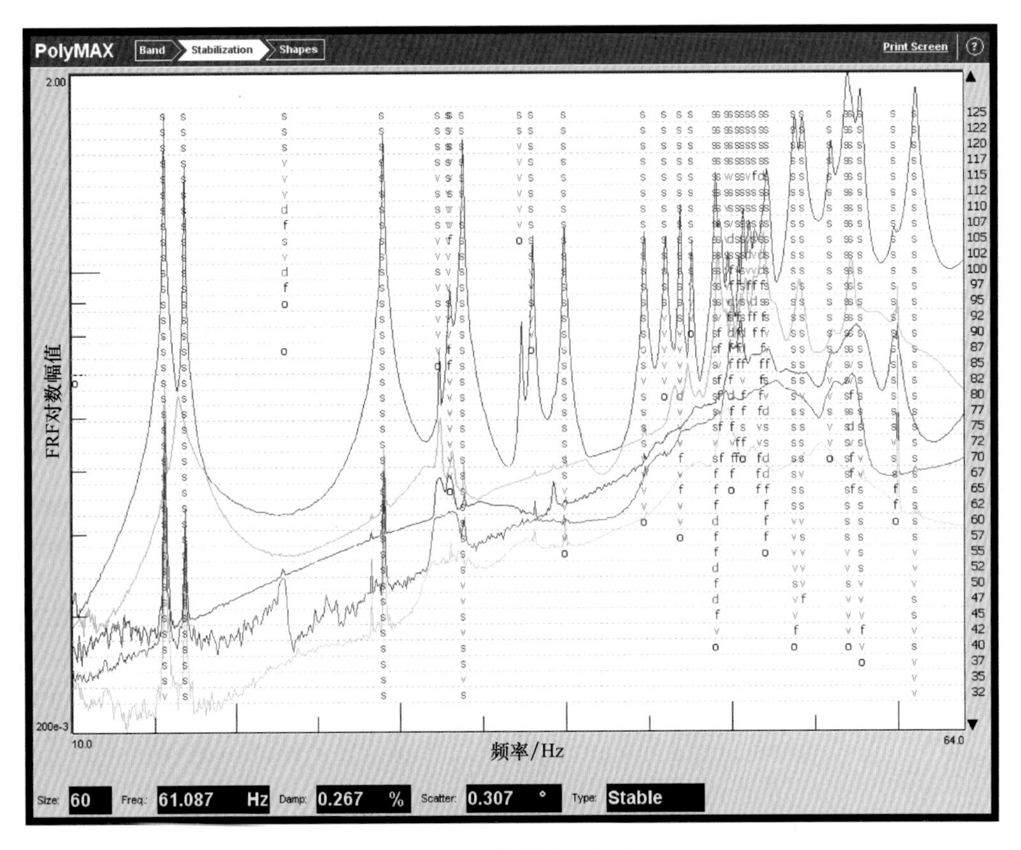

图 9-12　典型的稳态图

9.8　揭秘曲线拟合

曲线拟合初看起来像个巫术，但在此我想通过几个简单的类推帮助你理解曲线拟合，其实曲线拟合相当直观。下面的例子确实非常简单。在理论部分讨论了系统传递函数和频响函数的一些信息。单自由度系统的传递函数写成部分分式形式如下：

$$h(s)=\frac{a_1}{(s-p_1)}+\frac{a_1^*}{(s-p_1^*)}$$

频响函数方程为

$$h(\mathrm{j}\omega)=h(s)\big|_{s=\mathrm{j}\omega}=\frac{a_1}{(\mathrm{j}\omega-p_1)}+\frac{a_1^*}{(\mathrm{j}\omega-p_1^*)}$$

现在这两个方程表明第一个方程中自变量为“s”，第二个方程中自变量为“ω”，而函数“h”的值取决于这些自变量。同时也注意到这有两个常量或参数：留数“a”和极点“p”。所以，在一些给定的“ω”值处定义函数“h”值的这些参数，我们称为模态参数。

现在考察系统传递函数或称为频响函数的系统传递函数切片。唯一要意识到的是单自由度系统的传递函数曲面和频响函数曲线仅仅由两个参数定义，即极点“p”和留数“a”。所以，观察图 9-13，意识到只有两个参数定义了曲面和曲线，这非常神奇。

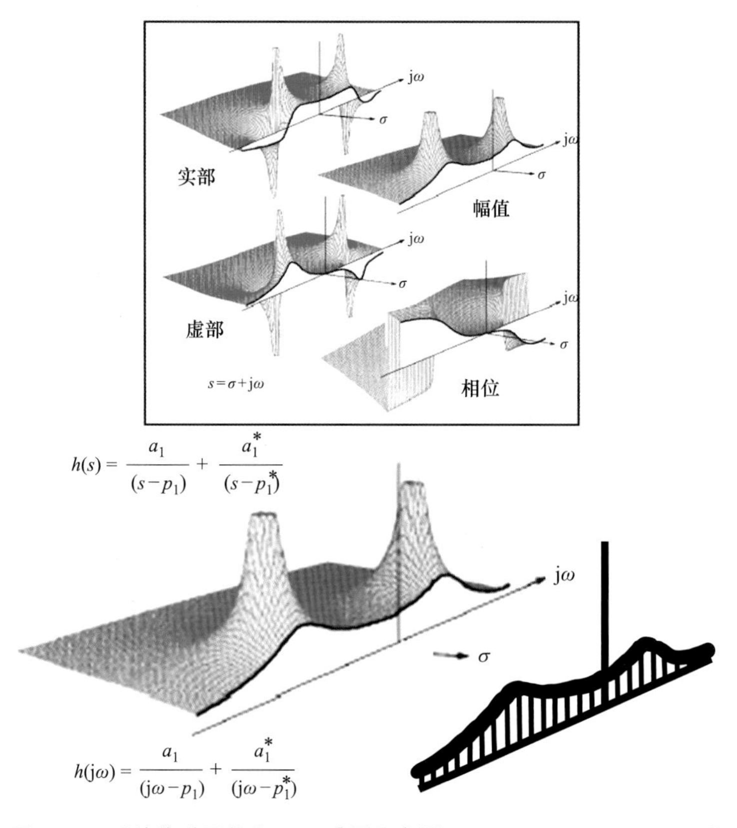

图 9-13　系统传递函数和 FRF［图片来源：Vibrant Technology，Inc.］

现在让我们后退一步来看一些更简单、更普遍的例子。让我们考虑对一些测量数据进行非常简单的直线拟合。对图 9-14 中的数据执行最小二乘误差最小化的拟合。可以用任何曲线来拟合该组数据，但似乎 1 阶拟合最合适。当然，要使用的模型是 $y=mx+b$，定义这条直线需要两个参数，即斜率和 y 方向的截距。

在图 9-14 中，数据的最小二乘拟合得到的两个参数结果为：斜率为 12.097，y 方向截距为 −0.019。此外，认识到这两个参数是从一组测量数据中获得的，存在一定的偏差，最小二乘回归分析确定了斜率和 y 方向截距的最合适的参数，用来表示这些测量数据。

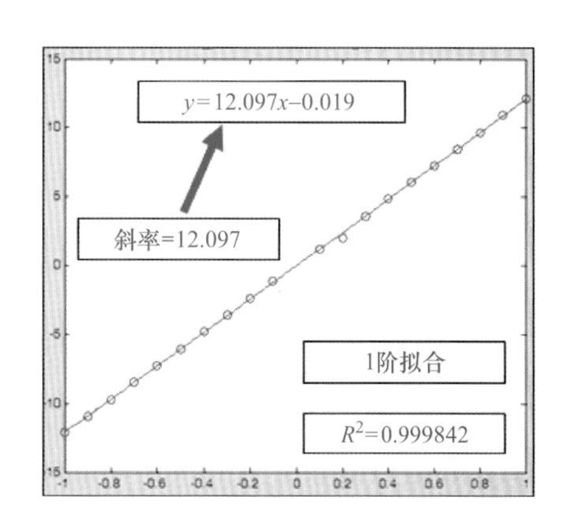

图 9-14　简单的直线拟合例子

因此，如果将相同的逻辑应用于单自由度系统的频响函数，则可以对图 9-15 中的数据执行频响函数（如上所述）的 2 阶模型拟合。从图 9-15 中很容易看到对一组数据进行曲线拟合获得了两个参数，即极点和留数。它与直线拟合完全相同，只是数据是复数，曲线更复杂一些。但原理上，与直线拟合是相同的方法原理。测量的频响函数分布在离散数据点上

(是复数)。对频响函数进行曲线拟合，按最小二乘方式能找到描述这组数据最合适的参数。

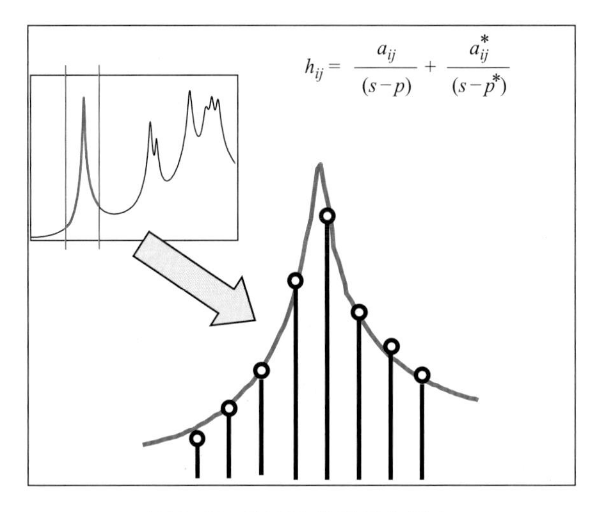

图 9-15　SDOF 曲线拟合概念

当然，图 9-15 中的数据是针对单自由度系统的。这个方法可以扩展到更高阶的方程，如图 9-16 所示。因此，用这种方式可以对由频响函数测量的离散复数数据进行拟合得到多阶模态（或本质上更高阶的多项式）。所有与模态参数估计过程相关的问题在图 9-16 中的数据拟合时都会遭遇到。

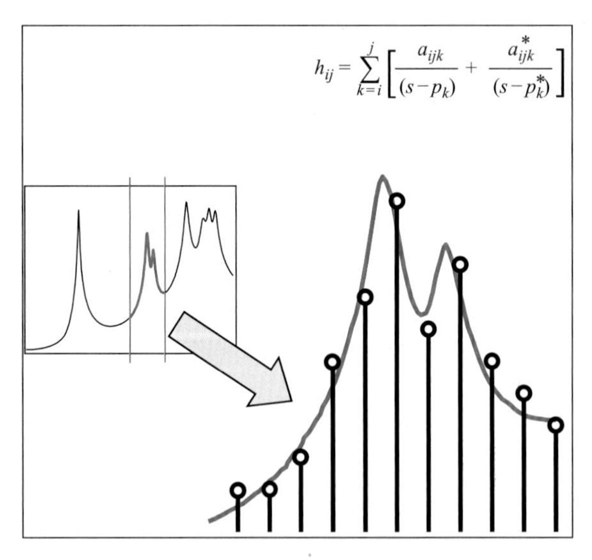

图 9-16　MDOF 曲线拟合概念

因此，理解了简单的直线拟合过程，那么相同的过程也会在模态参数估计过程加以应用（当然数据是复数并且曲线更复杂）。本质上，在这两种情况下，描述函数的参数都是按最小二乘方式提取的。

因此，整个曲线拟合过程真的不是巫术。与我们常用的简单直线回归分析实际上是相同的过程，模态参数估计只是简单数据曲线拟合的延伸。

9.9　曲线拟合不同频带的极点和留数

一般来说，进行模态参数估计时，通常希望用包含少数几阶模态的窄带宽。但是曲线拟合过程分两步，并且有两种不同的方法用于提取极点和留数。在一种方法中，极点可以分别从几个较窄的频带中提取到，留数也要从这些频带中提取，定义的频带如图 9-17所示。但是，在参数估计的第二步获得留数时，有时人们会使用一个包含所有较窄频段的宽频段，如图 9-18 所示。真正需要关注的是综合的频响函数是否与实际测量数据吻合较好。只要综合的频响函数与测量的频响函数吻合很好，那么两种方法都是可接受的。

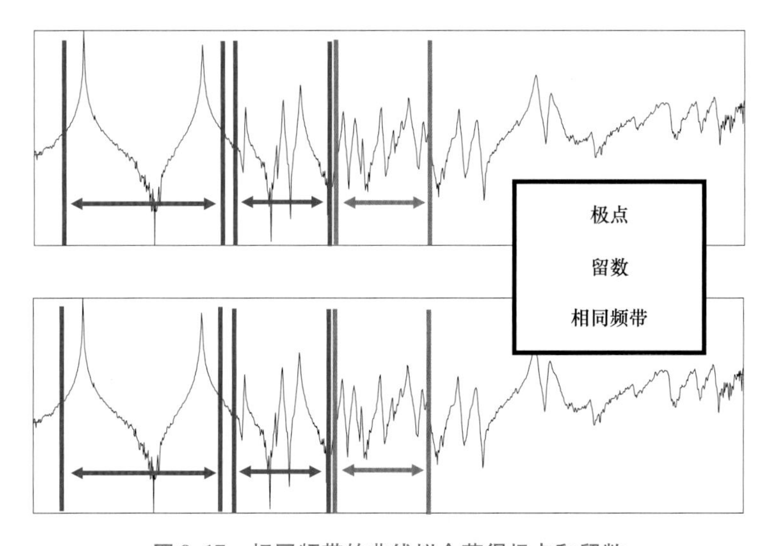

图 9-17　相同频带的曲线拟合获得极点和留数

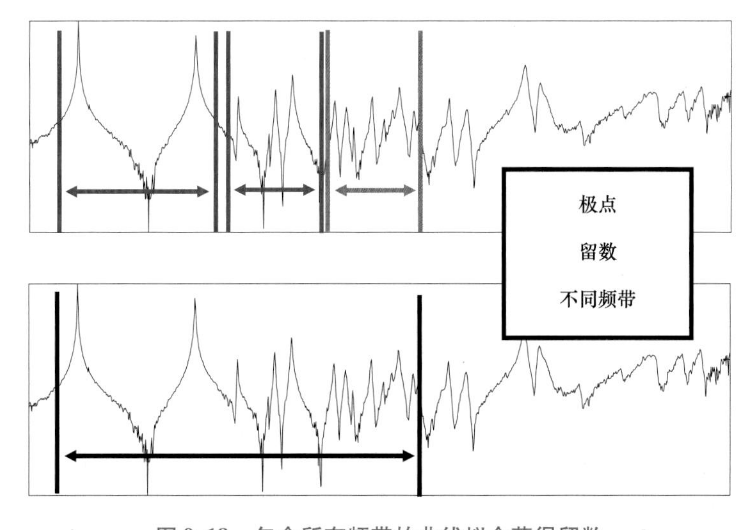

图 9-18　包含所有频带的曲线拟合获得留数

9.10 使用多个频带拼接的模态参数综合 FRF

当然，一旦处理了所有的数据，会由提取的极点和留数重新创建或“综合”频响函数，并与原始测量的数据进行比较，以确保数据拟合良好。现在如果所有的模态（极点和留数）都用一个频带来拟合，这是一个直截了当的过程。但是，如果使用多个较窄的频带，则需要将数据拼接在一起以重新创建或综合出频响函数。

假设用三个不同的频带进行数据拟合，如图 9-19 ~ 图 9-21 所示。每个频带都会拟合得到该频带的模态和这个频带的上、下残余项。现在，当三个不同的频带组合在一起拟合时，需要组合每个频带的模态，同时也应包括第一个频带的下残余项和最后一个频带的上残余项，以便生成一个正确的综合频响函数，如图 9-22 所示。

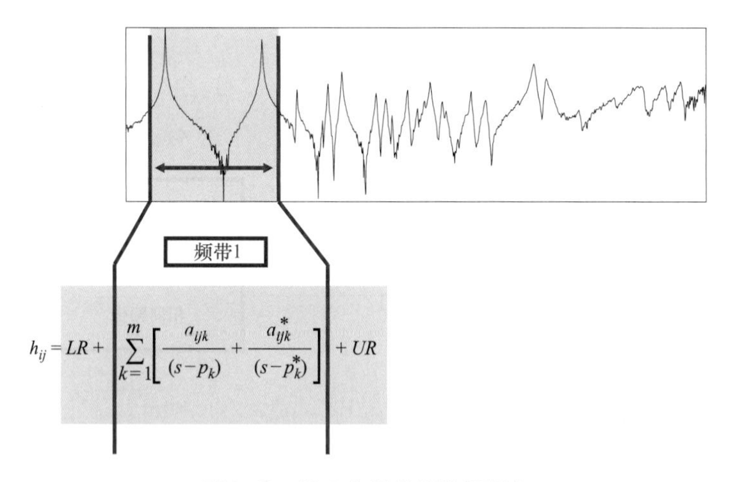

图 9-19　第 1 个频带的数据拟合

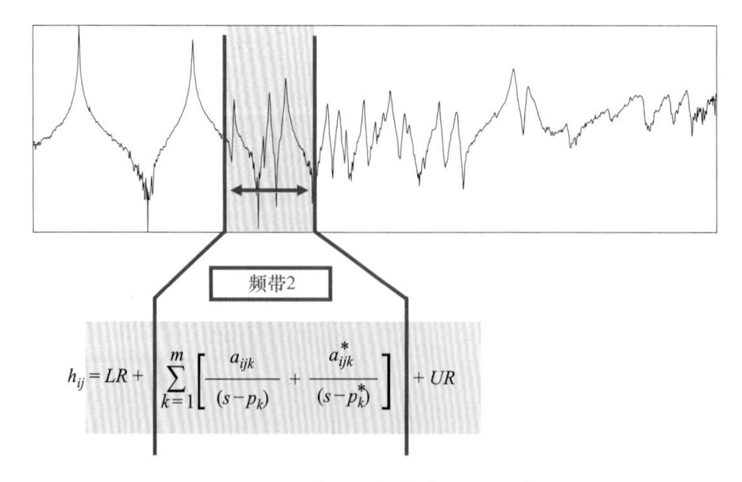

图 9-20　第 2 个频带的数据拟合

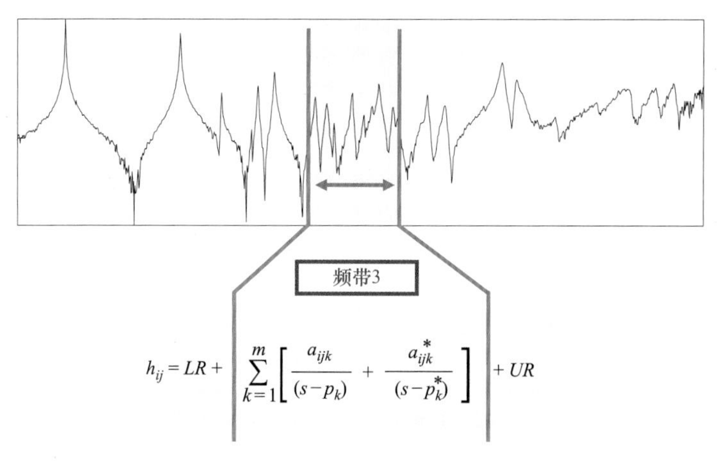

图9-21　第3个频带的数据拟合

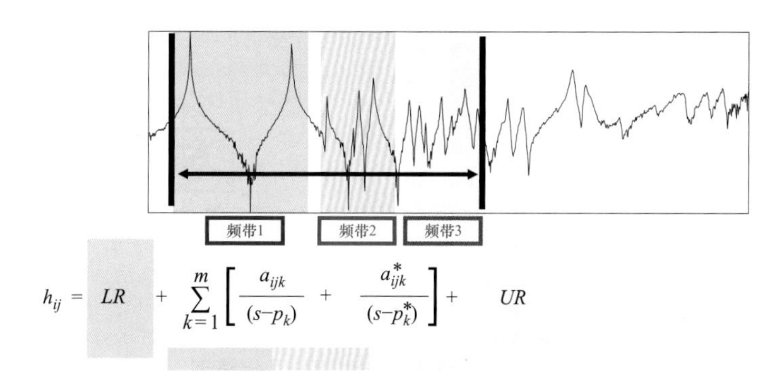

图9-22　使用来自于第1、2、3个频带的模态（极点和留数）和第1个频带的下残余项以及第3个频带的上残余项综合出频响函数

9.11　一个大型多参考点模态测试的参数估计

早在20世纪90年代初，对加拿大航天局的一颗大型卫星（RADARSAT）进行了测试。当时，测试RADARSAT卫星是有史以来最大的模态测试之一。一个网站有这个卫星的测量数据，附录中给出了最近使用PolyMAX进行数据缩减分析的结果。两步估计过程在20世纪90年代就变得很流行了。这一节将讨论当时进行的模态参数估计结果，以便对更复杂系统的模态参数估计过程给出深入的分析。

图9-23所示为RADARSAT试验模态测试的几何模型。测试这个结构时，使用了5个激振器激励和250个测点。该结构感兴趣的主体结构模态在10～60Hz的频带内。当使用所有测量自由度的数据时，采用了几种不同的模态参数提取方案以表明提取的模态质量在下降，这与挑选出来的用于产生极点和留数的测量自由度得到的结果相反。然后使用PolyMAX技术对数据进行处理，以展示该技术对这种难以处理的数据的便捷性。

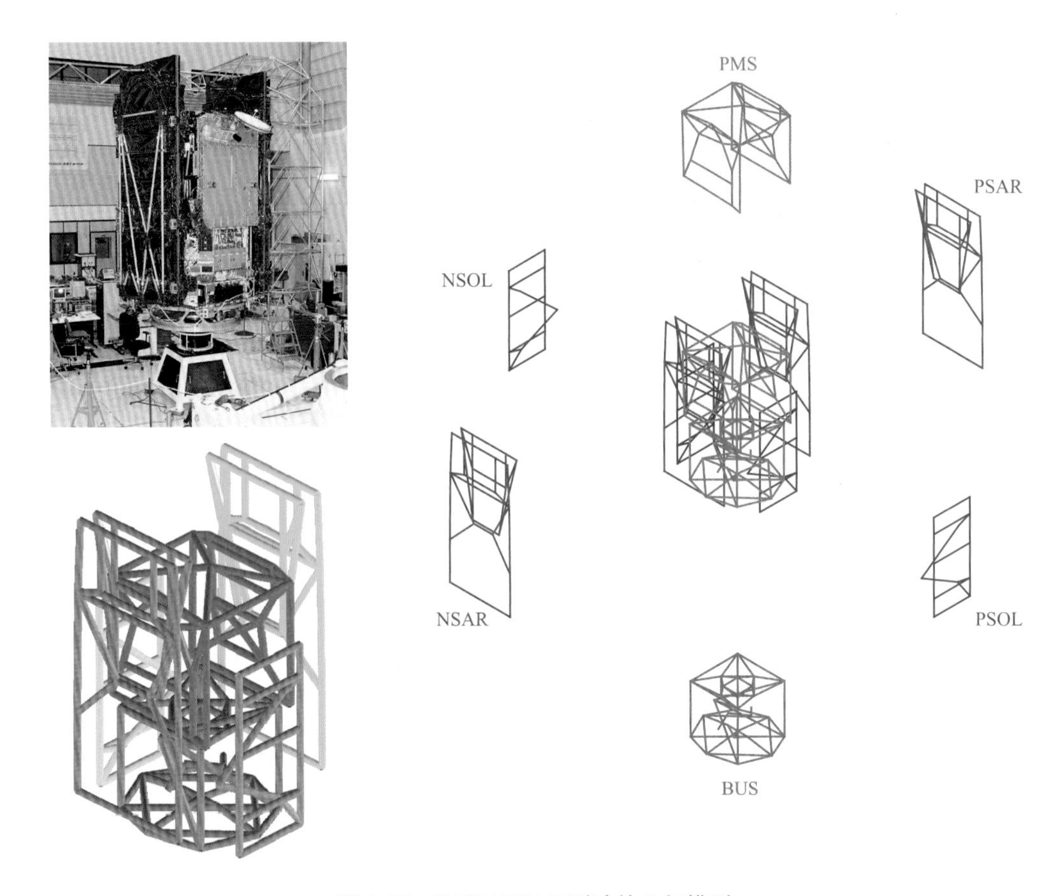

图 9-23 **RADARSAT** 测试的几何模型

9.11.1 第一种情况：使用所有测量的 FRF

对频响函数在 10～60Hz 之间的八个不同频带进行了评估。使用时域复指数曲线拟合技术提取了极点。使用典型的模态指示工具确定系统的模态：集总函数、多变量模态指示函数和复模态指示函数全部用于整个频带去确定模态，如图 9-24 所示。图 9-24 还展示了使用整个频带进行评估的第一个稳态图。显然，对所有参考点考虑整个频带时，稳态图难以解释。

图 9-25 所示为三个不同带宽上的稳态图，其中所有参考点和所有测量自由度都用于参数提取，稳态图也用于识别系统极点。对于这种情况，所有的参考点和所有测量自由度数据都被用来提取模态参数。模态指示工具可以对系统模态进行充分的指示，但稳态图只能对系统的部分极点进行识别。由于估计的极点参数的变化，从这些稳态图中选择出极点相当困难。由于多参考点数据包含了许多没有被充分激励起来的大量测量数据，使用全部数据时，稳态图的结果并不是特别理想。极点选择是否充分非常值得怀疑。

一旦模态振型被提取出来，就可以综合出频响函数，并将它与测量的频响函数进行比较。图 9-26 所示为两个不同的综合的频响函数。这些并不是特别理想的综合数据对比。

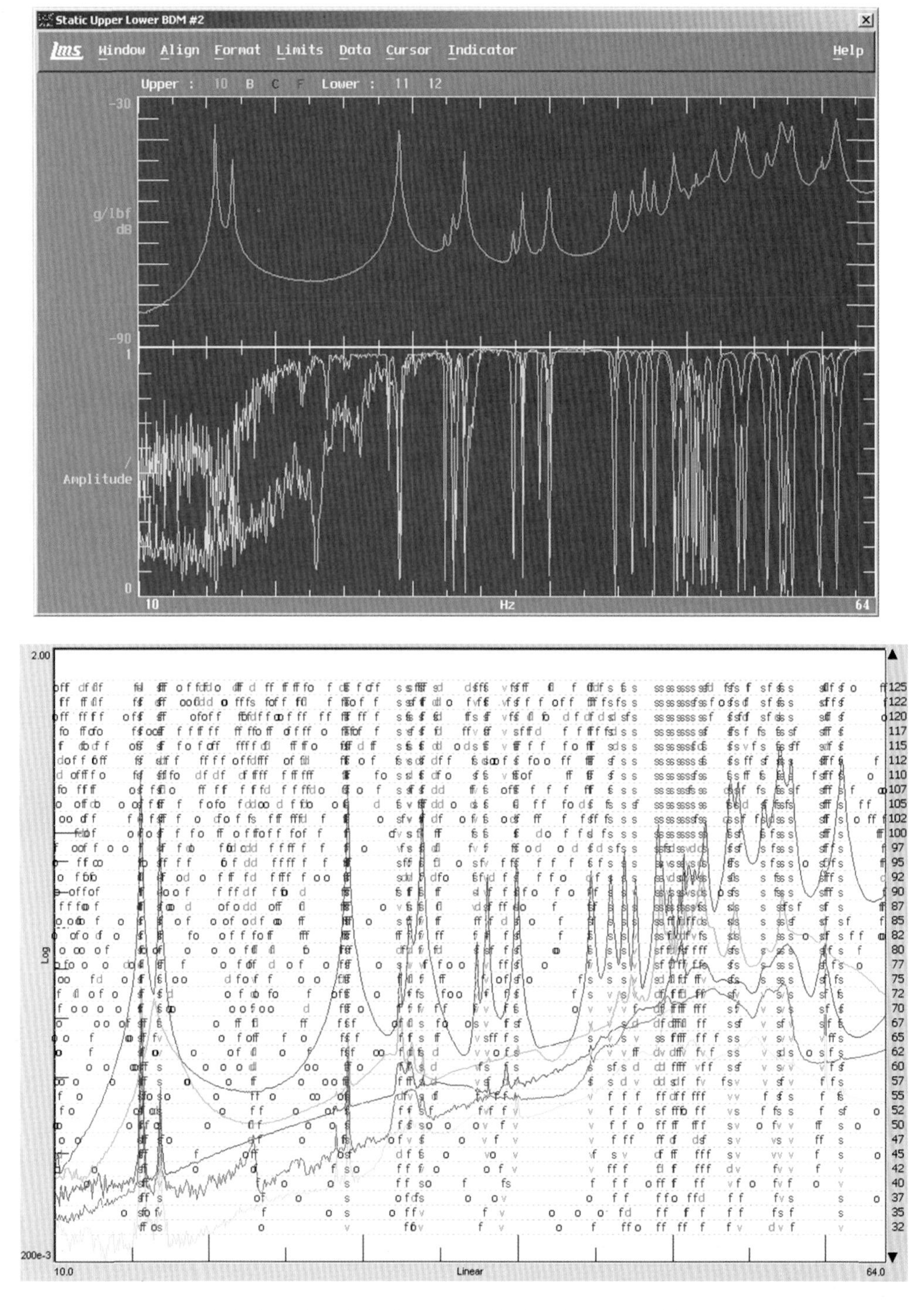

图 9-24　使用多参考点的集总函数、模态指示函数和稳态图展示在整个频带上

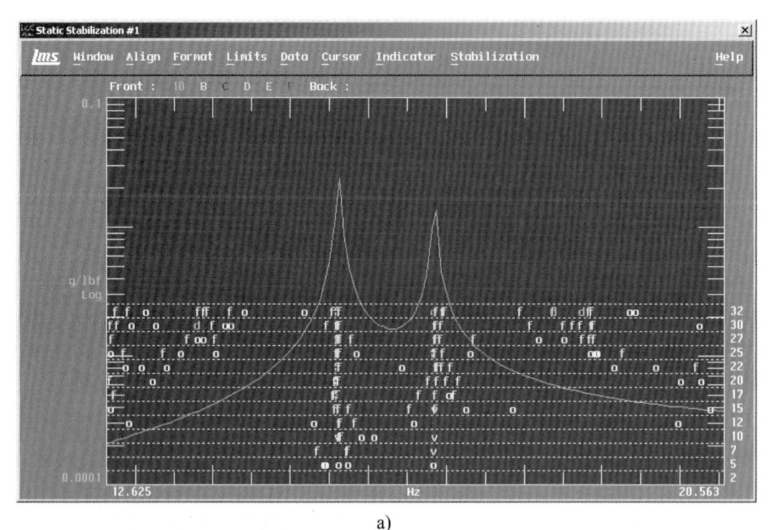

a)

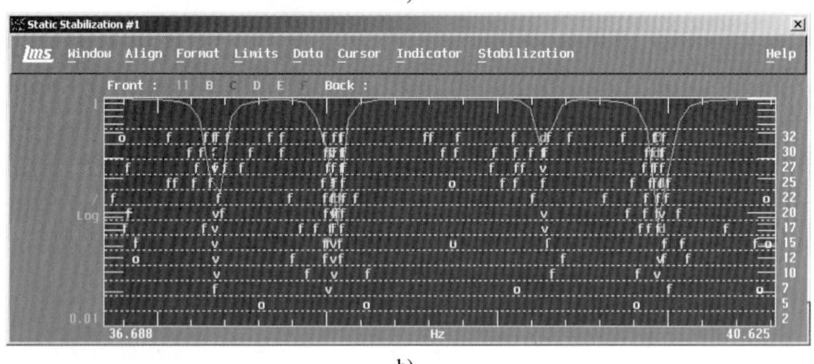

b)

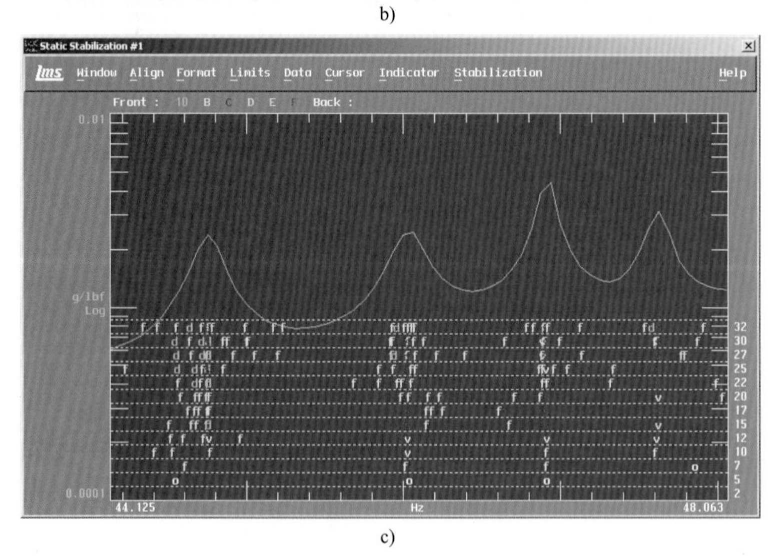

c)

图 9-25　三个不同频带使用了所有参考点数据的稳态图

a）12.6～20.6Hz　b）36.7～40.6Hz　c）44.1～48.1Hz

这是由于从模态参数提取过程中提取的模态参数较差。图 9-26 中的两幅图是结构上其他测量位置的典型综合频响函数。

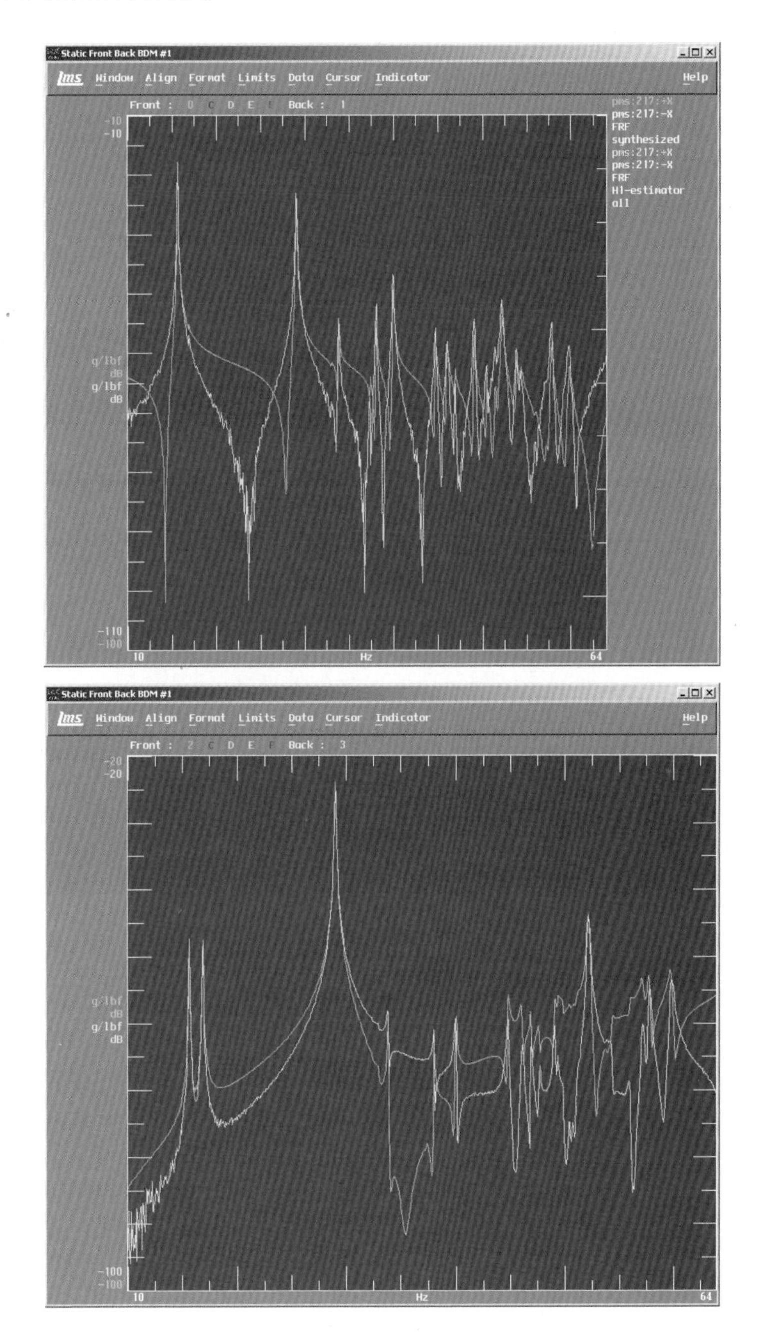

图 9-26　使用所有参考点数据的典型综合 FRF

此外，MAC 用于评估所提取的模态，MAC 值矩阵如图 9-27 所示。大多数非对角线元素都相当低，从这个角度看提取的数据似乎是可以接受的，尽管综合的频响函数一点也不好。从测量数据中提取的前 25 阶模态如图 9-28 所示。其中许多模态主要是卫星主雷达和太阳能电池板的局部模态。虽然从模态振型图和 MAC 来看结果比较合理，但综合的频响函数清楚地表明提取的参数需要进一步审查。

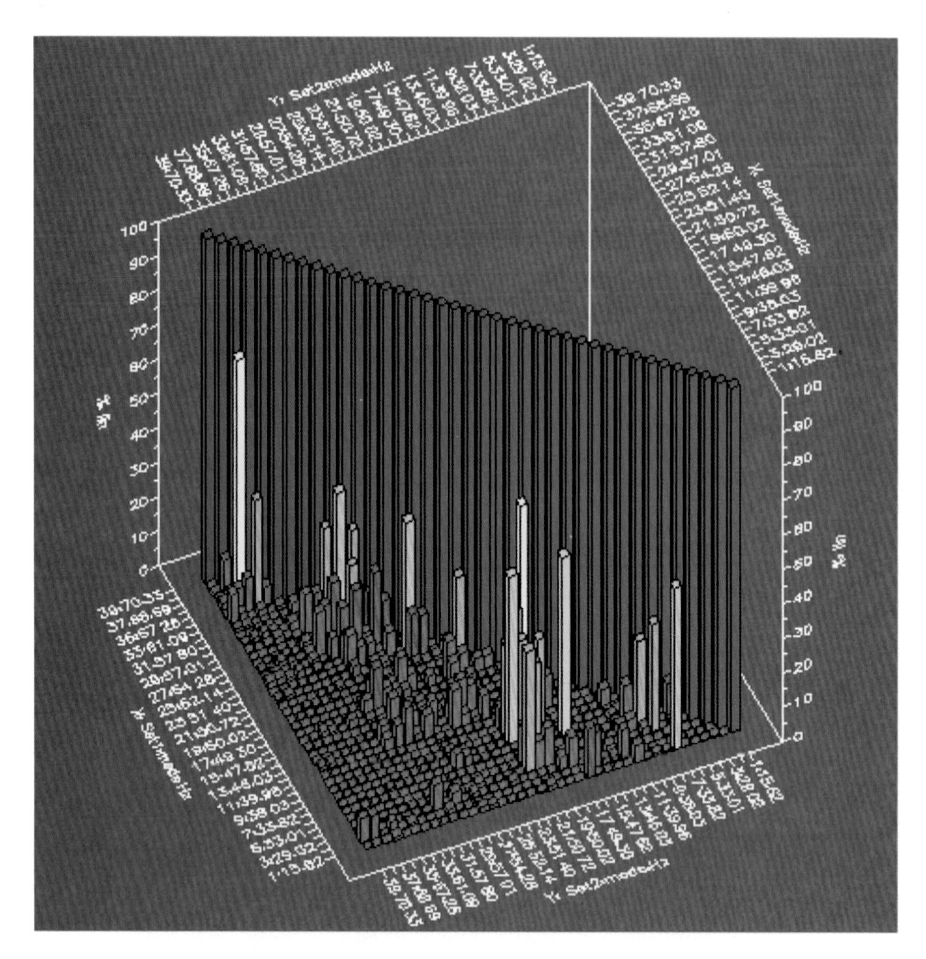

图 9-27　使用所有参考点数据的模态 MAC

为了进一步评估这些数据，在图 9-29 中以矩阵形式绘制了模态参与因子。图 9-29 所示的参与因子清楚地表明前 25 个模态主要是由 *X* 向的激振器和 *Y* 向的激振器激励起来的。更高频率的模态更多是由 *Z* 向的激振器激励起来的。为了展示使用所有参考点和所有测量自由度数据的不利影响，在第 2 种情况中使用了一组经过挑选的参考点和测量位置数据来确定系统的模态参数。

9.11.2　第二种情况：使用挑选的测量 FRF 数据

对于这次的参数估计，仅使用 *X* 向激振器和 *Y* 向激振器的数据，*Z* 向激振器数据在本次分析中不再使用。再次对 10 ~ 60Hz 的频响函数划分几个不同的频带，分别对这几个频带进行参数估计。使用时域复指数曲线拟合技术提取极点。使用典型的模态指示工具识别系统的模态：集总函数、多变量模态指示函数和复模态指示函数全部用于确定模态，图 9-30 所示为整个频带的这些函数。相比较于图 9-24，图 9-30 的模态指示工具更易于解释，因为只使用了相关的（而非全部）参考点。

图 9-31 所示为三个不同带宽上的稳态图，使用了选定的一组参考点和测量数据用于

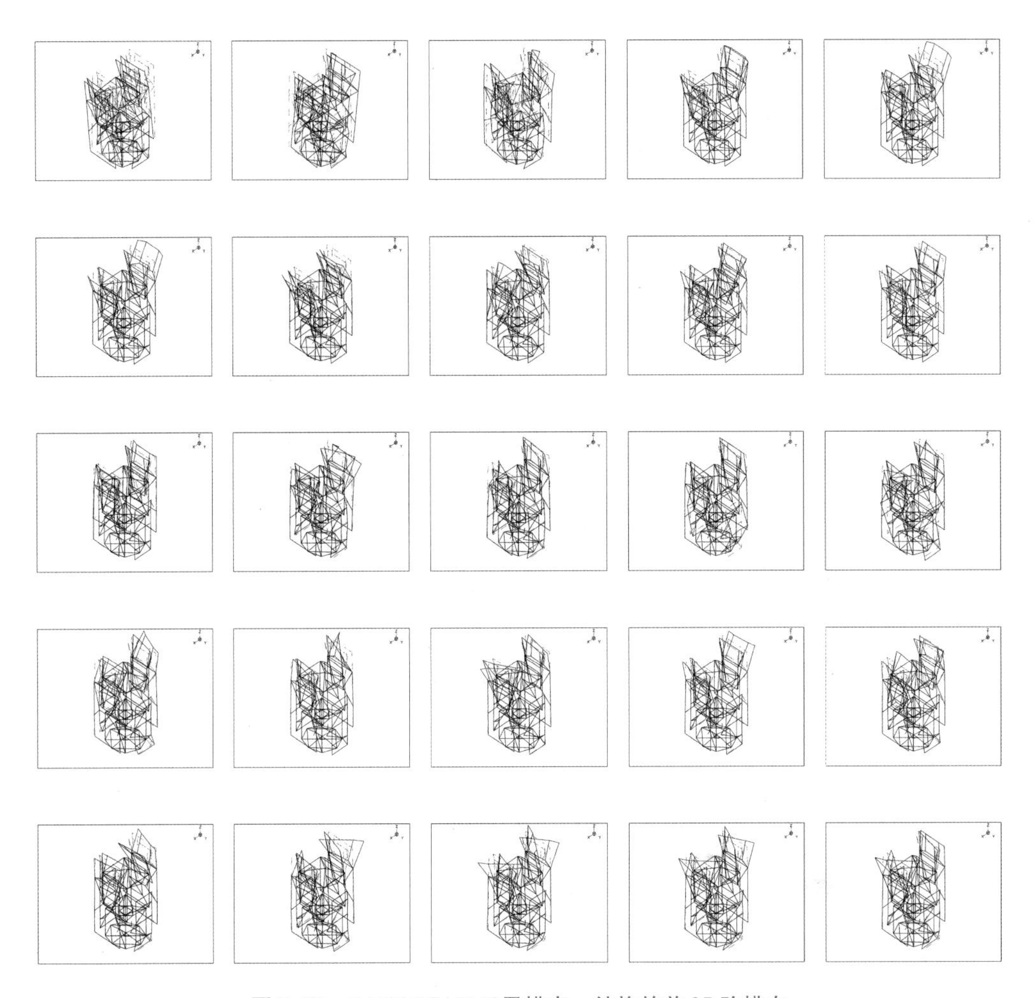

图 9-28　RADARSAT 卫星模态：结构的前 25 阶模态

数据处理。相比较于图 9-25，图 9-31 能更清楚地从稳态图中选择极点。仔细选择用于确定极点的参考点和测量数据显然对参数提取过程有影响，选择的数据改善了系统极点的选择。通过选择参考点数据明显改善了极点的选择。

一旦模态振型被提取出来，就可以得到综合的频响函数，并将它与测量的频响函数进行比较。图 9-32 所示为两个不同的综合的频响函数。这两者都显示出与实际测量数据具有非常好的相关性，并且比图 9-26 中所示的结果更好。图 9-32 中的两幅图是结构上其他测量位置的典型综合的频响函数。显然，仔细选择的参考点和测量自由度数据对提取的模态参数有显著的影响。

另外，MAC 用于评估提取的模态，MAC 矩阵如图 9-33 所示。大多数非对角线元素的值相当低。一些非对角线元素可能指示出存在空间混叠，增加测点数量可以将这种情况降到最低。MAC 对于提取结果的详细评估并不是一个特别有效的工具。MAC 对振型的最大值进行了较重的加权，对于对提取的模态参数进行详细的总体评估而言，它并不是一个特别好的工具，它主要用作参考。

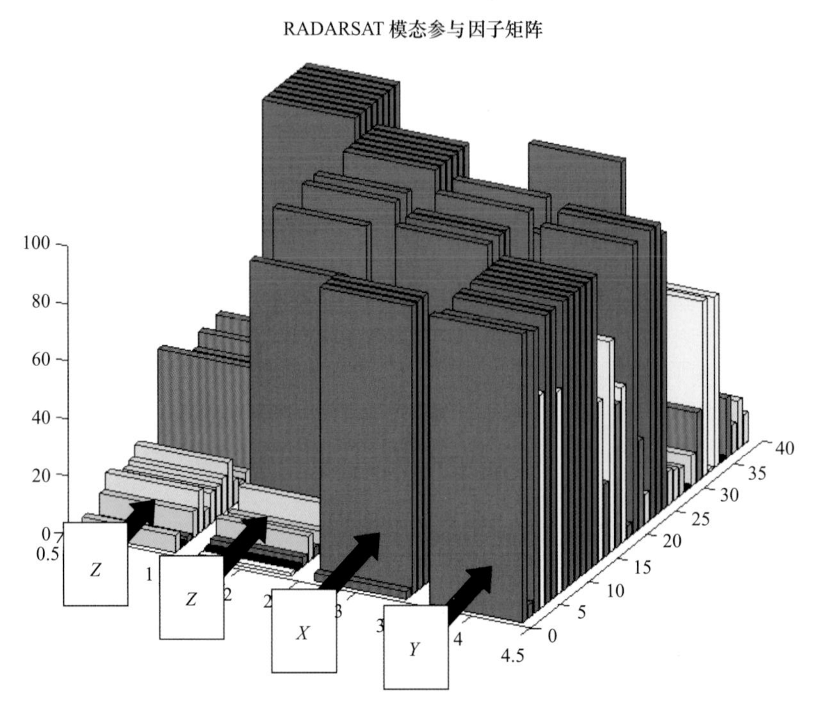

图 9-29　RADARSAT 卫星的模态参与因子矩阵

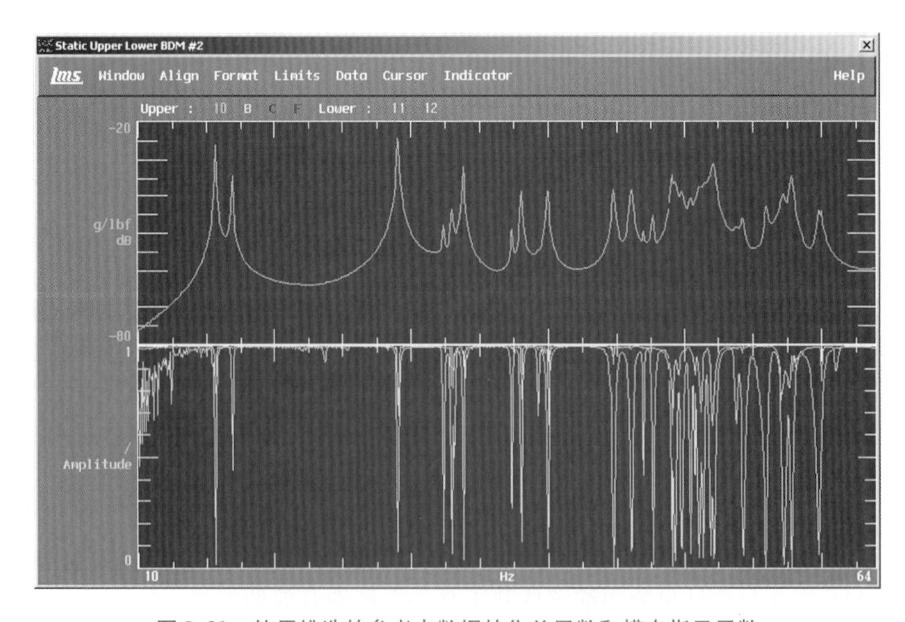

图 9-30　使用挑选的参考点数据的集总函数和模态指示函数

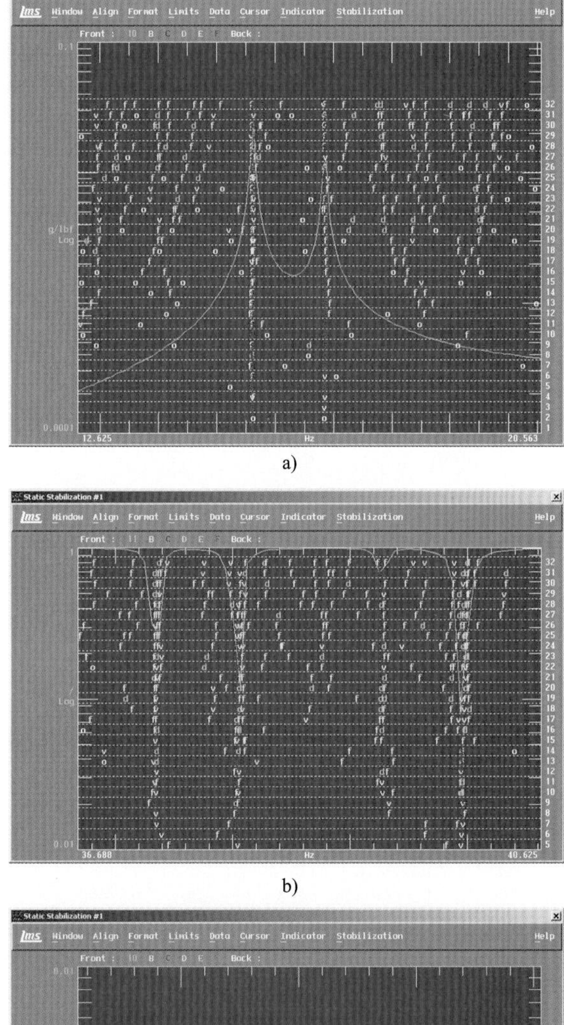

a)

b)

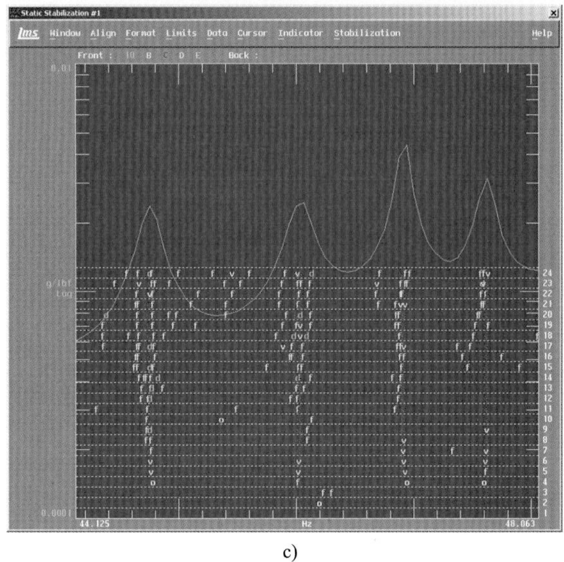

c)

图 9-31　三个不同频带使用挑选的参考点数据的稳态图

a）12.6 ~ 20.6Hz　b）36.7 ~ 40.6Hz　c）44.1 ~ 48.1Hz

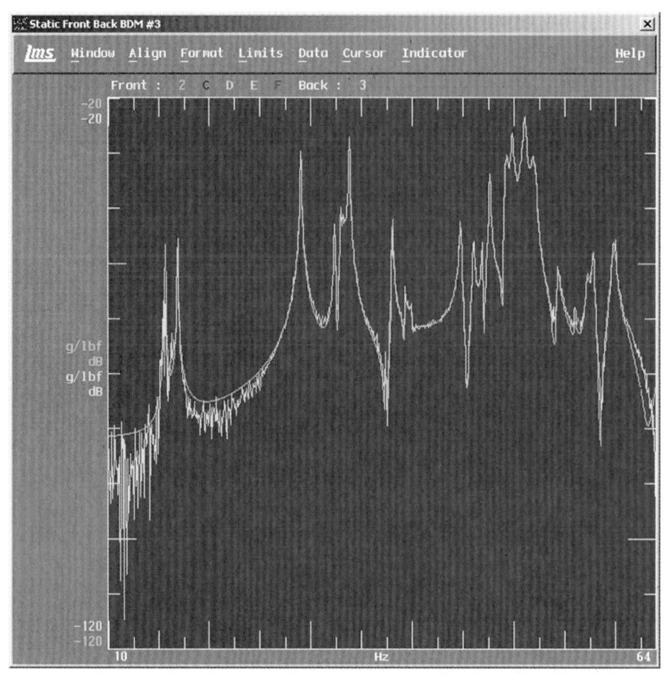

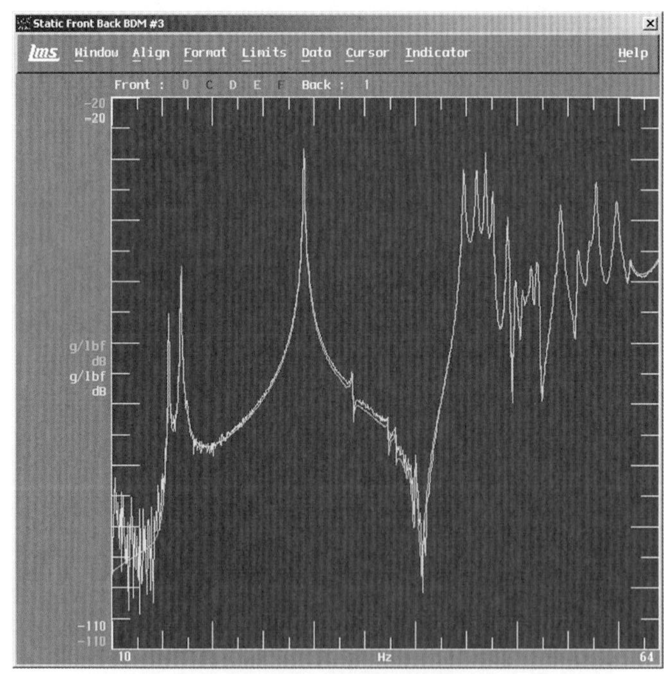

图 9-32　使用挑选的参考点数据的典型综合 FRF

9.11.3　第三种情况：使用 PloyMAX

在 21 世纪头十年中期引入的高级模态参数估计方法 PolyMAX 可以对宽频带的频响函数测量数据进行有效的处理，对频带限制很小，也无须筛选大量的测试数据，并且能产生

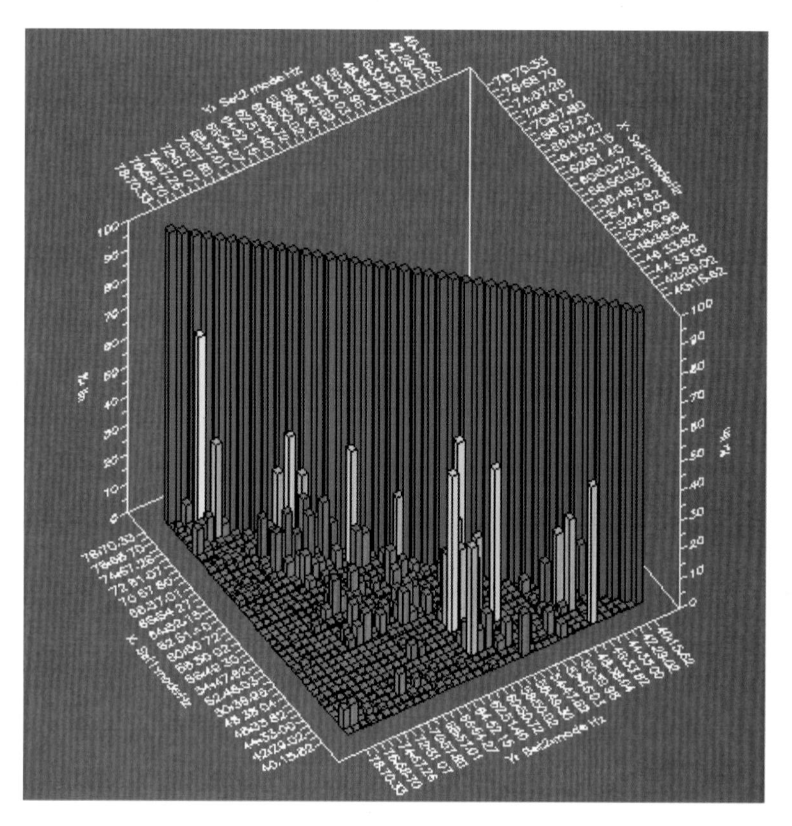

图 9-33　使用挑选的参考点数据的模态 MAC

良好的极点估计。PolyMAX 模态参数估计方法已经彻底改变了模态参数的估计过程。用 PolyMAX 对之前相同的所有参考点的所有测量自由度数据进行重新处理，模态指示函数和复模态指示函数如图 9-34 所示，稳态图如图 9-35 所示，稳态图很容易解释。明显，在整个宽频范围内，极点很容易被识别出来。图 9-36 所示为所选测量位置的一些综合的频响

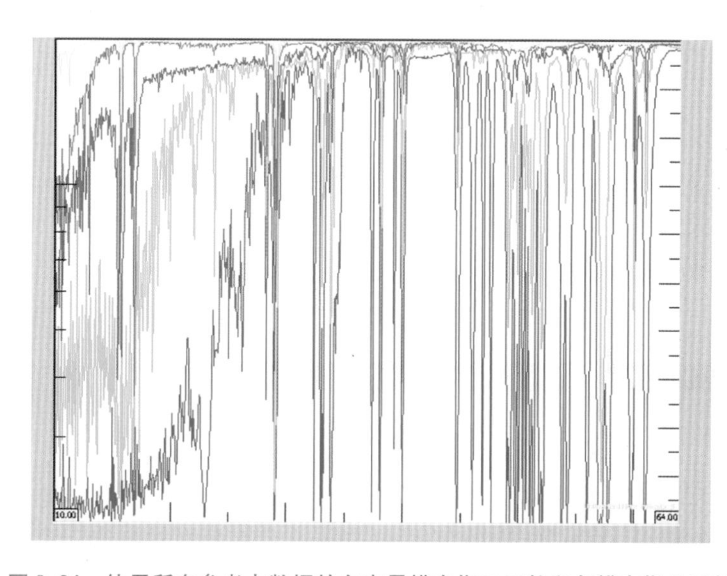

图 9-34　使用所有参考点数据的多变量模态指示函数和复模态指示函数

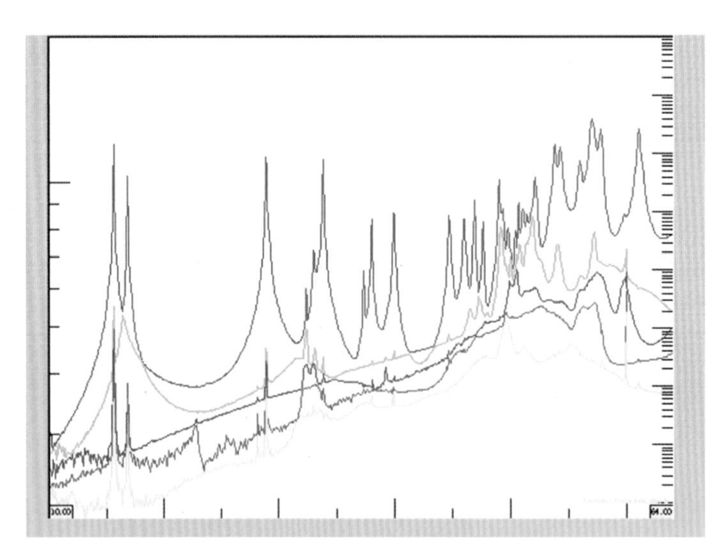

图 9-34 使用所有参考点数据的多变量模态指示函数和复模态指示函数（续）

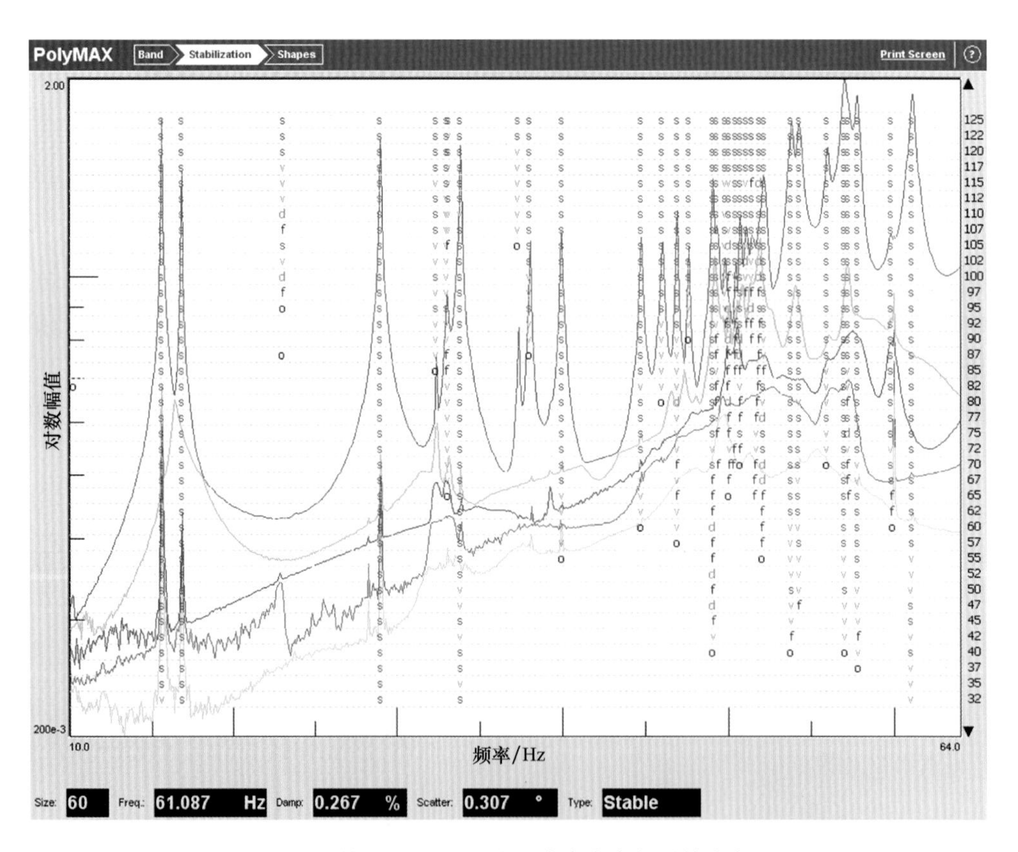

图 9-35 使用 PloyMAX 和所有参考点得到的稳态图

函数的对比。这些综合的频响函数与实际测量数据呈现出非常好的相关性。另外，MAC 可用于评估提取的模态，MAC 矩阵如图 9- 37 所示。大多数非对角线元素值相当低。MAC 非对角元素与使用其他技术得到的 MAC 相比相差无几，甚至更低。

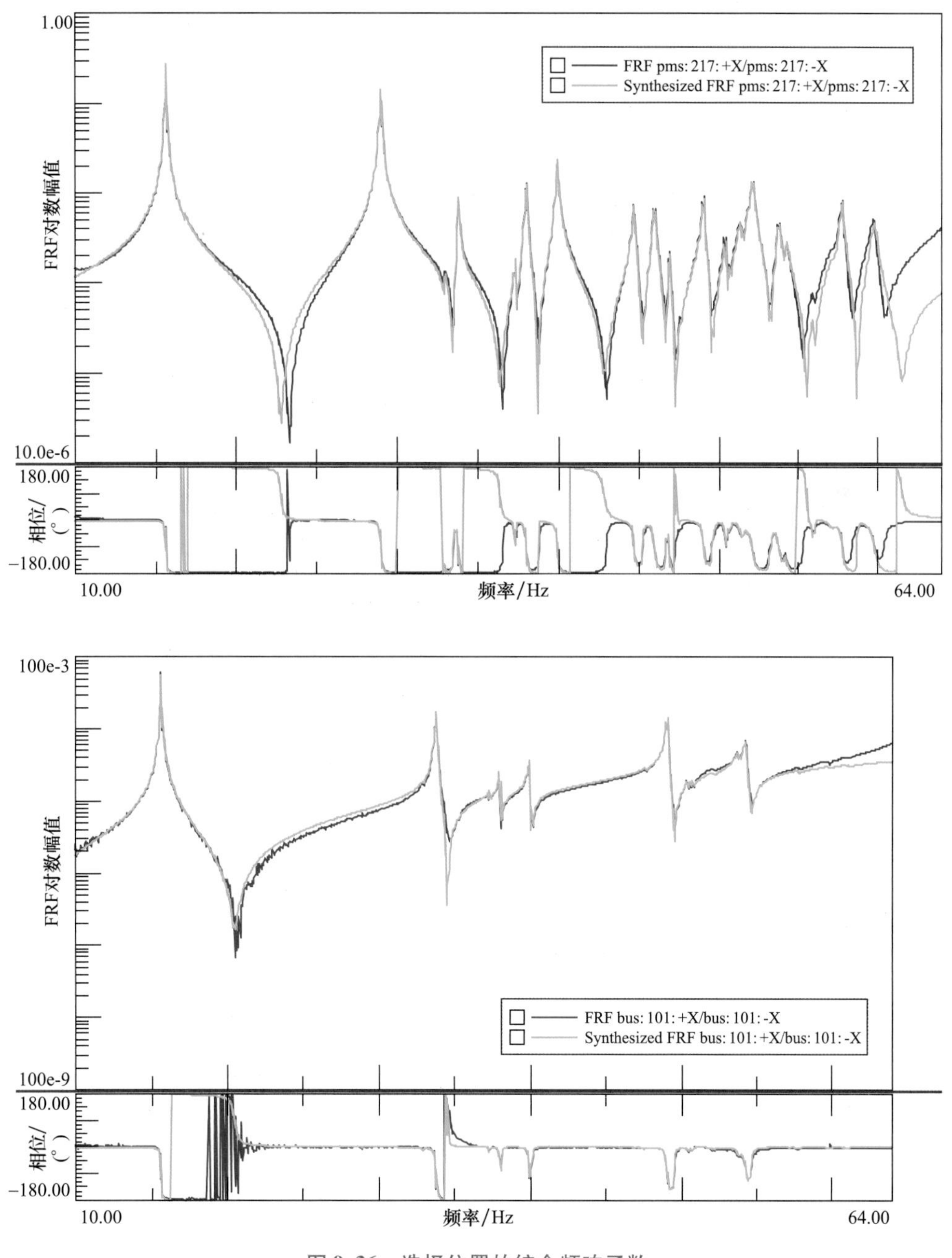

图9-36　选择位置的综合频响函数

使用传统方法提取的参数在估计过程中容易受到噪声和模态参与注意事项的困扰。为了提取到可接受的模态参数，需要将数据分为被多个参考激振器合理激发的可选频带。这需要花费大量时间和精力来完成。新的PolyMAX技术简化了这一过程，并使用宽频带提取到等效的模态参数，无须为模态分析筛选最合适的参考点数据。PolyMAX是一个功能强大的分析工具，减轻了对频响函数的筛选工作。

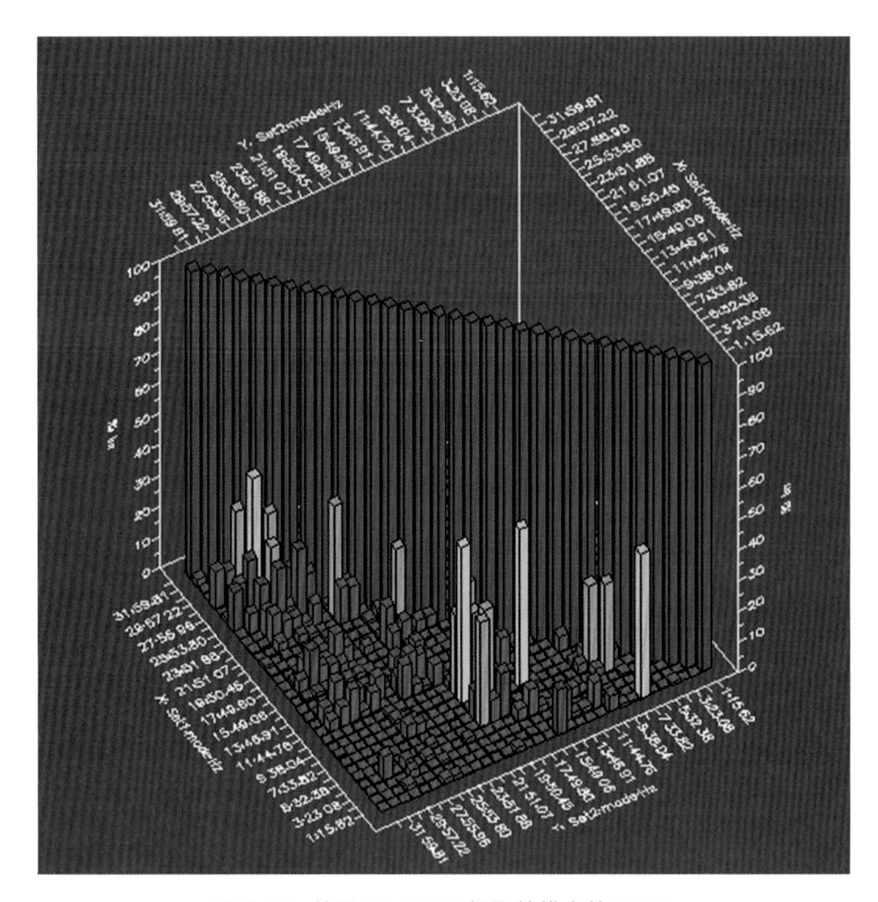

图 9-37　使用 PloyMAX 提取的模态的 MAC

9.12　工作模态分析

为了说明从工作模态分析的互（功率）谱中提取模态参数，这里使用了一个小型框架结构作为实例。作为参考，进行了传统的模态测试，获得了用作参考的模态振型，经过测试验证的有限元模型也可进一步验证结果。对 MIMO 数据进行了处理，包含 SUM 函数和 4 个 CMIF 函数的稳态图与提取的模态振型一起展示在图 9-38 中。

框架结构采用自由支承，使用几个力锤在结构上几个随机分布的位置进行激励，采集了任意一组响应测量数据。所有力锤的锤击时间也是随机的。通过这种方式，激励在空间上遍布整个结构，得到的频谱也激发了所有感兴趣的模态。显然，这正是一种能满足工作模态分析所需所有条件的外部无法测量的激励。测试的时域数据存储到磁盘上，用于计算以所选加速度计为参考的自（功率）谱和互（功率）谱。使用 LMS Operational PolyMAX 进行曲线拟合，图 9-39 所示为框架的特征模态振型和稳态图。对结果做进一步处理，并使用 MAC 比较模态振型，结果见表 9-3。结果表明，模态提取效果良好，但第 3 阶模态数据质量有所降低。

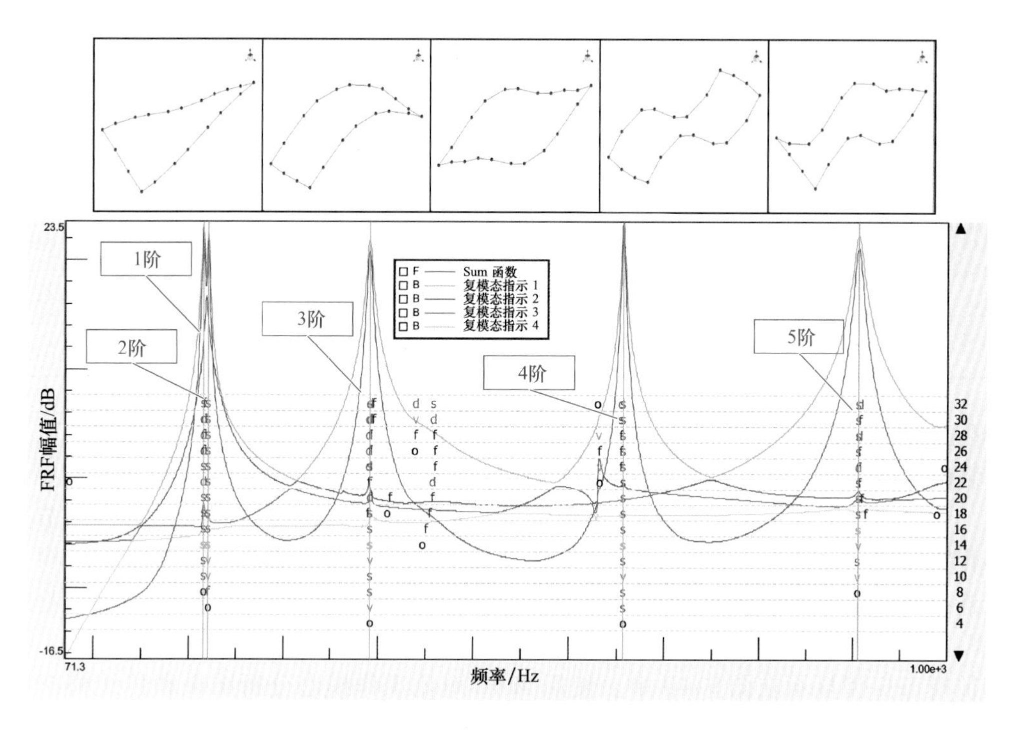

图 9-38　稳态图和 MIMO 激振器测试的前 5 阶框架模态

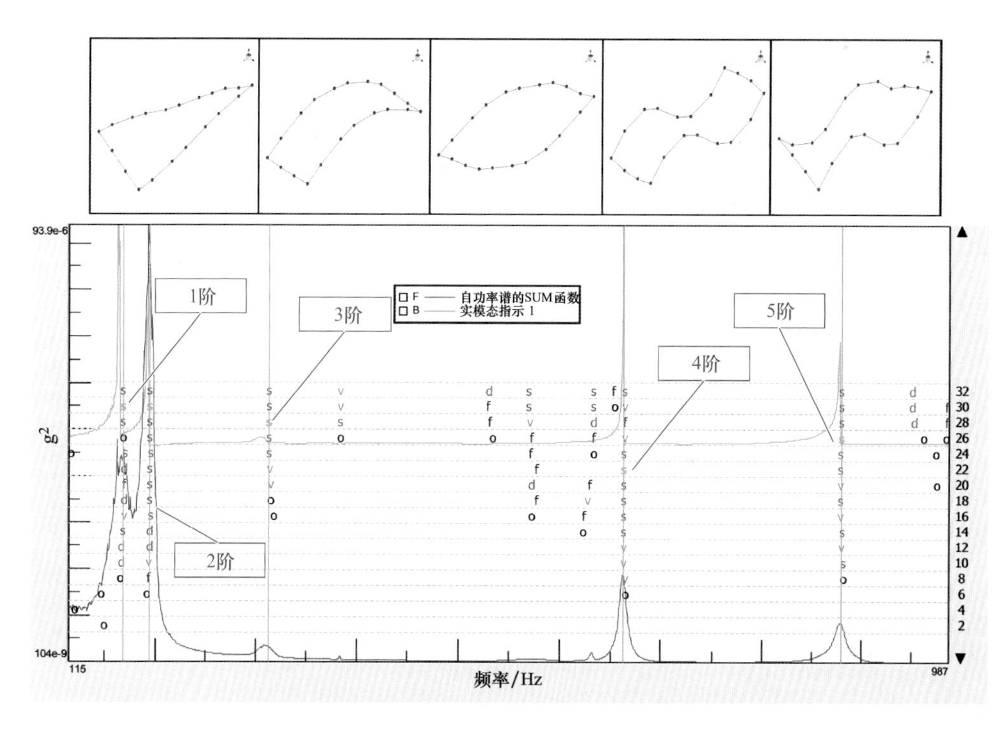

图 9-39　空间随机分布的宽频激励 OMA 得到的稳态图和前 5 阶框架模态

表 9-3　MIMO 模态测试和空间随机分布的宽频激励的工作模态测试的 MAC

测试	模态阶数	工作模态测试				
		1 阶	2 阶	3 阶	4 阶	5 阶
MIMO测试	1 阶	98.99	1.23	0.07	0.02	0.50
	2 阶	0.48	93.84	5.40	0.00	0.15
	3 阶	0.02	0.10	73.65	0.07	0.08
	4 阶	0.01	0.00	0.00	99.50	1.44
	5 阶	0.03	0.06	0.00	0.12	98.16

在此次测试之后，进行了第二次测试，仅在结构的安装连接点位置处施加激励。这些安装位置恰好是结构某些模态的节点。的确这样，因为在汽车和卡车结构的某些设计配置（以及轮船的推进系统和大型结构配置）中，部件的连接点被设计为模态节点以最小化振动能量的流动。现在，对于工况数据使用相同的激励，但它仅限于结构上的特定连接点。测试的时域数据被存储到磁盘，用于计算以所选加速度计为参考的自（功率）谱和互（功率）谱。使用 LMS Operational PolyMAX 再次进行曲线拟合，框架的特征模态振型显示在图 9-40 中。使用 MAC 对比工作模态分析结果和传统模态测试结果见表 9-4。

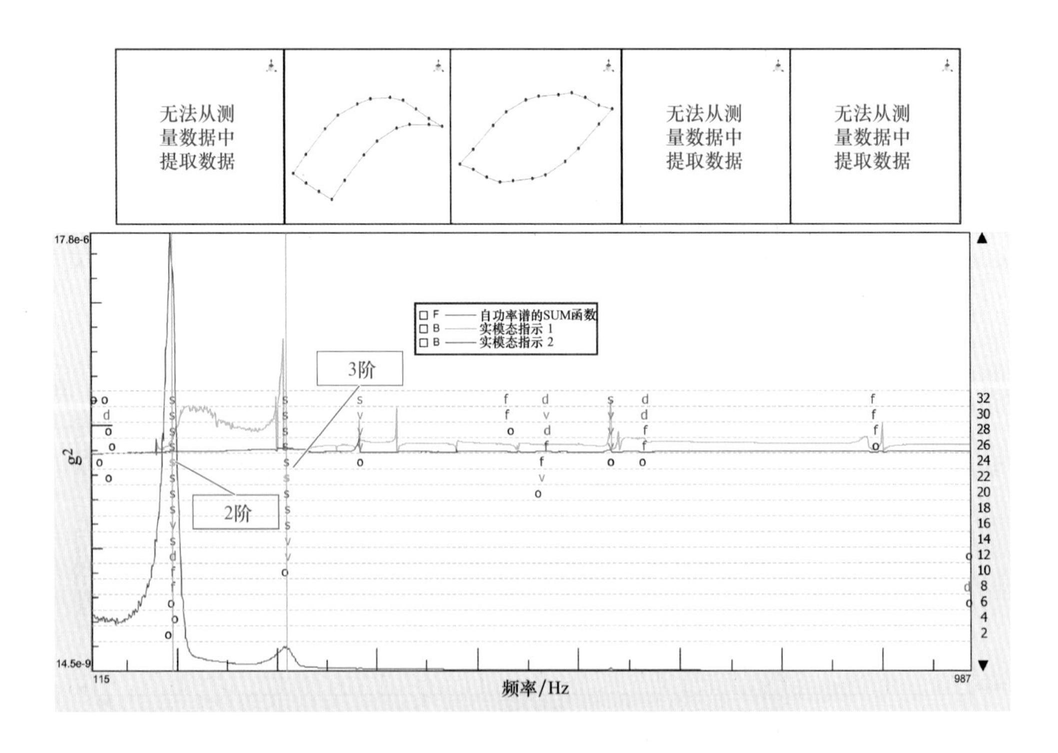

图 9-40　OMA 宽带局部激励的稳态图和两阶框架模态

表 9-4　MIMO 模态测试和局部激励工作模态测试的 MAC

测试	模态阶数	工作模态测试				
		1 阶	2 阶	3 阶	4 阶	5 阶
MIMO 测试	1 阶	—	1.45	0.08	0.00	0.05
	2 阶	—	94.61	0.61	0.04	0.58
	3 阶	—	0.08	50.07	0.19	0.15
	4 阶	—	0.01	0.01	0.46	0.02
	5 阶	—	0.06	0.01	0.01	1.01

这些结果清楚地显示了工作模态分析的一些缺点。不管何时，工作激励都没有足够的空间分布或频率分布，那么数据缩减分析时很可能会丢失模态或产生虚假模态。但是，克服这种缺陷的一个简单方法是始终为结构增加额外的激励，以确保激励足够充分。通过为处于工作状态下的结构添加小型便携式激振器，可轻松实现这一点。激振器的激励位置将遵循与执行传统模态测试相同的规则。通过这种方式，来自激振器的激励与工作激励相结合将更适合于充分激发所有模态，从而提取到有用的模态数据。实际上，对这个框架结构就是这样做的：在结构上附加几个小激振器，同时应用工作激励。使用这组新数据，测试的时域数据被存储到磁盘，用于计算以所选加速度计为参考的自（功率）谱和互（功率）谱。使用 LMS Operational PolyMAX 再次进行曲线拟合，图 9-41 中可以看到框架的特征模态振型。从工作模态分析中提取的模态与传统模态测试结果进行比较的 MAC 见表 9-5。

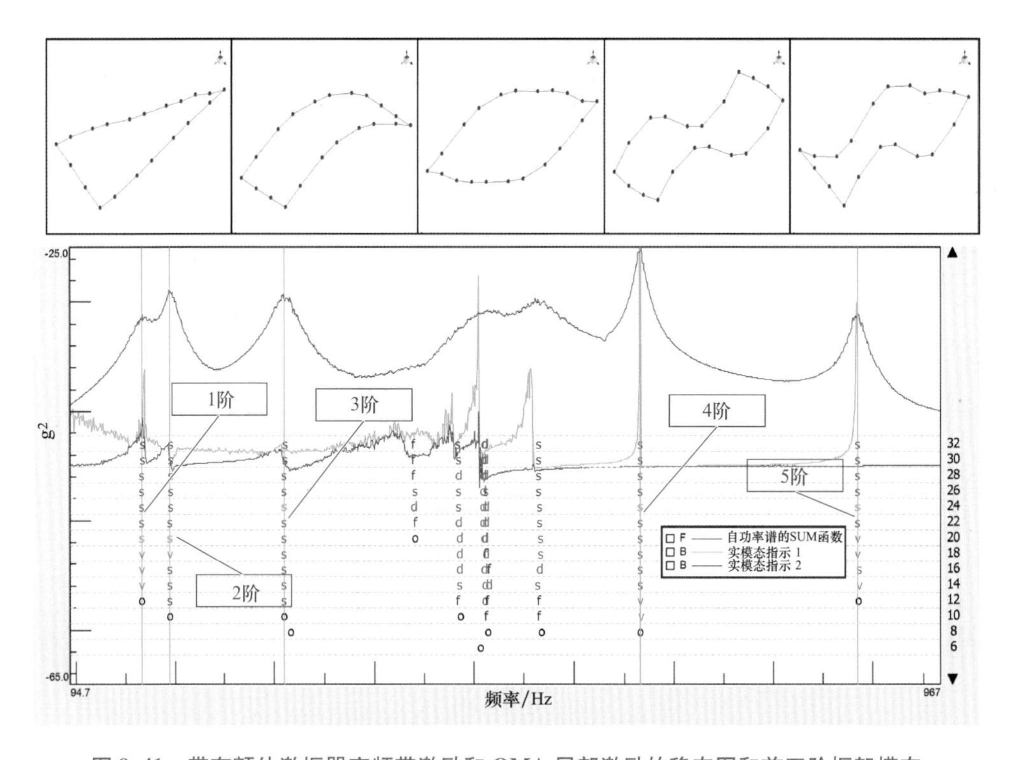

图 9-41　带有额外激振器宽频带激励和 OMA 局部激励的稳态图和前五阶框架模态

表 9-5　MIMO 模态测试和局部激励工作模态测试的 MAC

测试	模态阶数	混合模态测试				
		1 阶	2 阶	3 阶	4 阶	5 阶
MIMO 测试	1 阶	98.53	1.28	0.02	0.06	0.90
	2 阶	0.39	91.16	0.01	0.02	0.13
	3 阶	0.05	0.21	81.69	0.07	0.20
	4 阶	0.01	0.05	0.01	99.54	0.72
	5 阶	0.14	0.12	0.00	0.03	98.47

这些结果清楚地表明，即使工作激励不能充分激发所有的模态，额外的激振器激励可用于工作模态分析，能充分地识别出系统的模态。所以，虽然工作模态分析可能有一些缺点，但结构激励方式还有其他选择，补充激励使识别出系统所有模态的可能性变大。

9.13　总结

为了清楚地展示曲线拟合处理的强大能力，本章展示了一些非常简单的模态参数估计案例。这些简单的案例清楚地表明，模态参数估计过程非常准确。简单的 2DOF 系统的 SDOF 和 MDOF 曲线拟合展示了即使使用简单的分析模型也能提取准确的参数。给出了几个中等难度的案例以进一步描述该过程，也使用了局部和整体曲线拟合来说明所提取参数的差异。另外，本章还描述了一些重根案例，以说明必须特别仔细，才能保证参数提取过程的准确性。稳态图在模态参数提取中被广泛使用，用一个非常简单的例子来说明这一强大的工具。此外，本章还描述了利用不同频带进行模态参数提取的一些例子，以及测量数据的重新综合以进一步解释该过程。最后一个例子是加拿大航天局的一个非常大型的模态测试，这个 RADARSAT 测试用于展示模态参数的提取过程，并提出了在曲线拟合过程中需要注意的一些问题。随后描述了一个工作模态数据，说明了使用该方法提取模态参数相关的一些问题。

第 10 章

一般注意事项

模态分析有许多问题属于一般性问题，并不属于特定章节。其中的一些在本章中进行讲解。这里也描述了整个测试过程的一些附加信息，这是为了更深入地讨论测试以及在测试期间应该采取的步骤。这些信息来自作者数十年的模态测试经验，其中的一些事项已经成为模态测试的标准很多年了。

但在此之前，让我们再次描述整个过程（见图 10-1）。图 10-1 所示为一张内容丰富的大图，包含了怎样和为什么进行试验模态测试，并将所有相关内容置于相应的上下文中。在理论章节末尾对这个过程进行了部分讨论。在这里将再次描述，但是从略微不同的角度。有时两次听到相同的内容是一件好事，用不同的描述方式来填补知识的空白和空缺，以便更好地全面理解这些内容。

现在有限元模型通常是一个以设计为目的的系统的理论近似。有限元模型对系统质量和刚度分布进行近似。这个过程产生了一个非常大而复杂的方程组。然后对这个方程组进行特征值求解，从中提取系统的频率和模态振型。生成的模型是实际系统的近似，模型也包含一些假设，这是有限元处理的一部分。这些模型可能总体上非常好，但是模型中存在一些固有假设，试验模态测试可以帮助提高有限元模型的精度及响应预测。

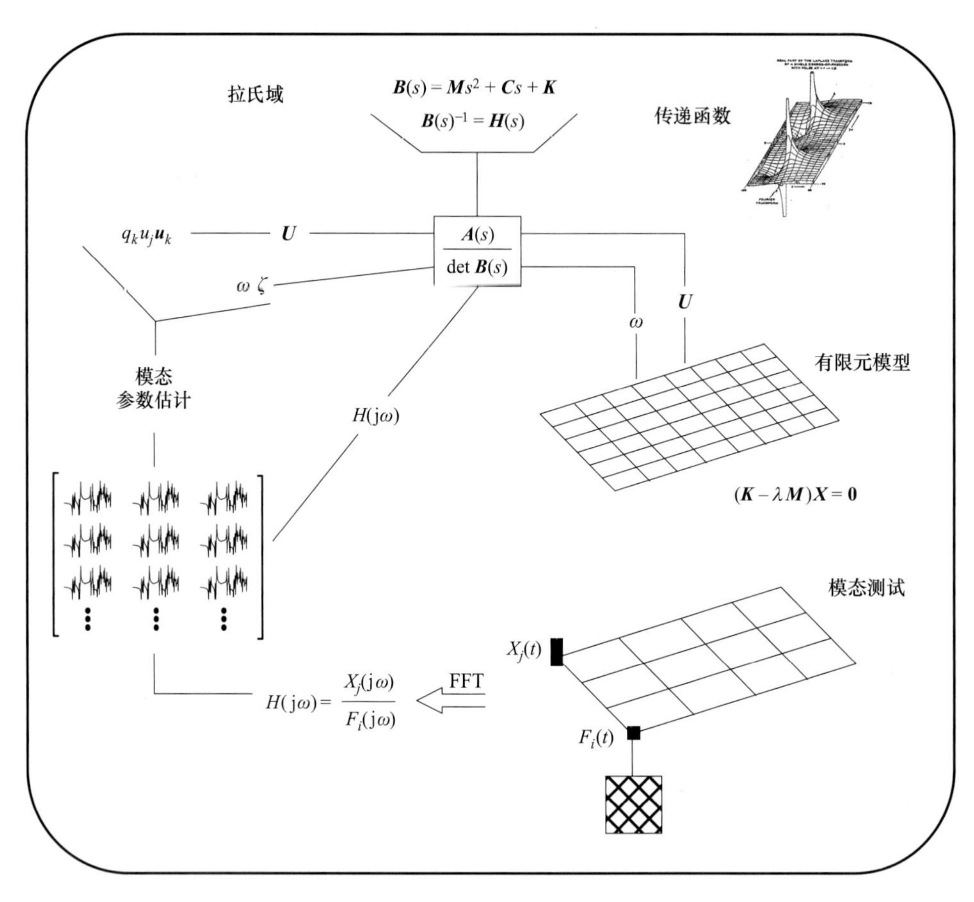

图 10-1　有限元模态分析和试验模态分析概览

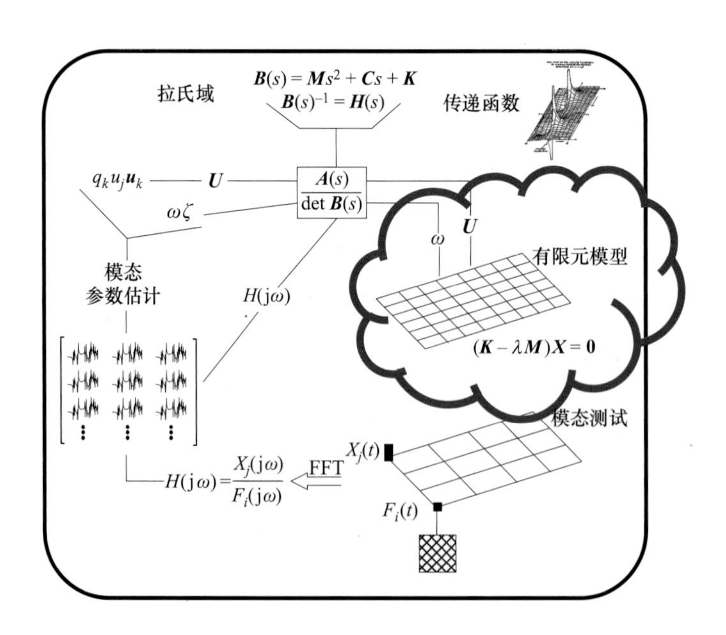

现在同样使用这组方程组，但通过拉普拉斯变换将其转换成拉普拉斯域的形式。这与有限元模型完成的工作并没有太大的不同，只是方程转化为不同的形式。请注意，$\boldsymbol{B}(s)$ 是系统矩阵，$\boldsymbol{H}(s)$ 是 $\boldsymbol{B}(s)$ 的逆矩阵，它是系统的传递函数。同样，在开发这个模型时，对质量、阻尼和刚度矩阵进行了一些假设。这些方程被变换到拉普拉斯域，便于利用一些数学技巧来简化处理一些方程。

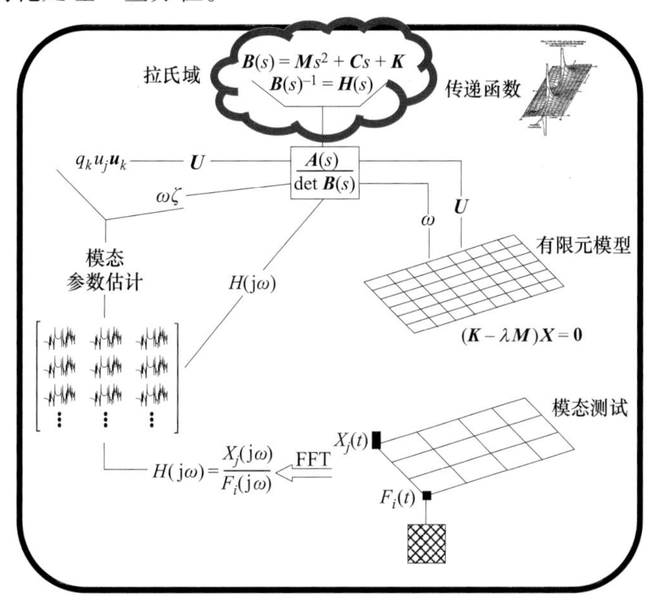

现在这里的关键因素位于系统传递函数矩阵中，系统传递矩阵等于 $\boldsymbol{B}(s)$ 的伴随矩阵除以 $\boldsymbol{B}(s)$ 的行列式。$\boldsymbol{B}(s)$ 的行列式包含特征方程，从中能得到系统的极点：频率和阻尼。伴随矩阵包含留数，它们与系统的模态振型直接相关。所以拉普拉斯域是获得与从有限元模型获得相同信息的另一种机制。

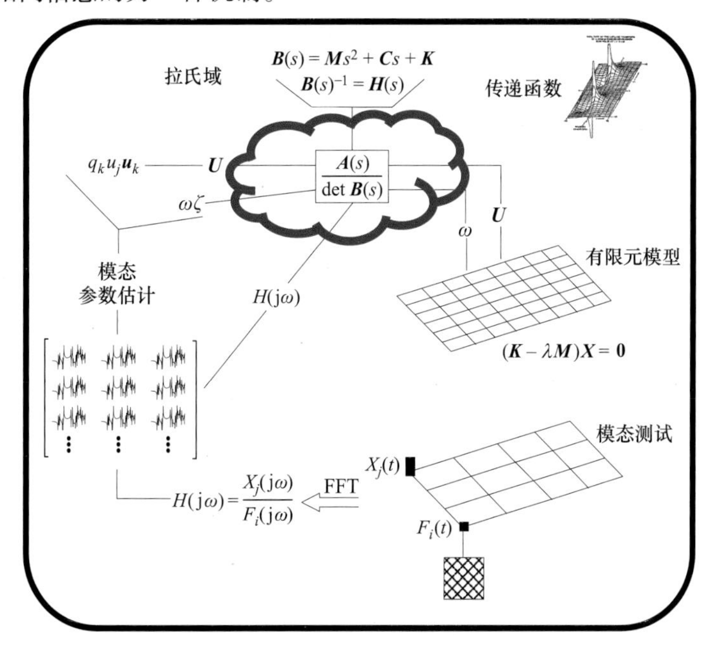

现在可以从系统传递函数中得到频响函数。可以为任何特定的输入-输出组合创建或综合出频响函数。从测试数据中获得的频响函数包含极其重要的信息：一个是留数，一个是极点。请记住，极点与系统的模态频率相关，留数与系统的模态振型相关。

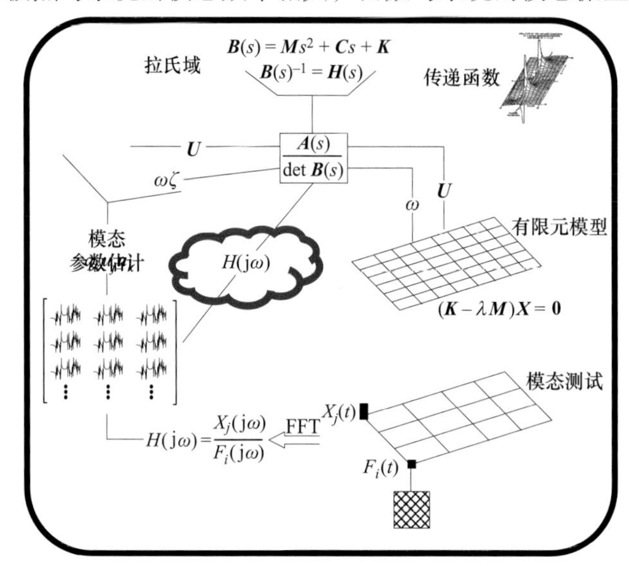

在综合处理中，可以综合出任何输入-输出组合的频响函数。所有的输入-输出组合都可以根据需要综合出尽可能多的频响函数，并且可以潜在地综合出频响函数矩阵中的所有项。如果至少生成了频响矩阵的一行或一列，那么就有足够数量的数据用来描述系统的模态振型。

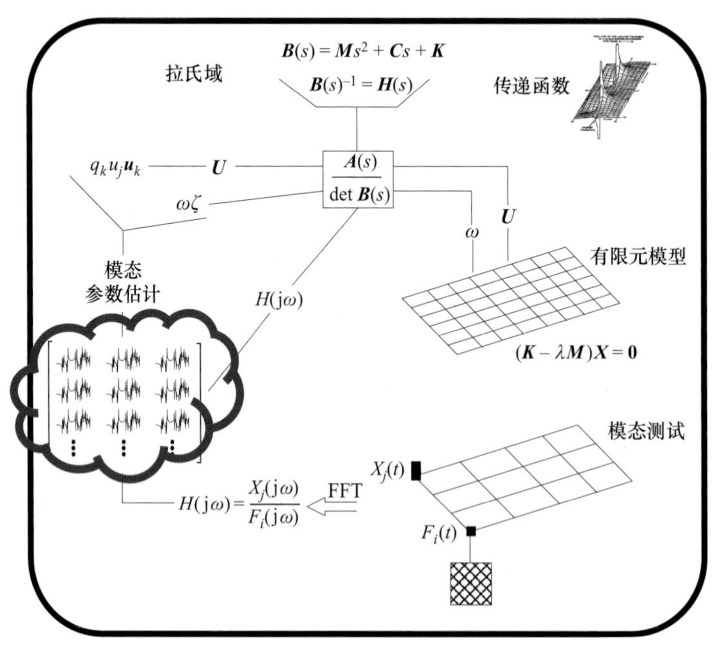

一旦得到所有这些频响函数，极点（频率）和留数（模态振型）就潜藏在这些数据中。所以有理由认为，从测量数据来看，模态参数估计过程应该能够提取到极点（频率和阻尼）和留数（模态振型）。这是参数估计的核心，通常称为曲线拟合。应用数学算法去

提取感兴趣的参数：频率、阻尼和留数（或模态振型）。

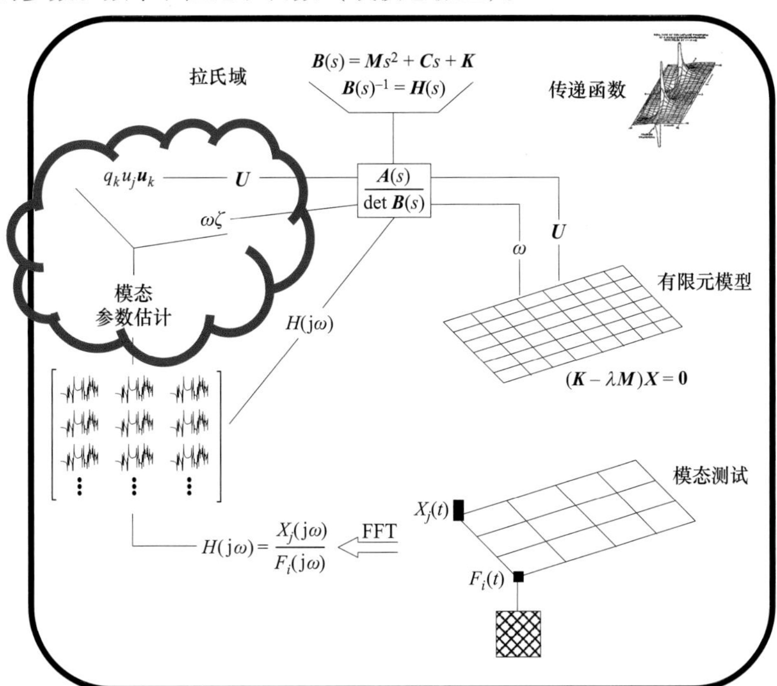

到这一步，为了形成系统矩阵、传递函数矩阵和频响函数矩阵，需要对系统的质量、阻尼和刚度做出假设。对于真实的结构，可以进行激励并捕获响应以获得由激励力而引起的系统的输入-输出现象。可以测量输入力和由输入力引起的系统响应以获得系统的传递特性。注意到，在这种方法中，没有关于系统质量、阻尼和刚度矩阵的假设：结构知道它的特性。这种用测量数据表征系统的方法是试验模态分析的核心。

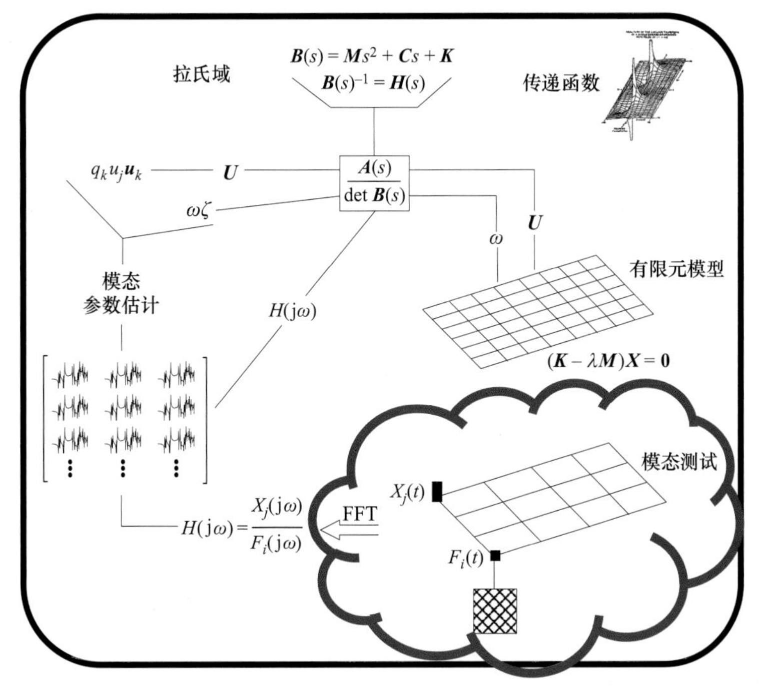

一旦获得了时域数据，就可以使用快速傅里叶变换把这些数据从时域变换到频域。本质上，输出响应与输入力的比值将用于计算频响函数。这可以计算所有的测点，以获得频响矩阵相应的元素。然后对频响函数进行曲线拟合提取感兴趣的模态数据：频率、阻尼和留数（或模态振型）。当然，为了做到这一点，需要充分理解与数字信号处理、激励技术和模态参数估计等相关试验模态分析的许多重要概念。

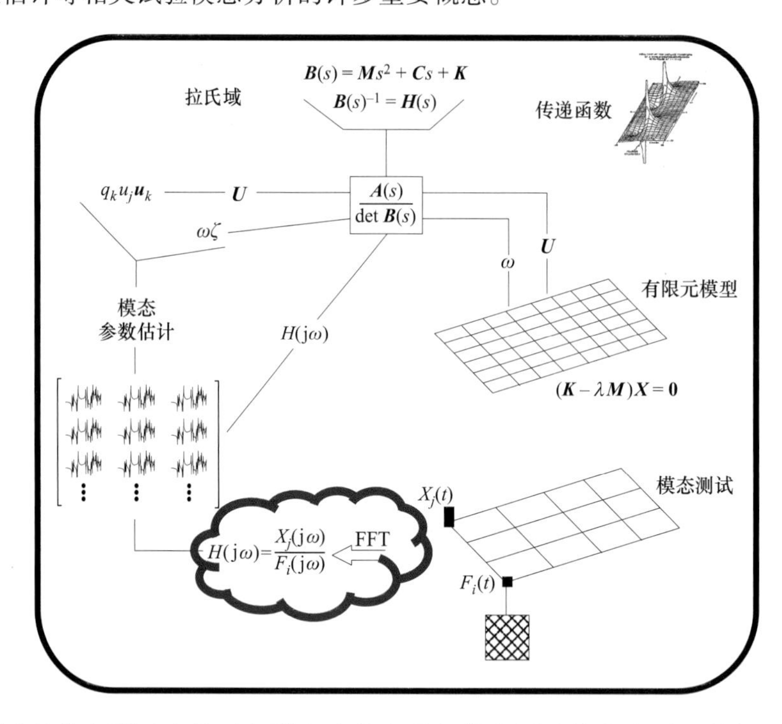

如上所述是模态测试人员对怎样和为什么进行模态测试的整个过程的很不错的描述。

10.1 试验模态测试：思维过程揭秘

基于各种原因往往会进行试验模态测试会。之前，我们描述了为什么需要进行测试的理解过程。这些信息对于理解测试需求和范围是非常重要的。

在本节中，假设所有这些信息都已经明确定义。现在我们将讨论站在测试现场并启动测试所需的思维过程。讨论一个更大的测试：一个需要在常规实验室环境之外进行的测试，几乎所有的事物都不在你伸手可达的范围内。这样的测试环境有许多方面需要考虑。当然，测试方案应该已经提前准备好了，但是一旦在测试现场看到实际的待测结构，仍会想到许多其他的东西。所以让我们逐步进行测试，并提供一些关于测试本身的额外指导意见和想法。这些指导意见和想法很多是我的个人喜好和个人习惯，多年来一直使用良好，分享它们可能对一些测试人员会有帮助。

到测试现场的行程涉及许多步骤，这对测试过程中出现的特殊问题可能很重要。一个重要的事情是事先要安排好试验人员的分工。也许在测试团队到达之前，测试现场已预先安装了所有的加速度计，或者提供了相关的结构设置。明确定义每位试验人员的工作角色是非常重要的，因此需要有人给每位人员分配任务，这样参与试验的人员就不会站着、看着对方说“我以为你会注意它”，这是我多年来听到很多次的一种说辞。

前往试验场地并携带需要使用的设备，本身就是一门艺术。工具箱（或多个工具箱）应包含各种设备，如工具、各种螺钉和螺母螺栓，更不用说胶带了，它总是有用的。工具箱应该有用于设备安装的蜂蜡、强力胶、石膏粉和其他安装工具，如热融胶枪和胶棒。工具箱中也应包含备用电缆、BNC 连接头、BNC 到 L5 连接头等。此外，实验室抽屉中经常使用的一系列物品应当按顺序排列。某些情况下工具箱可当作脚凳或座位，可堆叠的箱子也是有用的，拉杆箱也是如此。工具箱本质上是所用设备的重要组成部分，有助于保持测试现场整洁。图 10-2 展示了实验室推车上的采集系统和在外场进行测试时的一些替代工具箱。设备清单对于确保测试中用到的所有物品不被遗漏是非常有用的，表 10-1 列出了一个典型的外场测试必备设备清单。

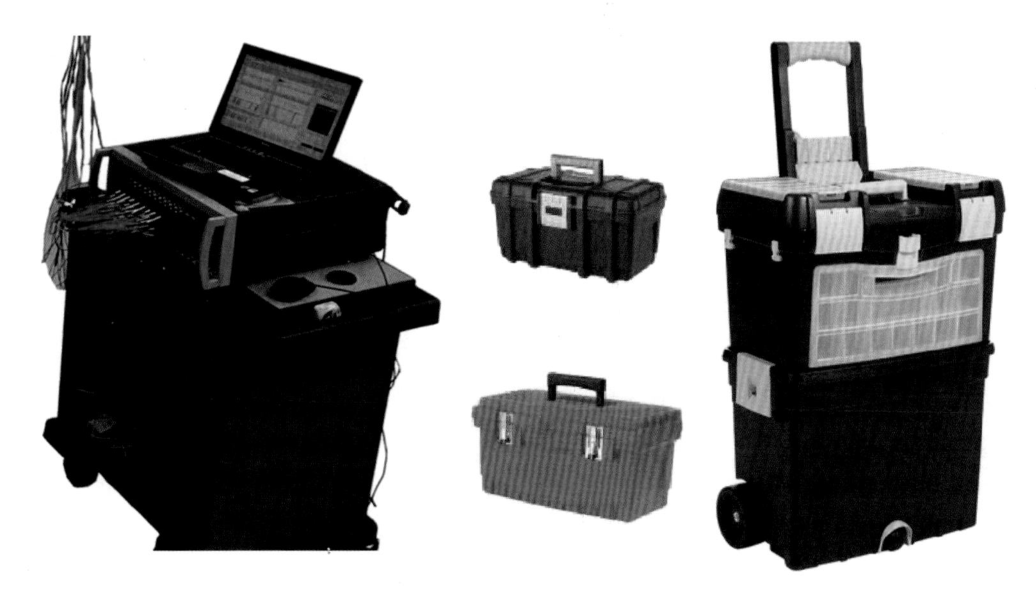

图 10-2　便携式测试的一些设备

表 10-1　一个典型的外场测试必备设备清单

风机叶片测试设备清单					
	检查		检查		检查
备用的加速度计		管道胶带		加速度计安装座	
BNC 线缆（长 75ft）		胶带		铝垫片	
备用的 BNC 线缆		蓝皮书		线扎	
BNC 连接头		试验单		热融胶枪 + 胶棒	
两台 SCADAS 数采系统		扳手		白板笔	
计算机（3）		卷尺（长 25ft）		标签纸	
鼠标		强力胶		记号笔	
键盘		电源延长线		钳子	
显示器和线缆		备用存储盘		螺钉旋具	

（续）

风机叶片测试设备清单					
	检查		检查		检查
大力锤		手持式标定器		加速度计底座	
小力锤		砂纸		ICP 信号调理仪	
插线板		对讲机		三向电缆	
插线板延长线		剪刀		保护背带	
照相机		蜂蜡		头盔	
照相机电池		激光笔		护目镜	

可折叠的桌子和椅子对测试设备的设置来说非常有用。在某些情况下，测试大型结构可能需要安全帽和安全带。当测试大型结构时，很多时候测试团队可能会相隔很远，在团队成员之间使用对讲机通信非常方便。而将计算机显示器延伸到远程位置的功能也很有用。通过网络设置视频会议是向测试涉及的所有人分享数据采集屏幕的方法之一。图 10-3 展示了计算机工作的远程桌面设置、数据采集系统推车和对讲机（大型结构测试必不可少的通信工具）。另一个重要的项目是确保每个人都知道他们的工作角色：采集设置人员、锤击操作人员、日志记录员等。团队负责人协调整个测试是至关重要的。

图 10-3　测试现场

通常当测试比较重要或最佳时机有限时，应当在测试之前设置所有的数据采集管理系统。就某些方面而言，这可以是一次彩排，在前往测试现场前进行。这个方法一直被证明非常有用，能在测试现场开始实际测试之前突显出一些问题。通常，可以在测试团队前往测试地点之前记录好结构几何模型和通道信息。例如，当使用大型的多通道数据采集系统时，需要花一些时间来输入所有特定的通道信息。表 10-2 列出了一个大型结构测试的重要信息电子表格的摘录。

表 10-2　一个模态测试的典型设备清单样例

数量	设备类型	描述	制造商	型号	序列号	灵敏度	单位
1	计算机	笔记本式	Dell	LatitudeD630	D3L5GG1		
1	数据采集系统	48 通道	LMS	SC316	41011101		
1	软件	LMS Test. Lab	LMS				
3	ICP 信号调理仪	16 通道，50 针输入，BNC 输出	PCB	584A	600A		
					601A		
					805		

（续）

数量	设备类型	描述	制造商	型号	序列号	灵敏度		单位
4	DB 50 带状电缆	100ft，50 针-50 针	PCB	009H100				
40	BNC 电缆	10ft，BNC-BNC	TMS	003D10				
2	BNC 延长电缆	100ft，BNC-BNC	TMS	012A100				
4	转接板	16 通道，BNC 输入，DB50 输出	PCB	070C29	1922			
					1630			
					40557			
3	三向延长电缆	20ft，4 针母头-4 针公头	PCB	010AY020CA				
20	三向加速度电缆	30ft，4 针公头-3BNC 公头	PCB	078G30				
1	力锤	模态力锤	PCB	086D50	23161	1.05		mV/lbf（1lbf = 4.4482N）
1	加速度计	三向加速度计	PCB	T356M98	104009	*X*	980.42	mV/g
						Z	947.52	
1	加速度计	三向加速度计	PCB	T356M98	104010	*X*	966.55	mV/g
						Z	973.43	
1	加速度计	三向加速度计	PCB	T356M98	83168	*X*	995.43	mV/g
						Z	1013.52	

注：整洁起见只包含了部分清单内容。

当然，数据采集系统设置也有大量的细节，其中一些信息已包含在前面的列表中，但其他信息没有包含在里面，如传感器、灵敏度和通道电压设置等，把这些信息存档也非常重要。表 10-3 展示了一个典型的大型模态测试列表，注意到这些信息可以在实际测试之前准备好。

表 10-3　锤击测试的通道/加速度计信息和通道电压设置

测点	方向	通道	序列号	灵敏度/(mV/g)	参考点处的电压量程/V				
					11: *X*	13: *X*	15: *X*	17: *X*	2: *Z*
1	*X* +	5	104009	980.4171	0.2	0.5	0.2	0.2	0.5
	Z +	6		947.5198	0.2	0.2	0.05	0.1	0.2
2	*X* +	7	104010	966.5479	0.2	0.5	0.2	0.2	0.5
	Z +	8		973.4251	0.1	0.2	0.2	0.5	0.2
3	*X* +	9	83168	995.4277	0.1	0.5	0.2	0.5	0.5
	Z +	10		1013.5176	0.1	0.2	0.1	0.2	0.2
4	*X* +	11	83169	1011.4053	0.1	0.2	0.2	0.5	0.2
	Z +	12		1007.5164	0.2	0.5	0.2	0.5	0.2
5	*X* +	13	83170	980.596	0.1	0.5	0.2	0.5	0.5
	Z +	14		1002.9363	0.05	0.1	0.1	0.1	0.1
注意：没有包含所有的通道。									

（续）

测点	方向	通道	序列号	灵敏度/(mV/g)	参考点处的电压量程/V				
					11: X	13: X	15: X	17: X	2: Z
17	$X+$	37	102929	960.6447	0.5	1.0	0.5	1.0	1.0
	$Z+$	38		960.953	0.2	0.5	0.5	0.5	0.5
18	$X+$	39	102930	1049.7962	0.2	1.0	0.5	1.0	1.0
	$Z+$	40		980.8092	0.2	0.5	0.5	0.5	0.5
19	$X+$	41	102931	988.3263	0.5	1.0	0.5	1.0	1.0
	$Z+$	42		1019.6261	0.1	0.5	0.5	0.5	0.5
20	$X+$	43	102932	1009.0189	0.5	1.0	0.5	1.0	1.0
	$Z+$	44		1014.2949	0.5	1.0	0.5	2.0	1.0

到达测试现场之前进行相关的准备确实有助于突出实验中的一些关键问题。当测试团队到达测试现场时，结构可能已经设置为特定的测试配置（悬吊、夹具等）中。测试可能需要调整部分配置，尤其是当测试设置需要模拟自由-自由边界时。当测试小组开始布置所有的传感器和电缆时，第二台便携式数据采集系统对于进行任何计划外的频响测量总是很有用的。便携式系统允许在结构上采集几个不同的驱动点测量，以便对频率和响应进行初步评价。这是至关重要的，特别是在没有关于结构的先验知识或可用信息的情况下。虽然这看起来很不寻常，但通常客户不会分享任何关于结构或任何预期的动力学信息。有时，虽有详细的有限元模型，但客户拒绝分享。在这些情况下，进行测试更加困难，初步测量则显得至关重要。由于缺乏信息，模态测试的参考点总有可能无法选择最佳的位置。当出现这种情况时，通常首先应该进行一个非常粗略的模态测试，只需要进行很少的测量，以确保可以从这些少量的测量数据中提取到预期的模态。采集大量的测量数据可能不是一个明智的做法，少量的测试数据可以让测试团队确保定义测试的所有问题都能得到合理解决。执行一个非常粗略的测试，多年来已经被证明是一个明智的决定，强烈建议这样做，特别是当测试一个新的或者没有相关信息的结构时。

使用小型便携式数据采集系统也可用于结构预期频响测量的对标工作。随着工作的展开，电缆和传感器都安装到结构上，可以进行额外的测量，以确认系统上的测量是否存在时变性。此外，传感器和电缆的附件可能对测量产生质量载荷影响，可以通过便携式系统的这些测量来确定这些影响。

如果可能的话，应该在测试设置后拍摄传感器的安装位置照片。例如，照片捕获的加速度计的型号和序列号往往可以为后续工作提供有用的信息。在一次测试中，对照片检查了一晚上，以确认是否有传感器的导线交换了位置。事实上，的确有这样的情况出现，确认之后，在测试团队第二天早上到达测试现场前便纠正了错误。整个测试设置的条理性非常重要，特别是当存在任何布线问题时。如果只有少数几个通道布线，那么出现的问题通常很容易解决。但是一旦测量通道变得非常庞大，条理性就突显出作用了。图 10-4 展示了一个测试，当需要检查多个通道时，电缆布置使其变成一场噩梦。

多年来模态测试人员遵循一个一般性的规则，这个规则涉及如何在结构上组织加速度计、通道和测点编号，这有助于避免多通道测试系统遭遇的困难。一般来说，加速度计按序列号从小到大的方式与数据采集系统连接，对应的通道也是从小到大，分配给结构上的

图 10-4　无条理性的布线测试设置

几何点号也是从小到大。虽然这看起来很烦琐，但当必须在测试现场重溯所有加速度计的电缆时，这些好处可节省数小时的时间。使加速度计按序列号递增顺序排列实际上并不难，数据采集通道按递增顺序布置传感器、几何测点从最小几何点号递增也不难。如果对布线有任何不清楚之处，追踪电缆会容易得多。一般情况下，所有加速度计的序列号与匹配的通道号和几何点号都应该检查两次，并且不是由初始标记和设置的同一个人来检查。检查的时候也是拍摄照片记录整个测试设置的最佳时机。最好由两个人来检查，其中一个人大声地读出所有的信息，以确保这一切都是正确的。这也是重新检查所有的连接是否妥当的最佳时机。

有时测试设置会持续一整天：支撑结构、在结构上安装所有的传感器、连接所有的线缆、规划整个测试。如果是这样，应该始终检查所有使用的通道，应该用整个采集系统或便携式系统进行一次测量。如果测试没有在第一天结束时开始，那么在第二天早上返回时，应尽快进行测量，并与前一天的所有测量结果进行比较，以确定结构是否有变化，或支撑系统是否在一夜之间发生了任何明显的变化。

在测试开始时，首先要检查测量数据的一致性。应该检查时域信号，以确保传感器没有过载或饱和。对输入力谱也应该进行评估，以确保充分激起了合适的频率范围。也应该检查频响函数和相干函数，以确保测试数据的质量，并与前一天所做的测量做对比，确保结构的频率没有任何变化。通常，首先检查驱动点测量，虽然没有必要先做这些测量，但这样做确实使处理变得更简单。

这时，测试可以继续进行，采集测试需要的测量数据。随着测试的进行，观察采集的时域信号和频谱是一个好习惯。不要因为第一次测量是好的，就在测试过程中不再查看其他的测量数据。

试验模态测试可能需要几个小时才能完成，这取决于测点数量和采集的数据类型，以及是否需要评估不同的结构配置。更不用说测试本身就枯燥，测试一段时间后模态测试人员的专注力会下降。为了让测试人员保持专注并持续做适当的记录，在模态测试中应该总是做一些简单的事情。在每次测量时，为所有的测点和方向制作一个电子表格，并手动填写它。这个表格实际上应该是测试方案的一部分。表 10-4 显示了一个这样的示例，其中所有的测点（在 X - 、Y - 和 Z - 方向）都写在对应一列中，所有的参考点都显示在顶行。有时，并不需要采集三个方向的数据，这取决于结构及其模态。表 10-4 中只示意性地给出部分测点。表 10-4 还可用于生成主从自由度，用于确定模态振型动画所需的约束关系以完成结构上未测量的测点。

表 10-4　显示所需测量的初始电子表格

		参考点			
		23x	23y	41x	41y
测点	1x				
	1y				
	1z				
	2x				
	2y				
	2z				
	113x				
	113y				
	113z				

在测试进行的过程中，表格应在每个测点测量完成时加以更新，以确保测试人员始终保持专注，并且知道需要进行的下一个测量。这在移动力锤测试时非常重要，测试将采集多个测点的数据。在长时间的测试中，专注度下降很容易导致出现错误：在测试过程中移动到错误的测点，因此错误地标识了测点。表 10-5 来自正在进行的测试，展示了尚未进行的测量，这样方便确认哪些测点还没有测量。

表 10-5　显示测量完成情况的电子表格

		参考点			
		23x	23y	41x	41y
测点	1x	☑	☑	☑	☑
	1y	☑	☑	☑	☑
	1z	☒	☒	☒	☒
	2x	☑	☑	☑	☑
	2y	☑	☑	☑	☑
	2z	☒	☒	☒	☒
	113x	☑	☑		
	113y	☑	☑		
	113z	☑	☑		

当然，当所有测试完成后，表 10-5 可以用来与保存在计算机中的数据文件做检查，

以重新确认所有的测量都已完成。通常，再次读出所有的测点和方向以确保采集到完整的数据组，见表 10-6。这也是一个很好的质量控制点以确保所有数据都已获取到。数据应该在测试过程中定期备份，而且要选在能够获取完整数据的节点。原始数据不应做任何编辑或修改，只可用于复制，然后再处理。

表 10-6　显示所有获得的测量数据的最终电子表格

		参考点			
		23x	23y	41x	41y
测点	1x	🗁	🗁	🗁	🗁
	1y	🗁	🗁	🗁	🗁
	1z	☒	☒	☒	☒
	2x	🗁	🗁	🗁	🗁
	2y	🗁	🗁	🗁	🗁
	2z	☒	☒	☒	☒
	113x	🗁	🗁	🗁	🗁
	113y	🗁	🗁	🗁	🗁
	113z	🗁	🗁	🗁	🗁

在测试设备移除之前，必须对数据进行快速评估，以确保可以从采集到的数据中得出一个好的动力学模型。当然，对数据采用快速的峰值拾取法是查看数据采集是否存在问题的一种方法。所有的测点都应该遵循合乎逻辑的运动。低阶模态是最容易评估的，即使低频测量不错，也应对刚体模态进行评估。有时，刚体模态和弹性模态之间的区域也是观察所有测点是否以合理的模式运动的好地方。时间允许时，应进行更详细的数据评估，进行真实的曲线拟合：不是一个详细的数据缩减分析，只是简单地看看数据处理是否存在任何困难。模态参与矩阵是另一个要看的项目，它可以评估选定的参考点是否对系统的大多数模态起作用。另外，观察稳态图和极点的一致性指示是采集高质量数据的有力评价指标。可能需要对数据进行筛选，以确定哪些参考点和哪些数据最适合用来识别系统极点。有必要检查所采集的数据是否足以达到预期的目的。

如果数据没有问题且足够，就可以收拾测试设备了。需要缩减测试数据，以便从采集到的数据中获得可能的最佳模型。通常，可采用一些不同的数据缩减方案，这取决于独立参考点的数量。数据可以在窄带或更宽的频带上进行缩减分析，并使用不同的参考点，这取决于数据质量。如果所有数据都能产生相似的频率和模态振型，那么有充分的理由相信已经得到了一个好的模型。当然，有许多工具可以帮助评估整个模型，MAC 和 FRF 综合功能是最有助于确定数据质量的工具。

一旦完成了数据缩减分析，就需要生成测试报告。所有与测试相关的信息都需要做好记录。照片、动画、测试方案、日志、设备列表、测试结果、曲线拟合结果以及原始格式或通用文件格式的数据都应该是报告的一部分。一个典型的模态测试报告目录见表 10-7。

表 10-7　典型模态测试报告目录

目　　录	
1 简介	3.3 质量载荷的影响
1.1 测试目的	附录 A 设备清单
1.2 报告内容	附录 B 测试几何
1.3 测试和分析人员	附录 C 测试照片
2 理论基础	附录 D 测试方案
2.1 应用模态理论	附录 E 测试表格和日志
2.2 应用测量理论	附录 F 通道设置
2.3 典型的锤击测量	附录 G 驱动点 FRF
2.4 典型的工作测量	附录 H 稳态图
3 数据/结果/评论——重要的测试/分析	附录 I 模态振型
3.1 模态测试结果	附录 J 参数变化评估
3.2 频率和阻尼变化研究	附录 K 通用数据格式

10.2　FFT 分析仪设置

10.2.1　FFT 分析仪通用设置

有各种各样的 FFT 分析仪可用于测量。每个分析仪都有一些细微的差别，但一般来说，设置任何一个 FFT 分析仪都有一系列的步骤。图 10-5 给出了模态测试时设置 FFT 分析仪的一个非常通用的指南。

分析仪通用设置

1）选择感兴趣的频率范围（带宽）。
2）选择谱线数（N）。
3）选择对数据应用的窗函数（如果需要）。
- 力/指数窗主要用于锤击测试，特别是当系统的响应在 T 的时间记录结束时仍未衰减到零的情况下。

4）选择测量所需的平均次数，大多数试验模态测试通常采用稳态平均。
5）选择分析仪的触发条件。锤击测试通常用第 1 通道做触发，力传感器连接到分析仪的第 1 通道。对于大多数分析仪而言，触发电压量级通常设置为输入电压量程的 15%。
6）AC/DC 耦合通常应该设置为 AC 耦合（采集频率非常低的数据时可能例外）。
7）选择输入电压量程设置。
- 锤击测试使用手动量程设置。一些分析仪也可以在锤击测试中使用自动量程功能，而对于其他分析仪而言，这很难完成，手动设置更好。对于大多数锤击测试设置而言，在接受测量之前手动预览或定时预览时域信号非常有用。
- 为了获得最佳的测量，为任何测量情况设置过载拒绝。一些分析仪也有欠载拒绝的选项，这对于确保最低响应量级是有用的。

8）输入所有传感器的校准信息（传感器型号和序列号），并在可能的情况下给定适当的通道标签（力、加速度、电压）。

图 10-5　模态测试分析仪通用设置

10.2.2　锤击测试设置

锤击测试是一种非常常见的测试技术，每个分析仪都会有一些细微的差别，但一般来说，设置任何 FFT 分析仪都有一系列的步骤，图 10-6 给出了锤击测试时设置 FFT 分析仪的一个非常通用的指南。

锤击测试
通用
1）为所有输入通道设置量程（激励和响应）。
2）设置初始测量的带宽。
力锤
3）预触发参数。
• 为所有通道选择预触发延迟，使所有通道具有相同的值。
• 通常预触发延迟为时域记录长度的 2% ~5% 是足够的。
4）选择锤头。
• 选择的锤头能激发选定带宽内的所有模态。
• 在感兴趣的频率范围内力谱不应该有任何较大的衰减。
5）加窗注意事项。
• 如果输入信号有噪声，可能需要一个力窗。
响应
6）加窗注意事项。
• 若存在泄漏，则可能需要应用指数窗。
7）频响函数/相干函数。
在所有频率处，尤其是在共振频率处，相干函数应接近 1。

图 10-6　锤击测试分析仪通用设置

10.2.3　激振器测试设置

激振器测试也常用于模态测试。每个分析仪都会有一些细微的差异，但是一般来说，设置任何 FFT 分析仪都有一系列的步骤。图 10-7 给出了激振器测量时设置 FFT 分析仪的一个非常通用的指南。

激振器测试
通用
1）为所有输入通道设置量程（激励和响应）。
2）设置初始测量的带宽，并为所有通道设置合适的电压量程。
激振器
3）选择激励信号。
• 随机激励通常设置为自由触发（没有触发）。
• 猝发随机、伪随机、正弦快扫激励通常用信号源触发。
• 在感兴趣的频率范围内力谱不应该有任何较大的衰减。
4）加窗注意事项。
• 随机激励需要加汉宁窗（或等效的窗函数）。
• 通常使用的其他激励是专门设计的，不需要加窗。
响应
5）加窗注意事项。
• 对激励加的窗同样适用于响应信号。
6）频响函数/相干函数。
• 在所有频率处，尤其是在共振频率处，相干函数应接近 1。

图 10-7　激振器测试分析仪通用设置

10.3 日志页

进行任何测试时，都应该使用测量日志。有时，使用一些大多数内容相同的标准表格是有帮助的，它们可确保所有信息都记录适当，图 10-8 所示为它们的快照截图。

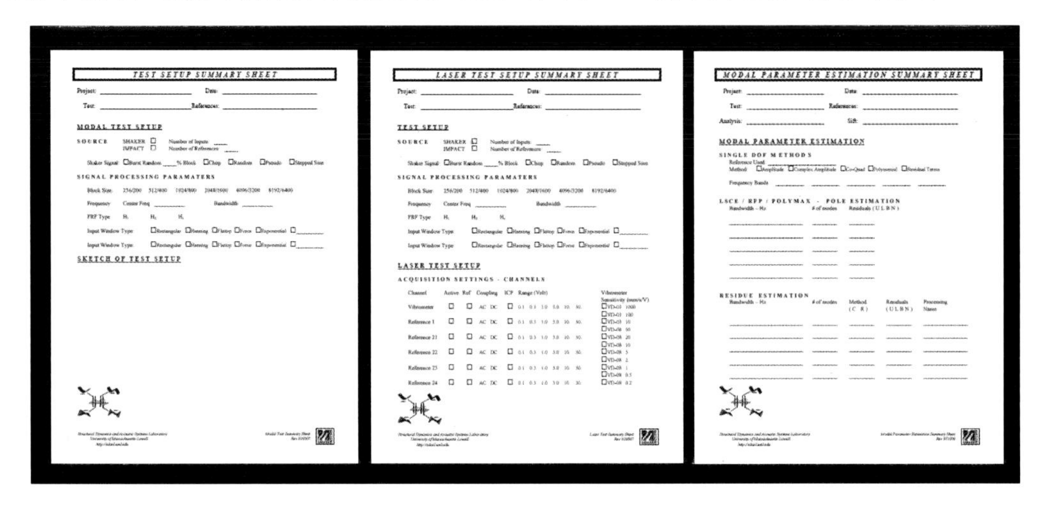

TEST SETUP SUMMARY SHEET

Project: ____ Date: ____

Test: ____ References: ____

MODAL TEST SETUP

SOURCE SHAKER ☐ Number of Inputs ____
IMPACT ☐ Number of References ____

Shaker Signal ☐Burst Random ____% Block ☐Chirp ☐Random ☐Pseudo ☐Stepped Sine

SIGNAL PROCESSING PARAMATERS

Block Size: 256/200 512/400 1024/800 2048/1600 4096/3200 8192/6400

Frequency Center Freq ____ Bandwidth ____

FRF Type H_1 H_2 H_v

Input Window Type: ☐Rectangular ☐Hanning ☐Flattop ☐Force ☐Exponential ☐____

Input Window Type: ☐Rectangular ☐Hanning ☐Flattop ☐Force ☐Exponential ☐____

SKETCH OF TEST SETUP

LASER TEST SETUP SUMMARY SHEET

Project: ____ Date: ____

Test: ____ References: ____

TEST SETUP

SOURCE SHAKER ☐ Number of Inputs ____
IMPACT ☐ Number of References ____

Shaker Signal ☐Burst Random ____% Block ☐Chirp ☐Random ☐Pseudo ☐Stepped Sine

SIGNAL PROCESSING PARAMATERS

Block Size: 256/200 512/400 1024/800 2048/1600 4096/3200 8192/6400

Frequency Center Freq ____ Bandwidth ____

FRF Type H_1 H_2 H_v

Input Window Type ☐Rectangular ☐Hanning ☐Flattop ☐Force ☐Exponential ☐____

Input Window Type ☐Rectangular ☐Hanning ☐Flattop ☐Force ☐Exponential ☐____

LASER TEST SETUP

ACQUISITION SETTINGS - CHANNELS

Channel	Active	Ref	Coupling	ICP	Range (Volt)
Vibrometer	☐	☐	AC DC	☐	0.1 0.3 1.0 3.0 10. 30.
Reference 1	☐	☐	AC DC	☐	0.1 0.3 1.0 3.0 10. 30.
Reference 21	☐	☐	AC DC	☐	0.1 0.3 1.0 3.0 10. 30.
Reference 22	☐	☐	AC DC	☐	0.1 0.3 1.0 3.0 10. 30.
Reference 23	☐	☐	AC DC	☐	0.1 0.3 1.0 3.0 10. 30.
Reference 24	☐	☐	AC DC	☐	0.1 0.3 1.0 3.0 10. 30.

Vibrometer Sensitivity (mm/s/V)

MODAL PARAMETER ESTIMATION SUMMARY SHEET

Project: ____ Date: ____

Test: ____ References: ____

Analysis: ____ Sift: ____

MODAL PARAMETER ESTIMATION

SINGLE DOF METHODS

Reference Used ____

Method ☐Amplitude ☐Complex Amplitude ☐Co-Quad ☐Polynomial ☐Residual Terms

Frequency Bands ____ ____ ____ ____ ____

LSCE / RFP / POLYMAX - POLE ESTIMATION

Bandwidth - Hz	# of modes	Residuals (U L B N)
____	____	____
____	____	____
____	____	____
____	____	____
____	____	____

RESIDUE ESTIMATION

Bandwidth - Hz	# of modes	Method (C R)	Residuals (U L B N)	Processing Name
____	____	____	____	____
____	____	____	____	____
____	____	____	____	____
____	____	____	____	____
____	____	____	____	____

图 10-8 三个日志文件的表格样例

10.4 实践中的注意事项：清单

一些常见测试设置情况的清单如下：

1）分析仪设置清单。

2）锤击测试清单。

3）激振器测试清单。

4）测量充分性清单。

5）杂项检查清单。

虽然并不是每种可能的情况都能考虑到，但是有一些非常基础的设置准则，对试验模态测试很有帮助。一方面，预定义的列表可以让工程师不加思考地去做某些事情，但另一方面，在这描述的清单有助于让他们集中注意力在重要的事情上。

10.4.1 分析仪设置清单

进行基本的测量，需要设置一些基本参数。图 10-9 将有助于设置其中的一些参数。可以使用图 10-9 作为设置大多数测试的指南。对大多数测试设置而言，这是足够的。如果不熟悉某些名词术语，请回看数字信号处理章节中的一些相关内容。

- 频率范围（分析带宽）。
- 谱线数。
- 窗函数。
- 平均次数/类型。
- 触发条件。
- 输入通道设置。
- 量程设置。
- 校准信息。

图 10-9 分析仪设置清单

频率范围（分析带宽）：选择感兴趣的频率范围。记住，采集数据所需的时间与选择的带宽成反比。有时带宽被指定为频率下限、频率范围或频率上限，有时它被标记为中心频率和关于中心频率的带宽。这取决于所使用的 FFT 分析仪。

谱线数：选择谱线数（N）。记住 N 决定了时域和频域分辨率。谱线数是 2 的幂（如 512、1024、2048 或 4096）。根据分析仪的不同，因混叠原因导致不是所有的谱线都可用，所以选择的谱线数可能是 400、800、1600 或 3200。记住 N 决定了时域和频域的分辨率：由于频域信号是复数值的结果，而时域信号是实数，因此，FFT 分析的时域信号包含 $2N$ 个数据点。

窗函数：虽然应不惜一切代价避免加窗，但为了尽量减少泄漏，仍可能需要加窗。对于满足 FFT 周期性要求的信号，使用矩形窗。对于不满足 FFT 周期性要求的随机信号，使用汉宁窗。对于不满足 FFT 周期性要求的正弦信号，使用平顶窗。对于锤击测试使用力/指数窗。

对数据应用窗函数（如果需要）。

- 矩形窗（又称货车车厢窗、均衡窗或不加窗）用于满足 FFT 处理周期性要求的信号，使用矩形窗的典型激励信号有正弦快扫、猝发随机、数字步进正弦和周期离散正弦信号。
- 对于不满足 FFT 处理周期性要求的随机信号采用汉宁窗。使用汉宁窗的典型激励信号为随机信号。
- 对于不满足 FFT 处理周期性要求的离散正弦信号，通常采用平顶窗进行校准。
- 力/指数窗主要用于锤击测试，特别是当系统的响应在 T 的时间记录末端未衰减到零时。

平均次数/类型：为测量选择所需的平均次数。通常大多数试验模态测试使用稳定平均，这种平均类型对每一次测量采用同等的权重。所需的平均次数取决于所测试的系统。一般原则是，如果被测的频响函数在 10 ~ 20 次平均之后变化不大，且相干函数是可以接受的，则 10 ~ 20 次平均就足够了。但是，如果频响函数在 20 次平均之后仍有较大变化，那么就需要更多的平均次数。

触发条件：需要设置分析仪的触发。通常使用自由触发、通道 1 触发或信号源触发启动测量。自由触发通常用于随机信号。通道 1 触发通常用于锤击测试，力锤的力传感器连接到分析仪的通道 1。信号源触发通常用于使用特定输入激励信号的激振器测试，其中源信号由分析仪提供以启动测量。选择分析仪的触发条件，要么自由触发、要么通道 1 触发或信号源触发。

- 自由触发通常用于随机信号。一旦分析仪启动，测量就开始了。
- 通道 1 触发通常用于锤击测试，其中力传感器连接到分析仪的通道 1。对于大多数分析仪而言，触发电压量级通常设置为输入电压量程的 15%。
- 信号源触发通常应用于激振器测试。这种激励使用具有特殊特征的信号（如猝发随机、正弦快扫和数字步进正弦），其中的关键是信号在相对于源信号的指定时间内启动。

输入通道设置：输入通道有一些不同的选项，如 ICP 或电压输入模式、接地或浮地、抗混叠滤波是否打开等。其中最重要的是 AC/DC 耦合。通常这些通道被设置为 AC 耦合，除非需要采集非常低频的数据。AC 耦合的目的是滤掉信号中的 DC 偏置。其他一些设置与所使用的仪器类型和正在进行的测量有关。

量程设置：必须为每个通道设置合适的电压量程，以便模数转换时以最优的方式进行。通常，锤击测试需要手动设置这些量程，但有时可能会有点令人沮丧。进行激振器测试时，很方便让分析仪执行自动量程设置以便自动找到最合适的量程。对于几乎任何类型的测量，都应当打开过载拒绝功能，这样就不会接受过载测量。选择输入电压量程设置：

- 激振器测试使用自动量程可为输入通道设置合适的电压量级。在一些分析仪上有一个自动量程“向上”选择功能，这对于检测数据中的假尖峰和正确设置电压量程有用。请记住，如果使用不同的量级，请更改为自动量程“向上/向下”功能。
- 对于锤击测试使用手动量程设置。一些分析仪也可以为锤击测试使用自动量程功能，对于其他很难实现该功能的分析仪，手动量程设置更好。对大多数锤击测试设置，在接受测量之前，手动预览或定时预览对于查看时域信号非常有用。
- 任何测量情况下为了获得可能的最佳测量，都应该开启过载拒绝功能。
- 一些分析仪也有欠载拒绝的功能，这对于确保信号达到了最低要求是非常有用的。

校准信息：这个相当直观：需要为特定传感器进行校准。对所有传感器进行校准（传感器型号和序列号），并在可能的情况下给定适当的通道标签（力、加速度、电压）。

10.4.2 锤击测试清单

锤击测试为了获取测量数据，需要设置一些基本参数。图10-10将有助于设置其中的一些参数。图10-10可以作为大多数锤击测试设置的指南，它可看作是大多数通用测试设置的起点。如果你不熟悉其中的一些名词术语，请回看一下锤击激励章节的相关内容。特别是要熟悉锤击法测量数据采集的顺序，以便了解在进行锤击法测量时要检查的事项。

通用
- 通道量程设置。
- 频率范围（带宽）。

力锤
- 预触发设置。
- 锤头选择。
- 加窗。

响应
- 加窗。

频响函数/相干函数
- 测量注意事项。

图10-10 锤击测试清单

通用

通道量程设置：进行锤击法测试时，切记测量参数改变时也要改变量程设置。最重要的是改变输入-输出位置，但改变带宽和更换锤头也是关键项。为所有输入通道设置量程（激励和响应）。记住，任何时候改变带宽，或者更换力锤锤头或者改变输入/输出位置，输入通道量程设置都可能需要重新调整。

频率范围（带宽）：为初始测量设置带宽。任何时候，当改变带宽时，锤头和量程可能都需要调整。当开始初步测量时，通常会改变带宽以检查系统的模态数量。当带宽改变时，可能需要更换锤头，也可能需要调整量程设置。

力锤

预触发设置：进行锤击测试时，所有通道的预触发延迟都需要设置相同，否则会导致测量数据存在相位差。预触发延迟设置为时域数据块的2% ~5%通常是足够的。一些分析仪根据绝对时间而不是时域数据块的时间百分比来指定预触发延迟，确保在选择不同带宽时检查预触发延迟，并根据需要调整延迟。预触发参数如下：

- 为所有通道选择预触发延迟，并具有相同的设置值。
- 通常，时域记录长度的2% ~5%的延迟是足够的。
- 如果指定了绝对时间（而不是时域记录的百分比），那么请记住，如果带宽更改，则可能需要调整延迟。

锤头选择：锤头应能激发感兴趣频率范围内的所有模态，以便给予系统足够的激励能量并获得良好的相干函数。从不平坦的输入力谱中可以看到连击，在结构共振处不应出现任何较大的力衰减。选择锤头原则如下：

- 选择的锤头能激发选定带宽上的所有频率。
- 锤头应该在所有频率上产生一个相当平坦的输入力谱，力谱在感兴趣频率上限内下降不超过 10～20dB 或 20～30dB。
- 力谱在感兴趣的频率范围内不应该有任何较大的衰减。
- 一个不平坦的输入力谱表明存在连击，这可能是锤头选择不合适或结构局部刚度太弱造成的。

加窗：若输入信号有噪声，则可能需要力窗。

响应

加窗：对于锤击测试，可能需要使用指数窗。在加窗之前，尝试更改数据块大小或带宽，以便增加时域记录的时间长度使响应自然地衰减到零。过大的指数窗可能会导致密集模态峰值拖尾，过小的指数窗会导致泄漏。指数窗大小应当合适，以减少泄漏。加窗注意事项如下：

- 如果存在泄漏，可能需要使用指数窗。在加窗之前，考虑使用较窄的带宽，或考虑更长的采样时间或更多的谱线数，或两者兼而有之。最后的效果是，数据的时域记录时间更长，从而使结构的响应自然地衰减到零。最糟糕的情况下，仍需尽量避免应用一个大指数窗。
- 若响应在采样周期结束前衰减到零，则不需要加窗，因为信号在采样周期内能完全被观测到，满足 FFT 处理的周期性要求。
- 当更换锤头或改变分析仪的带宽时，可能需要调整指数窗。
- 太小的指数窗（或不加指数窗）可能导致频响函数存在泄漏和失真。
- 过大的指数窗可能会导致密集模态拖尾，难以识别。
- 应选择合适的指数窗（必要时）使响应信号在采样周期结束时衰减到零，以便满足 FFT 处理的周期性要求。

频响函数/相干函数

测量注意事项：在所有频率上，相干函数应该接近 1，但是在反共振峰处，相干函数存在一些下降是可以接受的。

- 在所有频率处，尤其是在共振峰时，相干函数应接近 1。
- 相干函数可以在某些频率处存在下降，特别是反共振峰处，但这仍然是一次很好的测量。
- 高频相干函数较差，可能是由于选择的锤头或局部结构太柔造成了力谱下降。

10.4.3　激振器测试清单

使用激振器激励技术获得测量数据，需要设置一些基本参数。图 10-11 将有助于设置其中的一些参数。图 10-11 可以作为设置大多数测试的指南：它应该是大多数一般测试设置的良好起点。如果你不熟悉其中的一些名词术语，请回看激振器激励章节的一些相关内容。特别是要查看激振器测量采集数据的先后顺序，以便了解在进行激振器测量时要检查的内容。

通用

通道量程设置：需要为所有输入通道设置量程。几乎所有的分析仪都有为每个输入通道自动设置量程的功能。通常，测量使用12位模数转换器上的10～12位，16位模数转换器的13～16位，24位模数转换器的21～24位。为所有输入通道设置量程（包括激励和响应），在大多数分析仪上可以方便地使用自动量程功能。

频率范围（分析带宽）：为测量设置带宽，选择合适的带宽进行测量，这取决于测试的目的。

加窗：虽然大多数模态试验使用不需要加窗的激励信号，如猝发随机和正弦快扫，这也是优先选择的测试方式，但有时仍需要加窗，需要选择合适的窗函数。尝试使用激励技术，如猝发随机或正弦快扫，这些激励信号不需要使用窗函数。对于其他的激励信号，必要时需要加窗（例如，为随机信号加汉宁窗、为校准信号加平顶窗等）。

通用
- 通道量程设置。
- 频率范围（分析带宽）。
- 加窗。

激励
- 触发。
- 激振器注意事项。

响应
- 响应注意事项。

频响函数/相干函数
- 测量注意事项。

图 10-11　激振器测试清单

激励

触发：分析仪的触发方式取决于所使用的激励信号类型。通常对随机信号采用自由触发，对猝发随机、正弦快扫和其他特殊的激励信号使用信号源触发。选择触发参数如下：

- 自由触发通常用于随机信号。
- 通常在使用具有特殊特征的信号（如猝发随机、正弦快扫和数字步进正弦）时，使用信号源触发，其中的关键是信号在相对于源信号的指定时间启动。
- 预触发延迟通常用于猝发随机激励，可确保激励信号在分析仪的一个采样间隔内被完全观测到。通常预触发延迟只需要设置为时域记录时间的1%～2%。有时，使用“预触发”会令人迷惑，不清楚是否应该使用负的预触发延迟或不用。这很容易检查，以确保正确地使用了预触发。

激振器注意事项：对于大多数激振器测试，激励信号的频谱应该在整个频率范围内相当平坦，在共振频率处没有明显的力衰减。对于猝发随机激励，通常选择猝发时间为时域记录时间的50%～80%。激振器注意事项如下：

- 对于猝发随机测试，激励信号应该只存在于整个时域记录的一部分。通常，猝发时间长度为时域记录时间的50%～80%。
- 检查输入功率谱在整个带宽上是否平坦。
- 在感兴趣的频率范围内，力谱不应该有任何明显的衰减。由于激振器和结构之间的阻抗不匹配，通常激励力在结构共振频率处会出现下降。将激振器重新布置到另一个位置可能会减少该问题。

响应

响应注意事项：对于猝发随机激励，最需要考虑的是响应信号必须在时域采样末端衰减到零，否则将存在泄漏。如果响应没有在采样周期末端衰减到零，那么应该考虑更短的猝发时间长度。对于其他激励信号，如正弦快扫、数字步进正弦和伪随机激励，应在启动测量之前连续发出激励信号，以便系统的响应处于稳定状态，不需要加窗。猝发随机激励测试，要保证响应在采样结束前衰减到零，否则就会发生泄漏，这一点非常重要。

- 若响应在采样周期结束时仍未衰减到零，则应缩短猝发时间长度。
- 如果响应衰减太快，那么可考虑使用更长的猝发时间。
- 对于正弦快扫、数字步进正弦和伪随机信号，在开始测量前必须连续地发出信号，以保证系统达到稳态响应，否则可能会存在泄漏。

频响函数/相干函数

测量注意事项：在所有频率上，相干函数应该接近 1，但是在反共振峰处，相干函数存在一些下降是可以接受的。

- 在所有频率处，尤其是在共振峰处，相干函数应接近 1。
- 相干函数可以在某些频率处存在下降，特别是反共振峰处，但这仍然是一次很好的测量。
- 使用随机激励技术时，由于泄漏和阻抗不匹配等会导致相干函数在共振频率处下降，这是不可接受的。
- 较差的相干函数可能是由于力在某些频率处有下降，或系统存在非线性，或其他一些问题导致的，这是不希望出现的。

10.4.4　测量充分性检查清单

为了评估你的测量是否充分，需要设置一些基本参数。图 10-12 有助于解决其中的一些问题。图 10-12 可以作为评估测量的指南，它应该是大多数一般测试评价的一个良好的起点。如果你不熟悉某些名词术语，请查看数字信号处理和激励章节中的一些相关内容。

相干函数较差的问题

ADC 优化：检查输入通道以确保模数转换器设置合理。模数转换器可能没有设置在合理的量级。尝试将模数转换器量程设置得更低，以查看是否出现过载现象。再次尝试自动量程，以确定是否可以获得更高质量的测量。

Rattles 噪声：检查发出 Rattles 噪声和其他类型噪声的部件。有时，系统中可能有一些部件会引起噪声和 Rattles 噪声。这可能会导致一个糟糕的测量。尝试隔离 Rattles 噪声的来源，并尽量减少或消除它们。

背景噪声：检查背景中的噪声信号。如果测量是在噪声环境中进行的，那么测量的相干函数可能是不被接受的。为了确保获得良好的测量结果，需要进行更多的平均。

传感器设置：检查以确保传感器使用了正确的设置（ICP、电压、电荷）。经常会出现一些不合理的传感器设置。例如，输入可能来自 ICP 型加速度计，但分析仪却设置为电压或电荷模式。请确保设置合适。

相干函数较差的问题：
- ADC 优化。
- Rattles 噪声。
- 背景噪声。
- 传感器设置。
- 传感器灵敏度。

相干函数：下降
- 反共振峰。
- 高频处。

FRF：注意事项
- 清晰的 FRF。
- 解放思想
- 测量受噪声干扰。

FRF：其他注意事项
- 高频下降。
- 质量下降。
- 传感器是否足够。

图 10-12　测量充分性检查清单

传感器灵敏度：检查以确保传感器的灵敏度足以胜任测量。如果测量传感器对力或系统响应不够灵敏，那么就不可能获得高质量的测量。请尝试更换更灵敏的传感器进行测量。

相干函数：下降

反共振峰：相干函数在某些频率处可以有下降，这仍不失为一次良好的测量。相干在反共振频率处尤其如此，这是因为在这些频率处系统没有响应输出。记住，在反共振频率处可以认为结构非常刚，系统基本上没有响应输出。如果系统没有输出，所有测量到的响应都来自输入激励以外的其他东西，因此相干应该很低。

高频处：相干函数在某些频率处可以有下降，这仍不失为一次良好的测量，尤其是在高频段，因为这些高频模态可能是不感兴趣的。如果相干函数在更高的不关心的频段下降，那么测量仍然是可以接受的，尤其是在锤击测试中，输入力谱总是在高频处有衰减。

FRF：注意事项

清晰的 FRF：所获得的频响函数应该是良好的、清晰的数据。必须尽一切可能获得最好的测量。这些测量数据将用于曲线拟合。如果测量数据看起来不像分析模型获得的频响函数那样清晰，那么使用这些数据进行参数提取时，将得不到正确的结果。测量的频响函数应是良好的、清晰的测量数据。请记住，这些频响函数将用于数学处理以提取频率、阻尼和留数。

解放思想：不要仅仅停留在任何过去的测量数据上，应尽最大努力使用你所有可以使用的工具来获得最好的测量。同样，请记住，这些频响函数将用于数学处理以提取频率、阻尼和留数。

测量受噪声干扰：对于快速评估手头问题的情况，受噪声干扰、质量差的频响函数是可以接受的，但当开发高度一致的动态模型时却是不可接受的。如果目标只是试图得到一个振动问题的基本评估，那么粗略的测量也许就能达到目的，特别是当能够采集更多更好的数据时。

FRF：其他注意事项

高频下降：如果频响函数仅在高频较差，请检查输入功率谱以确保有足够的能量施加到所有频率上。激振器测试时改变激振器的输入频率范围或锤击测试时更换锤头可实现这一点。频响函数经常只在高频才会变差。这种情况通常发生在锤击测试中，锤头只激发了一部分频率范围，或者激振器测试时，只对部分频率范围进行了激励。倘若只关心被充分激励起来的较低频率范围内的模态，这是没有问题。但是，如果对更高的频率范围也感兴趣，则输入力谱可通过更换锤头或调整激振器的激励信号来实现。

质量下降：如果频响函数在共振频率处较差，则应检查输入力谱，可能是激振器随机激励试验中阻抗不匹配或存在泄漏，或者锤击试验时存在连击或者结构局部太柔，这些情况都会造成力谱下降。连击有时是很难避免的，使用不同的锤头或锤击不同的位置可能能纠正该问题。如果激振器阻抗的不匹配并不是很严重，那么可以通过更换激励位置来纠正。不幸的是，随机测试产生的泄漏是无法避免的，唯一的补救办法是使用不同的激励技术。

传感器是否充分：如果频响函数仅在低频段较差，则应检查传感器是否适合于低频应用。有时，所使用的传感器不足以胜任测量低频信号。这种情况下，需要使用低频性能更好的加速度计。在其他情况下，低频信号被高频能量所覆盖，这将导致产生量化误差。尝试使用更窄频率范围的传感器，检查在较低的频率范围是否可以得到更高质量的测量。

10.4.5　杂项检查清单

线性检查

- 使用确定性信号。
- 力加倍。
- 外围设备。
- Rattle 噪声和其他噪声。
- 非线性。
- 工况量级下的测试。
- 并非所有的模态都是非线性的。
- 几何位置。

互易性检查

- 基本要求。
- 移动质量。
- SISO 与 MIMO。
- 非线性。

自由-自由边界测试

- 刚体模态与弹性模态分离较远。
- 双弹性绳。

质量载荷影响

- 移动质量。
- 更轻的响应传感器。
- 背靠背。

重复性检查

- 昨天-今天。
- 卸下来-装上去。
- 个体。

其他检查

- 启动。
- 连接。

这有一些其他杂项可能需要考虑。以上给出的是一些常见的项目清单。

线性检查

使用确定性信号：总是检查系统的线性度，可以通过使用确定性的激振器激励信号，如正弦快扫或数字步进正弦来检查系统的线性度。

力加倍：为了检查系统的线性度，输入力要加倍。对于线性系统而言，在激励力加倍的情况下得到的频响函数应该与力加倍前相同。检查系统的线性度可以通过使用确定性的信号，如正弦快扫或数字步进正弦信号来实现。通过施加不同量级的输入力激励来检查线性度。如果系统是线性的，那么所测的频响函数应该是相同的。

外围设备：有时，在测量中会出现非线性。若非线性是由于一些用于开发模态模型且不重要的外围设备造成的，则应考虑移除这些设备或尝试隔离/减少由它们引起的非线性特性。如果这些外围设备不是测试对象的必要组成部分，应尝试移除产生问题的设备，或者通过修改引起问题的部件来减轻非线性行为。

Rattles 噪声和噪声：若非线性是由于 Rattles 噪声和其他类型的噪声引起的，则应考虑使用一个非确定性的激励信号，如猝发随机信号，可将结构中可能存在的一些轻微非线性行为线性化。测量数据中存在非线性始终是一个问题。若它们是由系统中的 Rattles 噪声和松动部件造成的，那么应尝试使用非确定性信号（如猝发随机信号）进行多次平均，这可能有助于缓解这个问题。

非线性：通常被测系统是非线性的，或者至少有些模态是非线性的。如果系统是非线性的，那么需要进行额外的思考，因为模态分析理论针对的是线性系统。这时模态分析结果可能没有用，使用这些结果时要非常小心。

工况量级下的测试：有时，在测量中会出现非线性。如果系统不是线性的，那么也许可以在工况量级下进行模态试验。当一个系统是非线性的，那么可选择与工况载荷量级近似的激励载荷进行模态试验，然后所提取的模态参数在一定程度上只代表了结构在这种激励条件下的结果。

并非所有的模态都是非线性的：仅仅因为一阶模态是非线性的，并不一定意味着所有的模态都是非线性的。在很多情况下，并不是所有的模态都是极其非线性的。如果感兴趣的模态是线性的，而有一阶不感兴趣的模态是非线性的，那么也许模态调查结果仍然是有用的。

几何位置：非线性对输入力的几何位置和量级非常敏感。非线性是非常棘手的。非线性对输入力的几何位置非常敏感，这个影响依赖于在结构哪个位置施加激励。如果系统是非线性的，要非常小心地使用模态数据。

互易性检查

基本要求：始终检查系统的互易性。你的测试系统应该具有互易性。如果没有，那么需要检查一下为什么没有。从模态分析的理论来讲，测量满足互易性是一项基本要求。

移动质量：在结构上使用移动质量时，对互易性来说会成为问题。使用轻质的加速度计或质量哑元可能有助于缓解这个问题，然后检查互易性。如果在结构上移动加速度计是个问题，可以考虑使用轻质的加速度计或对所有测量点使用质量哑元以获得一致的数据。

SISO 与 MIMO：如果执行单输入激振器测试以获取多参考点数据时存在激振器顶杆刚度问题，请考虑使用多输入多输出测试来获得一致的数据。经常会采用多次单激振器输入激励试验采集多参考点数据，由于激振器的质量载荷、顶杆刚度和其他事项等原因，不同试验之间的互易性无法保证。当使用多参考点算法提取模态数据时，这会带来问题。MIMO测试有助于缓解这个问题。

非线性：检查系统的线性度。如果系统是非线性的，那么很难满足互易性。首先应解决非线性问题，因为如果系统是非线性的，检查互易性是在浪费时间。

自由-自由边界测试

刚体模态与弹性模态分离较远：在进行自由-自由边界测试时，结构的支撑应使刚体模态与弹性模态之间的距离相对较远。换句话说，刚体模态不应与弹性模态有明显的动力学耦合。

双弹性绳：在进行自由-自由边界测试时，如果结构支承刚度发生变化，系统的弹性模态不应有明显的变化。试着将支承刚度加倍（如使用双弹性绳），并检查弹性模态的频响函数是否发生显著变化。为了检查刚体模态和弹性模态是如何动态耦合的，尝试将支承刚度加倍或减半，看看弹性模态频率是否受到刚度变化的影响。如果有影响，那么刚体模态与弹性模态没有充分解耦，需要重新评估自由-自由边界条件，这可能不是问题，但应该加以检查和记录。

质量载荷影响

移动质量：在进行测量时，频响函数不应因响应加速度计的质量而发生显著变化。当加速度计从一个位置移动到另一个位置时，频响函数测量不应发生较大变化。若测量发生变化，则在提取模态参数时需要更谨慎，对更复杂的提取技术，如整体拟合或多参考曲线拟合，可能会产生令人迷惑的结果。

更轻的响应传感器：如果频响函数随着加速度计从一个位置移动到另一个位置而变化，则可能需要一个质量更轻的加速度计。或者，在结构所有测量位置安装质量哑元，以便能够获得一致的测量数据。

背靠背：最简单的检查附加质量的方法是在同一个位置背靠背地安装两个加速度计，并检查安装和不安装第二个加速度计的频响函数的差异。两次测量的频响函数应该基本相同。

重复性检查

昨天-今天：测量应该是可重复的。频响函数不应该随时间变化。今天进行的测量，与昨天的测量结果对照，它们应该是相同的。昨天所做的测量应该和今天采集的相同，因为系统是时不变的。如果它们不一样，那么哪个模态模型能正确地描述系统呢？昨天的模型还是今天的模型？

卸下来-装上去：测量应该是可重复的。将加速度计安装在结构上并进行测量，移除加速度计并重新安装它，再进行一次测量并进行比较，以检查安装过程是否可重复。

个体：测量应该是可重复的。有些人在实验室里做同样的测量以表明测量过程是怎样重复的，这依赖是谁做的测量。当测试人员可以证明他能够重复一个测量时，那么不同的人参与同一个模态测试时会怎样？每个参与测量的人的重复性如何呢？请检查。

其他检查

启动：确保功放和测试设备都启动。这听起来很好笑，但它总是发生。人们过多关注测量的细节，而忘记检查仪器。

连接：检查以确保所有电缆的螺纹连接都是拧紧的。当电缆没有正确地拧紧时，微型线缆的螺纹接头会产生一些非常奇怪的结果。它比你想象的更敏感。

10.5　总结

本章就典型模态测试的设置和进行方式提供了一些基本思路。此外，本章提供了多种不同的清单指导人们进行模态测试，并讨论了与数据采集系统相关的许多不同的测量问题。

第 11 章

建议、技巧和其他事宜

多年来，笔者在许多不同的场景中，执行了一些特殊的测试，或引入了一些技巧来简化测试，或执行了一些独特的测试方法。当某个测试具有一定的复杂性时，这些新颖的方法可能非常有用。本章的大部分内容包含了大量的建议、技巧和其他事宜。不幸的是，把所有这些材料组织起来很困难。有些章节有相似的内容，并组合在一起，但仍有各种各样的杂乱主题很难组织，只能以分散的方式呈现。无论如何，希望所有的材料都能对你有所帮助。

在开始之前，这里通过使用一个简单的3自由度系统的测量数据来简单介绍模态测试的入门知识，这个系统在之前的章节中已经讨论过了。在这个例子中同时讨论锤击测量和激振器测量，以说明频响矩阵的相关信息。

11.1 模态测试入门

让我们通过一个简单的例子来了解如何获取数据和一些与模态测试相关的事情。首先讲述锤击测试，然后是激振器测试，来描述测量数据，以展示这两种测试技术的差异。

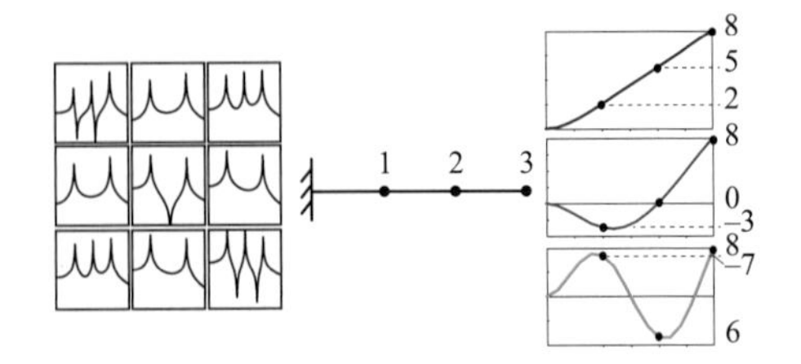

让我们来看一根悬臂梁，布置三个测量位置。为了方便讨论，测点编号从左到右依次是 1、2、3，所以测点 3 在梁的自由端。考虑所有可能的输入位置和输出位置的组合，那么这有九种可能的测量：三个输入乘以三个输出。让我们首先考虑锤击测试，然后再考虑激振器测试。

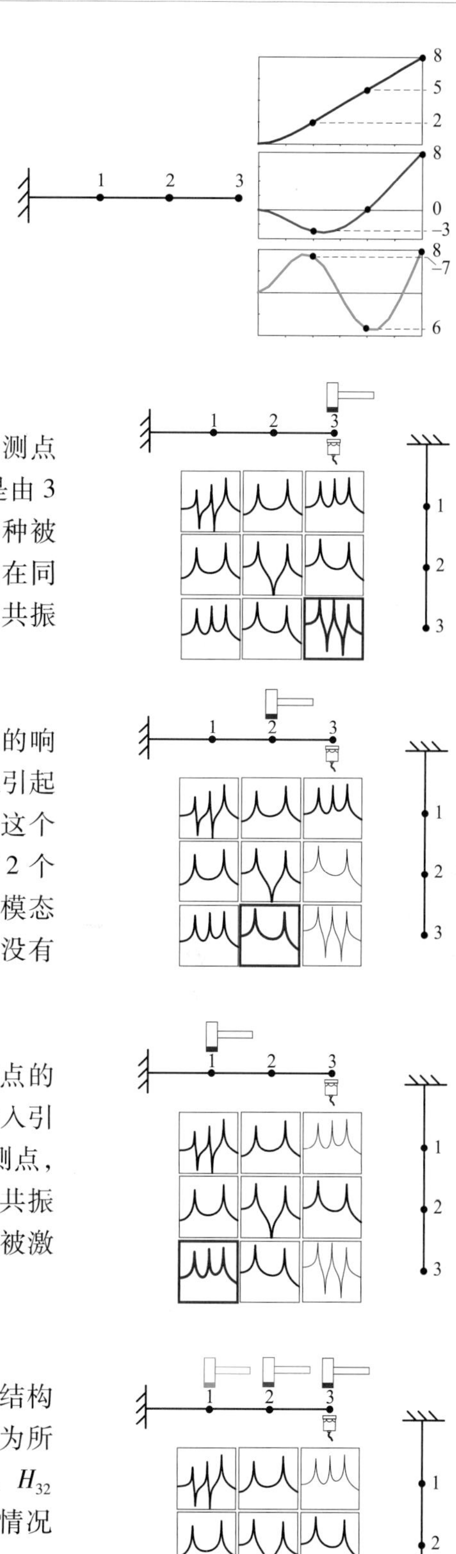

11.1.1　锤击设置

第一次锤击梁的 3 号测点，同时测量 3 号测点的响应，得到的数据被称为频响函数 H_{33}，它是由 3 号测点的输入引起 3 号测点的输出。这也是一种被称为驱动点测量的特殊测量：它的输入和响应在同一位置。注意到频响函数三个共振峰与两个反共振峰交替出现，这是驱动点测量的典型特点。

现在让我们锤击 2 号测点并测量 3 号测点的响应，得到频响函数 H_{32}，它是由 2 号测点的输入引起 3 号测点的输出。加速度计仍然在 3 号测点，这个测点被称为参考点位置。注意到频响函数只有 2 个共振峰，这是因为第二次测量位置位于第 2 阶模态的节点上，第 2 阶模态在这个特定测量位置上没有响应。

现在，让我们锤击 1 号测点并测量 3 号测点的响应，得到频响函数 H_{31}，它是由 1 号测点的输入引起 3 号测点的输出。加速度计再次保持在 3 号测点，这是参考点位置。注意到频响函数再次有 3 个共振峰，因为所有三阶模态在这个输入-输出位置都被激励起来了。

在进行锤击测试时，通常“移动”力锤到结构上所有的测量位置，用一个固定的响应位置作为所有测量的参考点。因此，这些数据分别为 H_{31}、H_{32} 和 H_{33}，对应于频响函数矩阵的一行。在这种情况下，它是第 3 行。

11.1.2 激振器设置

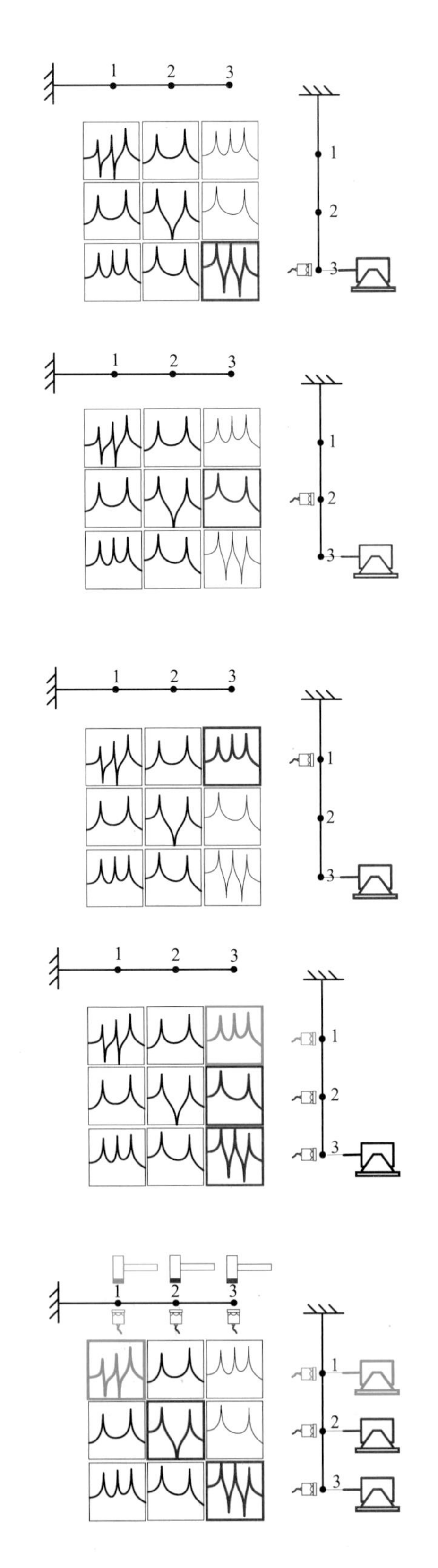

第一次测量是在梁的 3 号测点激励，同时测量 3 号测点的响应，得到频响函数 H_{33}，它是由 3 号测点的输入引起 3 号测点的输出。我们认识到这是一种特殊的测量，称为驱动点测量。注意到频响函数三个共振峰与两个反共振峰交替出现，这是驱动点测量的典型特点。

现在让我们在梁的 3 号测点进行激励，在 2 号测点测量梁的响应，得到频响函数 H_{23}，它是由 3 号测点的输入引起 2 号测点的输出。激振器仍然在 3 号测点，这个测点称为参考点位置。注意到频响函数只有 2 个共振峰，这是因为第二次测量位置位于第 2 阶模态的节点上，这阶模态在这个特定测量位置上没有响应。

现在让我们仍在梁的 3 号测点进行激励，在梁的 1 号测点测量响应，得到频响函数 H_{13}，它是由 3 号测点的输入引起 1 号测点的输出。激振器仍在 3 号测点，这是参考点位置。注意到频响函数再次有 3 个共振峰，因为所有三阶模态在这个输入-输出位置都被激励起来了。

当进行激振器测试时，通常在结构上“移动”响应传感器遍历所有测量位置，用一个固定的输入位置，这是所有测量的参考点。因此，测量结果是 H_{13}、H_{23}和 H_{33}，对应于频响函数矩阵的一列。现在响应传感器从一个测量位置移动到下一个位置。或者如果有多通道数据采集系统可用，可以同时测量所有测点的响应。

11.1.3 驱动点测量

注意到悬臂梁有三个可能的驱动点测量位置。H_{11}驱动点测量显示为绿色，H_{22}驱动点测量显示为红色，H_{33}驱动点测量显示为蓝色。注意到所有的驱动点测量都具有相同的特性，即共振峰与反共振峰交替出现。

11.1.4　互易性

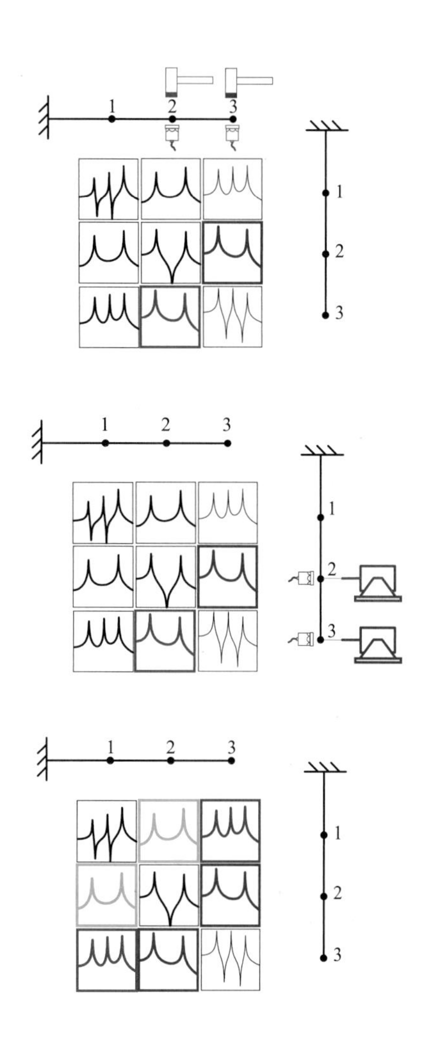

频响函数矩阵另一个非常重要的特征是必须满足互易性，即 $H_{ij}=H_{ji}$。考虑 H_{23}，它是在 3 号测点进行锤击，在 2 号测点测量响应，用蓝色表示。再看 H_{32}，它是在 2 号测点锤击，测量 3 号测点的响应，用红色表示。注意到这两个测量数据完全相同，这是由于互易性的缘故。

这对于激振器测试也是成立的。考虑 H_{23}，这是在 3 号测点进行激励，在 2 号测点测量响应，用蓝色表示。再考虑 H_{32}，H_{32} 是在 2 号测点进行激励并在 3 号测点测量响应，用红色表示。注意到，由于互易性，这两个测量数据也是相同的。

因此，所有的非对角项对应的 ij 位置都满足互易性。模态理论告诉我们，这必须是正确的，并且应该从实际结构上采集的测量数据中能看到这一点。当然，可能存在一些现实情况，在某些测试场景中互易性并不满足。

11.1.5　不合适的参考点位置

现在，如果选择的参考点是第 2 阶模态的节点，即悬臂梁的 2 号测点，那么无论是用固定在 2 号测点的加速度计进行锤击测试，还是在 2 号测点进行激振器测试，频响函数矩阵的行或列都不包含任何与第 2 阶模态相关的信息，因为参考点位于这阶模态的节点上。测量数据永远不会有系统第 2 阶模态的任何信息，频响测量将在模态模型中丢失这阶模态。合理地选择参考点位置是非常重要的，有时从一个参考点位置无法充分看到系统的所有模态。尽管理论表明，只需要频响函数矩阵的一行或一列就足以提取到系统的所有模态，但这条规则经常有一些例外情况，正如这里所述的情况。这就是为什么经常要执行多参考点测试的原因之一。

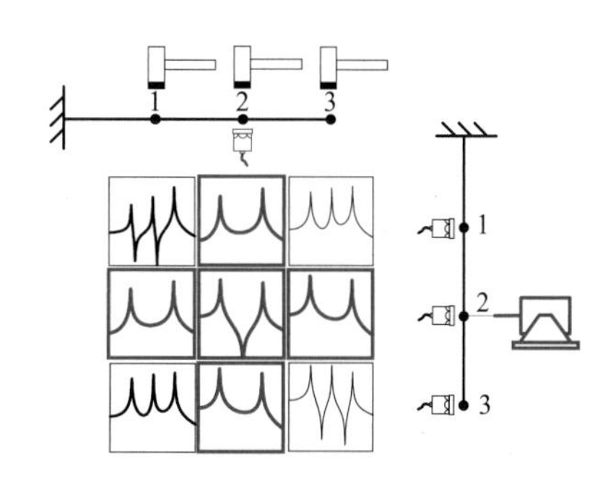

11.1.6 多输入多输出测试

在很多时候，用多输入的方式进行结构模态试验有好处。这些测试通常是在大型结构上进行，以便使激励能量更均匀地分配到整个结构上。这种方法能提供更好的测量数据，但也会使频响函数矩阵产生冗余数据。注意到右图展示了两个输入位置，三个响应位置，总共测量了六个频响函数，对应于频响函数矩阵的两列。注意到，虽然来自2号参考点的数据不能观察到第2阶模态，但第2阶模态可以从3号参考点的测量数据中观察到，因此丢失模态的可能性大大降低。

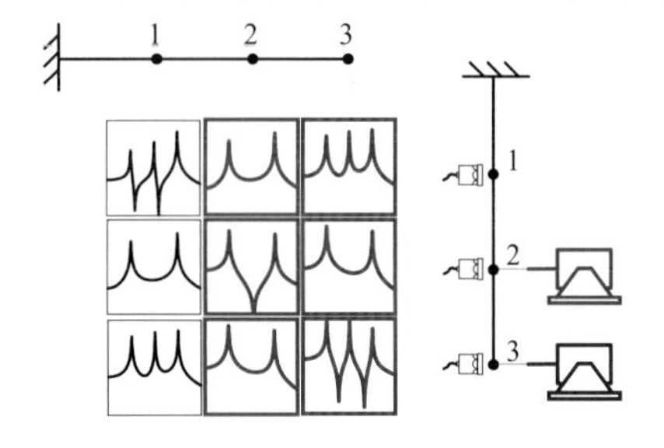

11.1.7 多参考点测试

虽然与多输入测试不完全相同，但也可以使用锤击测试采集多参考点数据。几个参考传感器可以同时安装在结构上（右图显示的是两个），通过锤击结构上所有测点来采集测量数据。对于右图这种情况，测量了频响函数矩阵的两行。由于参考传感器布置在1点和3点，因此，得到的是频响函数矩阵的第一行和第三行。

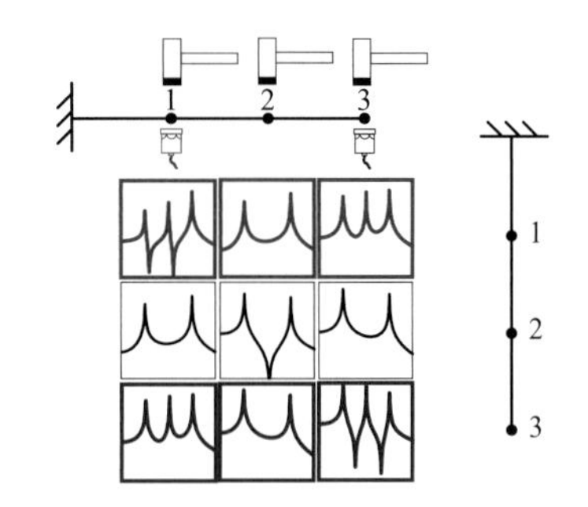

11.2 力锤和脉冲激励

锤击测试是目前最常见、最流行的模态试验方法，这是一种非常有用的频响测量技术。可能超过75%～80%的模态测试都是使用锤击法完成的。本节提供一些与锤击测试相关的思路、建议和技巧。

11.2.1 为测试选择合适的力锤

有许多不同大小的力锤适用于各种不同大小的被测结构。力锤型号从小型力锤到大型力锤，测试选择合适的力锤很重要。大型结构使用小力锤是不合适的。但是，在实验室里无数次见到锤头被锤击得炸开了花，显然，如果想要获得可供测量的响应，需要一个更大的力锤。大力锤的确需要，但也有一些情况使用太大的力锤测试一个小型结构是不合适的，这会导致产生糟糕的测量结果。几个不同大小的力锤是需要的，这取决于被测结构的尺寸，常见的力锤如图11-1所示。

11.2.2 力锤的挥锤技巧

其实，挥锤是一门艺术，这当然不同于建筑工程中的钉钉子。力锤不能握得太紧，挥锤动作更多的是手腕摆动，而不是手臂摆动。这样做的目的是让力锤来完成锤击工作，模态测试人员不应该对结构进行猛烈的锤击。如果测试工程师在挥动力锤时花费了大量的力

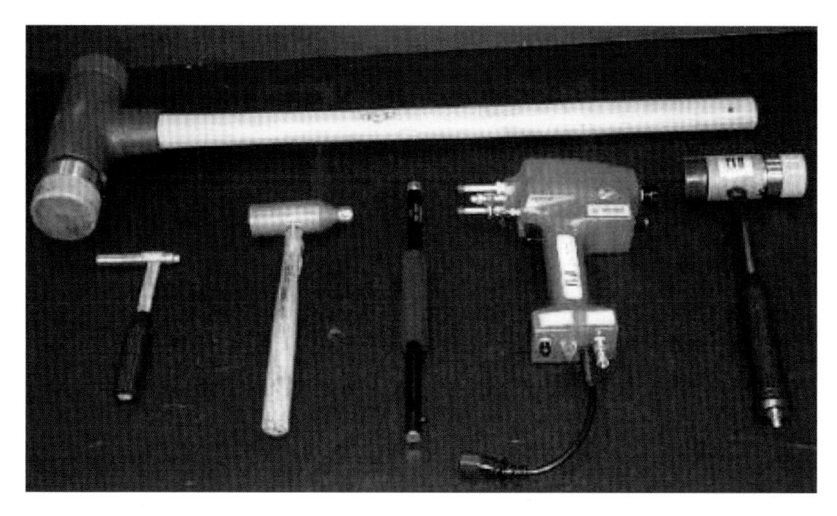

图 11-1　常见的力锤［图片来源于 PCB 压电有限公司］

气与能量，那么肯定使用了错误的力锤，可能需要一把更大型号的力锤。另一个值得关注的问题是，结构受到锤击后，测试人员仍会晃动力锤。锤击后，力锤应保持静止，这样力传感器就不会捕捉到因挥动力锤产生的任何额外的力。试着养成在锤击后不再挥动力锤的习惯。

11.2.3　力锤三脚架

通常，当测试很小的结构时，保持一致地锤击同一点是非常有挑战的。一个简单的三脚架力锤设计可以用来帮助解决这个常见问题。力锤插入到吸管中，然后连接到一个可旋转的小型相机三脚架上，图 11-2 显示了这一装置。多年来已经证明，这个简单的装置非常有效，可以使测试人员能够更一致、重复地锤击同一测点。图 11-3 显示了另一种配置，其中使用钟摆式力锤向结构提供锤击力，这对于中等大小的结构很有用，也可以用于较大的结构。当然，大型结构需要一个更大的钟摆式力锤传递更大的激励能量。

11.2.4　锤头选择

选择合适的锤头，有时会让新手感到困惑。本质上，需要确保选择锤头的激励频率范围与结构工作状态下受到的激励引起的频率范围相近。当然，这就意味着那个频率范围真的很重要。许多年前，对棒球杆进行了一些模态测试，但关于哪个锤头最合适进行了长久的讨论。当然，合适的锤头激发的频率范围应该与棒球杆实际受到棒球击中所激发的频率范围相近。第二天，在实验室里，测试人员拿来一个棒球，把一个“10-32”双头螺柱拧入棒球中，然后把它们拧到力锤上。当然，这是一个绝妙的想法，因为它是尽可能接近实际击球时的冲击场景。

通常，使用的锤头可能无法提供所需的特定输入力谱。管道胶带可以解决这个问题，所以它经常与锤头一起使用。管道胶带有许多不同的类型。在锤头上使用一片（或几片）会在一定程度上帮助测试人员定制输入力谱。实验室应该提供几种不同类型的管道胶带供锤击试验备用。

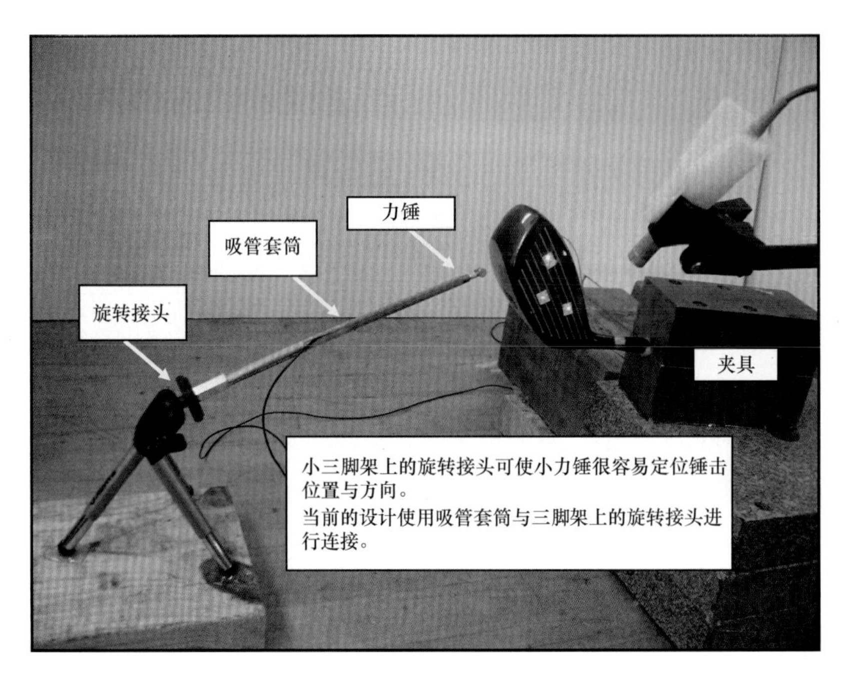

图 11-2　使用小相机三脚架配置的小力锤

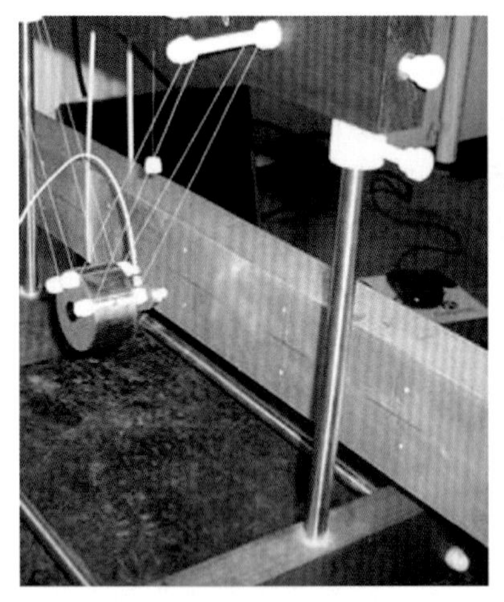

图 11-3　钟摆式质量块力锤配置

但请记住，锤头并不是控制输入力谱的唯一因素，在模态试验中结构的局部刚度对施加到结构中的实际力谱同样起着关键作用。这一点需要仔细研究。请注意，可将力锤制造商提供的力锤证书上的曲线放置一旁，因为这些曲线都是通过锤击一块巨大的、坚硬的钢块得到的，而在进行模态测试时，不可能是锤击巨大的、坚硬的钢块。

11.2.5　没有力锤：即兴发挥

有时，在测试较小的结构时，没有合适的小力锤可用。在早期的模态测试中，在吸管中嵌入小轴承滚珠可产生一个受控的输入力。滚珠通过吸管落下去，以产生一致和可重复的锤击。这种方法的变种在今天仍然有用。

11.2.6 Peter 锤击测试规则

每次我设置锤击试验时，我都会遵循一个规则，以确保能够获得尽可能好的频响函数测量。它不是一套具体的步骤，但的确是每次测量时的一些关键事项。当然，我说的情况是对以前从未测试过的结构或对我来说完全陌生的结构进行的测量。如果这个结构是我每天都测试的结构，那么也许就不需要这些规则了，因为我有经验知识使我很好地明白测量的预期结果是什么样子。

所以，当我开始一次测量时，我从不认为任何步骤理所当然。我开始一次测量，使用的带宽比每个人“相信”的感兴趣的频率范围都要宽。然后，我使用一个锤头在这个感兴趣的频率范围激励结构，我总是检查作用于被测结构的输入功率谱。当然，当我进行第一次测量时，我可能需要调整力锤和加速度计响应的电压量程。这可能需要手动设置完成，除非数据采集系统具有“自动量程”的功能。当然，在这一点上，我可能需要更换锤头以激发合适的感兴趣的频率范围，然后做检查以确保所有合适的响应量程仍然是适用的。

一旦输入激励良好，我就开始观察响应、频响函数和相干函数。但是首先要做的是观察响应的衰减情况，看是否在测量的一个采样周期内捕获了整个响应。如果满足这个条件，那么就不需要加窗。如果不满足，我们可能需要考虑一个更长的采样周期。如果这也不可能实现，那么可能需要加窗，在这种情况下，需要应用一个指数窗。

一旦完成上面的步骤，我们就需要进行几次平均来计算频响函数和相干函数。如果这是一个可以接受的测量，那么下一步就是更换锤头以激发一个稍微窄一点的频率范围。记住，当我开始测试时，我选择了一个比测试要求更高的频率范围。这是一个很好的机会以确保锤头实际激发了感兴趣的频率范围（因为频率范围仍然设置为更高的频率范围）。但是，现在对结构的输入力更小了，必须确保所有电压量程仍然设置正确，指数窗（如果最初使用的话）是否仍然需要，以及检查初始测试设置的其他参数。一旦全部检查完毕，就可进行测量，以评估频响函数和相干函数。

然后需要将 FFT 分析仪的频率范围改为最后一次测量实际所用的较软锤头激励的那个较低的频率范围。再次，需要检查所有之前设置的参数以确保都设置了合适的量级，并且获得了良好的测量。因此，对于我刚才描述的测量过程，你可以看到，每次我更改每个可以更改的参数选项时，都需要检查所有参数。记住，如果需要，我可以改变测量的带宽、谱线数、锤头和使用的窗函数。所有这些都需要在测量时加以考虑。我一直在改变所有这些参数，直到我对所做的测量感到满意为止。此时，我才开始采集用于试验模态测试的数据。

11.3 加速度计问题

这里有一些与加速度计及其使用有关的额外注意事项。

11.3.1 质量载荷

加速度计有许多规格和灵敏度。通常，即使是一个小型加速度计也会对结构产生质量载荷影响，导致结构的频率向下移动。虽然加速度计的质量相对于结构的总质量来说可能非常小，但考虑的质量必须是相对于结构安装点的有效质量。检查这个影响的一种方法是分别对安装和不安装加速度计的结构进行测量。但是如果将加速度计拆卸下来，测量就不能进行了。克服这一问题的一种方法是在安装的加速度计的顶部或者结构的另一侧安装另外一个加速度计。然而，安装了加速度计后，如果结构有所不同，检查时会揭示这个影响。

如果频响函数的峰值没有明显的偏移，那么质量载荷的影响就不显著了。否则的话，就需要考虑质量载荷。如果模态试验是为了与有限元模型做相关性分析，那么在有限元模型中的加速度计测点位置添加集中质量是一件非常容易的事。有时，这种附加质量可以显著改善相关性分析和 MAC 值。

11.3.2 三向加速度计的质量载荷影响

有时，加速度计会存在质量载荷的影响，特别是当使用一个大型的多通道系统进行测量时。如果有单向加速度计可用，但需要进行完整的三维模态测试，那么一个技巧是在所有测量位置安装一个立方体。例如，第一次测量时，所有单向加速度计都只安装在 X 方向，然后下一次测量时所有加速度计调整到 Y 方向，第三次测量时调整到 Z 方向。这样，加速度计的质量在三次测试中都是相对固定的。这比在结构的三分之一区域安装三向加速度计，然后在结构上移动加速度计要好得多。这样做的测量数据总体上更优。

质量载荷会产生显著的影响，特别是当试图缩减数据时。当曲线拟合结果令人困惑或失真时，这些影响往往会被归咎于噪声或非线性。这通常是人们在不理解或无法轻易解释的情况下总是使用的“概括声明”。让我们来看看为什么数据一致性很重要，以及质量载荷会产生什么影响。

首先要记住的是，用于拟合数据的模型来自一组线性对称方程组，其中极点（频率和阻尼）是以全局变量定义的，并且假定互易性是方程所固有的。只要数据满足那个模型，一切就没问题了。但是测试和数据采集是如何影响结果的呢？让我们考虑一个简单的平板测试设置，采用一个 8 通道数据采集系统和 2 个激振器激励的 MIMO 测试。使用合适的频响测量技术以确保获得最理想的测量数据。数据来自于六个安装在平板上的加速度计，如图 11-4 所示。实心点表示的测点是第一次测试，其他测点是第二次测试，加速度计在结构上移动获得频响函数。

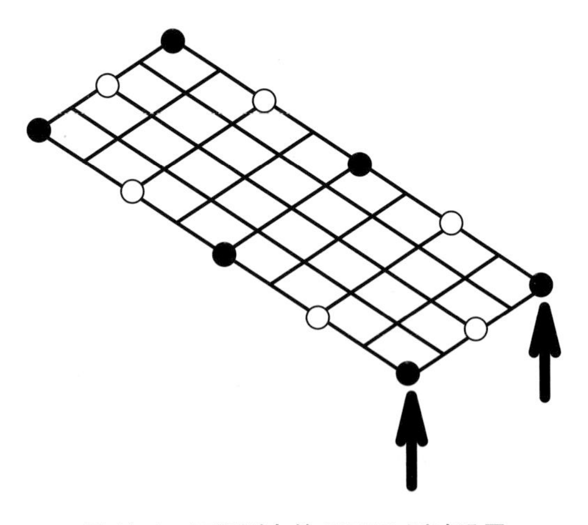

图 11-4 两组测点的 MIMO 测试设置

模态指示函数如图 11-5 所示，稳态图如图 11-6 所示。出于说明目的，只提取了前两阶模态的极点。稳态图非常清楚地显示了这两个极点。注意到，随着模型阶数的增加，极点被清晰地识别出来（叠加在集总函数上）。一旦提取到极点，就会得到留数或模态振型，以提供与这六个测点相关的模态数据。这次测量典型的曲线拟合如图 11-7 所示。然而，第一组数据只包含六个测点。为了更好地定义模态振型，需要更多的测点。

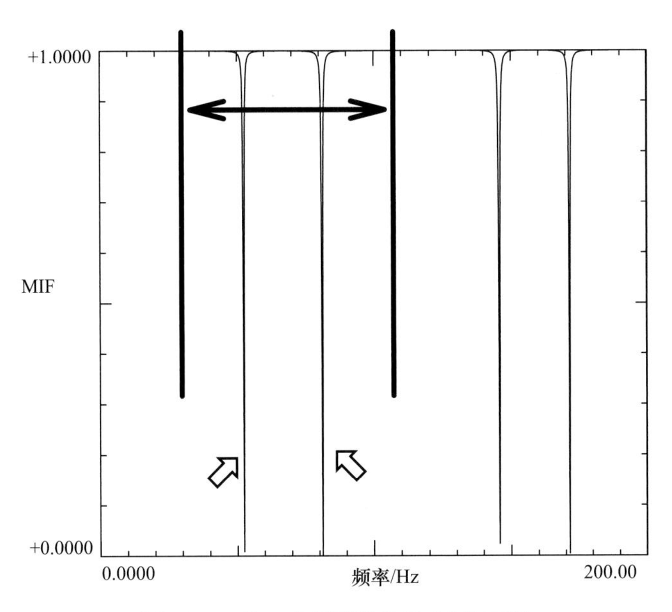

图 11-5　第一次测量数据的 MIF 函数

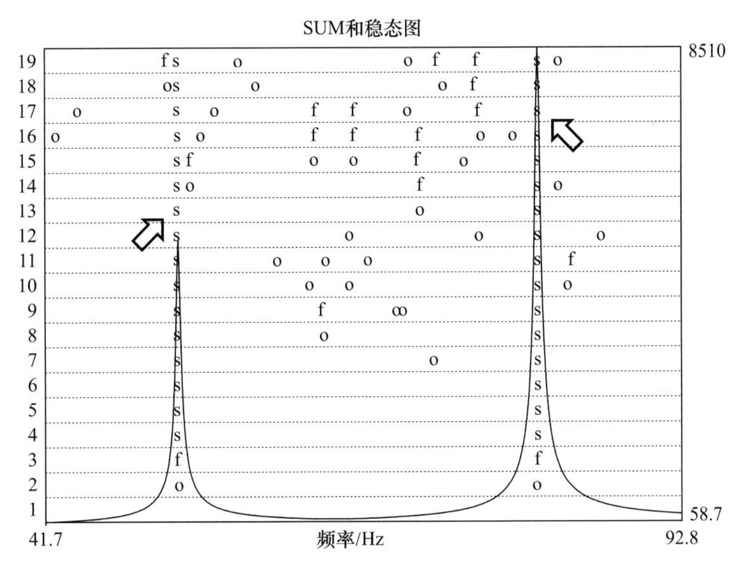

图 11-6　第一次测量数据的稳态图

对于增加的测点，需要将加速度计重新布置到图 11-4 所示的测点（空心点），进行第二次 MIMO 测量。仅使用第二次测量的数据再次提取了极点并获得了稳态图。这次测量清晰地识别了极点，并识别了与这六个测点相关的模态振型。在此没有展示这些结果，但结果与第一次测量类似。然而，这两组数据是分开估计极点和留数的。

现在，让我们将两组数据组合在一起进行估计，再次计算模态指示函数和稳态图。与之前 MIF 中看到的两个不同的峰不同，这次估计在相同的频带上出现了四个不同的峰（见图 11-8）。使用与之前相同的频带进行极点估计（见图 11-9），现在得到了四阶模

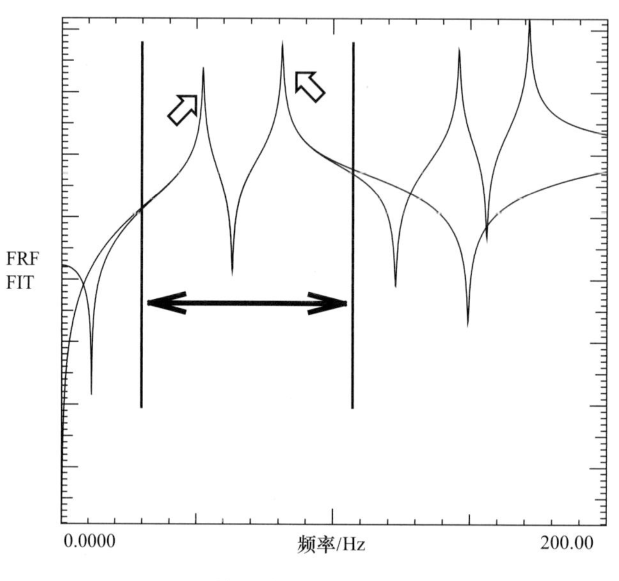

图 11-7　第一次测量的典型曲线拟合

态，而不是之前的两阶模态。这怎么可能呢？平板并没有变化，但测试设置改变了！移动的加速度计有质量载荷影响，导致模态轻微偏移。因此，当同时处理两组数据时，一些测量数据指明极点位于某些频率处，而另一些测量数据指明极点位于不同的频率处。

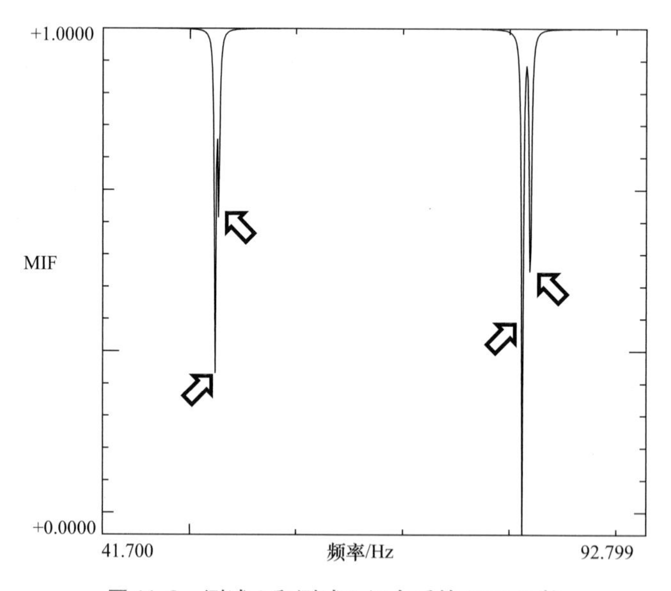

图 11-8　测试 1 和测试 2 组合后的 MIF 函数

所以哪个是正确的？可能都不正确。这是因为测试设置对测量的系统模态产生了影响。但是哪些极点才是用于模态参数估计过程的正确极点？你真的无法为全部测量数据确定一组全局极点，因为它们对于全部测量数据来说并不是全局的。在这种情况下，正确提取参数的方法是采集一组一致的数据，可以通过在测试期间为结构安装所

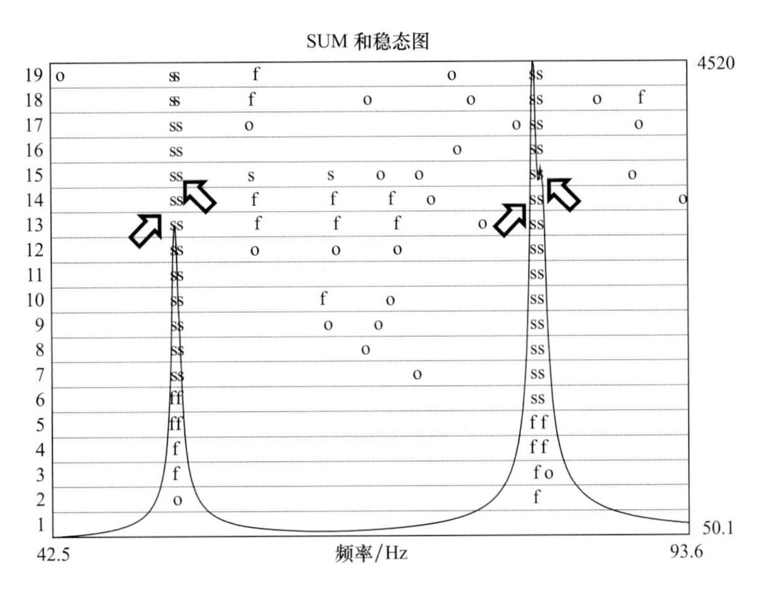

图 11-9　测试 1 和测试 2 组合后的稳态图

有传感器（或添加质量哑元）以消除质量载荷带来的影响。这将提供更加一致的数据以适合于曲线拟合。当然，着重指出的是，由于传感器质量的增加，被测结构已经被修改了。但至少所有的数据都是一致的，并且模态参数估计过程不会因质量载荷的影响而失真。

当然，现实世界中的结构存在各种各样的测量问题，如噪声、线性、时变性等。模态参数估计过程也足够复杂。不要因简单的事项，如质量载荷使数据失真，从而使该过程进一步复杂化。

11.3.3　加速度计灵敏度选择

通常，是否使用了正确的加速度计灵敏度是未知的。结构的响应通常也是未知的，因为结构阻尼对确定响应是至关重要的，不进行测量很难知晓响应有多大。人们往往已经采购了更贵、更灵敏的加速度计用于测试，因为觉得它们“更好”。但现实是，如果结构响应很大，会使数据采集前端过载或传感器饱和，这两种情况都不好。在过去的几年里，最初的灵敏度为 100mV/g 的加速度计已经非常适合用于手头的测试。而新的，所谓“更好”的灵敏度为 1000mV/g 的加速度计却没有用处，因为结构的响应只适合于灵敏度为 100mV/g 的加速度计。

解决这个问题的最好方法是在结构上安装三个不同敏感度的加速度计，然后进行初步测量。使用灵敏度为 10mV/g、100mV/g 和 1000mV/g 的加速度计安装在结构同一位置进行测量。一个加速度计可能过载，另一个可能会欠载，而第三个可能“刚好合适”。要提前确定哪一个灵敏度的传感器合适真的很难。当然，在经历了许多次的测试之后会形成经验，测试人员可能会凭直觉来确定哪种加速度计可能是最合适的。事实上，如果之前有一次测试使用了类似的硬件，数据采集硬件设置会显示每个通道的电压设置，这对于确定加速度计的合适灵敏度是非常有用的。

11.3.4　三向加速度计

在一组传感器中有三向加速度计是很好的，但只有三向加速度计也不是一件好事。虽然许多结构有三维运动，但很多情况下只需要测量一个方向或两个方向就足够了，这需要更深入的讨论。

首先，二向加速度计在许多应用中都非常有用，它利用非常紧凑的设计，用一个物理安装传感器监测结构上三个方向的运动。是的，测试经常使用它们，但事实证明，也不是总是使用它们，许多情况不应该使用三向加速度计。在此讨论一下原因。

首先，可以在一个立方体上安装三个单向加速度计拼装成一个三向加速度计。当然，这并没有三向加速度计那样“优雅”，但这是一种完成同样的事情的简单而经济的方法。当然，这也意味着可以购买三个不同的加速度计，价格与一个三向加速度计差不多。但请记住，这里有一个明显的区别。当三向加速度计安装在被测结构上，只需要分析其中一个方向时，那么另外两个方向的加速度计就浪费了。如果其他人需要测量，三向加速度计被捆绑在一起安装在每一个测量位置上，不管这三个方向是否都是必须测量的。如果你有三个单向的加速度计，你就不会把三个单向加速度计捆绑成三向传感器！现在这听起来可能很傻，但是当你没有太多的加速度计可用，而且它们都是三向加速度计，而你真的只需要测量一个方向的加速度的时候，你可能已经浪费了太多的传感器。在一些只购买三向加速度计的实验室发现，当需要进行多个测试时，所有的设备都被捆绑在一个测试上了。

现在让我们再讨论几件事情。首先从一根简单的自由- 自由梁测试开始。测试这根简单的梁的横向弯曲模态，我们只需要测量一个方向，使用类似于图 11-10 所示的测试设置，沿着梁的长度方向布置 15 个测点。

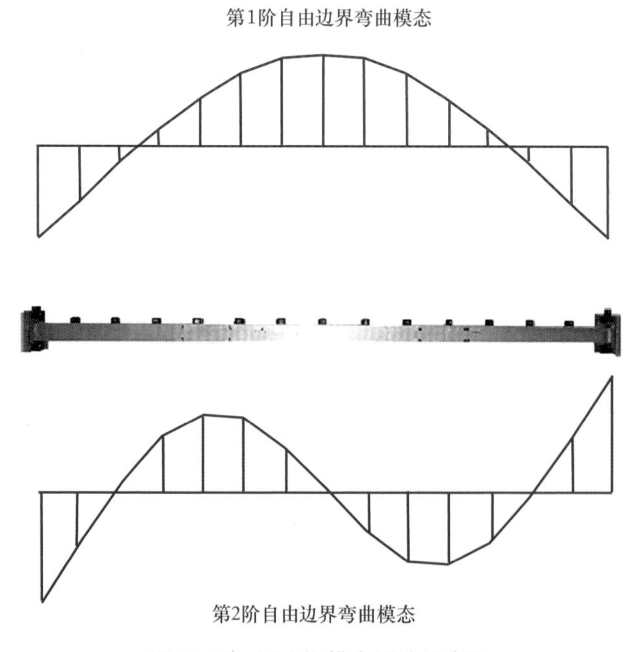

图 11-10　平面梁模态测试示意图

现在，如果所有可用的传感器都是三向加速度计，那么 45 个测量传感器就会被安装在梁上，虽然实际用到的只有 15 个。当然可能会有一种这样的论述：可能也需要测试平面梁另一个方向的弯曲，这将需要另外的 15 个加速度计。但是，如果不需要测量三个方向，仍有 15 个测量传感器没有使用。当然，简单梁结构只是一种学术研究型的情况，对于现实世界中的结构，可能真的需要这些三向加速度计。但是这里有几个例子可能会让你重新思考这个想法。

大型风机叶片测试是一个很好的例子，它有两个方向的弯曲模态（风机叶片根部锚定，两个方向弯曲模态称为“挥舞”模态和“摆振”模态）。这只不过是一根真正的大型梁，用它来说明这个问题比较合适。图 11-11 示意性地展示了一根 9m 长的风机叶片测试和加速度计配置情况。注意到只测量两个方向（*X* 向和 *Y* 向），因为轴向是不感兴趣的。这次测试使用一台便携式八通道数据采集系统，7 个加速度计和 1 个力锤。进行测试时，第一组测量用 7 个加速度计布置在 7 个测点上，但都是在 *X* 方向。然后第二组测量时，所

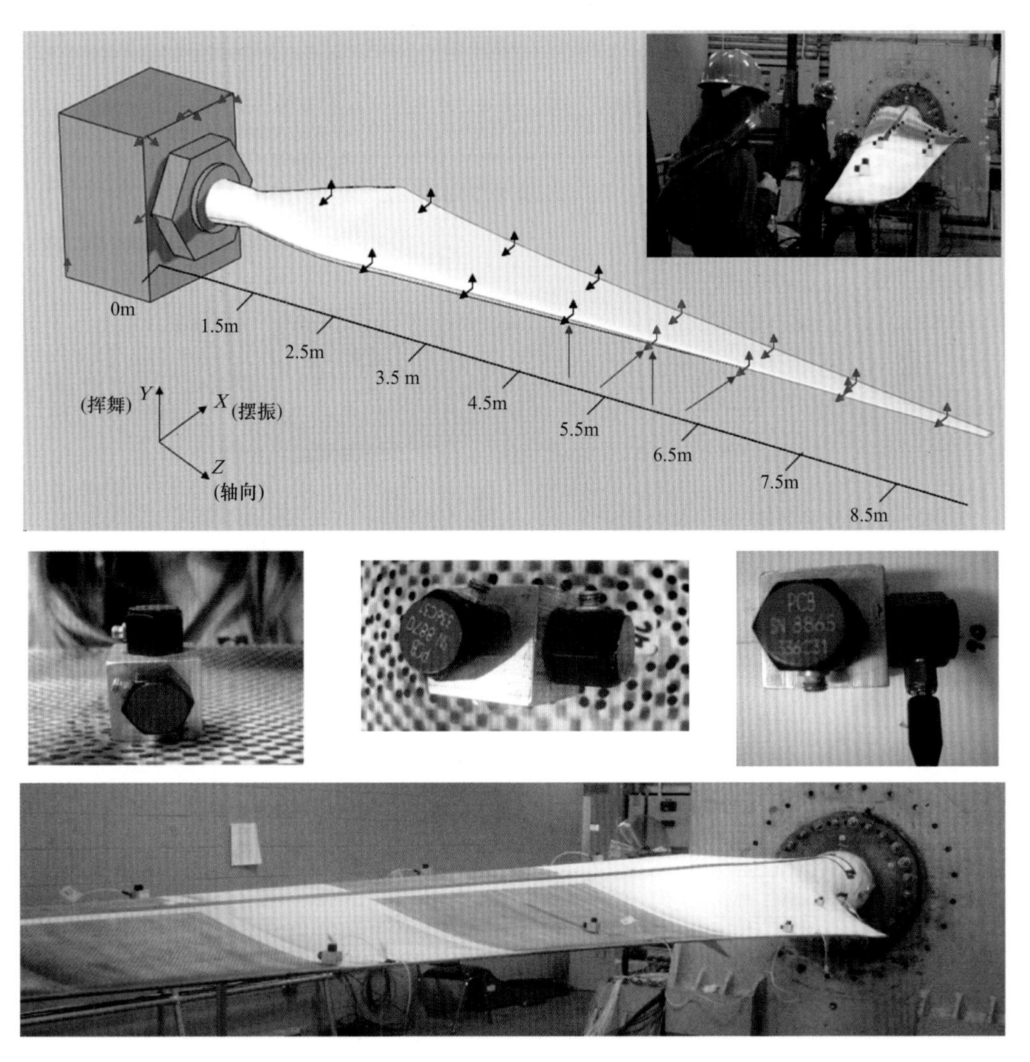

图 11-11　9m 长的风机叶片测试示意图

有的加速度计都被调整到 Y 方向。最终，所有的加速度计都被移动到所有感兴趣的测点上。使用单向加速度计的一个优点是，当传感器调整方向和移动到其他测点时，所有的导线仍然连接在加速度计和数据采集仪上。通过这种方式，从来没有人会担心导线连接错误导致加速度计位置或方向之间的不匹配。如果只有三向加速度计可用，那么布线出现问题的可能性就会大得多，而且每个三向加速度计的轴向会被浪费掉，因为对该方向不感兴趣。

另外一个模态测试对象是长度为 47.6m 的风机叶片。这次测试实际上只关心叶片的挥舞和摆振方向的模态，但有几个参与测试的人认为，可能也需要测量轴向。图 11-12 所示为测试的导线配置、预期模态振型和相关的测量数据。

轴向刚度相对于挥舞和摆振方向而言非常大，位移极其小，这次测试安装了三向加速度计，以防三个方向都需要测量，但幸运的是，许多人意识到轴向响应数据很微弱。然而，还有一个非常重要的问题，许多人从未真正考虑过。

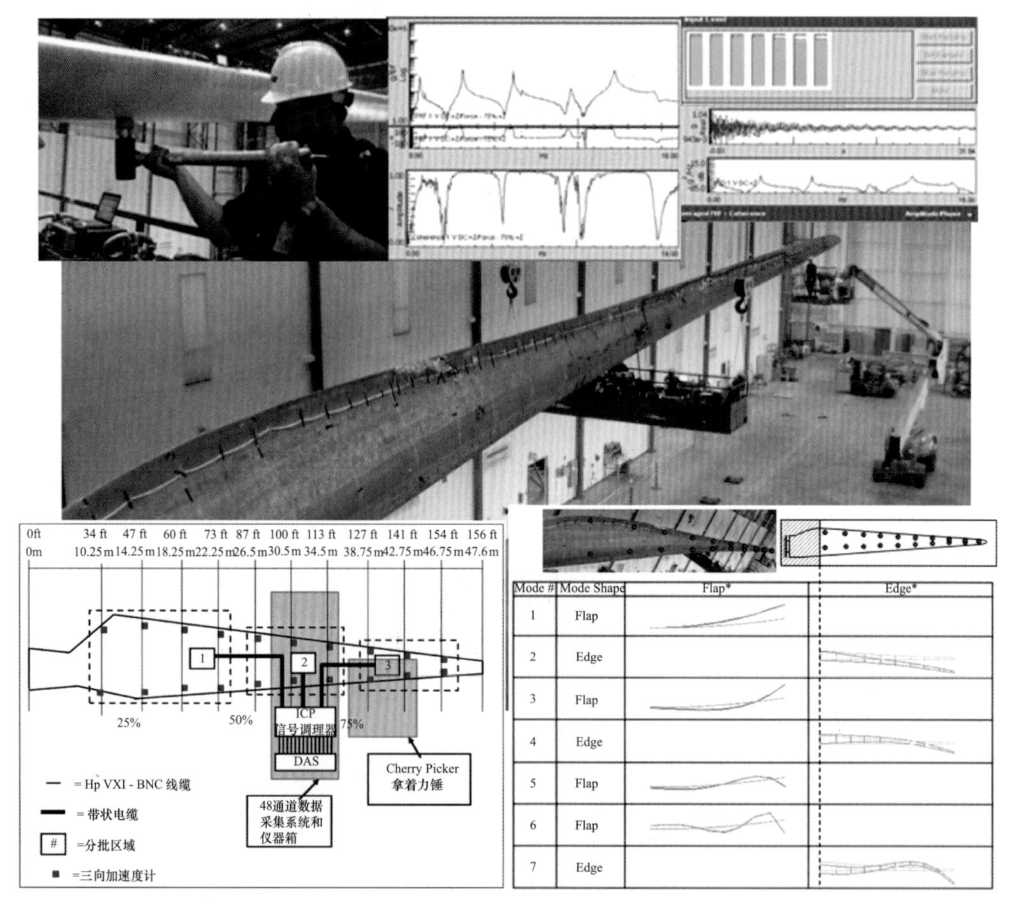

图 11-12　大型风机叶片测试示意图

挥舞和摆振响应较大，灵敏度为 100mV/g 的加速度计非常适合这两个弹性方向的响应。但轴向响应很小，需要灵敏度为 1V/g 或更高的灵敏度才能获得良好的测量。三向加速度计的问题在于三个方向上的名义灵敏度是相同的。因此，用灵敏度为 100mV/g 的三向加速度计进行轴向测量时，会受到噪声和信号太弱的困扰，在实际应用中不能获得良好的测量结果。

11.4　曲线拟合注意事项

模态参数估计通常称为曲线拟合，可能是一个非常困难的过程，特别是数据采集时没有特别关注本书中讲述的所有细节。当然，重要的是并非所有的模态测试都需要高精度和准确性——这取决于具体应用。如果我们的目标仅仅是找到哪个是第 1 阶弯曲模态，振型是什么样子，以及频率大约是多少，那么采集数据的复杂程度和精细程度可以采用同样的关心和重视程度。但是，如果要将该模型用于非常详细的模型仿真或有限元模型的相关性分析、校准有限元模型，则需要高度的关注和重视。

一旦采集到数据，就可以用模态指示工具查询数据以识别数据中存在的极点。应该使用所有可用的工具，因为每个工具都给出了稍微不同的视角。然而，总体上，所有工具的趋势都是相同的，稳态图可能是选择系统极点的最佳和最常用的工具。

曲线拟合是否需要使用所有的测量数据?

这是一个很好的问题，没有理由不包含所有采集到的数据，倘若数据是高质量的、一致性采集的数据。只要测试时使用了足够动态范围、精确灵敏的传感器，并且从所有参考点位置和所有响应位置都充分激励起了系统所有的模态，那么所有的数据都可以用于估计模态参数。然而，所有的测量很难满足这些要求，刚才所描述的只是一种在无限动态范围和无限频率分辨率的分析模型中才可能发生的情况。从现实角度来看，这样的情况可能永远不会发生。所以让我们讨论一下现实中的测量情况和一些实际可行的能尽量减少测量缺陷的方法。

一个常见测量问题的案例是多年前对一个航天结构（一颗卫星）进行的一次测试。这个结构有很强的方向性模态和许多局部模态。该结构及一些典型的频响函数如图 11-13所示。注意到图 11-13 中下面的频响函数只显示了几阶模态，而图 11-13 中上面的频响函数显示了结构的所有模态。

然而，这个问题并不仅仅是一个航天结构特有的问题，而是模态测试中普遍存在的问题。事实上，所展示的测量数据是目前消费产品测试的一个典型代表，结构被安置在一个非常脆弱的机舱中。这种情况在任何要进行模态测试的结构中都很常见。图 11-13 所示的这个结构具有一些低阶的弯曲和扭转模态，以及许多局部的弯曲、扭转模态，以及存在于面板和结构的外围设备上的同相和反相模态。实际测试时使用了五个独立的激振器激励（三个垂直方向和两个水平方向）。

结构的第 1 阶模态是 X 方向的弯曲模态，在 Y 方向上几乎没有响应。显然，X 方向的激振器可以很好地激发 X 方向模态，但 Y 方向的激振器并不能激发结构 X 方向的模态。因此，从 Y 方向激振器得到的测量结果显然很差，因为第 1 阶模态没有 Y 方向的响应参与。现实中大多数测试结构都会存在这种情况，通常是不可能克服的。另一方面，结构的第 2 阶模态是 Y 方向的弯曲模态，在 X 方向几乎没有响应。这里的情况与刚才前面讨论的相反：Y 向激振器可以很好地激发结构 Y 方向的模态，但是 X 方向的激振器不能激发结构 Y 方向的模态。然而，这两个方向的激振器对激发扭转模态都有贡献。这直接意味着所有的

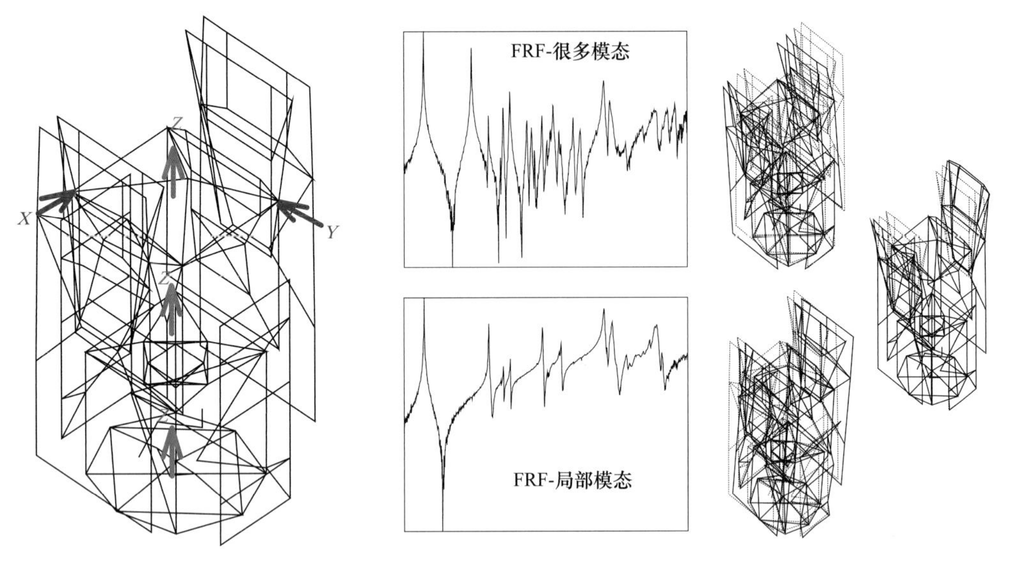

图 11-13　航空航天结构及其 FRF 和模态

测量对每阶模态而言，不可能有相同的精度。在五个激振器的 MIMO 测试过程中，所有的频响函数都是同时采集的，但显然所有的模态都不可能由每个激振器均等地激励起来。那么，如何才能有效、准确地处理所有的数据呢？

如今大多数模态参数估计分为两步，首先对极点进行估计，然后计算留数或模态振型（要求先提取出全局极点）。记住这一点，估计系统极点时，不需要使用所有的 FRF。可以使用部分 FRF 数据，也就是最能合理描述感兴趣极点的频响函数来估计极点。一旦得到了全局极点，就可以使用所有的测量自由度提取留数或模态振型，没必要使用全部参考点来估计留数，特别是当参考点不足以激发所有模态时。用于提取极点的特定频响函数的选择结果如图 11-14 所示。

在这个卫星案例中，只使用 X 方向激励产生 X 方向响应的测量数据来估计 X 方向的第 1 阶弯曲模态，仅使用 Y 方向激励产生 Y 方向响应的测量数据来估计 Y 向弯曲模态，但是同时使用了 X 向和 Y 向激励与 X 向和 Y 向响应的测量数据来估计结构的扭转模态。注意，Z 向激励和响应没有用于估计这些极点。这是因为 Z 向激励很难有效地激发 X 或 Y 方向模态。虽然这些 Z 向的参考点/激励对于激励某些高频模态是必要的，但这些垂直方向的激励对低阶 X 和 Y 方向模态却没有多大贡献。但是，一旦全局极点估计出来，就需要使用所有 X、Y 和 Z 向的测量数据来估计留数或模态振型，但仅使用 X 向和 Y 向激振器的激励。

在参数估计过程中，需要非常小心地提取出描述系统特性的最佳极点。然而，大部分测量数据和所有参考点对于识别系统所有模态而言，并不是最合适的。譬如最近测试的一个例子，用四个参考点激励位置测量一个大型望远镜结构。显然，对于结构的所有低阶强方向性模态而言，这些参考点并不是最合适的。第一次进行参数估计时，使用了所有参考点得到的所有频响函数去提取结构的极点和留数。一旦选择了参数，就会产生一个综合的频响函数，该函数可与实际测量的频响函数进行对比，并将对比作为验证处理的一部分。综合和测量的频响函数如图 11-15a 所示，仔细观察会注意到数据吻合较差。然而，经过

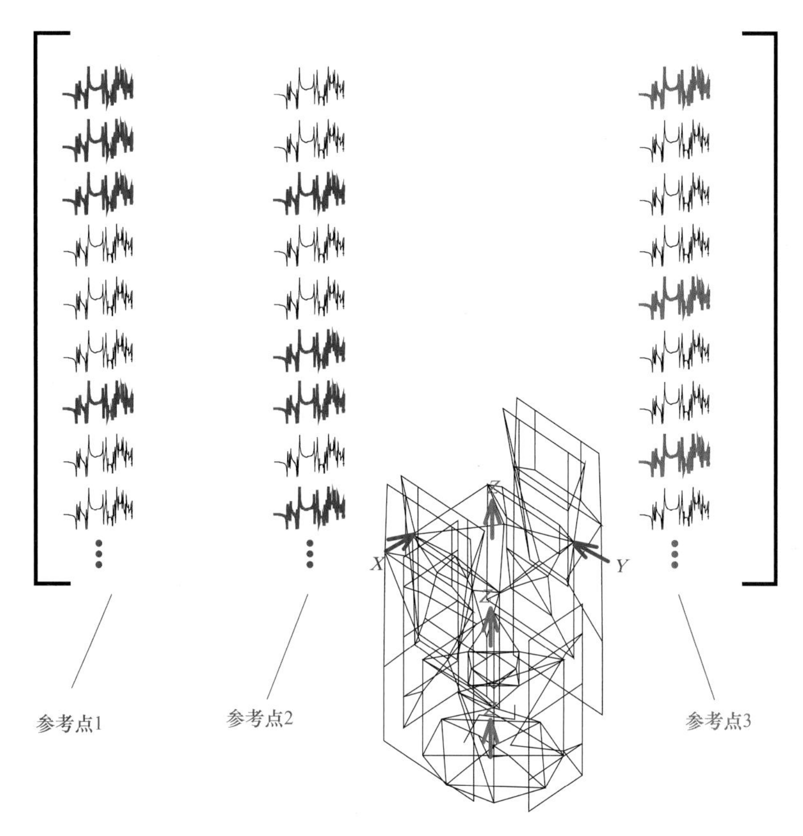

图 11-14　选择 FRF 用于提取极点

对数据的仔细评估和对测量数据的仔细选择之后，再次提取了系统的极点（然后再进行留数提取），得到了一个更优的模型。如图 11-15b 所示，综合频响函数和实测频响函数的对比证实了这一点。当然，这种方法需要付出更多的精力，但模态参数估计有了相当大的改进。

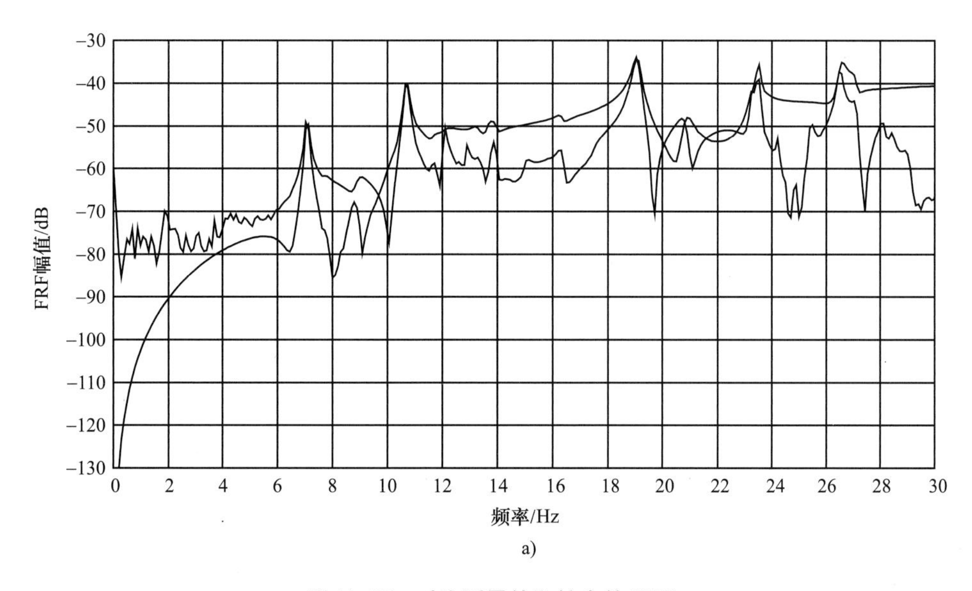

图 11-15　对比测量的和综合的 FRF

a）差

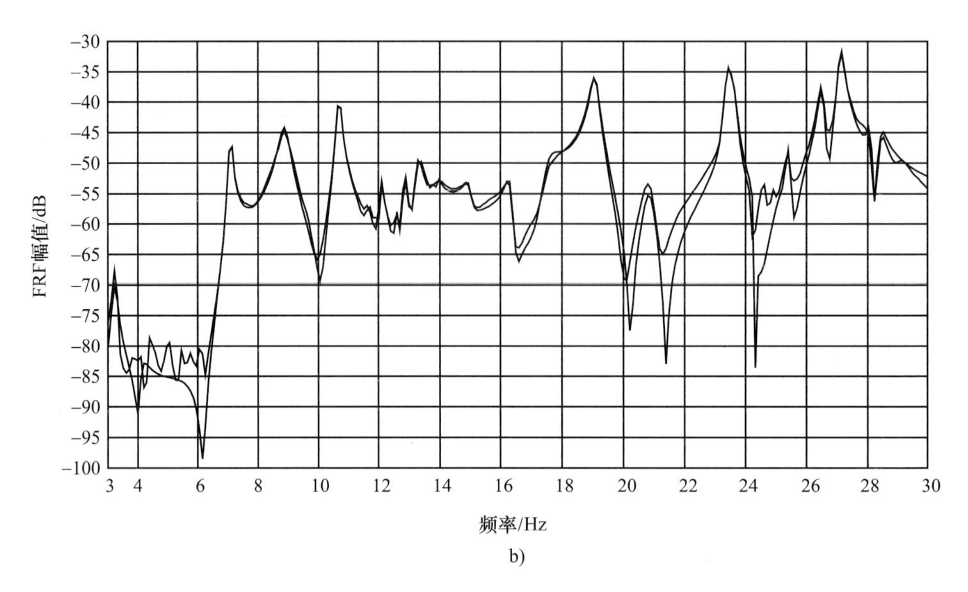

图 11-15 对比测量的和综合的 FRF（续）

b）好

11.5 带有三个平板子系统的蓝色框架

现在让我们使用一个稍微复杂一些的结构，通过对一个包含几个组件的结构来思考如何选择参考点和测点以揭示这一过程。这个结构被称为蓝色框架。这个框架最初被使用是因为第 1 阶弯曲模态和第 1 阶扭转模态在频率上非常接近（约 1Hz 的间隔），如果提取模态时不小心，这些密集模态可能会给提取造成一些困难。由于增加了三块模态上活跃的平板，使该结构更加复杂，这些平板使用弹性悬置安装在框架上。这种安装方式使得只从结构的一个位置激励起整个结构变得更加困难，并且这是一个同时具有局部模态和整体模态的非常好的例子。这有助于说明如何选择参考点对于这些类型的结构来说非常重要。

这次测试是之前对舰船推进系统进行的一次测试演变而来的，其中推进系统的主框架通过隔振系统连接到三个独立的子框架上。推进系统长 50ft，高 20ft，宽 12ft，质量为 150t。推进系统的模态试验由 150 个测点和 18 个参考点组成。所有这些参考点都是需要的，因为很难从一个子框架激励起另一个子框架。这个实际推进系统的数据不便分享，但可以使用蓝色框架和三个安装了隔振装置的独立子系统来模拟这个推进系统。图 11-16显示了带有三块平板的蓝色框架及其测试的几何模型，这三块平板各不相同。图 11-17 给出了这个系统的一组典型的模态振型。请注意，这个例子只考虑了平面法向的运动。

检查这个平板的每一阶模态，有很多地方需要注意。首先，有一些模态是整体模态，框架和三块平板都参与模态振型的运动。然后，有一些模态振型似乎框架的运动很小，但三块平板都有显著的运动。有一些模态，框架有显著的运动，但平板基本上没有运动。还

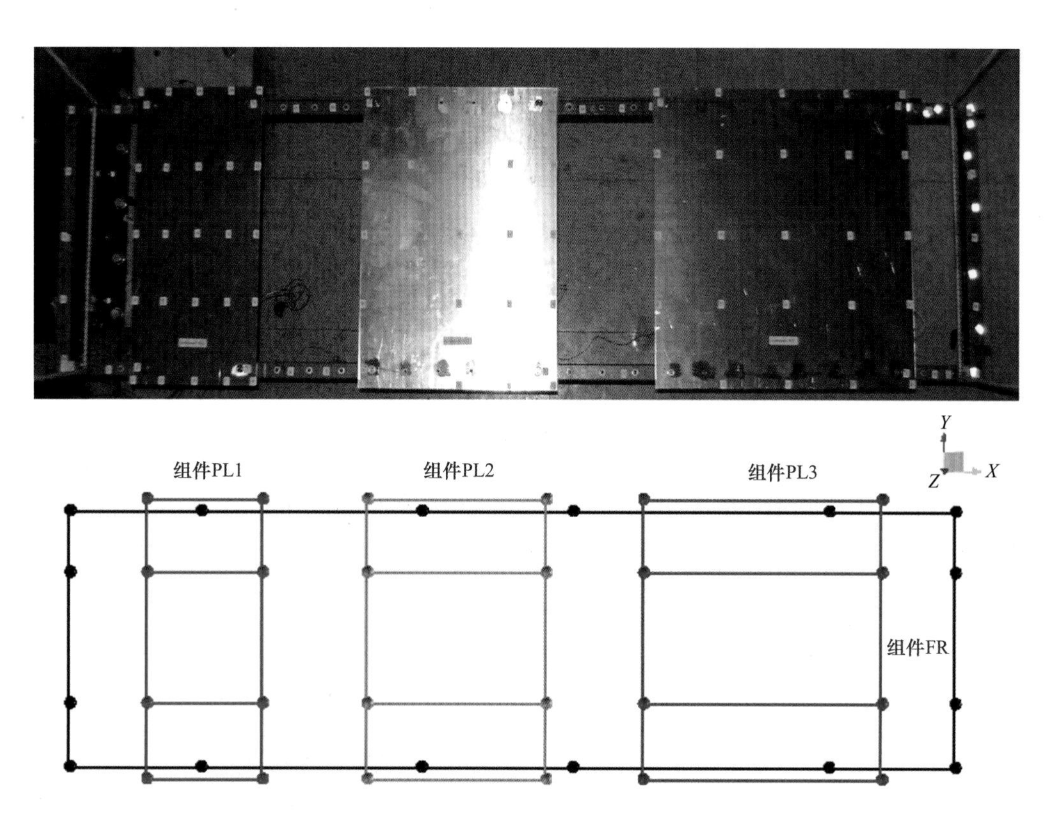

图 11-16　蓝色框架与三块平板（顶部）与测试的几何模型（底部）

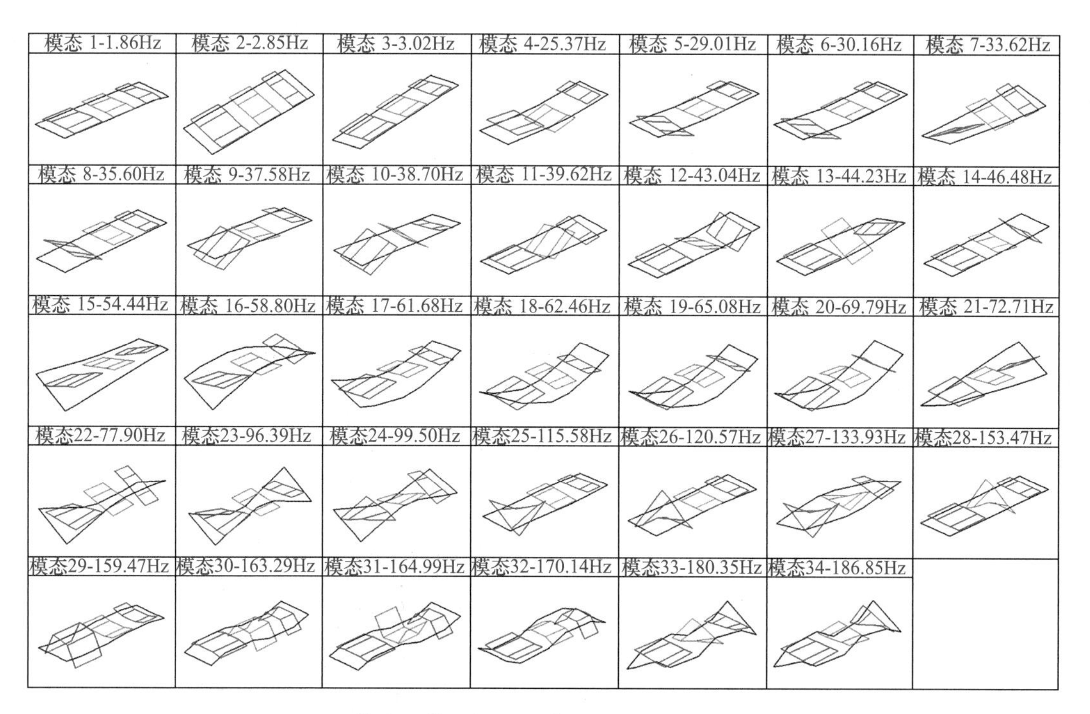

图 11-17　带有三块平板子系统的蓝色框架的典型弹性模态

有一些模态只有一块或者两块平板有显著的运动。另一个需要着重注意的是，有一些模态三块平板振型有相似的同相运动，而另外一些模态，三块平板振型有相似的反相运动。因此，总体来说，这个结构的所有模态都有非常复杂的运动。

现在，如果要进行模态试验，那么参考加速度计应该布置在哪里呢？为了看到所有的模态，参考点的位置必须是所有模态都能被同等观察到的位置。但很快明白，从一个单参考点位置很难观察到所有的模态。这正是为什么实际进行的任何模态试验通常需要多个参考点的原因。但是查看框架结构的模态振型，似乎这个结构的每一个独立部件都需要布置参考点。对于这个例子，目标不是定义所有的模态振型，而是遍历一些测量场景，并获取一些数据来展示一些可能导致的数据不一致。所以观察这个主框架，四个角点的任何一个都可能是一个合适的参考点，而观察这三块平板，平板边缘的任何一点，但不包括边的中点，都可能是一个合适的参考点。这些可能的参考点位置如图 11-18 所示。

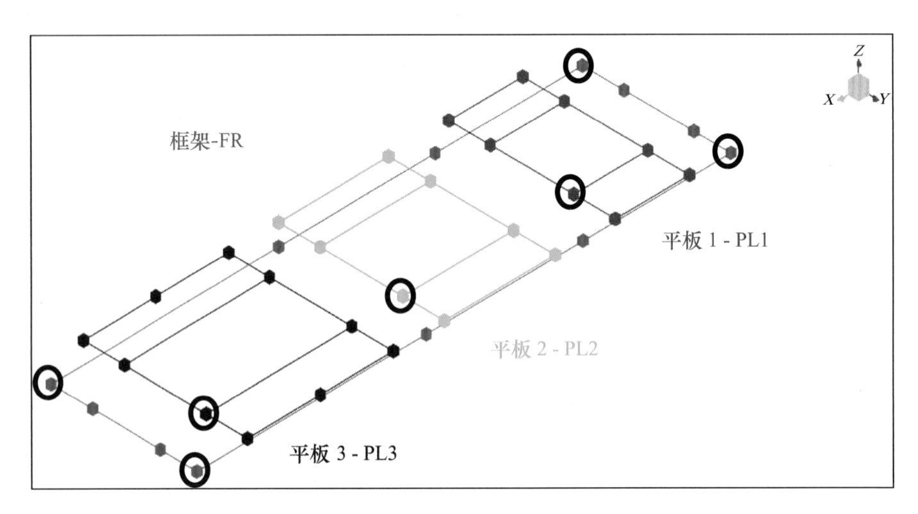

图 11-18　带有三块平板的蓝色框架的一些可能的参考点

现在，让我们采用锤击法或激振器法进行不同的测量，并指出这个特定结构测量中的一些问题和困难。注意到有一些与框架结构相关的非线性，这将使测量更加有趣。图 11-19中展示了激振器测试和锤击测试的典型设置，以及使用的数据采集系统（典型的测试设置用作参考）。

锤击测试是最容易执行的。用力锤法进行互易性测量：

- 红色平板和绿色平板之间（见图 11-20a）。
- 红色平板和蓝色平板之间（见图 11-20b）。
- 主框架（见图 11-20c）。

这些测量数据在一些频率区间有明显的差异，这很可能是受结构非线性的影响。非线性对锤击测试的激励位置非常敏感，激励位置不同将激励出不同的非线性。

现在可以把这些测量数据和稳态图结合起来使用，作为确定采集数据一致性的工具。从 7 个参考点采集到的数据生成稳态图：四个参考点在框架上，每块平板上各有一个参考点。显然，稳态图表明这些数据之间存在明显的不一致。这最好用一个参考点的稳态图来

图 11-19　激振器测试和锤击测试的典型设置和数据采集系统

说明，这个参考点是 7 个参考点中的一个典型代表。注意到稳态图指示出了其他一些模态，但是这次评估中只使用了主框架的测量数据，平面内的一些模态有较小的贡献。这个稳态图如图 11-21 所示，上部的稳态图使用了所有的参考点，而 7 个参考点中的一个得到的稳态图在图 11-21 的下部。查看图 11-21 下部的稳态图可看出获得了稳定的极点，这说明一个参考点的数据产生了可以接受的结果。但是，当联合所有参考点数据时，稳态图就不能产生可接受的结果。这可能是因为系统具有非线性，而且每个参考点都会激发一些非线性，这样导致数据之间存在不一致性。图 11-21 中上部的稳态图清楚地表明难以获得稳定的极点。

所以接下来要考虑的情况是同时采集所有的数据。当然，这不能用锤击法实现，需要使用四个小型模态激振器在主框架结构的四个角点进行激励，采集多输入多输出的测量数据。这种测试方式的一个重要方面是，所有的数据都是同一时间采集的，使用的传感器仍是之前所用的传感器。这种测试方式保持了测量数据之间的一致性。这种测试另一个重要原因是，用于测试的激励力通常比较小，因为四个激振器提供的激励能更均匀地分布到整个结构上。它们通常不会将非线性激发到与单个力锤锤击激励相同的程度，这样能获得一组一致性更好的测量数据。这些数据对系统的任何非线性都不敏感。图 11-22 所示为被测结构和三次互易性测量结果。在所有情况下，测量都非常不错，并且都提供了非常吻合的互易性测量。

现在，使用这组测量数据，将稳态图作为质量评估工具对这组数据进行评估。图 11-23所示为所获得的稳态图。请记住，只考虑了平面法向的响应，在稳态图中出现了

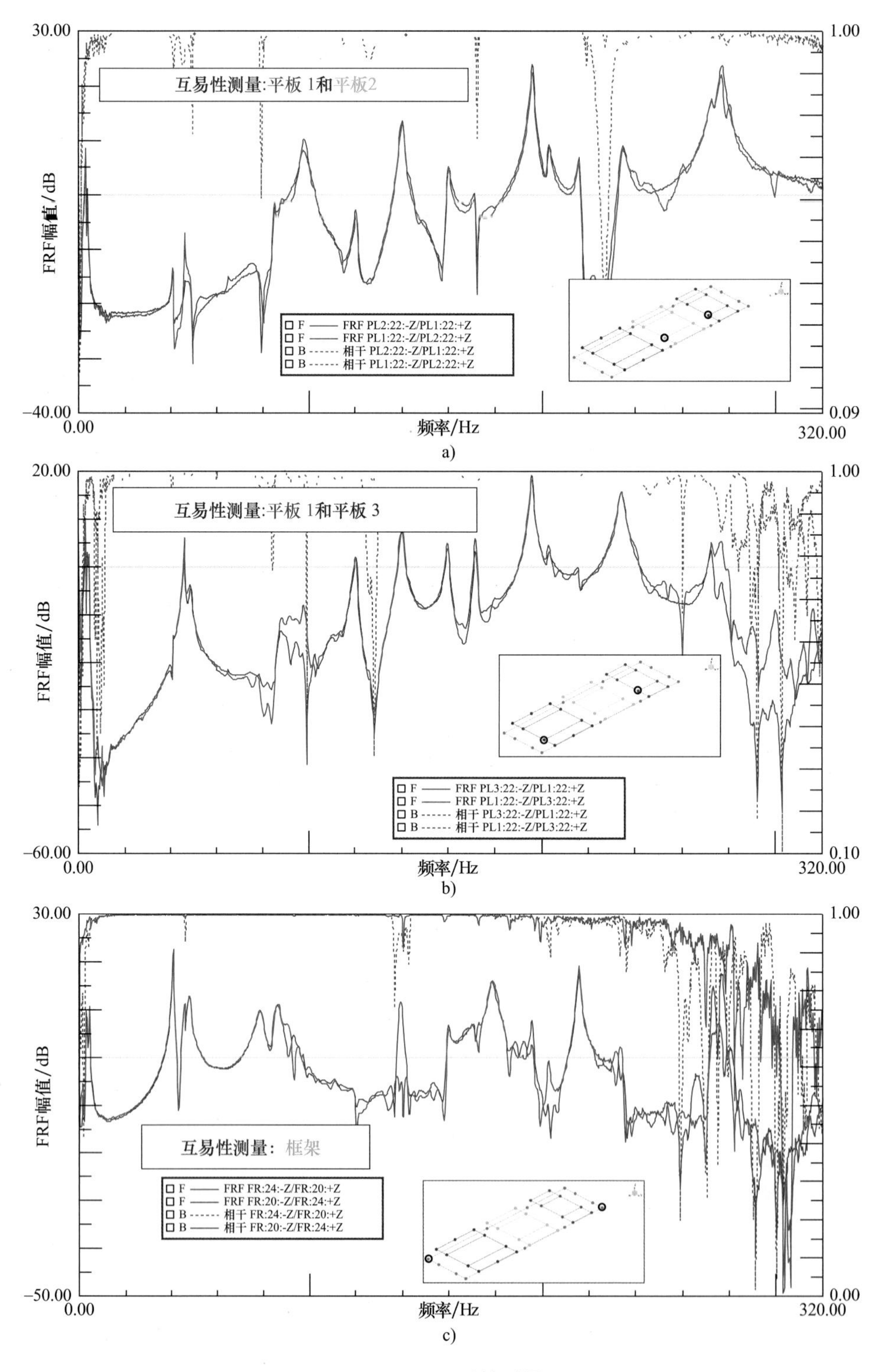

30.00
1.00
互易性测量:平板 1和平板2
FRF幅值/dB
F FRF PL2:22:-Z/PL1:22:+Z
F FRF PL1:22:-Z/PL2:22:+Z
B 相干 PL2:22:-Z/PL1:22:+Z
B 相干 PL1:22:-Z/PL2:22:+Z
-40.00
0.09
0.00
频率/Hz
320.00
a)
20.00
1.00
互易性测量:平板 1和平板 3
FRF幅值/dB
F FRF PL3:22:-Z/PL1:22:+Z
F FRF PL1:22:-Z/PL3:22:+Z
B 相干 PL3:22:-Z/PL1:22:+Z
B 相干 PL1:22:-Z/PL3:22:+Z
-60.00
0.10
0.00
频率/Hz
320.00
b)
30.00
1.00
FRF幅值/dB
互易性测量: 框架
F FRF FR:24:-Z/FR:20:+Z
F FRF FR:20:-Z/FR:24:+Z
B 相干 FR:24:-Z/FR:20:+Z
B 相干 FR:20:-Z/FR:24:+Z
-50.00
0.00
0.00
频率/Hz
320.00
c)

图 11-20 互易性测量

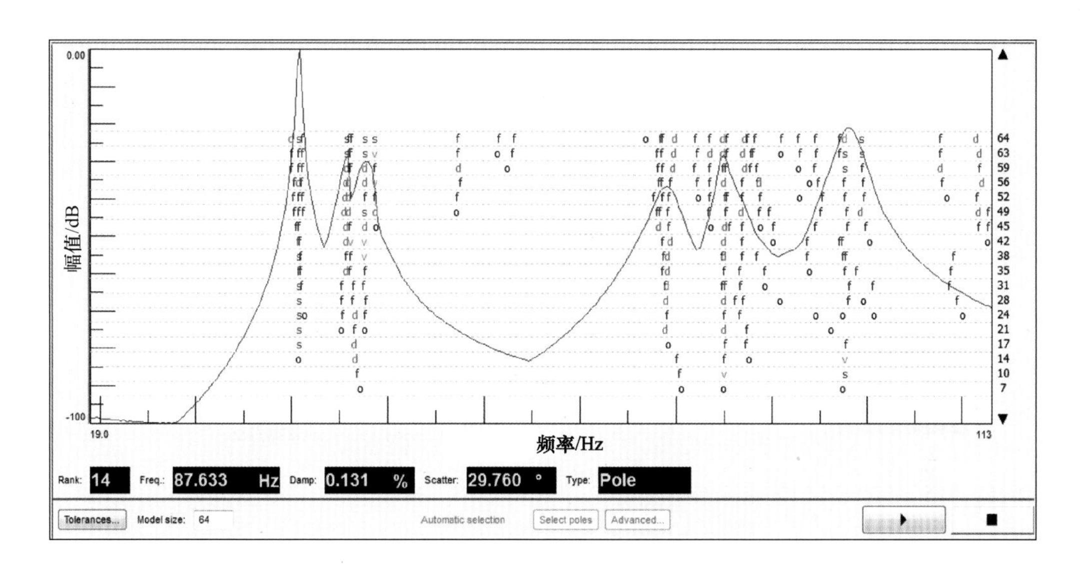

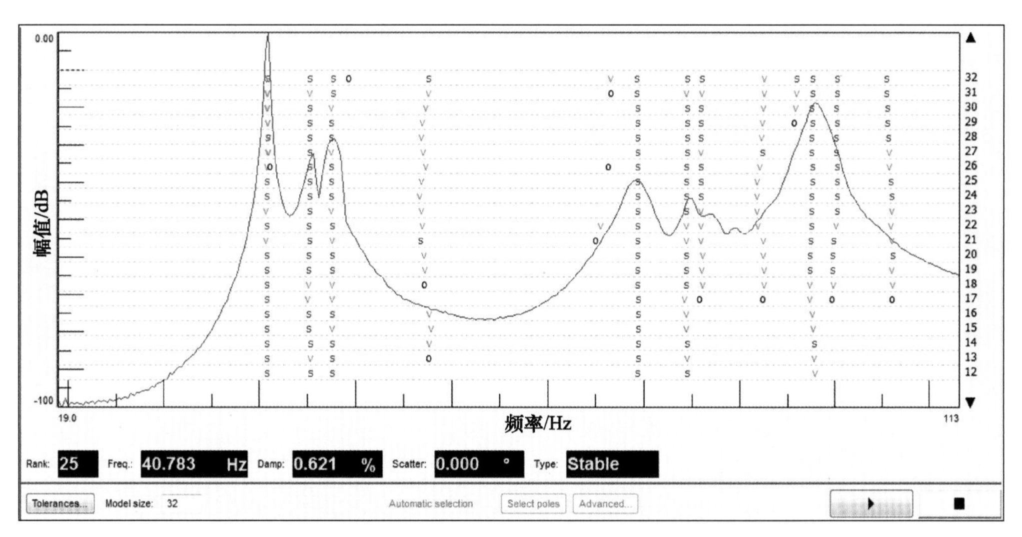

图 11-21 蓝色框架使用所有参考点（上部）和一个参考点（下部）的稳态图

一些平面内的运动响应。总体上，稳态图清晰地指示了测量数据中稳定的极点，数据总体上非常好。因此，多输入多输出激励方式提供了比早期锤击测试质量更高的数据。这是使用多输入多输出测试策略的一个很好的理由：如图 11-23 所示，测量数据整体上有了很大的改进。

本次测试是在框架结构的四个角点进行激励。仍使用这四个激振器进行另一次多输入多输出测试：三块平板上各有一个激振器，框架上安装一个激振器。图 11-24 所示为结构和三个互易性测量结果。结果再次表明，所有测量都非常好，因为所有的数据都是同时采集的，并且激励能量在整个结构上分布更均匀，这样避免了激发任何显著的非线性。虽然稳态图未在此处给出，但结果与图 11-23 一样好。

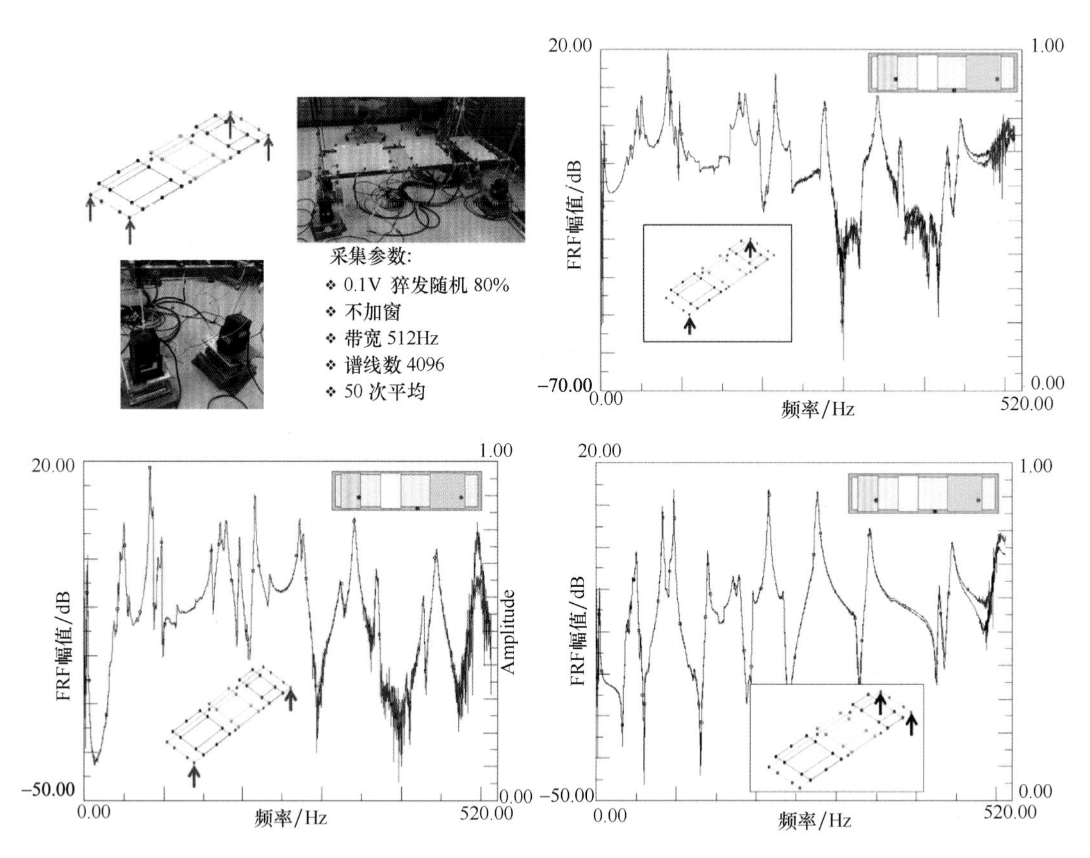

图 11-22　激振器作用在框架上的多输入多输出测试设置和结果

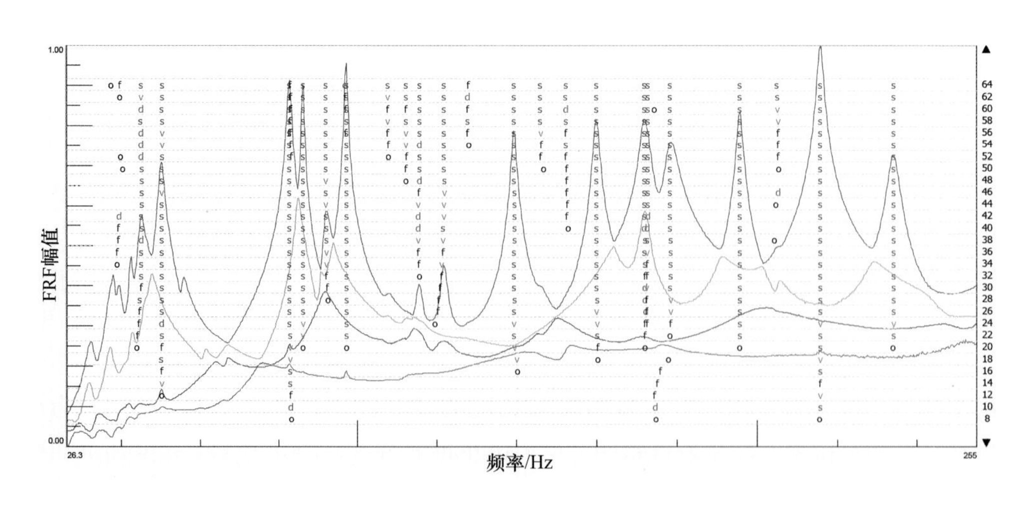

图 11-23　蓝色框架结构多输入多输出测试的稳态图

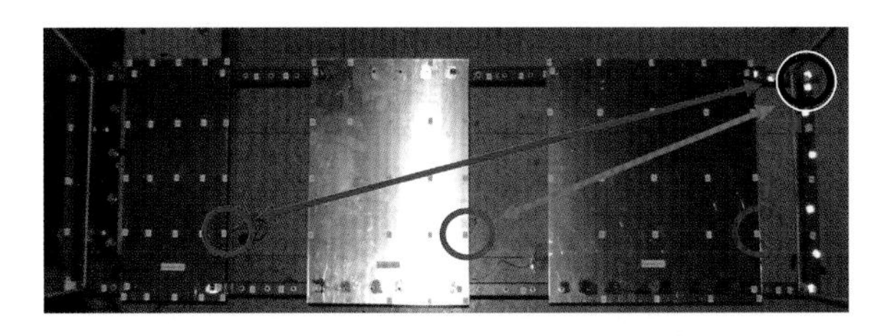

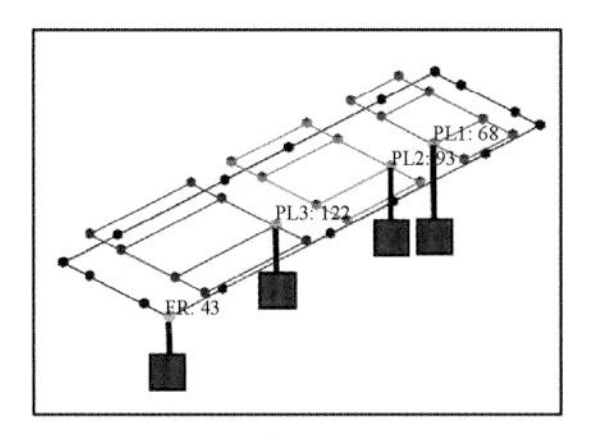

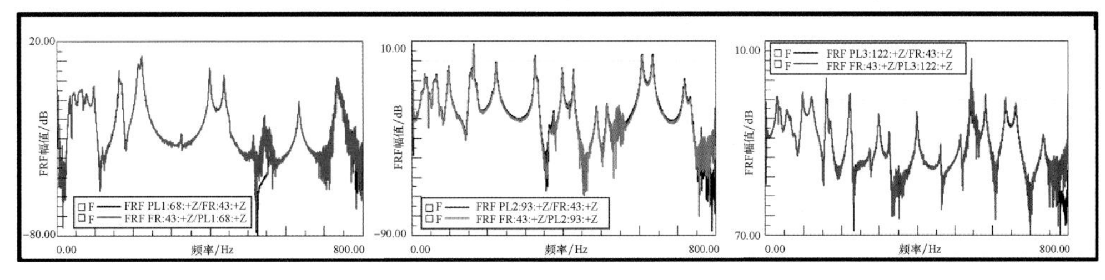

图 11-24　多输入多输出测试设置和结果，激振器分布于整个结构上

11.6　杂项问题

本节将包含一些杂项问题。

11.6.1　模态测试方向标识

虽然这看起来很琐碎，但是在测试现场清楚地标明方向是非常重要的，特别是当涉及大型结构或长时间的测试时。将标签贴在测试物体附近的地面上有助于测点标号时确认方向。随着锤击测试的进行，在测量开始时有充分的理由指明测量的每个测点和方向。这确保每个人都知道当前的测点和方向，并且随着测试的进行可以很容易地检查软件输入。图 11-25所示为一个典型的测试结构方向标识。

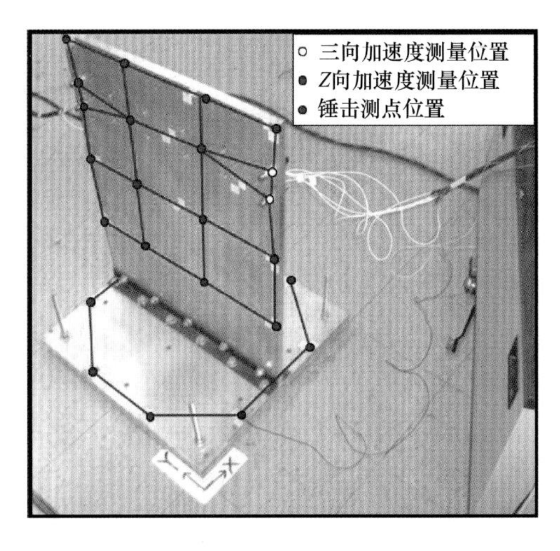

图 11-25　测试结构方向标识

11.6.2 测试不需要从测点 1 开始

一旦测试开始，真的没有必要从测点 1 开始按升序进行测量。实际上，测点 1 可能不是最好的测量，而且可能是最糟糕的测量，特别是它靠近约束边界的情况下。结构上的某个测点可能会产生整体上更好的测量结果；不太理想的测点可能导致频响测量不佳和相干函数较差；可能期望那个测点比较理想，但实际所得的糟糕测量可能会分散测试人员的注意力，他们可能会浪费时间来改进这个测量以便得到如期望那样好的数据。

同样地，没有必要按测点顺序进行测量。事实上，使用散布在结构上的测点（选择一部分）可能会更好。可能需要采集很多测点，但大多数是为了增加或提供额外的定义。首先在结构上获得测点的轮廓图（一组缩减的测点，而不是最终需要的全部测点），这样可以对数据进行快速评估，并对低阶模态的描述相当不错。另一个原因是，如果选择了所有初始的测点，使它们都聚集在结构的一个区域，一旦发生一些灾难性的问题，会阻碍测试的完成，那么你将只有一组无法描述整个结构的测点数据。但是，如果得到了测点数据的轮廓，即使结构出现了问题，至少有足够的数据用来进行初步评估。

11.6.3 测试更宽的频率范围

测试的频率范围总是要比要求的更宽，这样做能确保测量数据更有意义。一次测试要求识别 100Hz 以内的所有模态，这一点在合同中明确规定了。测试团队完成了所有预期的工作，但频响测量结果看上去并不是很好。为了改进测量做了许多尝试，应用了本章中讲到的许多技巧和建议，但是测量结果看起来一点也没有改善。最后，建议测量到更宽的频带。测试工程师很不情愿地完成了测试，因为合同明确规定只测量 100Hz 的带宽。一旦测量到 200Hz，测试质量较差的原因就变得清楚了。结构的第 1 阶模态在 150Hz 以上。因此，所有对 100Hz 以下的测量的关注都集中在系统第 1 阶模态的刚度线上，从而测量的困难之处就清楚了。需求、规范和指南非常有用，但它们永远不能取代常识：需要仔细思考！

11.6.4 U_i 乘以 U_j：很多问题的关键

至此，这可能是我们要考虑的最重要的条目了。那么，这意味着什么呢。现在让我们用一个方程来解释这意味着什么。

频响函数可以用留数或模态振型的形式写出来（这两个方程已经在许多不同的章节中使用），如图 11-26 所示。图 11-26 中下面的方程是文献中常见的写法。这是有用的，但前提是你真正理解了留数是什么。图 11-26 中上面的方程实际上是相同的方程，但是使用了模态振型信息来表示留数。具体来说，留数（与频响测量的幅值直接相关）与感兴趣的某阶模态在特定输入激励位置处的模态振型值乘以输出响应位置的模态振型值相关。留数将决定频响函数在这阶特定模态的幅值，当然，总的影响函数是系统所有模态的线性叠加。

那么这告诉我们什么呢？本质上，它给出了非常清晰的频响函数峰值幅值的定义：它与特定某阶模态在输入-输出位置的模态振型值相关。

通常，人们会问为什么在某个特定的频响函数中某一阶模态的幅值非常低。这个方程

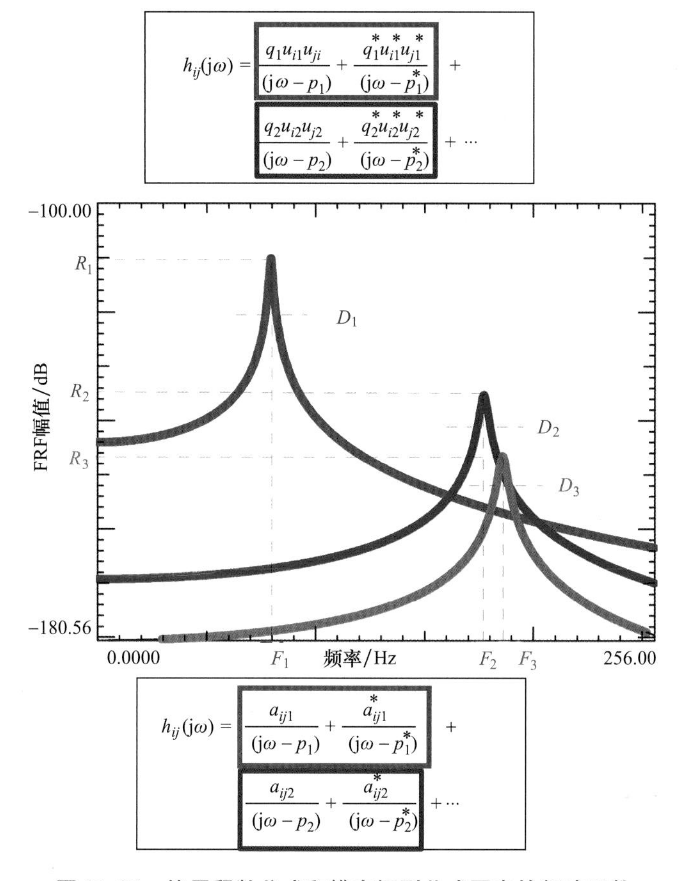

图 11-26　使用留数公式和模态振型公式写出的频响函数

可明确指出，对于特定的那阶模态，要么输入激励要么输出响应（或两者）的值非常小，并且可能靠近某阶模态的节点。如果希望看到频响函数中那阶模态的峰值更明显，则真的需要更改输入和/或输出位置，以便改变后位置的模态振型值更大并且远离节点位置。

如果你想要进行一次测试并选择良好的测量位置，你确实需要查看哪些位置是系统每阶模态振型值比较大的地方。有限元模型是一个非常好的工具，可以用来帮助确定所有的传感器的测量位置。虽然模型可能不完美，但它确实可以给出结构振型的合理描述。

如果你看了大量的模态空间系列文章，很多文章的主题就是这个。深入理解这一原理将帮助你明白试验模态测试中出现的许多问题。

11.7　总结

本章提供了一些测试问题的基本内容，有一些建议和技巧可以帮助你更好地进行测量，或者有助于确定模态参数提取的方法。列举的几个例子用于说明一些常见的困难和方法以便从整体上改进测量数据。本章还描述了数据缩减分析实例中与常见的测量方法直接相关的困难，很容易就可以对这些方法加以改进，从而解决这些困难。许多测量情况经常出现在相关行业中，而且很容易纠正，以便从整体上改进所采集的数据。其中一节有一个相当完整的锤击测试讨论，以指导分析人员在开始设置锤击测试顺序时要考虑的问题，这些是任何锤击测试所需的典型步骤。对于数据缩减分析和数据采集的重要性，本章也进行了很多不同的讨论。总的来说，有许多好的注意事项能够帮助你更好地进行模态测试。

附　　录

附录 A　线性代数：模态分析所需要的基本运算

在此，让我们回顾一下模态分析要涉及的线性代数的一些相关知识。

A.1　矩阵

我们可以定义一个普通的规模为 $n\times m$ 的矩阵 $\boldsymbol{A}$，这意味着这个矩阵有 n 行、m 列。

$$\boldsymbol{A}=\begin{pmatrix} a_{11} & a_{12} & \cdots & a_{1m} \\ a_{21} & a_{22} & \cdots & a_{2m} \\ \vdots & \vdots & a_{ij} & \vdots \\ a_{n1} & a_{n2} & \cdots & a_{nm} \end{pmatrix}$$

矩阵中特定的行列元素 a_{ij} 的下标表明它在矩阵 $\boldsymbol{A}$ 中的位置：第 i 行、第 j 列。通常，我们用大写字母表示一个矩阵，小写字母表示矩阵中的元素。当矩阵的行数 n 不等于列数 m 时，称矩阵为矩形矩阵；当 n 等于 m 时，称矩阵为方阵，这意味着矩阵行列数量相同。

A.2　列向量

我们可以定义一个规模为 $n\times 1$ 的普通列向量 $\boldsymbol{B}$，这意味着这个向量有 n 行、1 列。

$$\boldsymbol{B}=\begin{pmatrix} b_1 \\ b_2 \\ \vdots \\ b_i \\ \vdots \\ b_n \end{pmatrix}$$

这个向量特定行的元素 b_i 表明它在向量中的第 i 行。通常，我们使用大字字母表示一个向量，小写字母表示向量中的特定元素。

A.3　行向量

我们定义一个规模为 $1\times m$ 的普通行向量 $\boldsymbol{C}$，这意味着这个向量有 1 行、m 列。

$$\boldsymbol{C}=(c_1 \quad c_2 \quad \cdots \quad c_j \quad \cdots \quad c_m)$$

这个向量特定列的元素 c_j 表明它在向量中的第 j 列。通常，我们使用大字字母表示一个向量，小写字母表示向量中的特定元素。

A.4　对角阵

我们可以定义一个对角矩阵 $\boldsymbol{D}$，这个矩阵只在对角线上存在非零元素。

$$\boldsymbol{D}=\begin{pmatrix} d_{11} & & & & & \\ & d_{22} & & & & \\ & & \ddots & & & \\ & & & d_{ii} & & \\ & & & & \ddots & \\ & & & & & d_{nn} \end{pmatrix} \text{当 } i \neq j \text{ 时，} d_{ij}=0$$

对角阵是方阵。一个特定的对角阵是单位阵，它所有的对角元素都等于1。

A.5 矩阵相加

两个矩阵进行相加，但要求它们必须有相同的行数、列数。

$$\boldsymbol{C}=\boldsymbol{A}+\boldsymbol{B} \Rightarrow c_{ij}=a_{ij}+b_{ij}$$

矩阵 $\boldsymbol{A}$ 和矩阵 $\boldsymbol{B}$ 每个相对应的元素相加形成一个新的矩阵 $\boldsymbol{C}$。例如：

$$\boldsymbol{A}=\begin{pmatrix} 2 & 3 \\ 1 & 4 \\ 3 & 2 \end{pmatrix};\ \boldsymbol{B}=\begin{pmatrix} 1 & 0 \\ 0 & 1 \\ 1 & 1 \end{pmatrix};\ \boldsymbol{C}=\boldsymbol{A}+\boldsymbol{B}=\begin{pmatrix} 2 & 3 \\ 1 & 4 \\ 3 & 2 \end{pmatrix}+\begin{pmatrix} 1 & 0 \\ 0 & 1 \\ 1 & 1 \end{pmatrix}=\begin{pmatrix} 3 & 3 \\ 1 & 5 \\ 4 & 3 \end{pmatrix}$$

A.6 矩阵与标量相乘

通过矩阵元素与标量相乘对矩阵进行缩放。

$$\boldsymbol{B}=s * \boldsymbol{A} \Rightarrow b_{ij}=s a_{ij}$$

矩阵 $\boldsymbol{A}$ 的每一个元素都与这个标量相乘，得到矩阵 $\boldsymbol{B}$。例如：

$$s=2;\ \boldsymbol{A}=\begin{pmatrix} 2 & 3 \\ 1 & 4 \\ 3 & 2 \end{pmatrix};\ \boldsymbol{B}=2\boldsymbol{A}=\begin{pmatrix} 4 & 6 \\ 2 & 8 \\ 6 & 4 \end{pmatrix}$$

A.7 矩阵乘法

两个矩阵可以相乘，但要求矩阵 $\boldsymbol{A}$ 的列数与矩阵 $\boldsymbol{B}$ 的行数相等。

$$\boldsymbol{C}=\boldsymbol{A}\boldsymbol{B} \Rightarrow \boldsymbol{c}_{ij}=\boldsymbol{a}_i \boldsymbol{b}_j$$

$$\boldsymbol{c}_{ij}=\begin{pmatrix} \boldsymbol{a}_{i1} & \boldsymbol{a}_{i2} & \cdots & \boldsymbol{a}_{ik} \end{pmatrix}\begin{pmatrix} \boldsymbol{b}_{1j} \\ \boldsymbol{b}_{2j} \\ \vdots \\ \boldsymbol{b}_{kj} \end{pmatrix} \Rightarrow \boldsymbol{c}_{ij}=\sum_k a_{ik} b_{kj}$$

矩阵 $\boldsymbol{C}$ 的每一个元素都是由矩阵 $\boldsymbol{A}$ 的一行与矩阵 $\boldsymbol{B}$ 的一列相乘得到的，这本质上是个点积，矩阵 $\boldsymbol{C}$ 的单个下标 ij 元素是矩阵 $\boldsymbol{A}$ 的第 i 行向量元素与矩阵 $\boldsymbol{B}$ 的第 j 列向量对应元素的乘积之和。例如：

$$\boldsymbol{A}=\begin{pmatrix} 1 & 2 & 3 \\ 0 & 1 & 0 \\ 1 & 0 & 1 \end{pmatrix};\ \boldsymbol{B}=\begin{pmatrix} 1 & 0 & 0 & 0 & 1 \\ 0 & 1 & 0 & 1 & 0 \\ 0 & 0 & 1 & 0 & 0 \end{pmatrix}$$

$$\boldsymbol{C}=\boldsymbol{AB}=\begin{pmatrix}1&2&3&2&1\\0&1&0&1&0\\1&0&1&0&1\end{pmatrix}$$

A.8　矩阵乘法规则

矩阵乘法有以下规则：

- $\boldsymbol{AB}=\boldsymbol{C}\neq\boldsymbol{BA}$。
- $\boldsymbol{A}(\boldsymbol{B}+\boldsymbol{C})=\boldsymbol{AB}+\boldsymbol{AC}$。
- $(\boldsymbol{AB})\boldsymbol{C}=\boldsymbol{A}(\boldsymbol{BC})$。
- $\boldsymbol{AB}=0$ 不意味着 $\boldsymbol{A}=0$ 或者 $\boldsymbol{B}=0$。

对角阵 $\boldsymbol{D}$ 左乘矩阵 $\boldsymbol{A}$，那么矩阵 $\boldsymbol{A}$ 的各行将与对角阵 $\boldsymbol{D}$ 相应的对角元素相乘。

$$\begin{pmatrix}\ddots&&\\&\boldsymbol{D}&\\&&\ddots\end{pmatrix}\boldsymbol{A}=\begin{pmatrix}d_{11}\ (a_{11}&a_{12}&\cdots&a_{1m})\\d_{22}\ (a_{21}&a_{22}&\cdots&a_{2m})\\d_{ii}\ (a_{i1}&a_{i2}&\cdots&a_{im})\\d_{nn}\ (a_{n1}&a_{n2}&\cdots&a_{nm})\end{pmatrix}$$

对角阵 $\boldsymbol{D}$ 右乘矩阵 $\boldsymbol{A}$，那么矩阵 $\boldsymbol{A}$ 的各列将与对角阵 $\boldsymbol{D}$ 相应的对角元素相乘。

$$\boldsymbol{A}\begin{pmatrix}\ddots&&\\&\boldsymbol{D}&\\&&\ddots\end{pmatrix}=\begin{pmatrix}d_{11}\begin{pmatrix}a_{11}\\a_{21}\\\vdots\\a_{n1}\end{pmatrix}&d_{22}\begin{pmatrix}a_{12}\\a_{22}\\\vdots\\a_{n2}\end{pmatrix}&d_{ii}\begin{pmatrix}a_{1i}\\a_{2i}\\\vdots\\a_{ni}\end{pmatrix}\end{pmatrix}$$

例如：

$$\boldsymbol{A}=\begin{pmatrix}1&2&3\\2&4&6\\3&6&9\end{pmatrix};\ \boldsymbol{D}=\begin{pmatrix}3&&\\&1.5&\\&&1\end{pmatrix}$$

$$\boldsymbol{C}=\boldsymbol{AD}=\begin{pmatrix}3&3&3\\6&6&6\\9&9&9\end{pmatrix}$$

A.9　矩阵的转置

当矩阵的行与列互换时，我们定义新矩阵为原来矩阵的转置。

$$\boldsymbol{A}=\begin{pmatrix}a_{11}&a_{12}&\\a_{21}&a_{22}&\\&&\\&&a_{ij}\end{pmatrix}\Rightarrow\boldsymbol{B}=\boldsymbol{A}^{\mathrm{T}}=\begin{pmatrix}a_{11}&a_{21}&\\a_{12}&a_{22}&\\&&\\&&a_{ji}\end{pmatrix}$$

例如：

$$\boldsymbol{A}=\begin{pmatrix}1&2\\3&4\\5&6\end{pmatrix};\ \boldsymbol{A}^{\mathrm{T}}=\begin{pmatrix}1&3&5\\2&4&6\end{pmatrix}$$

A.10 矩阵转置规则

矩阵转置有以下规则：

- $(\boldsymbol{A}+\boldsymbol{B})^{\mathrm{T}}=\boldsymbol{A}^{\mathrm{T}}+\boldsymbol{B}^{\mathrm{T}}$
- $(\boldsymbol{A}^{\mathrm{T}})^{\mathrm{T}}=\boldsymbol{A}$
- $(\boldsymbol{AB})^{\mathrm{T}}=\boldsymbol{B}^{\mathrm{T}}\boldsymbol{A}^{\mathrm{T}}$
- $(\boldsymbol{ABC})^{\mathrm{T}}=\boldsymbol{C}^{\mathrm{T}}\boldsymbol{B}^{\mathrm{T}}\boldsymbol{A}^{\mathrm{T}}$

A.11 对称矩阵规则

以下规则应用于对称矩阵，对称矩阵要求是方阵。由于对称，相应的 ij 元素等于 ji 元素。

- $\boldsymbol{A}=\boldsymbol{A}^{\mathrm{T}}$；$\boldsymbol{B}=\boldsymbol{B}^{\mathrm{T}}$；$\boldsymbol{AB}\neq(\boldsymbol{AB})^{\mathrm{T}}$
- $\boldsymbol{A}=\boldsymbol{A}^{\mathrm{T}}$；$\boldsymbol{C}=\boldsymbol{B}^{\mathrm{T}}\boldsymbol{AB}$；$\boldsymbol{C}=\boldsymbol{C}^{\mathrm{T}}$

A.12 逆矩阵

我们可以定义逆矩阵为

$$\boldsymbol{A}^{-1}=\frac{\mathrm{Adj}\boldsymbol{A}}{\det\boldsymbol{A}};\quad \mathrm{Adj}\boldsymbol{A}=\boldsymbol{C}^{\mathrm{T}}\text{而}\ c_{ij}=(-1)^{(i+j)}|\boldsymbol{M}_{ij}|$$

例如：

$$\boldsymbol{A}=\begin{pmatrix}2 & -1\\ -1 & 1\end{pmatrix}\Rightarrow\boldsymbol{A}^{-1}=\begin{pmatrix}1 & 1\\ 1 & 2\end{pmatrix}$$

A.13 逆矩阵属性

逆矩阵有以下属性：

- 如果矩阵 $\boldsymbol{A}$ 的逆矩阵存在，那么矩阵 $\boldsymbol{A}$ 是一个非奇异矩阵。
- 如果矩阵 $\boldsymbol{A}$ 的逆矩阵不存在，那么矩阵 $\boldsymbol{A}$ 是一个奇异矩阵。

$$(\boldsymbol{A}^{-1})^{-1}=\boldsymbol{A}$$

$$(\boldsymbol{AB})^{-1}=\boldsymbol{B}^{-1}\boldsymbol{A}^{-1}$$

A.14 特征值问题

我们能够将两个非奇异的对称方阵分解成与它们相关的特征值和特征向量：

$$(\boldsymbol{A}-\lambda\boldsymbol{B})\boldsymbol{X}=0\Rightarrow\omega_i^2;\boldsymbol{x}_i$$

将存在多对特征值与特征向量，它们的数量与系统中的方程数相等。例如：

$$\boldsymbol{A}=\begin{pmatrix}2 & -1\\ -1 & 1\end{pmatrix};\ \boldsymbol{B}=\begin{pmatrix}1 & 0\\ 0 & 1\end{pmatrix}\Rightarrow\left[\begin{pmatrix}1 & 1\\ 1 & 2\end{pmatrix}-\lambda\begin{pmatrix}1 & 0\\ 0 & 1\end{pmatrix}\right]\begin{pmatrix}x_1\\ x_2\end{pmatrix}=\begin{pmatrix}0\\ 0\end{pmatrix}$$

$$\omega_1^2=0.382;\ \boldsymbol{x}_1=\begin{pmatrix}0.5257\\ 0.8507\end{pmatrix};\ \omega_2^2=2.618;\ (\boldsymbol{x}_2)=\begin{pmatrix}0.8507\\ -0.5257\end{pmatrix}$$

A.15 广义逆矩阵

任何一个一般矩形矩阵都可以求逆，但当行数或列数不相等时，此时的求逆被称为广义求逆：

$$\boldsymbol{x}=\boldsymbol{UP}\Rightarrow\boldsymbol{P}=\boldsymbol{U}^{g}\boldsymbol{x}$$
$$\boldsymbol{U}^{g}=(\boldsymbol{U}^{\mathrm{T}}\boldsymbol{U})^{-1}\boldsymbol{U}^{\mathrm{T}}$$

广义逆矩阵的摩尔-彭若斯（Moore-Penrose）条件为

1）$\boldsymbol{U}\boldsymbol{U}^{g}\boldsymbol{U}=\boldsymbol{U}$。

2）$\boldsymbol{U}^{g}\boldsymbol{U}\boldsymbol{U}^{g}=\boldsymbol{U}^{g}$。

3）$(\boldsymbol{U}^{g}\boldsymbol{U})^{\mathrm{T}}=\boldsymbol{U}^{g}\boldsymbol{U}$。

4）$(\boldsymbol{U}\boldsymbol{U}^{g})^{\mathrm{T}}=\boldsymbol{U}\boldsymbol{U}^{g}$。

如果四个摩尔-彭若斯条件都满足，那么这个矩阵是一个伪逆矩阵。例如：

$$\boldsymbol{A}=\begin{pmatrix}1&2\\3&4\\5&6\end{pmatrix}\Rightarrow\boldsymbol{x}^{g}=\begin{pmatrix}-1.333&-0.333&0.667\\1.083&0.333&-0.417\end{pmatrix}$$

A.16 奇异值分解

任何一个矩阵都可以被分解成如下形式（特定值和特定向量）：

$\boldsymbol{A}=\boldsymbol{USV}^{\mathrm{T}}$

$$\boldsymbol{A}=(\boldsymbol{u}_1\quad\boldsymbol{u}_2\quad\cdots)\begin{pmatrix}s_1&&\\&s_2&\\&&\ddots\end{pmatrix}(v_1\quad v_2\quad\cdots)^{\mathrm{T}}$$

$$\boldsymbol{A}=\boldsymbol{u}_1\boldsymbol{s}_1v_1{}^{\mathrm{T}}+\boldsymbol{u}_2\boldsymbol{s}_2v_2{}^{\mathrm{T}}+\cdots=\sum_{k=1}^{n}\boldsymbol{u}_k\boldsymbol{s}_kv_k{}^{\mathrm{T}}$$

例如：

$$\begin{pmatrix}1&2&3\\2&4&6\\3&6&9\end{pmatrix}=\boldsymbol{A}=\boldsymbol{u}_1\boldsymbol{s}_1v_1^{\mathrm{T}}=\begin{pmatrix}1\\2\\3\end{pmatrix}1\ (1\quad 2\quad 3)^{\mathrm{T}}$$

例如：

$$\begin{pmatrix}2&3&5\\3&5&8\\5&8&13\end{pmatrix}=\boldsymbol{u}_1\boldsymbol{s}_1v_1^{\mathrm{T}}+\boldsymbol{u}_2\boldsymbol{s}_2v_2^{\mathrm{T}}=\begin{pmatrix}1\\2\\3\end{pmatrix}1\ (1\quad 2\quad 3)^{\mathrm{T}}+\begin{pmatrix}1\\1\\2\end{pmatrix}1\ (1\quad 1\quad 2)^{\mathrm{T}}$$

$$\begin{pmatrix}1&2&3\\2&4&6\\3&6&9\end{pmatrix}+\begin{pmatrix}1&1&2\\1&1&2\\2&2&4\end{pmatrix}$$

附录 B 两自由度系统实例：特征值问题

使用的两自由度系统如图 B-1 所示，让我们写出计算以下内容的所有方程：

- 列出特征多项式公式。
- 求解特征值。
- 使用系统方程 1 和方程 2 求解第 1 阶模态振型。
- 展示模态关于系统矩阵的正交性。
- 计算模态质量和模态刚度。
- 使用单位模态质量归一化模态振型。

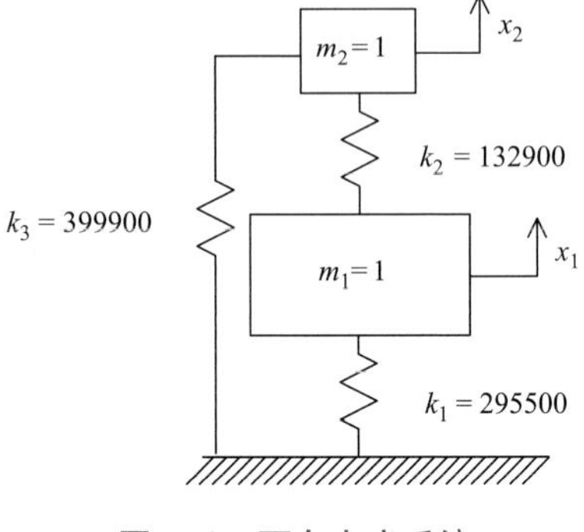

图 B-1　两自由度系统

对每个集中质量进行受力分析，得到两个方程：

$$m_1\ddot{x}_1+k_1x_1-k_2(x_2-x_1)=f_1(t)$$

$$m_2\ddot{x}_2+k_3x_2+k_2(x_2-x_1)=f_2(t)$$

将质量与刚度值代入方程组：

$$\ddot{x}_1+428400x_1-132900x_2=f_1(t)$$

$$\ddot{x}_2-132900x_1+532800x_2=f_2(t)$$

用矩阵形式表示：

$$\boldsymbol{M}\ddot{\boldsymbol{x}}+\boldsymbol{Kx}=\begin{pmatrix}1 & 0\\0 & 1\end{pmatrix}\begin{pmatrix}\ddot{x}_1\\\ddot{x}_2\end{pmatrix}+\begin{pmatrix}428400 & -132900\\-132900 & 532800\end{pmatrix}\begin{pmatrix}x_1\\x_2\end{pmatrix}$$

现在，让我们回想一下特征值求解可以写为

$$(\boldsymbol{K}-\lambda\boldsymbol{M})\boldsymbol{x}=\boldsymbol{0}\ （\lambda\ 是特征值\ \omega^2）$$

如果我们将质量和刚度矩阵代入上述方程，得

$$\left[\begin{pmatrix}428400 & -132900\\-132900 & 532800\end{pmatrix}-\omega^2\begin{pmatrix}1 & 0\\0 & 1\end{pmatrix}\right]\begin{pmatrix}x_1\\x_2\end{pmatrix}=\begin{pmatrix}0\\0\end{pmatrix}$$

重新排列方程，得

$$\begin{pmatrix}-\omega^2+428400 & -132900\\-132900 & -\omega^2+532800\end{pmatrix}\begin{pmatrix}x_1\\x_2\end{pmatrix}=\begin{pmatrix}0\\0\end{pmatrix}$$

特征方程来自于

$$\det\begin{pmatrix}-\omega^2+428400 & -132900\\-132900 & -\omega^2+532800\end{pmatrix}=0$$

方程为

$$\omega^4-961200\omega^2+2.10588\times10^{11}=0$$

使用一元二次方程根的表达式求解这个方程，得

$$\omega_1^2,\ \omega_2^2=\frac{961200\pm\sqrt{961200^2-4\times2.10588\times10^{11}}}{2}$$

特征值为

$$\omega_1^2=337816\Rightarrow\omega_1=581\text{rad/s}\Rightarrow f_1=92\text{Hz}$$

$$\omega_2^2=623384\Rightarrow\omega_2=790\text{rad/s}\Rightarrow f_1=125\text{Hz}$$

为了求解模态振型，让我们由系统方程写出方程（B.1）和方程（B.2）。

$$(-\omega^2+428400)x_1-132900x_2=0 \tag{B.1}$$

$$-132900x_1+(-\omega^2+532800)x_2=0 \tag{B.2}$$

为了求解第 1 阶模态振型，我们可以使用方程（B.1）或方程（B.2）。由方程（B.1）来求解，代入 ω_1，得

$$(-337816+428400)x_1-132900x_2=0 \Rightarrow x_1=1.467x_2$$

由方程（B.2）来求解，代入 ω_1，得

$$-132900x_1+(-337816+532800)x_2=0 \Rightarrow x_1=1.467x_2$$

为了求解第 2 阶模态振型，我们可以使用方程（B.1）或方程（B.2）。由方程（B.1）来求解，代入 ω_2，得

$$(-623384+428400)x_1-132900x_2=0 \Rightarrow x_1=-0.682x_2$$

由方程（B.2）来求解，代入 ω_2，得

$$-132900x_1+(-623384+532800)x_2=0 \Rightarrow x_1=-0.682x_2$$

因此，特征值/特征向量为

$$\begin{pmatrix}\omega_1^2 & \\ & \omega_2^2\end{pmatrix}=\begin{pmatrix}337816 & \\ & 623384\end{pmatrix}$$

$$\begin{pmatrix}u_1^{(1)} & u_1^{(2)} \\ u_2^{(1)} & u_2^{(2)}\end{pmatrix}=\begin{pmatrix}1 & 1 \\ 0.682 & -1.467\end{pmatrix}$$

$$(\boldsymbol{u}_1 \quad \boldsymbol{u}_2)=\begin{pmatrix}u_1^{(1)} & u_1^{(2)} \\ u_2^{(1)} & u_2^{(2)}\end{pmatrix}=\begin{pmatrix}1 & 1 \\ 0.628 & -1.467\end{pmatrix}$$

现在让我们回想一下，第 i 阶模态向量与第 j 阶模态向量是关于系统矩阵正交的。让我们用质量矩阵来检查这个特性。

$$\boldsymbol{u}_j^{\mathrm{T}}\boldsymbol{M}\boldsymbol{u}_i \equiv 0 \Rightarrow (1 \quad -1.467)\begin{pmatrix}1 & 0 \\ 0 & 1\end{pmatrix}\begin{pmatrix}1 \\ 0.628\end{pmatrix}\equiv 0$$

由系统方程，我们可以写出模态质量矩阵和模态刚度矩阵：

$$\boldsymbol{U}^{\mathrm{T}}\boldsymbol{M}\boldsymbol{U}=\begin{pmatrix}1 & 0.682 \\ 1 & -1.467\end{pmatrix}\begin{pmatrix}1 & 0 \\ 0 & 1\end{pmatrix}\begin{pmatrix}1 & 1 \\ 0.682 & -1.467\end{pmatrix}=\begin{pmatrix}1.465 & 0 \\ 0 & 3.152\end{pmatrix}$$

$$\boldsymbol{U}^{\mathrm{T}}\boldsymbol{K}\boldsymbol{U}=\begin{pmatrix}1 & 0.682 \\ 1 & -1.467\end{pmatrix}\begin{pmatrix}428400 & -132900 \\ -132900 & 532800\end{pmatrix}\begin{pmatrix}1 & 1 \\ 0.682 & -1.467\end{pmatrix}=\begin{pmatrix}494900 & 0 \\ 0 & 1965000\end{pmatrix}$$

如果我们归一化模态振型成单位质量（归一化的模态振型是原始模态振型右乘以 1 除以模态质量的平方根），那么模态振型矩阵变为

$$\boldsymbol{U}^n=\boldsymbol{U}\boldsymbol{N}=\begin{pmatrix}1 & 1 \\ 0.682 & -1.467\end{pmatrix}\begin{pmatrix}\sqrt{\dfrac{1}{1.465}} & 0 \\ 0 & \sqrt{\dfrac{1}{3.152}}\end{pmatrix}=\begin{pmatrix}0.826 & 0.563 \\ 0.563 & -0.826\end{pmatrix}$$

模态质量矩阵和模态刚度矩阵变为

$$[\boldsymbol{U}^n]^{\mathrm{T}}\boldsymbol{M}\boldsymbol{U}^n=\begin{pmatrix}0.826 & 0.563 \\ 0.563 & -0.826\end{pmatrix}\begin{pmatrix}1 & 0 \\ 0 & 1\end{pmatrix}\begin{pmatrix}0.826 & 0.563 \\ 0.563 & -0.826\end{pmatrix}=\begin{pmatrix}1 & 0 \\ 0 & 1\end{pmatrix}$$

$$[\boldsymbol{U}^n]^{\mathrm{T}}\boldsymbol{K}\boldsymbol{U}^n=\begin{pmatrix}0.826 & 0.563\\ 0.563 & -0.826\end{pmatrix}\begin{pmatrix}428400 & -132900\\ -132900 & 532800\end{pmatrix}\begin{pmatrix}0.826 & 0.563\\ 0.563 & -0.826\end{pmatrix}$$
$$=\begin{pmatrix}337816 & 0\\ 0 & 623384\end{pmatrix}$$

附录 C　两自由度系统的极点、留数和 FRF 问题

使用的两自由度系统如图 C-1 所示，这个系统与附录 B 的系统相同，但它有阻尼，让我们写出其他的方程，计算以下内容：

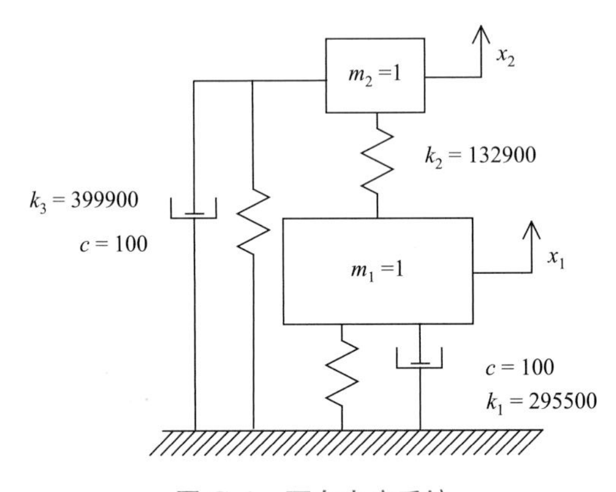

图 C-1　两自由度系统

- 列出特征多项式公式和相应的系统极点。
- 列出系统传递矩阵、留数矩阵和频响矩阵。
- 由系统矩阵的第一列计算第 1 阶模态和第 2 阶模态的留数。
- 使用从附录 B 中的特征值问题得到的归一化模态振型计算模态质量矩阵、模态阻尼矩阵和模态刚度矩阵。

对每个集中质量进行受力分析，得到两个方程，用矩阵形式表示如下：

$$\boldsymbol{M}\ddot{\boldsymbol{x}}+\boldsymbol{C}\dot{\boldsymbol{x}}+\boldsymbol{K}\boldsymbol{x}=\begin{pmatrix}1 & 0\\ 0 & 1\end{pmatrix}\begin{pmatrix}\ddot{x}_1\\ \ddot{x}_2\end{pmatrix}+\begin{pmatrix}100 & 0\\ 0 & 100\end{pmatrix}\begin{pmatrix}\dot{x}_1\\ \dot{x}_2\end{pmatrix}+\begin{pmatrix}428400 & -132900\\ -132900 & 532800\end{pmatrix}\begin{pmatrix}x_1\\ x_2\end{pmatrix}$$

现在，我们可以将系统矩阵写为

$$\boldsymbol{B}(s)=\boldsymbol{M}s^2+\boldsymbol{C}s+\boldsymbol{K}=\begin{pmatrix}1 & 0\\ 0 & 1\end{pmatrix}s^2+\begin{pmatrix}100 & 0\\ 0 & 100\end{pmatrix}s+\begin{pmatrix}428400 & -132900\\ -132900 & 532800\end{pmatrix}$$

特征方程来自于

$$\det\boldsymbol{B}(s)=0\Rightarrow\det\begin{pmatrix}s^2+100s+428400 & -132900\\ -132900 & s^2+100s+532800\end{pmatrix}=0$$
$$(s^2+100s+428400)(s^2+100s+532800)-132900^2=0$$
$$s^4+200s^3+971200s^2+96120000s+21058911000=0$$

求解这个方程，得到系统的根或极点：

$$p_1 = -50+579\text{j},\ p_1^* = -50-579\text{j},\ p_2 = -50+788\text{j},\ p_2^* = -50-788\text{j}$$

系统传递矩阵为

$$\boldsymbol{H}(s) = \boldsymbol{B}(s)^{-1} = \frac{\text{Adj}\boldsymbol{B}(s)}{\det\boldsymbol{B}(s)} = \frac{\begin{pmatrix} s^2+100s+532800 & 132900 \\ 132900 & s^2+100s+428400 \end{pmatrix}}{\det\boldsymbol{B}(s)}$$

或者，

$$\boldsymbol{H}(s) = \boldsymbol{B}(s)^{-1} = \frac{\text{Adj}\boldsymbol{B}(s)}{\det\boldsymbol{B}(s)} = \frac{\begin{pmatrix} s^2+100s+532800 & 132900 \\ 132900 & s^2+100s+428400 \end{pmatrix}}{(s-p_1)(s-p_1^*)(s-p_2)(s-p_2^*)}$$

我们也可以写出系统传递矩阵中的每一个元素：

$$h_{11}(s) = \frac{s^2+100s+532800}{\det\boldsymbol{B}(s)} \quad h_{12}(s) = \frac{132900}{\det\boldsymbol{B}(s)}$$

$$h_{21}(s) = \frac{132900}{\det\boldsymbol{B}(s)} \quad h_{22}(s) = \frac{s^2+100s+428400}{\det\boldsymbol{B}(s)}$$

或者，

$$h_{11}(s) = \frac{s^2+100s+532800}{(s-p_1)(s-p_1^*)(s-p_2)(s-p_2^*)} \quad h_{12}(s) = \frac{132900}{(s-p_1)(s-p_1^*)(s-p_2)(s-p_2^*)}$$

$$h_{21}(s) = \frac{132900}{(s-p_1)(s-p_1^*)(s-p_2)(s-p_2^*)} \quad h_{22}(s) = \frac{s^2+100s+428400}{(s-p_1)(s-p_1^*)(s-p_2)(s-p_2^*)}$$

让我们计算系统每一阶模态的留数，对于矩阵中1-1（第1行，第1列）的留数为

$$a_{11k}(s) = h_{11}(s)(s-p_k)\big|_{s\to p_k} = \frac{s^2+100s+532800}{(s-p_1)(s-p_1^*)(s-p_2)(s-p_2^*)}(s-p_k)$$

对于极点1，$p_1 = -50+579\text{j}$（它的共轭 $p_1^* = -50-579\text{j}$），那么矩阵中1-1的留数为

$$a_{111}(p_1) = \frac{p_1^2+100p_1+532800}{(p_1-p_1^*)(p_1-p_2)(p_1-p_2^*)} = 0.11791\times10^{-2}/2\text{j}$$

$$a_{111}^*(p_1^*) = -0.11791\times10^{-2}/2\text{j}$$

对于极点2，$p_2 = -50+788\text{j}$（它的共轭 $p_2^* = -50-788\text{j}$），那么矩阵中1-1的留数为

$$a_{112}(p_2) = \frac{p_2^2+100p_2+532800}{(p_2-p_1)(p_2-p_1^*)(p_2-p_2^*)} = 0.4025\times10^{-3}/2\text{j}$$

$$a_{112}^*(p_2^*) = -0.4025\times10^{-3}/2\text{j}$$

因为我们已经有留数了，那么我们可以写出矩阵中1-1的系统传递函数：

$$h_{11}(s) = \sum_{k=1}^{2}\left[\frac{a_{11k}}{(s-p_k)} + \frac{a_{11k}^*}{(s-p_k^*)}\right] = \frac{a_{111}}{(s-p_1)} + \frac{a_{111}^*}{(s-p_1^*)} + \frac{a_{112}}{(s-p_2)} + \frac{a_{112}^*}{(s-p_2^*)}$$

$$h_{11}(s) = \frac{0.11791\times10^{-2}/2\text{j}}{[s-(-50+579\text{j})]} + \frac{-0.11791\times10^{-2}/2\text{j}}{[s-(-50-579\text{j})]} + \frac{0.4025\times10^{-3}/2\text{j}}{[s-(-50+788\text{j})]} + \frac{-0.4025\times10^{-3}/2\text{j}}{[s-(-50-788\text{j})]}$$

让我们计算系统每一阶模态的留数，对于矩阵中2-1（第2行，第1列）的留数为

$$a_{21k}(s) = h_{21}(s)(s-p_k)\big|_{s\to p_k} = \frac{132900}{(s-p_1)(s-p_1^*)(s-p_2)(s-p_2^*)}(s-p_k)$$

对于极点 1，$p_1 = -50 + 579\mathrm{j}$（它的共轭 $p_1^* = -50 - 579\mathrm{j}$），那么矩阵中 2-1 的留数为

$$a_{211}(p_1) = \frac{132900}{(p_1 - p_1^*)(p_1 - p_2)(p_1 - p_2^*)} = 0.8037 \times 10^{-3}/2\mathrm{j}$$

$$a_{211}^*(p_1^*) = -0.8037 \times 10^{-3}/2\mathrm{j}$$

对于极点 2，$p_2 = -50 + 788\mathrm{j}$（它的共轭 $p_2^* = -50 - 788\mathrm{j}$），那么矩阵中 2-1 的留数为

$$a_{212}(p_2) = \frac{132900}{(p_2 - p_1)(p_2 - p_1^*)(p_2 - p_2^*)} = 0.5906 \times 10^{-3}/2\mathrm{j}$$

$$a_{212}^*(p_2^*) = -0.5906 \times 10^{-3}/2\mathrm{j}$$

因为我们已经有留数了，那么可以写出矩阵中 2-1 的系统传递函数：

$$h_{21}(s) = \sum_{k=1}^{2}\left[\frac{a_{21k}}{(s - p_k)} + \frac{a_{21k}^*}{(s - p_k^*)}\right] = \frac{a_{211}}{(s - p_1)} + \frac{a_{211}^*}{(s - p_1^*)} + \frac{a_{212}}{(s - p_2)} + \frac{a_{212}^*}{(s - p_2^*)}$$

$$h_{21}(s) = \frac{0.8037 \times 10^{-3}/2\mathrm{j}}{[s - (-50 + 579\mathrm{j})]} + \frac{-0.8037 \times 10^{-3}/2\mathrm{j}}{[s - (-50 - 579\mathrm{j})]} + \frac{0.5906 \times 10^{-3}/2\mathrm{j}}{[s - (-50 + 788\mathrm{j})]} + \frac{-0.5906 \times 10^{-3}/2\mathrm{j}}{[s - (-50 - 788\mathrm{j})]}$$

回顾一下从无阻尼系统求解的特征值/特征向量：

$$\begin{pmatrix} \omega_1^2 & \\ & \omega_2^2 \end{pmatrix} = \begin{pmatrix} 337816 & \\ & 623384 \end{pmatrix}$$

$$\begin{pmatrix} u_1^{(1)} & u_1^{(2)} \\ u_2^{(1)} & u_2^{(2)} \end{pmatrix} = \begin{pmatrix} 1 & 1 \\ 0.682 & -1.467 \end{pmatrix}$$

$$(\boldsymbol{u}_1 \quad \boldsymbol{u}_2) = \begin{pmatrix} u_1^{(1)} & u_1^{(2)} \\ u_2^{(1)} & u_2^{(2)} \end{pmatrix} = \begin{pmatrix} 1 & 1 \\ 0.628 & -1.467 \end{pmatrix}$$

和归一化的模态振型：

$$\boldsymbol{U}^n = \boldsymbol{UN} = \begin{pmatrix} 1 & 1 \\ 0.682 & -1.467 \end{pmatrix} \begin{pmatrix} \sqrt{\frac{1}{1.465}} & 0 \\ 0 & \sqrt{\frac{1}{3.152}} \end{pmatrix} = \begin{pmatrix} 0.826 & 0.563 \\ 0.563 & -0.826 \end{pmatrix}$$

早前求得的模态质量矩阵和模态刚度矩阵：

$$\boldsymbol{U}^{n\mathrm{T}}\boldsymbol{M}\boldsymbol{U}^n = \begin{pmatrix} 0.826 & 0.563 \\ 0.563 & -0.826 \end{pmatrix} \begin{pmatrix} 1 & 0 \\ 0 & 1 \end{pmatrix} \begin{pmatrix} 0.826 & 0.563 \\ 0.563 & -0.826 \end{pmatrix} = \begin{pmatrix} 1 & \\ & 1 \end{pmatrix}$$

$$\boldsymbol{U}^{n\mathrm{T}}\boldsymbol{K}\boldsymbol{U}^n = \begin{pmatrix} 0.826 & 0.563 \\ 0.563 & -0.826 \end{pmatrix} \begin{pmatrix} 428400 & -132900 \\ -132900 & 532800 \end{pmatrix} \begin{pmatrix} 0.826 & 0.563 \\ 0.563 & -0.826 \end{pmatrix} = \begin{pmatrix} 337816 & \\ & 623384 \end{pmatrix}$$

现在，我们可以写出模态阻尼矩阵：

$$\boldsymbol{U}^{n\mathrm{T}}\boldsymbol{C}\boldsymbol{U}^n = \begin{pmatrix} 0.826 & 0.563 \\ 0.563 & -0.826 \end{pmatrix} \begin{pmatrix} 100 & 0 \\ 0 & 100 \end{pmatrix} \begin{pmatrix} 0.826 & 0.563 \\ 0.563 & -0.826 \end{pmatrix} = \begin{pmatrix} 100 & \\ & 100 \end{pmatrix}$$

出于完整性考虑，图 C-2 和图 C-3 分别给出了两自由度系统用位移、速度和加速度表示的频响函数 H_{11} 和 H_{21}。

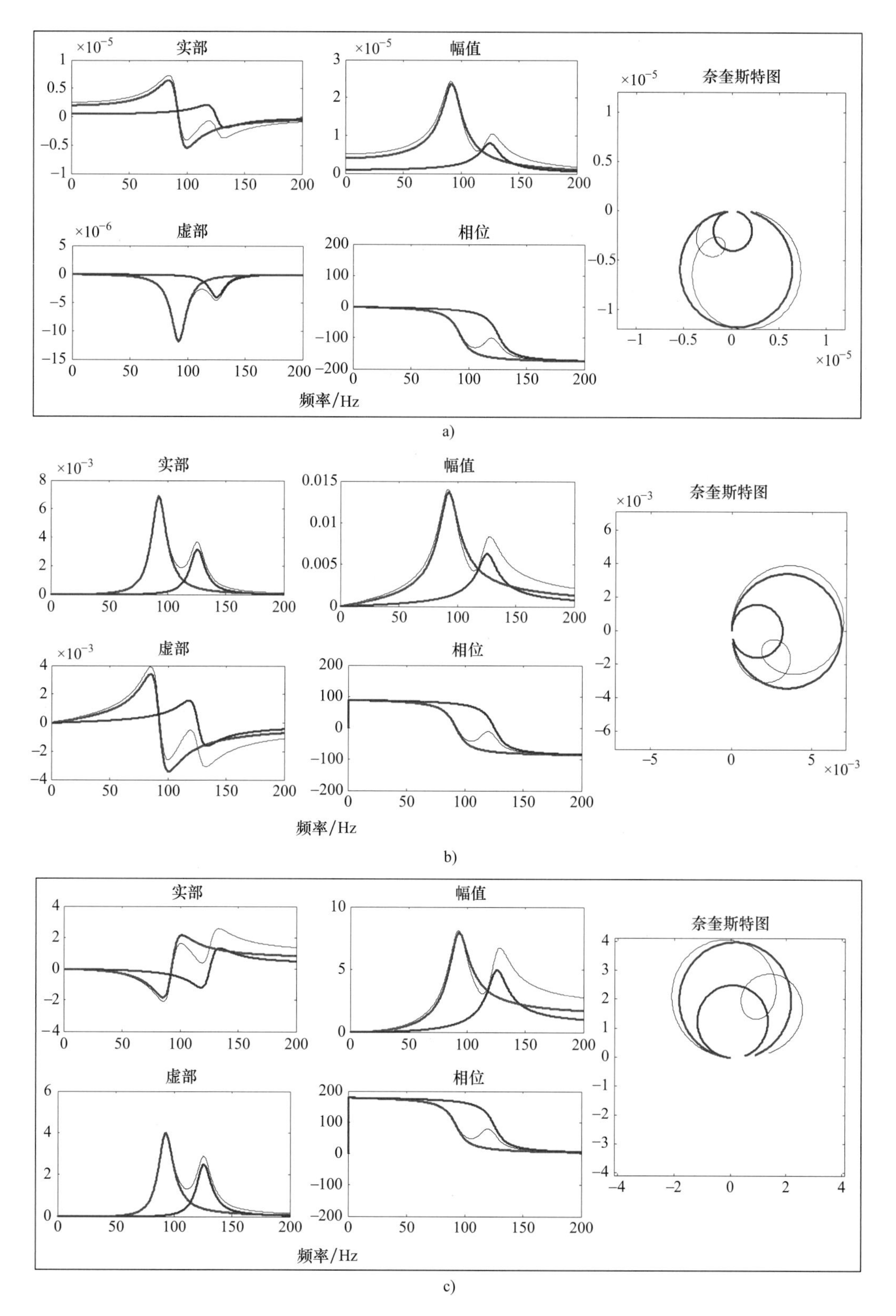

图 C-2　带实部、虚部、幅值、相位和奈奎斯特形式的驱动点 H_{11} FRF

a）D/F　b）V/F　c）A/F

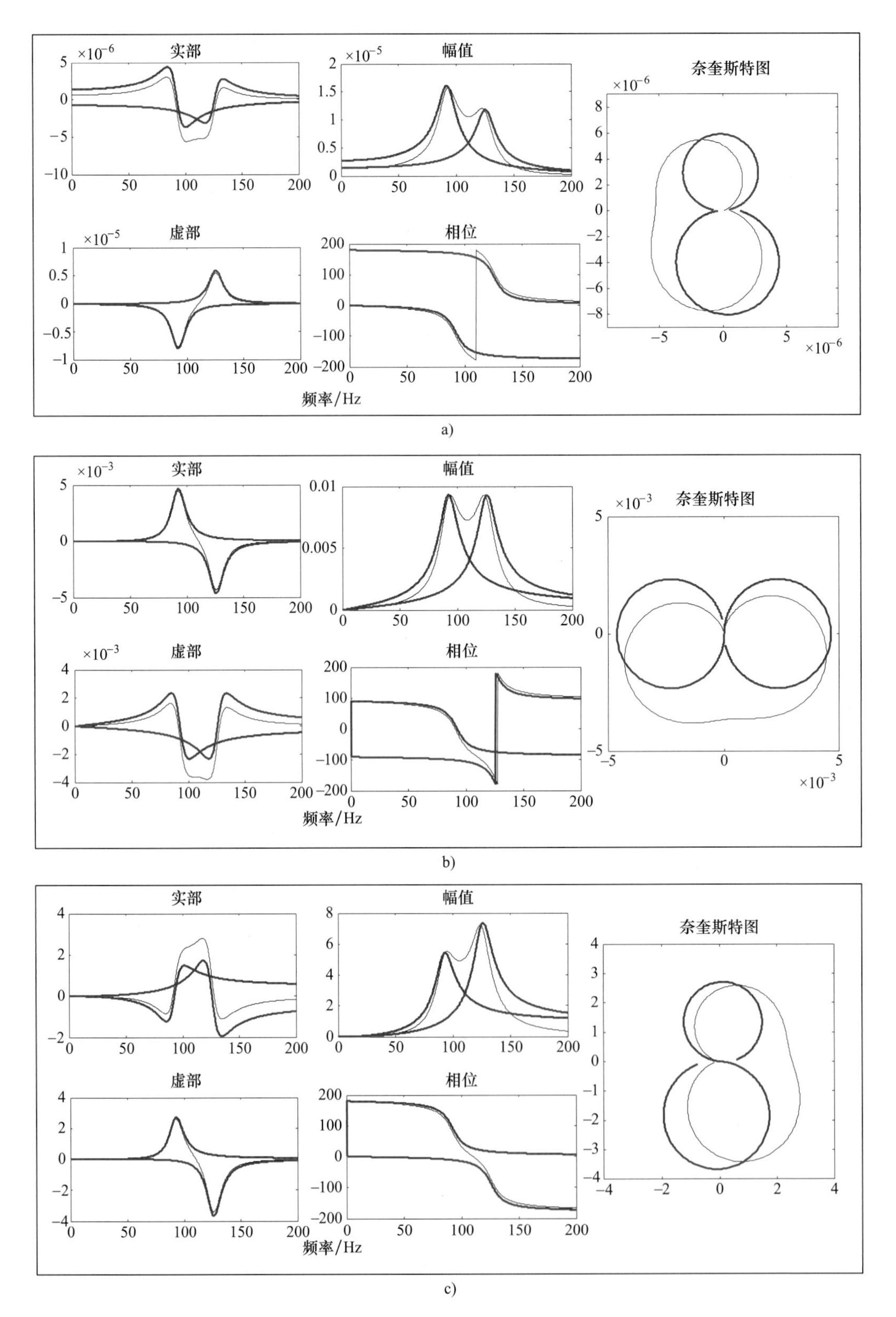

图 C-3　带实部、虚部、幅值、相位和奈奎斯特形式的跨点 H_{21} FRF

a) D/F　b) V/F　c) A/F

附录 D　三自由度系统实例

使用的三自由度系统如图 D-1 所示，写出一些额外的方程用于说明一些关键点。

- 列出系统的运动方程。
- 列出特征值求解方程，求解特征值/特征向量。
- 在模态空间列出系统的运动方程。
- 计算留数矩阵，并展示频响函数。
- 使用实模态计算缩放因子。
- 使用复模态计算缩放因子。

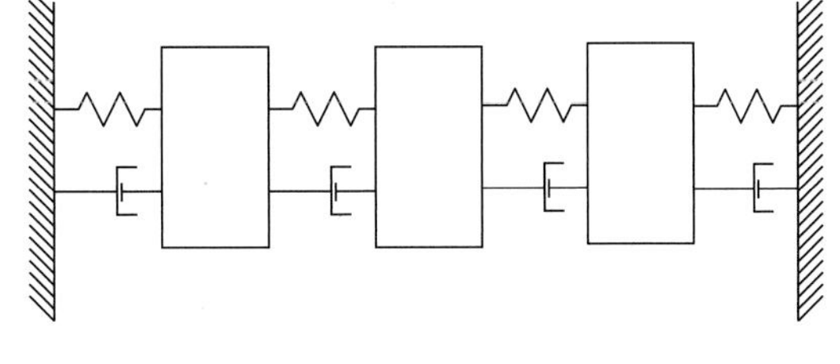

图 D-1　三自由度系统

运动方程：

$$\boldsymbol{M}\ddot{\boldsymbol{x}}+\boldsymbol{C}\dot{\boldsymbol{x}}+\boldsymbol{K}\boldsymbol{x}=\boldsymbol{f}(t)$$

$$\begin{pmatrix}1&&\\&1&\\&&1\end{pmatrix}\begin{pmatrix}\ddot{x}_1\\\ddot{x}_2\\\ddot{x}_3\end{pmatrix}+\begin{pmatrix}0.2&-0.1&\\-0.1&0.2&-0.1\\&-0.1&0.2\end{pmatrix}\begin{pmatrix}\dot{x}_1\\\dot{x}_2\\\dot{x}_3\end{pmatrix}+\begin{pmatrix}20000&-10000&\\-10000&20000&-10000\\&-10000&20000\end{pmatrix}\begin{pmatrix}x_1\\x_2\\x_3\end{pmatrix}=\begin{pmatrix}f_1\\f_2\\f_3\end{pmatrix}$$

特征值求解：

$$(\boldsymbol{K}-\lambda\boldsymbol{M})\boldsymbol{X}=\boldsymbol{0}$$

$$\boldsymbol{\Omega}^2=\begin{pmatrix}5858&&\\&20000&\\&&34142\end{pmatrix}$$

$$\boldsymbol{U}=(\boldsymbol{u}_1\quad\boldsymbol{u}_2\quad\boldsymbol{u}_3)=\begin{pmatrix}0.500&0.707&-0.500\\0.707&0&0.707\\0.500&-0.707&-0.500\end{pmatrix}$$

在模态空间的运动方程为

$$\begin{pmatrix}\ddots&&\\&\overline{\boldsymbol{M}}&\\&&\ddots\end{pmatrix}\begin{pmatrix}\ddot{p}_1\\\ddot{p}_2\\\ddot{p}_3\end{pmatrix}+\begin{pmatrix}\ddots&&\\&\overline{\boldsymbol{C}}&\\&&\ddots\end{pmatrix}\begin{pmatrix}\dot{p}_1\\\dot{p}_2\\\dot{p}_3\end{pmatrix}+\begin{pmatrix}\ddots&&\\&\overline{\boldsymbol{K}}&\\&&\ddots\end{pmatrix}\begin{pmatrix}p_1\\p_2\\p_3\end{pmatrix}=\begin{pmatrix}\bar{f}_1\\\bar{f}_2\\\bar{f}_3\end{pmatrix}$$

$$\begin{pmatrix}1&&\\&1&\\&&1\end{pmatrix}\begin{pmatrix}\ddot{p}_1\\\ddot{p}_2\\\ddot{p}_3\end{pmatrix}+\begin{pmatrix}0.058&&\\&0.2&\\&&0.341\end{pmatrix}\begin{pmatrix}\dot{p}_1\\\dot{p}_2\\\dot{p}_3\end{pmatrix}+\begin{pmatrix}5858&&\\&20000&\\&&34142\end{pmatrix}\begin{pmatrix}p_1\\p_2\\p_3\end{pmatrix}=\begin{pmatrix}\bar{f}_1\\\bar{f}_2\\\bar{f}_3\end{pmatrix}$$

现在计算复数极点，结果见表 D-1。

频响函数矩阵第 1 列的留数（注意是用字母 R 表示，不是字母 A）见表 D-2。

表 D-1　三自由度系统的频率和阻尼

阶　数	f_d/Hz	f/Hz	ζ(%)	复数极点/(rad/s)
1	12.18	12.18	0.038	−0.029 ±76.537j
2	22.51	22.51	0.071	−0.100 ±141.42j
3	29.41	29.41	0.092	−0.171 ±184.78j

表 D-2　三自由度系统的留数

阶　数	第 1 阶	第 2 阶	第 3 阶
h_{11}	0.003266 ±0.0j	0.003536 ±0.0j	0.001353 ±0.0j
h_{21}	0.004619 ±0.0j	0.0 ±0.0j	0.001913 ±0.0j
h_{31}	0.003266 ±0.0j	−0.003536 ±0.0j	0.001353 ±0.0j

频响函数矩阵第 1 列为

$$h_{11}=\frac{0.003266+0j}{j\omega-(-0.029+76.537j)}+\frac{0.003266-0j}{j\omega-(-0.029-76.537j)}$$
$$+\frac{0.003536+0j}{j\omega-(-0.100+141.42j)}+\frac{0.003536-0j}{j\omega-(-0.100-141.42j)}$$
$$+\frac{0.001353+0j}{j\omega-(-0.171+184.78j)}+\frac{0.001353-0j}{j\omega-(-0.171-184.78j)}$$

$$h_{21}=\frac{0.004619+0j}{j\omega-(-0.029+76.537j)}+\frac{0.004619-0j}{j\omega-(-0.029-76.537j)}$$
$$+\frac{0.0+0j}{j\omega-(-0.100+141.42j)}+\frac{0.0-0j}{j\omega-(-0.100-141.42j)}$$
$$+\frac{0.001913+0j}{j\omega-(-0.171+184.78j)}+\frac{0.001913-0j}{j\omega-(-0.171-184.78j)}$$

$$h_{31}=\frac{0.003266+0j}{j\omega-(-0.029+76.537j)}+\frac{0.003266-0j}{j\omega-(-0.029-76.537j)}$$
$$+\frac{-0.003536+0j}{j\omega-(-0.100+141.42j)}+\frac{-0.003536-0j}{j\omega-(-0.100-141.42j)}$$
$$+\frac{0.001353+0j}{j\omega-(-0.171+184.78j)}+\frac{0.001353-0j}{j\omega-(-0.171-184.78j)}$$

使用实模态计算留数如下所示。回想一下留数矩阵：

$$\begin{pmatrix} r_{11} & r_{12} & r_{13} \\ r_{21} & r_{22} & r_{23} \\ r_{31} & r_{32} & r_{33} \end{pmatrix}^{(k)}=\frac{1}{\overline{m}_k\overline{\omega}_k}\begin{pmatrix} u_1u_1 & u_1u_2 & u_1u_3 \\ u_2u_1 & u_2u_2 & u_2u_3 \\ u_3u_1 & u_3u_2 & u_3u_3 \end{pmatrix}^{(k)}$$

对于驱动点测量，我们能计算：

- 模态质量：$\overline{m}_k=\dfrac{1}{q_k\overline{\omega}_k}$。
- 模态阻尼：$\overline{c}_k=2\sigma_k\overline{m}_k$。
- 模态刚度：$\overline{k}_k=(\sigma_k^2+\overline{\omega}_k^2)\ \overline{m}_k$。

现在使用单位模态质量缩放，则频响函数矩阵的第 1 列可以写为

$$\begin{pmatrix} r_{11} \\ r_{21} \\ r_{31} \end{pmatrix}^{(k)} = q_k \begin{pmatrix} u_1 u_1 \\ u_2 u_1 \\ u_3 u_1 \end{pmatrix}^{(k)} = q_k u_1 \begin{pmatrix} u_1 \\ u_2 \\ u_3 \end{pmatrix}^{(k)}$$

对于第 1 阶模态，

$$\begin{pmatrix} 0.32664 \times 10^{-2} \\ 0.46194 \times 10^{-2} \\ 0.32664 \times 10^{-2} \end{pmatrix} = \begin{pmatrix} r_{11} \\ r_{21} \\ r_{31} \end{pmatrix}^{(1)} = q_1 u_1 \begin{pmatrix} u_1 \\ u_2 \\ u_3 \end{pmatrix}^{(1)} = \frac{1}{76.537} \times 0.500 \times \begin{pmatrix} 0.500 \\ 0.707 \\ 0.500 \end{pmatrix}$$

对于第 2 阶模态，

$$\begin{pmatrix} 0.3536 \times 10^{-2} \\ 0 \\ -0.3536 \times 10^{-2} \end{pmatrix} = \begin{pmatrix} r_{11} \\ r_{21} \\ r_{31} \end{pmatrix}^{(2)} = q_2 u_1 \begin{pmatrix} u_1 \\ u_2 \\ u_3 \end{pmatrix}^{(2)} = \frac{1}{141.42} \times 0.707 \times \begin{pmatrix} 0.707 \\ 0 \\ 0.707 \end{pmatrix}$$

对于第 3 阶模态，

$$\begin{pmatrix} 0.13530 \times 10^{-2} \\ -0.19134 \times 10^{-2} \\ 0.13530 \times 10^{-2} \end{pmatrix} = \begin{pmatrix} r_{11} \\ r_{21} \\ r_{31} \end{pmatrix}^{(3)} = q_3 u_1 \begin{pmatrix} u_1 \\ u_2 \\ u_3 \end{pmatrix}^{(3)} = \frac{1}{184.78} \times -0.500 \times \begin{pmatrix} -0.500 \\ 0.707 \\ -0.500 \end{pmatrix}$$

这个三自由度系统实际上是密歇根理工大学动力学系统实验室首次使用的，并有一个配套的模拟电路，用于仿真研究。这种模拟电路也组装在马萨诸塞州立大学洛威尔校区的模态分析和控制实验室。使用 MATLAB 开发这个模型用于仿真，这个模拟电路也用于采集测量数据。这个电路在三个自由度中的每一个作用输入激励力，同时在每一个自由度位置测量位移、速度和加速度响应。图 D-2 ~ 图 D-6 展示了与这个模拟电路相关的 FRF（不同的形式）。注意到这些 FRF 是从这个系统等效的模拟电路中实际测量得到的。

$$\begin{aligned} h_{11} = &\frac{0.003266 + 0j}{j\omega - (-0.029 + 76.537j)} + \frac{0.003266 - 0j}{j\omega - (-0.029 - 76.537j)} \\ &+ \frac{0.003536 + 0j}{j\omega - (-0.100 + 141.42j)} + \frac{0.003536 - 0j}{j\omega - (-0.100 - 141.42j)} \\ &+ \frac{0.001353 + 0j}{j\omega - (-0.171 + 184.78j)} + \frac{0.001353 - 0j}{j\omega - (-0.171 - 184.78j)} \end{aligned}$$

$$\begin{aligned} h_{21} = &\frac{0.004619 + 0j}{j\omega - (-0.029 + 76.537j)} + \frac{0.004619 - 0j}{j\omega - (-0.029 - 76.537j)} \\ &+ \frac{0.0 + 0j}{j\omega - (-0.100 + 141.42j)} + \frac{0.0 - 0j}{j\omega - (-0.100 - 141.42j)} \\ &+ \frac{0.001913 + 0j}{j\omega - (-0.171 + 184.78j)} + \frac{0.001913 - 0j}{j\omega - (-0.171 - 184.78j)} \end{aligned}$$

$$\begin{aligned} h_{31} = &\frac{0.003266 + 0j}{j\omega - (-0.029 + 76.537j)} + \frac{0.003266 - 0j}{j\omega - (-0.029 - 76.537j)} \\ &+ \frac{-0.003536 + 0j}{j\omega - (-0.100 + 141.42j)} + \frac{-0.003536 - 0j}{j\omega - (-0.100 - 141.42j)} \\ &+ \frac{0.001353 + 0j}{j\omega - (-0.171 + 184.78j)} + \frac{0.001353 - 0j}{j\omega - (-0.171 - 184.78j)} \end{aligned}$$

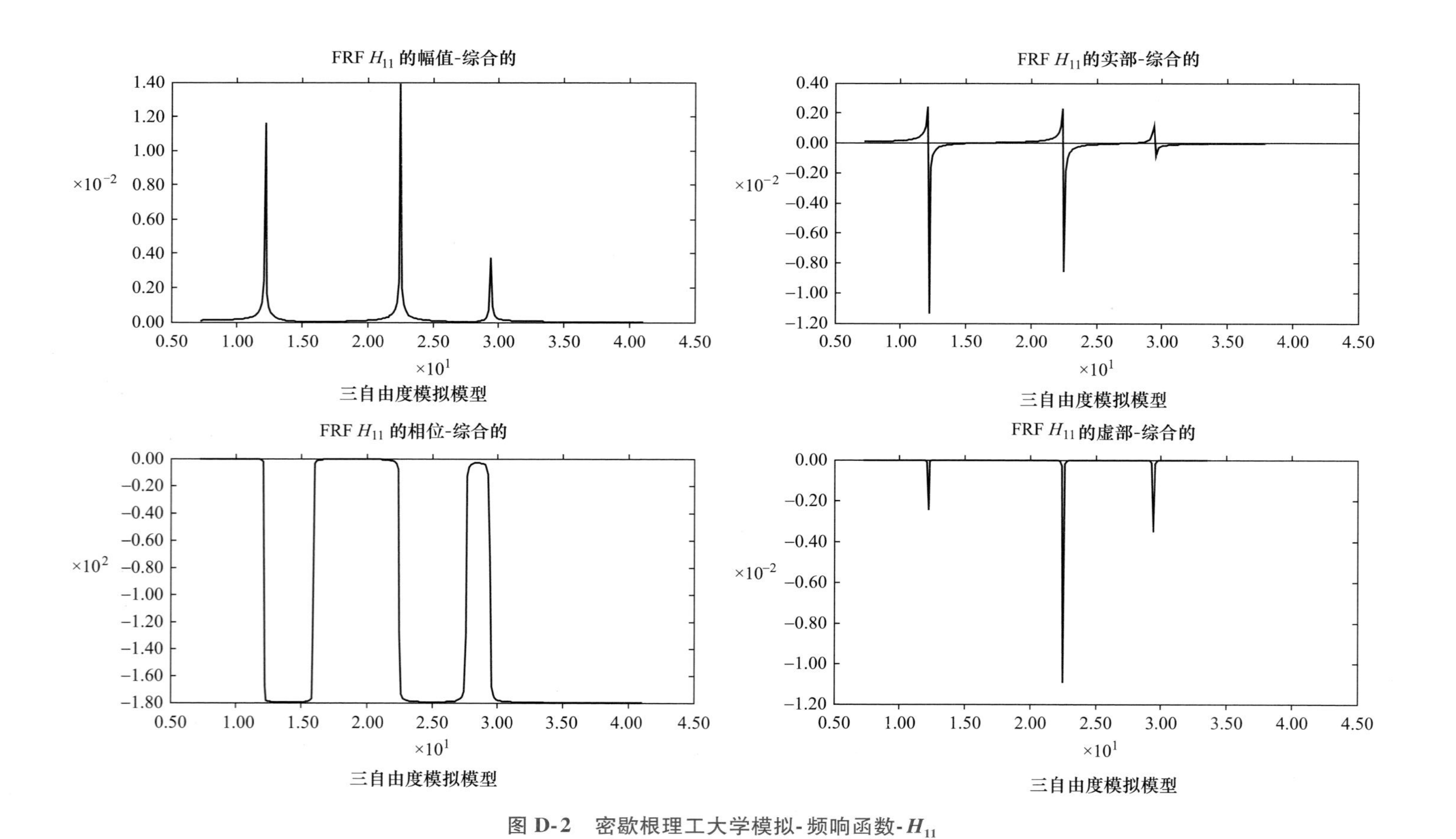

图 D-2　密歇根理工大学模拟-频响函数-H_{11}

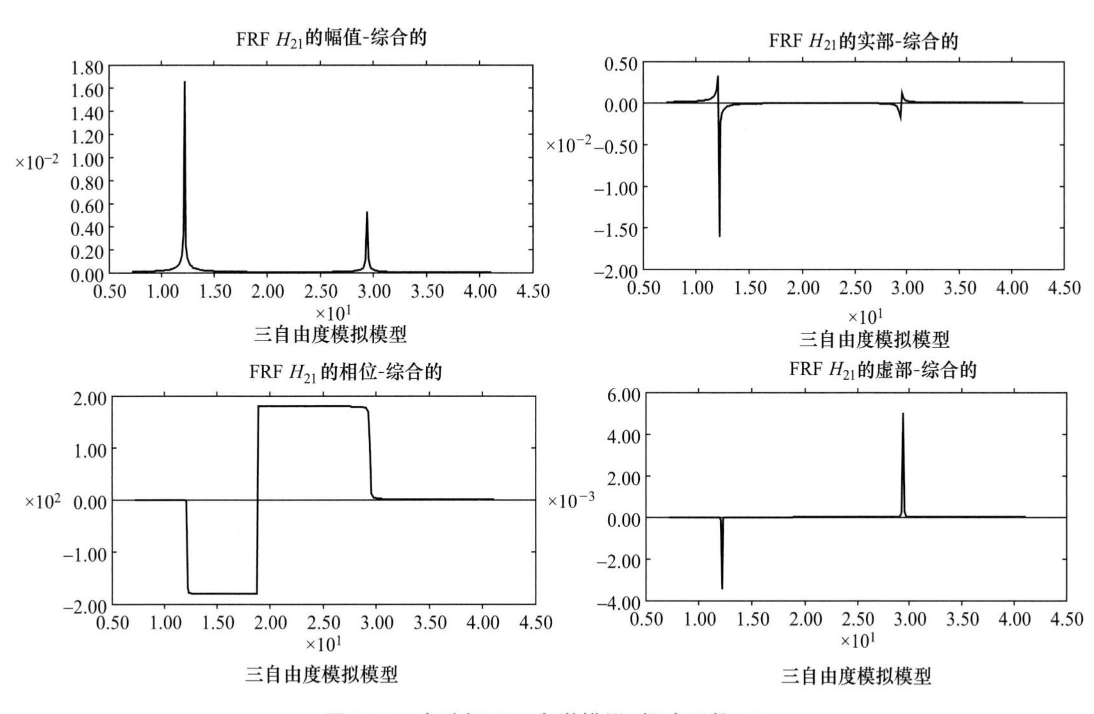

图 D-3 密歇根理工大学模拟-频响函数-H_{21}

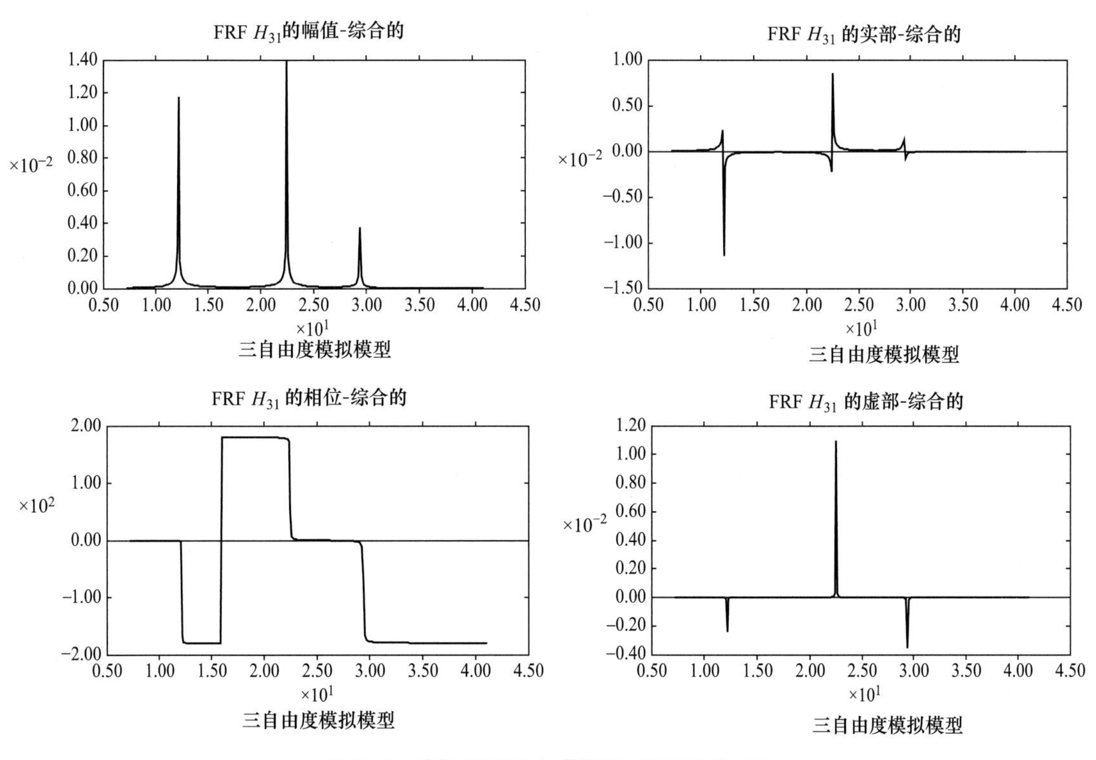

图 D-4 密歇根理工大学模拟-频响函数-H_{31}

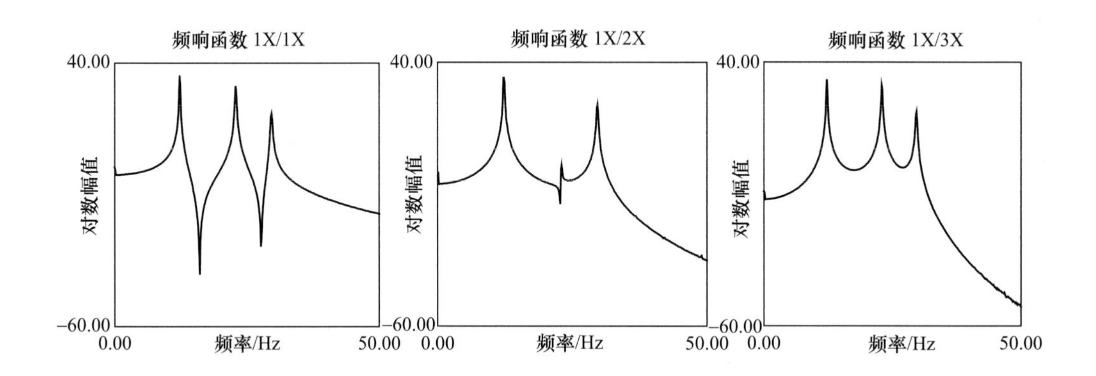

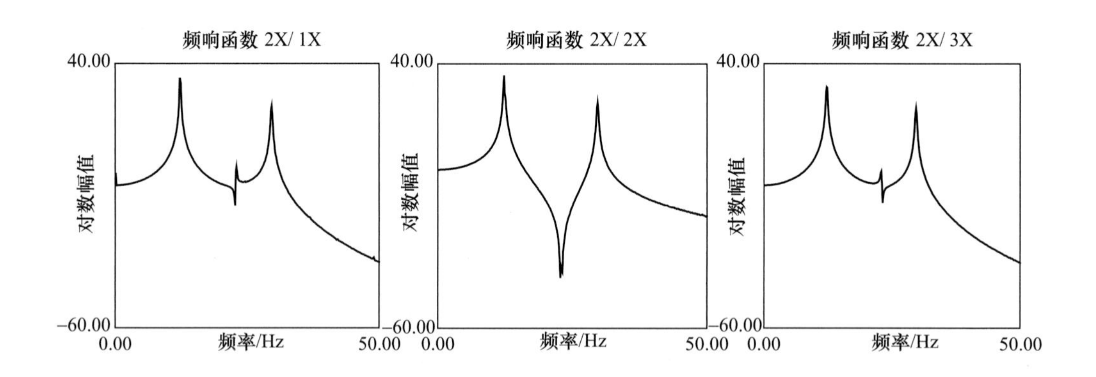

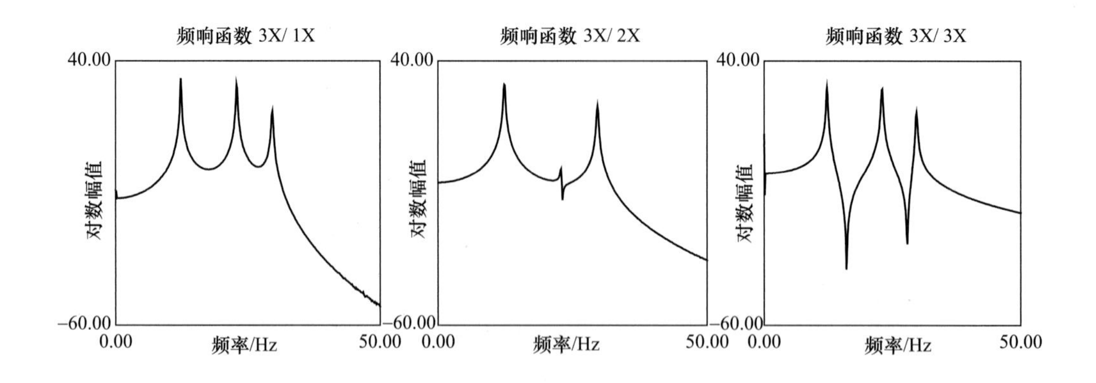

图 D-5　密歇根理工大学模拟-频响函数矩阵

（注意：这些频响函数是从系统的一个等效模拟电路实际测量得到的）

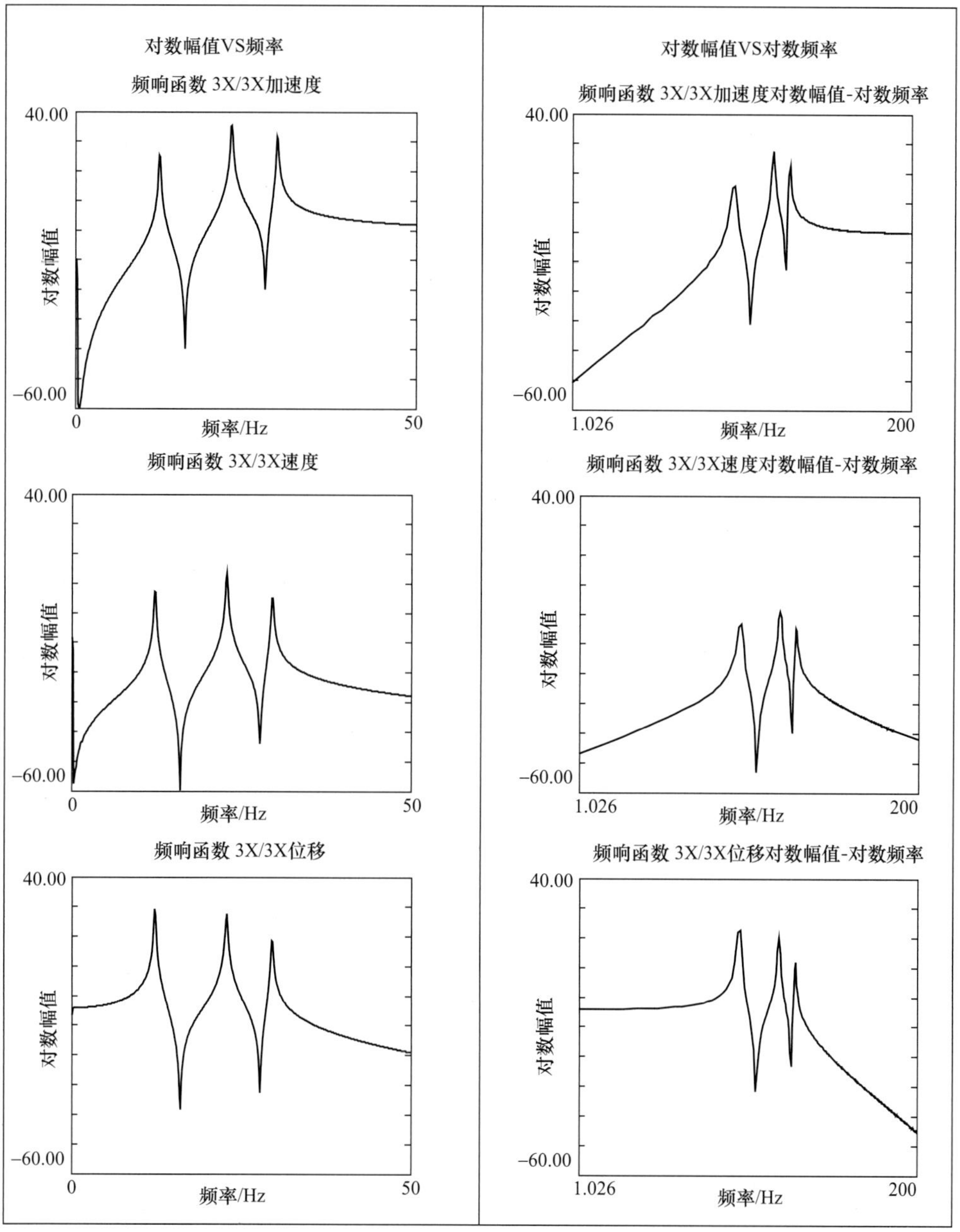

对数幅值VS频率

频响函数 3X/3X加速度

40.00

对数幅值

-60.00

0　频率/Hz　50

频响函数 3X/3X速度

40.00

对数幅值

-60.00

0　频率/Hz　50

频响函数 3X/3X位移

40.00

对数幅值

-60.00

0　频率/Hz　50

对数幅值VS对数频率

频响函数 3X/3X加速度对数幅值-对数频率

40.00

对数幅值

-60.00

1.026　频率/Hz　200

频响函数 3X/3X速度对数幅值-对数频率

40.00

对数幅值

-60.00

1.026　频率/Hz　200

频响函数 3X/3X位移对数幅值-对数频率

40.00

对数幅值

-60.00

1.026　频率/Hz　200

图 D-6　密歇根理工大学模拟-频响函数矩阵加速度/速度/位移图

（注意：这些频响函数是从系统的一个等效模拟电路实际测量得到的）

附录 E　略

附录 F　基本的模态分析信息

F.1　SDOF

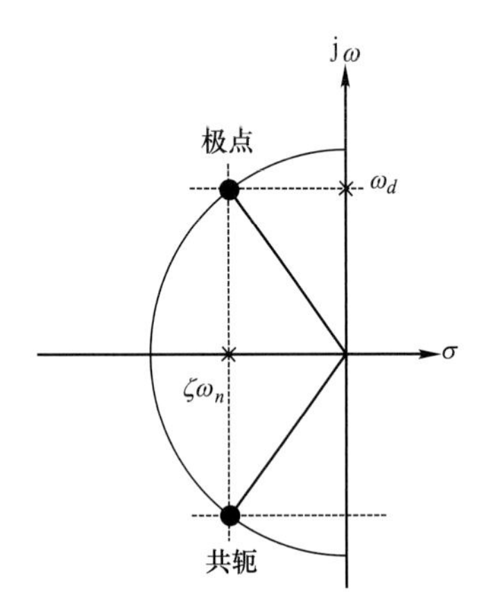

特征方程 $ms^2+cs+k=0$

极点 $s_{1,2}=-\zeta\omega_n\pm\sqrt{(\zeta\omega_n)^2-\omega_n^2}=-\sigma\pm j\omega_d$

其中，

$\sigma=\zeta\omega_n$，为阻尼因子。

$\omega_n=\sqrt{\dfrac{k}{m}}$，为无阻尼固有频率。

$\zeta=\dfrac{c}{c_c}$，为阻尼比。

$c_c=2m\omega_n$，为临界阻尼。

$\omega_d=\omega_n\sqrt{1-\zeta^2}$，为有阻尼固有频率。

F.1.1　阻尼估计

$$Q=\frac{1}{2\zeta}=\frac{\omega_n}{\omega_2-\omega_1}\qquad\qquad \delta=\ln\frac{x_1}{x_2}\approx 2\pi\zeta$$

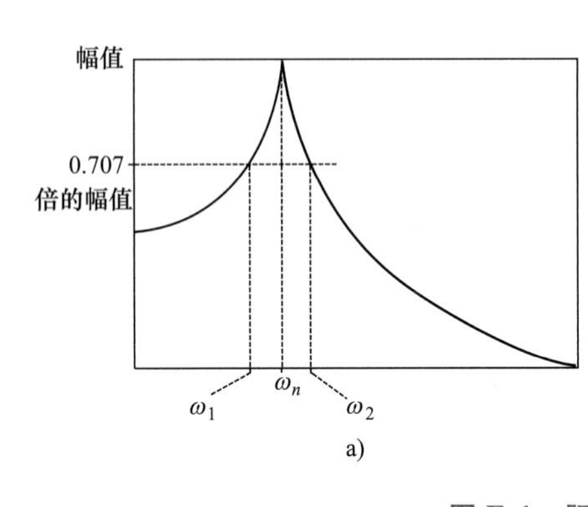

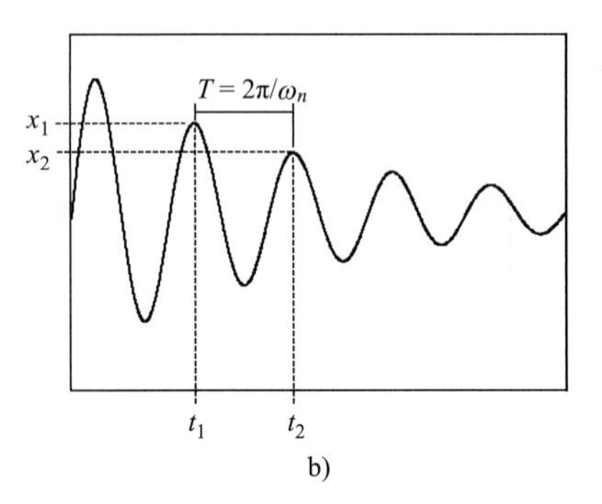

图 F-1　阻尼估计

a）半功率带宽法　b）对数衰减法

F.1.2　系统传递函数

$$h(s)=\frac{1}{ms^2+cs+k}$$

F.1.3　系统传递函数的不同形式

多项式形式　$h(s)=\dfrac{1}{ms^2+cs+k}$

极点-零点形式　$h(s)=\dfrac{(1/m)}{(s-p_1)(s-p_1^*)}$

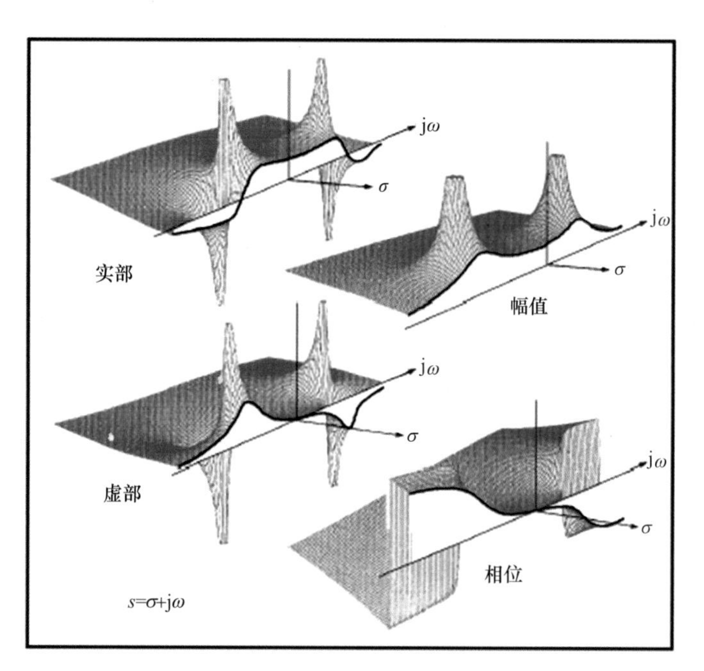

图 F-2　系统传递函数

部分分式形式　　$h(s)=\dfrac{a_1}{(s-p_1)}+\dfrac{a_1^*}{(s-p_1^*)}$

复指数形式　　$h(t)=\dfrac{1}{m\omega_d}\mathrm{e}^{-\zeta\omega t}\sin\omega_d t$

F.1.4　频响函数

$$h(\mathrm{j}\omega)=h(s)\big|_{s=\mathrm{j}\omega}=\frac{a_1}{(\mathrm{j}\omega-p_1)}+\frac{a_1^*}{(\mathrm{j}\omega-p_1^*)}$$

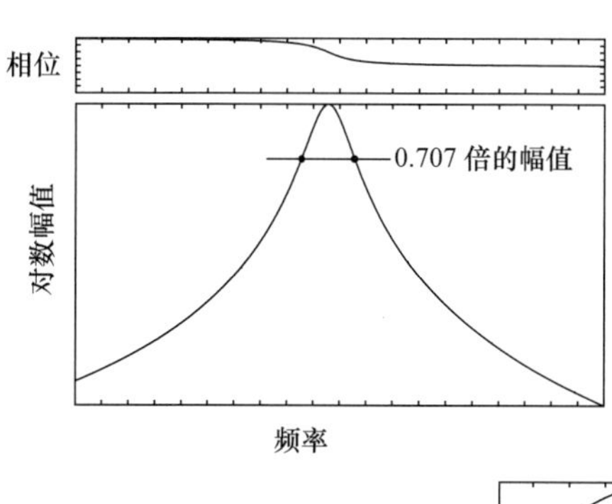

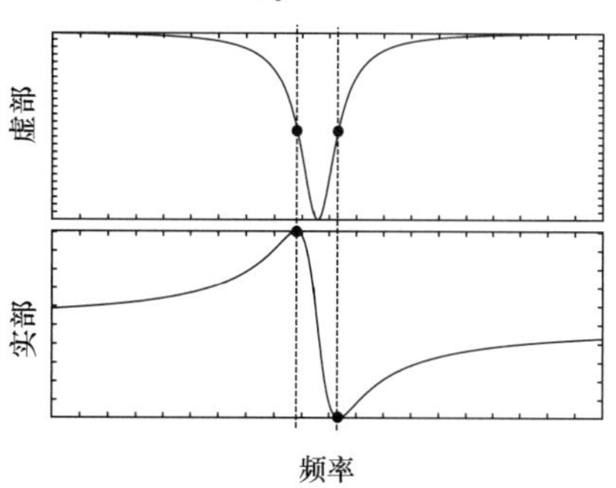

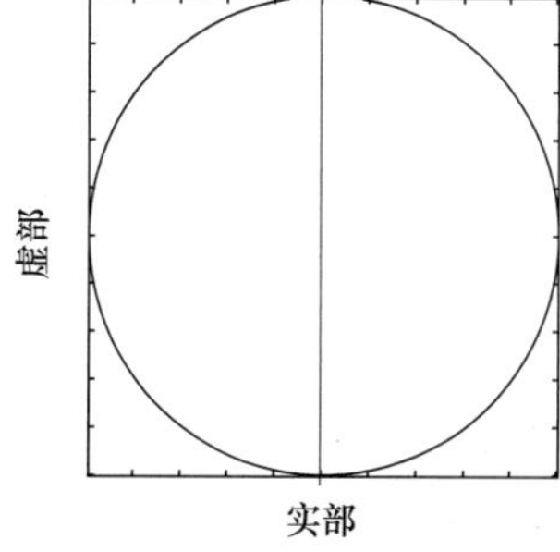

图 F-3　频响函数

F.1.5 系统传递函数、频响函数、S 平面

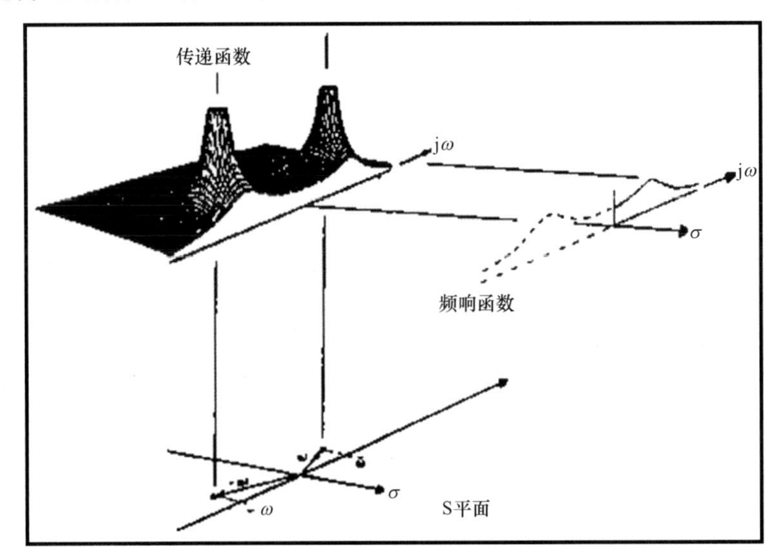

图 F-4 系统传递函数/频响函数/S 平面

F.2 MDOF

特征方程 $(\boldsymbol{M}s^2-\boldsymbol{C}s+\boldsymbol{K})=0\Rightarrow p_k=-\sigma_k\pm \mathrm{j}\omega_{dk}$

系统传递函数 $\boldsymbol{B}(s)^{-1}=\boldsymbol{H}(s)=\dfrac{\mathrm{Adj}\boldsymbol{B}(s)}{\det\boldsymbol{B}(s)}=\dfrac{\boldsymbol{A}(s)}{\det\boldsymbol{B}(s)}$

频响函数 $\boldsymbol{H}(s)_{s=\mathrm{j}\omega}=\boldsymbol{H}(\mathrm{j}\omega)=\sum\limits_{k=1}^{m}\left[\dfrac{\boldsymbol{A}_k}{(\mathrm{j}\omega-p_k)}+\dfrac{\boldsymbol{A}_k^*}{(\mathrm{j}\omega-p_k^*)}\right]$

$$\boldsymbol{H}(\mathrm{j}\omega)=\sum_{k=1}^{m}\left[\frac{q_k\boldsymbol{u}_k\boldsymbol{u}_k^{\mathrm{T}}}{(\mathrm{j}\omega-p_k)}+\frac{q_k\boldsymbol{u}_k^*\boldsymbol{u}_k^{*\mathrm{T}}}{(\mathrm{j}\omega-p_k^*)}\right]$$

留数和模态振型

$$\begin{pmatrix} a_{11k} & a_{12k} & a_{13k} & \cdots \\ a_{21k} & a_{22k} & a_{23k} & \cdots \\ a_{31k} & a_{32k} & a_{33k} & \cdots \\ \vdots & \vdots & \vdots & \ddots \end{pmatrix}=$$

$$q_k\begin{pmatrix} u_{1k}u_{1k} & u_{1k}u_{2k} & u_{1k}u_{3k} & \cdots \\ u_{2k}u_{1k} & u_{2k}u_{2k} & u_{2k}u_{3k} & \cdots \\ u_{3k}u_{1k} & u_{3k}u_{2k} & u_{3k}u_{3k} & \cdots \\ \vdots & \vdots & \vdots & \ddots \end{pmatrix}$$

$$h_{ij}(\mathrm{j}\omega)=\frac{a_{ij1}}{(\mathrm{j}\omega-p_1)}+\frac{a_{ij1}^*}{(\mathrm{j}\omega-p_1^*)}+$$

$$\frac{a_{ij2}}{(\mathrm{j}\omega-p_2)}+\frac{a_{ij2}^*}{(\mathrm{j}\omega-p_2^*)}+\frac{a_{ij3}}{(\mathrm{j}\omega-p_3)}+\frac{a_{ij3}^*}{(\mathrm{j}\omega-p_3^*)}$$

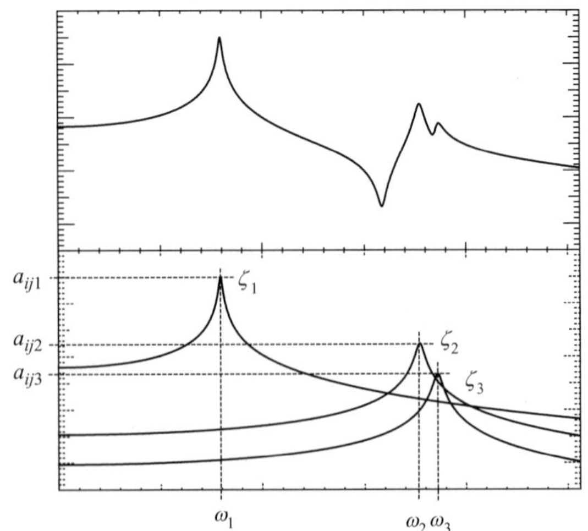

图 F-5 部分分式形式的 FRF

附录 G　具有重根模态的框架：边界条件的影响

设计了一个小型框架结构，称为 RR（Repeated Root）框架，它的前两阶弯曲和扭转模态极其接近，是伪重根模态。对这个 RR 框架进行测试时使用了非常软的边界条件（采用大块的棉花糖支承），但采用了两种轻微不同的放置方式。一次测试支承位置是长边靠近角点位置，另一次测试是支承四条边的中点位置，如图 G-1 所示，材料的名义密度也给出了，同时还给出了这个结构的有限元模型。

几何属性
- 长度 = 17in (中性轴)
- 宽度 = 6in (中性轴)
- 厚度 = 0.75in (均匀)

材料属性
- 弹性模量 = 1×10^{6}Pa
- 密度 = 0.1 lb/in^{3}
- 泊松比 = 0.33

图 G-1　具有密集（或伪重根）模态的矩形框架

测试采用锤击激励技术，共有 16 个锤击位置，只在框架平面的 Z 向（框架平面法向）进行激励。测试采用移动力锤的方式进行，避免任何质量载荷的影响，参考点加速度传感器位于结构一端的 1 点和 7 点的 Z 向，FRF 测量到 2000Hz。这个测试是 2016 年春季学生课堂项目的一部分，提供的 FRF 数据超过了 2000Hz 的带宽。

G.1　角点支承设置 1

使用两个参考点数据，选择频率带宽 140 ~ 1240Hz。计算这个数据获得的 SUM 函数、MMIF 和 CMIF 如图 G-2 ~ 图 G-4 所示。这个频带有几个共振峰，使用模型阶数为 32，为这个带宽生成稳态图，选择 5 个根，如图 G-5 和图 G-6 所示。图 G-5 局部放大了第一个共振峰，在这个峰值处有非常靠近的两阶模态。计算的这两阶模态如图 G-7 所示，显示了得到的频率和带测点位置的几何。另外，一个驱动点综合的 FRF 如图 G-8 所示，这说明数据拟合非常吻合。模态参与因子见表 G-1，说明在两个参考点位置激励对所有模态有显著的输入激励。AutoMAC 见表 G-2，说明数据拟合非常好。

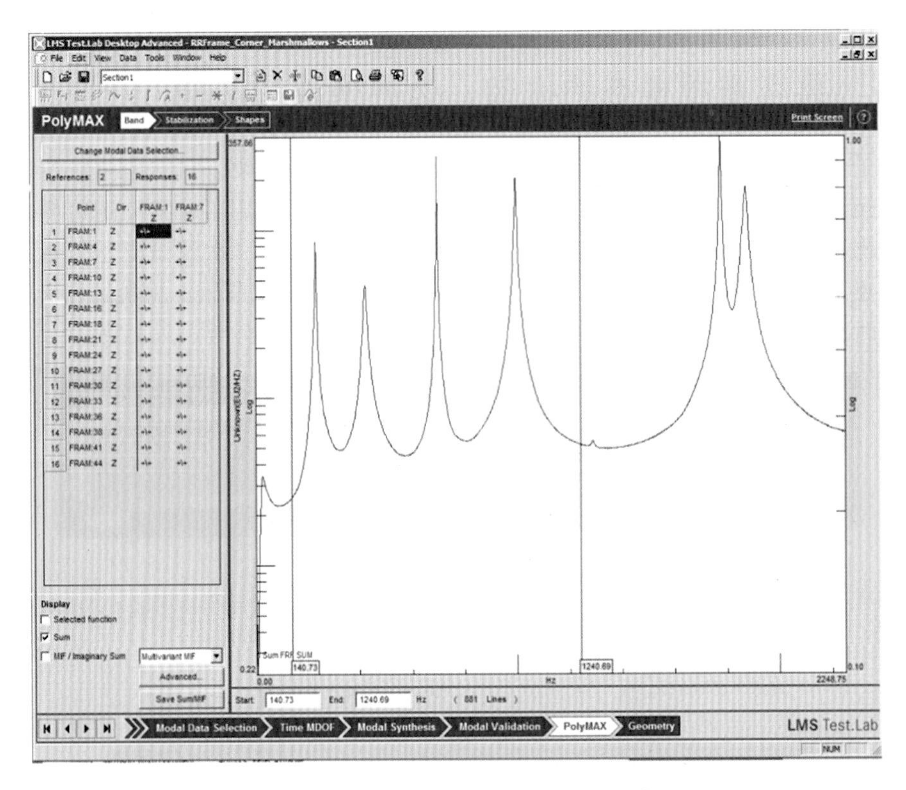

图 G-2　角点支承模态测试的 SUM 函数

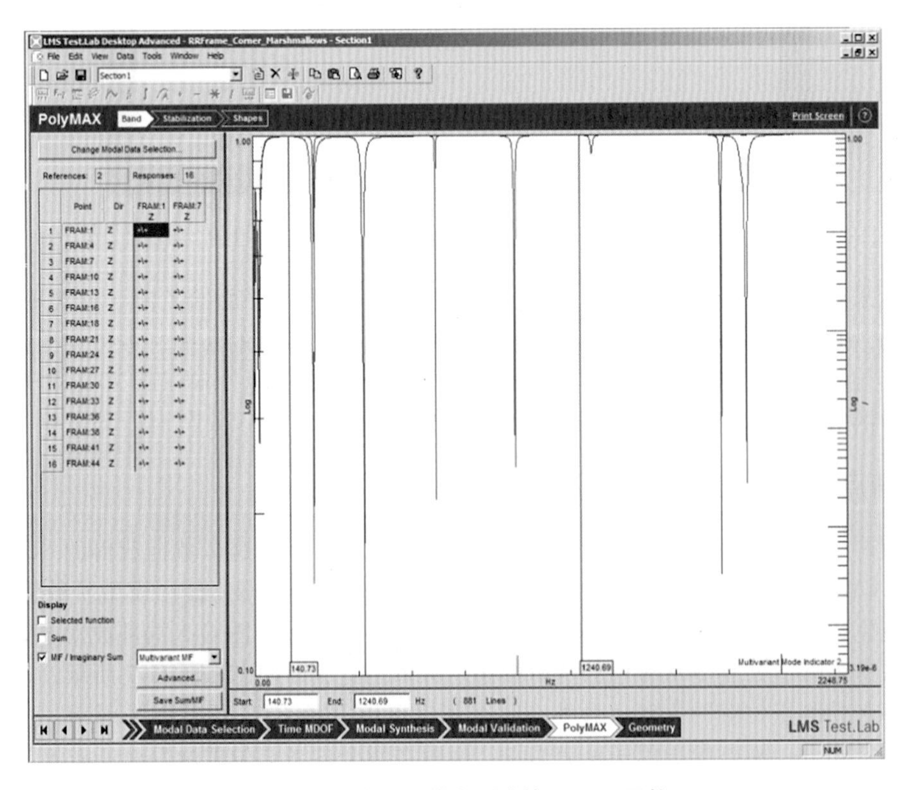

图 G-3　角点支承模态测试的 MMIF 函数

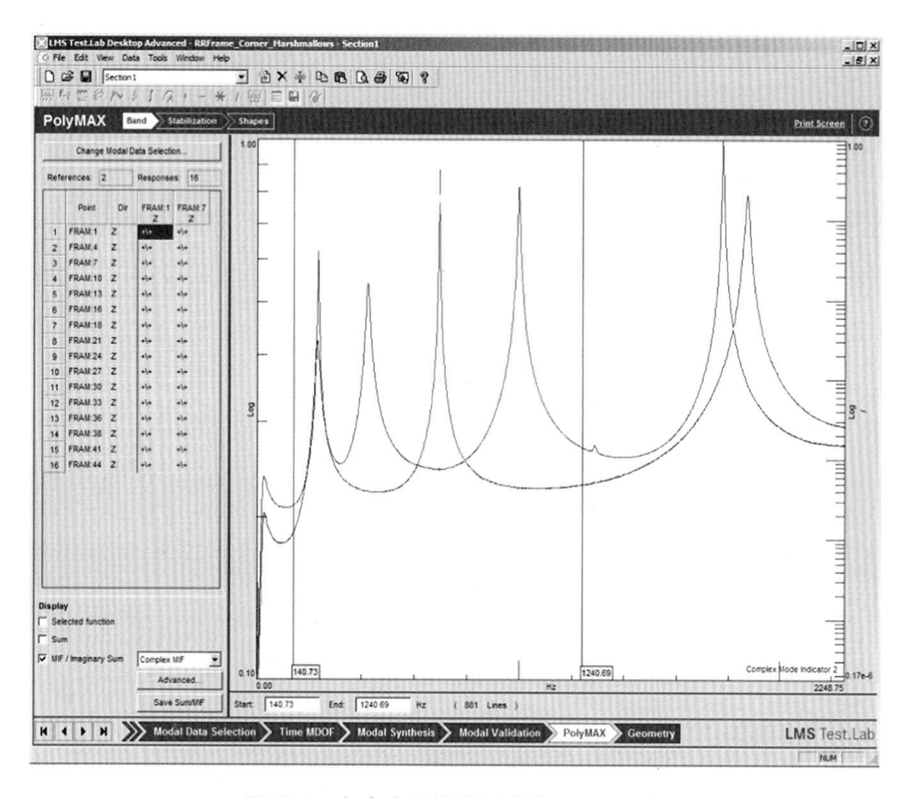

图 G-4　角点支承模态测试的 CMIF 函数

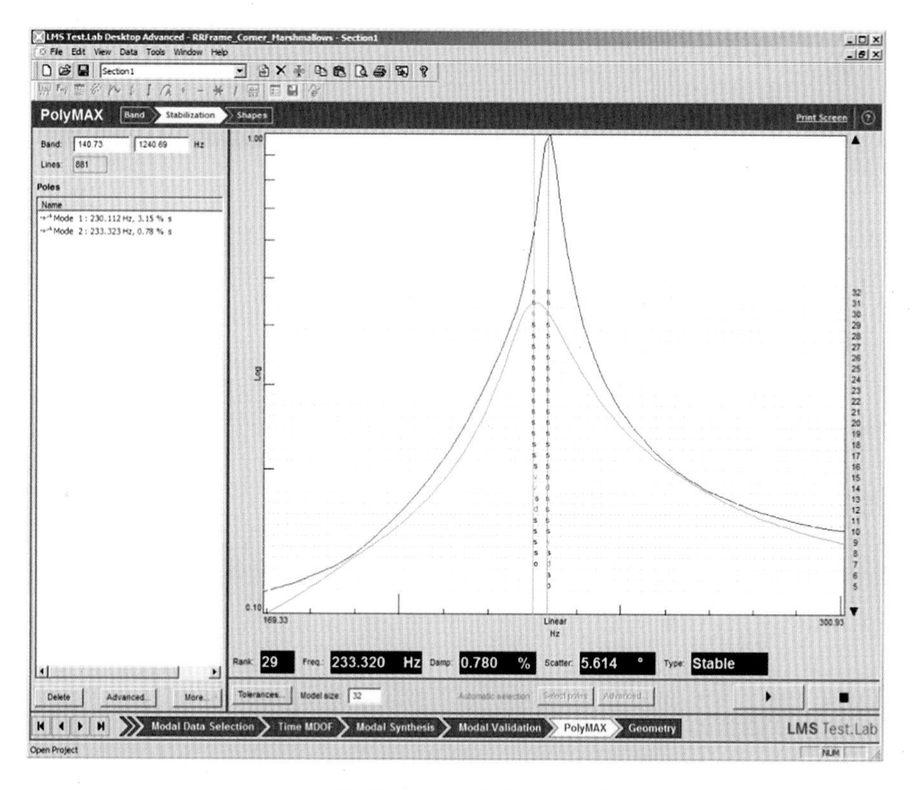

图 G-5　局部放大角点支承模态测试的稳态图

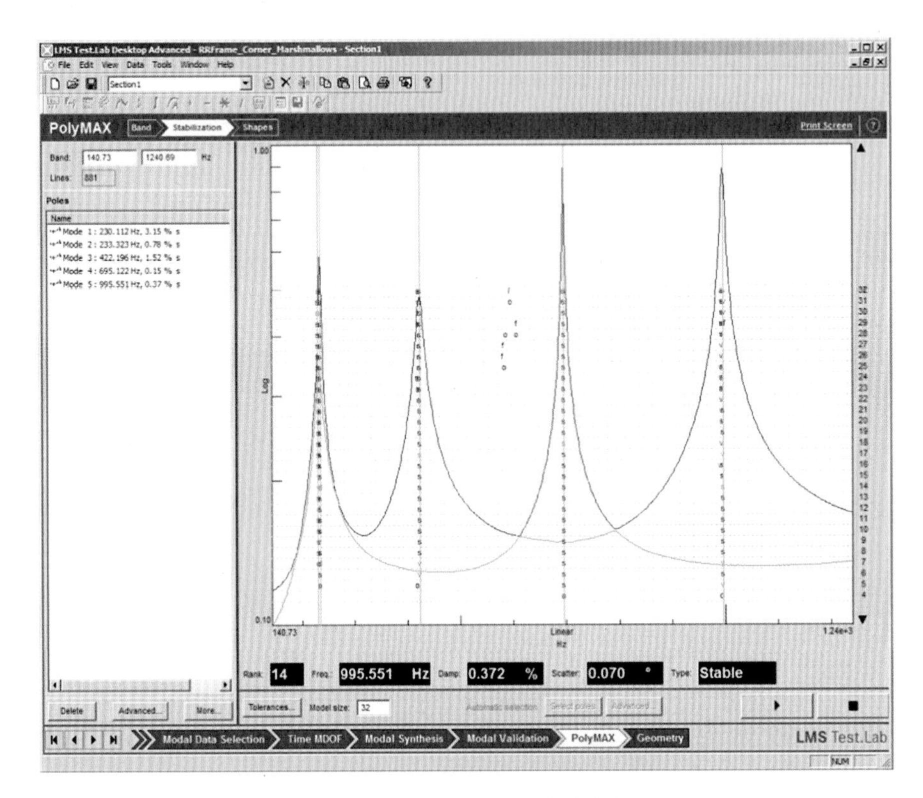

图 G-6　角点支承模态测试的稳态图

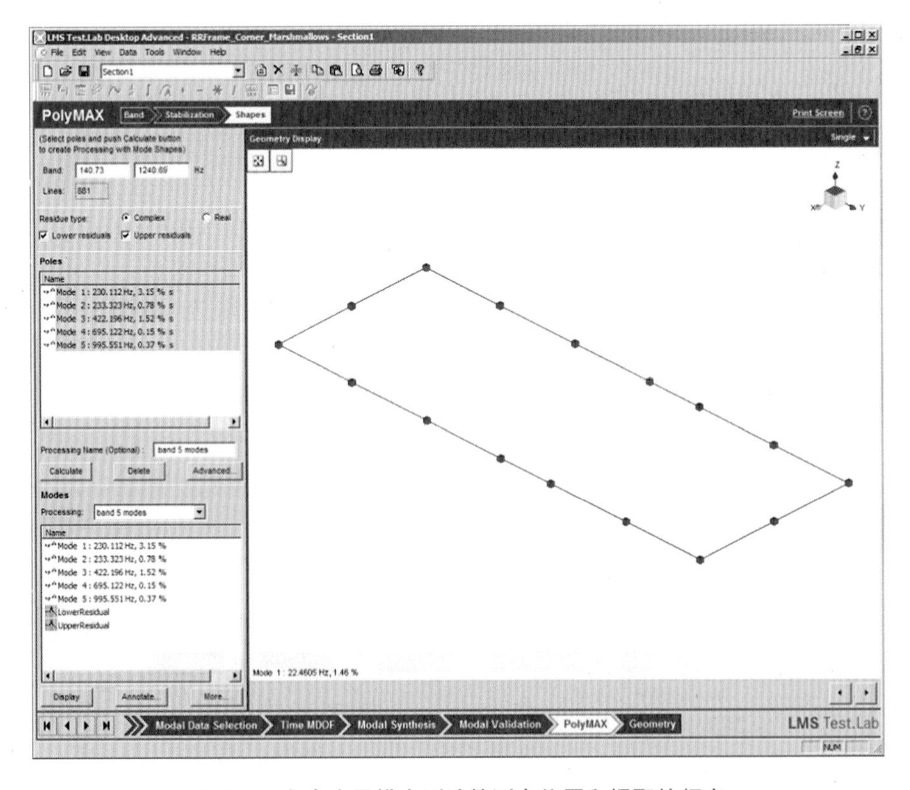

图 G-7　角点支承模态测试的测点位置和提取的频率

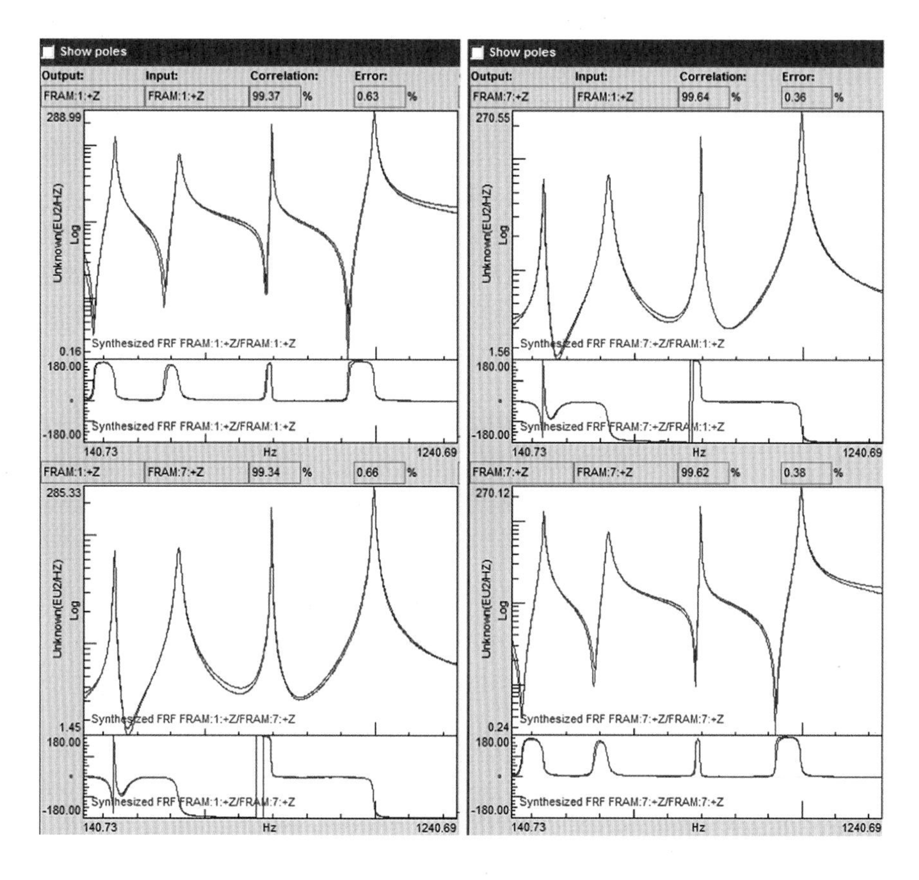

图 G-8　角点支承模态测试的综合的驱动点 FRF

表 G-1　角点支承模态测试的模态参与因子

参考自由度	FRAM：1：+Z	FRAM：7：+Z
第 1 阶	1.00	0.98
第 2 阶	0.95	1.00
第 3 阶	0.99	1.00
第 4 阶	1.00	0.96
第 5 阶	1.00	0.99

表 G-2　角点支承模态测试的 AutoMAC

模态阶数		1	2	3	4	5
	频率/Hz	230.11	233.32	422.20	695.12	995.55
1	230.11	100.00	3.13	0.27	0.05	0.21
2	233.32	3.13	100.00	0.06	0.37	0.00
3	422.20	0.27	0.06	100.00	0.01	0.30
4	695.12	0.05	0.37	0.01	100.00	0.08
5	995.55	0.21	0.00	0.30	0.08	100.00

G.2 中点支承设置 2

这次测试为两个参考点数据组选择相同的分析带宽 140～1240Hz。计算这个数据获得的 SUM 函数和 CMIF 如图 G-9 和图 G-10 所示。这个频带有几个共振峰，使用模型阶数为 32，为这个带宽生成稳态图，选择 5 个根，如图 G-11 和图 G-12 所示。图 G-11 局部放大了第一个共振峰，在这个峰值处有非常靠近的两阶模态。计算的这两阶模态如图 G-13 所示，显示了得到的频率和带测点位置的几何。另外，一个驱动点综合的 FRF 如图 G-14 所示，这说明数据拟合非常吻合。模态参与因子见表 G-3，说明在两个参考点位置激励对所有模态有显著的输入激励。AutoMAC 见表 G-4 所示，说明数据拟合非常好。

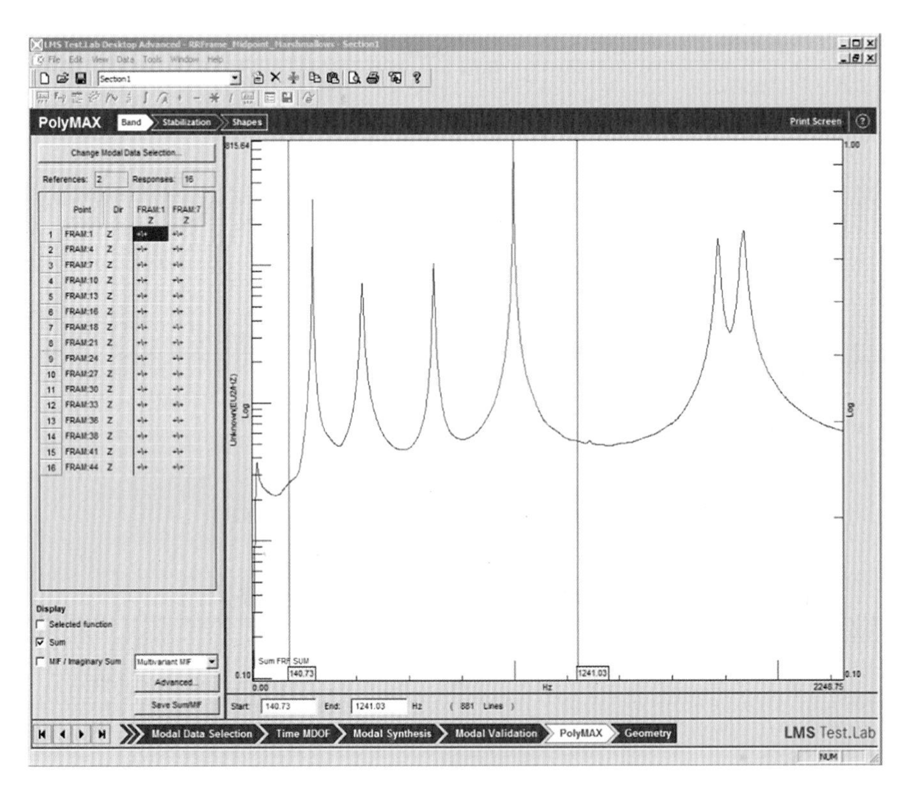

图 G-9 中点支承模态测试的 SUM 函数

表 G-3 中点支承模态测试的模态参与因子

参考自由度	FRAM：1：+Z	FRAM：7：+Z
第 1 阶	1.00	0.97
第 2 阶	1.00	1.00
第 3 阶	1.00	1.00
第 4 阶	1.00	0.97
第 5 阶	1.00	0.99

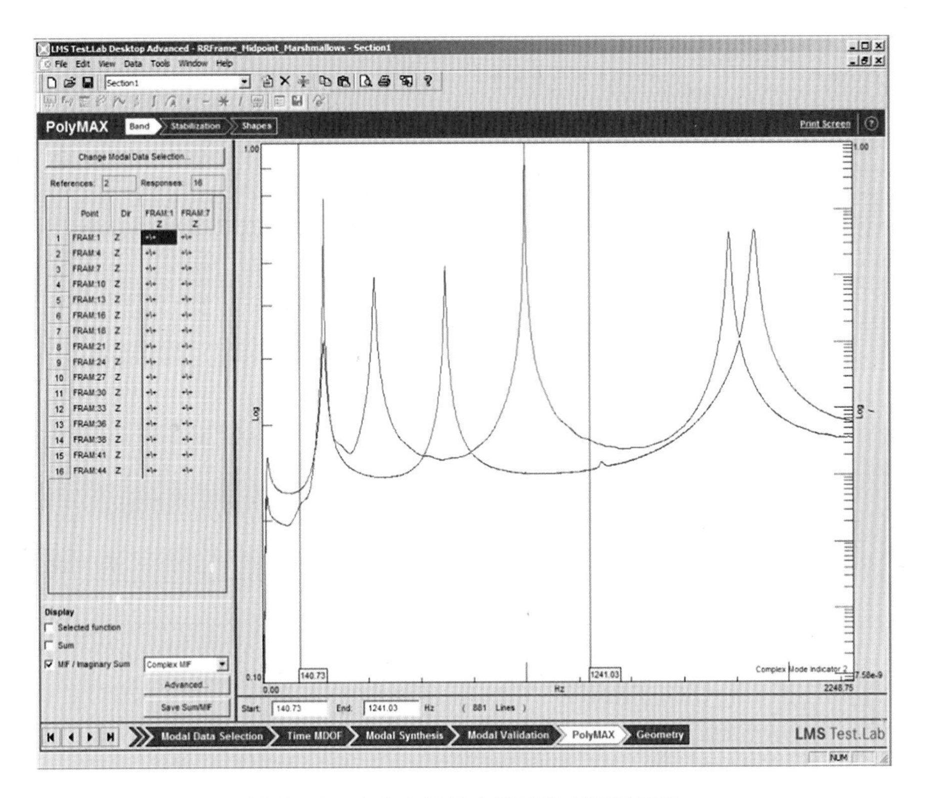

图 G-10　中点支承模态测试的 CMIF 函数

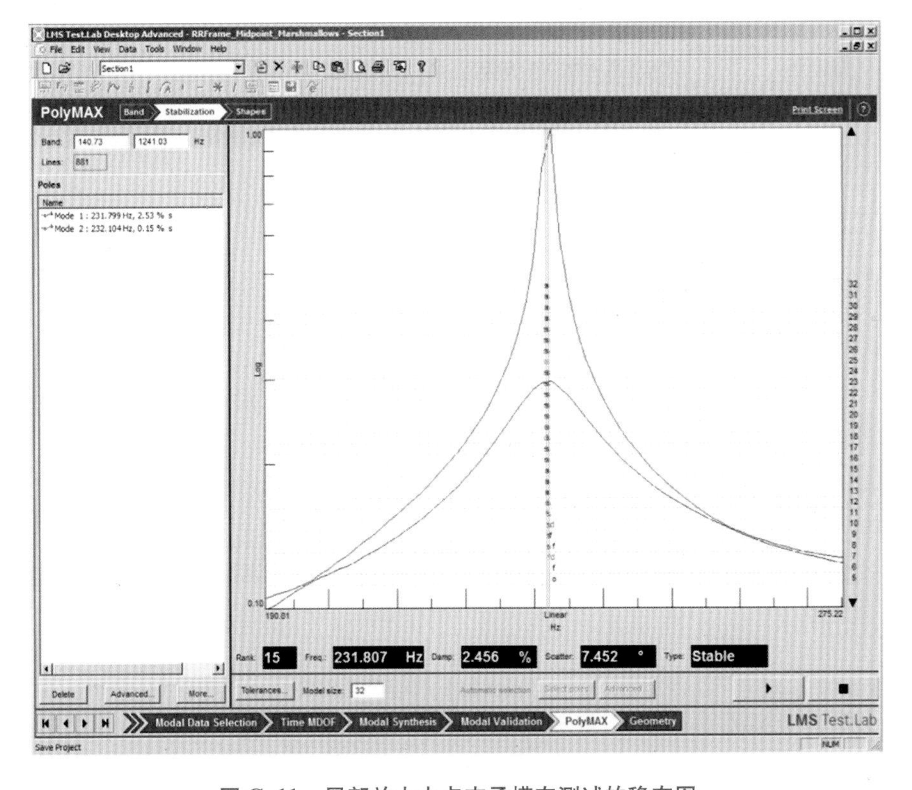

图 G-11　局部放大中点支承模态测试的稳态图

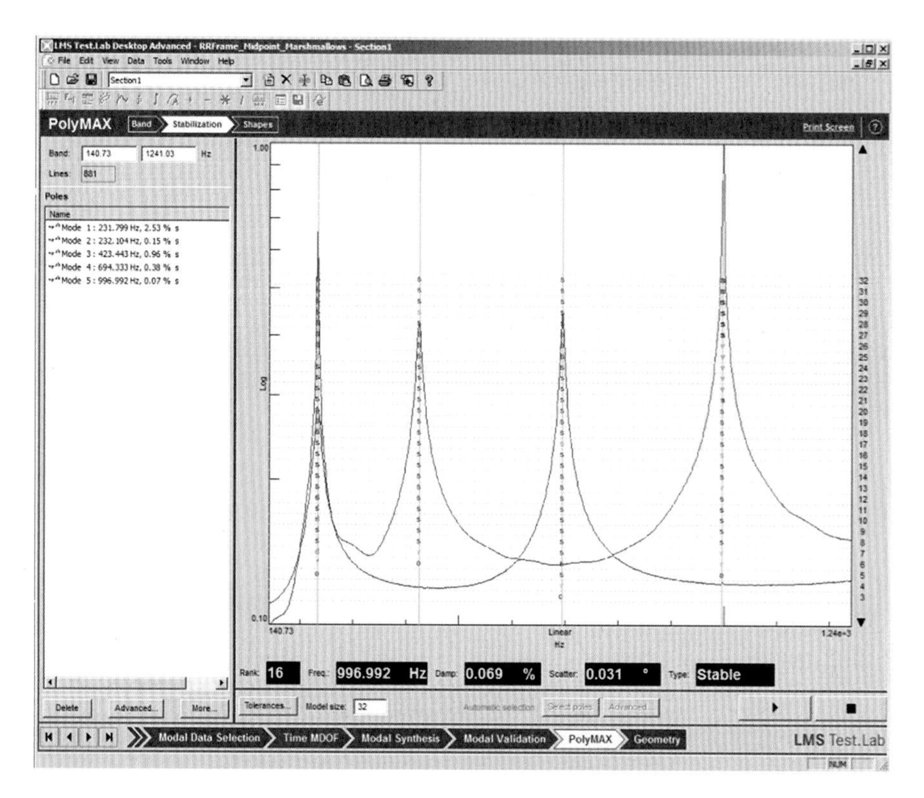

图 G-12　中点支承模态测试的稳态图

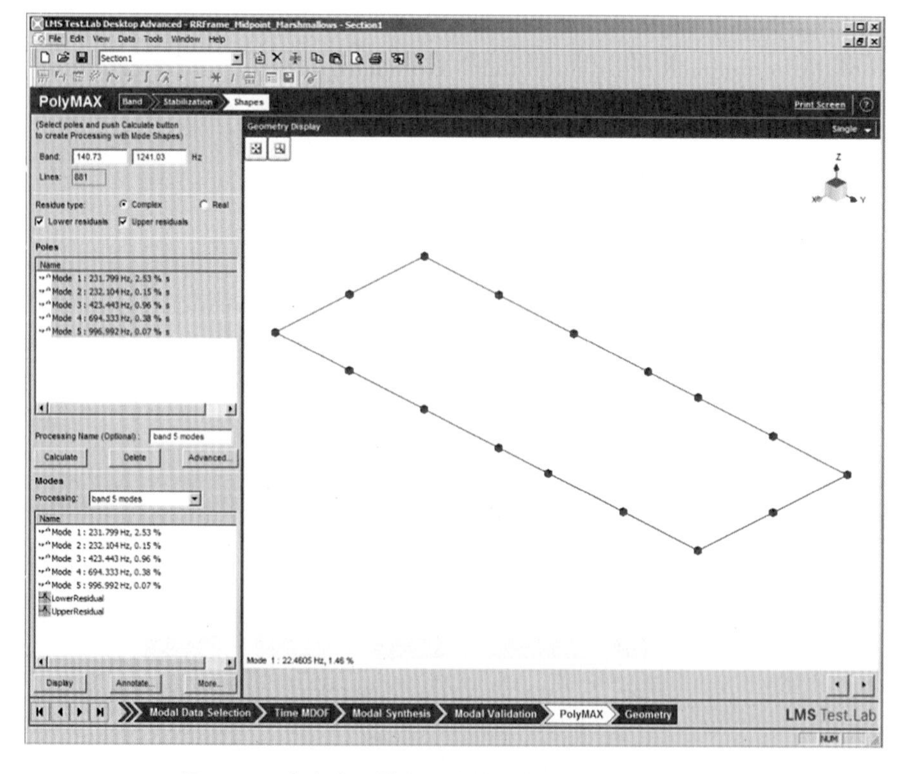

图 G-13　中点支承模态测试的测点位置和提取的频率

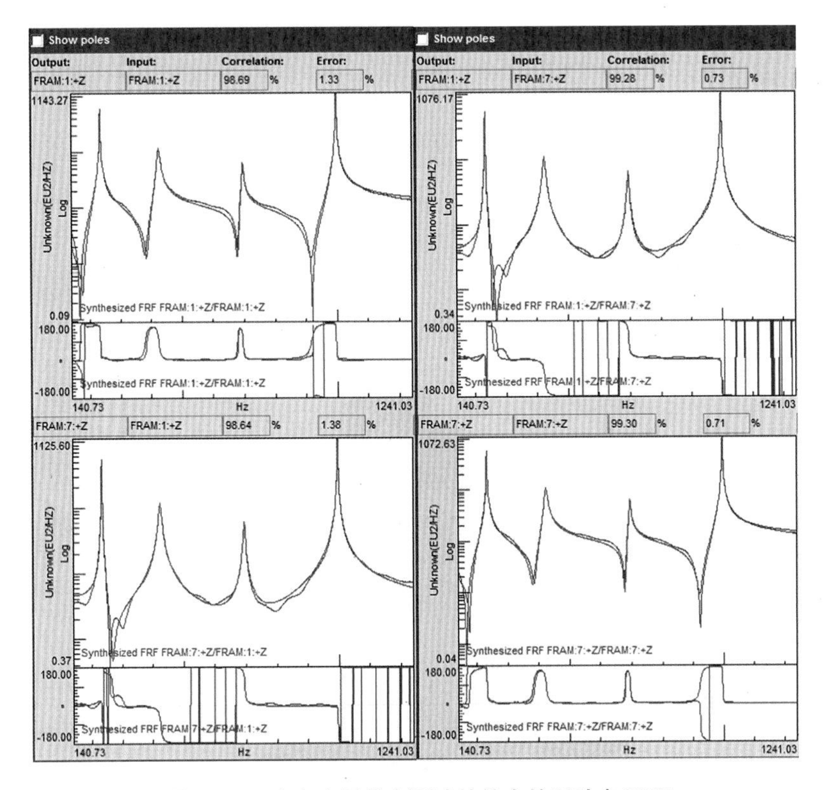

图 G-14 中点支承模态测试的综合的驱动点 FRF

表 G-4 中点支承模态测试的 AutoMAC

模态阶数		1	2	3	4	5
	频率/Hz	231.8	232.1	423.4	694.3	997.0
1	231.8	100.00	3.07	0.01	0.32	0.02
2	232.1	3.07	100.00	0.21	0.02	0.35
3	423.4	0.01	0.21	100.00	0.00	0.37
4	694.3	0.32	0.02	0.00	100.00	0.13
5	997.0	0.02	0.35	0.37	0.13	100.00

G.3 设置 1 与设置 2 的模态相关性分析

用 CrossMAC 对两组模态数据进行比较（见图 G-15）。注意两次测试的前两阶模态交换了顺序。显然，边界条件对这个例子中的模态顺序有显著的影响。

			中点支承				
	模态阶数		1	2	3	4	5
		频率/Hz	231.82	232.11	423.44	694.33	996.99
角点支承	1	230.11	0.47	96.18	0.19	0.04	0.43
	2	233.32	97.12	0.01	0.02	0.37	0.03
	3	422.20	0.02	0.30	99.73	0.00	0.31
	4	695.12	0.33	0.04	0.00	99.83	0.11
	5	995.55	0.01	0.23	0.37	0.09	98.93

a)

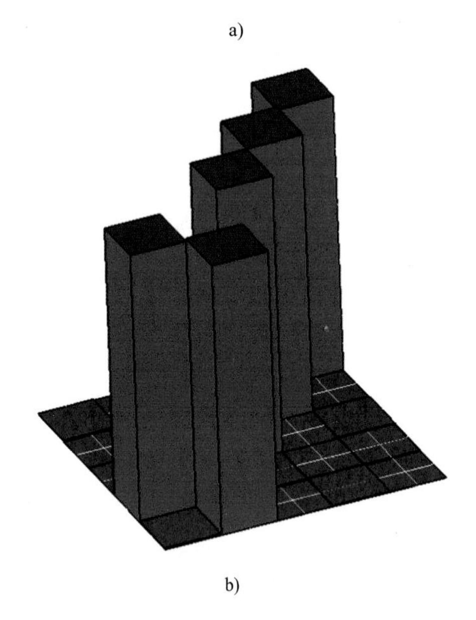

b)

图 G-15　CrossMAC 对两组模态数据进行比较

a）数值显示相应的 MAC 值　b）三维矩形显示相应的 MAC 值

附录 H　雷达卫星测试

1993 年 3 月对一个 RADARSAT 卫星模型进行了 MIMO 测试。这个结构的底部刚性安装在重达 260t 的锚状物上。在所有的测量位置安装了加速度传感器，并在测试过程中保持不动。采用猝发随机激励，猝发时间为 80%。FRF 数据来自于 5 个不相关的激振器激励和 240 个响应自由度。这个数据组只提供了 FRF，图 H-1 显示了这个结构。

出于评价考虑，在此仅给出了 4 个 MIMO 激振器的数据和 2 个 MIMO 激振器数据。这两组数据分别按不同的带宽进行分析。目的是表明，为了获得模态参数没有一种精确的数据缩减方法，而且不同的方法能得到非常相似的结果。

H.1　数据缩减 1 组：参考点 BUS：109：*Z*、BUS：118：*Z*、PMS：217：*X* 和 PMS：1211：*Y*

选择的频率带宽为 13 ~ 43Hz，使用 4 个参考点：两个在水平 *X* 向和 *Y* 向和两个在垂

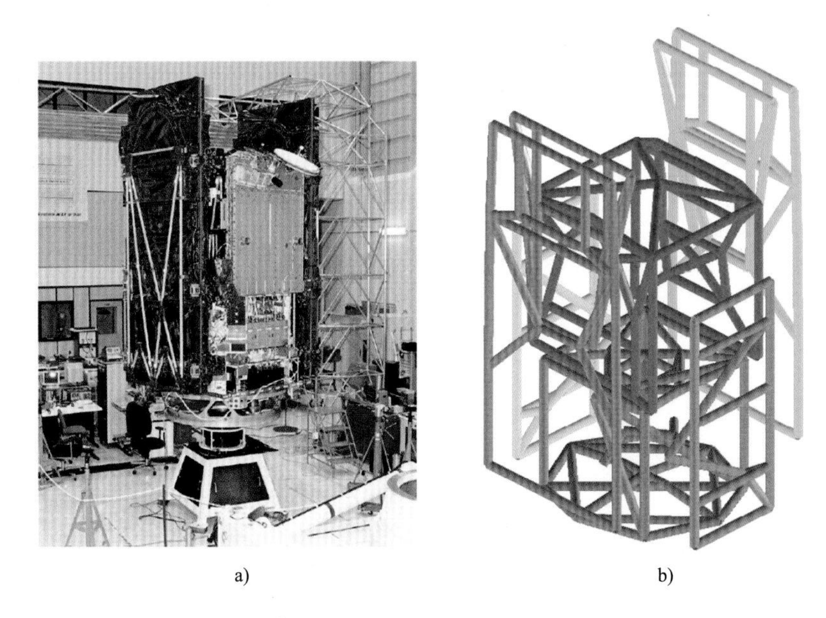

a)　　　　b)

图 H-1　加拿大航天局的 RADARSAT 卫星模型试验

a）实物照片　b）测试几何

直Z向。计算这组数据获得的 SUM 函数如图 H-2 所示。在 SUM 函数中显示出了一些共振峰，使用 64 阶的模型，这个带宽的稳态图如图 H-3 所示，选择了 9 个根。这些模态的计算结果如图 H-4 所示，一个驱动点的 FRF 综合如图 H-5 所示，结果表明数据拟合得不错。

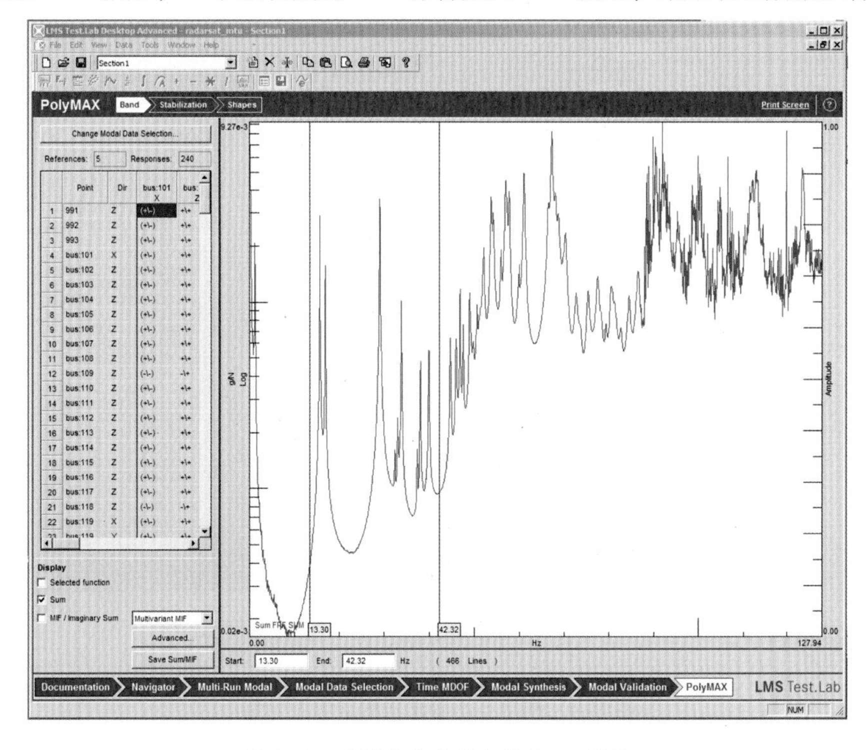

图 H-2　使用 4 个参考点的 SUM 函数

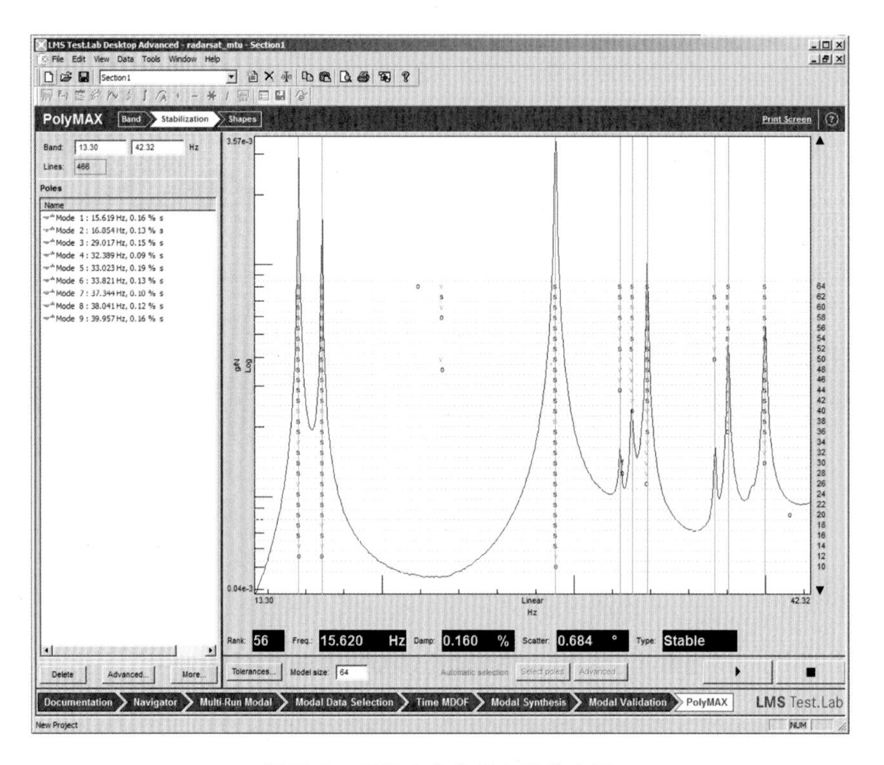

图 H-3　使用 4 个参考点的稳态图

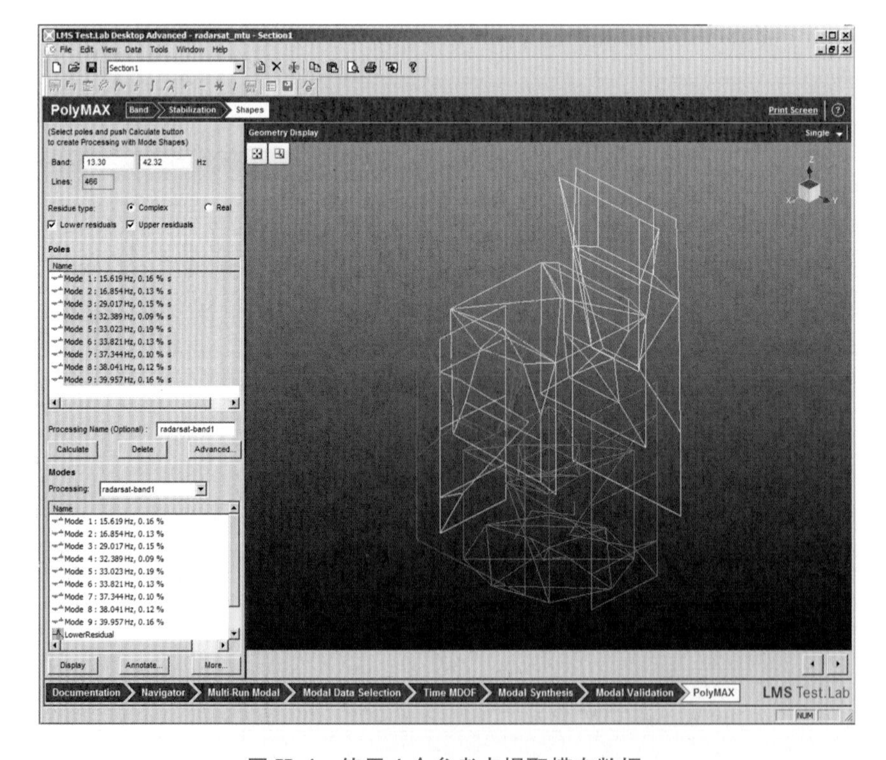

图 H-4　使用 4 个参考点提取模态数据

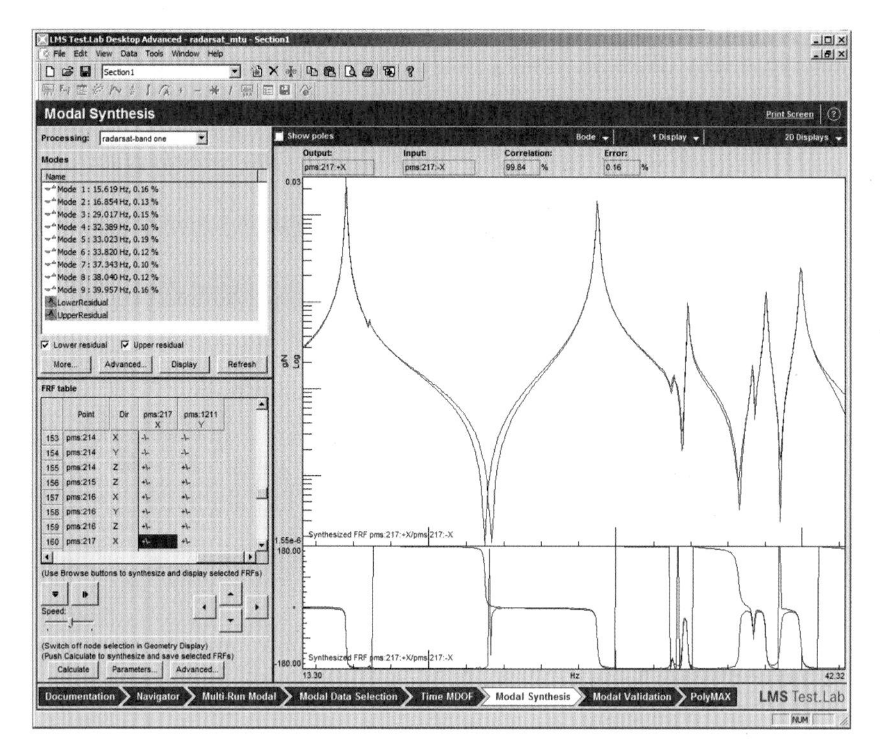

图 **H-5**　使用 **4** 个参考点综合驱动点 **FRF**

4 个参考点数据计算的 9 阶模态的模态参考因子见表 H-1。需要注意的是两个 Z 方向的垂向激振器本质上对提取的模态没有影响。实际上，前 40 阶模态主要是水平 X 方向和 Y 方向的模态。因此，包含两个垂直方向的激振器真的对低阶模态没有影响，在测试数据中没有必要包含它们。然而，这些垂直方向的输入激励对于超出分析带宽的一些高阶模态来说是非常重要的。下一次分析将仅使用这两个水平方向的激振器，模态参数估计选择一个更宽的带宽。

表 **H-1**　使用 **4** 个参考点的模态参与因子

参考自由度	BUS：109：+Z	BUS：118：+Z	PMS：217：+X	PMS：1211：+Y
第 1 阶	0.01	0.01	1.00	0.02
第 2 阶	0.01	0.01	0.04	1.00
第 3 阶	0.02	0.02	0.98	1.00
第 4 阶	0.09	0.09	0.73	1.00
第 5 阶	0.09	0.03	1.00	0.36
第 6 阶	0.15	0.05	1.00	0.24
第 7 阶	0.11	0.13	1.00	0.03
第 8 阶	0.09	0.01	1.00	0.13
第 9 阶	0.08	0.13	1.00	0.11

H.2 数据缩减 2 组：参考点 PMS：217：X 和 PMS：1211：Y

选择的频率带宽为 13 ~ 63Hz，使用一个水平 X 向和一个水平 Y 向参考点，没有包含垂直方向的参考点。计算这组数据获得的 SUM 函数、MMIF 函数和 CMIF 函数分别如图 H-6 ~ 图 H-8

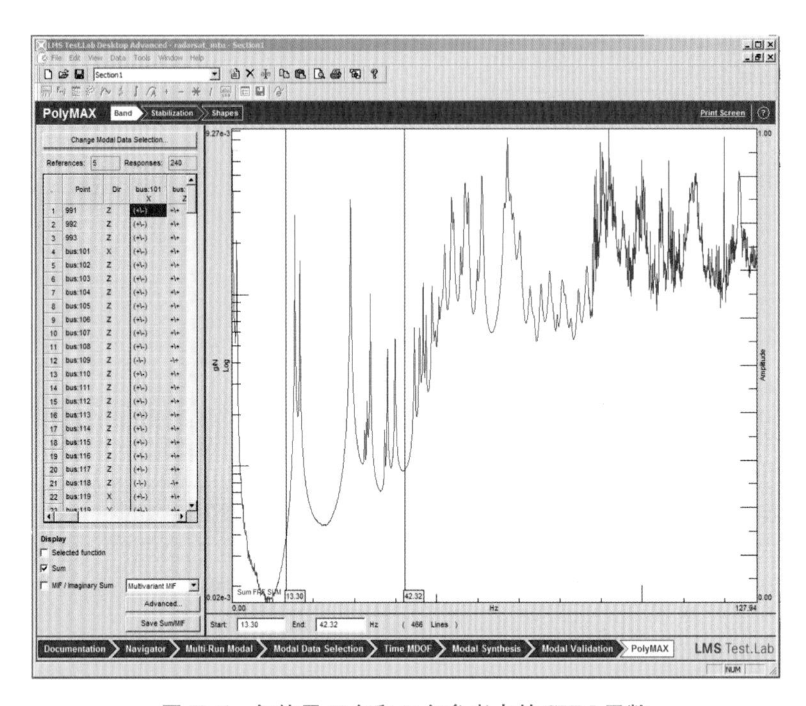

图 H-6 仅使用 X 向和 Y 向参考点的 SUM 函数

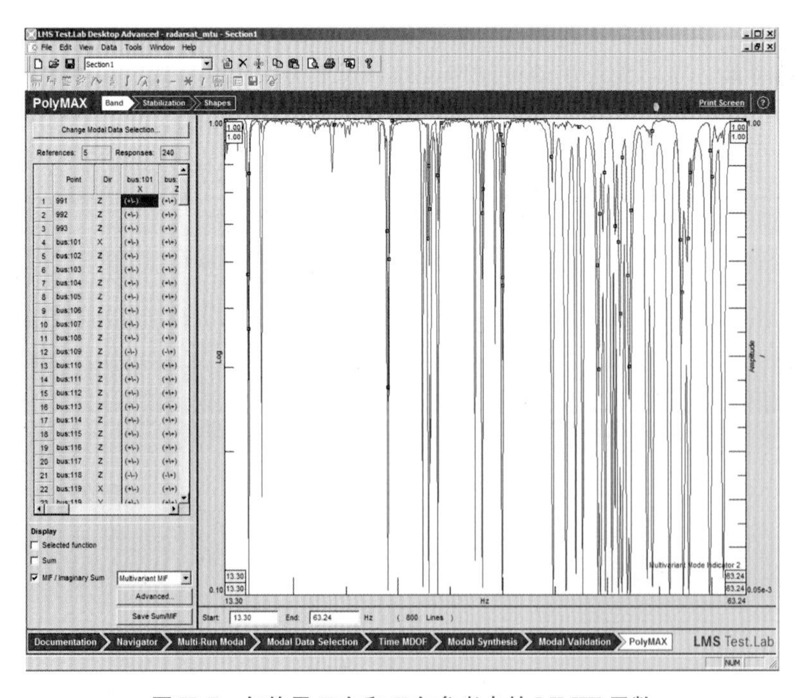

图 H-7 仅使用 X 向和 Y 向参考点的 MMIF 函数

所示。在 SUM 函数中显示出了更多的共振峰，使用 64 阶的模型，这个带宽的稳态图如图 H-9 所示，选择了 24 个根。另外，这两个参考点的驱动点和跨点 FRF 综合如图 H-10 所示，这说明数据拟合一致。

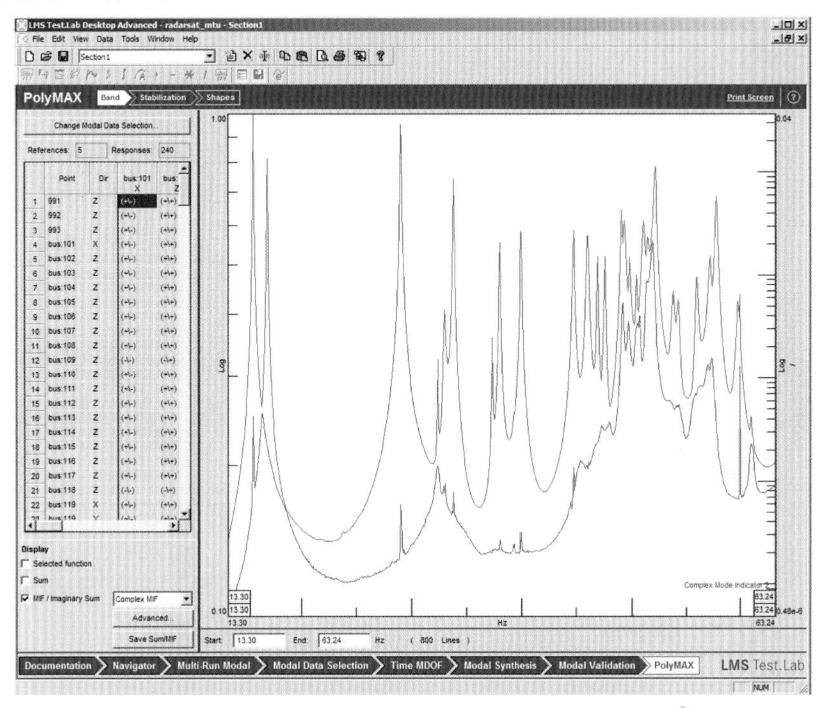

图 H-8　仅使用 *X* 向和 *Y* 向参考点的 CMIF 函数

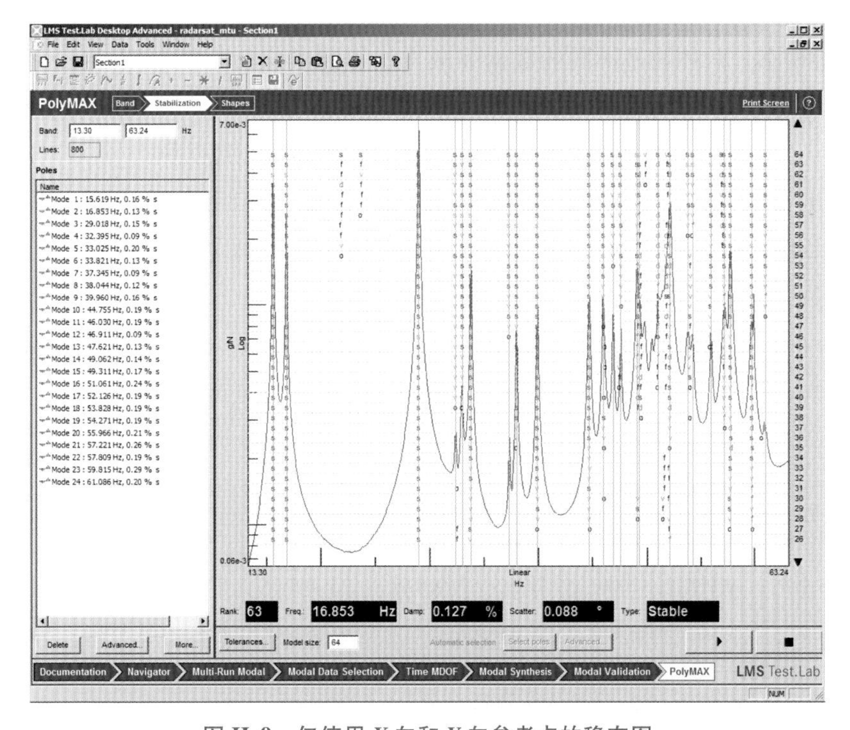

图 H-9　仅使用 *X* 向和 *Y* 向参考点的稳态图

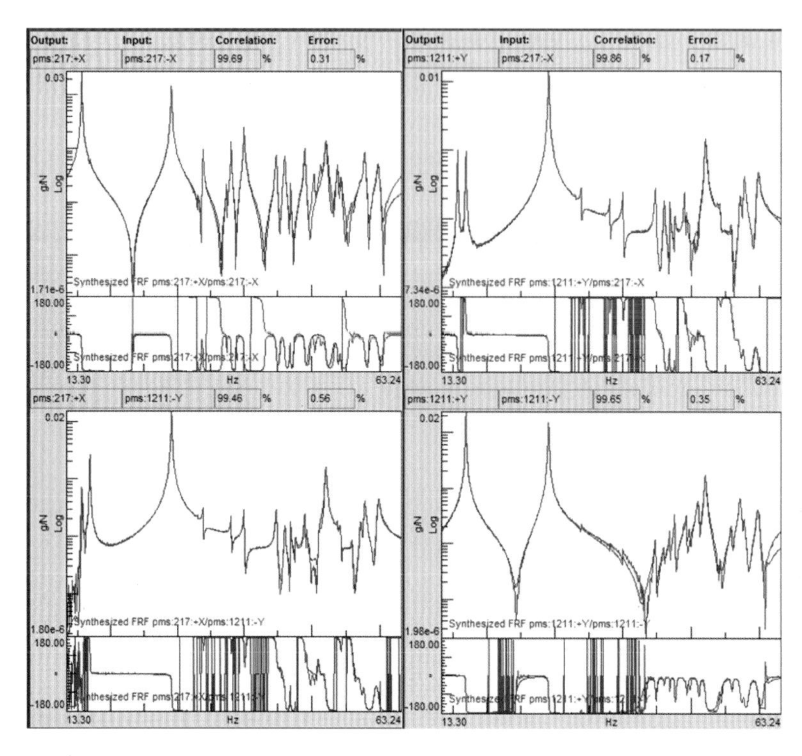

图 H-10　仅使用 *X* 向和 *Y* 向参考点综合驱动点 FRF

计算两种不同方法的 MAC 矩阵见表 H-2。需要注意的是两个 *Z* 方向的垂向激振器本质上对提取的模态没有影响。需要着重注意的是所有的对角元素展示出了两组不同的数据模态向量极其相关：一组数据是用 4 个参考点拟合 9 阶模态，而另一组数据是用 2 个参考点提取 24 阶模态。两种明显不同的数据缩减方法得到的这 9 阶模态差异很小。为了提高模态参数提取的可信度，优先推荐采用这种分析方式。

表 H-2　MAC 比较从两组参考点数据提取到的模态

模态阶数	频率/Hz	15.619	16.853	29.018	32.395	33.025	33.821	37.345	38.044	39.960
1	15.619	99.986	0.005	0.689	0.44	0.246	47.275	0.574	0.965	5.121
2	16.854	0.004	99.987	0.094	0.012	0.008	0.007	0.002	0.002	0.003
3	29.017	0.686	0.096	99.996	0.018	0.013	0.787	0.015	0.022	0.01
4	32.389	0.459	0.006	0.014	99.548	0.183	0.075	28.829	2.112	0.083
5	33.023	0.244	0.008	0.022	0.149	99.614	3.196	1.013	25.944	3.039
6	33.821	47.292	0.009	0.796	0.067	3.226	99.981	1.619	3.908	1.681
7	37.344	0.542	0.001	0.005	28.89	0.85	1.58	99.34	0.098	0.285
8	38.041	0.968	0.001	0.015	2.135	25.492	3.923	0.048	99.899	4.843
9	39.957	5.061	0.004	0.007	0.117	3.051	1.615	0.338	5.078	99.901

附录 I　飞机模型测试

一个飞机模型已经被几个软件供应商用来展示和演示测量结果，对这个结构进行了几次测试，采用了不同的激励技术。

I.1　锤击测试

这次测试采用锤击激励技术。15 个 PCB Y356A32 三向传感器始终安装在结构上用于所有的测试。使用四个橡胶吸盘支承这个结构，四个橡胶吸盘分别位于机翼靠机身根部的左右和前后位置。15 个加速度传感器位置如图 I-1 所示，这些测点同时显示在一个有限元模型上。这些测试作为 2016 年春季学生课堂项目的一部分。提供的 FRF 数据带宽为 256Hz。

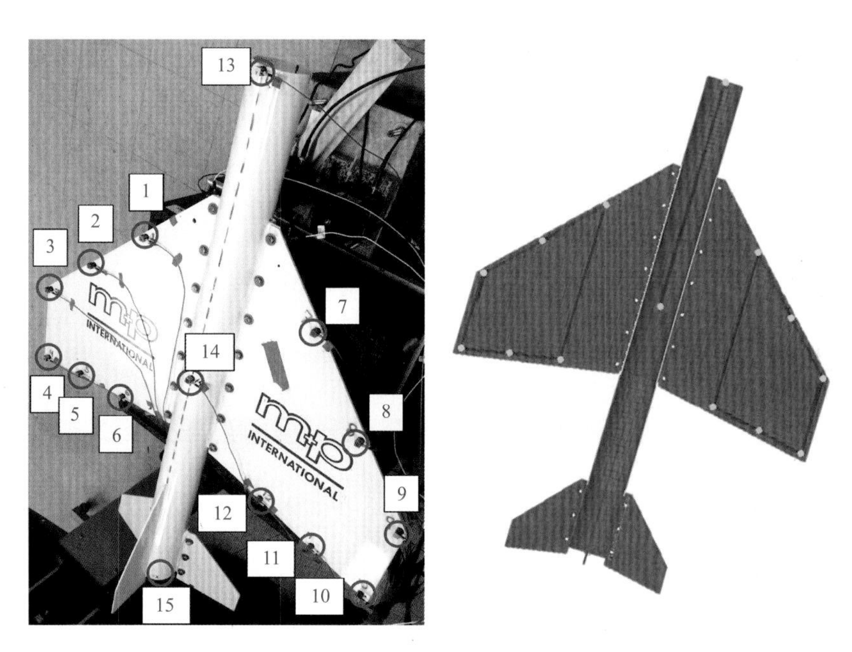

图 I-1　飞机模型的模态测点布置

选择频率带宽 17 ~ 190Hz，获得的 SUM 函数、MMIF 函数和 CMIF 函数如图 I-2 ~ 图 I-4所示。SUM 函数中显示了几个共振峰，使用模型阶数为 24，这个带宽的稳态图如图 I-5 所示，选择了 10 个根。接着计算这些模态，如图 I-6 所示，同时也显示了一个驱动点综合的 FRF 以表明数据拟合非常一致。

I.2　使用单个激振器倾斜激励 SIMO 测试

这次测试采用 SIMO 方式，单个激振器激励方向倾斜至飞机坐标系统的 *X*、*Y*、*Z* 方向，试图使用一个单参考激振器激起这个结构主要模态中的大多数。这个激振器激励位置位于连接在机身上的前机翼上，同飞机坐标系统的 *X*、*Y*、*Z* 方向有 45°夹角。15 个 PCB Y356A32 三向传感器始终安装在结构上用于所有的测试。使用四个橡胶吸盘支承这个结

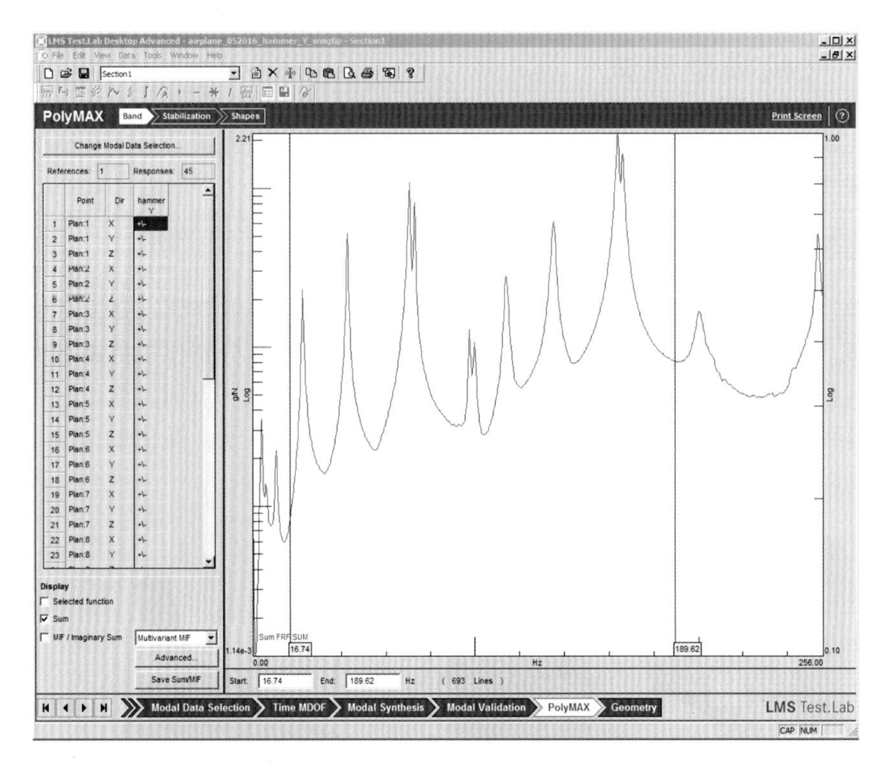

图 I-2　飞机模型锤击数据的 SUM 函数

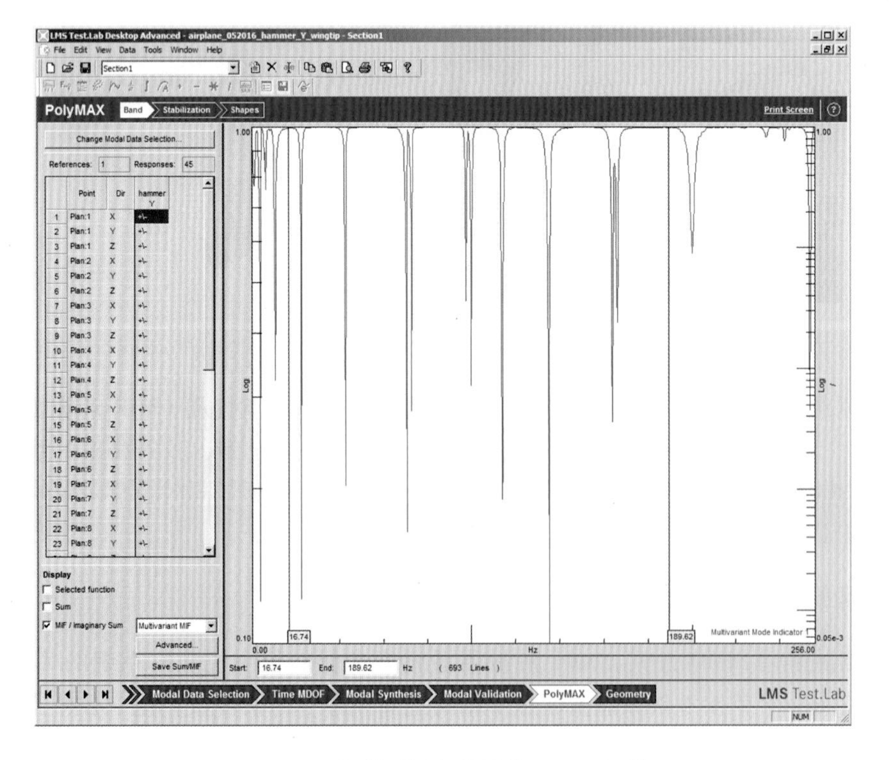

图 I-3　飞机模型锤击数据的 MMIF 函数

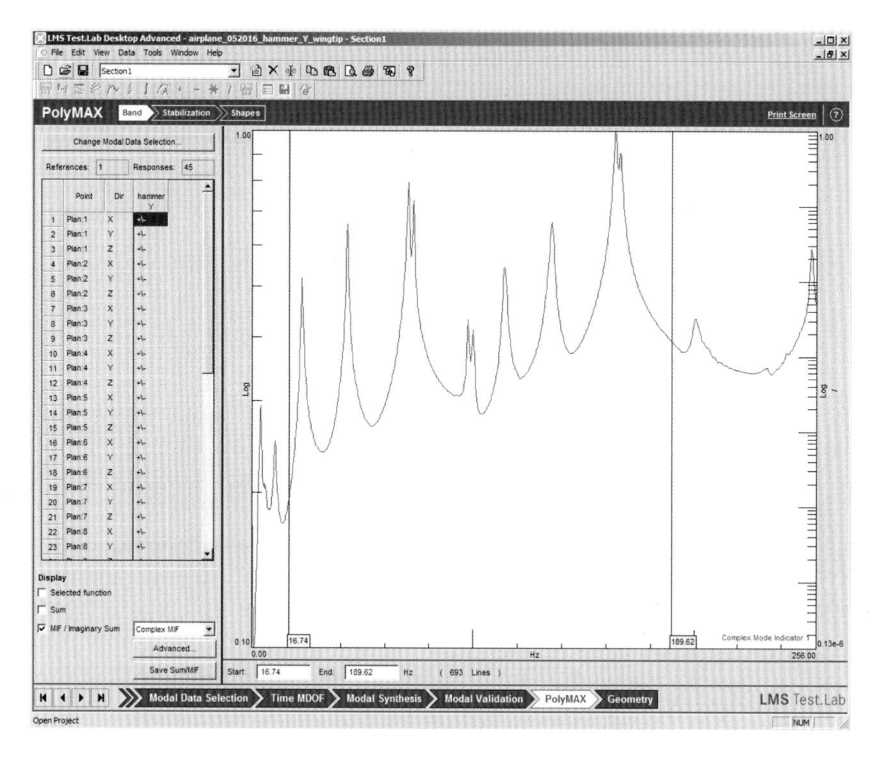

图 I-4　飞机模型锤击数据的 CMIF 函数

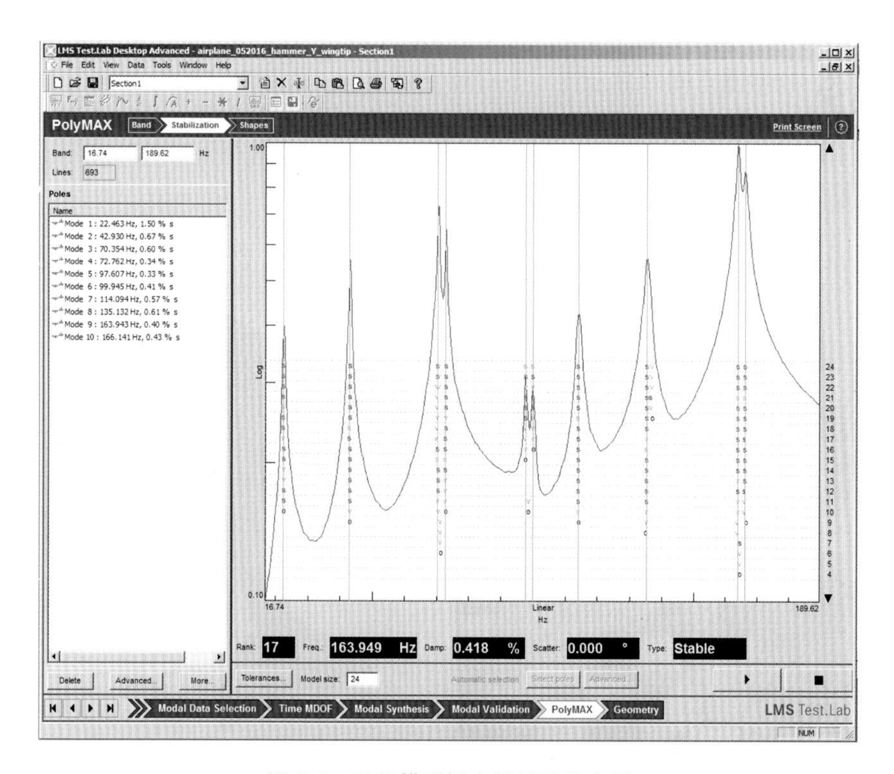

图 I-5　飞机模型锤击数据的稳态图

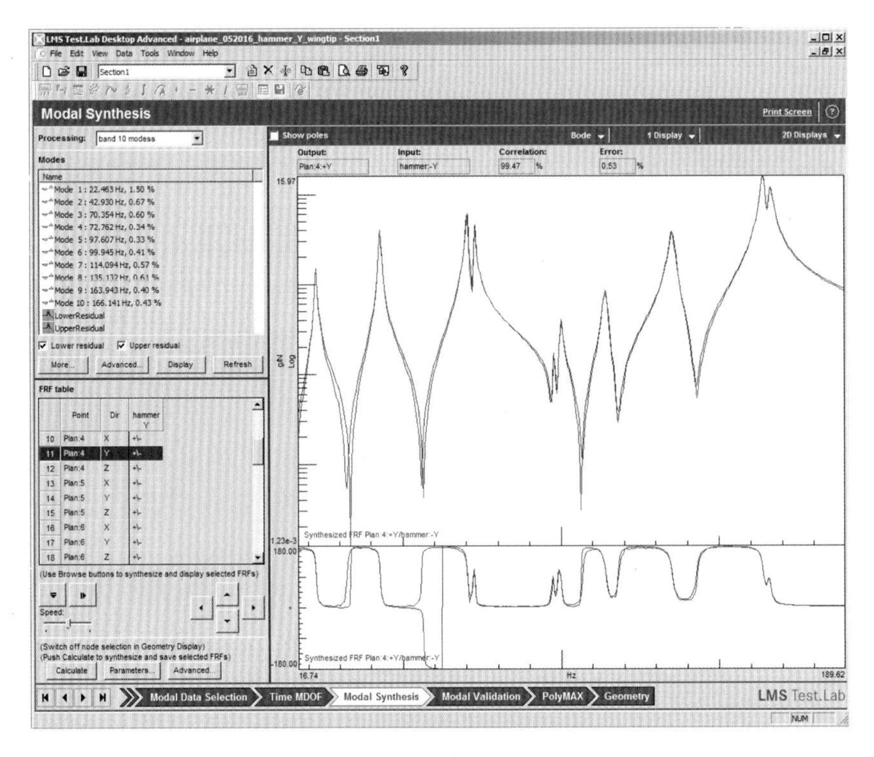

图 I-6　飞机模型锤击数据的综合的驱动点 FRF

构，四个橡胶吸盘分别位于机翼靠机身根部的左右和前后位置。15 个加速度传感器位置如图 I-7 所示，这些测点同时显示在一个有限元模型上。这些测试作为 2016 年春季学生课堂项目的一部分。提供的 FRF 数据带宽为 256Hz。这次测试使用 80% 的猝发随机激励。

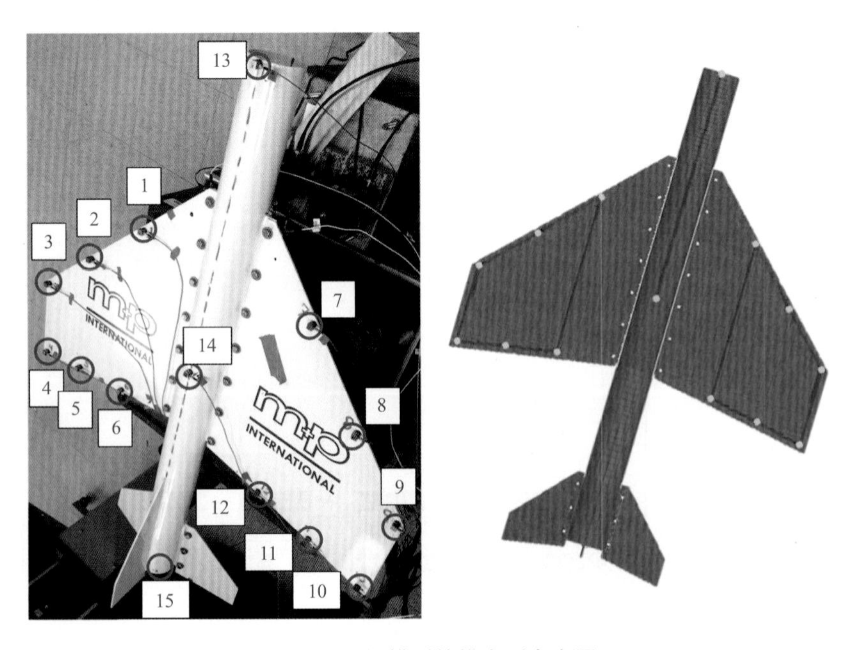

图 I-7　飞机模型的模态测点布置

选择频率带宽 17～190Hz，获得的 SUM 函数、MMIF 函数和 CMIF 函数如图 I-8～图 I-10

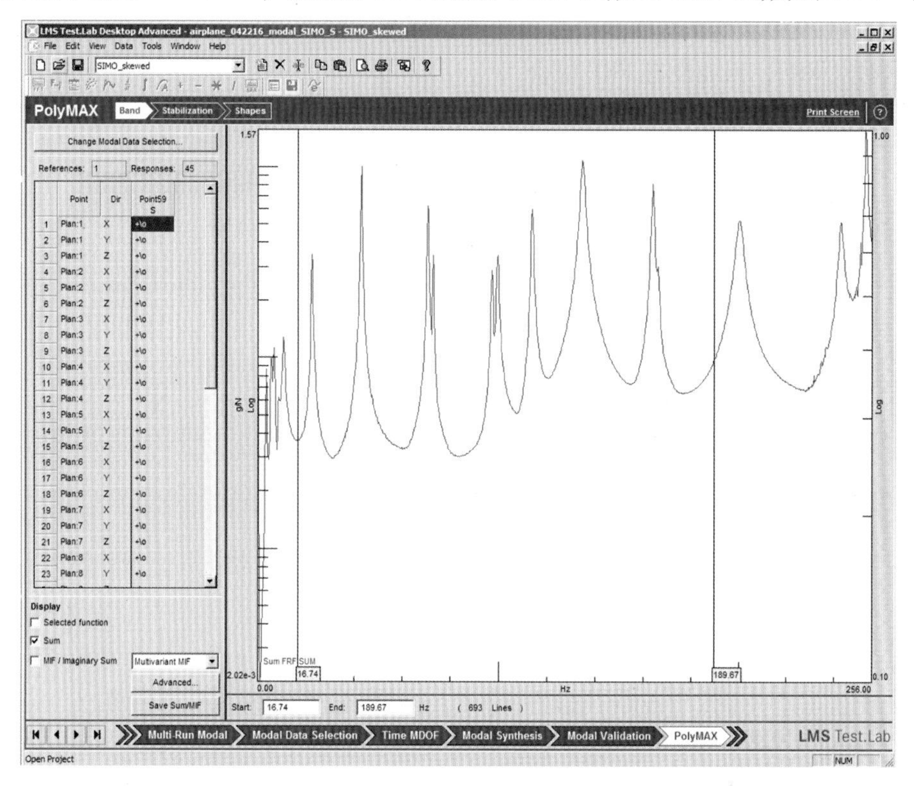

图 I-8　激振器倾斜激励飞机模型的 SUM 函数

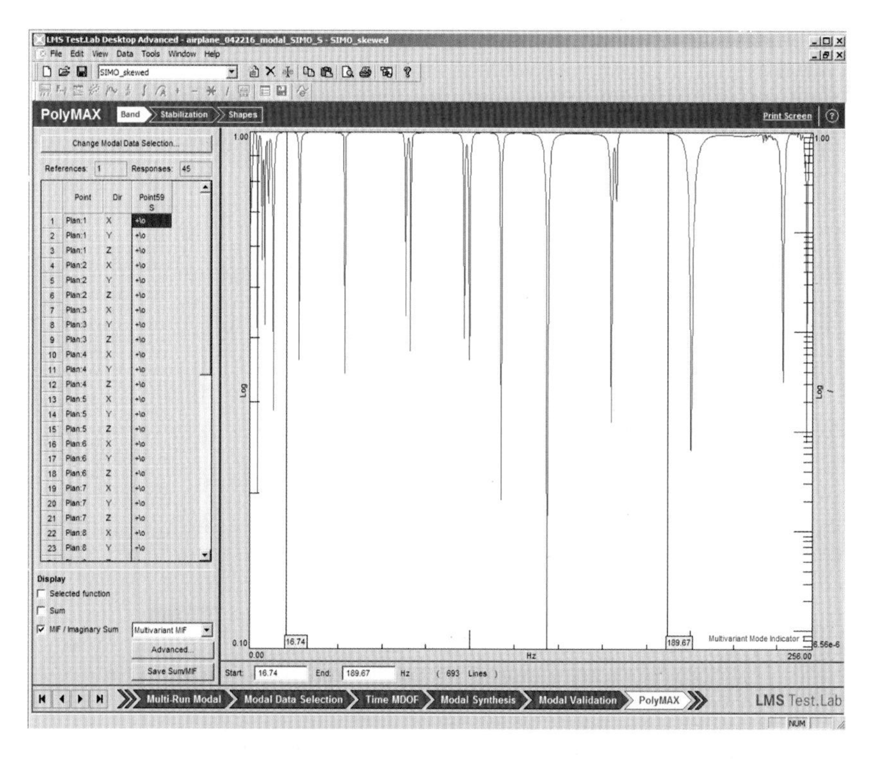

图 I-9　激振器倾斜激励飞机模型的 MMIF 函数

所示。SUM 函数显示了几个共振峰，使用模型阶数为 32，这个带宽的稳态图如图 I-11 所示，选择了 11 个根。这个倾斜的激振器能够额外确定锤击测试中不可见的一阶模态。由于缺乏驱动点 FRF，因而没有 FRF 综合。

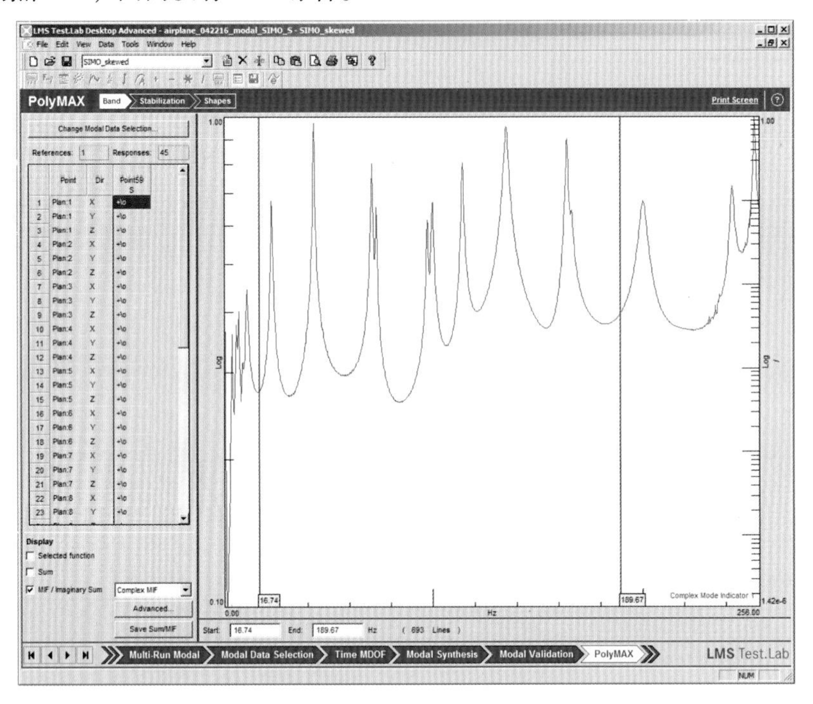

图 I-10　激振器倾斜激励飞机模型的 CMIF 函数

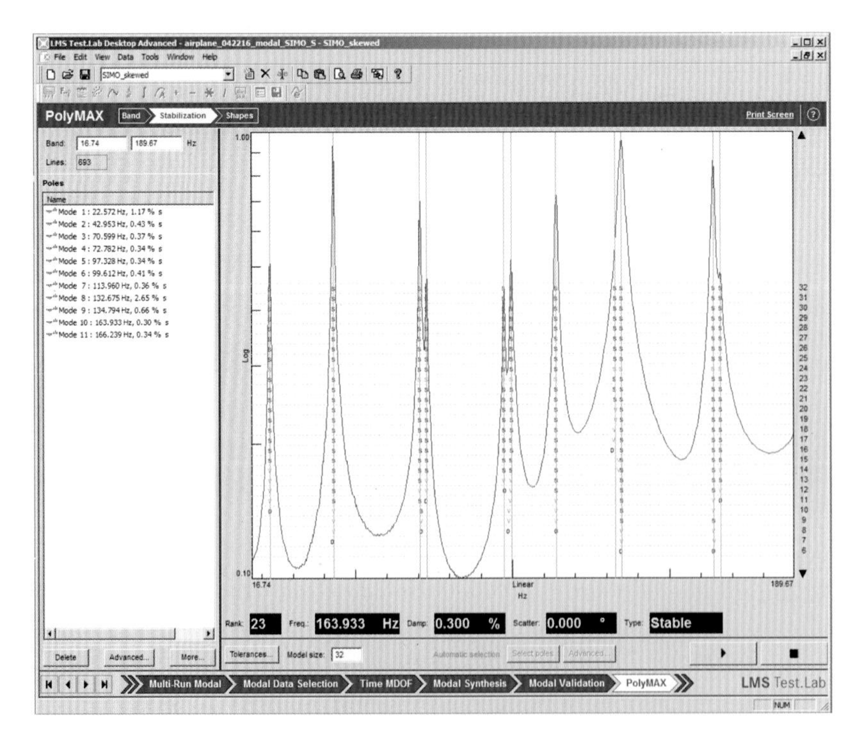

图 I-11　激振器倾斜激励飞机模型的稳态图

I.3　使用两个垂向激振器 MIMO 测试

这次测试使用两个激振器垂向激励进行 MIMO 测试，两个激振器激励位置分别位于左右两侧连接在机身的前机翼上。15 个 PCB Y356A32 三向传感器始终安装在结构上用于所有的测试。使用四个橡胶吸盘支承这个结构，四个橡胶吸盘分别位于机翼靠机身根部的左右和前后位置。15 个加速度传感器位置如图 I-12 所示，这些测点同时显示在一个有限元模型上。这些测试作为 2016 年春季学生课堂项目的一部分。提供的 FRF 数据带宽为 256Hz。这次测试使用 80% 的猝发随机激励。

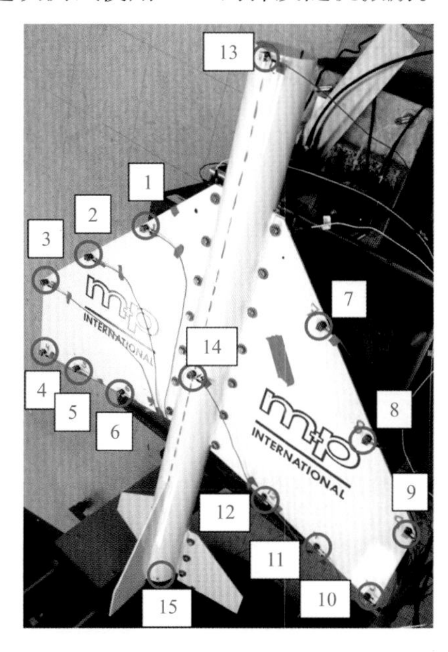

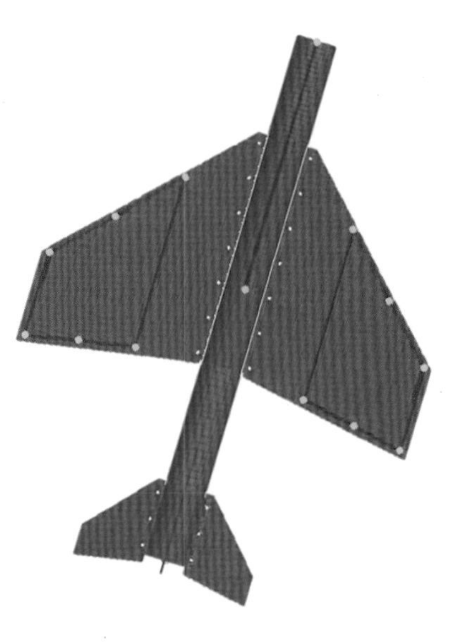

图 I-12　飞机模型的模态测点布置

选择频率带宽 17 ~ 190Hz，获得的 SUM 函数、MMIF 函数和 CMIF 函数如图 I-13 ~ 图 I-15所示。SUM 函数显示了几个共振峰，使用模型阶数为 32 阶，这个带宽的稳态图如图 I-16 所示，选择了 10 个根。由于测量标识错误，因而没有 FRF 综合。两个激振器的模态参与因子见表 I-1，这两个激振器充分激起了大多数模态。

表 I-1　飞机 MIMO 数据的模态参与因子

参考自由度	激振器 1	激振器 2
第 1 阶	0.99	1.00
第 2 阶	1.00	0.97
第 3 阶	0.97	1.00
第 4 阶	1.00	0.93
第 5 阶	1.00	0.21
第 6 阶	0.52	1.00
第 7 阶	0.61	1.00
第 8 阶	1.00	1.00
第 9 阶	0.66	1.00
第 10 阶	0.97	1.00

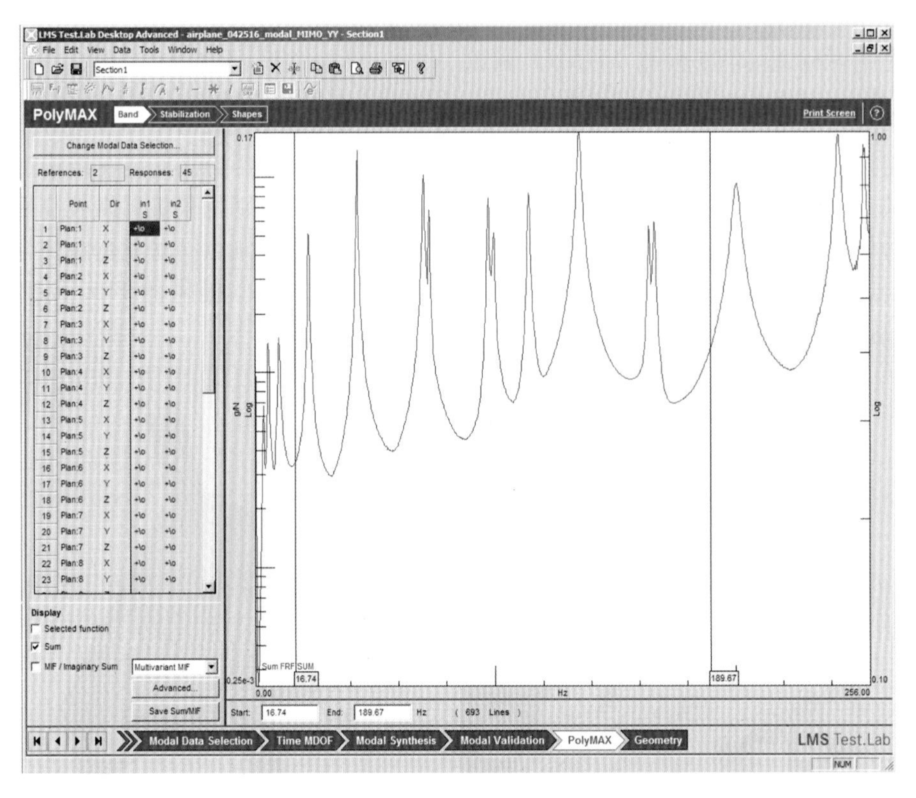

图 I-13　飞机模型 MIMO 数据的 SUM 函数

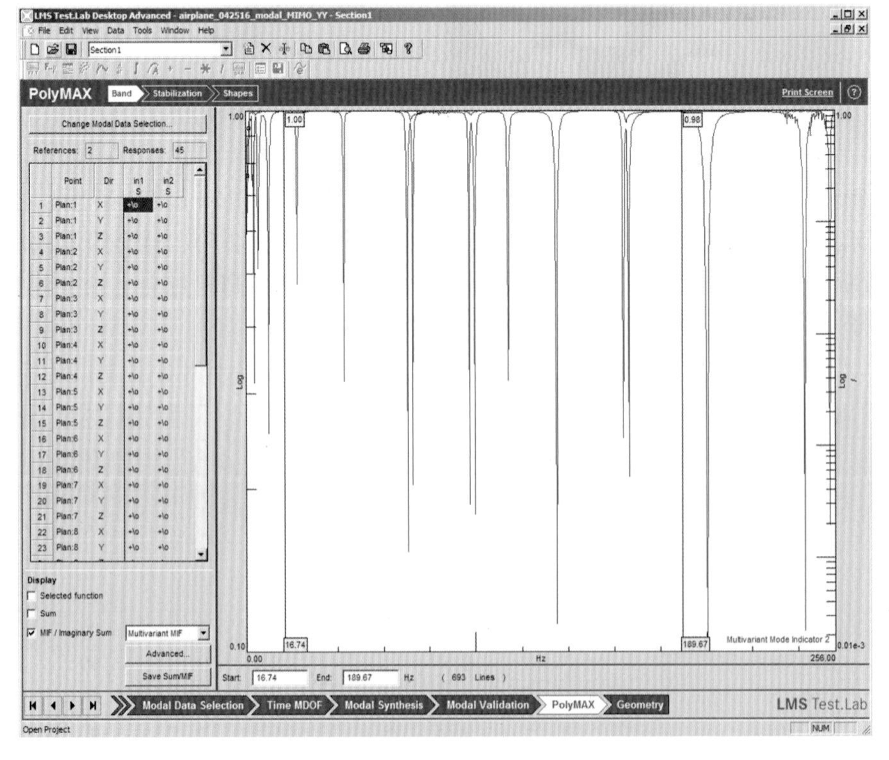

图 I-14　飞机模型 MIMO 数据的 MMIF 函数

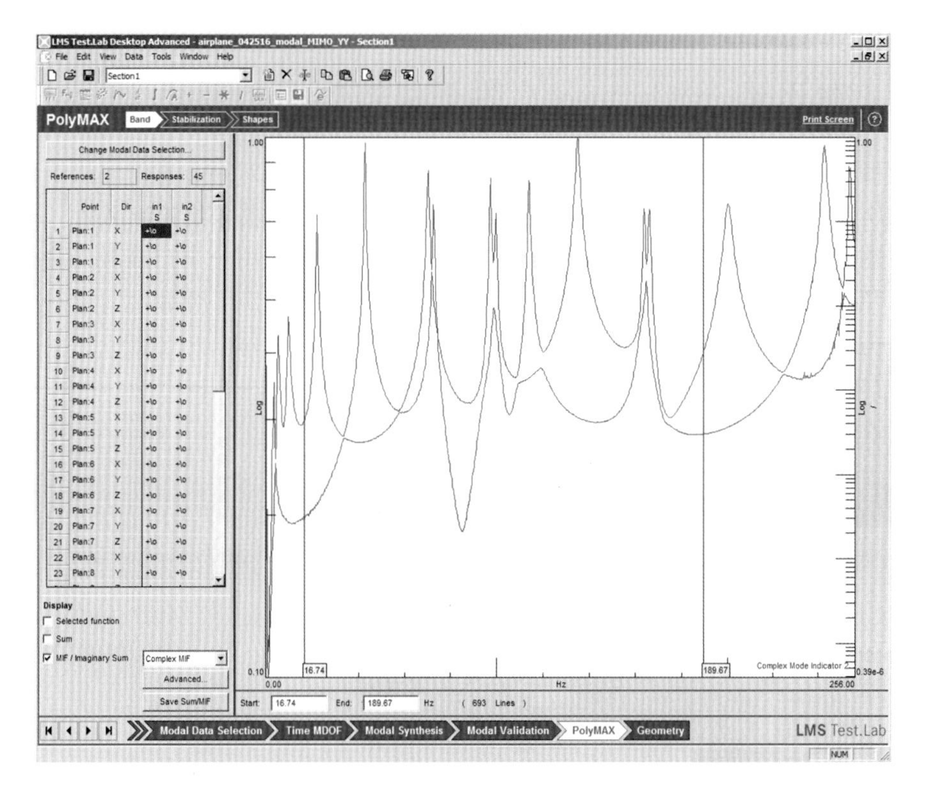

图 I-15　飞机模型 MIMO 数据的 CMIF 函数

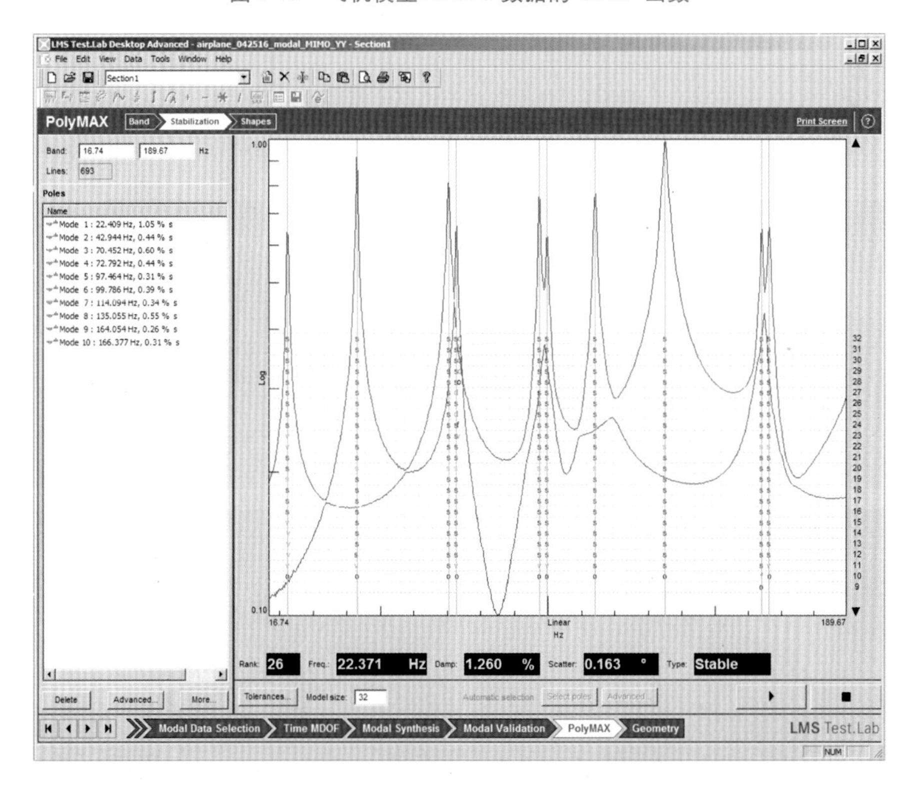

图 I-16　飞机模型 MIMO 数据的稳态图

附录 J　惠而浦（Whirlpool）烘干机箱体模态测试

密歇根理工大学动力学系统实验室在 20 世纪 90 年代后期对一个惠而浦烘干机箱体进行了 MIMO 模态测试。这个箱体由安装脚支承，使用四个激振器采集频响函数。29 个轻质加速度传感器始终安装在箱体的底板上，其他面的测量数据使用一个扫描激光测振仪测量（每个面 100 个测点：左边、右边和后面）。结构如图 J-1 和图 J-2 所示。

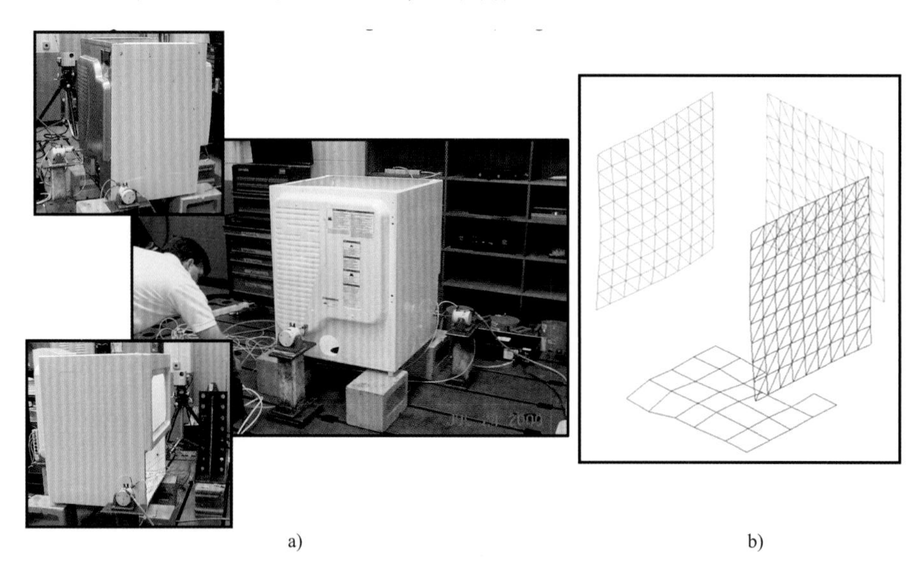

a)　　　　b)

图 J-1　惠而浦烘干机箱体模型试验

a）实物照片　b）测试几何

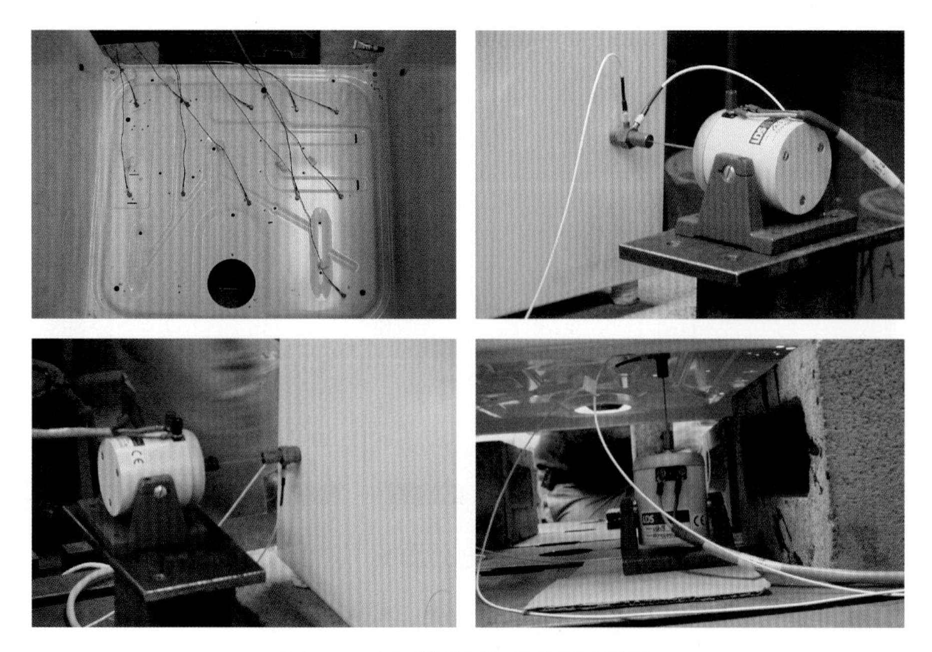

图 J-2　惠而浦烘干机箱体测试设置

为四个参考点数据选择频率带宽 13～63Hz，获得的 SUM 函数如图 J-3 所示。SUM 函数显示了许多共振峰，使用的模型阶数为 128 阶，这个带宽的稳态图如图 J-4 所示，选择

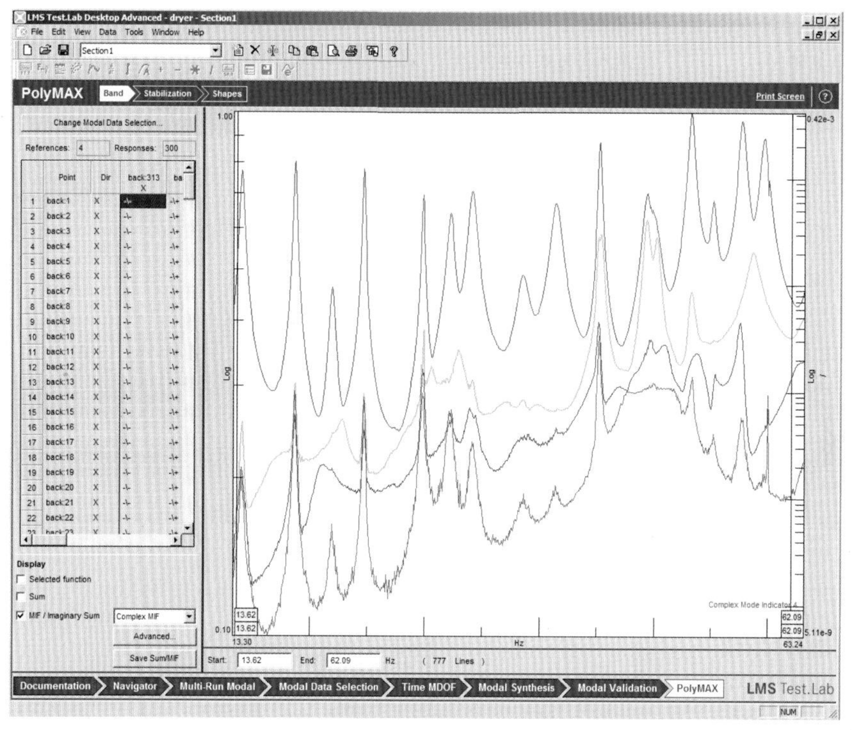

图 J-3　使用四个参考点的 SUM 函数

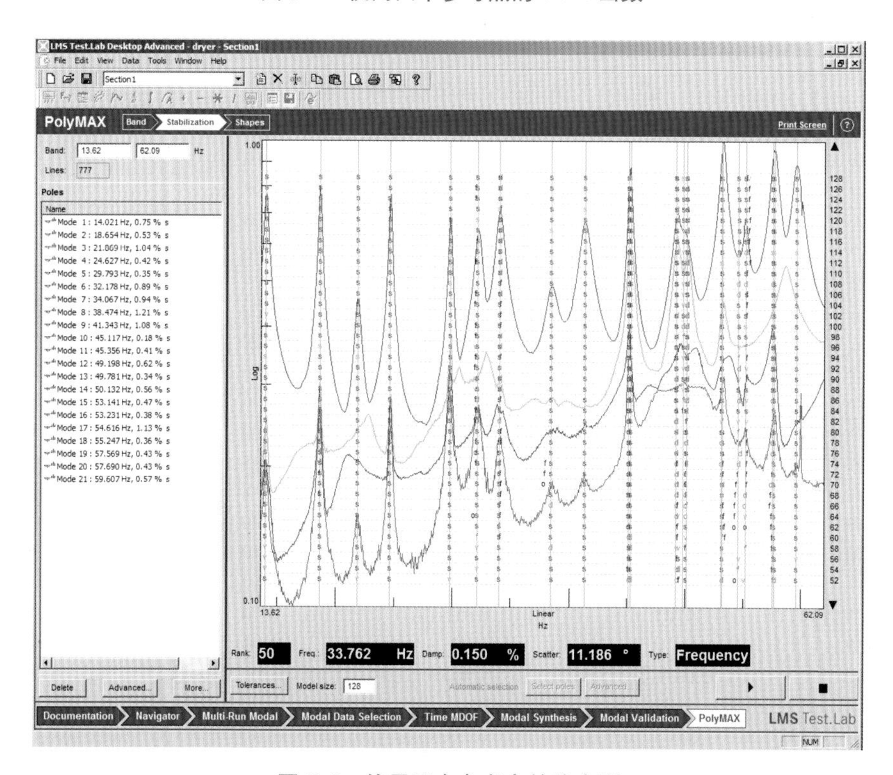

图 J-4　使用四个参考点的稳态图

了21个根。计算的模态如图J-5所示。四个参考点的21阶模态的模态参与因子见表J-1。观察表J-1，可以确定的确需要四个激振器，需要激振器的不同组合才能充分激起结构的所有模态。

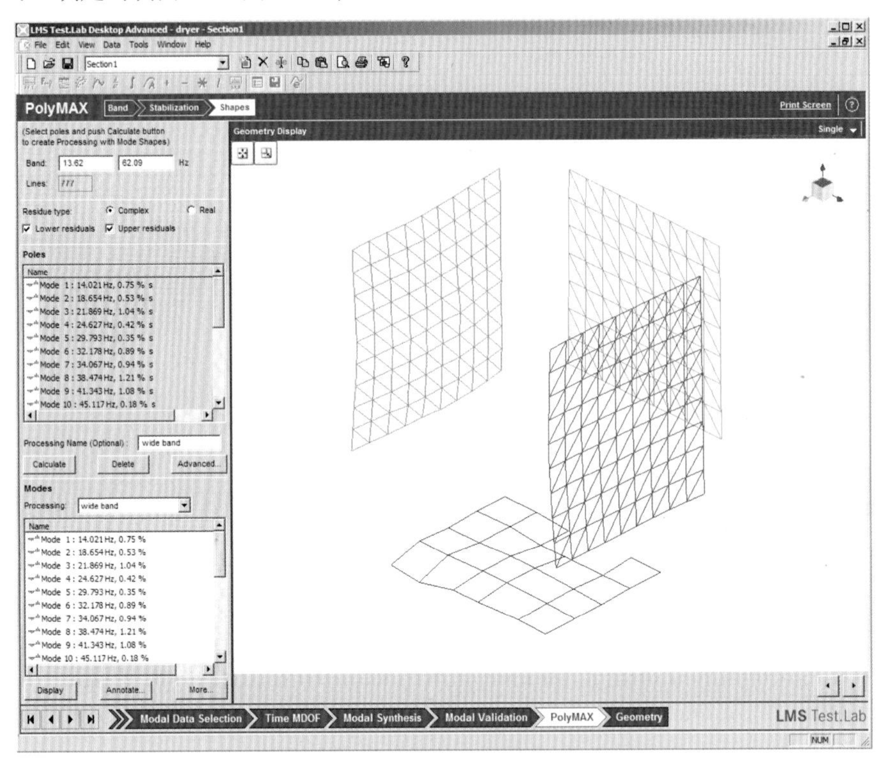

图J-5 使用四个参考点提取到的模态数据

表J-1 使用四个参考点的模态参与因子

参考自由度	back：313：+*X*	base：312：+*Z*	left：311：+*Y*	right：310：+*Y*
第1阶	0.07	0.04	1.00	0.63
第2阶	0.31	0.06	0.08	1.00
第3阶	1.00	0.01	0.08	0.15
第4阶	0.06	0.04	1.00	0.23
第5阶	1.00	0.07	0.24	0.42
第6阶	0.04	0.05	1.00	0.28
第7阶	0.66	0.07	1.00	0.57
第8阶	0.16	0.19	0.65	1.00
第9阶	0.03	0.08	0.06	1.00
第10阶	0.68	0.06	1.00	0.31
第11阶	0.11	0.05	0.45	1.00
第12阶	1.00	0.74	0.13	0.14
第13阶	0.71	1.00	0.20	0.18
第14阶	0.83	1.00	0.10	0.18
第15阶	0.11	0.03	1.00	0.08
第16阶	0.23	0.02	1.00	0.05
第17阶	0.10	0.06	0.94	1.00
第18阶	0.11	0.01	1.00	0.53
第19阶	0.32	0.05	1.00	0.26
第20阶	0.18	0.03	1.00	0.36
第21阶	0.02	0.01	0.15	1.00

附录 K　密歇根理工大学通用汽车模态测试

对一辆通用汽车进行 MIMO 模态测试，这个数据作为密歇根理工大学举办的第 28 届世界模态分析大会循环练习的一部分。汽车按常规测试配置支承在通用模态测试实验室（见图 K-1）。使用四个激振器采集频响函数，采集了几百个频响函数。

图 K-1　汽车模态测试典型设置

使用四个激振器进行测试，频率带宽为 128Hz，模态分析时选择的频带为 10～70Hz，10Hz 以下是刚体模态。获得的 SUM 函数如图 K-2 所示。SUM 函数显示了许多共振峰，使用的模型阶数为 128 阶，这个带宽的稳态图如图 K-3 所示，选择的极点超过 20 个。计算的模态如图 K-4 所示。没有对模态分析作进一步的评估。

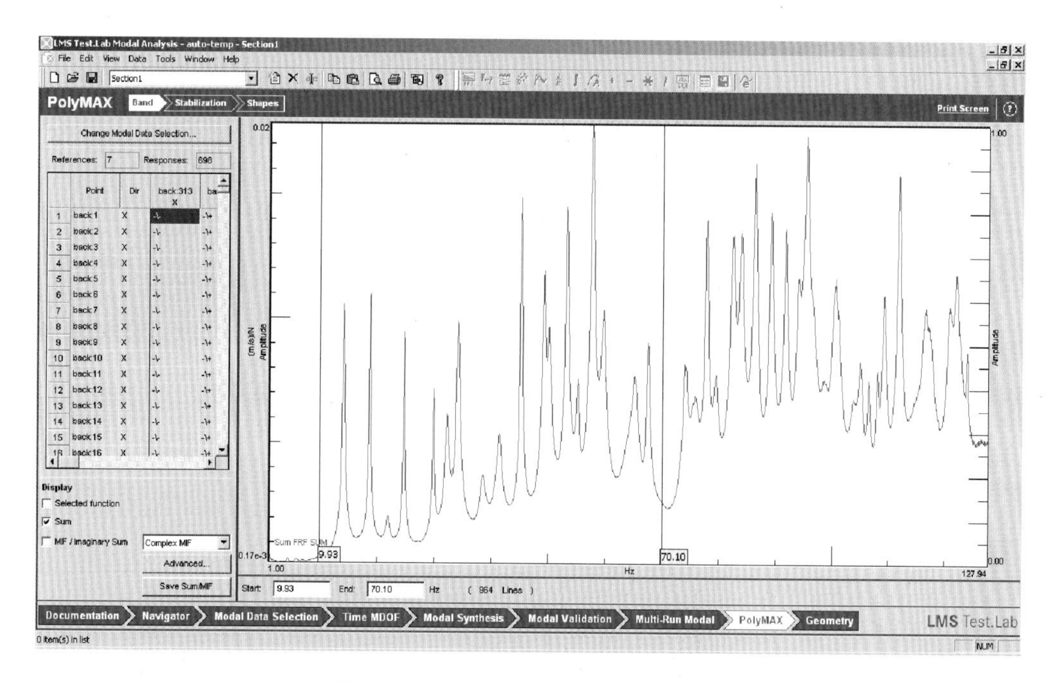

图 K-2　使用四个参考点的 SUM 函数

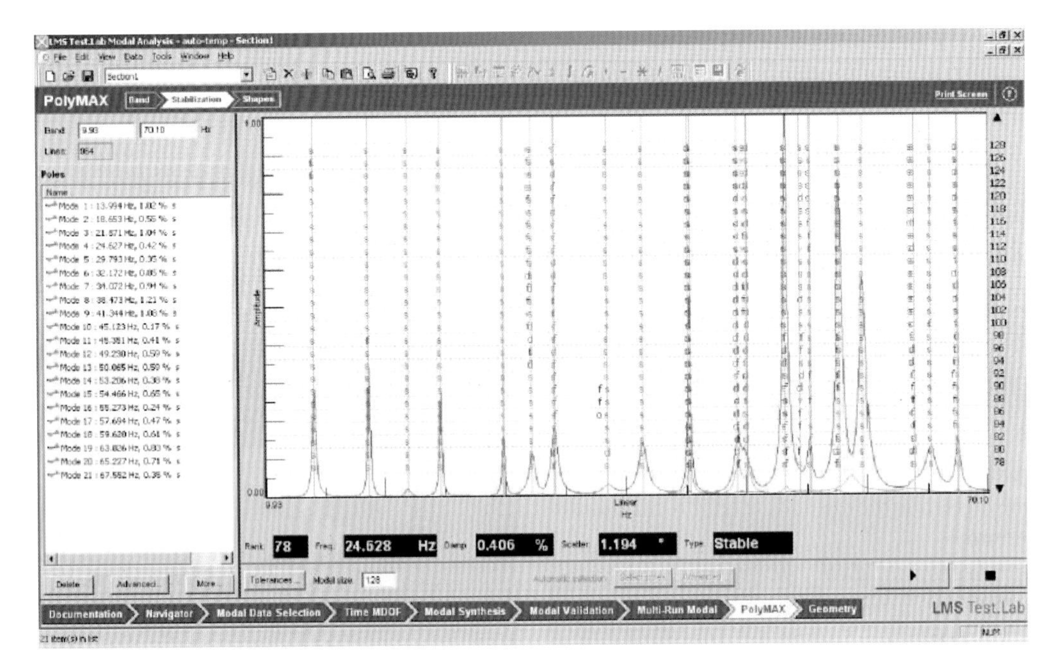

图 K-3　使用四个参考点的稳态图

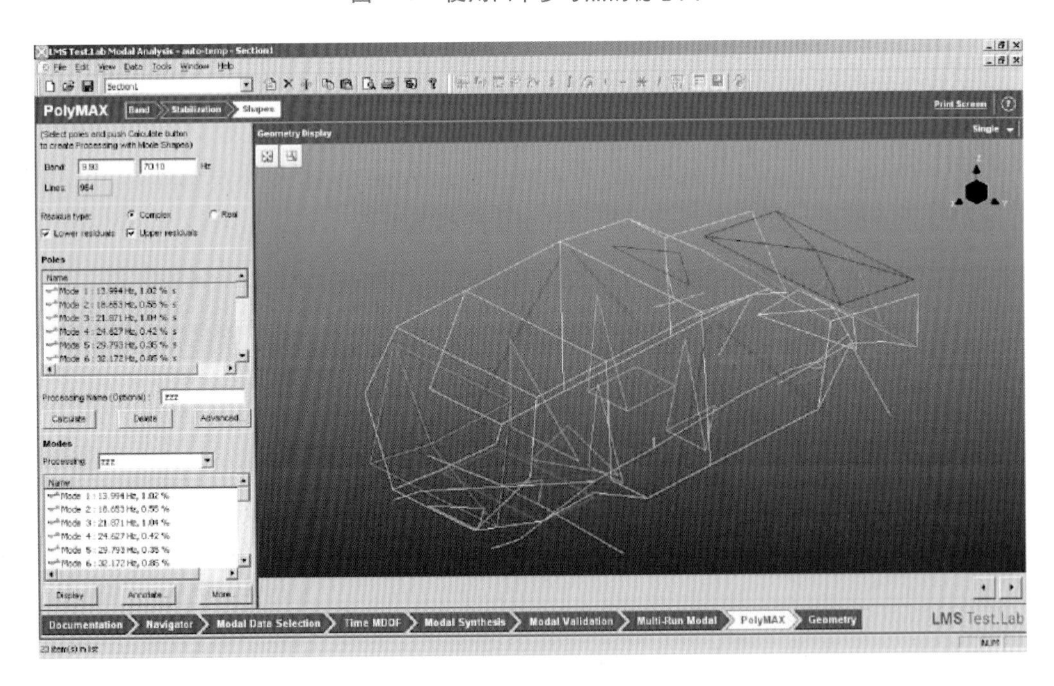

图 K-4　使用四个参考点提取到的模态数据

附录 L　UML 组合翼梁模态测试

2000 年以来，马萨诸塞州立大学洛威尔校区的结构动力学和声学系统实验室就在使用一块组合翼梁（来源未知）。这个结构具有 I 型梁的几何形状，顶部是 T 型，底部是 L 型，沿长度方向逐渐变窄，本质上，这个结构不具有几何对称性。没有这个结构的设计图纸信息，也没有可用的分析模型。这个结构多次用于学术研究。在这使用的数据是这个结构第一次测试采用锤击测试得到的。只使用了一个参考加速度传感器，获得了近 100 个频响函数。典型的模态测试设置如图 L-1 所示。

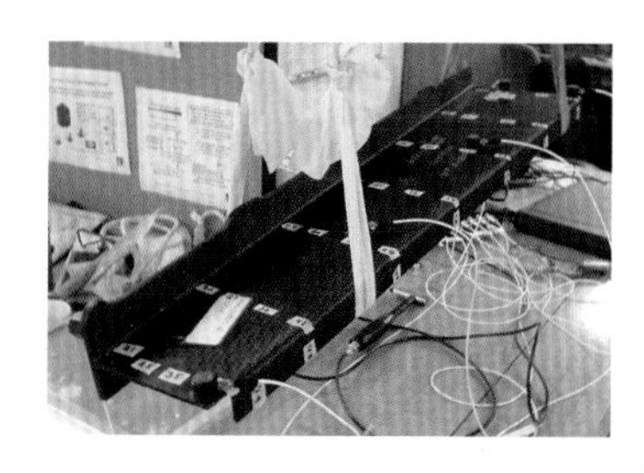
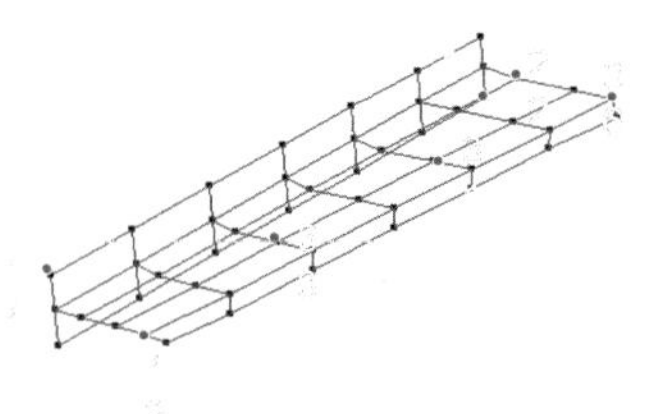

图 L-1　典型的模态测试设置

测量频率带宽超过 800Hz，第一次曲线拟合的频带为 91 ~ 681Hz。SUM 函数指示在这个频带内有 6 阶模态，如图 L-2 所示。对于这个频带的 6 阶模态，采用有理分式多项式整体曲线拟合方法提取这些模态，曲线拟合结果如图 L-3 所示。通常，所有的模态似乎都描述得很好，振型合理，所有综合的频响函数与绝大多数实测的频响函数吻合一致。

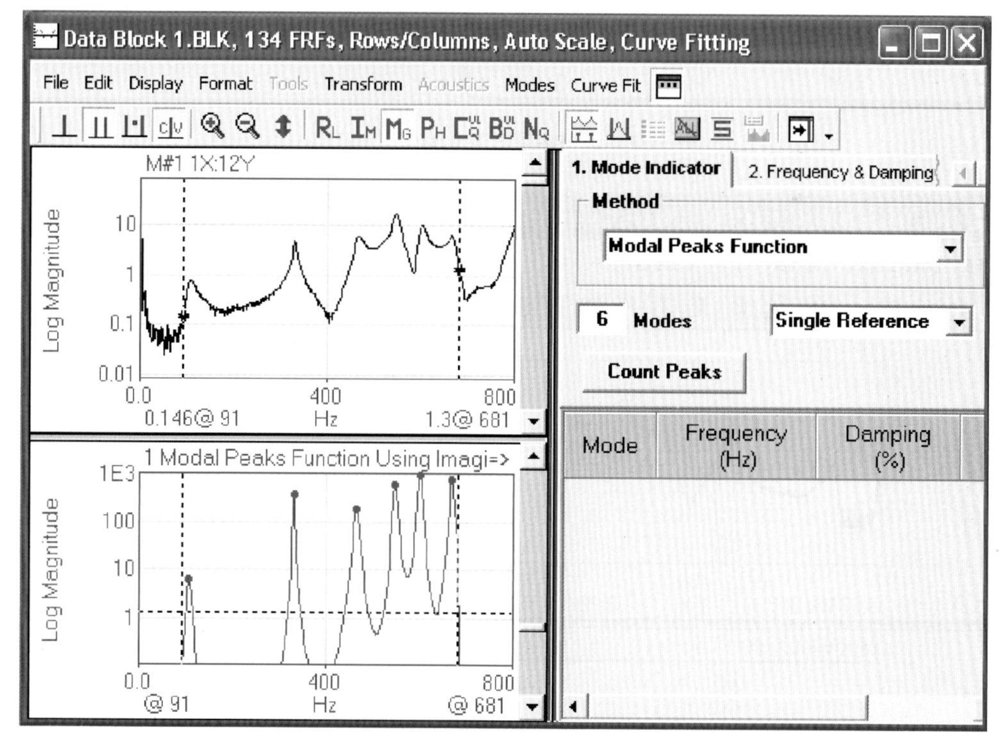

图 L-2　SUM 函数

然而，关心第二个共振峰，是否在那个共振峰有一阶或两阶模态。超过 90% 的频响函数在那个频率处仅指示了一阶模态，但一些跨点频响函数似乎指示有两阶模态。对于第二个共振峰，使用了两种不同的方法再次拟合，一次使用一阶模态，另一次使用两阶模态，结果如图 L-4 和图 L-5 所示。经过对模态振型的检查，发现在那个带宽内明显有两阶模态。图 L-6 显示了单阶模态和两阶模态的近似结果。单阶模态近似结果表明弯曲模态在长

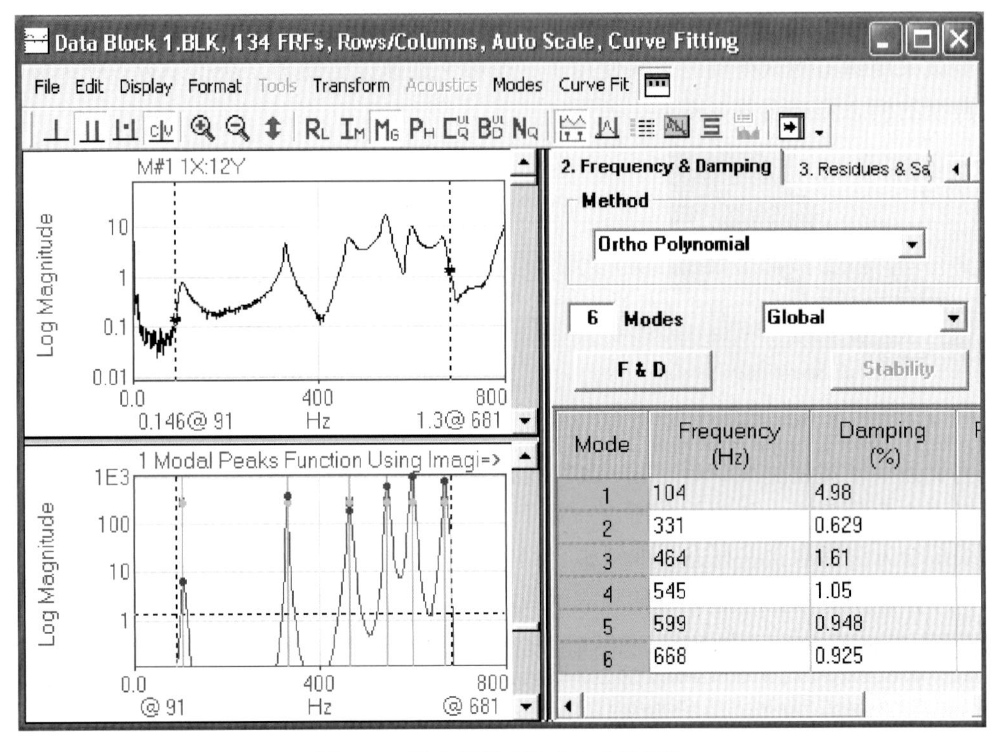

图 L-3 正交多项式拟合这 6 阶模态

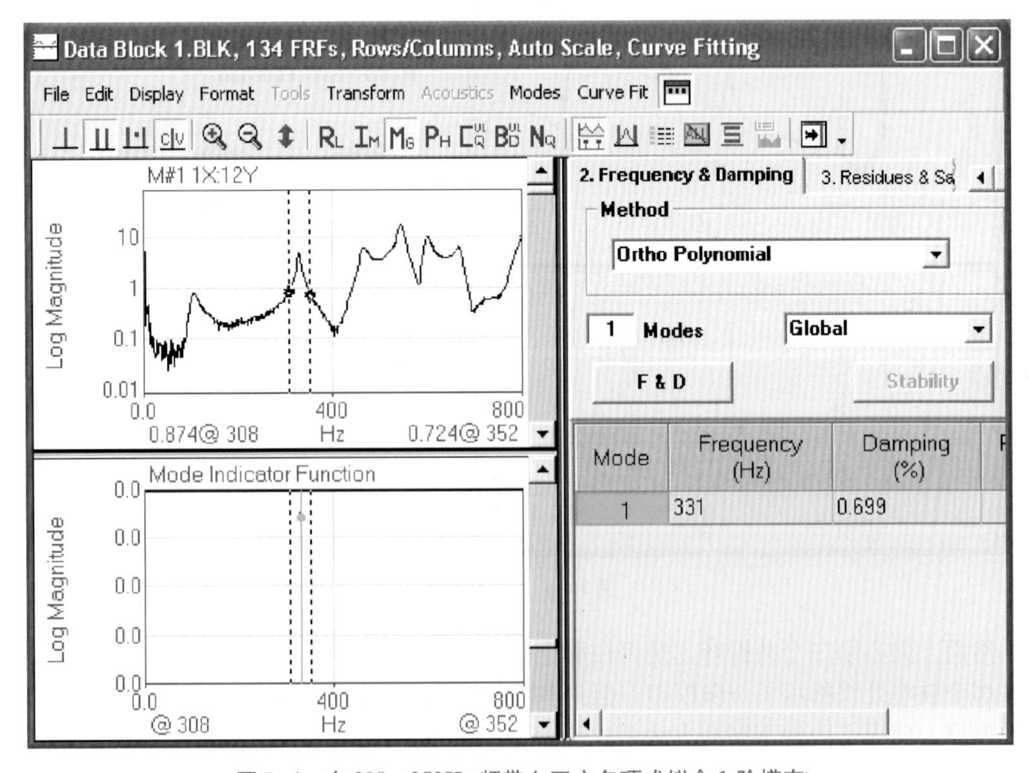

图 L-4 在 308 ~ 352Hz 频带上正交多项式拟合 1 阶模态

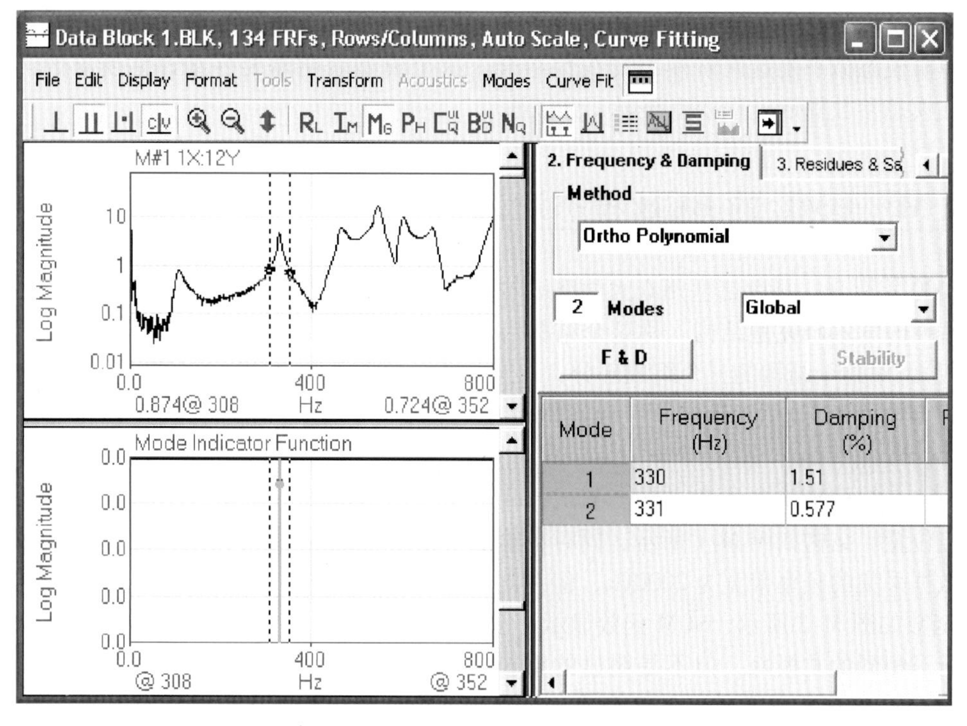

图 L-5　在 308～352Hz 频带上正交多项式拟合 2 阶模态

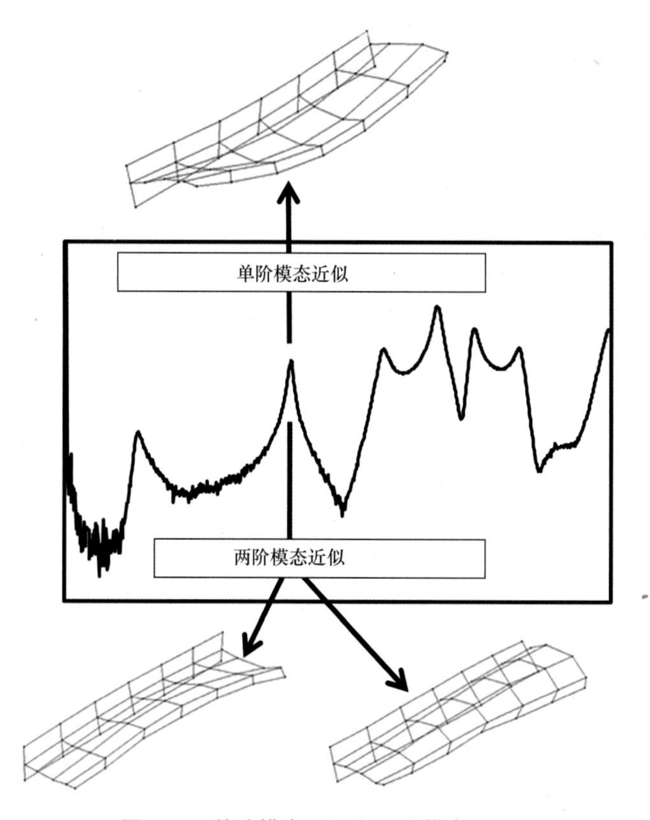

图 L-6　单阶模态近似和两阶模态近似

轴和短轴是同步的。两阶模态近似结果表明一阶模态是绕长轴弯曲，另一阶模态绕短轴弯曲。单阶模态似乎是这两阶模态的线性组合。这个模型表明需要仔细评估所有的测量数据，在模态参数提取过程中也需要十分仔细。

附录 M　UML 的 BUH 模态测试

2000 年以来，马萨诸塞州立大学洛威尔校区的结构动力学和声学系统实验室就在使用一个普通的学术研究型结构。称这个结构为 BUH（Base Upright Horizontal，底板-直立板-水平板），对这个结构的三个组成部分，以及作为一个装配体都进行过测试。多年来，这个结构多次用于子结构研究和各种不同的模态测试。也执行过与有限元模型的相关性分析。

对这个结构采用多参考点锤击测试，几个参考加速度传感器固定在结构上，锤击 72 个测点位置。结构如图 M-1 所示，同时也给出了测点位置。

数据采集的频率带宽为 2000Hz，但在此估计模态时，选择的频带只到 325Hz。获得的 SUM 函数如图 M-2 所示，SUM 函数显示了多阶模态，CMIF 函数如图 M-3 所示，CMIF 函数显示了相同的共振峰，但不是明显的重根。稳态图如图 M-4 所示，提取了 15 阶模态，模态数据如图 M-5 所示。表 M-1 所列为与有限元模型的相关性分析结果。

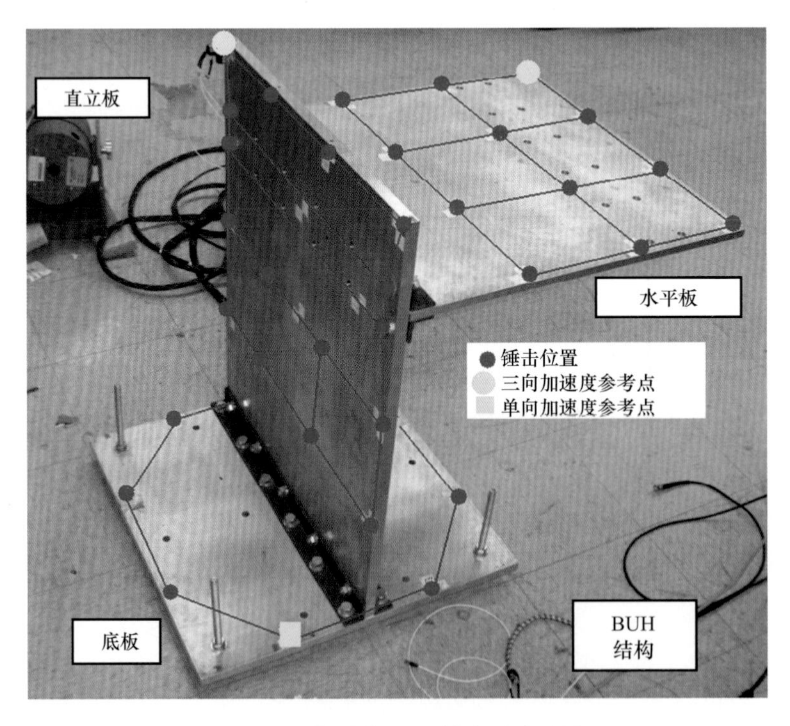

图 M-1　典型的 BUH 模态测试设置

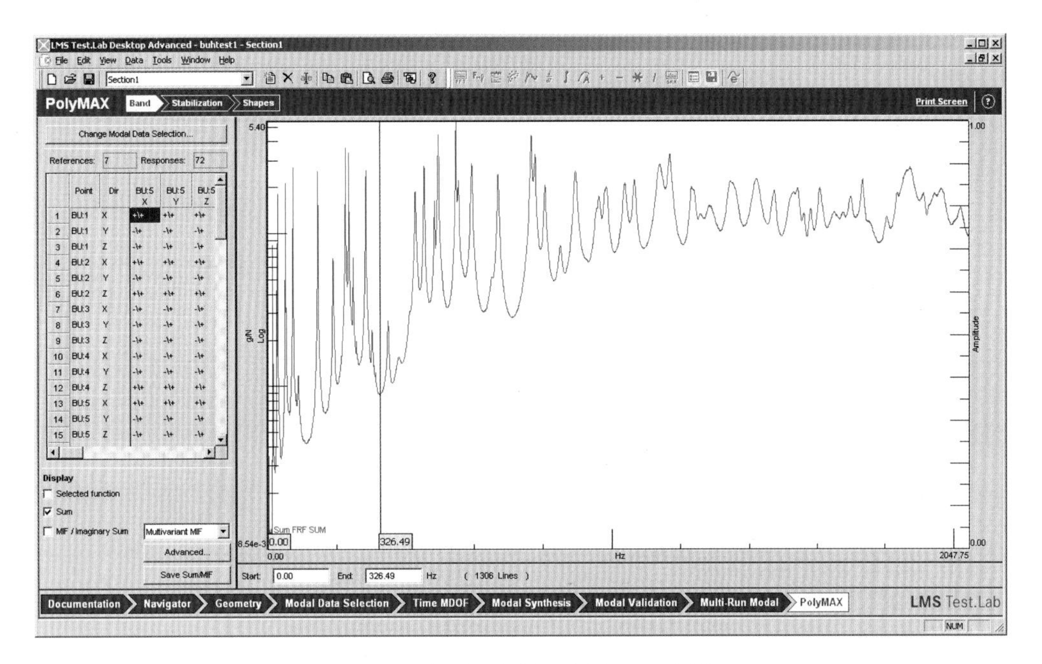

图 M-2　使用几个参考点的 SUM 函数

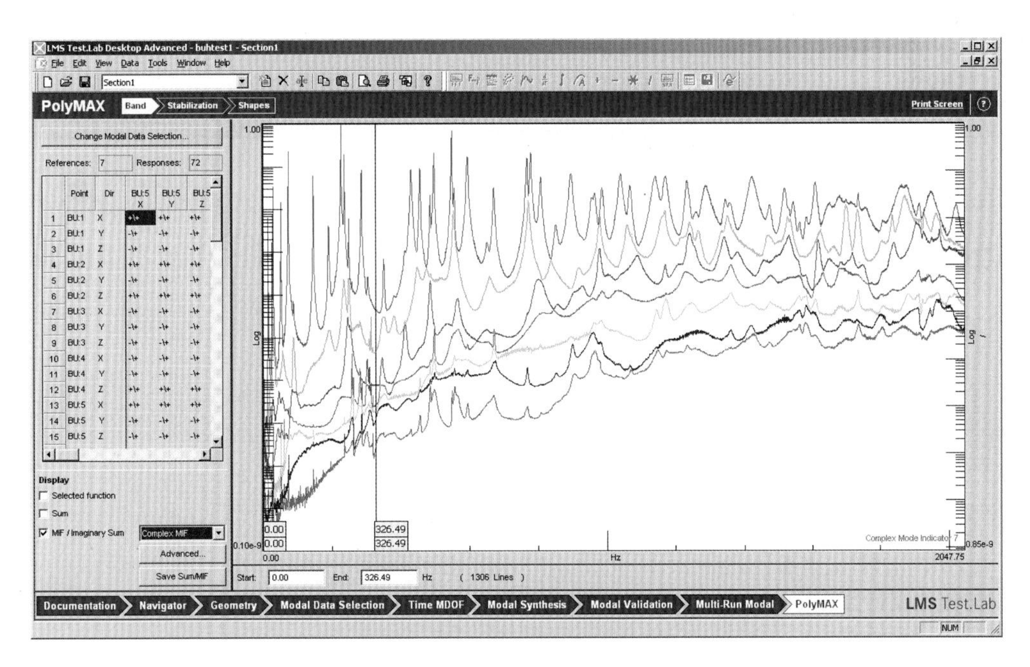

图 M-3　使用几个参考点的 CMIF 函数

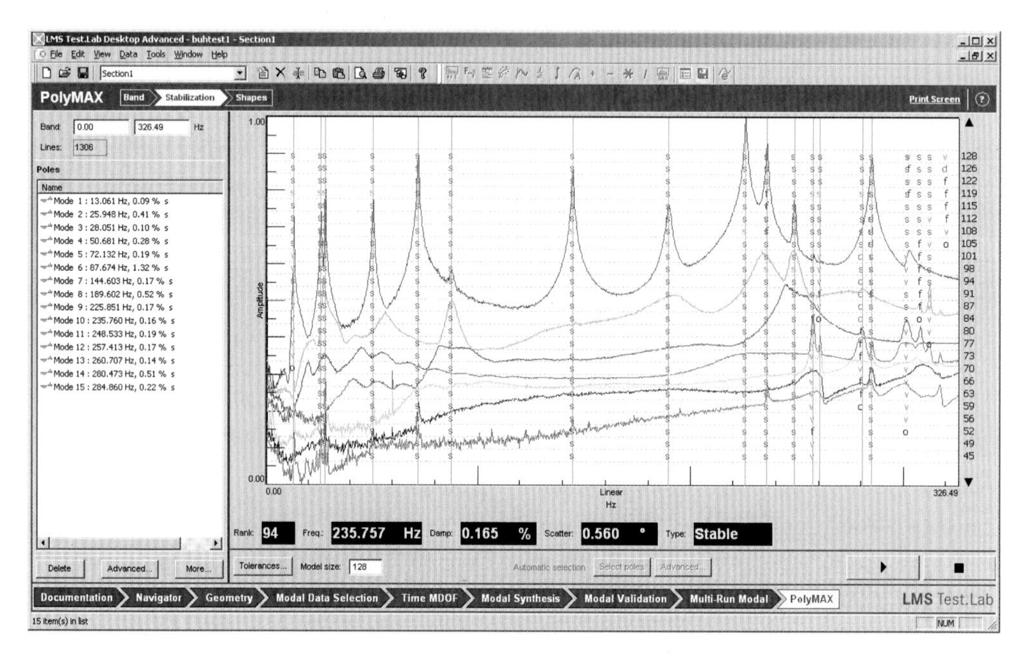

图 M-4　使用几个参考点的稳态图

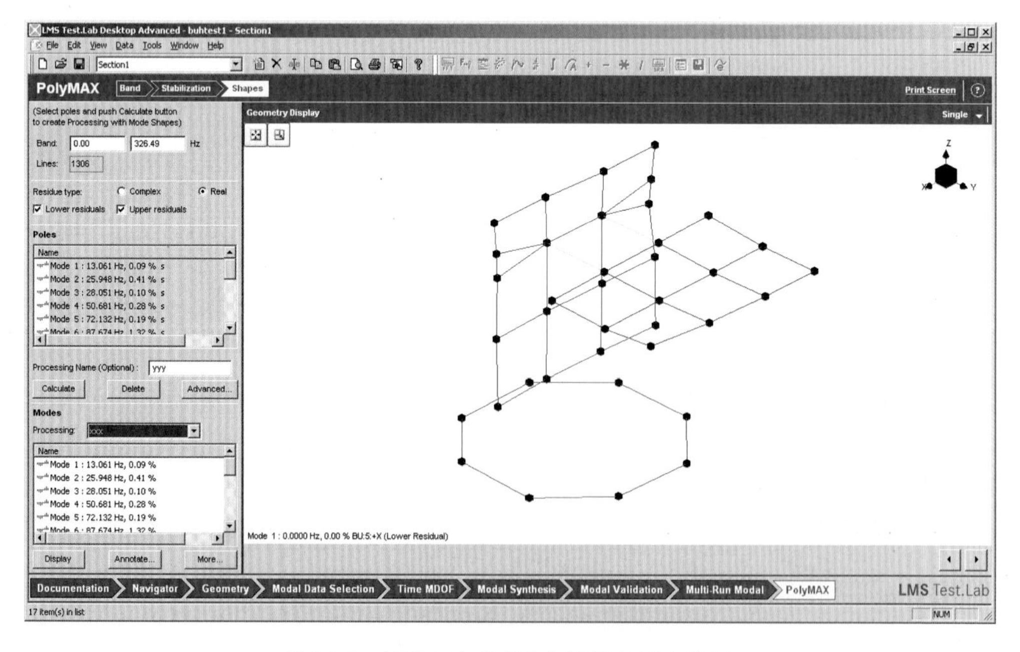

图 M-5　使用几个参考点提取到的模态数据

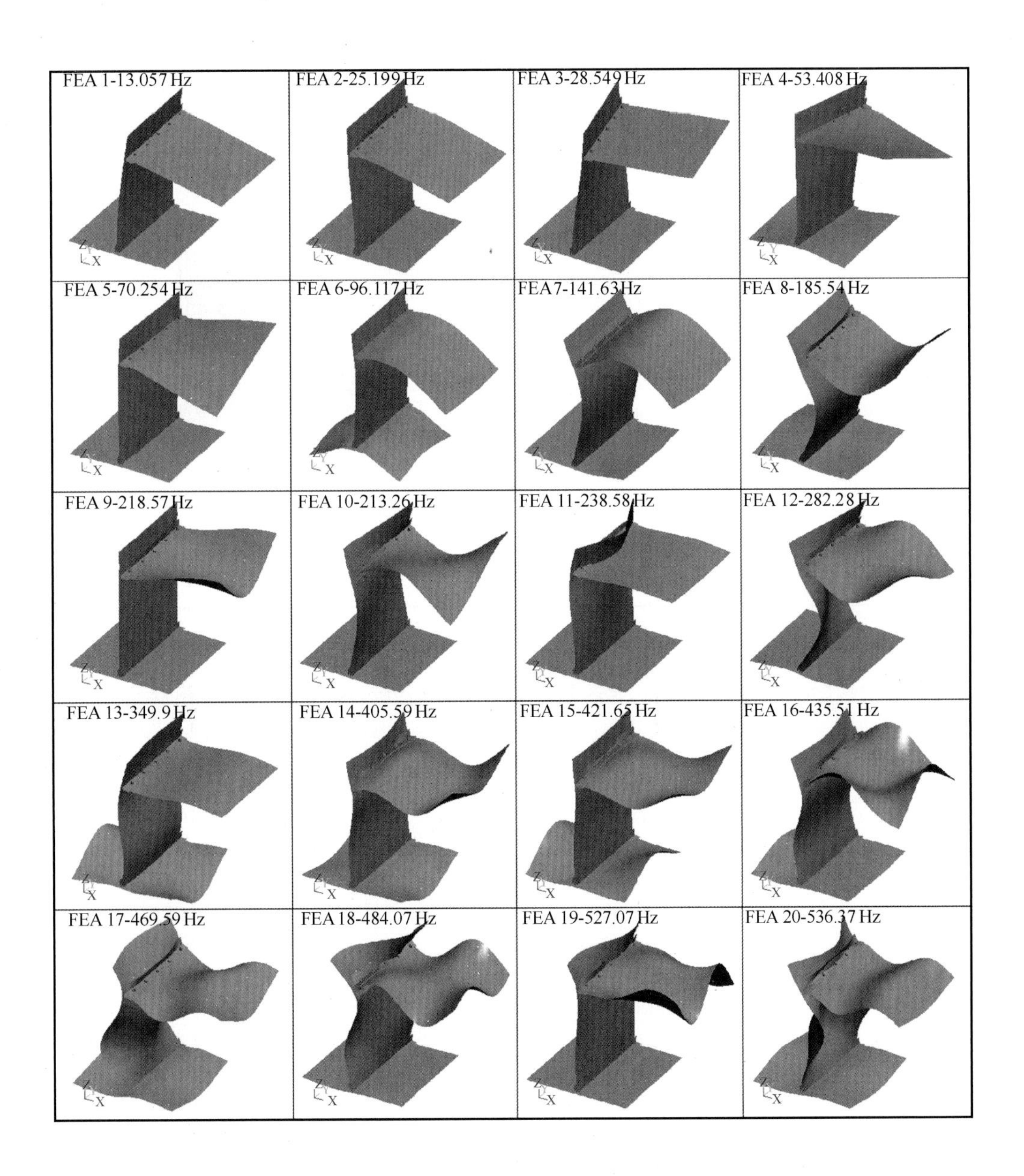

图 M-6　前 20 阶有限元模态振型（作为参考）

表 M-1 装配体测试数据与 FEA 模型的相关性分析及 MAC 矩阵

模态阶数	(图M-6) FEA① 频率/Hz	实验模态频率/Hz	频率差(%)	MAC 值	20阶模态 POC②值
1	13.06	13.29	−1.76	98.8	0.993
2	25.2	26.03	−3.29	99.1	1.055
3	28.55	28.57	−0.07	99.1	1.075
4	53.41	52.36	1.97	98.6	1.019
5	70.25	72.28	−2.89	99.4	0.983
6	96.12	93.5	2.73	99.1	1.033
7	141.63	145.81	−2.95	99.1	1.052
8	185.54	191.72	−3.33	98.6	1.010
9	218.57	226.33	−3.55	97.3	0.998
10	231.27	237.02	−2.49	93.4	1.015

① FEA为有限元分析。

② POC为伪正交性检查。

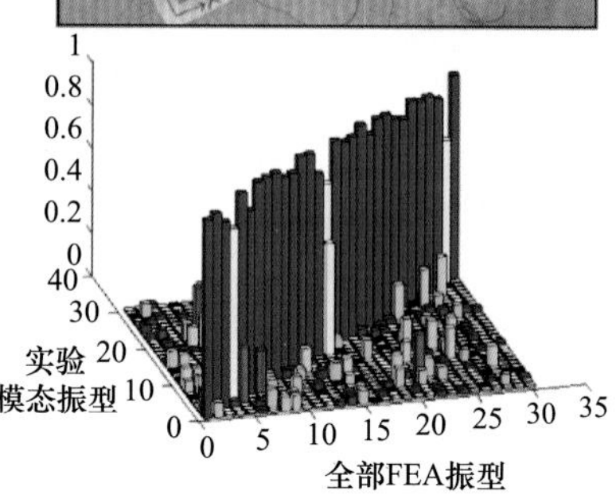

附录 N 名词术语

大写字母	小写字母	英文描述	中文描述
		通用名词	
ADC		Analog to digital converter	模数转换器
DOF	dof	Degrees of freedom	自由度
FFT		Fast fourier transform	快速傅里叶变换
IFT		Inverse Fourier transform	傅里叶逆变换
FRF	frf	Frequency response function	频响函数
MAC		Modal assurance criterion	模态置信准则
MPE		Modal parameter estimation	模态参数估计
DSP		Digital signal processing	数字信号处理
MRIT		Multiple reference impact test	多参考锤击测试
LTI		Linear time invariant	线性时不变系统
SVD		Singular value decomposition	奇异值分解
RBM		Rigid body mode	刚体模态
FEA		Finite element analysis	有限元分析
FEM		Finite element model	有限元模型
AC		Alternating current	交流
DC		Direct current	直流
ICP		Integrated circuit piezotronic	压电集成电路
BW		Band width	带宽
SDOF	sdof	Single degree of freedom	单自由度
MDOF	mdof	Multiple degree of freedom	多自由度

（续）

大写字母	小写字母	英 文 描 述	中 文 描 述
测量名词			
H	h	Transfer function or frequency response function	传递函数或频响函数
$H(s)$	$h(s)$	Transfer function	传递函数
$H(\mathrm{j}\omega)$	$h(\mathrm{j}\omega)$	Frequency response function	频响函数
D/F		Displacement to force frequency response function	位移比力频响函数
V/F		Velocity to force frequency response function	速度比力频响函数
A/F		Acceleration to force frequency response function	加速度比力频响函数
MG		Magnitude	幅值
PH		Phase	相位
RE		Real	实部
IM		Imaginary	虚部
S		Linear spectrum	线性频谱
G		Power spectrum	功率谱
COH		Coherence	相干
Q		Quality factor, amplification factor	品质因子，放大因子
SUM		Summation function	集总函数
MIF		Mode indicator function	模态指示函数
MMIF		Multivariate mode indicator function	多变量模态指示函数
CMIF		Complex mode indicator function	复模态指示函数
SD		Stability diagram	稳态图
矩阵/向量			
$\boldsymbol{M}$		Mass matrix	质量矩阵
$\boldsymbol{C}$		Damping matrix	阻尼矩阵
$\boldsymbol{K}$		Stiffness matrix	刚度矩阵
	m	Mass: scalar element of a matrix	质量：矩阵标量元素
	c	Damping: scalar element of a matrix	阻尼：矩阵标量元素
	k	Stiffness: scalar element of a matrix	刚度：矩阵标量元素
$\boldsymbol{X}$		Displacement vector	位移向量
$\boldsymbol{F}$		Force vector	力向量
	x	Displacement: scalar element of a vector	位移：向量标量元素
	f	Force: scalar element of a vector	力：向量标量元素
$\boldsymbol{U}$		Modal matrix: mode shapes in column format	模态矩阵：模态振型列形式
$\boldsymbol{U}$		Modal vector	模态向量
	u	Mode shape: scalar element of vector or matrix	模态振型：向量或矩阵的标量元素
$\boldsymbol{P}$		Modal displacement vector	模态位移向量
$\boldsymbol{B}(s)$		System matrix	系统矩阵
$\boldsymbol{H}(s)$		Transfer function matrix	传递函数矩阵
$\boldsymbol{H}(\mathrm{j}\omega)$		Frequency response matrix	频响函数矩阵
$\boldsymbol{A}(s)$		Residue matrix	留数矩阵
Bar overscore		Modal space quantity	模态空间参量
下标			
	i	Input or output designation	输入或输出标识
	j	Input or output designation	输入或输出标识
上标			
T		Transpose: generally of a matrix	转置：作用于矩阵